中国科学院科学与社会系列报告

2009 中国可持续发展战略报告

战略报告

—— 探索中国特色的低碳道路

China Sustainable Development Strategy Report 2009

China's Approach towards a Low Carbon Future

● 中国科学院可持续发展战略研究组

科学出版社

北 京

内 容 简 介

《2009 中国可持续发展战略报告》的主题是"探索中国特色的低碳道路"，重点围绕应对气候变化，描述了其现状、研究进展和人类应对行动，回顾了碳排放的历史轨迹，特别针对国际上兴起的低碳经济进行了较全面的分析，展望了中国在不同情景下的能源、气候和发展的未来趋势，分析了应对气候变化的技术转让和资金机制等关键问题，探讨了在城市优先发展低碳经济的经验和支撑体系，并提出了中国特色低碳道路的发展战略、目标、重点措施及参与国际气候谈判的原则立场。

本报告利用更新的可持续发展评估指标体系和资源环境综合绩效指数，分别对全国和各地区 1995 年以来的可持续发展能力以及 2000 年之后的资源环境绩效，进行了综合评估和数据更新。

本报告对于各级决策部门、行政部门、立法部门，以及有关的科研院所、大专院校、社会公众，具有连续的参考价值和研究价值。

中国可持续发展研究网　http：//www.china-sds.org

图书在版编目（CIP）数据

2009 中国可持续发展战略报告：探索中国特色的低碳道路/中国科学院可持续发展战略研究组 . —北京：科学出版社，2009
（中国科学院科学与社会系列报告）
ISBN 978-7-03-024010-1

Ⅰ.2… Ⅱ.中… Ⅲ.可持续发展－研究报告－中国－2009 Ⅳ.X22-2

中国版本图书馆 CIP 数据核字（2009）第 019384 号

责任编辑：李晓华　胡升华/责任校对：钟　洋
责任印制：赵德静/封面设计：张　放

科 学 出 版 社 出版
北京东黄城根北街 16 号
邮政编码：100717
http://www.sciencep.com

中国科学院印刷厂印刷
科学出版社发行　各地新华书店经销
*
2009 年 3 月第　一　版　　开本：787×1092　1/16
2009 年 3 月第一次印刷　　印张：29 1/2　插页：2
印数：1—11 000　　字数：643 000

定价：**72.00 元**
（如有印装质量问题，我社负责调换〈科印〉）

中国科学院《中国可持续发展战略报告》

总策划 曹效业 潘教峰

中国科学院可持续发展战略研究组

名誉组长 牛文元
组　　长 王　毅
副组长 刘　毅 李喜先
成　　员 胡　非 蔡　晨 杨多贵 陈劭锋 陈　锐

《2009中国可持续发展战略报告
——探索中国特色的低碳道路》研究组

主题报告首席科学家 　王　毅
研 究 起 草 组 成 员 （以姓氏笔画为序）

王　克	王海芹	邓梁春	付　允	邢　璐
曲建升	朱松丽	庄　幸	刘　扬	刘　虹
刘　强	刘怡君	汝醒君	苏利阳	邹　骥
邹秀萍	汪云林	张志强	陈劭锋	周元春
周宏春	胡秀莲	姜克隽	傅　莎	曾静静

技术报告首席科学家 　牛文元
研 究 起 草 组 成 员

陈劭锋	刘　扬	邹秀萍	王海燕	苏利阳
汝醒君	张云芳	郑爱丽		

本报告得到中国科学院自然科学与社会科学交叉研究中心、中国科学院可持续发展研究中心等资助，特此致谢

建设生态文明的意义、挑战和战略

（代序）

路甬祥

在党的十七届代表大会上，党中央在深入分析我国基本国情、战略需求和我国现代化发展路径的基础上，提出建设生态文明的发展目标。"十七大"报告明确了建设生态文明的主要内涵：建设生态文明，基本形成节约能源资源和保护生态环境的产业结构、增长方式、消费模式；循环经济形成较大规模，可再生能源比重显著上升，主要污染物排放得到有效控制，生态环境质量明显改善；生态文明观念在全社会牢固树立。"生态文明"写入"十七大"报告，是我们党首次把"生态文明"这一理念写进党的行动纲领，这必将在建设中国特色社会主义进程中产生重大影响。我们必须准确把握我国的基本国情，科学理解生态文明的丰富内涵，认知科学规律，完善法律法规，创新体制机制，依靠科技创新，改变生产生活方式，建设生态文化，提高人的素质，真正实现经济、社会的全面协调可持续发展，实现人与自然协调发展，把我国建设成为资源节约型和生态友好型的国家。

一、建设生态文明的意义

生态是指包括人在内的生物与环境、生命个体与相同和不同生命群体之间的相互作用关系。生态文明是人类社会文明的一种形式，是社会物质文明、精神文明和政治文明在人与自然和社会关系上的具体体现。生态文明以人与自然关系的和谐为主旨，在生产生活过程中注重维系自然生态系统的和谐，追求自然－生态－经济－社会系统关系的协同进化，以最终实现人类社会可持续发展为目的。

人与自然关系的历史就是人类文明与自然演化相互作用的历史。一方面，人类通过获取能源、资源、空间，排放废弃物，享受自然生态的服务来影响自然；另一方面，自然由于能源、资源、空间供给有限，生态环境恶化等，限制了人类的发展。人与自然关系的历史演变是一个从和谐到打破和谐，再到实现新的和谐的螺旋式上升过程。随着社会生产力的不断发展，人类开发和利用自然能力的不断提高，人与自然的关系不断遇到新的挑战。追求人与自然的和谐，实现人类社会全面、协调、可持续发展，是人类共同的价值取向和最终归宿。

在不同的社会发展阶段，人类文明有着不同的生态内涵及其表现形式。在原始文明时期，人与自然保持了一种原始和谐关系：人类生活在自然条件优越的地区，人口数量少，寿命短，技术水平落后，维持低水平消费，家庭和部落构成主要社会组织形式，人类被动适应自然，与自然处于原始的和谐。在农业文明时期，人与自然的关系在整体保持和谐的同时，出现了阶段性和区域性的不和谐。农业社会的生产力水平比原始社会有了很大的提高，产生了以耕种和驯养为主的生产方式，生产自给自足，人口缓慢增加，出现以大家庭和社区为主的社会组织形式，人类的生活活动范围扩大，过度开垦和砍伐，特别是为了争夺水土资源而频繁发生战争，使人与自然的关系出现局部性和阶段性紧张。在工业文明时期，人与自然的关系不断紧张，并在全球范围内扩大。人类占用自然资源的能力大为提高，创造了农业社会无法比拟的社会生产力和舒适便捷的生活方式，人类生活的范围不断扩大，寿命延长，人口数量大幅增加，工业社会依赖于不可再生的化石能源的大规模消费，造成污染物的大量排放，导致能源短缺和生态环境恶化。

发达国家的工业化和现代化走了一条只考虑当前发展，忽视他国和后代利益，先污染、后治理，先开发、后保护的道路。进入 20 世纪以后，随着发达国家的生产方式、消费模式和价值观在全球扩散，发展中国家面临越来越严重的资源被掠夺、环境被破坏的威胁。

历史上，不少思想家对资本主义掠夺性的生产方式和追求奢华的生活方式提出过质疑与批判。1876 年，恩格斯在《自然辩证法》中就曾经指出："我们不要过分陶醉于我们对自然界的胜利，对于每一次这样的胜利，自然界都报复了我们。"

进入 20 世纪以后，随着全球工业化现代化进程的加快，资源环境问题越来越引起社会的关注。1962 年，美国生物学家蕾切尔·卡逊出版了《寂静的春天》一书，用触目惊心的案例、生动的语言，阐述大量使用杀虫剂对人与环境产生的危害，深刻揭示出工业繁荣背后人与自然的冲突，对传统的"向自然宣战"和"征服自然"等理念提出了挑战，敲响了工业社会环境危机的警钟，拉开了人类走向生态文明的帷幕，标志着人类环境意识的新觉醒。

之后，生态环境问题越来越引起全世界的广泛关注。1972 年罗马俱乐部出版了《增长的极限》，认识到自然资源与环境是有限的；1972 年联合国人类环境会议通过了《人类环境宣言》，强调了人类对环境的权利和义务；1987 年世界环境与发展委员会发布了《我们共同的未来》，阐明了"可持续发展"的含义；1992 年联合国环境与发展大会通过了《里约环境与发展宣言》、《21 世纪议程》，标志着促进环境与发展之间的协调已经成为全球的共识和各国的政治承诺；2002 年，南非约翰内斯堡联合国可持续发展大会通过了《可持续发展执行计划》，推进实施可持续发展。这一系列著作和文件的发布，标志着人类开始重视经济社会与环境的可持续发展，重视经济增长、社会进步与生态文明建设的协同发展。

我国的生态文明建设也经历了一个认识不断深化的过程。改革开放初期，以经济建设为中心一直是党和国家的主要目标。随着经济的快速增长，资源、生态、环境的问题逐步显现。从 20 世纪 90 年代开始，党中央、国务院开始更加关注经济、社会与环境协调发展的问题。1994 年，我国制定出台《中国 21 世纪议程——中国 21 世纪人口、环境与发展白皮书》，提出了可持续发展的目标；1996 年，在国家"九五"计划中，提出"转变经济增长方式、实施可持续发展战略"的主张；2002 年，党的"十六大"将"可持续发展能力不断增强，生态环境得到改善，资源利用效率显著提高，促进人与自然的和谐，推动整个社会走上生产发展、生活富裕、生态良好的文明发展道路"定为全面建设小康社会的四大目标之一；2003 年，党的十六届三中全会提出以人为本，全面、协调、可持续的科学发展观；2006 年，党的十六届六中全会提出"构建和谐社会，建设资源节约型和环境友好型社会"的战略主张；2007 年，党的"十七大"将"建设生态文明"作为实现全面建设小康社会奋斗目标的五大新的更高要求之一。

党的"十七大"标志着我国生态文明建设进入新阶段。建设生态文明，是我国经济社会可持续发展的必然要求，也是对日益严峻、全球关注的资源与生态环境问题做出的庄严承诺；建设生态文明，使生态文明与社会主义物质文明、精神文明、政治文明一起成为和谐社会建设的重要内容，成为中国特色社会主义社会的基本特征；建设生态文明，必须以科学发展观为指导；建设生态文明，既是践行科学发展观的内在要求，也是建设和谐社会的基础和保障。

二、生态文明的挑战

第二次世界大战之后，人口的急剧增加、工业化的快速发展，带来了严峻的资源和生态环境问题：资源短缺，污染物排放增加，全球气候变化危及生态安全，区域生态系统服务功能明显下降，人类的福利和健康受到影响，环境安全与健康遭到威胁和破坏。

进入 21 世纪之后，世界石油的消费呈不断上升的态势，特别是从 2007 年年中到 2008 年 9 月之间，原油价格连创新高，并在高价位波动；2008 年 7 月 11 日，国际原油价格曾达到创纪录的 147 美元一桶。尽管目前的金融和经济危机导致国际原油价格大幅下降，然而石油储存量的日益减少和世界原油需求的不断上升，却是不争的事实。全球石油探明可采储量为 1400 亿吨，静态仅可采 40 年；天然气探明可采储量为 150 万亿立方米，静态仅可采 60 年。人类已步入后化石能源时代。近几年煤炭价格的持续增长，带动了发电及其他产品价格的升高，给我国提高产业竞争力和稳定物价带来了严峻的挑战。尽管主要金属的产量不断增加，但受需求和垄断的影响，铁矿石等金属价格近些年也是不断高攀，大幅增加了制造业的成本。石油、煤炭等化石资源和金属矿产品的短缺，需要我们审慎思考我国的能源发展战略、制造业发展战略和现行的生产生活方式。

世界化石能源消费所产生的 CO_2 排放量持续增长，导致的全球气候变化严重危及了生态安全。尽管局部气候和短期气候出现波动现象，但是总的来说，近百年来世界平均地表温度呈上升趋势。全球气候变化带来全球降水的重新分配，洪涝、干旱、台风与飓风等自然灾害频繁发生，世界很多地区的冰川和冻土出现消融和衰退现象，全球的海平面缓慢上升。这一切都危害着自然生态系统的平衡，影响了工农业的生产，威胁着人类的食物供应和居住环境。

人类发展方式的不合理和对生态环境的严重破坏，导致区域生态系统服务功能明显下降；造成人类无法享受清新的空气，无法获得洁净的饮用水；使固体垃圾影响了人类的生活，一些人无法生活在舒适的环境中，无法获得工农业生产所需的土地、水等资源，并且导致生态环境抵御自然灾害的能力下降。

在过去的 100 年时间里，环境污染和生态破坏给人类的福利和健康造成极大的伤害。1952 年 12 月 5～8 日，英国伦敦因家庭和工厂排放的烟尘大量在低空聚积，导致 4000 人死亡，最严重的时候，伦敦的殡仪馆已无棺材可卖。1955 年 9 月，美国洛杉矶因汽车尾气造成光化学烟雾污染，两天之间，400 多老人死亡。20 世纪 50～70 年代，日本因甲基汞污染水源产生水俣病，在以后的将近 20 年时间里，污染地区不断有人死亡，并时有畸形儿和痴呆儿出生。1984 年 12 月，印度博帕尔市因农药厂化学原料泄漏，导致 1408 人死亡、20 000 人严重中毒。

我国近些年来也发生了一些重大的环境事故。淮河流域在 20 世纪 90 年代 V 类和劣 V 类水就占到了 80%，整个淮河常年就如同一条巨大的污水沟；1995 年，由环境污染造成的经济损失达到 1875 亿元，据测算，20 世纪 90 年代中后期，淮河流域由环境污染和生态破坏造成的损失已占到当地 GDP 的 15%。2005 年底，受中国石油吉林石化公司爆炸事故影响，松花江发生重大水污染事件，苯、苯胺、硝基苯、二甲苯等主要污染物指标均超过国家规定标准，整个松花江流域受到污染，哈尔滨市停水 4 天，严重影响了沿江居民的生产和生活。2007 年，太湖发生重大蓝藻污染事件，沿湖地区饮水受到影响。20 世纪末以来，滇池流域污染物的大量排放导致滇池全湖发生蓝藻水华，至今仍未彻底治理。近年来，黄河水污染每年造成的经济损失约 115 亿~156 亿元，除了工农业用水之外，黄河担负着沿黄河地区 50 座大、中城市和 420 个县的城镇居民生活供水任务。

人类生产生活方式的不合理致使环境健康遭到破坏。酸雨在世界很多地区肆虐，欧洲几乎所有国家都遭受过酸雨的侵害，亚洲也是酸雨严重的地区。酸雨不仅导致森林毁坏，而且造成湖泊中生物的大量死亡。酸雨使自然森林锐减，欧洲几乎已无原始森林，亚洲的原始森林也日趋减少，即使非洲和拉丁美洲这些原始森林资源曾经丰富地区的森林也明显减少；在全球已砍伐的森林中，75% 发生在 20 世纪。土地荒漠化现象日益严重，全球每年数千公顷农田因荒漠化而几乎无法继续耕种，占全球陆地 1/3 面积的干旱地区正在承受荒漠化的威胁。生物多样性明显减少，在人类的现代社会中，生物物种正以 100~1000 倍的自然速率消失；工业化以来的时期，是自从白垩纪恐龙灭绝以来，动植物最大量灭绝的时期。

我国也同样发生了严重的环境灾害。在经济发达的浙江省，酸雨覆盖率已达 100%。酸雨发生的频率，上海达 11%，江苏大概为 12%；在华中地区以及部分南方城市，如宜宾、怀化、绍兴、遵义、宁波、温州等，酸雨发生的频率超过 90%。中国的荒漠化土地已达 267.4 万多平方千米，全国有 18 个省区的 471 个县、近 4 亿人口的耕地和家园正受到不同程度的荒漠化威胁，而且荒漠化还在以每年 1 万多平方千米的速度增长。我国海域近年来赤潮频发，危害加剧，已严重威胁我国海洋生态系统和渔业资源，成为沿海地区主要的海洋灾害。近些年，海岸带地区不合理的开发利用严重破坏了区域环境生态。近 40 年来，我国人工围垦和城乡工矿建设用地分别导致滨海滩涂面积丧失 1.19 万平方千米和 1 万平方千米，滩涂面积仅剩 1.9 万公顷，50% 以上的滨海滩涂已不复存在。

总之，我国生态文明建设面临建设和破坏并存的复杂状况，挑战严峻。目前我国的生态环境状况不仅有在全球变暖背景下发生的自然环境本身的变化，更面临着高速工业化、城镇化进程中人类活动的剧烈干扰和破坏。生态破坏和环境污染交织，点源污染与面源污染共存，生活污染与工业排放叠加，各种新旧污染与二次污染相互复合，生态环境问题与区域可持续发展问题相互影响，呈现出多时空尺度、立体式、复合型的生态环境破坏和污染局面。

三、生态文明建设的目标与战略

生态文明是我国现代化建设的组成部分。建设生态文明必须贯彻落实科学发展观，坚持以人为本，坚持又好又快发展，着力从以下几方面做好工作。

一是要认知规律。

要认识能源发展的规律与趋势。化石能源终将被人类开采耗尽，石油、天然气价格尽管现在出现了回落，但是从长远看，有可能持续保持高价位，优质油气资源已成为国际竞争的焦点。科技创新是人类最终解决能源问题的根本途径。最近，国际能源署发表了《2008 年能源技术展望：2050 年情景与战略》，描绘了至 2050 年的能源图景，提出了 17 项关键技术的发展路线图。节能依然是人类社会应对能源危机的首选战略。至 2050 年，欧、日、美等主要发达经济体的单位 GDP 能耗和人均能耗均可望再下降 1/2～2/3。发展新能源成为逐步减小对化石能源依赖的重要途径，瑞典、挪威、法国等都已提出在二三十年内摆脱对化石能源依赖的战略规划。

认识资源发展的规律与趋势。我国矿产资源保障能力严重不足，已成为制约我国经济发展的瓶颈之一。2002 年以来，全球矿产品价格一路飙升，如铜价上涨 343%，精铁矿价格上涨 240%，目前的价格走低可能只是暂时的现象。我国矿产资源采出率仅 30% 左右，远低于世界先进水平 70%；我国矿产资源利用率比较低，矿山及冶炼废渣严重污染环境；资源替代和循环利用率低，急需发展先进资源勘探与利用技术、发展可替代资源、发展资源循环利用技术。

深刻认识国情。我国生态环境本底脆弱。人口总量大，环境压力大，人均资源量少、利用率低，是我国发展的主要制约因素。我国主要资源人均占有量不到世界平均水平的 1/2，单位 GDP 能耗却约为世界平均水平的 3 倍。预计至 2030 年，我国人口有可能达到 14 亿～15 亿，人均资源消耗量将继续增加，资源拥有量还将持续下降，资源短缺将严重制约我国未来发展。近些年来，我国的战略性资源供求关系比较紧张，部分战略资源对外依存度高，如果我们不能及时建立战略性资源的合理使用、有效替代、动态优化和安全保障体系，一旦战略性资源供需矛盾超出一定的限度，势必对我国的经济社会发展全局和国家安全产生严重影响。

认识现代化发展的规律。从英、德、美等国工业社会的发展历史可见，推进科学技术创新和制度创新，实现工业化、现代化，保护生态环境，是工业化国家文明进步的普遍规律。从欧、日、美等主要发达经济体进入知识经济的历程可见，科技创新在当代社会和未来发展中已占据主导地位。一些后发国家也通过科技创新实现了现代化。韩国集中力量在电子、制造业等领域加强技术创新，经过40多年的发展，成为新兴工业化国家；芬兰在20世纪80年代及时把握无线通信技术发展的机遇，大力促进通信产业的发展，成为世界上最具竞争力的国家之一；新加坡着力提高国民教育水平，加强信息化建设，发展现代服务业，成为综合竞争力名列世界前茅的国家。但是也有一些国家，由于单纯依靠本国资源优势或过度依赖外国资本和技术，忽视自主创新，在现代化进程中出现了停滞甚至倒退。

二是要完善法律法规，创新体制机制。

应完善节能减排、保护生态环境的法律法规体系。制定并实施节能减排、保护生态环境的规划、政策、制度，将能源资源的消耗和生态环境的损耗记入成本；建立健全科学民主的决策体制与机制，并将节能减排、保护生态环境的绩效纳入干部考核任用指标；完善节能减排、保护生态环境的标准；依法完善科学监测、行政管理、民主监督机制。

在这方面，国外有些成功的做法值得我们学习和借鉴。日本通过完善法律来促进节能环保。日本在1997年实行了《促进新能源利用特别措施法》，大力发展风力、太阳能、地热、垃圾发电和燃料电池发电等新能源与可再生能源，到2003年，日本能源消费对石油的依存度已经降至50%以下；1998年，日本出台《节约能源法》，对能源标准做了严格规定，提高了建筑、汽车、家电、电子等产品的节能标准，不达标产品禁止上市，同时，要求企业单位产值能耗每年递减1%。2000年被称为日本"循环型社会元年"，同年日本国会通过了6项法案：《推进循环型社会形成基本法》、《废弃物处理法》（修订）、《资源有效利用促进法》（修订）、《建筑材料循环法》、《可循环食品资源循环法》、《绿色采购法》。2002 年还通过了《车辆再生法》。

三是要依靠科技创新。

国家和区域的发展要根据资源、地理、经济、科技、人文基础，科学规划各项事业的发展，合理布局产业结构。我们要依靠科技创新，延长产业链，提高产品的附加值。附加值提高了，也就意味着单位产值耗能和排放的降低。要根据地区特点，有选择、有重点地发展具有自主知识产权的高新产业、文化旅游产业或者现代服务业，发展低耗能、低污染的信息网络产业和工业设计、创意产业；大力发展循环经济，发展高附加值、低能耗、低排放的生物产业和低碳技术。作为一个制造业大国，我国应大力发展绿色制造，降低制造产业的能耗和污染。同时，我们还应该建立健全环境监测体系，提高环境风险预测、预防和治理能力，并要加大投入，依靠科学技术和科学管理，加强污染环境的治理和修复。

进入 21 世纪之后，制造业的发展速度很快，数百年来以产品为中心的制造业正在向服务增值扩展延伸，而信息化和高技术应用为制造业服务内容的扩展和水平的提高开拓了广阔的天地。一些大的制造商正在从向客户提供物质形态产品，转到提供越来越多的非物质形态的服务，从卖机器、卖零件，转到卖设计、卖系统解决方案、卖服务支持；制造业结构从以产品为中心转到以提供产品和增值服务为中心。这是制造业的历史性发展和进步，是制造业走向高级化的重要标志。

四是要改变生产生活方式。

世界各国和地区的一些经验表明，经济转型必须根据自身的经济、资源、科技禀赋，发挥比较优势，面向未来，大胆创新改革。由高物耗、高能耗产业转向低物耗、低能耗产业，由低附加值产业转向高附加值产业，由原始设备制造商（OEM）向原始设计制造商（ODM）再向创国际自主著名品牌方向发展，大力发展技术含量高的高新产业、近零排放的现代服务业（文化创意、设计、咨询、服务等），大力倡导发展绿色生产方式和生态环境友好的生活方式。例如，美国 GE 公司在 20 世纪 80 年代初已经提出，要从世界最大的制造商转变成既提供产品也提供服务的服务商，经过 20 多年的努力，2005 年，该公司的服务收入已占其总收入的 60%。IBM 公司 2005 年的服务收入已占其总收入的 55%，海尔集团把市场竞争的重点也由原来的产品成本竞争转变为服务竞争。

在根据自身优势，提高产品附加值和产业竞争力方面，世界有很多成功的案例。瑞士是欧洲现代化中起步较晚的国家，但发展很快，并形成独具特色的产业竞争力。瑞士在凝聚机械、电子和金属加工业、钟表制造业、特色农牧业、特色医药化工业等少数产业，发展高端产品，占据国际市场。例如，瑞士的手表 95% 以上用于出口，以中高档手表为主，有的品牌手表的附加值超过成本的百倍甚至更多。此外，瑞士还大力发展旅游业、酒店管理业、会展产业、金融业、保险业等低污染、低能耗、高附加值产业。英国的曼彻斯特曾经是工业革命的发源地，第二次世界大战之前，重工业产值占英国的 2/3；曼彻斯特也曾经是英国工业污染和耗能最严重的地区。第二次世界大战以后的半个多世纪，曼彻斯特一直在推进从工业经济向服务经济转型，现在，曼彻斯特已经成为英国除伦敦以外最大的金融中心城市。20 世纪后期，曼彻斯特大力发展软件服务业、信息技术咨询业、电信与计算机相关的电子元器件服务业以及其他配套服务业。曼彻斯特是英国西北地区的创意产业集散地，曼彻斯特地区年经济附加值总量达到 470 亿英镑，几乎是英国西北部地区总生产税收的 50%。养猪是丹麦的传统产业，但是丹麦非常注重通过技术创新提高饲养加工水平，目前，只有丹麦的鲜猪肉可以直接出口到美国、日本这样的高卫生标准市场。丹麦将高新技术注入传统产业，延长了产业链，提高了附加值。丹麦的猪肉加工品在欧盟国家占据第一的位置，食品加工设备和服务也在欧洲首屈一指，同时丹麦大力发展基于养猪业的兽医、生物制药、饲料和服务业等高附加值产业。此外，丹麦根据自身能源和资源缺乏的特点，大力发展风力发电技术，成为全球最早的风电产业主导者。2004 年，丹麦风电发电量已占总发电量的 20%。丹麦拥有世界上最大的风机制造商——维斯塔斯风力系统集团公司，2003 年，维斯塔斯拥有 21.7% 的全球市场占有率。

五是要建设生态文化。

生态文化抛弃人类在宇宙中占据中心位置的思想，从人统治自然的文化过渡到人与自然和谐相处的文化，是由追求人的一生幸福转向追求人类世代幸福的文化。生态文化的重要特点在于用科学、系统的观点去观察分析经济社会发展，处理人与自然的关系；运用科学的态度去认识人类文明进步，建立科学的节约资源、保护生态环境、人与自然和谐进化的理念。我们应通过认识和实践，形成经济、社会、科学、人文、自然相结合、相协调的价值观和发展观，使人们自觉认识节能和保护生态环境的重要性。同时，应广泛汲取中国古代和当今世界"天人合一"、"尊重自然、尊重生命、尊重当代人和世代人的平等权利"、"节约资源、保护生态环境"的思想，营造良好的节约资源与保护生态环境的文化氛围。

六是要提高人的素质。

我们要大力推进教育创新，提高教育质量，培养创新创业人才，加强创新创业队伍建设，为产业结构调整、经济发展方式转变、构建和谐社会、建设生态文明奠定人才基础。要营造有利于创新人才成长和充分发挥其才能的制度环境和文化环境。提高公众科学文化素养和节能、生态环保意识。

爱尔兰近些年的发展表明，重视人才可以改变一个国家的面貌。20世纪80年代，爱尔兰人是欧洲最贫穷的居民，失业率接近7%，农业人口占全国就业年龄人口的15%。今天，爱尔兰信息产业在欧洲增长最快，其人均收入在欧洲排行榜上位居第二，仅次于卢森堡。爱尔兰从根本上改革了传统教育，大力发展新兴学科，特别是信息科技教育；并通过完善政策环境，推出各种优惠措施，吸引移居他国的科技人才回国，吸引来自世界各地的创新创业人才；爱尔兰大力促进产学研紧密结合，发展应用科技、绿色科技，鼓励年轻人创办新的企业，推广新的技术，开辟新的发展领域，从而使爱尔兰的经济充满活力，竞争力不断提升。

我国一些地方通过开放合作吸引凝聚人才的做法也值得推广。沈阳机床公司通过引进智力来带动创新，该公司从国外聘请了刚退休的一流机床设计专家到公司工作，为其配备了助手，组成专家工作室，不仅开发出了拥有自主知识产权的新产品，同时培养了一支优秀设计人才队伍。另外，近几年，我国越来越多的企业走出国门，在国外设厂，开办研发机构，取得了初步成功，这表明一批中国的跨国公司已经崭露头角。华为、中兴、联想等公司在美国、俄罗斯、印度和日本等国设立了研发机构，充分利用国外的人才优势，创新研发，为我所用，合作共赢。

　　建设生态文明，需要全国人民的共同努力，需要我们从制度层面、文化层面、管理层面不断创新，适应时代的挑战，抓住难得的机遇。同时，需要我们广大科技人员，树立科学发展观，通过提升自主创新能力，为建设生态文明不断提供知识基础和技术支撑。

前言与致谢

全球气候变化是当今世界以及今后长时期内人类所面临的最严峻的环境与发展挑战，同时也是最复杂的综合科学研究领域。《2009 中国可持续发展战略报告》的主题选择"探索中国特色的低碳道路"，它既是当前学术研究的热点，又富有极大的挑战性。一方面，全球变暖已经成为不争的事实。气候变化研究的主流声音认为，近 50 年的地表平均温度的加速升高主要是由人为排放温室气体所致，人类必须立即采取行动。另一方面，关于气候变暖的争论之声也一直不绝于耳，包括气候变化的机理、区域响应、未来预测的不确定性等。然而，我们应该积极面对气候变化所带来的自然、经济、社会及政治影响，充分认识气候变暖存在的风险和不确定性，顺应历史潮流，抓住机遇，迎接挑战，寻找适合我国国情的应对策略，在减缓气候变化的进程中承担起应有的责任，始终把握发展和谈判的主动权。

目前，发展低碳经济正逐渐成为各国应对气候变化的共识，国内许多城市和地区对发展低碳经济也表现出了很高的积极性，发展"低碳经济"似有燎原之势。但是，迄今为止，低碳经济并没有一个明确而统一的定义。发达国家发展低碳经济的目的，一是要减少温室气体排放，二是希望通过低碳技术及产品方面的创新来赢得竞争优势和可持续发展能力的提升。对于一个发展中的不成熟经济体而言，中国的发展机会和空间都是有限的，特别是在全球金融危机的背景下，我们应该充分认识我国在发展低碳经济方面所面临的障碍，防止过去在发展"知识经济"、"循环经济"中曾经出现过的各种问题，避免盲目跟从或是概念上的炒作，从而致使我们的努力与要实现的目标南辕北辙，错失宝贵的发展时间甚至失去未来的竞争力。

基于上述认识，我们组织了跨部门的多学科研究团队，针对未来中国的低碳发展道路和低碳经济所涉及的主要方面开展研究，采取了专题分析与系统分析相结合的方法，在统一的研究框架下进行调研，加强已有成果基础上的综合集成研究，并经多次讨论修改形成最终报告。报告明确了未来低碳转型过程中需要关注的全球发展趋势、国情特点和国家利益，提出了中国特色低碳道路的战略目标、战略重点、战略措施以及在国际谈判中应该采取的原则和策略。由于全球气候变化具有复杂性以及我们的研究时间有限，因此对一些低碳道路的相关研究领域，报告还关注不够或尚未涉及。同时，报告也一定存在许多缺乏仔细斟酌甚至错误之处，希望各界读者批评指正。

我们要特别感谢中国科学院院长路甬祥先生，他为本年度报告撰写的关于建设生态文明方面的序言，对未来中国走低碳发展之路有重要的指导和参考价值。感谢中国科学院李静海副院长对报告中若干观点提出了修改意见；感谢丁仲礼副院长在我们的研究过程中所给予的指点和帮助；感谢孙鸿烈先生、陆大道先生、郑度先生对本报告所做出的评议意见；感谢曹效业副秘书长和规划战略局潘教峰局长，他们亲自审定了今年报告的主题，并对研究中可能出现的问题提出了具体的意见和建议；感谢规划战略局的田洺副局长、陶宗宝处长在课题研究过程中所给予的指导和帮助；感谢资源环境局的傅伯杰局长、冯仁国副局长、常旭副局长、庄绪亮处长、黄铁青处长和任小波处长所提供的支持和帮助。报告中的一些观点还得益于笔者参与"中国2050低碳发展之路"项目核心专家组的共同讨论和切磋，在此向专家组成员表示感谢。感谢国务院发展研究中心周宏春研究员对报告摘要提出的有价值的修改建议。此外，还要特别感谢"气候组织"大中华区总裁吴昌华女士，她不仅为本研究提供了资料方面的支持和人力上的帮助，而且还主动承担了报告摘要的英文翻译工作，气候组织的邓梁春先生则为报告目录的翻译做出了重要贡献，谨此表示感谢。

本年度报告由来自中国科学院科技政策与管理科学研究所、中国科学院资源环境科学信息中心、国务院发展研究中心、国家发展和改革委员会能源所、人民大学环境学院、气候组织6家研究机构的研究人员共同完成。报告由研究起草组成员分章撰写，主题报告由笔者修改审定，技术报告由牛文元先生审定，全书最后由笔者负责统稿。本报告是集体研究的成果，我谨向研究团队中的所有成员表示感谢，没有大家的共同努力，本报告不可能在这么短的时间内圆满完成。

在过去3年的时间里，除获得中国科学院规划与战略研究项目的常年资助外，本报告还一直得到中国科学院知识创新工程重要方向项目（Kzcx2-yw-323）的研究资助。本年度报告各章节的研究同时还分别得到了国家自然科学基金相关项目、能源基金会/WWF"中国2050低碳发展之路"项目、汇丰与气候伙伴同行项目等的研究资助。在此也向各资助单位表示感谢。

感谢科学出版社科学人文中心胡升华主任、科学人文分社侯俊琳社长对本书出版一如既往的支持，尤其感谢责任编辑李晓华在非常短的时间里高质量地完成了书稿的编辑工作。我向他们认真负责、科学严谨的编辑作风和工作态度表示感谢，对占用他们大量的春节休假时间深表歉意。

在此，请允许我代表研究组向所有为本年度报告做出贡献和提供帮助的朋友与同事表示衷心感谢！

　　在过去几年中，中国在节能减排领域已经取得了令人瞩目的成绩，为应对气候
变化做出了实质性贡献，并在相关产业的技术和设备生产中取得了很强的竞争力。
我们相信，只要我们能坚持这个方向，并据此进一步沿着符合中国国情和全球趋势
的低碳发展道路走下去，中国必将会有更大的作为和取得多赢的结果。我们希望本
报告能够成为中国走向可持续的低碳未来的一块基石。

王　毅

2009 年 2 月 2 日

首字母缩略词

英文缩写	英文全称	中文全称
ADB	Asian Development Bank	亚洲开发银行
AP6	Asia-Pacific Partnership on Clean Development and Climate	亚太清洁发展与气候新伙伴计划
BRT	Bus Rapid Transit	快速公交系统
CACGP	Commission on Atmospheric Chemistry and Global Pollution	国际大气化学和全球污染委员会
CAS	Chinese Academy of Sciences	中国科学院
CCS	Carbon Capture and Storage（Sequestration）	碳捕获和封存
CCSP	Climate Change Science Program	美国气候变化科学计划
CDIAC	Carbon Dioxide Information Analysis Center	二氧化碳信息分析中心（美国能源部）
CDM	Clean Development Mechanism	清洁发展机制
CE	Circular Economy	循环经济
CERs	Certified Emission Reductions	经核证的减排量
CHP	Combined Heat and Power	热电联产
CO_2	Carbon Dioxide	二氧化碳
CO_2e	Carbon Dioxide equivalent	二氧化碳当量
COP	Conference of the Parties	缔约方大会
CSLF	Carbon Sequestration Leadership Forum	碳收集领导者论坛
DDT	Development，Demonstration and Transfer	（技术）开发、示范与转让
DSM	Demand-Side Management	需求侧管理

续表

英文缩写	英文全称	中文全称
EIA	Energy Information Administration	能源信息管理局（美国能源部）
EKC	Environmental Kuznets Curve	环境库兹涅茨曲线
ESCO	Energy Service Company	能源服务公司
ESSP	Earth System Science Partnership	地球系统科学联盟
EU	European Union	欧洲联盟
EU ETS	European Union Emission Trading Scheme	欧盟排放贸易系统
FDI	Foreign Direct Investment	外商直接投资
G8	Group of Eight	8 国集团
GCOS	Global Climate Observing System	全球气候观测系统
GCP	Global Carbon Project	全球碳计划
GDP	Gross Domestic Product	国内生产总值
GEF	Global Environment Facility	全球环境基金
GEO	Global Environment Outlook	全球环境展望
GHGs	Greenhouse Gases	温室气体
ICSU	International Council for Science	国际科学理事会
IEA	International Energy Agency	国际能源署
IEO	International Energy Outlook	国际能源展望
IGAC	International Global Atmospheric Chemistry Project	国际全球大气化学计划
IGBP	International Geosphere-Biosphere Programme	国际地圈生物圈计划
IGCC	Integrated Gasification Combined-Cycle	整体煤气化联合循环
iLEAPS	Integrated Land Ecosystem-Atmosphere Processes Study	陆地生态系统与大气过程综合研究
IOC	Intergovernmental Oceanographic Commission	联合国政府间海洋委员会
IPCC	Intergovernmental Panel on Climate Change	政府间气候变化专门委员会
KP	Kyoto Protocol	京都议定书（简称"议定书"）

英文缩写	英文全称	中文全称
LCE	Low Carbon Economy	低碳经济
LGM	The Last Glacial Maximum	末次冰期冰盛期
LULUCF	Land Use, Land-Use Change and Forestry	土地利用、土地利用变化和林业
MEP	Ministry of Environmental Protection	国家环境保护部
MDGs	Millennium Development Goals	千年发展目标
MMP	Methane to Markets Partnership	甲烷市场化伙伴计划
MOC	Meridional Overturning Circulation	大西洋经向翻转环流
MRV	Measurable, Reportable, Verifiable	可测量、可报告、可核实
MTAF	Multilateral Technology Acquisition Fund	多边技术获取基金
NDRC	National Development and Reform Commission	国家发展和改革委员会
NGO	Non-Governmental Organization	非政府组织
OECD	Organization for Economic Cooperation and Development	经济合作与发展组织（简称"经合组织"）
PAGES	Past Global Changes（IGBP）	过去的全球变化研究计划
PES	Payments for Ecological Services	生态服务付费
PNAS	Proceeding of the National Academy of Sciences of the USA	美国国家科学院院刊
PPP	Public-Private Partnership	公私合作伙伴关系
PRIS	Power Reactor Information System	电力反应堆信息系统
R & D	Research and Development	研究与开发（简称"研发"）
REEFS	Resource-Efficient and Environment-Friendly Society	资源节约型、环境友好型社会
REPI	Resource and Environmental Performance Index	资源环境综合绩效指数
SCOR	Scientific Committee on Oceanic Research	海洋研究科学委员会
SEA	Strategic Environmental Assessment	战略环境评价
SG	Smart Growth	理性增长
SOLAS	Surface Ocean-Lower Atmosphere Study	上层海洋-低层大气研究计划

英文缩写	英文全称	中文全称
TCG	The Climate Group	气候组织
TOD	Transit-Oriented Development	公交导向的城市发展
TT	Technology Transfer	技术转让
UNDP	United Nations Development Programme	联合国开发计划署
UNEP	United Nations Environment Programme	联合国环境规划署
UNFCCC	United Nations Framework Convention on Climate Change	联合国气候变化框架公约（简称"公约"）
UKCIP	United Kingdom Climate Impacts Programme	英国气候影响研究计划
USGCRP	United States Global Change Research Program	美国全球变化研究计划
UV-B	Ultraviolet-B	波长在 280～320 纳米的紫外线
WB	World Bank	世界银行
WCED	World Commission on Environment and Development	世界环境与发展委员会（也称"布伦特兰委员会"）
WCRP	World Climate Research Programme	世界气候研究计划
WEO	World Energy Outlook	世界能源展望
WMO	World Meteorological Organization	世界气象组织
WRI	World Resources Institute	世界资源研究所
WTO	World Trade Organization	世界贸易组织
WWF	World Wide Fund for Nature	世界自然基金会

报告摘要[*]

以气候变暖为主要特征的全球气候变化已成为 21 世纪人类共同面临的最重大环境与发展挑战，应对气候变化是当前乃至今后相当长时期内实现全球可持续发展的核心任务。围绕防止气候变暖的国际谈判及其行动不仅关系人类的生存环境，而且直接影响发展中国家的现代化进程。尽管全球气候保护的进程将取决于人类在科学认知、政治意愿、经济利益和社会接受程度上的共识和采取的措施，但探索低碳发展之路却无疑是未来人类发展的重要选择。

一　气候变化的科学认识及其延伸的政治、经济议题

全球气候系统的变暖已经成为不争的事实。根据大量实测资料，近百年（1906～2005 年）全球平均地表温度升高了 0.74℃，并且升温速率不断加快，同时全球平均海平面也在不断上升（IPCC，2007a）。这一系列变化将对全球气候系统及人类社会经济发展产生重大影响。气候变化同样给中国的气候、环境和发展带来严峻挑战。在全球气候变暖的背景下，中国的气候和环境也发生了显著变化。例如，近 100 年的地表平均温度明显增加；降水量变化趋势虽不显著，但年代际波动和区域差异大；近 50 年主要极端天气气候事件发生的频率和强度也出现了明显变化（《气候变化国家评估报告》编委会，2007）。

IPCC 的综合评估结果表明（IPCC，2007a），自 1750 年以来，人类活动是气候变暖的主要原因之一；而近 50 年全球的大部分增暖，非常可能（90% 以上）是人类活动的结果，特别是源于化石燃料的使用导致的人为温室气体排放。预计到 21 世纪末，全球气候系统还将继续变暖，其升温幅度将取决于人类现在所采取的行动。IPCC 第四次评估第三工作组报告认为（IPCC，2007c），人类采取减缓气候变化的行动在经济和技术上是可能的，通过部署各行业关键减缓技术、采取政策和行政干预、改变发展道路等能够对减缓气候变化做出重大贡献。IPCC 的评估报告已经成为

---

[*] 报告摘要由王毅执笔。作者单位为中国科学院科技政策与管理科学研究所

全球气候政治决策最重要的科学基础。

气候变化科学尽管在过去 20 多年中取得了长足的进步，但是因其属于复杂的综合科学领域，所以仍有许多问题需要我们进一步探索和应对。一方面，由于涉及众多学科以及研究尚显不足，驾驭起来难度很大，因此在自然科学研究基础方面仍存在很多不确定性，包括气候变化的发生与发展机理、未来气候变化的预测及影响、气候变化的区域特征、碳捕获和封存（CCS）的可行性等（参见第一章）。另一方面，随着社会科学及各种社会力量的介入，气候变化已经跨越了自然科学问题，演变成为发展问题和政治问题，并且其"政治化"倾向越来越明显。在某种意义上，各国也都在以保护全球气候的名义为其国家或是不同的利益集团的权益寻找对各自有利的证据和指标。许多观点也是在自然科学认识的基础上加入了价值判断和利益考量，使气候变化从科学家争论的议题变成国际政治博弈和经济竞争的焦点。

作为环境外交的最重要内容，从 20 世纪 90 年代开始，应对气候变化国际谈判中的争论就始终没有停止过，并且还将长期持续下去。由于防止气候变暖的关键是减排 CO_2，也就是限制化石能源的消耗量、增加自然碳汇或是采取碳捕获和封存技术，因此作为主要矛盾双方的发达国家和发展中国家，其参与国际谈判的实质是争取排放空间和发展权益，政治和经济利益的角逐异常激烈。目前的国际气候体制中，在 1992 年通过的《联合国气候变化框架公约》里明确阐明了"共同但有区别的责任"、"历史上和目前全球温室气体的最大部分源自发达国家"，并在 1997 年签署的《京都议定书》中规定，主要是发达国家的《公约》附件一缔约方在 2012 年前的第一个承诺期里率先实现定量减排。迄今为止，上述有关应对气候变化的制度安排基本反映了各利益相关方的实际责任和义务。

解决气候变暖问题的全球气候政治极为复杂。国际谈判能否取得成效取决于国家利益与全球共识间的取舍和平衡，没有任何权威可以完全主导谈判进程，传统的强权和军事力量对解决全球气候问题无能为力。由于全球气候保护需要各国的共同参与和多边合作，一方面，缺少排放大国参与的任何协议的效果都将被大大削弱，另一方面，反对联盟往往在谈判中扮演十分重要的角色，甚至对谈判进程起决定作用。正是由于这些原因，在全球气候谈判过程中形成了以经济和地缘为主要特征的利益集团，并受经济利益和升温影响程度驱使而不断分化组合。

包括 IPCC 第四次评估报告在内的一些最新研究成果所反映的声音是：人类应该立即采取行动，把气候变暖控制在较低的升温幅度内（如 2℃）。这些报告显示了在新的研究基础和不断变化的政治经济背景下各利益相关方应对气候变化的迫切诉求，并且牢牢掌控着主流话语权（IPCC，2007d；Stern，2006，2008；Blair，2008；McKinsey & Company，2007，2009）。以 2006 年和 2008 年发表的斯特恩报告为例，该报告强调"气候变化产生非常严重的全球风险，急需做出全球反应"，并且"尽早采取有力行动的收益大于成本"；报告尽管认识到困难，但仍试图说服国际社会接受全球升温不超过2℃的目标，并以此作为后续一系列政策和制度设计的基础。该报告不仅代表着英国政府的观点，同时也代表着整个欧盟的观点。

当前，围绕后京都国际气候体制的谈判已进入关键时期。在2007年底召开的联合国气候大会上通过的"巴厘路线图"中，把解决减缓、适应气候变化、技术转让和资金机制等4方面内容同时列入谈判的议程，并且希望把发展中国家在国内采取的适当的"可测量、可报告、可核实"的减缓气候变化行动与发达国家能够提供的"可测量、可报告、可核实"的技术转让和资金支持联系起来。这是在《京都议定书》基础上向前走出的重要一步，当然，能否兑现还有待谈判的进一步发展。尽管受全球金融危机及各国政治议程（尤其是美国的能源和气候变化立法进程）的影响，2009年底在哥本哈根召开的联合国气候变化大会能否达成新的协议还是未知数，但无论如何，最终确定全球长期升温幅度或温室气体稳定浓度以及中长期温室气体减排目标都将是一个政治决定和各方妥协的结果，并将对今后的气候保护、经济增长，甚至国际战略竞争格局产生深远影响。

随着即将成为世界最大的CO_2排放国，中国所面临的减排压力越来越大。作为一个负责任的大国，中国应该采取积极的应对气候变化措施，这已在中国近年来率先开展的节能减排行动中得到了充分的印证。但同时，作为需要较快经济增长的发展中国家，中国在设定减缓气候变化目标及采取具体行动时，还必须充分考虑发展阶段、技术水平等现实条件，稳步开展减缓和适应行动，并在自身努力和国际社会的共同帮助下，走上气候保护、经济增长及其他相关政策目标共赢的发展轨道。

二 发展低碳经济的背景、机遇与挑战

由于全球气候系统的复杂性及其涉及的广泛社会经济问题，应对气候变化需要系统的解决方案。人类在经过近20年的探索后发现，要想真正减缓和适应气候变化，必须从根本上转变对化石燃料的依赖，也就是要实现生产方式、消费方式以及全球资产（包括产业、技术、资金、资源等）配置与转移方式全面向低碳转型。从大气温室气体排放容量这一全球公共物品的性质来说，需要依靠建立国际气候体制来解决市场失灵和保护气候系统，并需要所有利益相关方的共同参与，探索新的发展路径。人类为解决气候变暖问题必须付出经济代价，为此《京都议定书》设计的"3个灵活机制"（联合履行、排放贸易和清洁发展机制）为降低附件一缔约方温室气体减排成本做出了有益的尝试。我们需要在此基础上进一步前行，寻找更加普适

的符合各利益相关方责任的公平有效配置资源的机制。低碳发展道路正是一条综合的解决路径，通过发展低碳经济和构建低碳社会，实现资源、技术、资金等要素的重新整合，为人类社会通过合作方式应对气候变化提供新的机遇。

发展"低碳经济"作为协调社会经济发展、保障能源安全与应对气候变化的基本途径，正逐渐取得全球越来越多国家的认同。虽然没有统一的定义，但发展低碳经济的核心是要建立高能效、低能耗、低排放的发展模式，在公平有效的应对气候变化国际体制下，提高能源开发、生产、输送、转化和利用过程中的效率并且减少能源消耗，以便降低经济发展必不可少的能源供应中的碳含量，减少能源使用中的碳排放；通过增加自然生态系统固碳能力和发展 CCS 技术来抵消短期内无法避免的化石能源燃烧所排放的温室气体；同时建立新的合理的技术转让和资金机制，使发展中国家不至于因处在成长中的不成熟经济阶段和国际分工格局中的产业链低端而增加低碳转型的成本；并且还需要改变发展理念和价值观念，促进整个社会向可持续的低碳消费方式转型。

英国作为最早提出"低碳经济"的国家，希望采取低碳模式来解决气候变暖问题有其深刻的历史和现实原因。其主要目的在于保障能源安全，减轻气候变化影响，利用其自身能源基础设施更新的机遇和低碳技术领域的优势，提高经济效益和活力，占领未来的低碳技术和产品市场，赢得国际政治主动权并增强其国际影响力。尽管减少碳排放是发展低碳经济的基本目标，但毫无疑问，提高经济竞争力和获取政治优势是其主要驱动因素。欧盟其他国家以及日本等世界主要发达经济体，也基于各自在能源、环境、产业、政治等方面的优势及其全球战略，不断在"低碳经济"的各个领域取得进展，通过多种模式引领全球低碳发展的潮流（参见第三章）。

美国应对气候变化的重点是转变能源战略和能源利用方式。美国在奥巴马总统上台后的动向值得特别关注。在奥巴马刚刚宣布的经济刺激计划中，能源相关产业占据核心地位；同时在他公布的能源政策中，提出了节能和提高能效、发展可再生能源和清洁替代能源、投资新能源和清洁能源技术研发、改变过度依赖石油进口状况、减少温室气体排放等一揽子综合能源改革和转型措施。这不仅沿袭了美国过去关注清洁能源技术的一贯做法，更重要的是把能源发展、应对气候变化与经济振兴结合起来，这可能意味着美国应对气候变化新机制的产生。

必须指出的是，由于各国的社会经济背景不同，向低碳转型的起点和条件不同，追求的目标也有所差异。发达国家因为率先承诺量化减排，其发展低碳经济的目标首先是减少碳排放；而发展中国家处于经济的成长期，其目标首先是发展，而且还要提高人均能源的消费水平，在当前阶段难以将气候变化政策主流化，只能通过降低能源强度和提高碳生产率①来实现经济增长与碳减排的逐步脱钩。同时需要注意，发展低碳经济仍然存在不确定性，尤其对于发展中国家来讲，还有很多必须克服的困难和障碍。

在国际层面，发展低碳经济的不确定性主要表现在3个方面：一是成本和市场问题。目前我们还难以估算发展低碳经济需要付出的全部成本，它远非只计算采用低碳技术需要支付的直接成本那么简单；而低碳技术和产品市场的创建也需要时间，特别是在全球金融危机的背景下，现在还难以估计世界经济何时能够真正恢复，因而会降低对低碳技术和产品的需求，影响市场创建进程。尽管不少专家学者认为应对长期的气候变化可以给经济复苏带来机会（斯蒂格利茨，2009；王颖春，2008），但仍然需要时间和具体行动；而美国、中国、印度等国以何种方式加入低碳市场的创建也是非常关键的因素，但目前情况尚不明朗。二是建立公平的国际气候体制及制定中长期的应对气候变化目标。发展低碳经济在一定程度上还取决于国际气候谈判的进程及其结果，尤其取决于能否产生有全球约束力的量化减排指标、分摊方案及其配套的技术转让和资金机制（参见第六章）。三是到目前为止，虽然一些欧盟国家实现了经济增长和碳排放的脱钩，但发展低碳经济还没有获得普适性的成功经验，而已有经验对于发展中国家具有多大的参考价值也还需要实践的检验。

对于发展中国家来说，发展低碳经济的困难和障碍也是明显的，主要体现在发展阶段、国际贸易结构、经济成本、不完全市场、技术推广体系、制度安排、配套政策和管理体制等方面。从工业化国家经济发展与碳排放关系的历史演化规律看，这些国家一般都需要先后经历碳排放强度、人均碳排放量和碳排放总量的3个倒U型曲线，而不同的国家或地区碳排放高峰所对应的经济发展水平存在很大差异，说明了经济发展与碳排放之间不存在单一的、精确的演变规律。从那些跨越了碳排放高峰的发达国家或地区来看，碳排放强度高峰和人均碳排放量高峰之间所经历的时间一般为24～91年，平均为55年左右（参见第二章）。这说明在没有强制减排措施和外部支持的条件下，发展中国家可能需要较长的时间才能达到碳排放的拐点。

作为最大的发展中国家，中国发展低碳经济的机遇和挑战并存。一方面，从长远看，探索低碳发展之路不但符合世界能源"低碳化"的发展趋势，而且也与我国转变增长方式、调整产业结构、落实节能减排目标和实现可持续发展具有一致性；我们存在利用发展低碳经济的机会，使我国一些重点行业的节能减排技术取得竞争优势，甚至扮演领先者的角色，并尽早到达碳排放和能源消费的拐点，这从近几年我国开展节能减排的实践以及情景分析的研究中已得到初步证实（参见第五章）；同

---

① 单位 CO_2 排放的 GDP 产出

时一些省份和城市也表现出利用发展低碳经济转变增长模式、寻找新的增长点的积极性，并且已经开展了一些相关的试点工作（参见第七章）。

从近中期看，中国受到发展阶段的制约，实现低碳转型面临快速经济增长、国际贸易分工的低端定位、巨大的就业压力、以煤为主的能源结构、技术水平相对落后以及体制机制等方面的障碍。与此同时，作为率先崛起的发展中大国，中国正处在重要战略机遇期，存在利用各种国内外有利条件和要素组合优势较快实现跨越重化工业阶段的历史机会。在常规情况下，未来 20 年全球化石能源供应相对充足（IEA，2008；EIA，2008），而目前相对较低的能源价格也许是廉价石油时代结束前中国加速工业化的最后时机。从另一角度看，如果中国不能尽快实现包括低碳在内的发展方式转型，我们也同样面临不可持续的发展风险。例如，出口产品被征内涵碳排放的边境调节税或面临其他与气候相关的贸易壁垒。因此，中国正处于经济增长机遇和低碳转型的两难选择之中，我们必须既遵循经济社会发展与气候保护的一般规律，顺应发展低碳经济的潮流和趋势，同时还要根据我国的基本国情和国家利益，寻找一条协调长期与短期利益、权衡各类政策目标的低碳发展路径。

三　中国特色低碳道路的发展战略

（一）战略取向

中国特色的低碳发展道路应该是立足于基本国情并且符合世界发展趋势的渐进式路径，应该有一幅具备清晰的阶段目标和优先行动的发展路线图（参见第四章）。中国在"十一五"期间提出的节能减排目标已经取得了显著的进展，并为减缓气候变化做出了实质性贡献，我们需要沿着这个方向继续探索下去，并在全球金融危机的背景下采取更加稳健的策略。鉴于国家利益和应对气候变化的需求，中国特色低碳道路的战略取向包括以下 5 个方面。

（1）在可持续发展的框架下，把低碳发展作为建设资源节约型、环境友好型社会和创新型国家的重点内容，并将发展低碳经济作为走低碳之路的重要载体，纳入可持续工业化和可持续城镇化的具体实践中。

（2）把"低碳化"作为国家社会经济发展的战略目标之一，并把相关目标整合到各项规划和政策中去。近中期应该把提高能效和碳生产率作为核心，不断降低能源消费强度和碳排放强度，努力减少 CO_2 排放的增长率，实现碳排放与经济增长的逐步脱钩，通过综合措施提高适应气候变化的能力，增加自然生态系统碳汇，降低面临极端天气气候事件的风险和损失。

（3）权衡经济发展与气候保护、近期和远期目标，处理好利用战略机遇期实现重化工业阶段的跨越与低碳转型的关系，同时充分考虑碳减排与能源安全、环境保护的协同效应，有效降低减排成本。一方面，充分利用目前国内外相对较好的资源能源条件加速完成重化工业阶段的主要任务；另一方面，利用低碳商机，提高我国重点行业节能减排和低碳技术与产品的竞争力，最大限度地以低成本的清洁增长方式和现实的低碳技术实现阶段跨越，减少潜在的碳排放锁定效应的影响。

（4）加强部门、地区间的合作，吸引各利益相关方的广泛参与，发挥社会各方面的积极性，特别是通过新的国际合作模式和体制创新，共同促进生产模式、消费模式和全球资产配置方式的转变。

（5）积极参与国际气候体制谈判和低碳规则制定，为我国的工业化进程争取更大的发展空间。在近中期，通过选取合适的指标（如能源消耗强度或碳排放强度）承诺符合国情和实际能力的适当自愿减缓行动，为防止气候变暖做出新的贡献，提升负责任大国的国际形象。同时，要求发达国家继续率先大幅度减排温室气体，并建立"可测量、可报告、可核实"的技术转让与资金支持新机制。

（二）战略目标

综合各方面的研究成果（中国科学院可持续发展战略研究组，2006；姜克隽，2007；何建坤，2008），到2020年，我国低碳经济的发展目标是：单位GDP能耗比2005年降低40%~60%，单位GDP的CO_2排放降低50%左右。如果中国采取较为严格的节能减排技术（包括CCS）和相应的政策措施，并且在有效的国际技术转让和资金支持下，则中国的碳排放可争取在2030~2040年达到顶点，之后进入稳定和下降期。

（三）战略重点

走低碳发展道路，必须结合国内优先的战略发展目标和各个行业部门的自身特点，把握关键的低碳重点领域，以尽可能低的经济成本和碳排放，获取最大的共同利益，逐步实现整个国民经济的"低碳化"。需要重点关注的优先领域包括以下6个方面。

（1）结合当前节能减排的重大战略措施，针对工业生产和终端用能效率整体水平较低的局面，以及不断发展的交通和建筑领域在未来大幅增长的能源需求，开展高耗能行业的能效对标管理，抓住其他重点用能单位和部门，淘汰落后产能并强化新建项目的能效监管。

（2）要着眼于中国快速发展的工业化和城镇化进程，通过行政和经济激励手段促进技术创新，以低能耗、高能效和低碳排放的方式完成大规模基础设施建设，避免固定资产投资中碳排放的技术"锁定效应"。

（3）基于化石燃料，特别是煤炭在当前和未来我国能源结构和能源安全保障中的基础地位，在中长期能源安全和应对气候变化的背景下，优先部署以煤的气化为龙头的多联产技术系统开发、示范和 IGCC 等先进发电技术的商业化，同时结合 CCS 技术，在煤炭清洁利用等相关领域达到国际领先水平。

（4）根据中国清洁能源和可再生能源现状与未来产业发展趋势，通过市场加快进口和利用优质油气资源，探索各具特色的可再生能源在国家整体能源系统中的最优配置模式，建立健全多元化的能源供应体系，逐步转变能源结构，改善能源服务，不断提高广大农村地区必需的商品能源比例，促进能源基本公共服务的均等化。

（5）在中国的生态文明建设过程中，不仅采用区域污染物的联合减排技术，而且深入研究由土地利用、土地利用变化和林业（LULUCF）活动等所产生的农田、草地、森林生态系统的固碳作用，通过建设良好生态环境来减缓气候变化。

（6）加强气候变化的适应策略研究，制定相应的适应规划，区分敏感地区和优先适应的领域，提高农业抗灾和节水等方面的技术水平和设施能力，加强适应性管理，减轻极端天气气候事件可能造成的损失。

（四）战略措施

除上述重点外，中国特色的低碳道路还应着力于逐步构建"资源节约型、环境友好型、低碳导向型社会"，在低碳发展战略及其目标指导下，通过相关制度的安排、管理体制的完善、发展规划的制定、试点经验的积累，有序推进低碳经济发展，为我国塑造一个可持续的低碳未来。构建低碳型的社会经济体系主要从以下 4 个方面入手（参见第四章、第八章）。

1. 建立应对气候变化的法律法规体系，完善宏观管理体制

开展"应对气候变化法"的立法可行性和立法模式研究，同时在相关法律法规修改过程中，增加有关应对气候变化的条款。例如，在战略环境影响评价的技术导则中加入气候影响评价的相关规定，逐步建立应对气候变化的法律法规体系。

针对我国应对气候变化行政主管机构权威不足、能力薄弱、协调机制不健全的

现状，一方面，应充分发挥国家应对气候变化及节能减排工作领导小组和国家气候变化对策协调小组的作用，建立灵活多样的部门协调机制，针对应对气候变化的战略部署提出建议；另一方面，加强能力建设，争取更多的行政资源，并为今后政府机构调整和进一步提高应对气候变化主管机构的规格做好准备。

2．建立低碳发展的长效机制，制定有序发展低碳经济的相关政策

走低碳发展道路，制度创新是关键保障因素。中国要更加切实地在科学发展观的引领下，探索建立有利于节约能源、保护环境和气候的长效机制与政策措施，从政府和企业两个层面推动社会经济的低碳转型。针对当前许多地方，特别是一些城市发展低碳经济的热情，同时鉴于低碳经济目标的多元化和模式的多样性，应该出台相关的指导性意见，进行宏观政策引导，规范低碳经济的内涵、模式、发展方向和评价指标体系；借鉴国外低碳经济发展的经验和教训，推动低碳经济有序健康地发展；优先制定国家层面的专项规划，再选择典型区域、城市和重点行业进行低碳经济试点工作；在条件相对成熟时创建低碳市场，理顺价格形成机制，制定财税鼓励政策，结合整个税收体制改革，统筹考虑能源、环境与碳排放的税种和税率。

3．加强合作，建立健全低碳技术体系

走低碳发展道路，技术创新是核心要素。政府应详细刻画我国低碳技术发展的路线图，采取综合措施，为企业发展创造宽松的政策环境，为技术创新提供完善的制度保障，不断促进生产和消费各个领域高能效、低排放技术的研发和推广，逐步建立节能和提高能效、洁净煤和清洁能源、可再生能源和新能源以及自然碳汇等领域的多元化低碳技术体系，提高产业化发展水平，为低碳转型和增长方式转变提供强有力的技术支撑。

中国还应进一步加强国际合作，不仅要通过新的与气候相关的国际合作机制引进、消化、吸收国外的先进技术，更重要的是，通过参与制定行业的能效与碳强度的标准、标杆，开展自愿或强制性标杆管理，使我国重点行业、领域的低碳技术、设备和产品达到国际先进水平。

4．建立利益相关方参与的合作机制

低碳发展不但是政府主管部门或企业关注的事情，还需要各利益相关方乃至全社会的广泛参与。由于气候变化涉及面广、影响大，因此，应对气候变化首先需要各政府部门的参与，同时需要不同领域、不同学科专家的共同参与，加强研究，集思广益，发挥集体的智慧。

鉴于广大公众对气候变化的知识还知之不多、知之不深，应通过宣传、教育、培训，并结合政策激励，转变人们的思想观念，提高大家应对气候变化的认知和低碳意识，逐步达成关注低碳消费行为和模式的共识，进而采取联合行动，共同抵御气候变化可能带来的风险。

摘要参考文献

邓梁春，王毅，吴昌华．2007a．全球气候变化研究与应对措施：最新进展及中国的对策．气候变化展望，(1)：1～12

邓梁春，王毅，吴昌华．2007b．权衡气候变化的政策目标：全球背景下的政策制定和企业行动．气候变化展望，(2)：1～14

邓梁春，王毅，吴昌华．2008a．探索低碳发展之路：中国实现可持续发展的重要取向．气候变化展望，(1)：1～16

邓梁春，王毅，吴昌华．2008b．破解全球气候僵局：探讨应对气候变化的后京都机制．气候变化展望，(2)：1～18

丁仲礼．2008．论我国应对气候变化国际谈判的战略取向和亟待布局的研究课题（内容报告）．2008-09-16

何建坤．2008．发展低碳经济，应对气候变化．在"中丹气候变化论坛"上的大会发言．北京．2008年10月23日

姜克隽，等．2007．中国温室气体排放情景研究．见：WWF中国SNAPP项目组．气候变化国际制度：中国热点议题研究．北京：中国环境科学出版社

刘世锦，等．2006．传统与现代之间．北京：中国人民大学出版社

路甬祥．2008．以科技创新支撑我国的能源可持续发展．见：中国科学院可持续发展战略研究组．2008中国可持续发展战略报告．北京：科学出版社．i～vii

潘家华，等．2008．碳排放与发展权益．世界环境，(4)58～63

《气候变化国家评估报告》编委会．2007．气候变化国家评估报告．北京：科学出版社

气候组织．2009．中国低碳领导力：城市．2009年1月22日

秦大河．2008．气候变化科学中的时空尺度和不确定性问题．在"中国社会科学院学科交叉专题研讨会——气候变化的科学与经济问题"上的大会发言．北京．2008年12月29日

斯蒂格利茨．2009．全球经济复苏的三个路径．http://news.sina.com.cn/pl/2009-01-13/082317033320.shtml

王毅．2001．全球气候谈判纷争的原因及其展望．环境保护，(1)：44～47

王毅．2008．探索中国特色的低碳道路．绿叶，(8)：46～52

王颖春．2008．中丹论坛强调：不能因金融危机推迟应对气候变化．http://www.p5w.net/news/gjcj/200810/t1981142.htm [2008-10-30]

张坤民，等．2008．低碳经济论．北京：中国环境科学出版社

中国环境与发展国际合作委员会低碳经济课题组．2008．中国发展低碳经济途径研究．见：中国

环境与发展国际合作委员会秘书处. 中国环境与发展国际合作委员会 2008 年年会文件汇编.
2008 年 11 月 12 ~ 14 日

中国科学院可持续发展战略研究组. 2006. 2006 中国可持续发展战略报告——建设资源节约型和
环境友好型社会. 北京：科学出版社

中国科学院可持续发展战略研究组. 2008. 2008 中国可持续发展战略报告——政策回顾与展望.
北京：科学出版社

庄贵阳. 2007. 低碳经济：气候变化背景下中国的发展之路. 北京：气象出版社

Blair T. 2008. Breaking the Climate Deadlock：A Global Deal for Our Low-Carbon Future. Report to Sub-
mitted to the G8 Hokkaido Toyako Summit. The Office of Tony Blair and the Climate Group. June 2008

EIA. 2008. International Energy Outlook. Washington, DC：EIA, USDOE

IEA. 2008. World Energy Outlook 2008. Paris：IEA

IPCC. 2007a. Climate Change 2007：The Physical Science Basic. Cambridge：Cambridge University Press

IPCC. 2007b. Climate Change 2007：Impacts, Adaptation and Vulnerability. http：//www. ipcc. ch

IPCC. 2007c. Climate Change 2007：Mitigation of Climate Change. http：//www. ipcc. ch

IPCC. 2007d. Climate Change 2007：Synthesis Report. http://www. ipcc. ch/pdf/assessment-report/ar4/
syr/ar4_syr. pdf

McKinsey & Company. 2007. A Cost Curve for Greenhouse Gas Reduction. The McKinsey Quarterly.
February 2007

McKinsey & Company. 2009. Pathways to a Low-Carbon Economy：Version 2 of the Global Greenhouse
Gas Abatement Cost Curve. McKinsey & Company

Stern N. 2006. The Economics of Climate Change：The Stern Review. Cambridge, UK：Cambridge
University Press

Stern N. 2008. Key Elements of a Global Deal on Climate Change. The London School of Economics and
Political Science（LSE）. April 30, 2008

Executive Summary[*]

Climate change has become the most significant environment and development challenge to human society in the 21st century. Responding to climate change is the core task to achieve global sustainable development, both for today and for a rather long period of time from today. International negotiations on prevention of global warming and related actions not only concern human living environment, but also directly impact the modernization process of developing countries. Although the process of global climate protection depends on the consensus of our scientific awareness, political wills, economic interests, society's level of acceptance, as well as measures adopted, a low carbon development path is, undoubtedly, the critical choice of future human development.

1. The science basis of climate change and its extended political and economic implications

Global warming of the climate system has become an unequivocal fact. According to a large amount of monitoring data, global average land surface temperature has risen 0.74°C over the last century (1906 ~ 2005). And the rate of rising has been sped up. In the meantime, global average sea level has been constantly rising too. Global warming has posed serious challenge to China's climate, environment and development. In the global context of climate change, China's climate and environment is changing too. For instance, in the last century, the land surface average temperature has witnessed obvious increase; though the precipitation has not changed too much, its interdecadal variations and regional disparity have been big. In the last 50 years, there have also been major changes in the

---

* The summary was written by Prof. WANG Yi, Team Leader and Chief Scientist of the CAS Sustainable Development Strategy Study Group and Deputy Director-General of Institute of Policy and Management of the Chinese Academy of Sciences (CAS)

frequency and intensity of extreme weather and climate events (China's National Assessment Report on Climate Change, 2007).

The IPCC integrated assessment shows (IPCC, 2007a) that since 1750, human activities have been a major cause of global warming, while in the last 50 years, most of the global warming is the consequence of human activities with a probability of more than 90%, in particular from the greenhouse gases emissions due to the human use of fossil fuels. It is forecast that before the end of the 21st century, global warming will continue, and how much the temperature will rise depends on what actions humans will take. According the Third Working Group Report of the IPCC 4th Assessment (IPCC, 2007c), human actions to mitigate climate change are feasible, both economically and technologically. Actions to deploy key mitigation technologies in various sectors, adopt policy and administrative interference and shift the development pathway could all contribute greatly to mitigation of climate change. Thus, the IPCC assessment report has become the most important scientific foundation for global climate political decisions.

Over the last two decades, though climate change science has been progressing, climate research somehow remains a complicated integrated scientific field. Firstly, due to its broad coverage of subject areas and inadequacy of research, climate change seems hard to fully master. As a result, there remain many uncertainties in basic scientific research, including the basic theory of the occurrence and development of climate change, future climate change forecast and impact, regional response of climate change, as well as possibility of carbon capture and storage (CCS) (refer to Chapter 1 for details). And secondly, along with the inclusion of social sciences and various other social groups, climate change has gone far beyond the boundary of basic science, instead, evolved into a development and political issue. And it is getting more "politicized". To certain extent, scientists from different countries, in the name of protecting global climate, have all been seeking useful proofs and indicators that would potentially benefit their own national interest. This seems natural and hard to blame.

Actually, along with the international negotiation on climate change started in the 1990s, disagreements and arguments have never stopped and are expected to continue for a long time. Due to the fact that the key to prevention of climate warming is to reduce CO_2 emissions, or in other words to control the consumption of fossil fuels, as well as to increase natural carbon sink or adopt CCS technology, the nature of participating in international negotiations by the two opposite camps — industrialized countries versus developing countries — is to fight for the fair allocation of emissions and the rights of reasonable development. The fight for both political and economic interests has been rather fierce. In the current international climate regime, the UNFCCC, adopted in 1992, clearly stated "common but differentiated responsibility"; it also pointed out that "the largest share of historical and current global emissions of GHGs has originated in developed countries". In 1997, the Kyoto Protocol stipulates that the Annex I countries, major developed countries, take the lead to achieve the set emissions reduction targets for the first compliance period (2008 ~ 2012). Up till now, all the above-mentioned mechanisms in response to climate change have basically reflected the actual responsibility and obligation of various key parties.

Different from any other international negotiations, global climate politics to deal with climate change appears more complicated and complex. The balance of diverse national interests and global consensus becomes the key element to decide whether the negotiation will be effective. No single authority would be able to totally dominate the negotiation process. To stabilize the GHG emissions requires multi-party cooperation. As a result, lack of the participation of large-emission countries will greatly weaken the impact of any agreement, while superpower control and military forces become helpless in front of the global climate politics. In the meanwhile, one major feature of global climate politics is the importance of the opposite forces. In many cases, anti-climate alliances could play a key role in global environmental negotiations and negatively affect the processes. Exactly because of those factors, various camps formed around global climate negotiation are characterized with obvious geo-regional and economic characteristics. This is also where the serious disagreements exit that reflects the concerns of different nations and regions in response to climate change.

The universal voice reflected from some latest studies, including the IPCC 4th Assessment Reports, says that human society shall immediately adopt actions to lower the degree of temperature rise to the lowest possible level (e. g. 2℃). All those reports demonstrate the prominent desire of all interested parties on the basis of new and latest studies and the constantly changing political and economic context, and they together dominate the mainstream discourse (IPCC, 2007d; Stern, 2006, 2008; Blair, 2008; McKinsey & Company, 2007, 2009). Let's use the *Stern Review* as an example, published in 2006 and 2008. The Stern report emphasizes that "climate change is a serious global threat, and it demands an urgent global response"; it says that "the benefits of strong and early action far outweigh the economic costs of not acting". Even though the Report recognizes the difficulties, it tried its best to convince global society to accept the 2℃ target to control the rise of global average temperature. And this has been used as the foundation for a series of follow-up policy and mechanism design. The Report represents not only UK's views but also those of EU.

At present, the post-Kyoto international negotiation has entered a crucial period of time. The Bali Roadmap adopted at the 2007 COP13 has decided to integrate into the negotiation agenda for post-Kyoto—mitigation, adaptation, technology transfer and financing mechanism. It also expects that the measureable, reportable and verifiable actions adopted by developing countries be linked up with the technology transfer and financial support from developed countries, which shall also be measureable, reportable and verifiable. This signals a big step forward. Whether this will be achieved, of course, remains to be seen in the final negotiation. Impacted by global financial crisis and various countries' political processes (in particular the US legislation process), whether agreement will be reached at the end of 2009 in Copenhagen remains unknown. No matter what the outcome will be, the final global agreement on degree of temperature rise, or GHG stabilization concentration, as well as the mid- and long-term GHG emissions reduction targets, will be a political decision based on the compromises from various parties. And it will have a deep and long-term impact on future climate protection, economic growth and even the structure of potential strategic competition.

With China becoming the world's largest CO_2 emitter, China faces increasing pressure to reduce its emissions. Being a responsible country, China will take actions to tackle climate change. When developing its mitigation target, China will consider such factors as level of development, technology know-how, social impact, international image and a new international climate regime underpinned by fairness and effectiveness. China will move into a win-win development path to achieve climate protection, quality economic development and other related policy targets.

2. To develop low carbon economy — background, opportunities and challenges

As illustrated above, systematic solutions are required to tackle climate change, due to the complexity of global climate system as well as its coverage of broad social and economic issues. After nearly two decades' exploration, human society has realized that in order to effectively mitigate and adapt to climate change, we have to fundamentally reduce our reliance on fossil fuels, which means that we have to achieve the shift to a low carbon future from the way we produce and consume to how global assets are allocated (including industries, technology, capitals and resources) and how they are transferred. From the perspective of the limited storage capacity of GHGs in the climate system as a global public good, both high level of human wisdom and a new international climate regime to deal with market failure are required, which also demands the participation of all stakeholders and together they shall charter a new development pathway. Human society has to pay the economic prices to solve climate warming. Thus, the three flexible "mechanisms" in the Kyoto Protocol (Joint Implementation, Emissions Trading and Clean Development Mechanism) demonstrate a meaningful experiment for the Annex I countries to decrease their emissions reduction costs. What is needed is to move forward from where we are now to explore a more universally applicable mechanism that would effectively allocate the resources among the key responsible stakeholders. The low carbon development path embodies an integrated solution strategy. It aims to build up a low carbon society through low carbon economic development, tries to achieve the re-structure of all the key elements discussed above, and offers new opportunities for human society in response to climate change through collaborations.

As a fundamental venue to coordinate social and economic development, guarantee energy security and respond to climate change, development of low carbon economy is gradually gaining the needed consensus from more and more countries. Though without a fixed academic definition, the core of developing low carbon economy is to establish a development pathway that has high energy efficiency, low energy consumption and low emissions. Under a fair and effective international climate regime, the efficiency of energy exploration, generation, transmission, transformation and use is expected to be increased greatly and energy consumption greatly reduced, so that the carbon intensity in energy supply for economic growth is dramatically reduced, so are the carbon emissions from energy consumption. Through increasing carbon sink and using CCS technology, the GHG emissions from fossil fuels that are hard to reduce can be offset. In the meanwhile, through the establishment of reasonable and fair technology transfer and financial support mechanisms, developing countries can undertake the costs to shift towards low carbon patterns while being at the lowest end of the value chain in the international trade structure. The perspectives of development value need to be changed in order to promote the transition of consumption towards a sustainable and low carbon future.

The United Kingdom is the first country that put forward the concept of "low carbon economy". UK had its own historic and realistic reason for doing so. Its major purpose is to guarantee energy security, mitigate the impact of climate change, utilize the opportunities from retrofitting its energy facility infrastructure and its advantage in low carbon technology, increase its own economic efficiency and vitality, take a potentially larger piece of the future low carbon technology and products market, and obtain its leadership role in international politics as well as increase its international influence. It is obvious to see that the dominant driver is economic and political competitiveness though reduction of emissions is a primary objective. Other EU countries, Japan and other major developed countries have also gained progress around "low carbon economy" on the basis of their own advantages in energy, environment, economy and politics, as well as their own social and economic contexts and global strategy. They are beginning to lead the trend of global revolution towards a low carbon future through various strategies and models (refer to Chapter 3 for details).

Special attention shall be given to the US latest development after President Obama took office. In his newly announced stimulus package, President Obama put energy-related sectors at its core. In his energy policy, President Obama put together an integrated package of energy reform and transformation that includes energy saving and improvement of energy efficiency, development of renewable and clean alternative energy, investment in new energy and clean energy technology R & D, shifting away from its over-reliance on imported oil, and reduction of GHG emissions. This not only has inherited the country's tradition of paying primary attention to clean energy technology, but also possibly implies that a new mechanism to respond to climate change be established.

What needs to be clarified is that, due to the differences of various countries' social and economic contexts, the starting points towards a low carbon future might vary, so might the pursued goals. For developed countries that are taking the lead to commit to reduction targets, their first objective to develop low carbon economy is to reduce emissions. For developing countries whose economies are still at a fast growing stage, their first priority is development and their per capita energy consumption is expected to continue to grow. The objectives shall be multiple. At the current stage, it is hard to mainstream the climate change policies domestically. What is possible is to reduce energy intensity and increase carbon productivity in order to gradually decouple economic growth and carbon emissions. What is equally important is that there exist many uncertainties in development of low carbon economy, particularly for developing countries. Tremendous difficulties and barriers need to be overcome in the process.

At the international level, the uncertainties of developing low carbon economy include:

- Costs and markets — at this moment we could hardly be able to estimate the whole costs that are required to develop low carbon economy. It is far from being as simple as calculating the direct costs of adopting low carbon technologies. It also takes time to establish low carbon technology and product markets, especially now when global financial crisis hit everyone hard and when no one could give a good estimate about when the world economy could turn around and recover, though many experts and scholars hold that the response to the long-term climate change could bring new opportunities to economic recovery (Stiglitz, 2009; Wang Yingchun, 2008). What makes the situation more complicated now is how US, China, India and other key countries would participate in the establishment of low carbon market.

- Establishment of a fair international climate regime and mid- to long-term targets to tackle climate change — the development of low carbon economy also depends on the international climate negotiation process and its result, of which the most critical element is whether it will result in legally-biding global emissions reduction targets and the corresponding mechanisms of technology transfer and financial support (refer to Chapter 6 for details).

- Till today, even though some EU countries have achieved the decoupling of economic growth and carbon emissions, low carbon economy has not generated universally applicable successful experiences. And what those experiences mean to developing countries still needs to be figured out and tested over time.

For developing countries, the difficulties and barriers to developing low carbon economy are obvious, including current stage of development, international trade structure, economic costs, inadequate market, technology diffusion system, institutional arrangement, incentive policy and management system. From the historic evolution of the relationship between economic growth and carbon emissions in industrialized countries, most countries experienced successively the inverted U-shape curves of carbon intensity, per capita carbon emissions, and then total carbon emissions. But different countries or regions vary greatly in the economic development level or per capita GDP relative to the carbon emissions peak. This shows that there does not exist a single, exact turning point between economic growth and carbon emissions. If you examine those countries or regions that have passed the carbon emissions peak, roughly 24 to 91 years, on average 55 years, are required between the peak of carbon emissions intensity and that of per capita carbon emissions (refer to Chapter 2 for details). The point is, without strong mandatory emissions reduction measures and external support, developing countries will need relative longer time to reach the peak of carbon emissions growth and then stabilize and decrease.

As the largest developing country, China faces both opportunities and challenges to develop low carbon economy. Firstly, for a longer term, embarking on a low carbon development pathway suits the basic trend of global energy being low-carbonized. This is also in line with China's efforts to transform the way its economy grows, restructure the economy, achieve the targets of energy saving and pollutants reduction, as well as achieve sustainable development. The opportunity exists for China to develop low carbon economy so that some key sectors can gain more competitive advantage in energy saving and pollution reduction technologies. And in some cases, China can even lead the world. As a result, China can reach the turning point of energy consumption and carbon emissions sooner. And this has been proved by various scenario analyses (refer to Chapter 5 for details). In the meantime, some cities and regions have expressed their enthusiasm to shift their economic growth towards a low carbon future and seek new economic growth points. Some demonstrations and pilots are now being rolled out on the ground (refer to Chapter 7 for details).

But from short- to mid-term perspective, China is somewhat stuck in its current stage of development. To achieve the transition to a low carbon economy is challenged by rapid economic growth, being at the very end of the value chain in international trade, increasing employment pressure, energy structure that is dominated by coal, relatively lagging behind in technology development, and inadequacies in its current institutions and policies. As a large developing country that has been leading the economic rise, China is situated in the middle of an important strategic opportunity when it could surpass the heavy-chemical industrialization stage quickly by taking advantage of all kinds of favourable conditions both domestically and internationally. In the reference scenaria/case of the WEO 2008 and the IEO 2008, the world's endowment of fossil fuels is large enough to support the projected rise in production beyond 2030 but much bigger carbon emissions (IEA, 2008; EIA, 2008). However, the comparatively low price in the one to two decades may offer China the last opportunity to complete the main tasks of industrialization. On the other hand, the failure to achieve the transition to low carbon economy would potentially put China in face of a risk of unsustainability and maybe a border carbon adjustment tax in exporting. China is stuck in the middle of the choice of economic growth opportunity and low carbon economic transition. Thus, we must abide by the general rule of economic society and climate protection and go along with the trend of development of low carbon economy. In the meantime, we need to seek a low carbon development pathway that would better coordinate the long-term and short-term interests and also balance various policy targets.

3. A Low Carbon Development Strategy with Chinese Characteristics

3. 1　Strategic Approach

A low carbon development path with Chinese characteristics shall be built upon China's basic national conditions and proceed gradually in line with global development trend (refer to Chapter 4 for details). The strategy shall have clearly defined targets by phases and also development roadmap of priority actions. Five aspects shall be considered in its strategic approach, which include:

- Low carbon development shall take place in the context of sustainable development, in which the priority is to build up resource-efficient and environment-friendly society, as well as innovation-driven nation. All those shall be reflected in the practice to achieve sustainable industrialization and urbanization.

- "Low-carbonization" shall be taken as part of the national strategic target for social and economic development, with improvement of energy efficiency and achievement of the energy-saving and pollution control targets as the core for short- and mid-term. That is to lower the energy consumption intensity and increase the carbon productivity, try best to reduce the rate of increase of CO_2 emissions, and achieve a gradual decoupling between carbon emissions and economic growth. Thus the potential negative impacts and risks from climate change could be reduced through various integrated measures.

- National interest has to be the first concern, while balancing the relationship between economic development and climate protection, as well as between short-term and long-term targets. It is crucial to tackle effectively the relationship between how to use the strategic opportunity to achieve the leapfrog over the heavy-chemical industrialization and how to achieve a low carbon transition. In the meantime, integrated consideration shall be given to the co-benefits between carbon reduction and energy security and environmental protection. Opportunities shall not be missed. Firstly, China shall take full advantage of the relatively favourable resource and energy conditions, both domestically and globally, to complete its task of heavy-chemical industrialization. And secondly, the low carbon business opportunities shall be grasped to increase China's competitiveness in energy saving and pollution reduction, as well as low carbon technology and products in key sectors, in order to avoid the potential lock-in effect during the leapfrogging process.

- Low carbon development demands sectoral and regional collaboration and attract the broad participation from various interested parties, so that all forces in the society can play their roles actively, especially through a new international cooperation model and mechanism innovation, so that the transition can be achieved jointly in production and consumption patterns, both in China and globally.

- China shall actively participate in international climate regime negotiation and rule setting in order to gain more development space in the industrialization process. China could also demonstrate its political will to reduce emissions by committing to appropriate targets (such as energy consumption intensity or carbon emissions intensity) in accordance with its own national conditions and its actual capability. This will showcase China's actual contribution to mitigate global warming while elevating China's international image as a large responsible nation. In the meantime, developed countries should be asked continuously to take the lead to reduce GHG emissions by a big margin, and establish a new mechanism to support developing countries in technology transfer, financing and capability-building in a "measurable, reportable and verifiable" way.

3.2　Strategic Targets

Integrating all kinds of studies (Sustainable Development Strategy Study Group of the Chinese Academy of Sciences, 2006; Jiang Kejun, 2007; He Jiankun, 2008), we propose that, by 2020, China's low carbon economic development target be set at 40% ~ 60% reduction of energy consumption per unit of GDP over the 2005 level, and CO_2 emissions per unit of GDP be decreasing by about 50%. With support of reasonable and fair technology transfer and financing mechanism, if more restrictive policy and measures were adopted for energy saving and carbon reduction (including CCS), China's carbon emissions could be expected to peak between 2030 and 2040, and then stabilize and start to decline afterwards.

3.3　Strategic Focuses

Taking a low carbon development path must link up with domestic priority strategic development targets and the real-life conditions of each sector. Special attention shall be paid to grasping key low carbon areas in order to gain the maximum co-benefits through the lowest possible costs and carbon emissions, thus to achieve, gradually, the "low-carbonization" of the whole national economy. The priority areas that need special attentions include:

- Conducting energy efficiency benchmarking management for those high energy-consuming industries, in line with the current key strategic measures of energy saving and pollution reduction to tackle the low energy efficiency problem in industrial production and end-use energy consumption, as well as the future potential large scale rise of energy demand from rapidly growing transport and building sectors. Attention shall also be given to other major energy-consuming units and departments, phase-out of outdated production unit and strengthening energy efficiency regulation for newly constructed facilities and buildings.
- Any large-scale infrastructure construction shall be completed by low energy consumption, high energy efficiency and low carbon emissions in the process of China's rapid industrialization and urbanization. This is to avoid the potential lock-in effects in asset capital investments.
- Speeding up the development and demonstration of poly-generation technology that is led by coal gasification and commercialization of IGCC technology, in the context of mid- to long-term energy security and responding to climate change. This is based on the consideration that coal in China will continue to hold its basic position in future energy structure and energy security guarantee. In the meantime, China shall combine its clean coal technology with CCS and achieve a leadership position in global clean coal technology application.
- Exploration of a best model when renewable energy will be most effectively used in

the nation's whole energy system in accordance with China's current and future trend of clean energy and renewable energy development. A better and diverse energy supply system shall be established to gradually change the energy structure, improve energy service, continuously increase the proportion of commercial energy that is needed by the wide-spread rural areas, and promote the equity principle in basic public energy services.

- Combined technologies to reduce regional pollutants shall be adopted in the process of China's eco-civilization construction. In-depth studies of how to achieve the carbon sink benefits from forest and land use shall be conducted, in order to achieve the co-benefits in structuring favourable environment and responding to climate change, while continuously reducing the costs of pollution control.

- Studies on adaptation strategy shall be conducted and strengthened. Sectors and product design shall be the focuses, to improve adaptation capability and capacity in response to global warming and reduce the potential losses from extreme weather and climate events.

3.4 Strategic Measures

On the basis of the above-mentioned analysis, the low carbon path with Chinese characteristics shall also focus on gradually setting up "resource-efficient, environment-friendly and low-carbon oriented" society. Guided by low carbon development strategy and its targets, efforts shall be made to develop relevant institutional arrangements, improve management system, stipulate development plan, accumulate experience from demonstrations and pilots, and push forward low carbon economic development in an orderly manner, so that a sustainable and low carbon future can be shaped for China.

Four major aspects are the key starting points to structure a low carbon social and economy system (refer to Chapters 4 and 8 for details).

3.4.1 Establish a legal and regulatory framework addressing climate change and improving the macro management system

The legislative feasibility and legal model of "Law to Address Climate Change" shall be debated and articulated. Also in the legislation process of other laws and regulations, articles related to response to climate change shall be included. For instance, a technical guideline of strategic environmental assessment shall include articles related to climate change impact assessment. A legal and regulatory framework of responding to climate change will gradually emerge.

Due to the fact that China's administrative authority in charge of climate change remains weak and lacking capability, firstly, the two existing groups — the Leading Group of the State's Response to Climate Change and Energy Saving and Pollution Reduction Work and the State's Climate Change Countermeasures Coordination Group — shall play their full roles when more flexible and diverse departmental coordination mechanism is established; and the two groups shall put forward strategic measure recommendations in response to climate change; and secondly, capacity building shall be strengthened and more administrative resources shall be allocated, so that better preparation is made for the next round government restructuring to further improve the administrative level of the government department in charge of climate change.

3.4.2 Establish Long-acting Mechanism framework of low carbon development and stipulate related low carbon development policies in an orderly manner

Institutional innovation is the key to embarking on a low carbon development path. China shall become more pragmatic in developing long-term incentive mechanism and policy measures that are in favour of energy saving, environmental protection and climate protection, guided by the balanced development framework, and achieve the low carbon transition at government and business levels. At this moment, many regions and cities have expressed their interest and enthusiasm toward low carbon development, as well as the complexity of low carbon economy and the diversity of models, related guidelines shall be rolled out to guide the macro policy, and regulate the content, model, direction of development and assessment indicator system of low carbon economy. Experiences and lessons from other countries can be examined and learned in order to move forward low carbon development in an orderly and healthy manner. Special planning and program shall be developed at national level, and then some representative regions and cities, as well as some key sectors can be selected for low carbon piloting purpose. When the market matures, low carbon markets shall be set up through regulating the pricing mechanism and stipulating fiscal and incentive policies.

3. 4. 3 Strengthen collaboration and establish a healthy low carbon technology system

Technological innovation is the core element in low carbon development. Government shall adopt integrated measures to offer relaxed and favourable policy environment for businesses to develop, create and provide better institutional guarantee for technological innovation. As a result, the R & D and diffusion of high energy efficiency and low carbon emissions technologies can be strengthened in both production and consumption. And a diverse low carbon technology system will be gradually built for energy saving and energy efficiency, clean coal and clean energy, renewable energy and new energy, as well as carbon sinks. The level of commercialization will be improved. Thus a strong technological foundation will be provided for low carbon transition and shift of the ways of economic growth. China shall also further strengthen international collaboration, not only through the climate-related international cooperation mechanism to import, absorb and adopt advanced technologies from other countries, but more importantly, through participating in the stipulation of related international sectoral energy efficiency standards and standard of carbon intensity, as well as benchmarking. China could consider voluntary or mandatory benchmarking management to elevate some key low carbon technologies, equipment and products to international leadership level.

3. 4. 4 Establish collaboration mechanism with all stakeholders' participation

Low carbon development is not the thing just for government or business; instead, it requires all related stakeholders' as well as the whole society's participation. Due to the fact that there exist some inadequacies in the general public's awareness on climate change, publicity, education and training are required in combination with policy incentives to transform the public's perception and thinking, increase the public's awareness on response to climate change, and gradually reach consensus on focusing on low carbon consumption behaviours and models. Joint actions with all the stakeholders are needed to resist the potential risks from climate change.

(See References in Chinese version)

目　　录

第一部分　主题报告——探索中国特色的低碳道路

CONTENTS

Part One Main Report—China's Approach towards a Low Carbon Future

Part Two Ecological Environment of Material and Resource and Environmental Insurance

第一部分 主题报告

——探索中国特色的低碳道路

第一章

全球气候变化的趋势、影响与对策[*]

　　20 世纪后半叶以来，以气候变暖为主要特征的全球气候变化问题日益成为国际社会关注的焦点，并且已成为毋庸置疑的事实，这可以由古气候变化记录和现代气候变化的观测结果予以充分证明。现有的气候变化预测结果也表明，至 21 世纪末，全球气候系统还将持续变暖，全球平均地表温度可能将上升 1.1 ~ 6.4℃，全球平均海平面可能提高 0.18 ~ 0.59 米。人类正面临着气候变化所带来的重大挑战。

　　全球气候变化将对地球自然生态系统、人类的生产生活等产生一系列的可以预期和不可预期的影响。由于不同的国家和地区在所处的地理位置、气候变化的响应、经济社会的发展水平、社会保障体系的完备程度等方面存在显著的差异，全球不同地区的人们受气候变化冲击和影响的程度也具有一定的差异性。

　　目前在气候变化的发生与发展机理、未来气候变化的预测等方面还存在一定的不确定性。但主流的观点认为，目前所观测到的气候变化主要来自于人类活动的影响，其中，最突出的表现是由于人类活动导致的大气温室气体浓度增加引发了全球

---

　　* 本章由张志强、曲建升、曾静静执笔，作者单位为中国科学院国家科学图书馆兰州分馆（中国科学院资源环境科学信息中心）

地表平均温度的升高，进而引发了水资源分布变化、海平面上升等更严峻的问题。

CO_2、CH_4 和 N_2O 等是导致全球温度升高的主要温室气体，其中，又以 CO_2 的作用最为重要。自工业革命以来，人类社会（特别是工业化国家）由于化石燃料的大量使用，已经累计排放了至少 1.22 万亿吨 CO_2。大气中 CH_4 和 N_2O 等的浓度也大幅上升。因此，减少 CO_2 等温室气体成为减缓全球气候变化的重要选择。

《联合国气候变化框架公约》及《京都议定书》是国际社会分配温室气体减排义务和排放空间、应对气候变化的基本制度安排。随着《京都议定书》的第一个承诺期于 2012 年到期，制定后京都时代的全球温室气体减排新协议，成为当前正在进行的国际气候谈判的关键议题。尽管减少温室气体排放、应对气候变化是人类的共同责任，但由于温室气体减排涉及各国和地区的经济和政治利益，因此，在制定新的国际温室气体减排协议的国际气候谈判中，存在着各有关国家和地区之间复杂的政治较量和利益博弈。

应对气候变化，既有以降低人类活动的驱动和影响为核心的气候变化减缓行动，也有以提高防御和恢复能力为目标的气候变化适应行动。其中，以提高能源利用效率、改善能源结构、降低能源消耗、发展低碳技术、转变发展模式为标志的低碳发展道路是人类应对未来气候变化严峻挑战的根本性选择。

一 气候变化的科学认识

（一）气候变化的由来

当前以全球变暖为主要特征的气候系统变化问题最早可以溯源到 19 世纪初期。1827 年，法国数学家傅立叶（Fourier, 1827）首先发现地球大气层吸收了本来会散射到太空中的热量而使地球温差不至太大，并据此提出了"温室效应"的概念。1860 年，爱尔兰籍英国科学家约翰·廷德尔发现造成温室效应的因素不是大气里主要的 N_2 和 O_2，而是比较少量的其他各种气体，特别是水汽、CO_2 和 CH_4，于是人们就把这些气体称做"温室气体"。

真正对 CO_2 导致地球变暖的权威分析来自瑞典化学家阿累尼乌斯（Svante Arrhenius，1903 年诺贝尔化学奖获得者），他在 1896 年对人类排放温室气体的温室效应进行了估算，指出人类煤炭消费产生的 CO_2，将会造成气温的轻微上升，长期积累下去就会产生显著的影响，如果 CO_2 的浓度增加一倍，全球气温将上升 5℃（后来调整为 4℃）。这一计算结果与现在的评估结果相差并不远。最近的一些评估结果显示，在 CO_2 水平增加一倍之后，全球各地的温度将升高 1.5 ~ 6℃ （King，2006）。美国地理学家亨丁顿 1907 年在《亚洲的脉动》（Huntington，1907）中首次提出"气候变化"的概念，并阐述了气候变化对人类文明的影响（Berry，1923；Brooks，1926；Dachnowski，1922；Penck，1914；Lamb，1995；Fleming，1998）。气候变化本身应该是自然和人为影响共同作用的结果。

在 20 世纪后半叶，随着人类活动影响的范围不断拓展和程度不断加深，环境问题日益突出，特别是 20 世纪 60 年代左右的几次变冷事件及随后持续的变暖趋势，使人们日益认识到气候变化问题的严重性和紧迫性。自 20 世纪 70 年代后期开始，国际上应对气候变化的政策和行动不断得以确立，如 1980 年的"世界气候研究计划"（WCRP）、1985 年签订的《保护臭氧层维也纳公约》、1987 年的"国际地圈生物圈计划"（IGBP），以及 1992 年通过的以降低人类活动对气候系统的影响、协调国际社会减缓气候变化行动为目标的《联合国气候变化框架公约》（UNFCCC）和 1997 年以量化温室气体减排义务为主要内容的《京都议定书》等（表 1.1）。这些政策和行动计划形成了国际上开展气候变化科学研究与应对行动的框架（曲建升等，2008）。

表 1.1　气候变化科学领域主要的国际研究计划和政策

	计划和政策名称	启动时间	执行信息
国际研究计划	世界气候研究计划（WCRP）	1980 年	由国际科学联合会理事会（ICSU）、世界气象组织（WMO）、联合国教科文组织政府间海洋委员会（IOC）联合资助
	国际地圈生物圈计划（IGBP）	1987 年	由国际科学联合会理事会（ICSU）发起
	国际全球大气化学计划（IGAC）	1988 年	由国际地圈生物圈计划（IGBP）与国际大气化学和全球污染委员会（CACGP）共同资助
	过去的全球变化研究计划（PAGES）	1991 年	国际地圈生物圈计划（IGBP）的核心计划
	上层海洋－低层大气研究计划（SOLAS）	2003 年	国际地圈生物圈计划（IGBP）和海洋研究科学委员会（SCOR）的核心计划
	陆地生态系统与大气过程综合研究（iLEAPS）	2004 年	国际地圈生物圈计划（IGBP）的核心计划
	全球碳计划（GCP）	2001 年	地球系统科学联盟（ESSP）的核心计划
	全球气候观测系统（GCOS）	1992 年	由世界气象组织（WMO）、联合国教科文组织政府间海洋委员会（IOC）、联合国环境规划署（UNEP）和国际科学联合会理事会（ICSU）共同资助

续表

	计划和政策名称	启动时间	执行信息
国际研究计划	美国气候变化科学计划（CCSP）	2001 年	是美国于 1990 年设立的美国全球变化研究计划（USGCRP）的继承和发展
	英国气候影响研究计划（UKCIP）	1997 年	由英国发起的国家气候变化研究计划
	亚马孙流域大尺度生物圈–大气圈实验（LBA）	1995 年	巴西发起，美洲一些国家以及国际地圈生物圈计划（IGBP）等国际组织广泛参与
	季风亚洲区域集成研究计划（MAIRS）	2006 年	中国科学家发起和执行的地球系统科学联盟（ESSP）的第一个区域集成研究计划
国际法规和体制	保护臭氧层维也纳公约	1985 年	由联合国发起，该公约目标是保护人类健康和环境，使其免受臭氧层变化所引起的不利影响
	蒙特利尔议定书	1987 年	全名为《蒙特利尔破坏臭氧层物质管制议定书》，旨在有效降低破坏臭氧层的氟氯化碳等物质的排放
	联合国气候变化框架公约	1992 年	联合国发起，是国际社会应对人类活动导致气候变化行动的重要框架
	京都议定书	1997 年	由《联合国气候变化框架公约》（UNFCCC）缔约方签订的，旨在采取有效措施限制发达国家的温室气体排放，以抑制全球变暖

20 世纪 70 年代以来，也是气候变化研究不断深入、研究方法不断发展、研究成果不断积累的时期（Korec，1975；Lamb，1966；Mendonca，1979；Ausubel et al.，1980；Firor，1990；Trenberth，1989；葛全胜等，1989）。气候变化的研究领域也不断扩展，逐步从大气科学领域向交叉和综合科学领域发展。1975 年，"气候系统"作为一个科学概念被科学界接受，标志着气候变化不再仅是与气候学有关的科学问题，而是一个跨学科的科学主题，与气象学、海洋学、地质学、冰川学、生物学和新技术等诸多学科有着密切联系（WMO-ICSU Joint Organizing Committee，1975），但此时气候变化仍是属于自然科学领域的名词。

自 20 世纪 90 年代开始，随着国际社会对全球变化、气候变化和全球环境变化等所指的环境问题的更加关注，以及在《联合国气候变化框架公约》框架下逐步发展的国际性的气候变化减缓和适应行动，使气候变化问题跨越科学的界限，成为与政治、外交、经济、健康等密切相关的复杂主题（Zwerver et al.，1995；Arrhenius et al.，1990；Lawrence Livermore National Laboratory，1990），气候变化、温室气体、全球变暖等已经成为全球性的公共问题甚至国际政治核心问题。2007 年 10 月 12 日，当挪威诺贝尔委员会宣布将 2007 年度诺贝尔和平奖授予致力于气候变化科学评估的政府间气候变化专门委员会（IPCC）和致力于传播气候变化知识的美国前副总统戈尔之时，气候变化问题无疑成为当今世界的最强音。更多的国家、组织和公众已经汇集到应对气候变化挑战的旗帜下，"在气候变化超出人类的控制之前，人类必须立即行动起来了"（Nobel Foundation，2007）。

（二）气候变化的事实

1. 古气候变化记录

气候系统是地球系统中最为活跃的组成部分之一，从地质历史来看，地球一直以来就经历着冷—暖和干—湿等一系列的自然变化，而且不排除在某一时期存在比现在更适宜或更恶劣的地球气候。科学家利用冰芯、深海沉积物、石笋、黄土剖面、湖相沉积、珊瑚以及树轮等一些古气候代用记录来发现、重建古气候条件，从而使人类对过去的气候变化有了日益深入的认识，而这将有助于确定对目前和未来气候变化的应对战略。

来自古气候研究的成果表明，20 世纪后半叶北半球平均温度很可能比过去 500 年中任何一个 50 年时段更高（IPCC，2007a），也可能是至少在最近 1300 年中最高的（National Research Council of the National Academies，2006）。这些结论得到了包括树轮、冰芯和珊瑚等气候代用记录的支持。尽管由于资料的扩充、测点的大量增加和分析方法的改进，古气候研究的不确定性已大为减少，但与 1850 年以来的高质量器测记录相比，古气候资料在时间和空间上均显得不足。因此，主要使用统计方法建立的这一时期北半球平均温度序列也会存在一些不确定性。如 Mann 认为在过去 1000 年中北半球温度总体呈稳定变化，只是最近 100 多年以来才开始快速升高，并给出了类似"曲棍球棒"的温度变化曲线（Mann et al.，1999；IPCC，2007a），这一观点受到了持不同观点科学家的批评，认为其以较短的时间尺度、模糊的温度变化范围来证明当前的温度升高是不准确的（S. 弗雷德·辛格等，2008）。

在距今 1.1 万～0.5 万年，由于地球轨道参数的变化，北半球山地冰川发生了一次显著的退缩事件，但当时冰川退缩的规模比 20 世纪末要小得多。距今约 12.5 万年的末次间冰期，由于格陵兰冰盖和北极冰原融化等原因导致全球平均海平面可能比 20 世纪高 4～6 米，其中，格陵兰冰盖和北极冰原融化所造成的海平面上升可能不超过 4 米，南极对海平面上升或许也有所贡献。冰芯资料显示，当时北极平均温度比现在高 3~5℃，这是由地球轨道参数变化造成的。另外，一些研究工作也证明末次冰期冰盛期（LGM，距今约 2.1 万年）和全新世大暖期（距今约 0.6 万年）与当前的气候变暖不同，前者主要与地球轨道参数的变化有关，后者主要是由全球辐射强迫变化造成的（IPCC，2007a；秦大河等，2007）。

古气候资料也提供了许多区域气候变化的证据。例如，过去的厄尔尼诺－南方涛动（ENSO）事件的强度和频率亦存在变化，许多古气候突变很可能与大西洋经向翻转环流（meridional overturning circulation，MOC）的变化有关，亚洲季风的强度及季风降水量也会发生突变。非洲北部和东部及北美等地的古气候记录表明，过去 2000 年中在各地发生的持续几十年或更长时期的干旱具有准周期性气候特征，目前在北美和非洲北部出现的干旱也并非前所未有。

2. 现代气候变化事实

IPCC 第四次评估报告（IPCC，2007a；IPCC，2007b；IPCC，2007c；IPCC，2007d；秦大河等，2007）综合评述了大气圈、水圈和冰冻圈的变化，并深入讨论了大气环流形态变化等相关的现象，指出全球气候变化是气候系统的变化，气候系统正在变暖是毋庸置疑的事实，并且 90% 以上的可能是由人类活动造成的。

过去 100 年（1906~2005 年）全球平均地表温度上升了 0.74℃（图 1.1），这一观测结果更新了 2001 年 IPCC 第三次评估报告给出的过去 100 年（1901~2000 年）上升了 0.6℃的研究结果。自 1850 年以来最暖的 12 个年份中有 11 个出现在 1995~2006 年（1996 年除外），过去 50 年的地表升温率几乎是过去 100 年的两倍。1961 年以来的观测结果表明，全球海洋温度的增加已延伸到海面以下至少 3000 米的深度，海洋已经并且正在吸收 80% 以上增加到气候系统的热量，这一增暖引起海水膨胀，并造成海平面上升。在 20 世纪，全球海平面已上升了约 0.17 米。

在大陆、区域和海盆尺度上已观测到气候系统的长期变化，包括北极温度与冰的变化，降水量、海水盐度、风场以及干旱、强降水、热浪和热带气旋强度等极端天气方面的变化，具体如下。

（1）近 100 年来北极平均温度几乎以两倍于全球平均速率的速度升高。

（2）1978 年以来北极海冰面积以每 10 年 2.7% 的平均速率减少。

（3）20 世纪 80 年代以来北极多年冻土层顶部温度上升了 3℃。

（4）北半球自 1900 年以来季节冻土覆盖的最大面积已减少了约 7%。

（5）许多地区观测到降水量在 1901~2005 年存在变化趋势，北美和南美东部、欧洲北部、亚洲北部及中部降水量显著增加，而萨赫勒、地中海、非洲南部、亚洲

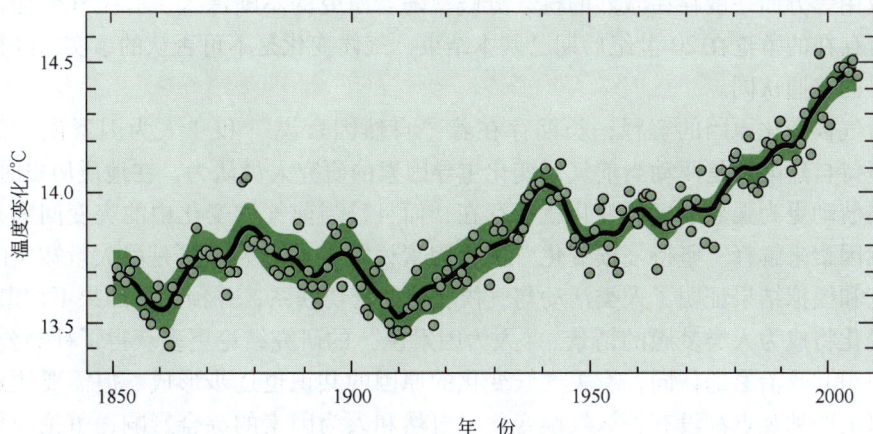

图 1.1　工业革命以来全球地表温度变化（IPCC，2007a）

南部部分地区降水量减少。

（6）20 世纪 60 年代以来，南、北半球中纬度西风在加强。

（7）20 世纪 70 年代以来在更大范围内，尤其是在热带和亚热带，观测到了强度更强、持续时间更长的干旱。

（8）近 50 年来强降水事件的发生频率有所上升，陆地上大部分地区强降水发生频率在增加，中国强降水事件也在增加。

（9）近 50 年来已观测到了极端温度的大范围变化，冷昼、冷夜和霜冻已变得较为少见，而热昼、热夜和热浪则更为频繁。

（10）热带气旋（台风和飓风）每年发生的次数没有明显变化趋势，但从 20 世纪 70 年代以来全球呈现出热带气旋强度增大的趋势，强台风发生的比例增加，其中在北太平洋、印度洋与西南太平洋增加最为显著，强台风出现的频率，由 20 世纪 70 年代初的不到 20% 增加到 21 世纪初的 35% 以上。

（三）气候变化的原因

人类自诞生以来即成为地球系统中的组成部分，而且随着人类活动在土地覆盖变化、污染物排放、对自然生态系统的破坏、对自然资源的攫取等方面影响的日益扩大，人类改变地球系统功能的作用逐渐增强，尤其在工业革命以后，人类社会已经成为地球系统中具有重要影响的子系统。

但在气候变化是否真实存在、气候变化的驱动因素及其作用、气候变化减缓措施的效用等方面一度存在激烈的科学分歧。随着研究的不断深入，有关气候变化问题是否存在的争论在 20 世纪后期已基本结束，气候变化是不可否认的事实已经得到科学界的普遍认同。

对气候变化原因的解释，长期存在着"自然因素说"和"人为因素说"的争论。坚持自然因素是驱动当前气候变化主导因素的研究人员认为，在地质历史时期，比当前波动更为强烈的气候变化就曾存在，而且，当前气候变化中的突变问题只能以自然因素来解释。坚持气候变化"人为因素说"的研究人员更是以大量翔实的对比研究和模拟结果证明了人类活动与气候变化的密切联系，并预测了如果不加遏制，气候变化将成为人类梦魇的情景。"人为因素说"的研究结论更多获得了社会公众、民间组织和政治家的认同，有关气候变化的原因的共识也逐步形成。但需要注意的是，以上两种观点都没有否认气候变化中自然和人为因素的综合影响，争论的焦点更多是孰轻孰重的问题。

通过 IPCC 先后四次评估报告中的不同阐述，可以看出科学界对气候变化原因的科学认识的发展。1990 年的第一次评估报告指出，观测到的温度升高可能是自然活动或人类活动或两者共同造成的；1995 年的第二次评估报告指出，有明显的证据可以检测出人类活动对气候的影响；2001 年的第三次评估报告第一次提出，新的、更有力的证据表明，过去 50 年观测到的全球大部分增暖可能由人类活动产生的温室气体浓度的增加引起；2007 年第四次评估报告中进一步提高了最近 50 年气候变化主要是由人类活动引起的可信度（由原来的 66% 的最低限提高到了目前的 90%），指出人为导致的温室气体浓度增加"很可能"（90% 以上的可信度）是导致气候变暖的主要原因（IPCC，1990；IPCC，1995；IPCC，2001；IPCC，2007a；IPCC，2007b；IPCC，2007c；秦大河等，2007）。

温室气体浓度的大幅升高，使全球温室效应明显增强。综合美国橡树岭国家实验室 CO_2 信息分析中心（CDIAC）、世界资源研究所（WRI）和美国能源部能源信息管理局（EIA）的数据，自第一次工业革命以来，1751～2006 年全球累计排放了 1.22 万亿吨 CO_2（图 1.2）。与人类活动排放的温室气体量骤增相对应，自 1750 年以来，全球大气 CO_2、甲烷（CH_4）和氧化亚氮（N_2O）浓度也显著增加，目前总浓度已远远超出了根据冰芯记录得到的工业革命前几千年内的浓度值（图 1.3）。其中，CO_2 是最重要的人为温室气体，全球大气 CO_2 浓度已从工业革命前（1750 年）约 280 毫升/立方米（ppm），增加到了 2007 年的 383 毫升/立方米（ppm），远远超过了过去 65 万年来自然因素引起的变化范围。全球 CH_4 浓度也从工业革命前的 715 微升/立方米（ppb）增加到了 2007 年的 1789 微升/立方米（ppb）。全球 N_2O 浓度在工业革命前为 270 微升/立方米（ppb），到 2007 年也升高到了 320.9 微升/立方米（ppb）

（World Meteorological Organization，2008）。

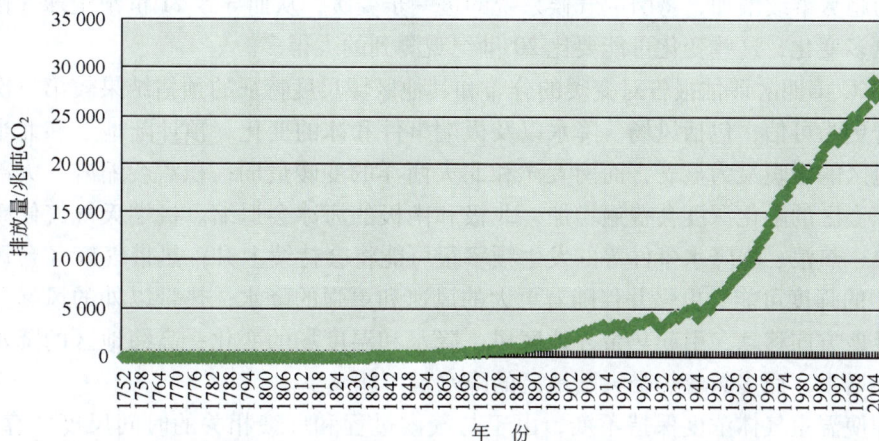

图 1.2　工业革命（1751 年）以来全球温室气体排放量增加趋势

数据来源：CDIAC、WRI 和 EIA 的温室气体数据库

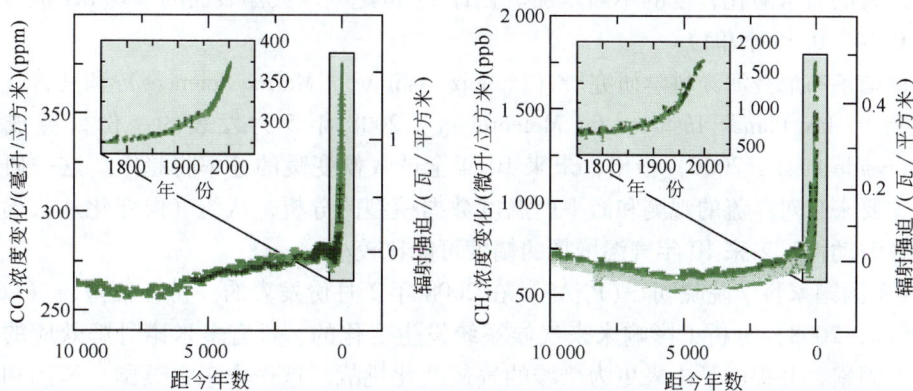

图 1.3　过去 1 万年以来大气中 CO_2 和 CH_4 浓度的变化（IPCC，2007a）

（四）气候变化的预测

IPCC 第四次评估报告运用全球 14 个模式中心的 23 个全球气候系统模式对全球气候变化的数值模拟预测结果表明（IPCC，2007a），到 21 世纪末，全球地表平均增温幅度将达到 1.1～6.4℃，全球平均海平面上升幅度约为 0.18～0.59 米。在未来 20 年中，气温大约以每 10 年上升 0.2℃ 的速度升高，即使所有温室气体和气溶胶浓

度稳定在 2000 年的水平，全球地表温度每 10 年也将增暖 0.1℃。若温室气体浓度以目前的趋势继续增加，将引起气候系统的进一步变暖，从而导致 21 世纪全球气候系统的更多变化，这些变化可能要比 20 世纪观测到的大得多。

IPCC 第四次评估报告对变暖的分布和其他区域尺度特征的预估结果较第三次评估报告更为可信，包括风场、降水以及极端事件和冰的变化。预计陆地上和北半球高纬地区的增暖最为显著，而南大洋和北大西洋的变暖最弱；积雪会缩减，大部分多年冻土区的融化深度会普遍增加，北极和南极的海冰会退缩。极端天气气候事件如酷热、热浪、强降水事件等的发生频率很可能将会持续上升；热带气旋（台风和飓风）的强度可能会更强并伴随着更大的风速和更强的降水；热带以外的风暴路径会向极地方向移动，引起热带外地区风、降水和温度场的变化；高纬地区的降水量很可能增多，而多数亚热带大陆地区的降水量可能减少。

即使温室气体浓度保持不变，由于与气候过程和反馈相关的时间尺度的存在，人类活动引起的变暖和海平面上升将会持续数个世纪。海洋和陆地生物圈对 CO_2 吸收的自然过程可以清除 50%~60% 的人为排放的 CO_2 量，但海洋对人为 CO_2 的吸收会导致表层海水酸化程度的不断增加。预计 21 世纪全球大洋表面的平均 pH 值将会降低 0.14~0.35 个单位。

德国莱布尼兹海洋科学研究所（Leibniz Institute of Marine Sciences）和马普气象研究所（Max Planck Institute for Meteorology）2008 年 5 月发表的一份研究成果（Keenlyside et al.，2008）指出，未来 10 年全球气候变暖的速率将趋缓。这一研究结论主要来自对洋流的观测和海平面温度数据模型的分析，认为气候变化从长远来说存在波动性，未来 10 年气温增加的幅度可能比较小。

《美国国家科学院院刊》（PNAS）在 2008 年 2 月份发表的一份评估报告（Lenton et al.，2008）分析了影响未来气候系统发生变化的、具有多米诺骨牌效应的关键临界因素，并提出了未来更为严峻的气候变化挑战。这份由来自英国、德国和美国等国家或地区的 52 位气候学家联合完成的研究成果认为，这些因素的变化一旦突破"翻转点"（tipping elements），将引发更为严峻的气候系统变化并带来不可逆转的影响。这份报告提出，北极夏季海冰消融很快会达到"翻转点"，进而加速融化直至完全消失；格陵兰岛冰盖可能在 300 年后完全消融，但其消融的速度将在 50 年后达到"翻转点"并进入快速消融阶段；大洋环流停止的概率虽然非常低，但从科学上是存在可能性的，而且其潜在威胁非常大；西伯利亚地区和加拿大一些由耐寒植物组成的针叶林可能逐渐消失；亚马孙热带雨林也将因全球气温升高和不断遭到砍伐而最终从地球上消失。

有关气候变化的预测中仍然存在一些不确定性，包括资料方面的不确定性、气候变化机制方面的不确定性和预测方面的不确定性等。例如，城市热岛效应是资料中最大的误差来源，特别是一些最近几十年快速发展的城市，其热岛效应的误差没有很好地得到检查和排除；资料覆盖面也很不完善；地面观测温度在 1979～1999 年的趋势是 0.19℃/10 年，但覆盖全球的卫星观测资料（反映对流层低层到中层）的趋势只有 0.06℃/10 年；海洋在气候变化中的作用需要更深入的研究；利用代用资料来估计全球温度的变化带来的不确定性较大（龚道溢等，2002）等。

（五）气候变化的不确定性

人类对气候变化的原因、事实及其趋势的科学研究是增进对气候变化认识和决策的重要基础，目前的气候变化研究虽然不断取得新的认识、新的结论和新的预测，但由于气候系统的复杂性，气候变化研究中仍然存在比较大的不确定性。气候变化研究在很大程度上也是围绕降低气候变化研究和认识上的不确定性而展开的。如在 20 世纪后期，最大的不确定性是气候变化是否真实存在，但随着科学研究的发展，科学界、政治家和社会公众已经普遍认同气候变化是一不容忽视的事实。目前气候变化研究中主要的不确定性包括气候变化研究的数据与资料、气候变化的演变机制、气候变化模型模拟研究、极端气候变化或气候突变的概率与机理、气候变化的预测等方面的不确定性。

IPCC 第四次评估报告也指出了当前气候变化研究中关键的不确定性问题（IPCC，2007a）。

（1）尚未充分认识气溶胶对云特性改变的全过程，对其相关间接辐射效应强度尚无很好的定论。

（2）对平流层水汽变化的原因及其辐射强迫仍不能很好量化。

（3）对 20 世纪气溶胶变化产生的辐射强迫的地理分布和时间变化仍不能进行很好的特征表述。

（4）对大气 CH_4 浓度增长率最近变化的原因仍然缺乏充分的认识。

（5）对自工业革命以来对流层臭氧浓度增加的不同因子的作用仍不能进行很好的特征表述。

（6）对产生辐射强迫的地表特性和陆地 - 大气相互作用仍不能进行很好的量化。

（7）有关百年尺度的历史太阳变化对辐射强迫贡献的知识并非建立在直接测量的基础上，因此在很大程度上依赖于对物理过程的认识。

（8）存在相对于给定的 CO_2 当量稳定浓度情景下气候敏感性的不确定。

（9）气候模式对不同过程反馈的强度估计尚不确定，特别是对云、海洋热吸收以及碳循环的反馈过程，气候模式对温度以外的其他变量以及小尺度的预估结果也具有较大的不确定性。

（10）对那些决策者关注的低概率、高影响事件的风险分析，目前仍极为有限。

此外，对于全球、洋盆（大陆）尺度以下的区域或更小尺度的气候变化仍缺少准确的描述和判断。气候变化研究不确定性的存在，会对准确把握气候变化事实、机制、影响和趋势带来影响，也会对制定和实施气候变化适应与减缓行动带来影响，甚至会影响到国际气候变化谈判。

二　气候变化的影响

（一）气候变化对自然生态系统的影响

全球气候系统的变化影响到全球水热循环格局，导致气候变暖，洪涝、干旱、飓风等气象灾害频发，破坏了地表下垫面状态，使生态环境恶化，生态系统又反馈变化，导致更频繁或更强烈的气候突变和渐变事件的发生，使生态系统做出适应性的改变，或由于无法完成自然的适应或迁移，导致原生态系统内生物多样性的重大损失。

IPCC 第四次评估报告对国际气候变化研究成果进行综合后发现，过去 30 年的人为增暖可能已对许多自然系统（包括冰雪和冻土、水文、海岸带）和生物系统（包括陆地、海洋、淡水生物系统）产生了可辨别的影响，其中的一些影响甚至是不可恢复的。尽管由于适应以及非气候因子的作用，许多影响仍然很难辨别，但区域气候变化对自然环境和生态系统造成的一系列复杂影响正在出现。

来自所有大陆和多数海洋的观测证据表明（林而达等，2007；姚华栋，2007），区域气候变化特别是温度升高已经对许多自然系统产生了影响。例如，在许多主要由冰川和积雪融水补给的河流中，径流量增大，春季洪峰提前（Boon et al.，2003）；动植物的分布向高纬度和高海拔地区迁移、生物的物候期发生改变；高纬海洋中藻类、浮游生物和鱼类的地理分布发生迁移，数量发生变化；河流中鱼类的地理分布发生变化并提早迁徙；极地部分生态系统发生变化等（IPCC，2007b）。

全球范围内，超过 80% 的物种的物候期每 10 年提前或延后了 2.3 ~ 5.1 天。仲夏之前开花的物种物候期提前，而仲夏之后开花的物种物候期延迟，导致群落植物物候期出现空白，可能引起其他物种的入侵及群落组成和结构的变化。气候变化也会威胁到生物多样性。现有中等可信度的证据显示，如果未来全球平均增温达到1.5～2.5℃（相对于1980～1999年），评估的物种中将有20%～30%可能面临灭绝的风险；如果升温幅度超过3.5℃，则有高达40%～70%的物种可能灭绝（IPCC，2007b，2007d）。

20世纪森林面积的减少是地球历史上影响最为深远、最为迅速的环境变化之一，它对地球上生物多样性的影响是机械性的和严峻的。栖息地面积的减少导致了栖息地所能支持的物种数量的减少。热带雨林尽管只覆盖了地球表面积的6%，但却是全球生物多样性最丰富的地区，热带雨林中的陆地和水生生境生存着人们所知的一半以上的物种，在气候变化的影响下，热带雨林生态系统也正发生着明显或潜在的变化，脆弱性明显增强。

海洋酸化问题已引起人们的关注。1750年以来海洋对人类碳排放的吸收，导致海水pH值平均降低了0.1，未来大气CO_2浓度的进一步升高将导致更为严重的海洋酸化问题。预估结果表明，21世纪全球海洋表层的pH值将平均降低0.14～0.35。虽然目前对海洋酸化的观测研究尚有待深化，但海洋的进一步酸化必将对海洋贝类生物带来严重的负面影响（IPCC，2007d）。

20世纪80年代以前珊瑚礁白化事件（coral bleaching）主要发生在相对小面积区域或者某一珊瑚礁区，自20世纪80年代以来开始发生大范围的珊瑚礁白化事件，并导致珊瑚礁生态环境严重退化。迄今为止范围最大、破坏最严重的是1997～1998年的全球珊瑚礁白化事件，涉及42个国家，摧毁了全球16%的珊瑚礁，其中在印度洋-太平洋海区最为严重，死亡率高达90%的珊瑚礁遍及数千平方千米。在马尔代夫、查戈斯群岛和塞舌尔群岛等海区，珊瑚礁系统甚至完全死亡，成为海洋生态系统的"死亡区"。过去这种严重珊瑚礁白化死亡事件每10～20年发生一次，预计未来几十年内将可能与厄尔尼诺和南方涛动（ENSO）事件频率（3～4年）同步，像1997～1998年的大范围珊瑚礁白化事件将在未来20年里频繁发生。再过30～50年，珊瑚礁白化将在大多数热带海区每年发生一次（Glynn，1993；Wilkinson，2004；李淑等，2007）。

（二）气候变化对人类生产、生活和健康的影响

随着气候变化问题的日益加剧、极端天气气候事件及其引发的相关事件（如海平面上升）发生概率的增加，人类社会生活的各个方面将面临更大的威胁和挑战，其中的一些影响可能会危及人类社会沿袭数千年的生活生产方式，甚至带来不可恢复的或毁灭性的灾难。

1. 对农业生产的影响

气候变化对粮食生产的影响主要来自 CO_2 浓度的升高、UV-B 辐射增强、温度升高、病虫害增加等直接或间接的作用，其中个别因素在一定时段和一定程度上是有利于农作物生长的，如 CO_2 浓度的升高可增加水稻等 C3 植物的产量，但总体而言，气候变化对粮食生产的影响以负面影响为主（王义祥等，2006）。

有研究指出，北半球年平均气温每增减 1℃，会使农作物的生长期增减 3~4 周（Wang，1992）。这个变化对农作物生长具有重大影响，如在气候温和时期，单季稻种植区可北进至黄河流域，双季稻则可至长江两岸；而在寒冷时期，单季稻种植区要南退至淮河流域，双季稻则退至华南。气候变化对农业产量的影响，在高纬度地区表现最为明显，而对低纬度地区则影响相对较小。在中高纬地区，如果局地平均温度增加 1~3℃，作物生长季节延长，生长速度加快，粮食产量预计会有少量增加；若升温超过这一范围，某些地区农作物产量则会降低。从全球角度看，若局地平均温度增加范围在 1~3℃，粮食生产潜力预计会随温度升高而增加；若超过这一范围，则会降低（Liu et al.，2008；张家诚，1982）。

大气中 CO_2 浓度升高，短期内会使植物光合速率上升，但不同物种、在不同的生态环境条件下，所测得的增长幅度并不一致，而且，随着时间的延长，其光合速率将逐步恢复到原来的水平，甚至下降，这可能是光合驯化的结果（Radin et al.，1987；Lawlor et al.，1991）。CO_2 浓度升高有利于作物干物质积累和产量的提高。Kimball 等（1993）根据 37 种植物 430 个实验结果分析表明，若大气中 CO_2 浓度由 350 毫升/立方米（ppm）增至 700 毫升/立方米（ppm）时，全球农作物产量和生物量可增加 24%~43%。崔读昌（1992）在研究大气中 CO_2 浓度上升后的温室效应对我国主要作物产量形成和产量的影响时指出，这种影响因地区和作物种类不同而存在正负效应。在某些地区的一些作物上，CO_2 浓度上升可提高作物干物质生产能力，增强微生物的固氮能力，促进土壤的有效利用，对作物产量增加是有利的；但 CO_2 浓度上升也会产生杂草繁茂、病虫害加重、农药和肥料效果减弱、干旱激化、地力耗损等负效应。CO_2 浓度的升高还可能导致农作物品质下降。在 CO_2 浓度升高的情况下，作物吸收的 C 增加、N 减少，体内 C/N 升高，蛋白质含量将降低，从而使作物品质降低。以大豆和小麦为例，CO_2 浓度倍增条件下，大豆氨基酸和粗蛋白含量分别下降 23% 和 0.83%；冬小麦籽粒粗蛋白和赖氨酸分别下降 12.8% 和 4%。

UV-B 对敏感植物的光合作用也有直接和间接的影响，可以使作物穗数、粒数、粒重等产量指标均下降，从而导致作物的经济学产量降低（任健等，2005；郑有飞等，1995）。

气候变化对畜牧业的影响，一方面表现在对牲畜的直接影响，例如，气温升高会影响牲畜的体表温度，进而影响牲畜的热平衡。温度过高，牲畜食欲下降，食料转化率和牲畜生殖能力也会降低。另一方面是对畜牧业的间接影响，即影响饲料生产而抑制了畜牧业的发展。牧草大多分布于中纬度温带地区，高温干旱将使许多牧场的土壤水分严重匮缺，使牧草产量和品质降低，如植物细胞壁加厚、细胞内可溶性物质减少、难消化的纤维含量提高，牧草病虫害更加频繁，使牧草的产量和品质降低。由于温度升高，牲畜感染疾病的概率和疾病的不确定性增加，也将使畜牧业的风险增大。

全球气温升高后，某些病虫的分布区域可能扩大，一些病虫害发生的起始时间提前，使多世代害虫繁殖的代数增加，危害时间延长，从而影响农业生产。气候变暖也加剧了气候灾害对农业生产的影响。气候变暖会使热带风暴增强，从而对低纬度地区尤其是对海岸线上的农业生产产生严重影响；气温升高，大气热浪将会频繁发生，尤其在热带、亚热带地区更为突出；大气层中气流交换增强，大风天气会增多，风暴频率和强度都会有所增强，某些区域的风蚀作用和水土流失加剧。另外，大气温度升高导致土壤蒸发量加大，也将加重干旱和半干旱地区的旱情。农业和林业管理的耕作习惯也可能需要根据气候变化的发展进行调整，如在北半球农作物的春季播种时间需要提前，在没有采取积极应对措施和调整的区域，农业生产将受到影响。

2. 对人类生活的影响

气候变化对人类沿袭千年的生活方式也带来了巨大挑战，人们的穿衣、饮食、居住和出行模式都正在或即将发生主动的或被动的调整，以适应日益变暖和反复无常的气候。

气候变暖导致人类生产生活所依赖的环境风险增高。由于全球变暖，山区的人居环境遭受冰川消融引起的冰湖溃决洪水的风险加大。海平面升高和人类活动都给海岸带湿地和红树林带来负面影响，并使海岸带洪水造成的损害加大，一些小岛国正面临国土淹没的风险，不得不加快寻觅新领地的步伐；在城市化发展快速的地区以及欠发达国家的人口将面临更大的气候变化风险，因为快速发展地区和贫穷社区的生产和生活系统在气候变化中更加脆弱、适应能力更为有限，同样的气候变化强度在这些地区将造成更大的损失；气候变化也加剧了飓风、骤雨、洪涝、干旱等极端气象/气候事件的发生概率，增加了预测、预警的难度。气候变化所带来的这些环境风险已经对人们的生活秩序、心理带来极大的冲击以及极高的防范、重建或迁徙的成本。

气候变化也加深了资源供应的危机，使人们不得不改变传统的或奢侈的生产和生活方式。例如，气候系统的变化使全球水资源的分布更加不均，给水资源的安全管理和淡水资源供应带来了巨大的挑战。一方面，在高纬度和部分热带湿润地区，年平均河流径流量和可用水量将会增加 10%～40%，而在某些中纬度和热带干旱地区（其中某些地区目前正在遭受严重的水短缺问题），其径流量和可用水量会减少10%～30%。由于气候变暖，冰川和积雪中储藏的水量也将下降，从而减少了靠冰雪融水供给地区的可用水量，而这些地区居住着当今世界上 1/6 以上的人口。总的来说，由于气候变化，安全、稳定的淡水供应将愈加难得，在洪水概率增强的区域，人们将不得不谨慎用水，以防受污染水源的疾病威胁，而在淡水供应紧缺的地区，人们更是需要改变生活和生产方式，加倍节约日益珍贵的水资源；在一些地区，由于水资源供应不足，已经引发了区域安全危机和气候难民事件，人们不得不颠沛流离。

人类的休闲娱乐方式也因气候变化而面临挑战。在欧洲，阿尔卑斯山的一些滑雪胜地不得不依靠造雪机来维持滑雪场的经营。澳大利亚的大堡礁和印度洋的马尔代夫、塞舌尔群岛等海底观光项目都曾经或正在因为珊瑚礁的白化而导致其吸引力锐减。

3. 对人类健康的影响

气候变化会影响全球数百万低适应能力人口的健康。但在温带地区进行的研究显示，气候变化也会带来某些益处，如由严寒造成的死亡会减少等。但总体上看，这些好处将会被增暖带来的负面影响所抵消，特别是在不发达国家。全球变暖对人类健康的影响是全方位、多层次的，其中既有直接的影响，也有间接的影响（陈凯先等，2008）。

（1）热浪影响。全球变化使热浪事件发生更为频繁。在高温状况下，病菌、病毒和寄生虫更加活跃，而人体免疫力和抵抗力降低，导致心脏和呼吸道系统疾病的发病率和死亡率增加，这种影响对老人、儿童、发展中国家贫穷人口尤为显著。由于热岛效应，城市地区的温度将更高，而且持续时间更长，因此城市人口在热浪中面临更大的挑战。

（2）极端天气事件的影响。全球气候变化使暴风雨、飓风、干旱、洪涝等极端天气事件发生的频度和严重程度均有所增加，除直接导致死亡率、伤残率上升外，还为疟疾、登革热、霍乱、脑炎等传染病提供传染环境而间接增加对人体健康的损害，影响生态系统稳定，破坏公共卫生设施。

（3）传染病和过敏性疾病增加。气候变暖、空气污染等因素可以使某些疾病传播范围扩大、大气中污染物质和致过敏物质含量增加,从而导致虫媒传染病、温度敏感传染病以及过敏性疾病、污染暴露性疾病发生概率大大增加。

(4) 对心理的影响。由于生存环境的变化、异常气候事件的发生,以及社会生活、家庭财产在气候变化中遭受损失等因素的影响,人类心理也将遭受冲击,因为气候变化而产生的抑郁症和自杀事件有可能增加。

(三) 气候变化影响的区域差异

由于地域的不同和自然生态系统的差别,地球上不同区域所面对的气候变化问题可能存在类型、范围和程度上的差异,而且由于社会生产和生活体系的差异,不同区域在面对气候变化问题时也表现出了不同的脆弱性,这两个因素使地球上不同区域的气候变化影响及其表现存在一定程度的区域差别。

(1) 非洲。非洲是应对气候变化最为脆弱的大陆之一。到 2020 年,预计有 0.75 亿~2.5 亿非洲人口的用水问题会因为气候变化而加剧,这不仅会直接影响当地人们的生活,而且会使与水有关的其他问题 (如地区安全) 进一步恶化。

(2) 亚洲。预测未来 20~30 年,喜马拉雅地区的冰川融化会使洪水和岩崩概率增加;随着冰川后退,江河径流量将逐步减少。由于海水入侵以及在某些大三角洲地区来自河流的洪水增加,沿海地区特别是南亚、东亚和东南亚人口稠密的大三角洲地区将会面临极大的风险。到 21 世纪中叶,东亚和东南亚地区的农作物增产预计可达 20%,而中亚和南亚将减产 30%。考虑到人口的快速增长和城市化的影响,总体上看,在几个发展中国家,饥荒的风险水平很高。

(3) 澳大利亚和新西兰。预计到 2020 年,在某些生态资源丰富的地区,包括大堡礁和昆士兰湿热带,生物多样性会显著减少。其他地区,如卡卡都湿地 (Kakadu wetlands)、澳大利亚西南部地区、亚南极洲岛屿和两国的高山地区,也面临这种风险。到 2030 年,由于干旱和火灾增多,在澳大利亚南部和东部大部分地区以及新西兰东部的部分地区,农业和林业产量预计会下降。

(4) 欧洲。预计肆虐的热浪将导致健康风险增大。欧洲几乎所有地区都会受到未来气候变化的不利影响,包括内陆突发洪水的风险增加,海岸带洪水更加频繁,侵蚀加重,许多经济部门将面临挑战。绝大多数生物群落和生态系统将难以适应气候的变化。高山地区将面临冰川退缩,导致积雪和冬季旅游减少、大范围的物种损失 (在高排放情景下,到 2080 年,某些地区物种损失将高达 60%)。气候变化会增大欧洲在自然资源与物质财富上的地区差异。

(5) 拉丁美洲。到 21 世纪中叶,温度升高及相应的土壤水分降低,会使亚马孙东部地区热带雨林逐渐被热带稀树草原所取代，半干旱植被将趋向于被干旱地区植被所取代。在热带拉丁美洲的许多地区，物种灭绝使生物多样性显著减少。

（6）北美洲。21 世纪最初几十年，适度的气候变化会使雨养农业生产总量增长 5% ~20%，但地区间存在显著差异。对于农作物，预估的主要挑战为温度升高是否接近其适宜范围的上限，或者所依赖的水资源能否高效利用。目前遭遇热浪的城市，预计在 21 世纪会遭受更多、更强、持续时间更长的热浪袭击，对健康造成不利影响。

（7）极地地区。预计气候变化对极地的主要影响为冰川、冰盖厚度的变薄和面积的减少，北极地区还包括海冰和多年冻土面积减少，海岸带侵蚀加重，多年冻土季节融化深度增加。随着海冰融化，北冰洋通航潜力增大，北极地区可能出现更多的利益角逐和冲突。由于气候对物种入侵的屏障降低，两极地区特殊的生态系统和生境可能面临更多的风险。

（8）小岛屿。海平面上升会加剧洪水、风暴潮、侵蚀以及其他海岸带灾害，进而危及那些支撑小岛屿社区生计的重要基础设施、人居环境和设施。

三　应对气候变化的国际响应与国家行动

出于对日益严峻的气候变化事实及其影响的担忧，国际社会加快了气候变化科学研究、政策制定和实施有效应对方案的步伐。国际组织、各国政府、民间组织、社会公众都成为气候变化应对行动中的活跃因素。其中，政府间气候变化专门委员会（IPCC）是最核心和最重要的组织，在过去 20 年中，IPCC 所发布的系列评估报告和技术报告，为国际气候行动框架的确立、科学研究的推进等做出了卓著的贡献。过去几年中，一些权威机构和部门也陆续发布了系列研究成果和报告，如英国的斯特恩报告《斯特恩评论：气候变化的经济内涵》（2006）、麦肯锡公司的《温室气体减排的成本曲线》（2007）、英国前首相布莱尔的《打破气候变化僵局：低碳未来的全球协议》（2008）等报告，从温室气体减排的机制和模式、气候变化的减缓成本、气候变化的国际行动框架等多个方面对当前和未来的气候行动进行了深入阐述。

（一）国际上主要的应对气候变化行动

气候变化科学研究经历了关注气候变化的事实、寻找气候变化的原因与驱动机制、评估气候变化的影响、预测未来气候变化情景等多个阶段，在这个过程中，人们在认识和科学上不断取得共识。气候变暖已经成为不争的事实，人类唯有积极应对才是正确的选择。一方面，针对气候系统变化规律与趋势、气候系统变化影响评估的研究依旧在如火如荼地开展；另一方面，寻找人类社会应对气候变化挑战的科学选择的研究，成为近年来气候变化科学的热点内容。前者将为确定正确的气候变化应对方案提供科学基础，而后者的进展将关乎人类在气候变化挑战中的生存与发展能力。虽然在应对气候变化挑战的立场和具体举措上仍然存在一些不同的观点，但更多的力量正在不断集中到以温室气体减排为核心的气候变化减缓行动和以提高人类社会适应和恢复能力为核心的气候变化适应行动上来。

气候变化的减缓与适应是人类社会应对气候变化挑战的两个方面：减缓气候变化是"主动出击"的应对战略，主要指人类通过削减温室气体的排放源或增加温室气体的吸收汇而对气候系统实施的干预措施；适应气候变化是"积极防御"的应对战略，主要指增强人工生态系统和人类社会抵御气候变化冲击的适应和恢复能力。目前国际上已经建立了以《联合国气候变化框架公约》为主体、以区域和国家减缓行动为支撑的国际气候变化减缓行动框架。基于区域和全球合作的适应能力建设合作框架也正在讨论和发展中。其中，以减少大气温室气体浓度为目标的温室气体减排行动（包括碳捕获和封存等）是当前气候行动的核心。

《联合国气候变化框架公约》和《京都议定书》是应对气候变化最重要的国际公约，它们为减缓和适应行动提供了基本的原则、体制和制度安排。另外，国际上还建立了一些区域性的或专门化的温室气体减排合作机制，如 2004 年 11 月启动的"甲烷市场化合作计划"、2005 年 1 月启动的"欧盟排放贸易系统"（EU ETS）、2006 年 1 月在澳大利亚悉尼启动的"亚太清洁发展与气候新伙伴计划"（AP6）等。这些政府间的减排合作有些已经取得了阶段性的减排成果，有些已经确定了明确的技术合作计划。

1. 联合国框架下的应对气候变化行动

（1）《联合国气候变化框架公约》与《京都议定书》。

在 1992 年里约热内卢召开的联合国环境与发展大会上，以应对气候变化和温室气体减排合作为主要内容的《联合国气候变化框架公约》（UNFCCC）获得通过。为了明确各国减排义务，切实推进温室气体减排运动，在 1997 年京都召开的 UNFCCC 第 3 次缔约方大会上通过了基于量化减排目标的《京都议定书》，《京都议定书》于 2005 年 2 月生效。《京都议定书》规定，在 2008 ~ 2012 年（第一承诺期），所有公约附件一发达国家（以发达国家为主）的 CO_2 等 6 种温室气体的排放量要在 1990 年的水平上平均总体减少 5.2%，其中，欧盟削减 8%，美国削减 7%，日本削减 6%。按照"共同但有区别的责任"的原则，发展中国家在这一时期不承担量化的减排义务。为了保证全球减排目标的实现，《京都议定书》确立了 3 种灵活减排机制，如联合履行机制（JI）、清洁发展机制（CDM）和排放贸易机制（ET），这些灵活机制有效地推动了《议定书》框架下减排行动的开展。

（2）国际气候谈判的共识与分歧。

温室气体排放与一个国家和地区的经济水平和社会福利密切相关，因此温室气体减排义务的分配关系一个国家或地区社会经济发展的重大利益问题，这也是当前国际气候谈判举步维艰的重要原因。目前，国际社会在有关气候变化是否真实存在、温室气体对当前的气候变化是否具有重要贡献、是否需要采取积极措施减少温室气体排放等科学问题和行动目标上已经总体上达成共识，但在全球的气候目标与各国的国家目标之间依然存在着较大的冲突。在这一系列冲突中，国际社会也因此分化为不同阵营。其中最大的对垒是在发达国家和发展中国家之间的，实际上，这一冲突也反映了南北之间的矛盾，是有关公平发展的关键问题。

发达国家经过两百余年的发展，已经完成了国家的工业化和城市化进程，生产和生活水平得到极大提高，其当前的排放有很大一部分是"奢侈性"排放，对发达国家而言，气候变化的概念更多的是环境问题。而发展中国家的发展起步较晚，大多刚刚启动或尚未启动工业化发展路程。对发展中国家而言，温室气体的排放是生存和发展所必需的排放（邵锋，2005）。

发达国家是全球温室气体浓度升高的主要贡献者（图1.4）（张志强等，2008）。自 1850 年以来，发达国家排放的温室气体总量是发展中国家的 3.95 倍，占全球总排放量的 79.3%。正是出于发达国家对全球温室气体浓度升高具有不可推卸的责任，《京都议定书》才根据"共同但有区别的责任"的原则，没有规定发展中国家的减排义务。这一原则是对发展中国家最为有利的制度安排，但一直受到美国等发达国家的挑战，如 2001 年，美国以温室气体减排将损害其国内经济发展、中国等发展中国家没有承担量化的减排义务为借口拒绝批准《京都议定书》。

在发达国家和发展中国家这两大阵营下，不同利益基础和立场的国家进一步分化，逐步组成多个具有相对共同利益诉求的利益集团，如追求最大经济利益的伞形集团（包括美国、加拿大、日本等）、积极推动实现环境目标的欧盟（包括德国、英国、法国等）、争取生存与发展空间的 77 国集团加中国、支持最严格减排方案的小岛国联盟，以及石油输出国、中欧国家集团、中美洲国家集团、非洲国家集团等多个利益集团（庄贵阳，2007a；李慎明等，2007）。

1）欧盟。欧盟各国总体而言经济较为发达，环境状况良好，政治上环保势力较强，而且欧盟各国的清洁能源在能源消费构成中比例较大，并拥有先进的低碳环保技术和较充足的资金，因此欧盟赞成采取较激进的减排、限排温室气体措施，希

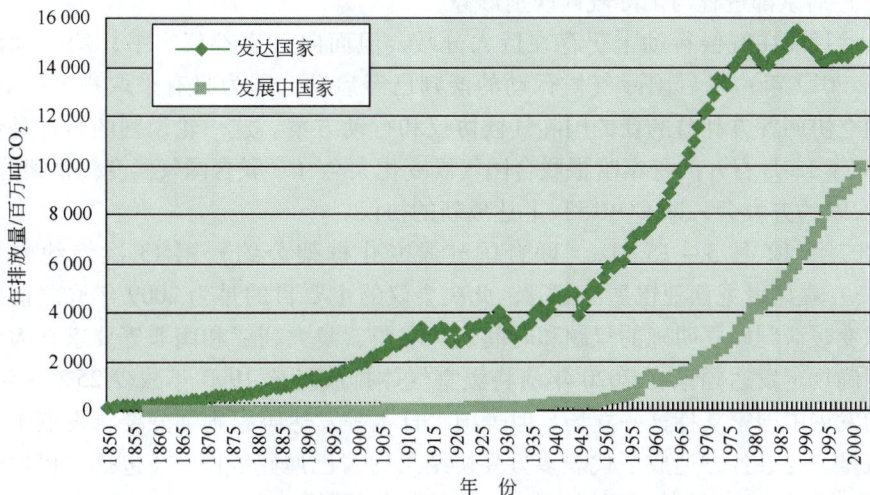

图 1.4　1850 年以来发达国家与发展中国家温室气体排放量增加趋势
数据来源：WRI、EIA 的温室气候数据库

望把未来全球升温控制在 2℃以内。欧盟是《京都议定书》的坚定支持者，其本身及所有 27 个成员国均已批准《京都议定书》。欧盟通过多种方式推动、游说发达国家在"后京都时代"进一步采取减排行动，并且已经做出了到 2020 年减少 20% 温室气体排放的积极承诺，并推动低碳经济发展，希望帮助发展中国家增强应对气候变化的能力。

2）伞形集团。美国、日本、加拿大等发达国家，多为能源消耗大国或温室气体减排压力较大的国家，在气候谈判中主要代表非欧盟的发达国家观点，组成了具有相对一致立场的集团。伞形集团国家由于担心减排行动对本国经济造成过大负担，反对立即采取减排、限排措施，并以发展中国家也应当承担减排义务作为自己反对承担减排责任的理由。

3）77 国集团加中国。它代表了大部分发展中国家的利益，认为发达国家应按照承诺继续大幅度减排温室气体排放量，并增加对发展中国家的资金和技术援助，尤其是开展非商业性的技术转让。同时强烈反对在目前情况下由发展中国家承担减排、限排温室气体义务，认为这将对发展中国家的脆弱经济带来致命打击（王优玲等，2007）。由于这个集团过于庞大（共 130 余个国家），在 77 国集团内部，又分成了一些小的派别和集团。比如，由最不发达国家组成的"最不发达国家"集团，由小岛国组成的"小岛国联盟"（35 国），由石油输出国组成的"石油输出国组织"（OPEC）等。

（3）后京都进程与国际气候谈判形势。

虽然目前在气候行动上仍存在巨大分歧，但面向《京都议定书》第一承诺期（2008～2012 年）以后国际气候行动的谈判已经启动，因为只有采取积极的对话，才能确立协调各方利益的新的国际气候协议和行动方案。这一轮谈判的目标是希望在 2009 年 12 月召开的哥本哈根联合国气候变化大会（《联合国气候变化框架公约》第 15 次缔约方大会，即 COP15）上达成新的协议。

2007 年 12 月 3～15 日，《联合国气候变化框架公约》第 13 次缔约方大会（COP13）在印度尼西亚巴厘岛召开，此次会议的主要目的是为 2009 年底之前的应对全球变暖谈判确立明确的议题和时间表。欧盟、澳大利亚和南非等要求在大会决议中明确规定发达国家在 2020 年前将温室气体排放量比 1990 年减少 25%～40%，广大的发展中国家支持这一立场。但美国、日本等发达国家则强烈要求发展中国家承诺减排。与会各方达成了代表多方妥协结果的"巴厘路线图"（包括"巴厘行动计划"），为 2012 年后的国际温室气体减排谈判指明了方向。

"巴厘行动计划"的主要内容包括：大幅度减少全球温室气体排放量，未来的谈判应考虑为所有发达国家（包括美国）设定具体的温室气体减排目标；发展中国家应努力控制温室气体排放增长，但不设定具体目标；为了更有效地应对全球变暖，发达国家有义务在资金和技术转让方面向发展中国家提供帮助；在 2009 年底之前，达成接替《京都议定书》的旨在减缓全球变暖的温室气体减排新协议。

"巴厘行动计划"强调国际合作，明确规定所有发达国家缔约方都要履行"可测量、可报告、可核实"的温室气体减排责任，这是一个可喜的进步。占全球温室气体排放总量 1/4 以上的美国如果不被纳入未来的气候变化应对行动中，控制全球变暖的努力将无法取得理想的效果。另外，强调了其他 3 个在以前国际谈判中曾不同程度受到忽视却是广大发展中国家极为关心的问题，即"适应"气候变化问题、"资金"以及"技术转让"问题，并提出"可测量、可报告、可核实"的义务同样适用于发达国家向发展中国家提高资金和技术转让的措施。对于大多数发展中国家而言，这些问题是它们有效应对全球变化的关键所在，尤其在被视为发展中国家的"软肋"的技术转让和资金问题上，没有发达国家的帮助，发展中国家在很大程度上无力承担减排温室气体的投入，并只能被动地承受全球变暖所带来的各种不利影响。但目前尚未建立有效的、"可测量、可报告、可核实"的机制。

2008 年 12 月 1～14 日在波兰波兹南召开的《联合国气候变化框架公约》第 14 次缔约方大会（COP14）上，对巴厘岛会议一年来的主要成就进行了汇总，并重点对适应基金、技术转让、减少森林砍伐和避免森林退化等方面展开谈判，但进展缓慢。从目前的谈判形势来看，是否能在今年哥本哈根大会上通过发达国家从 2013～

2020 年在 1990 年排放量基础上降低 20% ~ 40% 的减排目标还是未知数。由于当前金融危机日益扩大和多国政治交接等，达成最终协议存在很大的不确定性。

2. 政府间和区域层次的应对气候变化行动

（1）亚太清洁发展与气候新伙伴计划。

"亚太清洁发展与气候新伙伴计划"（Asia-Pacific partnership on clean development and climate，AP6）由澳大利亚、中国、印度、日本、韩国和美国于 2005 年 7 月发起，并于 2006 年 1 月 12 日在澳大利亚悉尼正式启动。这 6 个国家拥有世界上近 50% 的人口和近 50% 的国内生产总值，其能源消耗和温室气体排放总量占全球的比例也接近 50%，因此 AP6 的实施对全球温室气体减排行动具有重要的意义。AP6 的目标是建立一个自愿、无法律约束力的国际合作框架，通过合作促进高效益、更清洁、更有效的新技术在伙伴国之间的转让。AP6 设立了 8 个专门工作小组，分别针对化石能源（煤、石油、天然气等）、可再生能源和分布式供能、钢铁、铝、水泥、煤矿、发电和输电、建筑和家用电器的开发利用 8 个领域开展技术合作与转让，并通过项目层面的合作来实现温室气体的减排。由于缺少资金预算，这个计划的进展不尽如人意。

（2）欧盟排放贸易系统。

"欧盟排放贸易系统"（EU emission trading scheme，EU ETS）于 2005 年 1 月开始启动，是目前最大的跨国家、多部门参与的温室气体排放贸易体系，覆盖了欧盟现有 27 个成员国的近 1.15 万个工业排放实体，占欧盟 CO_2 排放总量的 45%。欧盟确信，通过建立欧盟排放贸易系统可以使欧洲实现《京都议定书》目标的成本从 68 亿欧元降低到 29 亿 ~ 37 亿欧元（European Communities，2005）。EU ETS 分两个阶段执行，2005 ~ 2007 年为第一阶段，主要是就能源工业、有色金属的生产与加工、建材和造纸等能源密集型行业生产过程中的 CO_2 减排量进行交易；2008 年后执行第二阶段，交易领域将逐步扩大。欧盟于 2008 年 1 月 23 日发布了第二阶段的新方案，新方案的执行期限为 2013 ~ 2020 年，主要内容包括：2020 年整个欧盟工业排放在 2005 年基础上降低 21%；扩大排放权交易的范围，将航空、石化、氨水和铝制品部门纳入进来，并且新增 N_2O 和全氟化碳（PFCs）两类气体；EU ETS 尚未包括的部门到 2020 年平均减排 10%，如交通、建筑、农业和废弃物领域；通过碳捕获和封存技术防止工业温室气体排放到大气中可以被认定为未排放；现在 90% 的排放配额是免费分配，但新方案预见在 2013 年以拍卖方式的机会会大大增加，免费配额将主要用于奖励那些已经采取行动减少温室气体的企业；成员国可以继续在欧盟之外的国家资助减排项目来完成它们的减排指标，但这种信用额的使用将被限制在 2005 年成员国排放总量的 3% 以内。

（3）甲烷市场化伙伴计划。

"甲烷市场化伙伴计划"（methane to markets partnership）是一项多边合作计划，于 2004 年 12 月由美国、英国、澳大利亚、日本、中国、印度、巴西等 14 个国家发起。截至目前，参加这项计划的国家已扩展到 20 个，政府和民间组织已有将近 600 个，在世界各地共同开展了近百项工程和活动。预期到 2015 年，通过该计划所减排的甲烷量每年将超过 1.8 亿吨 CO_2 当量（CO_2e）。该计划的实施还将增进矿山安全、减少废物以及改善区域空气质量。甲烷市场化合作计划现阶段重点关注来自动物排泄物、煤矿、垃圾填埋场以及天然气和石油系统的甲烷的回收利用。

（4）碳封存领导者论坛。

"碳封存领导者论坛"（carbon sequestration leadership forum，CSLF）成立于 2003 年 6 月，是发达国家与发展中国家应对气候变化进行 CO_2 捕获和封存（CCS）技术合作的自愿协议，目前包括美国、英国、加拿大、中国、印度、南非和欧洲委员会等共 22 个成员，所有成员的 CO_2 排放量占到全球排放总量的 75%。论坛的宗旨是使 CO_2 捕获和封存等技术在国际上得以广泛运用，并查明和解决有关 CO_2 捕获和封存的更广泛的问题，包括为这一技术的推广提供良好的技术、政治以及监管环境。碳封存领导者论坛是促进发达国家与关键的发展中国家在温室气体减排方面合作的重要媒介。目前，已经有 19 个项目获得了 CSLF 的核证，其中，有两个项目已经完成，分别是中国煤层甲烷技术/CO_2 封存项目（China coalbed methane technology/CO_2 sequestration project）和 CO_2 储存项目（CO_2 store project）。

（二）主要国家的应对气候变化行动

1. 英国

英国将跨部门的气候变化政策与措施紧密结合，为保证政策的有效性，先后制定了具有行政效力的《污染综合预防与控制办法》、"气候变化税"和排放交易方案（2005 年并入 EU ETS）、以自愿减排为基础的"气候变化协议"等。2008 年 11 月，英国正式发布了全球首部应对气候变化的专门性国内立法文件——《气候变化法案》（Climate Change Bill），确定了英国中长期的减排目标：到 2020 年，英国的 CO_2 排放量将在 1990 年的水平上至少减少 26%；到 2050 年，在 1990 年的水平上削减至少 60%（HM Government，2007；Department of Environment，Food，and Rural Affairs，2008）。

2. 德国

德国政府早在 1990 年即开始采取行动应对气候变化，包括法律、经济和教育宣传等多方面的系列行动，如发展可再生能源、推动环境和节能计划、实施自愿减排行动等（Federal Ministry for the Environment, Nature Conservation and Nuclear Safety, 2007）。2005 年，德国更新了其国家气候变化方案，制定了新目标，即到 2020 年减少 40% 的排放量。2007 年 8 月，德国联邦政府通过采纳了一揽子政策方案重申了其承诺（UNDP，2007）。

3. 美国

自气候变化问题提出以来，美国一直是气候变化科学的积极推动者，每年投入数千万美元用于气候变化科学的研究。美国有关气候变化的行动包括 2001 年启动的"气候变化技术计划"（CCTP）、2002 年启动的"气候变化科学计划"（CCSP）、2002 年的"温室气体自愿报告计划"（voluntary greenhouse gas reporting program）、2003 年能源部的"碳封存研究计划"（DOE's carbon sequestration research program）和 2003 年成立的"芝加哥气候交易所"（Chicago Climate Exchange）等。美国联邦政府于 2002 年发布的《全球气候变化倡议》（*Global Climate Change Initiative*，GCCI）提出，将美国的温室气体的排放强度在未来 10 年（2002 ~ 2012 年）削减 18%，即从 2002 年的每百万美元 GDP 排放 183 吨碳下降到 2012 年的 151 吨碳（US Department of State，2002）。2007 年 12 月 19 日，布什签署的《能源自主与安全法》（*Energy Independence and Security Act*）规定，到 2020 年，美国汽车工业必须使汽车油耗比目前降低 40%。尽管美国没有制定温室气体绝对减排的国家目标，但是有 10 多个州（如加利福尼亚州、马里兰州等）制定了应对计划和减排的区域目标（Pew Center on Global Climate Change，2008）。

4. 澳大利亚

澳大利亚新政府于 2007 年 12 月 3 日签署了《京都议定书》。在此之前，也先后制定了相应的行动方案，如 1998 年的《国家温室气体战略》（*National Greenhouse Strategy*）、2002 年的《更好环境的配套措施》（*Measures for a Better Environment*）、2004 年的《气候变化战略》（*Climate Change Strategy*）、2005 年的《澳大利亚未来能源安全》（*Securing Australia's Energy Future*）、2007 年的《气候变化与生产率计划》（*Climate Change and Productivity Program*）、《气候变化与适应伙伴计划》（*Climate Change and Adaptation Partnerships Program*）等，以支持可再生能源发展、提高

能效、引导企业减排等。2008 年 5 月 13 日，澳大利亚政府气候变化部发布《2008 ~ 2009 年气候变化财政预算》（*Climate Change Budget Overview 2008 ~ 09*），指出政府将会在五年内斥资 23 亿美元用于温室气体减排，应对气候变化。2008 年 7 月，澳大利亚气候变化部发布《碳污染减排计划绿皮书》（*Carbon Pollution Reduction Scheme Green Paper*），澳大利亚政府承诺，到 2050 年将澳大利亚的温室气体排放量在 2000 年的基础上减少 60%（Department of Climate Change，2008）。

5. 法国

由于法国采取了一系列的措施，如环保税、气候计划等，其减排压力不断减小。2004 年 7 月 22 日，法国政府发布了《气候计划 2004》（*Climate Plan 2004*），该项计划旨在每年减少 3% 的温室气体排放量，到 2050 年前把温室气体的排放量减至 1990 年的 1/4。该气候计划的内容以鼓励措施为主，目标包括改变人的习惯、研发推广高性能技术、减少排碳能源的使用、利用可再生能源（Ministry of Ecology and Sustainable Development，2004）。

6. 日本

日本已经是世界上能源利用效率最高的国家之一，但仍在采取有力措施降低产业部门的能耗，如设定具体的部门能源效率标准。1997 年，日本经济团体联合会提出《环境自主行动计划》，确定了各产业的能源使用效率、CO_2 减排目标及其对策建议。2007 年 2 月 15 日，"2050 年日本低碳社会情景"研究组发布题为《日本低碳社会情景：2050 年的 CO_2 排放在 1990 年水平上减少 70% 的可行性研究》（*Japan Low Carbon Society Scenarios: Feasibility study for 70% CO_2 emission reduction by 2050 below 1990 level*）的报告指出，要在 2050 年将日本 CO_2 排放量在 1990 年基础上减少 70%，这在日本有着技术上的可能性（2050 Japan Low-Carbon Society Scenario Team，2007）。随后，研究组发布了《面向低碳社会的十二大行动》（*A Dozen of Actions towards Low-Carbon Societies*），提出了日本建立低碳社会应该采取的迫在眉睫的十二大行动（2050 Japan Low-Carbon Society Scenario Team，2008）。

7. 加拿大

2002 年，加拿大前自由党政府批准了《京都议定书》。但现任保守党政府认为《京都议定书》的目标不可能实现，并在 2006 年推出了《空气清洁法案》（*Clean Air Act*），用以阐述其不同于《京都议定书》的立场。该法案提出，加拿大政府将从 2011 年开始强制治理导致空气污染和全球气候变暖的温室气体排放问题，并争取到

2050 年将加拿大温室气体排放量在 2003 年的排放水平上削减 45% ~ 60%，但在 2020 年或 2025 年之前不会确定具体的减排目标。2008 年 3 月，加拿大政府发布《转危为安：采取行动对抗气候变化》（*Turning the Corner：Taking Action to Fight Climate Change*），该报告对其前期的立场进行了修正，指出将对工业部门实行强制减排，要求 2006 年之前已经运营的工厂在 2010 年时减少温室气体排放量的 18%，之后是每年再进一步减少 2%，并承诺到 2020 年将加拿大的温室气体的排放量在 2006 年的水平上减少 20%（Government of Canada，2008）。但这一举措同样背离了《京都议定书》所要求的减排目标。

8. 印度

2008 年 6 月 30 日，印度政府发布了印度首个《气候变化国家行动计划》（*National Action Plan on Climate Change*，NAPCC），概述了印度现有的和未来的应对气候变化减缓和适应问题的政策和计划。该计划确定了 8 个贯穿至 2017 年的核心"国家计划"，分别是国家太阳能计划、提高能源效率国家计划、可持续生活环境国家计划、国家水计划、维持喜马拉雅山脉生态系统的国家计划、"绿色印度"国家计划、可持续农业国家计划、气候变化战略知识平台国家计划（Government of India，2008）。印度《气候变化国家行动计划》强调保持经济的快速增长速率，提高人民生活水平是印度政府当前压倒一切的优先考虑问题，并且承诺"即使印度继续追寻其发展目标，印度温室气体人均排放量绝不会超过发达国家的平均水平"。

四　应对气候变化的根本出路——低碳道路

综上所述，应对气候变化，需要从科学、政策、观念和行动上采取系统的应对措施来了解、预防、减缓和适应气候变化产生的可能影响。UNFCCC 所确立的"共同但有区别的责任"的原则是分担温室气体减排义务、公平分配温室气体排放配额的基础，但这一根本原则正在受到挑战；不论发达国家和发展中国家在某些方面的认识和看法上如何不同或相同，对所有国家来说，最基本的立场是在保持自己国家和人民可持续发展未来的前提下，参与和实施应对气候变化行动。因此，要实现将全球气候变化控制在危险人为干扰水平之下的目标，需要继续发展基于历史和公平原则的更加有效的应对气候变化行动框架，其中，应对气候变化的最核心举措包括气候变化的减缓和适应。不同国家和地区在气候变化的表现、受气候变化冲击以及应对气候变化的脆弱性方面差别很大，这也决定了不同国家和地区所采取的应对方案的差别。

（一）气候变化减缓方案

气候变化减缓的主要措施是采取各种主动措施降低人类活动对气候变化的驱动力，从而实现减缓气候变化的目标。由于气候变化有巨大的潜在风险，因此越早实施减缓行动，风险可能越低。英国斯特恩报告指出（HM Treasury，2006），要在2050 年前，把温室气体浓度控制在相对安全的水平上，需要从现在即开始实施有力的温室气体减排计划，减排的成本大概是 GDP 的 1% 左右（–1% ~ 3.5%）。这是个有重要意义的水平，也是个易于管理的水平，但一旦减排工作拖延下来，那么成本将会更高。但问题是 1% GDP 的成本是否能解决所有问题，这有待深入的研究和实践的检验。

目前可选的气候变化减缓措施包括以下 5 个方面。

（1）提高能源效率及管理，包括提升燃料的使用效率、减少车辆的使用、减少高能效的建筑物、提高发电厂能效等。

（2）燃料使用的转换与 CO_2 的捕获与封存（CCS），包括以天然气取代煤作为燃料，封存来自发电厂、氢气电厂和综合燃料发电厂的 CO_2 等。

（3）核能发电，主要是用核能替代燃煤发电。

（4）提高可再生能源及燃料的使用率，包括风能发电、太阳能发电、可再生燃料——氢和生物质能等。

（5）加强森林和耕地的管理，增强森林和耕地对 CO_2 的吸收作用。

（二）气候变化适应方案

在未来几十年内，即使做出最激进的减缓努力，也不能避免气候变化的影响，这使得适应成为主要的措施，特别是在应对近期的气候变化影响时更是如此。从长远看，如果不采取减缓措施，气候变化可能会超出自然、管理和人类系统的适应能力，使人类抵御气候变化的能力大幅削弱。通过提高适应能力并增强恢复能力，可以提高人类社会的可持续发展能力，降低人类社会应对气候变化的脆弱性，而且对于某些气候变化影响来说，适应可能是唯一可行和适当的应对措施。人类社会可选用的适应措施非常多，从纯技术（如海岸带防护）、行为（如改变食物和娱乐选择）、管理（如改变耕作习惯）、政策（如计划调整）等方面都可采取措施。目前，提高适应能力的有效途径之一就是把气候变化影响纳入到发展规划中，如把适应措施包含在土地利用规划和基础设施设计中、把降低脆弱性的措施包含在现有的降低灾害风险策略中。目前，国际社会在生活领域的各个方面正在采取分散的或统一的行动，以提高人类社会抵御气候变化的能力。

IPCC 综合报告中指出（IPCC，2007d），可以在不同部门执行不同的气候适应性对策选择，以实现协同作用，并避免与可持续发展的其他方面发生冲突。有关宏观经济和其他非气候政策的决策可以显著影响排放、适应能力和脆弱性。气候变化适应行动的一些具体选择包括以下 7 个方面。

（1）开展预测与预警工作，为迎接气候变化做准备。通过改善和加强季节性气候预报、保险、粮食保障、淡水供应、救灾应急等工作，可以避免在遭受气候变化影响时，出现混乱和较大的损失。

（2）提高水资源系统的适应能力，如增加雨水收集，提高水储存、再利用能力，海水淡化，提高水的利用效率和灌溉效率等。

（3）加强农业生产的适应能力，如种植制度和作物品种的调整、适宜作物的布局优化、水土保持等土地管理措施。

（4）海岸带防护措施，如防波堤和风暴潮防护设施、保护现有的自然屏障等。

（5）人类健康计划，如制定高温应急方案、增加应急医疗服务、改进对气候敏感疾病的监控、改善安全的饮用水供应和卫生条件。

（6）加强基础设施的适应能力，如调整交通布局、加固架空电缆和输电设施、使用地下电缆、开发利用可再生资源并降低对单一能源的依赖等。

（7）受气候变化影响驱使的移民活动。

（三）低碳道路

当今世界的经济发展强烈地依赖于化石能源等各种资源产品的供应，从某种程度上来说，近现代的经济基于"化石能源"的经济发展模式，这也意味着经济的发展与碳的排放具有不可分割的联系。在技术发展日趋成熟、能源成本和碳成本不断攀升、国际减排呼声日益高涨的情况下，寻求"碳依赖"经济发展模式之外的新型发展道路成为可能，这一新的发展模式最典型的特征就是经济发展的"去碳化"。实现社会经济发展向低碳道路迈进，可以在保持经济增长活力的前提下，实现人类的气候目标。有关低碳道路的讨论目前还仅处于初级阶段，面临政策保障、技术支持、资金成本、市场竞争等多方面的挑战。但一旦国际社会建立起相对稳定和成熟的国际碳减排合作框架，那么确立将经济目标与环境目标充分结合的低碳发展道路就将成为人类应对气候变化的最根本、最现实的选择。

本章参考文献

陈凯先，等. 2008. 气候变化严重威胁人类健康. 科学对社会的影响，（1）：19～23

崔读昌. 1992. 气候变暖对我国农业生产的影响与对策. 中国农业气象，13（2）：16～201

葛全胜，张丕远，纽春燕. 1989. 关于气候变化影响的研究. 地球科学进展，（3）：41～46

龚道溢，王绍武. 2002. 全球气候变暖研究中的不确定性. 地学前缘，（2）：371～376

李慎明，王逸舟. 2007. 2007 年全球政治与安全报告. 北京：社会科学文献出版社

李淑，余克服. 2007. 珊瑚礁白化研究进展. 生态学报，27（5）：2059～2069

林而达，等. 2007. 气候变化影响的最新认知. 气候变化研究进展，3（3）：125～131

秦大河，等. 2007. 气候变化科学的最新认知. 气候变化研究进展，3（2）：63～73

曲建升，张志强，曾静静. 2008. 气候变化科学研究的国际发展态势分析. 科学观察，3（4）：24～31

任健，李春阳. 2005. 种子植物对中波紫外辐射胁迫的响应研究进展. 生态学杂志，24（3）：315～320

S. 弗雷德·辛格，丹尼斯·T. 艾沃利. 2008. 全球变暖——毫无来由的恐慌. 林文鹏，王臣立译. 上海：上海科学技术文献出版社

邵锋. 2005. 国际气候谈判中的国家利益和中国的方略. 国际问题研究，（4）：45～47

UNDP. 2007. 2007/2008 人类发展报告. http：//www. un. org/chinese/esa/hdr2007-2008/hdr_20072008_ch_complete. pdf

王勤花，曲建升，张志强. 2007. 气候变化减缓技术：国际现状与发展趋势. 气候变化研究进展，（6）：322～327

王义祥，翁伯琦，黄毅斌. 2006. 全球气候变化对农业生态系统的影响及研究对策. 亚热带农业研究，2（3）：203～208

王优玲，江国成. 2007. 我国面临气候变化七大挑战. http：//news. xinhuanet. com/politics /2007-06/04/content_6197123. htm ［2007-06-04］

姚华栋. 2007-05-10. 气候变化对生态系统可能造成不可恢复的影响. 中国气象报

张家诚. 1982. 气候变化对中国农业生产影响的探讨. 地理学报，（2）：8～15

张志强，曲建升，曾静静. 2008. 温室气体排放评价指标及其定量分析研究. 地理学报，23（7）：693～702

赵宗慈. 2006. 全球气候变化预估最新研究进展. 气候变化研究进展，2（2）：68～70

郑有飞，颜景义，杨志敏. 1995. 紫外线辐射增加对大豆影响及其估算. 应用气象学报，6（4）：442～448

庄贵阳. 2007a. 公约框架下的后京都谈判进程. http：//www. showchina. org

庄贵阳. 2007b. 低碳经济：气候变化背景下中国的发展之路. 北京：气象出版社

2050 Japan Low-Carbon Society Scenario Team. 2007. Japan Low Carbon Society Scenarios：Feasibility study for 70% CO_2 emission reduction by 2050 below 1990 level. http：//2050. nies. go. jp/interimreport/20070215_report_e. pdf［2007-02-15］

2050 Japan Low-Carbon Society Scenario Team. 2008. A Dozen of Actions towards Low-Carbon Societies. http://2050. nies. go. jp/20080522_press/20080522_report_main. pdf［2008-05-22］

Arrhenius E, Waltz T W. 1990. The Greenhouse Effect: Implications for Economic Development. Washington, DC: The World Bank

Ausubel J, Biswas A K. 1980. Climate Constraints and Human Activities. Oxford: Pergamon Press

Berry E W. 1923. Tree Ancestors: A Glimpse into the Past. Baltimore: Illus

Boon S, Sharp M, Nienow P. 2003. Impact of an extreme melt event on the runoff and hydrology of a high Arctic glacier. Hydrological Processes, 17: 1051 ~ 1072

Brooks C E P. 1926. Climate through the Age: A Study of the Climatic Factors and Their Variations. London: Illus

CCTP. 2006. U. S. Climate Change Technology Program Strategic Plan. DOE/PI-0005

Dachnowski A P. 1922. The correlation of time units and climatic changes in peat deposits of the United States and Europe. Natl Acad Sci Proc, 8 (7): 225 ~ 231

Department of Climate Change. 2008. Climate Change Budget Overview 2008-09. http://www. greenhouse. gov. au/budget/0809/pubs/ccbo-0809. pdf

Department of Environment, Food, and Rural Affairs. 2008. Climate Change Act 2008. http://www. defra. gov. uk/environment/climatechange/uk/legislation/docs. htm［2008-11-27］

DTI (Department of Trade and Industry). 2003. Energy White Paper: Our Energy Future—Create a Low Carbon Economy. London: TSO

European Communities. 2005. EU Action against Climate Change: EU emissions trading—an open scheme promoting global innovation. http://ec. europa. eu/environment/climat/pdf/emission_trading2_en. pdf

Federal Ministry for the Environment, Nature Conservation and Nuclear Safety. 2007. Taking Action against Global Warming: An Overview of German Climate Policy. http://www. bmu. de/files/pdfs/allgemein/application/pdf/broschuere_takingaction. pdf

Firor J. 1990. The Changing Atmosphere: A Global Challenge. New Haven & London: Yale University Press

Fleming J R. 1998. Historical Perspectives on Climate Change. Oxford: Oxford University Press

Fourier B J B. 1827. Memoire sur les temperatures du globle terrestre et des espaces planetaires. Mem De 1'AC-R D Sci de 1'Inst De France, 7: 572 ~ 604

Glynn P W. 1993. Coral reef bleaching: ecological perspectives. Coral Reefs, 12 (1): 1 ~ 17

Government of Canada. 2008. Turning the Corner: Taking Action to Fight Climate Change. http://www. ec. gc. ca/doc/virage-corner/2008-03/pdf/572_eng. pdf

Government of India. 2008. National Action Plan on Climate Change. http://pmindia. nic. in/Pg01-52. pdf

GTSP. 2006. Global Energy Technology Strategy: Addressing climate change. http://www. pnl. gov/gtsp

HM Government. 2007. Draft Climate Change Bill. http://www. defra. gov. uk

HM Treasury. 2006. Stern review: the economics of climate change. http://www. hm-treasury. gov. uk [2006-12-20]

Huntington E. 1907. The Pulse of Asia. Boston

IEA. 2006. Energy Technology Perspectives: Scenarios & Strategies to 2050. OECD/IEA

IPCC. 1995. Climate Change: Impacts, Adaptation and Mitigation of Climate Change. Cambridge: Cambridge University Press

IPCC. 1990. Climate Change: The IPCC Scientific Assessment. Cambridge: Cambridge University Press

IPCC. 2001. Climate Change 2001: Summary for Policymakers. Cambridge: Cambridge University Press

IPCC. 2007a. Climate Change 2007: The Physical Science Basis. Summary for Policymakers. http:// www. ipcc. ch

IPCC. 2007b. Climate Change 2007: Mitigation of Climate Change. Summary for Policymakers. http:// www. ipcc. ch

IPCC. 2007c. Climate Change 2007: Impacts, Adaptation and Vulnerability. Summary for Policymakers. http://www. ipcc. ch

IPCC. 2007d. Summary for Policymakers of the Synthesis Report of the IPCC Fourth Assessment Report. Cambridge: Cambridge University Press

Keenlyside N S, et al. 2008. Advancing decadal-scale climate prediction in the North Atlantic sector. Nature, 453: 84~88

King D. 2006. Global warming: a clear and present danger. http://www. chinadialogue. net/article/show/ single/ ch/76-Global-warming-a-clear-and-present-danger [2006-06-06]

Kimball B A, et al. 1993. Effects of increasing atmospheric CO_2 on vegetation. Plant Ecology, 104~105 (1): 65~67

Korec R J. 1975. Atmospheric Quality and Climate Change. Papers of the Second Carolina Geographical Symposium

Lamb H H. 1995. Climate, History and the Modern World. 2nd edition. London and New York: Routledge

Lamb H H. 1966. The Changing Climate. Methuen Co Ltd

Lawlor D W, Mitchell R A C. 1991. The effects of increasing CO_2 on crop photosynthesis and productivity: A review of field studies. Plant, Cell Environ, 14: 807~818

Lawrence Livermore National Laboratory. 1990. Energy and Climate Change. Chelsea: Lewis Publishers

Lenton, et al. 2008. Tipping elements in the earth's climate system. Proceedings of National Academy of Sciences, 105 (6): 1786~1793

Liu Qiyong, Zheng Jingyun, Ge Quansheng. 2008. Effects of global climate chang on China's agriculture. Chinese Agricultural Science Bulletin, 24 (12): 447~453

Mann M E, Bradley R S, Hughes M K. 1999. Northern hemisphere temperatures during the past millennium: inferences, uncertainties, and limitations. Geophysical Research Letters, 26 (6): 759~762

Mendonca B G. 1979. Geophysical Monitoring for Climate Change No. 7, Smmary Report 1978. NOAA

Ministry of Ecology and Sustainable Development. 2004. Climate Plan 2004. http://www. ecologie. gouv. fr/IMG/pdf/PLANCLIMATANGLAIS. pdf

National Research Council of the National Academies. 2006. Surface Temperature Reconstructions for the Last 2000 years. Washington, DC：The National Academies Press. 1~141

Nobel Foundation. 2007. The Nobel Peace Prize for 2007. http://nobelprize. org/nobel_prizes/peace/laureates/2007/press. html [2007-10-12]

Pacala S, Socolow R. 2004. Stabilization Wedges：Solving the Climate Problem for the Next 50 Years with Current Technologies. Science, 305：968~972

Penck A. 1914. The shifting of the climate belts. Scot Geog Mag（Illus）, 30：281~293

Pew Center on Global Climate Change. 2008. A Look at Emission Targets. http://www. pewclimate. org/what_s_being_done/targets

Radin J W, et al. 1987. Photosynthesis of cotton plants exposed to elevated levels of carbon dioxide in the field. Photosynthetic Research, 12：191~203

Trenberth K E. 1989. Climate System Modeling. Cambridge：Cambridge University Press

US Department of State. 2002. Global Climate Change Initiative. http://www. state. gov/g/oes/rls/fs/2002/12956. htm

Wang Yeh-chien. 1992. Secular Trends of Rice Prices in the Yangzi Delta：1638~1935. In：Thomas Rawski, Lillian Li. Chinese History in Economic Perspective. Berkeley：University of California Press

Wilkinson C. 2004. Status of Coral Reefs of the World. Townsville, Queensland：Australian Institute of Marine Science Press

WMO-ICSU Joint Organizing Committee. 1975. GARP Publication Series. No. 16

World Meteorological Organization. 2008. Greenhouse Gas Bulletin 2007

WWF. 2007. Climate Solutions：The WWF Vision for 2050. http://www. wwf. fr

Zwerver S, et al. 1995. Climate Change Research Evaluation and Policy Implications. Amsterdam：Elsevier

第二章

碳排放的历史考察与减排驱动力分析[*]

　　基于历史的考察、分析和总结，一个国家或地区经济发展与碳排放关系的演化存在 3 个倒 U 型曲线高峰规律，即该演化过程需要先后跨越碳排放强度倒 U 型曲线高峰、人均碳排放量倒 U 型曲线高峰和碳排放总量倒 U 型曲线高峰。而不同的国家或地区碳排放高峰所对应的经济发展水平或人均 GDP 存在很大差异，说明了经济发展与碳排放之间不存在单一的、精确的拐点。

　　根据碳排放的 3 个倒 U 型曲线规律，可以将碳排放的演化过程划分为 4 个阶段，即碳排放强度高峰前阶段、碳排放强度高峰到人均碳排放量高峰阶段、人均碳排放量高峰到碳排放总量高峰阶段以及碳排放总量稳定下降阶段。研究表明，碳排放强度高峰相对容易跨越，而人均碳排放量和碳排放总量高峰跨越起来则相对比较困难。从那些跨越了碳排放高峰的发达国家或地区来看，碳排放强度高峰和人均碳排放量高峰之间所经历的时间一般为 24～91 年，平均为 55 年左右。

* 本章由陈劭锋、刘扬、邹秀萍、苏利阳、汝醒君执笔，作者单位为中国科学技术大学、中国科学院科技政策与管理科学研究所。本章同时还得到国家自然科学基金面上项目（40571062）、国家自然科学基金重点项目（70733005）、中国科学院知识创新工程重要方向项目（Kzcx2-yw-325）和中国科学院科技政策与管理科学研究所所长基金（0800561J01）的资助

在碳排放的不同演化阶段，驱动因子的影响和贡献也存在明显差异。就碳排放的三大驱动因子即人口增长、经济增长和技术进步而言，在碳排放强度高峰之前阶段，碳排放增长主要由能源或碳密集型技术进步驱动，在碳排放强度高峰到人均碳排放量高峰阶段，则主要由经济增长驱动，在人均碳排放量高峰到碳排放总量高峰阶段，则主要由碳减排技术进步来驱动，进入碳排放总量稳定下降阶段后，碳减排技术进步将占据绝对主导地位。

经济发展与碳排放的 3 个倒 U 型曲线规律也意味着应对气候变化或者发展低碳经济不能脱离发展阶段和基本国情，必须循序渐进地加以推进。在不同的发展阶段下，应对气候变化和发展低碳经济的重点和目标应有所不同。发达国家应以人均和总量减排为重点，而发展中国家包括中国目前应以提高碳生产率或降低碳排放强度为目标导向。由于发达国家是温室气体的主要排放者，应在承担主要的减排义务时，向发展中国家提供技术转让和资金支持，帮助发展中国家用相对发达国家更短的时间跨越碳排放的三大高峰。

制度安排和政策调控同样可以对温室气体减排起到积极的促进作用。自 20 世纪 90 年代以来，世界主要发达经济体的碳排放增长速度明显减缓，这部分地反映了《联合国气候变化框架公约》和《京都议定书》的实施效果。因此，减排温室气体不仅需要依靠技术创新，而且也需要相应的政策和制度创新。

一 经济发展与碳排放关系的演变规律

（一）经济增长与碳排放[①]的关系：环境库兹涅茨曲线假说

在过去，CO_2 排放被作为燃烧过程的副产品来对待，自《联合国气候变化框架公约》和《京都议定书》通过之后，CO_2 排放越来越成为国际关注的一个焦点（Huang et al.，2008）。公约附件一国家开始承诺将 CO_2 排放减少至《京都议定书》所规定的目标水平。这种现象可能符合"环境库兹涅茨曲线"（environmental Kuznets curve，EKC）原理（Lantz et al.，2006），碳减排的难易程度与各国在该曲线上所处的位置有关。

库兹涅茨曲线假说最初由诺贝尔经济学奖获得者库兹涅茨于 1955 年提出，以表征经济增长与收入分配不平等之间的关系，自 20 世纪 90 年代初被引入到环境领域，

---

① 如无特殊说明，本章及本书中所提到的碳排放或碳减排主要是指 CO_2 排放

用于表达经济增长与环境质量的演化关系，即环境质量随着经济增长或人均收入的提高经历一个先逐步恶化再渐进好转的倒 U 型转变过程。

随着 1992 年联合国环境与发展会议《联合国气候变化框架公约》和 1997 年京都会议《京都议定书》的通过，CO_2 排放 EKC 的实证研究成为学术界研究的热点之一，但是迄今为止尚未形成定论。

目前已有的研究验证了 CO_2 和人均收入之间分别存在着线性、二次和三次递减形式关系。其中以支持 CO_2 排放 EKC 曲线存在的有效证据居多，包括世界银行的相关研究成果。在这些研究中 EKC 曲线的人均收入拐点为从接近 8000 美元（1985 年价）到超过 35 428 美元（1986 年价）。最近，Richmond（2006）基于 36 个国家，其中包括 20 个发达国家（OECD）和 16 个发展中国家（非 OECD）的 1973～1997 年面板数据的研究表明，OECD 国家收入与人均能源利用和/或碳排放之间存在拐点，而对于非 OCED 国家而言两者则不存在 EKC 关系。Galeotti（2006）的结论则与之类似。Huang 等（2008）则发现比利时、加拿大、希腊、冰岛、日本、荷兰、美国、德国符合碳排放的 EKC 关系，而英国、法国呈线性递减关系，意大利、葡萄牙和西班牙呈线性递增趋势。

总之，已有的大部分研究结果倾向于支持 CO_2 排放 EKC 的存在性，说明其具有一定的普遍意义，但是 EKC 拐点所对应的人均收入却存在很大的差异。造成 EKC 假说是否成立的分歧以及 EKC 拐点差异的主要原因可能有如下几个方面：一是样本和时段的选择不同、采用的模型不同，从而导致曲线拟合的效果和曲线出现拐点所对应的人均收入值不同。二是由于缺乏不同国家或地区足够长的时间序列数据，实证研究往往采用不同国家或地区一定时段内的面板数据进行分析，使得分析结果带有一定的不确定性，难以进行推广。三是选择的指标不同也在很大程度上导致了拐点值的巨大差异，有的研究采用单位 GDP 或 GNP 的 CO_2 排放或 CO_2 排放强度指标，有的选择人均 CO_2 排放指标，也有的选择 CO_2 排放总量指标。这些指标虽然对应着不同的倒 U 型曲线，但是它们之间的联系尚不完全清楚。四是不同国家或地区的自然特点、历史文化、社会经济技术状况不同也在一定程度上造成曲线形状和拐点值的差异。

有鉴于此，我们试图从比较长的历史时期，来考察国际上碳排放的发展趋势以及经济发展与碳减排之间的作用规律。由于发达国家和发展中国家的发展存在非同步性，而发达国家的发展在某种程度上代表了世界发展的方向和水平（庄贵阳，2007），因此，我们把发达国家或地区作为考察重点，以便包括中国在内的发展中国家能够从发达国家的发展过程获得借鉴和启示。

（二）经济发展与碳排放关系的历史考察

为了进一步从历史的角度考察碳排放的时间演变趋势以及经济发展和碳排放的作用关系，我们在现有研究的基础上，分别采用较长时期的碳排放强度、人均碳排放量和碳排放总量数据，对国际货币基金组织（IMF）推荐的世界主要发达经济体（包括中国台湾和中国香港）以及包括中国、印度、巴西在内的代表发展中国家的碳排放的时间趋势以及经济发展和碳排放之间的关系进行实证分析。主要数据来源于 OECD（2006）、CDIAC（2008）和 GEO 的门户数据。

1. 经济发展与碳排放强度关系的历史考察

图 2.1 是典型发达国家包括英国、法国、德国、美国、日本、意大利等工业化以来碳排放强度随时间的变化趋势图。从中可以直观发现，这些国家碳排放强度随着时间的演变均为倒 U 型曲线。其中英国的碳排放强度峰值是 1883 年，法国是 1930 年，德国是 1917 年，美国是 1917 年，日本是 1914 年，意大利是 1973 年。由于碳排放主要由化石能源燃烧利用产生，因此碳排放强度的倒 U 型曲线本质上也是能源消费强度倒 U 型曲线的反映。至于发达国家能源消费强度随时间演变的倒 U 型曲线规律已经被 WWF 等（1991）、Sun（1999）所证实，并且可以用能源经济学中能源强度的峰值理论来解释，即一个国家的能源强度似乎存在一个规律性的长期趋势：在工业化时期，它最初增加，然后到达峰值，最后减少。而拐点往往意味着经济结构从能源强度更高的重工业向能源强度较低的轻工业转变；产品结构从一般附加值向更高附加值转变，从物质生产向知识生产转变（Sun, 1999）。

图 2.2 反映的是上述发达国家人均 GDP 与碳排放强度之间的关系。从中也同样可以反映出这些发达国家碳排放强度随着经济的发展存在倒 U 型曲线关系，并且倒 U 型曲线拐点所对应的收入水平基本上在人均 GDP 3000～5000 美元（1990 年价）（除日本和意大利外）。

中国的能源消耗强度或碳排放强度在 20 世纪 50 年代末、60 年代初达到了顶峰，之后开始下降，但在 70 年代中后期又开始上升，达到另一个高峰，只不过峰值点低于上一个峰值，呈现出比较明显的双峰曲线特征（图 2.3）。尽管如此，就整体而言，中国可以说已经在收入很低的背景下，跨越了能源消耗或碳排放强度的高峰，不能不说相对于发达国家是一个特例（表 2.1）。但是中国能源消耗或碳排放强度在经历了较长时间的下降后，2000 年后又出现了反弹现象，这说明其尚未完全实现能源消耗或碳排放强度的稳定下降。这种情形只不过在一定程度上会延迟人均能源消

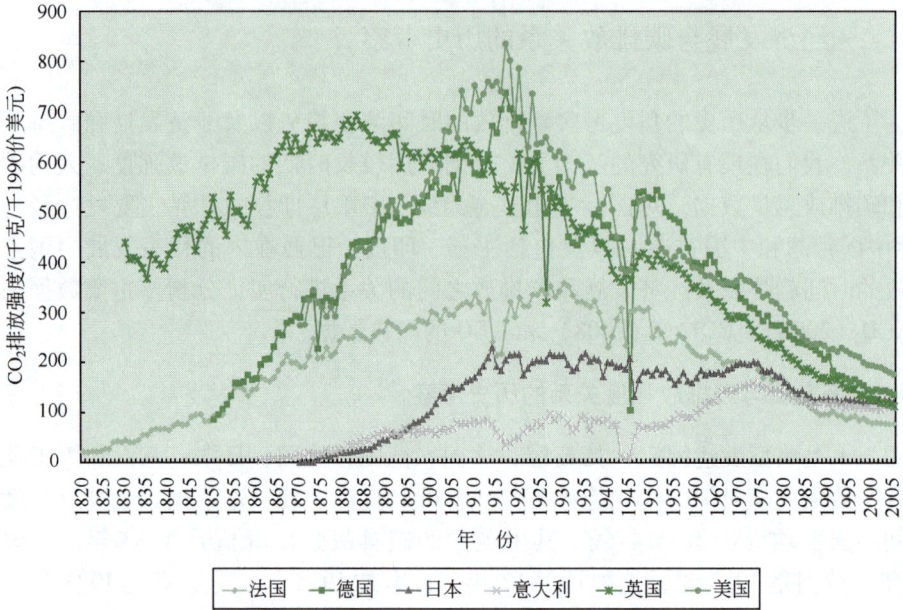

图 2.1　6 个主要发达国家碳排放强度的历史演变趋势

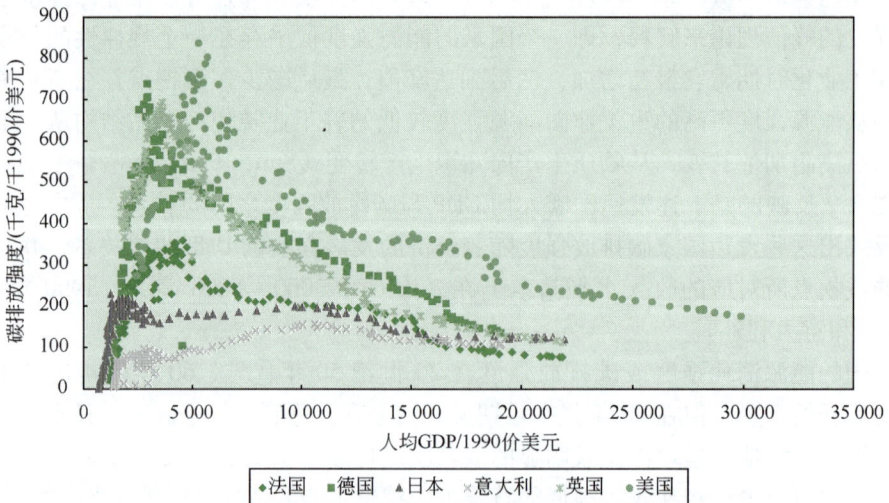

图 2.2　6 个主要发达国家人均 GDP 与碳排放强度之间的关系

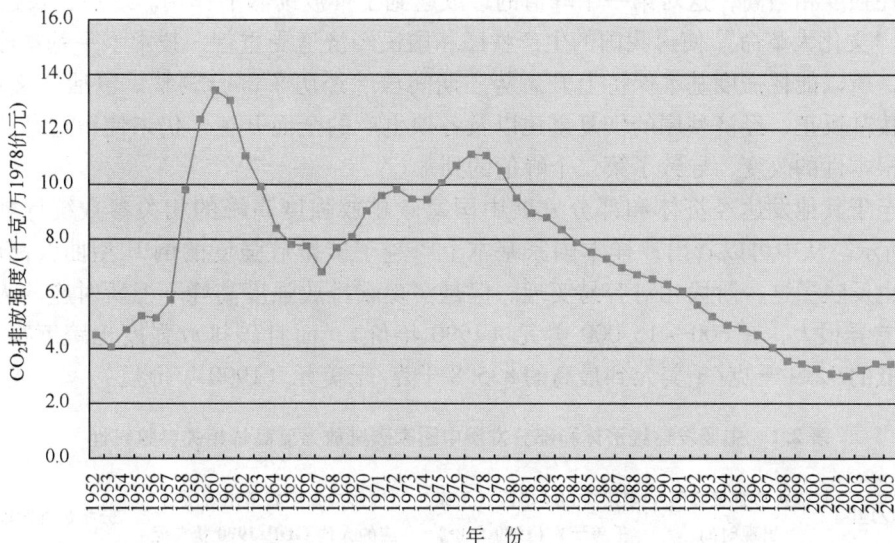

图 2.3　1952～2005 年中国碳排放强度的演变趋势

耗或碳排放以及能源消耗或碳排放总量稳定下降趋势的到来。

对中国能源消耗或碳排放强度演变趋势的解释可能有两方面原因。

一是受到工业化进程的作用。自 1949 年特别是改革开放以来，我国实际上走的是一条压缩型的工业化道路，即与发达国家相比，工业化进程显著缩短。这种压缩型的工业化过程实际上也是一种伴随着经济高速增长，产业结构发生急剧转变的过程。从工业发展过程看，工业发达国家一般是遵循先轻工业和加工业，后基础工业、重工业的发展模式。而我国的工业化进程却与之相反，一开始就把重工业放在优先发展地位，工业结构趋于重型化。由于重工业以能源和矿产品为主要原料，必然大大刺激了石油、煤炭、电力、冶金、建材、化工等初级加工部门生产的大幅度增长，并且大大加重了环境负荷（聂国卿，2007）和 CO_2 的排放。这种特征使得发达国家工业化过程中出现的规律在中国变得似有似无，从而使其更具有比较浓郁的"中国特色"。学术界对 2000 年以后能源消耗强度上升原因的解释往往和目前我国进入重化工业化阶段的产业结构和消费结构的升级联系起来。这些在一定程度上揭示了我国在收入很低的背景下跨越了能源消耗或碳排放强度的峰值以及 2000 年以后能源消耗或碳排放强度上升的原因。

二是与中国的宏观发展战略决策有关。在 20 世纪 50 年代后期的"大跃进"运动中，由于受到当时技术水平有限的影响，通过滥垦、滥伐、滥采，人为干扰产业结构演变规律，如大炼钢铁，不仅对生产秩序造成严重负面影响，而且导致能源资源消耗强度相当高，这对第一个峰值的形成起到了推波助澜的作用。之后，长达 10 年的"文化大革命"使得我国的生产秩序和国民经济遭受重创，技术水平基本停滞不前，所以能耗强度基本保持上升态势。期间虽然经历了部分调整，包括"文革"后的拨乱反正、经济秩序的恢复重建以及各项生产的全面开工，仍未使得这种趋势发生根本性的改变，导致了第二个峰值的到来。

至于其他发达经济体和部分发展中国家碳排放强度高峰的相关参数统计如表 2.1 所示。从中可以看出，样本国家基本上跨越了碳排放强度的倒 U 型曲线高峰，同时也反映了这一阶段相对容易实现。但是实现碳排放强度高峰不但所对应的人均 GDP 差异很大，在 600 ~ 15 000 美元（1990 年价），而且碳排放强度也跨度很大，从最低的 92.9 千克/千美元到最高的 835.8 千克/千美元（1990 年价）。

表 2.1　主要发达经济体和部分发展中国家碳排放强度高峰相关参数统计

国家/地区	碳排放强度峰值出现时间	碳排放强度峰值/（千克/千美元）（1990 年价）	碳排放强度峰值出现所对应的人均 GDP/1990 价美元	分析数据时段
澳大利亚*	1982 年	290.9	14 391	1870 ~ 2005 年
	1920 年	280.3	4 766	
奥地利	1908 年	747.3	3 320	1870 ~ 2005 年
比利时	1929 年	651.9	5 054	1846 ~ 2005 年
加拿大	1921 年	724.8	3 357	1870 ~ 2005 年
丹　麦	1943 年	282.7	5 080	1843 ~ 2005 年
芬　兰	1976 年	258.3	11 358	1860 ~ 2005 年
法　国	1930 年	359.1	4 532	1820 ~ 2005 年
德　国	1917 年	737.5	2 952	1850 ~ 2005 年
希　腊	1996 年	200.2	10 511	1921 ~ 2005 年
中国香港	1969 年	102.5	5 345	1947 ~ 2005 年
爱尔兰*	1939 年	351.4	3 052	1924 ~ 2005 年
	1971 年	319.1	6 354	
以色列*	1953 年	227.3	2 911	1950 ~ 2005 年
	1966 年	226.8	6 190	
	2003 年	200.8	15 365	
意大利	1973 年	157.7	10 634	1861 ~ 2005 年

续表

国家/地区	碳排放强度峰值 出现时间	碳排放强度峰值/(千克/ 千美元)（1990 年价）	碳排放强度峰值出现所对 应的人均 GDP/1990 价美元	分析数据时段
日　本*	1914 年	229.3	1 326	1874～2005 年
	1973 年	201.1	11 434	
韩　国*	1970 年	224.8	1 954	1946～2005 年
	1980 年	217.8	4 114	
	1997 年	192.8	12 991	
荷　兰	1913 年	301.3	4 049	1846～2005 年
新西兰	1910 年	240.8	5 317	1878～2005 年
挪　威	1915 年	353.5	2 611	1865～2005 年
葡萄牙	1913 年	141.0	1 250	1872～2005 年
新加坡	1970 年	539.0	4 438	1957～2005 年
西班牙	1976 年	164.0	8 599	1850～2005 年
瑞　典	1937 年	269.9	4 664	1839～2005 年
瑞　士	1913 年	153.2	4 266	1858～2005 年
中国台湾	1927 年	310.1	1 011	1897～2005 年
英　国	1883 年	692.5	3 643	1830～2005 年
美　国	1917 年	835.8	5 248	1870～2005 年
巴　西*	1913 年	92.9	811.0	1901～2005 年
	1978 年	86.6	4 681	
	1998 年	88.7	5 422	
中　国*	1960 年	474.6	673.8	1950～2005 年
	1978 年	431.8	992.0	
印　度	1992 年	180.6	1 341	1884～2005 年

注：* 表示这些国家或地区碳排放强度出现明显的波动或多个峰值。韩国、巴西最近一次峰值可能与金融
　　危机有关

2. 经济发展与人均碳排放量关系的历史考察

图 2.4 为英国、法国、德国、美国、日本、意大利 6 个主要发达国家人均碳排
放量的历史演变趋势图。从中可以发现，除日本和意大利没有明显的拐点出现外，
其他 4 个国家基本存在人均碳排放量随着时间变化的倒 U 型曲线关系，即跨越了人

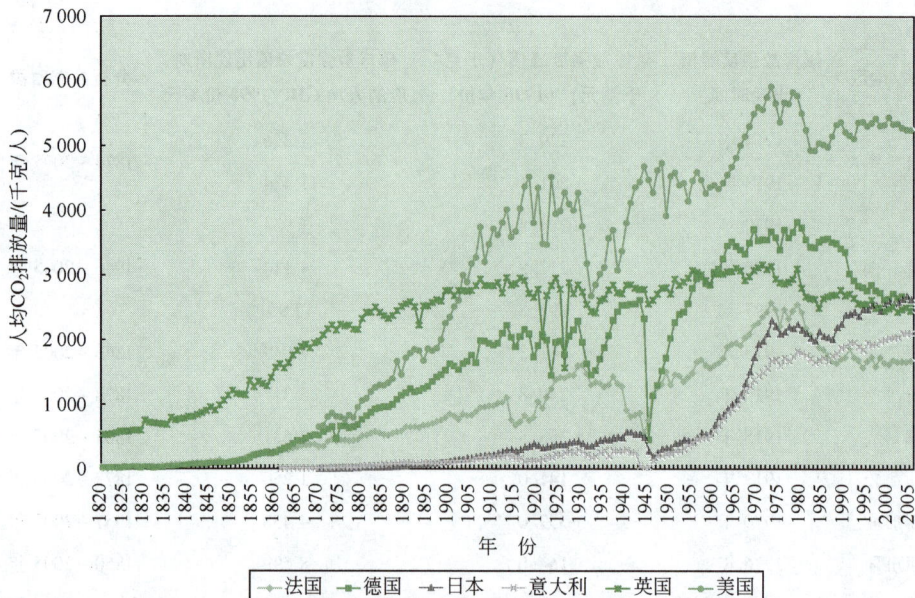

图 2.4　6 个主要发达国家人均碳排放量的历史演变趋势

均碳排放量的峰值。

　　再从人均 GDP 与人均碳排放量之间的关系来看,已有不少学者采用人均能源消耗或人均 CO_2 排放指标证实了人均 GDP 与人均能源消费或碳排放倒 U 型曲线的存在性。图 2.5 反映了 6 个主要发达国家经济发展与人均碳排放量之间的关系。同样可以看出,除日本和意大利外,其他 4 个国家经济发展与人均碳排放量之间均出现了倒 U 型曲线关系。

　　世界主要发达经济体和部分发展中国家的人均碳排放量高峰的相关参数统计如表 2.2 所示。由表可知,澳大利亚、比利时、加拿大、丹麦、法国、德国、中国香港、爱尔兰、以色列、荷兰、新西兰、新加坡、瑞典、瑞士、英国、美国 16 个发达经济体基本上跨越了人均碳排放量峰值,这些国家或地区的人均 GDP 一般在 10 942～23 201 美元(1990 年价),碳排放峰值在 1601.1～5933.3 千克/人,此时碳排放强度在 80.5～355.5 千克/千美元(1990 年价),差异也比较显著。而芬兰、希腊、意大利、日本、韩国、葡萄牙等发达经济体可能或者正在跨越人均碳排放量高峰,但还有待于进一步观察。巴西最近几年人均碳排放量似乎有下降趋势,这可能与当时巴西的国内政治局势动荡和经济受到金融危机的冲击有一定的关系。

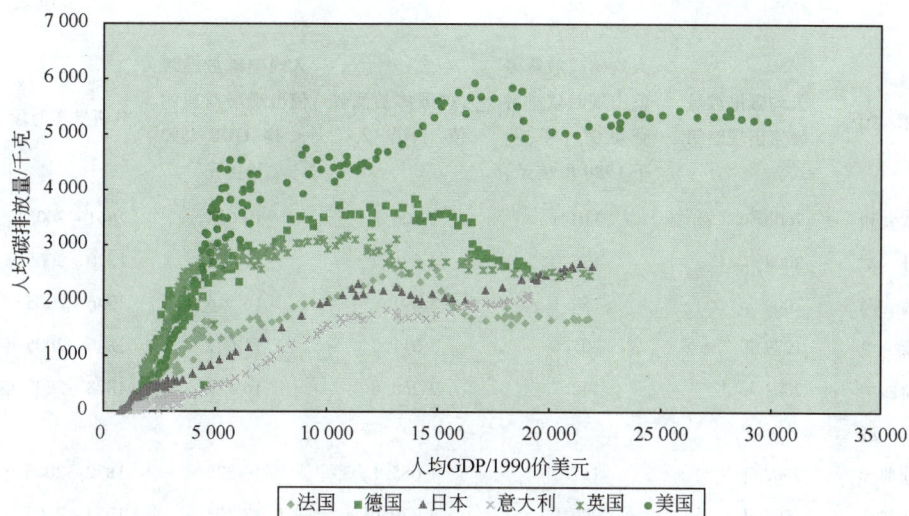

图2.5 6个主要发达国家经济发展与人均碳排放量之间的关系

表2.2 主要发达经济体和部分发展中国家人均碳排放量高峰相关参数统计

国家/地区	人均碳排放量峰值出现时间	人均碳排放量峰值出现时碳排放强度值/(千克/千1990价美元)	人均碳排放量峰值/(千克/人)	人均碳排放量峰值出现所对应的人均GDP/1990价美元	分析数据时段
澳大利亚	1998年	248.5	5 059	20 360.5	1870~2005年
奥地利	/	/	/	/	/
比利时	1973年	319.4	3 887	12 170.5	1830~2005年
加拿大	1979年	294.6	4 764.3	16 170	1870~2005年
丹 麦	1996年	165.7	3 477.6	20 982	1843~2005年
芬 兰	2003年（?）	169.8	3 605.1	21 234	1860~2005年
法 国	1973年	197.7	2 592.1	13 114	1820~2005年
德 国	1979年	274.4	3 840.4	13 993	1820~2005年
希 腊	2001年（?）	190.1	2 377.8	12 511	1892~2005年
中国香港	1993年	80.5	1 601.1	19 890	1947~2005年
爱尔兰	2001年	134.4	3 118.2	23 201	1924~2005年
以色列	2003年	200.8	3 084.7	15 365	1950~2005年

续表

国家/地区	人均碳排放量峰值出现时间	人均碳排放量峰值出现时碳排放强度值/(千克/千 1990 价美元)	人均碳排放量峰值/(千克/人)	人均碳排放量峰值出现所对应的人均 GDP/1990 价美元	分析数据时段
意大利	2003 年 (?)	110.5	2 106.2	19 065	1861~2005 年
日 本	2004 年 (?)	125.0	2 676.2	21 414	1870~2005 年
韩 国	2004 年 (?)	159.1	2 691.8	16 916	1946~2005 年
荷 兰	1979 年	205.6	3 011.0	14 647	1846~2005 年
新西兰	2001 年	140.7	2 268.6	16 119	1878~2005 年
挪 威	/	/	/	/	/
葡萄牙	2002 年 (?)	117.7	1 685.1	14 320	1872~2005 年
新加坡	1994 年	270.0	4 970.0	18 403	1957~2005 年
西班牙	/	/	/	/	/
瑞 典	1970 年	246.0	3 127.8	12 716	1839~2005 年
瑞 士	1973 年	105.8	1 926.7	18 204	1858~2005 年
中国台湾	/	/	/	/	/
英 国	1971 年	290.7	3 180.8	10 942	1820~2005 年
美 国	1973 年	355.5	5 933.3	16 689	1870~2005 年
巴 西	2001 年 (?)	87.1	485.1	5 570	1901~2005 年
中 国	/	/	/	/	/
印 度	/	/	/	/	/

注：（?）表示在最近观测到的数据中是最大的，可能为峰值，但其后面数据时间序列太短或有轻微下降、徘徊趋势，难以做出明确判断，还有待于进一步考察。"/"表示峰值不存在

中国虽然从总体上跨越了碳排放强度高峰，但是目前人均碳排放量还在保持较快的上升势头（图2.6）。

3. 经济发展与碳排放总量关系的历史考察

图2.7为6个主要发达国家碳排放总量随时间的变化趋势图。其中只有英国、德国、法国基本实现了碳排放总量的下降，即存在碳排放总量随时间变化的倒 U 型曲线关系。

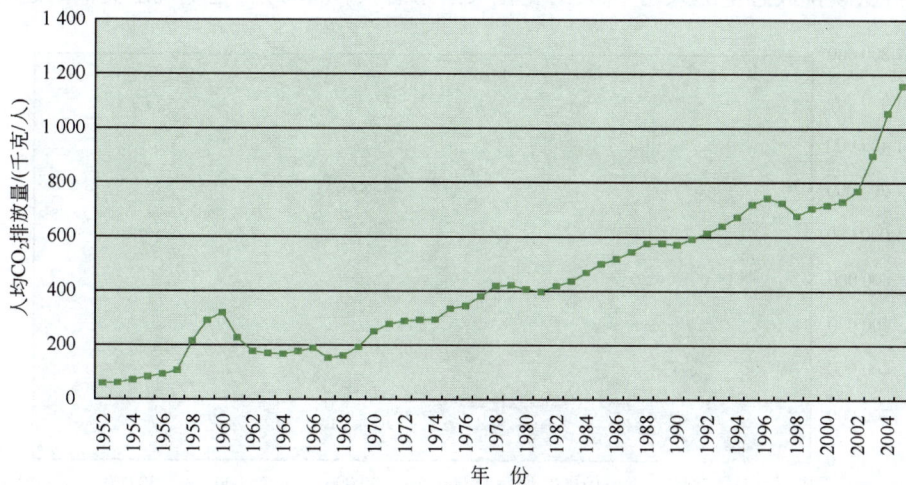

图 2.6　1952～2005 年中国人均碳排放量的变化趋势

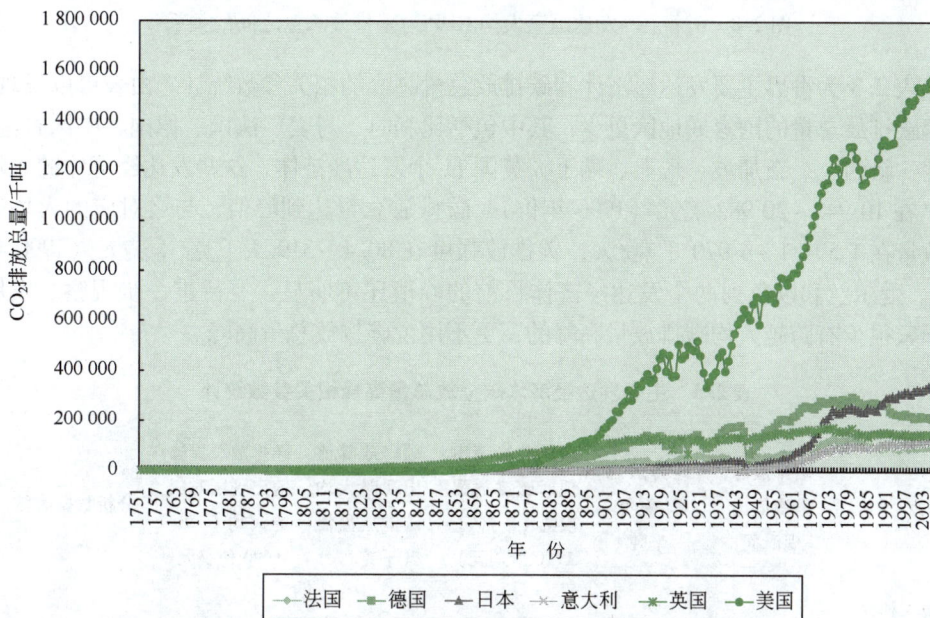

图 2.7　6 个主要发达国家碳排放总量的历史演变趋势

再从碳排放总量随人均 GDP 的变化关系来看（图 2.8），也呈现出类似的趋势。

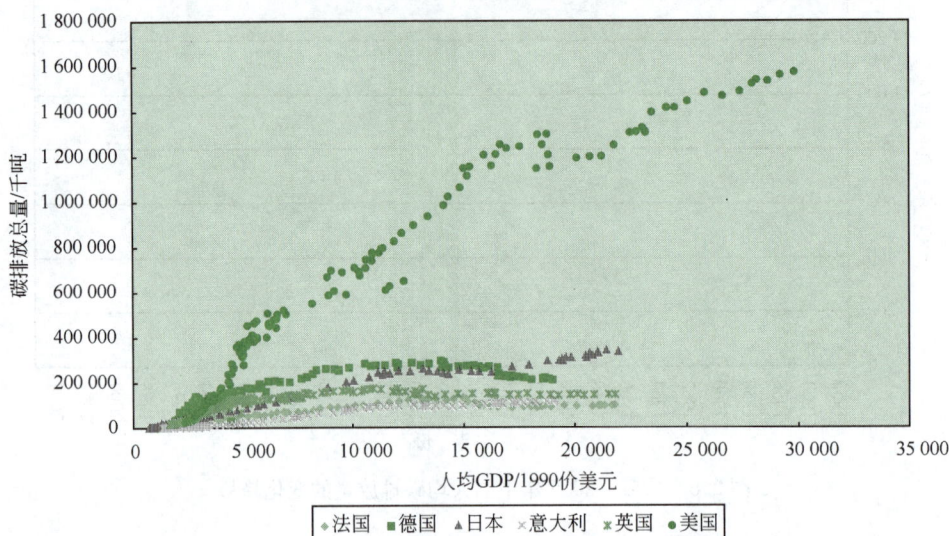

图 2.8　6 个主要发达国家人均 CDP 与碳排放总量之间的关系

表 2.3 为世界主要发达经济体和碳排放总量高峰的相关参数统计。由表可以发现，跨越碳排放总量的国家或地区更少，其中包括比利时、丹麦、法国、德国、中国香港、荷兰、新西兰、新加坡、瑞典、瑞士、英国 11 个发达经济体，这些发达经济体的人均GDP 在 10 942～20 982 美元（1990 年价），碳排放总量达到峰值，与之对应的人均碳排放量在 1 594.1～4 970 千克/人，碳排放强度在 80.4～319.4 千克/千美元（1990 年价）。爱尔兰和以色列两个发达经济体目前的峰值还不明显，有待进一步观察。发展中国家很少有跨越人均碳排放量高峰的，更不用说碳排放总量高峰。

表 2.3　主要发达经济体碳排放总量高峰相关参数统计

国家/地区	碳排放总量峰值出现时间	碳排放总量峰值/千吨	碳排放峰值出现时碳排放强度值/(千克/千1990 价美元)	碳排放峰值出现时人均碳排放量值/(千克/人)	碳排放总量峰值出现所对应的人均 GDP/1990 价美元	分析数据时段
澳大利亚	/	/	/	/	/	/
奥地利	/	/	/	/	/	/
比利时	1973 年	37 850	319.4	3 886.8	12 170	1830～2005 年
加拿大	/	/	/	/	/	/

续表

国家/地区	碳排放总量峰值出现时间	碳排放总量峰值/千吨	碳排放峰值出现时碳排放强度值/(千克/千1990价美元)	碳排放峰值出现时人均碳排放量值/(千克/人)	碳排放总量峰值出现所对应的人均GDP/1990价美元	分析数据时段
丹　麦	1996年	18 299	165.7	3 477.6	20 982	1843~2005年
芬　兰	/	/	/	/	/	/
法　国	1979年	137 551	171.4	2 566.0	14 970	1810~2005年
德　国	1979年	299 859	274.4	3 840.4	13 993	1792~2005年
希　腊	/	/	/	/	/	/
中国香港	1999年	11 146	80.4	1 594.1	19 818	1947~2005年
爱尔兰	2001年（?）	11 977	134.4	3 118.2	23 200	1924~2005年
以色列	2003年（?）	18 869	200.8	3 084.7	15 365	1930~2005年
意大利	/	/	/	/	/	/
日　本						
韩　国						
荷　兰	1979年	42 244	205.6	3 011.0	14 647	1846~2005年
新西兰	2001年	8 766	140.7	2 268.6	16 119	1878~2005年
挪　威						
葡萄牙						
新加坡	1994年	16 734	270.0	4 970.0	18 403	1957~2005年
西班牙	/	/	/	/	/	/
瑞　典	1970年	25 157	246.0	3 127.8	12 716	1839~2005年
瑞　士	1973年	12 410	105.8	1 926.7	18 204	1858~2005年
中国台湾	/	/	/	/	/	/
英　国	1971年	177 828	290.7	3 180.8	10 942	1751~2005年
美　国	/	/	/	/	/	/
巴　西	/	/	/	/	/	/
中　国	/	/	/	/	/	/
印　度	/	/	/	/	/	/

注：（?）表示在最近观测到的数据中是最大的，可能为峰值，但其后面数据时间序列太短或有轻微下降、徘徊趋势，难以做出明确判断，还有待于进一步考察。"/"表示峰值不存在

4. 不同国家或地区跨越不同碳排放高峰所经历的时间

从表 2.1～表 2.3 可知，无论是从碳排放随时间的变化还是从碳排放随经济发展的变化来看，碳排放强度、人均碳排放量和碳排放总量分别对应的 3 个倒 U 型曲线规律是存在的，而且基本上是依次出现的。这就说明以往的碳排放实证研究中选取的不同指标实质上对应着不同阶段的倒 U 型曲线。

表 2.4 是主要发达经济体和部分发展中国家跨越碳排放高峰所经历的时间。从总体来看，已跨越碳排放高峰的国家或地区从碳排放强度高峰到人均碳排放量高峰所经历的时间相对较长，说明这一过程最为艰巨，而从人均碳排放量高峰到碳排放总量高峰所经历的时间相对较短，有的国家或地区甚至两者接近或重合（主要与人口变动有关），如果实现了从碳排放强度高峰到人均碳排放量高峰的跨越，则会相对容易地实现碳排放总量高峰的跨越。

表 2.4　主要发达经济体和部分发展中国家碳排放高峰之间的时间间隔

国家/地区	碳排放强度峰值与人均碳排放量峰值的时间间隔/年	碳排放强度峰值与人均碳排放量峰值的始末时间	人均碳排放量峰值与碳排放总量峰值的时间间隔/年	人均碳排放量峰值与碳排放总量峰值的始末时间
澳大利亚	16	1982～1998 年	/	/
	78	1920～1998 年		
比利时	44	1929～1973 年	0	1973～1973 年
加拿大	58	1921～1979 年	/	/
丹　麦	53	1943～1996 年	0	1996～1996 年
芬　兰	27	1976～2003 年（?）	/	/
法　国	43	1930～1973 年	6	1973～1979 年
德　国	62	1917～1979 年	0	1979～1979 年
希　腊	5	1996～2001 年（?）	/	/
中国香港	24	1969～1993 年	6	1993～1999 年
爱尔兰	62	1939～2001 年	0	2001～2001 年（?）
	30	1971～2001 年		
以色列	50	1953～2003 年	0	2003～2003 年（?）
	37	1966～2003 年		
意大利	30	1973～2003 年（?）	/	/

续表

国家/地区	碳排放强度峰值与人均碳排放量峰值的时间间隔/年	碳排放强度峰值与人均碳排放量峰值的始末时间	人均碳排放量峰值与碳排放总量峰值的时间间隔/年	人均碳排放量峰值与碳排放总量峰值的始末时间
日 本	90	1914～2004 年（?）	/	/
	31	1973～2004 年（?）		
韩 国	34	1970～2004 年（?）	/	/
	24	1980～2004 年（?）		
荷 兰	66	1913～1979 年	0	1979～1979 年
新西兰	91	1910～2001 年	0	2001～2001 年
葡萄牙	89	1913～2002 年（?）	/	/
新加坡	24	1970～1994 年	0	1994～1994 年
瑞 典	33	1937～1970 年	0	1970～1970 年
瑞 士	60	1913～1973 年	0	1973～1973 年
英 国	88	1883～1971 年	0	1971～1971 年
美 国	56	1917～1973 年	/	/
巴 西	88	1913～2001 年（?）	/	/
	23	1978～2001 年（?）		

注：（?）表示在最近观测到的数据中是最大的，可能为峰值，但其后面数据时间序列太短或有轻微下降、徘徊趋势，难以做出明确判断，还有待于进一步考察。"/"表示人均碳排放量或碳排放总量高峰尚未出现或明确出现

就不同的国家或地区来看，从碳排放强度高峰到人均碳排放量高峰所经历的时间大体在 24～91 年，平均为 55 年左右，其中英国 88 年、德国 62 年、美国 56 年、荷兰 66 年、新西兰 91 年、加拿大 58 年、比利时 44 年、丹麦 53 年、法国 43 年、中国香港和新加坡 24 年、瑞典 33 年、瑞士 60 年。

一般而言，后发国家或地区经历的时间相对较短，如曾作为亚洲四小龙的新加坡和中国香港，均为 24 年。如果不将中国香港和新加坡这两个新兴的发达经济体计算在内，则其他发达国家或地区两个高峰所经历的时间平均为 61 年左右。澳大利亚、爱尔兰、以色列由于碳排放强度出现多峰值，所以与人均碳排放量峰值形成了不同的时间间隔。如果取碳排放强度历史最大值，则澳大利亚两者之间的时间间隔为 16 年；如果取最初的峰值，则为 78 年。对于爱尔兰而言，如果取碳排放强度最大峰值，则为 62 年；如果是第二个峰值，则为 30 年。以色列则与爱尔兰类似，分

别为 50 年和 37 年。至于芬兰、希腊、意大利、日本、韩国、葡萄牙、巴西，由于其人均碳排放量峰值不明确，所以两者之间的时间间隔有待于进一步考察。

相对于碳排放强度高峰到人均碳排放量高峰所经历的时间，人均碳排放量高峰到碳排放总量高峰所经历的时间，除法国和中国香港两个发达经济体为 6 年外，其他 9 个跨越碳排放高峰的发达经济体包括比利时、丹麦、德国、荷兰、新西兰、新加坡、瑞典、瑞士、英国基本同时实现了人均碳排放量高峰和碳排放总量高峰的跨越。

（三）经济发展与碳排放关系的 3 个倒 U 型曲线基本规律

基于国内外已有的研究和碳排放的历史考察，我们发现对于一个国家或地区，无论是发达国家或地区，还是发展中国家或地区而言，其经济发展与碳排放关系的演化依次遵循着 3 个倒 U 型曲线规律，即碳排放强度倒 U 型曲线、人均碳排放量倒 U 型曲线和碳排放总量倒 U 型曲线规律，或者需要先后跨越 3 个碳排放的倒 U 型曲线高峰，即碳排放强度的倒 U 型曲线高峰、人均碳排放的倒 U 型曲线高峰以及碳排放总量的倒 U 型曲线高峰（图 2.9）。该过程同时也意味着需要实现三大方向性的转变即由碳排放强度不断上升向碳排放强度稳定下降方向转变、从人均碳排放量不断上升向人均碳排放量稳定下降方向转变、从碳排放总量不断上升向碳排放总量稳定下降方向转变。

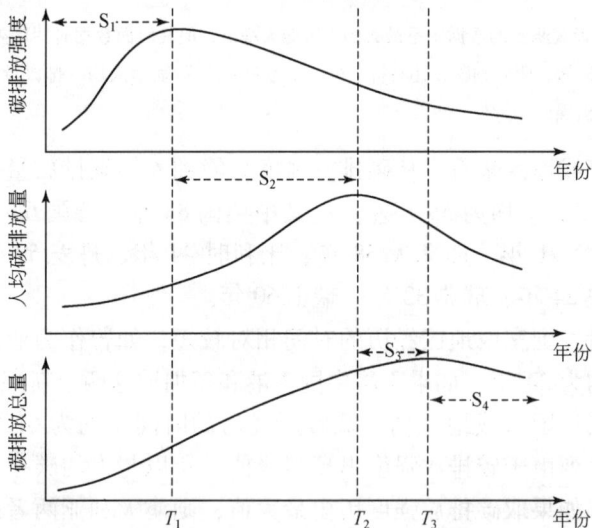

图 2.9 碳排放三大高峰的演化态势示意图

根据 3 个倒 U 型曲线依次出现的规律，可以把一个国家或地区经济发展与碳排放的演化关系划分为 4 个阶段（图 2.9）：碳排放强度高峰前阶段即碳排放强度不断上升阶段（图 2.9 中的 S_1 阶段）、碳排放强度高峰到人均碳排放量高峰阶段（图 2.9 中的 S_2 阶段）、人均碳排放量高峰到碳排放总量高峰阶段（图 2.9 中的 S_3 阶段）和碳排放总量稳定下降阶段（图 2.9 中的 S_4 阶段）。如果人均碳排放高峰和碳排放总量高峰时间重合或者两者同时实现，此时上述的碳排放 4 个阶段就演变为 3 个阶段，这也可以看做是 4 个阶段的特殊情形。

在相同的碳排放演化阶段下，各指标的变化方向也不尽相同（表 2.5）：在 S_1 阶段，碳排放强度上升、人均碳排放量上升、碳排放总量上升；在 S_2 阶段，碳排放强度下降、人均碳排放量上升、碳排放总量上升；在 S_3 阶段，碳排放强度下降、人均碳排放量下降、碳排放总量上升；在 S_4 阶段，碳排放强度下降、人均碳排放量下降、碳排放总量下降。也就是在 S_4 阶段实现了经济发展与碳排放总量的强剥离或脱钩，这也是低碳经济应努力的目标和方向，因为低碳经济的主旨在于追求经济发展的同时，从根本上减少人类化石能源消费总量或者 CO_2 排放总量。归根结底，经济发展与碳排放的演化将经历一个从碳排放强度、人均碳排放量和碳排放总量上升，向碳排放强度、人均碳排放量和碳排放总量稳定下降转变的过程。

表 2.5 不同碳排放演化阶段下碳排放强度、人均碳排放量和碳排放总量指标的变化

指标 \ 阶段	S_1 阶段	S_2 阶段	S_3 阶段	S_4 阶段
碳排放强度指标	⇧	⇩	⇩	⇩
人均碳排放量指标	⇧	⇧	⇩	⇩
碳排放总量指标	⇧	⇧	⇧	⇩

注：⇧指上升，⇩指下降

二 不同演化阶段碳排放的驱动力分析

（一）基于 IPAT 方程的不同碳排放演化阶段的驱动力分析

为了进一步揭示世界上主要发达经济体以及有代表性的发展中国家在不同的演化阶段下，其碳排放驱动因子的变化趋势或规律，我们采用碳排放的 IPAT 方程逐一进行分析。

IPAT 方程最初由 Ehrlich 等学者（1970）提出，用于表征经济发展对环境的影响或环境问题的成因，即环境问题是人口、富裕度和技术因素综合作用的结果。其具体的表达式如下：

$$I = P \times A \times T \tag{2-1}$$

其中 I 代表环境影响；P 代表人口；A 代表富裕程度，通常用人均 GNP 或 GDP 表达；T 代表广义的科技水平，通常用单位产出（GDP）产生的污染物来表征。如果用 CO_2 排放表达环境影响，则环境影响方程（2-1）就变为碳排放的 IPAT 方程。由方程可知，CO_2 排放增长受到人口增长、经济增长和科技进步的综合作用，因此调控 CO_2 排放理论上可以从上述 3 个因素的增长速度控制入手。但是一般而言，人口的增长具有强大的惯性，虽然不少发达国家已实现了零增长或低速增长，但是对于发展中国家而言，人口仍处于快速发展阶段，即使采取严格措施控制人口增长，人口数量仍然要持续增长一段时间。这就意味着人口的增长对 CO_2 的正贡献作用在短时间内难以改变。经济增长通常是各个国家追求的目标，试图通过降低经济增长率来实现 CO_2 排放增长速度的下降也是不现实的。因此降低碳排放的希望主要被寄托在科技进步这一活跃而又能动的因素上。尽管碳排放强度受到结构调整、技术创新、政策调控和监督管理等多因素的综合作用，但是与碳排放相关的技术进步在降低碳排放强度方面通常发挥着基础性、关键性的作用。

根据 IPAT 方程计算的结果如表 2.6 ~ 表 2.10 所示。

表 2.6 主要发达经济体和部分发展中国家碳排放强度高峰
之前阶段碳排放及其驱动因子的变化

国家/地区	分析的时间段	碳排放总量年均变化率/%	人口年均变化率/%	人均 GDP 年均变化率/%	碳排放强度年均变化率/%	GDP 年均变化率/%	人均碳排放量年均变化率/%
澳大利亚	1870 ~ 1982 年	5.47	1.93	1.33	2.10	3.29	3.46
	1870 ~ 1920 年	7.84	2.23	0.75	4.70	3.01	5.49
奥地利	1870 ~ 1908 年	5.63	0.95	1.53	3.05	2.50	4.63
比利时	1846 ~ 1929 年	2.91	0.76	1.33	0.79	2.10	2.14
加拿大	1870 ~ 1921 年	8.55	1.72	1.35	5.30	3.09	6.72
丹 麦	1843 ~ 1943 年	5.16	1.05	1.24	2.79	2.31	4.07
芬 兰	1860 ~ 1976 年	6.44	0.87	2.15	3.30	3.04	5.52
法 国	1820 ~ 1930 年	4.13	0.26	1.27	2.56	1.53	3.86
德 国	1850 ~ 1917 年	5.43	1.00	1.09	3.26	2.10	4.39

国家/地区	分析的时间段	碳排放总量年均变化率/%	人口年均变化率/%	人均GDP年均变化率/%	碳排放强度年均变化率/%	GDP年均变化率/%	人均碳排放量年均变化率/%
希　腊	1921～1996年	6.45	0.79	2.29	3.25	3.10	5.62
中国香港	1950～1969年	9.77	2.92	4.74	1.84	7.79	6.66
爱尔兰	1924～1939年	3.70	-0.16	1.16	2.68	0.99	3.86
	1924～1971年	2.58	-0.02	1.95	0.64	1.93	2.60
以色列	1950～1953年	34.33	9.03	1.09	21.87	10.23	23.20
	1950～1966年	14.01	4.60	5.04	3.76	9.88	8.99
意大利	1861～1973年	5.71	0.66	1.80	3.16	2.47	5.02
日　本	1874～1914年	12.19	1.00	1.41	9.53	2.43	11.08
	1874～1973年	7.71	1.14	2.78	3.61	3.96	6.49
韩　国	1946～1970年	21.47	2.15	4.91	13.35	7.16	18.92
	1946～1980年	17.73	2.01	5.73	9.15	7.86	15.40
荷　兰	1846～1913年	3.43	1.05	0.90	1.45	1.95	2.36
新西兰	1878～1910年	8.55	2.55	0.69	5.13	3.25	5.85
挪　威	1865～1915年	5.94	0.78	1.31	3.75	2.11	5.11
葡萄牙	1872～1913年	5.01	0.76	0.66	3.53	1.43	4.22
新加坡	1957～1970年	19.84	2.82	5.12	10.88	8.08	16.56
西班牙	1850～1976年	4.82	0.70	1.66	2.39	2.38	4.09
瑞　典	1839～1937年	6.85	0.72	1.38	4.64	2.11	6.08
瑞　士	1858～1913年	7.83	0.81	1.27	5.63	2.09	6.97
中国台湾	1912～1927年	13.47	1.56	2.27	9.25	3.86	11.73
英　国	1830～1883年	3.02	0.73	1.39	0.87	2.13	2.27
美　国	1870～1917年	6.20	2.04	1.64	2.40	3.71	4.08
巴　西	1901～1913年	9.90	2.12	0.88	6.68	3.02	7.62
	1901～1978年	5.90	2.43	2.44	0.92	4.94	3.39
中　国	1950～1960年	25.79	2.05	4.33	18.15	6.46	23.27
	1950～1978年	11.05	1.99	2.94	5.78	4.98	8.89
印　度	1884～1992年	5.28	0.79	1.14	3.27	1.94	4.46

注："-"表示减少,以下均同。变化率均采用几何平均方法计算,以下均同

表2.7 主要发达经济体和部分发展中国家碳排放强度高峰到人均碳排放量高峰
阶段碳排放及其驱动因子的变化

国家/地区	分析的时间段	碳排放总量年均变化率/%	人口年均变化率/%	人均GDP年均变化率/%	碳排放强度年均变化率/%	GDP年均变化率/%	人均碳排放量年均变化率/%
澳大利亚	1982~1998年	2.54	1.33	2.19	-0.98	3.56	1.19
	1920~1998年	3.37	1.62	1.88	-0.15	3.53	1.72
奥地利	/	/	/	/	/	/	/
比利时	1929~1973年	0.82	0.44	2.02	-1.61	2.46	0.38
加拿大	1921~1979年	2.91	1.72	2.75	-1.54	4.52	1.17
丹 麦	1943~1996年	2.23	0.54	2.71	-1.00	3.27	1.68
芬 兰	1976~2003年（?）	1.12	0.35	2.34	-1.54	2.70	0.77
法 国	1930~1973年	1.62	0.53	2.50	-1.38	3.04	1.09
德 国	1917~1979年	1.20	0.28	2.54	-1.58	2.83	0.92
希 腊	1996~2001年（?）	2.69	0.21	3.54	-1.03	3.77	2.48
中国香港	1969~1993年	6.46	1.81	5.63	-1.00	7.54	4.57
爱尔兰	1939~2001年	2.18	0.44	3.33	-1.54	3.78	1.74
	1971~2001年	2.31	0.85	4.41	-2.84	5.30	1.45
以色列	1953~2003年	5.84	2.63	3.38	-0.25	6.11	3.13
	1966~2003年	4.50	2.30	2.49	-0.33	4.84	2.15
意大利	1973~2003年（?）	0.95	0.19	1.97	-1.18	2.16	0.76
日 本	1914~2004年（?）	3.47	1.00	3.14	-0.67	4.17	2.45
	1973~2004年（?）	1.02	0.52	2.04	-1.52	2.58	0.49
韩 国	1970~2004年（?）	6.70	1.16	6.55	-1.01	7.79	5.48
	1980~2004年（?）	5.67	0.94	6.07	-1.30	7.06	4.69
荷 兰	1913~1979年	2.65	1.25	1.97	-0.58	3.25	1.38
新西兰	1910~2001年	2.09	1.45	1.23	-0.59	2.69	0.63
挪 威	/	/	/	/	/	/	/
葡萄牙	1913~2002年（?）	3.17	0.59	2.78	-0.20	3.38	2.57
新加坡	1970~1994年	5.19	2.04	6.11	-2.84	8.27	3.09
西班牙	/	/	/	/	/	/	/
瑞 典	1937~1970年	3.57	0.75	3.09	-0.28	3.86	2.80
瑞 士	1913~1973年	2.69	0.86	2.45	-0.61	3.32	1.82

续表

国家/地区	分析的时间段	碳排放总量年均变化率/%	人口年均变化率/%	人均GDP年均变化率/%	碳排放强度年均变化率/%	GDP年均变化率/%	人均碳排放量年均变化率/%
中国台湾	/	/	/	/	/	/	/
英 国	1883~1971年	0.78	0.52	1.26	-0.98	1.78	0.26
美 国	1917~1973年	1.83	1.28	2.09	-1.51	3.40	0.54
巴 西	1913~2001年（?）	4.51	2.32	2.21	-0.07	4.58	2.14
	1978~2001年（?）	2.63	1.83	0.76	0.03	2.60	0.78
中 国	/	/	/	/	/	/	/
印 度	/	/	/	/	/	/	/

注："（?）"表示在最近观测到的数据中是最大的，可能为峰值，但其后面数据时间序列太短或有轻微下降、徘徊趋势，难以做出明确判断，还有待于进一步考察

由于不少国家或地区人均碳排放量高峰与碳排放总量高峰在同一年重合，为了进一步反映这种变化，我们分别用峰值前一年和后一年碳排放及其驱动因子的变化来逼近，如表2.8所示。

表2.8 主要发达经济体和部分发展中国家人均碳排放量高峰到碳排放总量高峰阶段碳排放及其驱动因子的变化

国家/地区	分析的时间段	碳排放总量年均变化率/%	人口年均变化率/%	人均GDP年均变化率/%	碳排放强度年均变化率/%	GDP年均变化率/%	人均碳排放量年均变化率/%
澳大利亚	/	/	/	/	/	/	/
奥地利	/	/	/	/	/	/	/
比利时	1972~1973年	6.14	0.30	5.81	0.01	6.12	5.82
	1973~1974年	-2.57	0.31	3.88	-6.50	4.20	-2.87
加拿大	/	/	/	/	/	/	/
丹 麦	1995~1996年	21.34	0.55	1.94	18.38	2.50	20.67
	1996~1997年	-14.93	0.42	2.60	-17.43	3.02	-15.28
芬 兰	/	/	/	/	/	/	/
法 国	1973~1979年	0.29	0.46	2.23	-2.35	2.70	-0.17

续表

国家/地区	分析的时间段	碳排放总量年均变化率/%	人口年均变化率/%	人均GDP年均变化率/%	碳排放强度年均变化率/%	GDP年均变化率/%	人均碳排放量年均变化率/%
德 国	1978~1979 年	4.33	0.02	4.00	0.30	4.02	4.31
	1979~1980 年	-2.09	0.28	0.86	-3.20	1.14	-2.36
希 腊		/	/	/	/	/	/
中国香港	1993~1999 年	2.67	2.74	-0.06	-0.01	2.68	-0.07
爱尔兰	2000~2001 年	6.18	1.16	5.38	-0.39	6.60	4.96
	2001~2002 年	-1.26	1.09	4.96	-6.94	6.11	-2.33
以色列	2002~2003 年（?）	3.10	1.44	0.28	1.35	1.73	1.64
	2003~2004 年（?）	-2.54	7.47	-2.82	-6.68	4.44	-9.31
意大利		/	/	/	/	/	/
日 本		/	/	/	/	/	/
韩 国		/	/	/	/	/	/
荷 兰	1978~1979 年	7.37	0.67	1.55	5.03	2.23	6.66
	1979~1980 年	-0.96	0.81	0.39	-2.14	1.21	-1.76
新西兰	2000~2001 年	3.75	1.15	0.68	1.88	1.84	2.57
	2001~2002 年	-1.24	1.14	3.15	-5.34	4.33	-2.36
挪 威		/	/	/	/	/	/
葡萄牙		/	/	/	/	/	/
新加坡	1993~1994 年	20.53	3.03	8.12	8.19	11.40	16.98
	1994~1995 年	-31.76	3.39	4.46	-36.81	8.00	-33.99
西班牙		/	/	/	/	/	/
瑞 典	1969~1970 年	6.68	0.94	5.48	0.20	6.47	5.69
	1970~1971 年	-8.50	0.68	0.26	-9.36	0.94	-9.12
瑞 士	1972~1973 年	7.79	0.62	2.41	4.60	3.05	7.12
	1973~1974 年	-10.39	0.29	1.16	-11.67	1.45	-10.65
中国台湾		/	/	/	/	/	/

续表

国家/地区	分析的时间段	碳排放总量年均变化率/%	人口年均变化率/%	人均GDP年均变化率/%	碳排放强度年均变化率/%	GDP年均变化率/%	人均碳排放量年均变化率/%
英　国	1970～1971年	1.93	0.49	1.62	-0.18	2.12	1.43
	1971～1972年	-1.87	0.31	3.22	-5.22	3.54	-2.17
美　国		/	/	/	/	/	/
巴　西		/	/	/	/	/	/
中　国		/	/	/	/	/	/
印　度		/	/	/	/	/	/

注:"（?）"表示在最近观测到的数据中是最大的,可能为峰值,但其后面数据时间序列太短或有轻微下
降、徘徊趋势,难以做出明确判断,还有待于进一步考察

表2.9　主要发达经济体和部分发展中国家碳排放强度高峰之前阶段与碳排放强度高峰到
人均碳排放量高峰阶段各因素变化率之比值（前者/后者）

国家/地区	碳排放总量增长率之比	人口增长率之比	人均GDP增长率之比	碳排放强度增长率之比	GDP增长率之比	人均碳排放量增长率之比
澳大利亚	2.15	1.45	0.61	-2.15	0.93	2.91
	2.33	1.38	0.40	-30.42	0.85	3.19
奥地利	/	/	/	/	/	/
比利时	3.56	1.73	0.66	-0.49	0.85	5.68
加拿大	2.94	1.00	0.49	-3.44	0.69	5.76
丹　麦	2.31	1.93	0.46	-2.79	0.70	2.42
芬　兰*	5.76	2.49	0.92	-2.14	1.12	7.21
法　国	2.55	0.49	0.51	-1.85	0.50	3.54
德　国	4.53	3.61	0.43	-2.06	0.74	4.77
希　腊*	2.40	3.68	0.65	-3.15	0.82	2.27
中国香港	1.51	1.61	0.84	-1.83	1.03	1.46
爱尔兰	1.70	-0.37	0.35	-1.74	0.26	2.23
	1.12	-0.02	0.44	-0.23	0.36	1.80

续表

国家/地区	碳排放总量 增长率之比	人口增长率 之比	人均 GDP 增 长率之比	碳排放强度 增长率之比	GDP 增长率 之比	人均碳排放量 增长率之比
以色列	5.88	3.43	0.32	−88.09	1.67	7.42
	3.12	2.00	2.03	−11.45	2.04	4.18
意大利*	5.99	3.48	0.91	−2.68	1.14	6.58
日 本*	3.52	1.00	0.45	−14.18	0.58	4.53
	7.59	2.19	1.36	−2.37	1.53	13.24
韩 国*	3.20	1.85	0.75	−13.22	0.92	3.45
	3.13	2.15	0.94	−7.04	1.11	3.28
荷 兰	1.30	0.83	0.46	−2.52	0.60	1.71
新西兰	4.09	1.76	0.56	−8.71	1.21	9.27
挪 威	/	/	/	/	/	/
葡萄牙*	1.58	1.29	0.24	−17.39	0.42	1.64
新加坡	3.82	1.38	0.84	−3.83	0.98	5.35
西班牙	/	/	/	/	/	/
瑞 典	1.92	0.95	0.45	−16.52	0.55	2.17
瑞 士	2.91	0.94	0.52	−9.16	0.63	3.83
中国台湾	/	/	/	/	/	/
英 国	3.85	1.40	1.11	−0.88	1.20	8.62
美 国	3.39	1.59	0.78	−1.59	1.09	7.55
巴 西*	2.20	0.92	0.40	−91.61	0.66	3.56
	2.25	1.33	3.22	35.92	1.90	4.31
中 国	/	/	/	/	/	/
印 度	/	/	/	/	/	/

注：＊表示这些国家或地区人均碳排放量高峰尚不明朗，取最近几年的相对最大值

表 2.10　主要发达经济体和部分发展中国家不同阶段各驱动因素变化对碳排放总量变化的贡献率

国家/地区	碳排放强度高峰之前阶段			碳排放强度高峰到人均碳排放量高峰阶段		
	人口变化对碳排放总量变化贡献率/%	人均GDP变化对碳排放总量变化贡献率/%	碳排放强度变化对碳排放总量变化贡献率/%	人口变化对碳排放总量变化贡献率/%	人均GDP变化对碳排放总量变化贡献率/%	碳排放强度变化对碳排放总量变化贡献率/%
澳大利亚	35.4	24.4	38.5	52.5	86.3	−38.6
	28.5	9.6	59.9	48.1	55.8	−4.6
奥地利	17.0	27.2	54.2	/	/	/
比利时	26.0	45.8	27.2	53.7	247.1	−197.0
加拿大	20.1	15.8	61.9	59.2	94.6	−53.0
丹　麦	20.3	24.1	54.1	24.3	121.4	−44.8
芬　兰*	13.5	33.5	51.2	31.2	210.0	−138.2
法　国	6.3	30.7	62.0	32.5	154.3	−85.0
德　国	18.4	20.1	60.1	23.1	211.9	−131.9
希　腊*	12.2	35.5	50.4	7.9	131.5	−38.3
中国香港	29.9	48.5	18.8	28.0	87.1	−15.5
爱尔兰	−4.3	31.2	72.4	20.0	152.6	−70.6
	−0.7	75.5	24.8	36.9	191.0	−123.0
以色列	26.3	3.2	63.7	45.1	57.9	−4.2
	32.8	36.0	26.9	51.1	55.3	−7.3
意大利*	11.5	31.5	55.4	19.9	206.1	−123.7
日　本*	8.2	11.6	78.2	28.7	90.6	−19.4
	14.8	36.1	46.8	51.5	201.2	−149.9
韩　国*	10.0	22.9	62.2	17.3	97.8	−15.1
	11.3	32.3	51.6	16.5	107.0	−22.9
荷　兰	30.5	26.1	42.4	47.3	74.5	−21.8
新西兰	29.8	8.0	60.5	69.3	58.8	−28.2
挪　威	13.2	22.1	63.2	/	/	/
葡萄牙*	15.2	13.2	70.5	18.6	87.5	−6.4
新加坡	14.2	25.8	54.8	39.2	117.5	−54.7

续表

国家/地区	碳排放强度高峰之前阶段			碳排放强度高峰到人均碳排放量高峰阶段		
	人口变化对碳排放总量变化贡献率/%	人均GDP变化对碳排放总量变化贡献率/%	碳排放强度变化对碳排放总量变化贡献率/%	人口变化对碳排放总量变化贡献率/%	人均GDP变化对碳排放总量变化贡献率/%	碳排放强度变化对碳排放总量变化贡献率/%
西班牙	14.6	34.5	49.5	/	/	/
瑞 典	10.5	20.2	67.7	21.1	86.4	−7.9
瑞 士	10.3	16.2	71.9	31.8	91.0	−22.8
中国台湾	11.6	16.9	68.7	/	/	/
英 国	24.1	46.2	28.7	66.2	160.4	−125.2
美 国	32.8	26.4	38.8	70.1	114.1	−82.8
巴 西*	21.4	8.9	67.4	51.4	49.1	−1.6
	41.2	41.4	15.6	69.6	28.9	1.0
中 国	7.9	16.8	70.4	/	/	/
	18.0	26.6	52.3	/	/	/
印 度	15.0	21.7	62.0	/	/	/

注: * 表示这些国家或地区人均碳排放量高峰尚不明朗, 取最近几年的相对最大值

为了进一步反映 20 世纪 90 年代《联合国气候变化框架公约》和《京都议定书》相继通过对碳排放的影响, 我们对 1990～2005 年世界主要发达经济体和部分发展中国家碳排放及其驱动因子的变化进行了计算, 如表 2.11 所示, 并且通过和表 2.7 比较来进行分析。

表 2.11 1990～2005 年世界主要发达经济体和部分发展中国家碳排放及其驱动因子的变化

国家/地区	碳排放总量年均变化率/%	人口年均变化率/%	人均GDP年均变化率/%	碳排放强度年均变化率/%	GDP年均变化率/%	人均碳排放量年均变化率/%
澳大利亚	1.54	1.18	2.06	−1.67	3.27	0.36
奥地利	1.65	0.48	1.53	−0.36	2.02	1.16
比利时	0.23	0.28	1.65	−1.67	1.93	−0.05
加拿大	1.52	1.00	1.70	−1.17	2.72	0.52
丹 麦	−0.51	0.35	1.85	−2.66	2.21	−0.86

续表

国家/地区	碳排放总量年均变化率/%	人口年均变化率/%	人均GDP年均变化率/%	碳排放强度年均变化率/%	GDP年均变化率/%	人均碳排放量年均变化率/%
芬　兰	0.34	0.34	1.86	−1.83	2.20	0.00
法　国	0.26	0.48	1.25	−1.45	1.74	−0.22
德　国	−1.48	0.27	1.20	−2.91	1.47	−1.75
希　腊	1.87	0.59	2.34	−1.05	2.95	1.27
爱尔兰	2.18	1.12	5.47	−4.18	6.65	1.06
以色列	4.45	2.66	1.16	0.57	3.86	1.74
意大利	0.89	0.22	1.04	−0.36	1.26	0.67
日　本	0.87	0.23	1.04	−0.41	1.28	0.63
韩　国	4.27	0.74	4.77	−1.21	5.55	3.50
荷　兰	−0.70	0.59	1.59	−2.82	2.18	−1.28
新西兰	1.94	1.33	1.49	−0.87	2.84	0.60
挪　威	3.79	0.60	2.23	0.92	2.84	3.17
葡萄牙	2.62	0.40	1.62	0.58	2.02	2.21
新加坡	1.98	2.44	4.00	−4.27	6.53	−0.45
西班牙	3.28	0.65	2.04	0.56	2.71	2.61
瑞　典	−0.13	0.36	1.54	−2.00	1.91	−0.49
瑞　士	−0.24	0.55	0.42	−1.20	0.97	−0.79
英　国	−0.27	0.33	1.91	−2.46	2.24	−0.60
美　国	1.25	1.22	1.69	−1.64	2.93	0.03
中　国	5.75	1.16	6.69	−2.02	7.93	4.53
印　度	4.95	2.03	3.98	−1.08	6.09	2.86
巴　西	3.21	1.43	1.13	0.62	2.57	1.76

　　从表2.6~表2.11可以做出如下几方面的判断。

　　（1）在不同的碳排放演化阶段，各驱动因子的贡献是不同的。在碳排放强度高峰之前阶段，能源或碳密集型技术进步对碳排放的变化基本起主导作用，此时碳排放总量快速增加，只有少数国家或地区如比利时、中国香港、爱尔兰、以色列、英国、巴西例外，其中爱尔兰、以色列和巴西峰值点不同，也导致科技进步的贡献完全不同。在那些碳密集型技术进步对碳排放起主导作用的国家或地区中，经济增长贡献大于人口增长贡献的国家或地区有：奥地利、丹麦、芬兰、法国、德国、希腊、中国香港、意大利、日本、韩国、挪威、新加坡、西班牙、瑞典、瑞士、中国台湾、中国、印度。而人口增长贡献大于经济增长贡献的国家或地区有：澳大利亚、加拿大、荷兰、新西兰、葡萄牙、美国。比利时和英国是经济增长贡献大于科技进步贡献，而科技进步贡献大于人口增长贡献，中国香港的经济增长贡献大于人口增长贡献，而人口增长贡献大于科技进步贡献。爱尔兰、以色列和巴西峰值点的取值不同，导致因子贡献也完全不同。

在碳排放强度高峰到人均碳排放量高峰阶段，人均 GDP 的变化或者经济增长对碳排放的贡献基本上起主导作用。此时科技进步的作用开始对碳排放增加起到不同程度的缓冲作用，但是不能抵消人口增长和经济增长对碳排放总量的正向促进作用，这导致碳排放总量仍呈现出较快的增长势头。只有少数国家或地区如新西兰和巴西在该阶段是人口的变化对碳排放起主导作用。在经济增长对碳排放起主导作用的国家或地区中，科技进步贡献大于人口增长贡献的国家或地区有：比利时、丹麦、芬兰、法国、德国、希腊、爱尔兰、意大利、挪威、新加坡、英国、美国。而人口增长贡献大于经济增长贡献的国家或地区有：澳大利亚、加拿大、中国香港、以色列、荷兰、新西兰、葡萄牙、瑞典、瑞士、巴西。其中，日本、韩国随着峰值点不同，其各个因子的贡献也不同。

在人均碳排放量高峰到碳排放总量高峰之前阶段，碳减排技术进步所起作用显著增强，并逐步抵消人口和经济增长对碳排放增长的正向作用，碳排放增长明显趋缓并逼近零增长。

在碳排放总量高峰之后阶段，碳减排技术进步将持久地占据绝对主导地位，促使碳排放总量进一步向稳定下降方向发展，从而实现经济增长与碳排放的完全剥离或强脱钩。

总之，在碳排放的不同演化阶段，大致对应着不同的主要驱动因子，如图 2.10 所示。

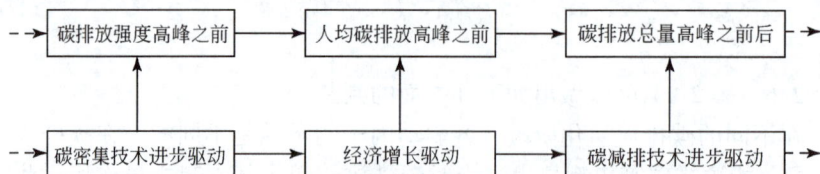

图 2.10　碳排放的不同演化阶段及其主要驱动因子

（2）从各驱动因子在不同演化阶段前后的变化来看，尤其是从碳排放强度高峰前阶段与碳排放强度高峰到人均碳排放量高峰阶段的前后对比（表 2.9 和表 2.12）来看，主要呈现出如下几方面的变化趋势。

1）CO_2 排放总量增长速度明显减缓。后一阶段的碳排放增长速度基本不到前一阶段的一半，甚至更低，只有中国香港、荷兰、爱尔兰、葡萄牙、瑞典是前者的 50% 以上。

2）人口增长速度总体趋缓。除加拿大、法国、荷兰、爱尔兰、瑞典、瑞士等发达经济体外，其他国家或地区后一阶段人口增长速度低于前一阶段。

3）碳排放强度由逐渐增加向逐渐减小方向转变，但是下降幅度相对前一阶段的上升幅度则小得多。除巴西外，其他发达经济体均呈现下降趋势。其中，只有比利时和英国的碳排放强度的下降幅度超过前一阶段的上升幅度。

4）经济增长速度明显加快。除英国的经济增长速度低于前一阶段外，其他国家或地区的经济增长速度均为上一阶段的 1~2 倍以上，其中葡萄牙是前一阶段经济增长速度的 4 倍以上。

5）人均 CO_2 排放量增长速度显著放缓。除中国香港、爱尔兰、荷兰、葡萄牙人均 CO_2 排放增长速度略高于前一阶段的 50% 外，其他国家或地区的增幅均有显著降低。

表 2.12　主要发达经济体碳排放演化不同阶段碳排放及其驱动因子的变化

项目类别	碳排放强度高峰之前阶段	碳排放强度高峰到人均碳排放量高峰阶段
碳排放总量年均变化率/%	8.97	2.95
人口年均变化率/%	1.68	1.02
人均 GDP 年均变化率/%	2.09	3.05
碳排放强度年均变化率/%	4.90	−1.11
GDP 年均变化率/%	3.82	4.11
人均碳排放量年均变化率/%	7.11	1.90

注：表中的变化率系指主要发达经济体相应项目变化率的算术平均值

（3）进入 20 世纪 90 年代以来，随着《联合国气候变化框架公约》的通过和《京都议定书》的签署，主要发达经济体的碳排放增长速度显著降低。通过表 2.7 和表 2.11 的对比（表 2.13），可以反映这一趋势。这在一定程度上说明了《联合国气候变化框架公约》和《京都议定书》的签署和生效，确实对一些发达经济体的温室气体减排产生了积极的促进作用，同时也体现了制度性因素对碳排放高峰的能动调控作用。

表 2.13　主要发达经济体和部分发展中国家 20 世纪 90 年代以来不同阶段碳排放总量的变化

国家/地区	碳排放强度高峰到人均碳排放高峰阶段碳排放总量年均变化率/%	1990～2005 年碳排放总量年均变化率/%
澳大利亚	2.54/3.37	1.54
奥地利		1.65
比利时	0.82	0.23
加拿大	2.91	1.52
丹　麦	2.23	−0.51
芬　兰	1.12	0.34
法　国	1.62	0.26
德　国	1.2	−1.48
希　腊	2.69	1.87
中国香港	6.46	0.03
爱尔兰	2.18/2.31	2.18
以色列	5.84/4.50	4.45
意大利	0.95	0.89
日　本	3.47/1.02	0.87
韩　国	6.7/5.67	4.27
荷　兰	2.65	−0.70
新西兰	2.09	1.94
挪　威		3.79
葡萄牙	3.17	2.62
新加坡	5.19	1.98
西班牙		3.28
瑞　典	3.57	−0.13
瑞　士	2.69	−0.24
英　国	0.78	−0.27
美　国	1.83	1.25
中　国		5.75
印　度		4.95
巴　西	4.51/2.63	3.21

注："/" 表示由于峰值不能确定而导致计算结果不同

（二）基于 Kaya 模型的碳排放驱动因子分析

许多学者往往借助相关模型并选取一定时段的相关数据开展一些国家或地区经济增长与碳排放的挂钩或脱钩研究（Tapio，2005；庄贵阳，2007），但是数据时段的选择一方面受数据来源的限制，另一方面也取决于主观选择，从而对计算结果产生影响。事实上，如果从历史的角度来看，这种时段的局限性通常会显现出来，其分析结果的可靠性会大打折扣。因为从较短的时期来看，某些国家或地区的经济增长与碳排放处于强脱钩状态，而从长期来看，这种变化可能仅仅是一次波动。为了对我们上述研究的结果进一步补充和说明，我们采用 CO_2 IPAT 方程的扩展式——Kaya 模型和不同的数据来源分别对 1970~2004 年世界主要发达经济体和部分发展中国家碳排放的驱动因子变化趋势以及 1995~2006 年中国各省、直辖市和自治区碳排放驱动因子分别进行了分析。Kaya 模型的表达式为

$$CO_2 = P \times (GDP/P) \times (E/GDP) \times (CO_2/E) \tag{2-2}$$

式（2-2）中，E/GDP 表征的是能源强度，主要与技术有关，而 CO_2/E 与能源利用结构相关。

1. 1970~2004 年世界主要发达经济体和部分发展中国家碳排放驱动因子分析

通过借助 Kaya 模型，我们可以对 1970~2004 年世界主要发达经济体和部分发展中国家碳排放驱动因子的变化进行分析。模型中的 GDP、人口数据来源于 GEO 数据门户，能源消费数据主要来源于 BP（2008），碳排放数据来源于 CDIAC（2008）。其中，GDP 的单位是 2000 年价美元。计算结果如表 2.14 所示。

表 2.14 1970~2004 年世界主要发达经济体和部分发展中国家基于 Kaya 模型的碳排放驱动因子变化趋势

国家/地区	CO_2 年均变化率/%	人口年均变化率/%	人均 GDP 年均变化率/%	能源强度年均变化率/%	单位能源碳排放量年均变化率/%
澳大利亚	2.59	1.35	1.85	−0.48	−0.13
奥地利	0.95	0.29	2.34	−1.16	−0.49
比利时	−0.64	0.21	2.17	−1.83	−1.15
加拿大	1.43	1.14	2.01	−1.08	−0.62
丹 麦	−0.63	0.27	1.62	−2.18	−0.31
芬 兰	1.48	0.38	2.41	−0.92	−0.36

续表

国家/地区	CO_2 年均变化率/%	人口年均变化率/%	人均 GDP 年均变化率/%	能源强度年均变化率/%	单位能源碳排放量年均变化率/%
法 国	-0.38	0.52	1.99	-0.94	-1.91
德 国	-0.68	0.16	2.01	-1.94	-0.87
希 腊	4.08	0.68	2.07	0.90	0.37
爱尔兰	2.37	0.95	4.18	-1.95	-0.73
以色列	4.21	2.44	2.00	-2.90	2.72
意大利	1.35	0.24	2.13	-1.09	0.09
日 本	1.56	0.60	2.35	-1.10	-0.25
韩 国	6.70	1.19	5.77	1.23	-1.51
荷 兰	0.27	0.65	1.80	-1.15	-0.99
新西兰	2.28	1.07	1.28	-0.01	-0.08
挪 威	1.65	0.51	2.90	-1.72	0.01
葡萄牙	4.41	0.55	2.71	0.76	0.34
新加坡	2.84	2.15	5.11	-1.89	-2.37
西班牙	3.31	0.70	2.40	0.50	-0.31
瑞 典	-1.66	0.33	1.71	-1.46	-2.20
瑞 士	0.06	0.52	0.88	-0.36	-0.98
英 国	-0.42	0.22	2.14	-2.18	-0.55
美 国	0.91	1.02	2.11	-1.99	-0.19
中 国	5.69	1.34	6.95	-2.68	0.20
印 度	5.85	2.11	2.78	0.08	0.78
巴 西	3.91	1.94	1.97	1.03	-1.05

从结果看，1970～2004 年，这些国家或地区的 CO_2 排放变化基本上受经济增长驱动，根据我们分析，绝大多数国家或地区处于碳排放强度高峰向人均碳排放量高峰的过渡阶段。只有比利时、丹麦、法国、德国、瑞典、英国 6 个国家实现了碳排放的负增长，即强脱钩。但是如果根据表 2.7，则有更多的国家或地区实现了强脱钩。由此可见，数据时段选择对结果的可靠性产生比较显著的影响。同时，从表中可以进一步发现，除希腊、韩国、葡萄牙、西班牙、印度、巴西的能源强度呈增长态势外，其他国家或地区基本保持下降态势，说明这些国家或地区的能源效率有了

一定的提高，但总体上抵不上经济增长速度的影响，这导致碳排放量仍在增长。而能源效率的提高往往是与经济结构调整、节能或能效技术进步以及加强监督管理联系在一起的。再从单位能源碳排放量变化来看，除希腊、以色列、意大利、挪威、葡萄牙、中国、印度保持增长外，其他国家或地区均呈现下降态势，体现了这些国家或地区的能源结构调整对降低或缓解碳排放增长的积极作用。

2. 1995～2006 年中国 30 个省、直辖市、自治区碳排放驱动因子分析

我们同时也对 1995～2006 年中国 30 个省、直辖市、自治区碳排放驱动因子的碳排放变化趋势进行了分析。各类能源消费数据主要来源于中国能源统计年鉴（1997～2006），GDP 按 1995 年的价格计算。碳排放总量通过采用公式（2-3）获得，即

$$C_{it} = \sum_j E_{ijt} \times \eta_j \qquad (i=30; j=1,2,\cdots,9) \tag{2-3}$$

式（2-3）中，C_{it} 为 i 省第 t 年的碳排放总量；E_{ijt} 为 i 省第 t 年第 j 种能源消费量；η_j 为第 j 类能源的碳排放系数，其取值为：原煤排放系数 0.7476 吨碳/吨标准煤、焦炭排放系数 0.1128 吨碳/吨标准煤、天然气排放系数 0.4479 吨碳/吨标准煤、原油排放系数 0.5854 吨碳/吨标准煤、燃料油排放系数 0.6176 吨碳/吨标准煤、汽油排放系数 0.5532 吨碳/吨标准煤、煤油排放系数 0.3416 吨碳/吨标准煤、柴油排放系数 0.5913 吨碳/吨标准煤、电力排放系数 2.2132 吨碳/吨标准煤（IPCC，1996；徐国泉，2006）。计算结果如表 2.15 所示。

表 2.15　1995～2006 年 30 个省、直辖市、自治区基于 Kaya 模型的
碳排放驱动因子变化趋势

地　区	CO$_2$ 年均变化率/%	人口年均变化率/%	人均 GDP 年均变化率/%	能源强度年均变化率/%	单位能源碳排放量年均变化率/%
北　京	3.74	2.42	7.13	−6.04	0.22
天　津	5.97	1.53	9.91	−5.80	0.34
河　北	8.20	0.61	10.31	−3.03	0.31
山　西	6.45	0.80	9.48	−4.07	0.24
内蒙古	13.01	0.44	13.36	−0.96	0.17
辽　宁	5.27	0.46	8.95	−4.19	0.03
吉　林	4.71	0.54	9.04	−4.68	−0.19
黑龙江	3.52	0.26	8.32	−5.07	0.01
上　海	5.44	2.86	7.76	−5.24	0.06
江　苏	9.07	0.58	11.25	−3.45	0.68

地 区	CO_2 年均变化率/%	人口年均变化率/%	人均 GDP 年均变化率/%	能源强度年均变化率/%	单位能源碳排放量年均变化率/%
浙 江	11.37	1.20	10.88	−1.27	0.56
安 徽	5.71	0.15	9.68	−4.43	0.30
福 建	10.87	1.07	10.56	−1.05	0.28
江 西	5.85	0.56	9.46	−4.50	0.33
山 东	10.49	0.61	11.46	−1.71	0.13
河 南	9.06	0.28	10.54	−1.89	0.13
湖 北	5.87	−0.12	10.04	−4.21	0.16
湖 南	5.78	−0.07	9.65	−3.90	0.10
广 东	9.72	2.90	8.87	−2.93	0.88
广 西	7.47	0.34	9.20	−2.31	0.24
海 南	13.14	1.64	7.55	5.83	−1.89
重 庆	5.14	−0.54	9.87	−4.60	0.42
四 川	5.44	0.01	9.46	−4.29	0.26
贵 州	9.09	0.63	8.95	−0.76	0.27
云 南	9.93	1.08	7.96	0.83	0.06
陕 西	8.14	0.55	9.71	−1.68	−0.44
甘 肃	5.74	0.57	8.90	−3.97	0.24
青 海	9.20	1.18	9.22	−1.78	0.57
宁 夏	11.95	1.54	8.83	1.23	0.35
新 疆	7.39	1.93	7.11	−1.67	0.03

注：西藏缺乏数据，未列入计算

由表 2.15 可知，自 1995 年以来，中国 30 个省、直辖市、自治区的碳排放总量呈较快的增长态势，尽管技术进步导致的碳排放下降速度基本上超过人口增长对碳排放的正贡献作用，但是碳排放增长的态势仍然主要由经济增长来推动，说明了我国各省、直辖市、自治区均处于从能源消费强度高峰向人均碳排放量高峰的过渡阶段。当然，各省、直辖市、自治区向各自人均碳排放量高峰的逼近速度有快有慢、距离有远有近，不可能同步进行，北京、天津、上海这类发达城市有可能相对其他省份相对较早地达到人均碳排放量和碳排放总量高峰。由此得到的结果也与前已述及的关于中国已跨越碳排放强度高峰但尚未实现碳排放强度的稳定下降的结论基本上保持一致。因为中国正处于人均碳排放量和碳排放总量的上升期，所以只要选择 1978 年以后的较长数据时段（个别年份例外，如 1996～1998 年中国的碳排放总量曾出现过连续下降）进行驱动因子分析，一般结果的实质性差别不会太大，尤其对于强弱脱钩分析而言。

同时，从表 2.15 中可以进一步发现，除海南、云南、宁夏在此期间能源强度增加外，其他省、直辖市、自治区的能源强度保持下降态势，只不过下降的幅度大小不同而已，这说明了自 1995 年以来中国主要省、直辖市、自治区的能源效率取得了一定的进步。但是单位能源的碳排放量，除少数省份如吉林、海南、陕西有所下降外，其他省、直辖市、自治区均保持上升态势，说明这些省份在能源结构调整方面正在强化碳排放，同时也从侧面反映了利用能源结构调整降低碳排放的潜力和空间巨大。

三　基本结论

综上所述，我们可以得到如下几方面的结论。

（1）从历史考察的角度可以发现，经济发展与碳排放关系的演化依次遵循着 3 个倒 U 型曲线规律，即碳排放强度倒 U 型曲线、人均碳排放量倒 U 型曲线和碳排放总量倒 U 型曲线规律；或者需要先后经历 3 个碳排放的倒 U 型曲线高峰，即碳排放强度的倒 U 型曲线高峰、人均碳排放的倒 U 型曲线高峰以及碳排放总量的倒 U 型曲线高峰。该过程同时也意味着需要实现三大方向性的转变，即由碳排放强度不断上升向碳排放强度稳定下降方向转变、从人均碳排放量不断上升向人均碳排放量稳定下降方向转变、从碳排放总量不断上升向碳排放总量稳定下降方向转变。

根据 3 个倒 U 型曲线依次出现的规律，可以把一个国家或地区经济发展与碳排放的演化关系划分为 4 个阶段，即碳排放强度高峰前阶段（也叫"碳排放强度不断上升阶段"）、碳排放强度高峰到人均碳排放量高峰阶段、人均碳排放量高峰到碳排放总量高峰阶段以及碳排放总量稳定下降阶段。如果人均碳排放高峰和碳排放总量高峰时间重合或者两者同时实现，此时上述的碳排放 4 个阶段就演变为 3 个阶段，这也可以看做是 4 个阶段的特殊情形。一般而言，第一阶段的跨越相对第二、三阶段比较容易实现。第四阶段即实现经济发展与碳排放的强脱钩是低碳经济努力的方向和目标。中国虽然已跨越碳排放强度高峰，但碳排放强度尚未稳定下降，必然在很大程度上延缓人均碳排放量和碳排放总量高峰的到来。

（2）不同的国家或地区碳排放高峰所对应的经济发展水平或人均 GDP 存在很大差异。国际上已有相关研究表明，除碳排放强度高峰外，人均碳排放量或碳排放总量高峰的拐点所对应的人均 GDP 为一般从接近 8000 美元（1985 年价）到 35 428 美元（1986 年价）。我们通过实证研究结果发现，那些已经跨越人均碳排放量或碳排放总量 EKC 曲线高峰的国家或地区，其拐点对应的人均 GDP 在 10 942 ~23 201 美元（1990 年价），说明了这些国家或地区的经济发展与碳排放之间不存在单一的、精确的拐点。

（3）不同碳排放演化阶段经历的时间不同，驱动因子的影响和贡献也有所不同。总体而言，那些已经跨越碳排放高峰的国家或地区，从碳排放强度高峰到人均碳排放量高峰之间经历的时间相对较长，一般在 24 ~91 年，平均为 55 年左右。如果不将中国香港和新加坡这两个新兴的发达经济体计算在内，那么其他传统的发达国家或地区两个高峰所经历的时间平均为 61 年左右。而从人均碳排放量高峰到碳排放总量高峰所经历的时间则相对较短，除法国和中国香港两个发达经济体分别为 6 年外，比利时、丹麦、德国、荷兰、新西兰、新加坡、瑞典、瑞士、英国 9 个发达经济体均同时实现了人均碳排放量高峰和碳排放总量高峰的跨越。因此，如果实现了从碳排放强度高峰到人均碳排放量高峰的跨越，则会相对容易地实现碳排放总量高峰的跨越。发展中国家极少跨越人均碳排放量高峰，更不用说碳排放总量高峰。

从碳排放的三大驱动因子即人口、经济增长和技术进步的影响和贡献来看，在碳排放强度高峰之前阶段，碳排放增长主要由能源或碳密集型技术进步驱动；而在碳排放强度高峰到人均能源排放高峰阶段，则主要由经济增长驱动；在人均碳排放量高峰到碳排放总量高峰阶段，则主要由碳减排技术进步来驱动；进入碳排放总量的稳定下降阶段后，碳减排技术进步将持久地占据绝对主导地位。与此同时，各驱动因子在不同阶段，尤其是在碳排放强度高峰之前阶段与碳排放强度高峰到人均碳排放量高峰阶段，呈现出一些规律性的变化趋势，主要表现为 CO_2 排放总量增长速度明显减缓、人口增长速度总体趋缓、碳排放强度由逐渐增加向逐渐减小方向转变、经济增长速度明显加快、人均 CO_2 排放量增长速度显著放缓。

（4）经济发展与碳排放的 3 个倒 U 型高峰规律同时也意味着应对气候变化或者发展低碳经济不能脱离发展阶段和基本国情，必须循序渐进地加以推进。对于一个国家或地区而言，在不同的发展阶段下，发展低碳经济或应对气候变化的重点和目标应有所不同。在较低的发展阶段下，应注重降低碳排放强度或提高碳生产率，而在较高的发展阶段下，应把降低人均碳排放量或碳排放总量作为主要的努力方向。该规律同样适用于国际气候谈判中所涉及的减排行动上。由于发达国家和包括中国在内的发展中国家所处的发展阶段不同、起点和基础不同，因此，在温室气体的减排目标和重点的选择上也应有所侧重。发达国家应以人均和总量减排指标为重点，而发展中国家包括中国的减排行动则应以提高碳生产率或降低碳排放强度为目标导向。让发展中国家在收入很低的背景下，超越发展阶段，过早地承担温室气体总量减排，不仅违背发展中国家的基本发展规律，严重妨碍发展中国家的正常发展，而且从历史责任的角度也有失公允。鉴于发达国家是温室气体的主要排放者，因此，发达国家应在承担主要的温室气体减排义务的同时，向发展中国家提供技术转让和资金支持，帮助发展中国家用相对发达国家更短的时间跨越碳排放的三大高峰。

（5）制度安排和政策调控可以对温室气体减排起到积极的促进作用。自20世纪90年代以来，世界主要发达经济体的碳排放增长速度明显减缓，这在一定程度上归因于《联合国气候变化框架公约》和《京都议定书》的签署和生效，同时也反映了制度安排对温室气体减排的能动调控作用。

从碳排放的驱动因子来看，要降低碳排放增长，理论上可以从降低人口增长速度、经济增长速度、碳排放强度或能源强度和单位能源的碳排放等方面入手。由于人口增长具有巨大的惯性，短期内控制难以取得明显的成效，但是这并不等于要放任自流，尤其是对于人口增长比较迅速的发展中国家，更加迫切需要采取严格措施（包括计划生育措施）限制人口过快增长，这对于提高居民生活质量、缓解碳排放增长、促进全球可持续发展具有积极的作用。

经济增长通常是各国或地区努力追求的目标，试图通过保持低速增长来缓解碳排放压力也是不现实的，尤其是对于经济发展比较落后的发展中国家，更是迫切需要保持经济较快增长以减少贫困、摆脱落后面貌，但同时也要防止经济增长过快，否则不仅会对环境产生强烈的冲击，而且可能还会伴随着经济调整产生严重的资源浪费和衍生出一系列的问题。

在控制人口和经济过快增长的同时，要把降低碳排放的重点放在降低能源强度和单位能源碳排放上，做到这点就需要加大技术创新和政策创新力度，积极发挥政策制度的能动调控作用。例如，调整经济结构，压缩过剩产能；限制高能耗产品出口，促进贸易经济增长方式转变；大力发展低碳能源或可再生能源，优化能源结构；采用经济激励手段和严格的技术标准促进节能；完善相关法律法规制度，超前规划，稳步推进，加强监督管理；促进政府、企业和公众在节能减排领域结成密切的伙伴关系和形成良性的治理结构；加大技术创新力度，大力开发和应用节约能源、提高能效、碳减排以及碳捕获和封存（CCS）等技术和产品；加强碳减排或应对气候变化领域的国际合作，积极争取发达国家的技术转让和资金支持等。

总之，虽然碳排放的高峰规律不可逾越，但是不同高峰之间经历的时间可以缩短、不同高峰的峰值可以降低，相信只要采取审慎、严密的措施并加强管理，后发国家或地区完全有可能在相对发达国家或地区较短的时期内跨越碳排放的三大高峰。

本章参考文献

邓梁春，王毅，吴昌华. 2008. 探索低碳发展之路——中国实现可持续发展的重要取向. 气候变化展望，（1）：1~13

国家统计局工业交通统计司，国家发展和改革委员会能源局. 2005~2008. 中国能源统计年鉴 2004~2007. 北京：中国统计出版社

聂国卿. 2007. 我国转型时期环境治理的经济分析. 北京：中国经济出版社

UNDP. 2007. 2007/2008 年人类发展报告. UNDP

王韬. 2008. 中国的低碳经济未来. 见：张坤民，潘家华，崔大鹏主编. 低碳经济论. 北京：中国环境科学出版社

徐国泉，等. 2006. 中国碳排放的因素分解模型及实证分析：1995~2004. 中国人口·资源与环境，16（6）：158~161

张坤民. 2008. 低碳世界中的中国：地位、挑战与战略. 中国人口·资源与环境，18（3）：158~161

庄贵阳. 2007. 低碳经济：气候变化背景下中国的发展之路. 北京：气象出版社

BP. 2008. Statistical Review of World Energy 2008. http://www. bp. com/productlanding. do ［2008-11-10］

CDIAC/ NDP-030. 2008. Global, regional, and national CO_2 emission estimates from fossil fuel burning, cement production, and gas flaring：1751~2005. Oak Ridge, Tennessee, US

Development Centre of OECD. 2006. The World Economy. OECD

Ehrlich P R, Ehrlich A H. 1970. Population, Resources, Environment：Issues in Human Ecology. San Francisco：Freeman

Galeotti M, Lanza A, Pauli F. 2006. Reassessing the environmental Kuznets curve for CO_2 emissions：a robustness exercise. Ecological Economics，57：152~163

GEO. 2008. GEO Data Portal. http://geodata. grid. unep. ch ［2008-11-10］

Huang W M, Lee G W M, Wu C C. 2008. GHG emissions, GDP growth and the Kyoto Protocol：a revisit of environmental Kuznets curve hypothesis. Energy Policy，36：239~247

IPCC. 2008a. Revised 1996 IPCC Guidelines for National Greenhouse Gas Inventories. http://www. ipcc-nggip. iges. or. jp/public/gl/invs1. html ［2008-11-12］

IPCC. 2008b. Climate Change 2007：Synthesis Report. http://www. ipcc. ch/pdf/assessment-report ［2008-10-16］

IUCN. 1991. Caring for the Earth. IUCN. 8~76

Lantz V, Feng Q. 2006. Assessing income, population, and technology impacts on CO_2 emissions in Canada：Where's the EKC? Ecological Economics，57：229~238

Lin S J, et al. 2007. Grey relation performance correlations among economics, energy use and carbon dioxide emission in Taiwan. Energy Policy，35：1948~1955

Sun J W. 1999. The nature of CO_2 emission Kuznets curve. Energy Policy，27：691~694

Tapio P. 2005. Towards a theory of decoupling：degrees of decoupling in the EU and the case of road traffic in Finland between 1970 and 2001. Transport Policy，12：137~151

第三章

低碳经济发展的国际经验及对中国的启示[*]

　　应对气候变化是全球大势所趋，与此同时，把发展"低碳经济"作为协调社会经济发展与应对气候变化的基本途径，正逐渐取得全球越来越多国家的共识。发展"低碳经济"或者低碳发展模式，其核心是在市场机制基础上，通过制度框架和政策措施的制定和创新，形成明确、稳定和长期的引导和激励，推动低碳技术的开发和运用，并且调整社会经济的发展模式和发展理念，促进整个社会经济朝向高能效、低能耗和低碳排放的模式转型。

　　发展低碳经济的目的在于实现保障能源安全、应对气候变化和促进经济发展的统一。在公平有效的应对气候变化国际机制之下，低碳发展道路要求改善能源开发、生产、输送、转化和利用过程中的效率并且减少能源消耗，要求降低经济发展必不可少的能源支撑中的碳含量和利用产生的碳排放，还意味着通过增加自然碳汇来抵消短期内无法避免的化石能源燃烧所排放的温室气体，同时还需要改变整个经济社会的发展理念和价值观念。

---

* 本章由邓梁春执笔，作者单位为气候组织（The Climate Group）。本研究同时得到了"汇丰与气候伙伴同行项目"（HSBC climate partnership）的研究资助

　　英国最早提出"低碳经济"，有其深刻的历史和现实原因。其主要目的在于保障能源安全，减轻气候变化影响，利用能源基础设施更新的机遇和低碳技术领域的优势，提高自身的经济效益和活力，占领未来的低碳技术和产品市场，获取国际政治主动权并增强其国际影响力。欧盟其他国家、日本和美国等世界主要发达国家和经济体，也基于各自在能源、环境、经济、政治等方面的优势以及各自的社会经济背景和全球战略，不断在"低碳经济"的各个领域取得进展，通过各种模式并且在不同程度上向低碳发展道路迈进。

　　全球不断深入发展"低碳经济"，对未来的全球竞争和国际政治经济局势将会产生重大影响，并且有可能在政治外交、国际贸易、国际环境合作和国家主权等方面对我国的能源环境政策带来众多挑战。中国在面对日益增加的国际国内压力下，虽然在 2020 年前不会承诺温室气体减排的指标，但作为负责任的发展中大国，中国一方面应该为保护全球气候做出应有的贡献；另一方面，也要考虑自己的长期发展和创造未来的竞争力。因此，中国有必要正确分析和判断国际低碳经济发展的趋势，顺应发展的潮流，抓住机遇，更积极地参与应对气候变化的国际合作行动中去，采取相应的策略，参与规则的制定，以在未来的低碳经济竞争中取得战略优势。

一　应对气候变化的研究进展

　　随着气候变暖问题不断得到证实，全球各个利益集团逐渐意识到气候变化所带来的巨大社会经济影响，应对气候变化的政治意愿和商业意识不断增强。当前全球在气候变化问题上争论的焦点，已经从是否应对转向如何应对。本节简要综述并分析近年来国际社会几份重要的研究报告及论文，这些研究所取得的进展和结论对我们理解低碳发展道路的背景和长远意义具有十分重要的参考价值。

（一）联合国政府间气候变化专门委员会（IPCC）评估报告

　　世界气象组织（WMO）和联合国环境规划署（UNEP）于 1988 年建立了政府间气候变化专门委员会（IPCC），是全球最为权威的气候变化评估机构。IPCC 的作用是在全面、客观、公开和透明的基础上，理解与评估人为引起的气候变化、这种变化的潜在影响以及与适应和减缓方案的科学基础有关的科技和社会经济信息。IPCC评估报告主要基于经过同行评议和已出版的科学技术文献，定期对气候变化的认知现状进行评估，并且在有必要提供独立的科学信息和咨询的情况下撰写关于一些主题的"特别报告"和"技术报告"，为《联合国气候变化框架公约》（UNFCCC）提供支持（IPCC，2008）。自 1990 年以来，政府间气候变化专门委员会的四次评估报告在 10 多年的时间内，越来越明确地以毫无争议的事实证明全球气候变暖的现象，并且逐渐确定人为活动对引起全球气候变化所起到的影响，提出减缓和适应气候变化的众多措施。

2007 年度的 IPCC 报告（第四次评估报告）就气候变化问题给出了一个非常明确的信息：气候系统变暖是毋庸置疑的，许多自然系统正在受到区域气候变化的影响，并且还指出，自 20 世纪中叶以来，大部分已观测到的全球平均温度的升高很可能（意味着可能性超过了 90%）是由于观测到的人为温室气体浓度增加所导致。不仅如此，报告还发出警告：趋势照旧情况下未来几十年全球温室气体排放量将继续增长，将会引起 21 世纪气候进一步变暖，并诱发全球气候系统产生很可能大于 20 世纪期间所观测到的变化，导致一系列突变的或不可逆转的影响。报告还认为，在未来几十年内减缓全球温室气体的排放有着相当大的经济潜力，这一潜力能够抵消预估的全球排放的增长或将排放降至当前水平以下（IPCC，2007；邓梁春等，2007a）。尽管在过去 10 多年里，气候变化研究不断取得进展，但由于气候变化科学的复杂性，报告在详尽阐述确凿发现的同时，也指出了一些关键不确定性。这些都有待我们在今后的研究中不断去认识和加以验证。

（二）斯特恩报告：对气候变化的经济评述

2006 年 10 月 30 日，受英国政府委托，由前世界银行首席经济学家、英国政府经济顾问尼古拉斯·斯特恩爵士（Nicholas Stern）领导编写的《斯特恩评述：气候变化的经济学》（以下简称"斯特恩报告"）正式对外发布（Stern，2006）。斯特恩报告以气候科学为基础，采用经济学成本效益分析的框架，分析比较气候变化对自然和人类社会经济系统的预期损失与减缓气候变化的成本之间的关系，由此得出全球 2℃ 的升温上限，进而呼吁各国迅速采取切实可行的措施并建立国际合作机制。

斯特恩报告引起了国际社会的高度关注和广泛反响，报告认为将大气中温室气体浓度稳定在较低水平是可能的，并且全球应该立即采取行动应对气候变化，行动越早成本越低，延误行动的代价将会非常高昂。报告指出，为了避免气候变化的最坏影响，各国政府必须立即采取有效的减排行动，否则气候变化将对经济增长和社会发展造成严重影响，其损失和风险将相当于每年全球 GDP 的 5% ~ 20% 并一直延续。如果立即行动，将大气中温室气体浓度稳定在 500 ~ 550 毫升/立方米（ppm，CO_2 当量），成本可以控制在每年全球 GDP 的 1% 左右。2008 年 4 月 30 日，斯特恩爵士领导的研究小组又推出了一份新报告：《气候变化全球协定的关键要素》

(Stern，2008)。报告将温室气体浓度稳定的目标进一步设定为 450～500 毫升/立方米（ppm），提出排放量必须降低到全球每年 200 亿吨或人均 2 吨 CO_2 当量（陈迎等，2007，2008；邓梁春等，2007a）。与此同时，这个报告的结论也引起了广泛的讨论和质疑，例如，对于减排成本和损失的估算，特别是对发展中国家，所有的减排成本很可能大于 GDP 的 1%，因此需要在实践过程中进一步研究和探讨。

（三）普林斯顿大学研究论文

普林斯顿大学学者 Pacala 和 Socolow 于 2004 年在《科学》杂志上发表研究论文——《稳定大气中温室气体含量的楔形减排方案》（Pacala and Socolow，2004），引起了国际社会的广泛关注。该项研究体现了各项技术的温室气体减排潜力，并提出框架性的技术解决方案，指出规模化应用低碳经济技术能够解决未来 50 年的气候变化问题，将全球温室气体浓度控制在一个较低的水平，从而打消各国政府和工商业界对应对气候变化相关技术阻碍的顾虑。

文章提出将全球大气中温室气体浓度稳定于一定水平［500 毫升/立方米（ppm）］，需要首先在未来 50 年内将排放控制在每年 70 亿吨的水平上。相对于当前温室气体浓度年均增长 2ppm 的排放现状，文章以图表形式（图 3.1）直观地表现出未来 50 年内所需要实现的减排量。通过将该三角形减排量平均划分为 7 个楔形减排量，文章认为，分别采取相应的技术方案并且随着时间的推移逐渐扩大其应用的规模，能够达到对应的减排目标并最终实现未来 50 年内温室气体排放量的稳定。文章具体列举的楔形减排技术方案包括以下 3 类共 15 种技术措施：提高能效和节能（包括改善燃油经济性、减少对小汽车的依赖、提高建筑能效、提高电厂能效）、降低能源的碳含量（包括用天然气替代煤炭、捕集电厂产生的碳、封存氢能电厂产生的碳、封存合成燃料电厂产生的碳、核聚变、风力发电、光伏发电、可持续的氢能、生物燃料）以及开发利用自然碳汇（包括森林管理和农业土地管理），而实际具有相应减排潜力的技术方案还有很多。

（四）世界资源研究所和高盛集团研究报告

基于普林斯顿的楔形减排方案，著名智囊机构世界资源研究所和投资银行业界领先的高盛集团开展了更进一步的研究，并于 2007 年 4 月共同发布《全球稳定温室气体排放技术的规模化研究》（以下简称"《规模化研究》"）（Wellington et al.，2007）。报告从技术方案、投资驱动和政策引导 3 个方面进一步深化，研究低碳经济

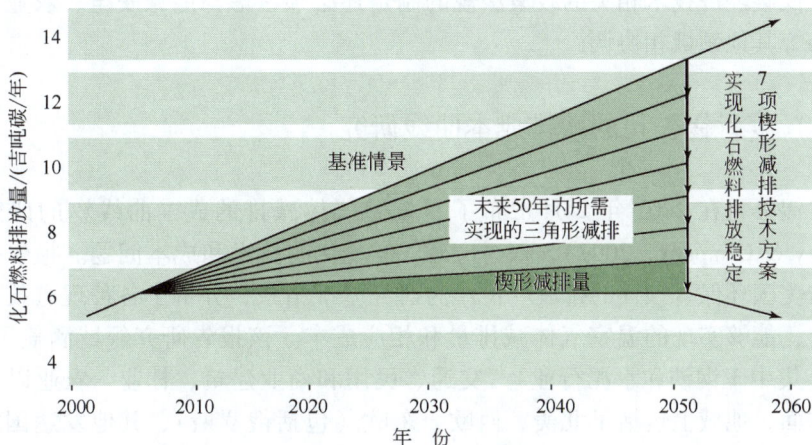

图 3.1　稳定化石燃料碳排放的楔形减排技术方案（Pacala et al.，2004）

技术方案得以落实所需要的支撑因素（邓梁春等，2007a）。

　　《规模化研究》报告认为，需要立即大规模采取业已或者即将商业化的技术，以应对形势紧迫且影响范围巨大的气候变化问题。不仅如此，报告还深刻意识到每一项楔形减排方案可能都涉及多种相关技术领域的进展，比如，两项楔形减排方案中都提及的氢能技术，就不仅仅需要氢能生产方面的进展，而且包括诸如氢燃料电池及储氢技术的突破。应用楔形减排方案也需要人力资源方面的保障，公众接受程度以及技术的负面影响也是需要考虑的因素。

　　对于低碳技术方案的投资来说，最主要的就是要克服诸如技术风险、刚性的能源定价机制、政策法规的不确定性等因素，降低低碳经济技术的研发和推广成本。报告还指出由于低碳技术的市场非常多样化，也没有单一的投资模式能够满足所有技术方案的融资和发展，因此需要针对不同的低碳经济技术创新融资渠道和模式。公共部门的投资和私人投资也需要开展合作，以便能够为低碳经济技术提供充足且协调的金融支持。此外，金融价值链上的各利益相关方需要积极参与并且协调一致，这就需要动员股票交易机构、多边开发银行、外贸信贷机构、私募股权基金、商业银行、投资银行、养老基金以及资本市场上的其他相关方。

　　在技术和投资都已经到位的情况下，报告进一步阐述了有利于金融媒介投资低碳经济技术并获取可观回报的政策法规环境，以便能够实现楔形减排技术方案的规模化应用。报告指出政策法规环境必须能为清洁技术提供良好的激励机制，通过传递明确可靠且长期稳定的信号来减少投资者的风险，并留出合理的回报空间。具体的政策手段包括总量控制和排放贸易、税收与补贴、技术标准以及能效标准等。与此同时，低碳经济技术相关的政策法规的制定还必须考虑与能源安全、农业生产和国际贸易等其他领域相协调。

（五）麦肯锡公司的减排成本曲线研究

麦肯锡公司在 2007 年 2 月发布了《温室气体减排的成本曲线》的研究报告（McKinsey & Company，2007），探讨应对气候变化的技术和成本问题。报告把国际能源署与美国环保署预计的排放增长作为研究基准情景，分析了各种现有技术在基准情景上，能够实现的温室气体减排量和相应成本。该报告研究领域涵盖了电力、制造业（集中于钢铁和水泥行业）、交通、民用和商业建筑、林业、农业以及废物处理等方面，地域上包括了北美、西欧、东欧（包括俄罗斯）、其他发达国家、中国以及发展中国家，时间上分为到 2010 年、2020 年和 2030 年这 3 个阶段。同时，麦肯锡的研究关注那些在 2030 年每吨温室气体减排的估算成本不超过 40 欧元的减排技术。从研究本身看来，麦肯锡的研究是第一份几乎涵盖所有温室气体、行业和领域的微观调查研究。

一方面，麦肯锡得出的成本曲线展示出未来减排温室气体的年成本，表示为减排每吨温室气体的费用以及这些减排技术的减排潜力（图 3.2）。比如，风力发电的减排成本，就是用这种零碳排放的发电技术代替更加便宜的化石燃料发电所产生的额外成本，而风力发电的减排潜力即为估算减排成本在每吨 40 欧元以下所能实现的减排数量。另一方面，这些成本也可以看做是全球经济在制定政策、使得采取减排措施具有竞争性或可行性所最终面对的减排成本。现有减排措施的未来成本和可能的应用水平存在较广泛的假定，这些假定决定了这些减排措施的成本和减排量。另外，研究还将温室气体减排的各种技术及其减排潜力视为一种供给，将全球设定的 2010 年、2020 年和 2030 年的减排情景视为一种需求，经过供需状况的比较，相应得出要实现温室气体的各种浓度控制目标［550 毫升/立方米（ppm）、450 毫升/立方米（ppm）和 400 毫升/立方米（ppm）］所需要采取的减排措施以及相应的成本，从而避免全球平均气温升幅超过 2℃。

从麦肯锡的研究结果可以看出，在 2030 年的情景之下，75% 的温室气体减排潜力都可以通过非技术措施或是已有的成熟技术来实现，而无需开发新的技术（应当说明的是，研究中尚未考虑各个国家的技术掌握状况、技术的转移成本以及相应费用等）。并且，所有的减排潜力和减排技术当中，大约 25% 的减排潜力在整个技术生命周期中的成本为零甚至为负（存在净效益）。从宏观层面上来看，为了实现 450ppm 的减排情景，需要实现成本在 40 欧元以下的所有减排潜力，而这就意味着

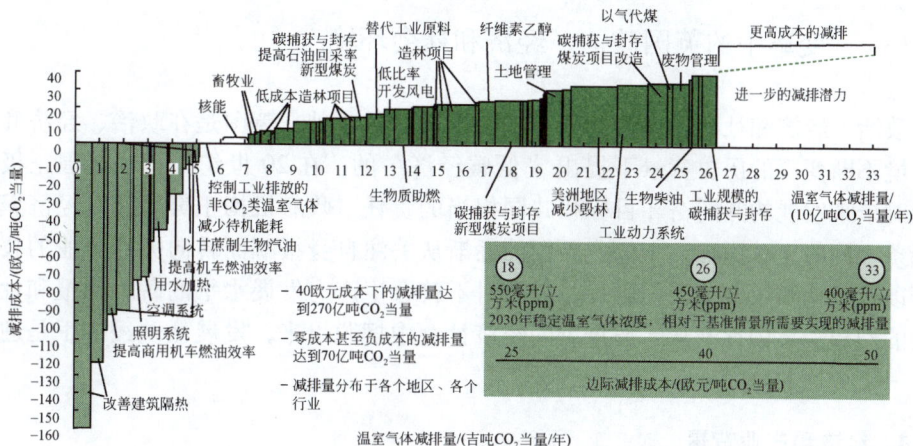

图 3.2 全球基准情景下各项温室气体减排措施的
成本曲线（McKinsey & Company，2007）

在 2030 年全球每年将花费 5000 亿欧元减排温室气体，占当时全球 GDP 估计值的 0.6%。而如果需要采用更加昂贵的技术实现减排目标的话，那么成本将达到 1.1 万亿欧元，占当时全球 GDP 的 1.4%（邓梁春等，2007b）。除了 2℃ 的基本假设外，对发展中国家而言，实际减排成本要远远大于技术的直接成本，因此，今后对技术研发、转让、推广应用的全成本分析才更有实际参考价值。麦肯锡公司还预计在 2008 年底发表关于中国温室气体减排的技术成本曲线。

二 低碳经济的历史背景

在人类大量消耗化石能源、大量排放 CO_2 等温室气体，从而引发全球能源市场动荡和全球气候变暖的大背景下，国际社会正逐步转向发展"低碳经济"，以更低的能源强度和温室气体排放强度支撑社会经济高速发展，实现经济、社会和环境的协调统一。

英国是全球最早提出"低碳经济"的国家，并于 2003 年颁布了《能源白皮书——构建一个低碳经济》（下称"《白皮书》"），正式提出将实现低碳经济作为英国能源战略的首要目标（DTI，2003），并随后在各年度报告中评估低碳发展的目标和确定未来的走向（DTI，2006，2007）。英国提出发展低碳经济，有其特定的国际国内政治、经济、社会以及能源和环境方面的历史背景（邓梁春等，2008a）。

（一）变革中的英国政治、经济和社会环境

政治、经济和社会环境是低碳经济得以发展的基础，英国是在政治、经济和社会环境不断变革的历史背景下提出"低碳经济"的。在 20 世纪末期，英国正极力凝聚对未来发展的共同奋斗目标和共同担当的责任，政府机构正努力应对经济繁荣与萧条之间的交替循环，工商业界领袖逐渐从关注自身报酬而转向关注企业的技术创新以及长期绩效，工人们则日益放弃对不符合生产力发展水平的薪酬回报和社会福利的幻想。英国逐渐从矛盾重重的经济社会中摆脱出来，发展低碳经济正是迎合了这一历史性的巨大变革。

1. 经济和产业背景

低碳经济提出的经济和产业背景是英国国力日渐衰落并亟待突破的经济发展现状。英国自 19 世纪下半叶起，资产阶级革命和工业化革命以来英国独霸全球的地位开始丧失，而在第二次工业革命之后，英国的产业经济已经落后于美国和德国。20世纪以来英国的综合国力日渐衰落，尤其是第二次世界大战以后被经济学家称为"英国病"问题（罗志如等，1982），长期困扰着整个英国的经济发展。这一时期，英国出现长期的经济增长停滞和较高的通货膨胀，以及严重的劳资纠纷和社会失业问题，自 20 世纪 70 年代之后一度沦为欧洲的"二流"国家，英国经济亟待扭转。

经济发展模式和政策措施对于社会经济的发展起着至关重要的作用。正如李嘉图的自由经济主义和边沁的功利主义促使英国经济发挥创造能力并最终完成英国工业革命一样，在 20 世纪后半叶，从现代凯恩斯主义向新自由主义和货币学派的转型也成为英国经济得以复苏和突破的重大政策变革。尽管保守党和工党轮流执政，然而其经济改革政策和经济发展模式却出现趋同，逐渐由大政府小社会的国有化浪潮转向政府最少干预的自由市场经济。最终，在以撒切尔夫人领导的保守党政府和以布莱尔领导的工党政府的带领下，英国根治了社会经济发展的"英国病"现象，并实现了在欧洲绝无仅有的高增长、低通胀和低失业的经济周期。

产业经济的重新塑造是这一时期英国经济发展中的重大变革。作为在世界范围内首先经历工业革命的老牌资本主义国家，英国曾经缔造了"日不落帝国"的辉煌，是世界上第一个工业化国家和最富强的国家。然而在 20 世纪，随着产业经济中企业家精神的丧失，英国的工业部门缺乏创新，长期停留在煤炭、钢铁、纺织等行业，其化学、汽车、电力等新兴行业逐渐落后，并最终痛失在第二次工业革命中的领头地位。

自 20 世纪 80 年代之后，英国对产业经济进行大刀阔斧的产业升级和结构调整，并取得了重大成效。英国对已丧失竞争优势的煤炭、钢铁、机械、造船、能源等传统产业进行了出售、调整和升级，并且大力发展以金融和创意产业等领衔的服务业以及电子、生物和航天等高科技产业，由此创造了经济发展的生机。在贸易和经济全球化的新的全球变革中，英国建立起产值达到总量七成以上、解决全国就业八成以上的发达的服务业，伦敦也发展成为全球主要的金融中心，并且英国还在继续打造全球的"创意文化中心"。寻求变革的世界经济形势下的国际竞争力也成为英国发展低碳经济的重大产业发展动力。

2. 政治和社会背景

在上述经济和产业发展的背景之下，英国面临的国际国内政治和社会环境也是促使其提出发展"低碳经济"的重大因素。英国工党在托尼·布莱尔的领导下，以"第三条道路"（托尼·布莱尔，2000）作为政治路线和施政纲领，于 1997 年上台组阁并引领英国继续发展社会经济。布莱尔领导的工党政府一定程度上沿袭了撒切尔夫人保守党政府所采取的"新保守主义"经济改革政策，力图在自由放任和政府干预的经济政策措施之间寻求平衡，提出了重视社会福利的社会民主主义和重视市场经济的自由主义相结合的执政理念。以适度政府干预下的自由市场经济为基础的国内政治经济背景，为低碳经济的提出奠定了坚实的经济发展模式基础。

英国国力衰落背景下的国际影响力及其国际地位的下滑，是英国提出发展"低碳经济"的重大国际政治背景。作为联合国安理会常任理事国，英联邦盟主和欧盟、北约等众多国际与地区组织的成员，英国享有重要的国际地位。然而，第二次世界大战之后全球形成了美苏争霸的国际政治格局，日渐衰落的英国国力已经无法承担起"日不落帝国"时期的国际地位，不得不重新思考其国际政治和外交战略。为了保持其作为大国和强国的地位和影响力，英国广泛参与国际事务，逐渐寻求在国际和地区事务中发挥主导作用，大力提高其国际地位和国际影响力。布莱尔工党政府上台后调整了对欧关系，以更积极的姿态回归、融入并参与欧洲事务，同时继续保持长期以来的"英美特殊关系"，使英国发挥着超出其自身硬实力的外交影响力。

另外，世界经济的全球化浪潮以及国际政治经济新秩序的这一新的历史环境，也对整个英国社会迈向"低碳经济"带来了机遇与挑战。无论是最初的"新工党、新英国"（Labour Party of the United Kingdom，1996，1997），还是后来的"第二次现代化"（Labour Party of the United Kingdom，2001），布莱尔领导的英国工党政府都以社会变革和国家复兴作为其核心执政理念。英国政府决心摈弃一成不变的僵化体制，秉承其公平正义、锐意创新、坚忍不拔、开放灵活和高瞻远瞩的核心价值观，并且竭力寻求"发展与公正"、"权利与义务"的平衡。与此同时，以改革、现代化与团结合作的精神应对全球化的挑战，建设一个强大的、充满活力的新英国，使英国在未来国际政治经济新秩序中扮演重要桥梁作用。英国政府提出发展"低碳经济"，就是深刻认识到当前和未来的国际国内政治经济局势与社会环境状况的巨大变化，积极调整国家战略和政策措施，从而应对由此产生的挑战并抓住未来发展的机遇。

（二）能源环境问题催生低碳转型

英国是欧盟中能源资源最丰富的国家，也是世界石油和天然气的主要生产国，同时又是欧洲最大的能源消费国之一。作为世界上较早实现工业化的老牌资本主义国家之一，英国非常关注能源对社会经济发展的支柱作用。在不断加大资源勘探和开发的同时，英国政府很早就提出了以提高家庭供热标准、普及电力、降低能源成本、提高能源使用的方便性、建立国家能源经济体系和消除烟尘为主要内容的能源中长期政策目标，并且早已实现了这一目标。经过几十年的不懈努力，英国的能源状况得到极大改善，标志性的成就有以下方面。

（1）成功开发北海油气田，保证了油气供应并使英国于 1981 年成为能源净输出国。

（2）成功进行了能源工业的私有化改革，建立了完全开放、充分竞争的电力和天然气市场。

（3）天然气进入发电行业，并取代煤炭成为主要能源形式，大大降低了包括温室气体在内的污染物质的排放，缓解了环境压力。

（4）核电进入市场，风能、生物能等可再生能源技术研究开发趋向成熟，改变了单一化石燃料的能源结构，开始形成多元化的能源结构。

与此同时，英国的社会经济发展也面临着来自能源和环境的长期挑战，迫切需要在能源的开发利用层面进行低碳转型。

首先，应对气候变化要求社会经济减少温室气体排放，尤其是化石燃料开发利用所人为排放的 CO_2。全球气候变暖将会对英国以及全世界带来深远影响，并且将成为全球各国在当前和长期将要面临的最重大挑战之一。根据 IPCC 第四次评估报告，气候变化的趋势如不加以控制和扭转，将会对自然生态系统和全球社会经济产生严重后果。英国近些年来所面临的海平面上升以及暴雨等极端灾害事件引发了大量的社会经济损失。此外，如果墨西哥湾暖流出现中止，那么更可能对英国及整个欧洲带来巨大灾难。包括 IPCC 报告和斯特恩报告在内的多项政府和非政府评估都认为，当机立断采取措施应对气候变化的成本远远低于观望无为和延误行动所导致的损失。英国于 20 世纪 80 年代耗资 7 亿多英镑兴建了泰晤士拦潮大坝，现已 100 多次发挥作用并至少减少了 300 亿英镑的经济损失，成为及早采取措施应对气候变化并能产生巨大费用有效性的最佳佐证。

其次，能源安全问题也迫使英国必须尽可能降低对越来越依赖进口的化石燃料的依赖。由于英国本土油气资源探明储量和年产量的持续减少，特别是随着北海油气田产量的不断下降，英国正从一个自给自足的能源供应模式走向未来主要依靠海外能源进口的模式，从而使其能源供需平衡状况和能源安全形势面临更大的压力。面对因受区域局势和地缘政治影响而剧烈波动的国际能源市场，英国迫切需要加大能源多样化、供应商多样化和供应渠道多样化，而新能源和可再生能源对于避免过度依赖能源进口和保障能源安全具有重要意义。同时，与挪威、俄罗斯、中东、北非和拉美地区的能源贸易和合作，使得相应地区的政治稳定、经济改革、市场开发以及相应的能源环境政策成为英国的国家利益所在，双边和多边外交关系和国家之间的相互依赖使得确保能源安全在英国对外政策中愈加重要。

最后，在能源领域的产业经济周期内，英国在近期和中期将逐渐更新重置其能源基础设施，为能源政策和能源结构的逐渐调整提供了有利契机。尤其是在减少温室气体排放以应对气候变化的背景之下，大部分燃煤电厂将会面临产能淘汰或者清洁煤电改造，从经济和环境上重新考察和调整煤电在能源体系中的地位，由此涉及的产能退出机制和清洁煤技术开发与应用都会产生长期的成本并需要相应的资本投入。另外，随着地域分布上往往处于国家外围甚至是海上可再生能源在能源供应结构中比重的增加，电力输配网络也迫切需要适应可再生能源间歇性和不连续性的电力产品品质，并且满足由集中式大型电站向分布式小型发电装置的转型。而随着国家油气进口的逐渐增加，油气输配管道和存储供应设备等基础设施也需要进行大规模的投资和建设。

（三）英国提出发展低碳经济的政治经济分析

气候变化的科学事实、经济社会影响以及国家政治意愿作为主要的驱动和约束因素，决定着各国应对气候变化战略和国际气候体制的发展（潘家华，2005；邓梁春等，2008a）。英国提出低碳经济并积极推进全球低碳发展，主要目的在于保障能源安全并应对气候变化，抓住能源基础设施更新的机遇，提高经济效益和活力，占领未来的低碳技术和产品市场，获取国际政治主动权并增强其国际影响力（邓梁春等，2008a）。

首先，发展低碳经济是英国为应对气候变化长期挑战以及保障长期能源安全而提出的国家战略。在全球面临着资源存量与环境容量愈加稀缺的背景之下，英国密切关注着国际能源与环境形势的变化。《联合国气候变化框架公约》及《京都议定书》的签署生效，通过构建国际气候体制为发达国家的温室气体排放设定了控制目标，温室气体排放量已经成为国家社会经济发展的约束条件。在意识到国家发展前景与国际能源市场发展和全球温室气体减排进程必须一致的情况下，英国战略性地对国家政策进行了调整，将应对气候变化和环境保护提高到与经济发展和充分就业等社会经济发展目标同等重要的地位。同时，作为受到气候变化潜在影响较为显著的岛国和欧洲国家，维持稳定的气候环境也是英国自身乃至其全球战略利益和价值观所在，泰晤士拦潮大坝的经验也使得英国社会深信尽早采取措施对于应对气候变化的重要意义。另外，在当前重点地区政治局势多变以及国际油气供应不稳定因素增多且价格不断高涨的背景之下，通过提高效率并采取多样化战略降低社会经济面临的能源风险，从而稳定国家能源供需状况以及保障国家能源安全，这对于一个愈加依赖国际能源市场的能源需求大国而言具有重大的战略意义。

其次，发展低碳经济是英国提高经济活力并促进国际竞争力的重要举措。在经历过国有化和市场化的交替发展历程之后，英国的经济政策已经逐渐趋向于寻求自由市场经济发展和国家宏观调控干预的平衡，并且尤其致力于从宏观经济和微观经济两个层面上提高英国经济的活力，从而在全球化挑战之下提高英国经济的核心竞争力。经过近30年来的经济结构调整，制造业在英国国民经济中的比重不断降低，以金融保险业和创意产业为首的服务业引领起英国经济的发展，而作为传统经济部门的能源行业在国民经济中的重要程度也有所增加。在这样的背景下，通过合理的经济政策促进经济活力的进一步释放，尤其是在强大的金融产业和创意产业的支持下，进一步从产品创意设计、技术开发运用、金融服务支持等方面推动能源行业的创新和发展，旨在引领能源资源高效利用、新能源和可再生能源以及减排温室气体的技术与产业的未来发展趋势，从而为英国在全新的国际经济技术竞争中占据有利位置奠定坚实的基础。

再次，低碳技术是发展低碳经济并提升碳竞争力的核心。在低碳经济相关的众多技术创新方面，英国政府尤其关注碳捕获和封存技术（CCS），这对于全球实现温室气体控制目标能够起到的关键作用。对当今世界许多国家而言，尤其是美国、中国和印度等温室气体排放大国，煤炭在当前和今后仍然是最为经济并且可以保障持续稳定供应的能源形式。这些国家能否控制其温室气体排放，很大程度上决定着全球应对气候变化的进程，因此，CCS技术一定程度上就成为全球中长期减缓气候变化的关键。英国政府正在努力建设世界上第一个运用 CCS 技术的商业化清洁煤项目，并且已经和欧盟一起启动与中国政府开展煤炭零碳排放项目的合作，从而推动中国等燃煤大国不断清洁化其快速发展的燃煤电厂。可以预见，英国将会快速发展其能源行业，大力发展包括碳捕获和封存在内的低碳技术，并且不断寻求与关键国家的技术合作与出口，形成国家的重大战略布局并争取未来全球市场的产业竞争优势。

最后，低碳经济不仅是英国国内政治斗争的需要，而且是英国在国际舞台上发挥其影响力的平台。英国在国家外交战略和价值目标的调整过程中，形成了极具特色的影响力外交，通过影响全球最有影响力的国家和经济体来继续实现其对整个世界的影响力。英国立足于欧洲并且极力在欧盟国家中扮演重要的角色，通过与美国保持特殊的国家关系来直接或间接地影响全球最有影响力的经济体，同时还特别关注和发展与中国这样快速增长并将会在未来世界中扮演重要角色的发展中大国的国家关系。英国在应对气候变化问题上保持激进态度、并且提出发展低碳经济，这在一定程度上是和欧盟其他国家在相似的气候变化趋势和影响的基础上所形成的趋同的国家战略，另一方面也是工党政府在伊拉克战争之后迎合国内政治势力和舆论发展并调整全面亲美政策、改善国际形象的政治举措。除此之外，低碳经济还是寻求发达国家和发展中国家之间在经济发展和气候保护方面达成契合的一种尝试，并且也是结合发展中国家自身利益、推动中印等主要发展中大国参与应对气候变化行动的重要措施。

（四）英国的低碳经济战略规划

英国提出发展低碳经济，实际上是针对世界政治经济的未来发展趋势所做出的战略规划。在一个资源存量和环境容量愈加稀缺的世界，社会经济发展将受到资源环境的更多局限；而在一个经济全球化不断深入的世界，国家间的综合国力竞争更注重各国核心竞争力的提升。发展低碳经济有利于迎接变革中的世界所带来的巨大挑战，并且在未来的国际政治经济新格局和新的全球综合国力竞争中占领有利地位。

英国的《白皮书》指明了 2050 年能源发展的总体目标，概述了英国未来 50 年的能源政策，阐明了英国今后如何实现京都协议的承诺和确保长期的能源供应的安全性和经济性的措施等。《白皮书》指出要从根本上把英国变成一个低碳经济的国家；着力于发展、应用和输出先进技术，创造新的商机和就业机会；同时在支持世界各国经济朝着有益于环境的、可持续的、可靠的和有竞争性的能源市场方面发展，使得英国将成为欧洲乃至世界的先导。如同在 21 世纪初期英国引领着整个世界，特别是引领着欧盟国家保持了经济的低利率、低通胀和稳定增长一样，英国已经雄心勃勃地制定了宏伟的战略目标，要继续引领全球建立起第一个碳排放较低、稳定且可持续的繁荣经济体系。

三 低碳经济发展的国际趋势

发展低碳经济正在成为国际社会发展的趋势，尤其是主要发达国家正逐渐就走低碳发展道路达成共识。一方面，在与气候变化相关的科学研究、经济社会影响以及政治外交领域，一系列重大事件推动着应对气候变化国际行动的不断深入，低碳经济与低碳发展道路在国际上越来越受到关注。另一方面，减排温室气体和应对气候变化需要全球世界各国尤其是主要国家和经济体的共同努力，其中发达国家因其历史责任和当前能力应当率先承担更多的义务。目前除英国外，欧盟、日本、美国等世界主要发达国家和经济体基于各自的社会经济背景和全球战略，不断加深合作并逐步取得共识，通过各种模式并且在不同程度上向低碳社会经济发展道路迈进（邓梁春等，2008a）。

（一）欧盟拟引领全球步入低碳的"后工业革命"时代

欧盟一直是应对气候变化的倡导者，积极推动国际温室气体的减排行动，并且也是推动全球发展低碳经济的最重要的力量。自英国提出"低碳经济"之后，欧盟各国不同程度地给予了积极的评价并且采取了相似的战略。欧盟之所以大力倡导低碳经济，也同样来源于整个欧盟体系保障能源安全、应对气候变化、发挥竞争优势和施加外交影响的目标。

作为世界第一大经济体系和第二大能源消费体系，欧盟本身的能源匮乏问题始终是其经济社会发展的最大障碍之一。目前整个欧盟是全球最大的石油和天然气进口商，其82%的石油和57%的天然气都来源于其他国家和地区，预计未来25年中，其油气进口率更将突破93%和84%。这其中，能源最为匮乏的西欧发达国家（如法国和德国）将尤为依赖进口能源。20个世纪发生的多次"石油危机"，促使了欧盟各国对石油替代能源以及更加清洁安全的可再生能源的开发利用，而2006年开始的新一轮世界能源价格飙升以及近两年俄罗斯分别与乌克兰和白俄罗斯之间的石油天然气纠纷对于欧盟国家所带来的影响，极大地凸显了欧盟潜在的能源危机和能源政策的脆弱性。

在应对气候变化方面，欧盟一直扮演积极推动全球达成温室气体减排协议的角色。为了进一步推动能源供应的多元化以及实现《京都议定书》所规定的温室气体减排目标，欧盟制定了发展低碳经济的宏伟目标。欧盟各国领导人于 2007 年 3 月承诺，到 2020 年将温室气体排放量在 1990 年的基础上至少减少 20%；将可再生清洁能源占总能源消耗的比例提高到 20%；将煤、石油、天然气等化石能源的消费量在 1990 年的基础上减少 20%（European Council，2007a）。欧盟委员会于 2008 年 1 月就落实上述目标制定了欧盟能源气候一揽子计划（European Commission，2008），并且经过折中修改后最终在 12 月分别经欧盟理事会和欧洲议会全体会议批准通过，包括欧盟排放权交易机制修正案、欧盟成员国配套措施任务分配的决定、碳捕获和封存的法律框架、可再生能源指令、汽车 CO_2 排放法规和燃料质量指令 6 项内容（European Parliament，2008）。目前，能源气候一揽子计划已经成为具有法律约束力的法规，将会推动欧盟经济继续向高能效、低排放的低碳方向转型，并以此引领全球进入"后工业革命"时代。

不仅如此，欧盟国家尤其是在发展低碳经济的技术和产业方面领先于世界。基于特定的政治、经济和能源环境，欧盟长期以来大力提高能效、发展替代能源和相关低碳技术。2007 年年底，欧盟委员会通过了欧盟能源技术战略计划（European Commission，2007），明确提出为了打造一个低碳的未来，鼓励推广"低碳能源"技术，促进欧盟未来能源可持续利用机制的建立和发展。

以法国和德国为首的欧盟主要国家的政府长期以来在节能和环保领域投入巨大，促进了环境、能源及相关产业的技术升级。与此同时，欧盟国家利用其在可再生能源和温室气体减排技术等方面的优势，积极推动应对气候变化和温室气体减排的国际合作，力图通过技术转让为欧盟企业进入发展中国家能源环保市场创造条件。不仅如此，面对美国和日本等其他发达国家强有力的竞争，欧盟还通过一系列新举措，进一步将欧盟打造成一个整体开放、政策灵活、具有吸引力和竞争力的"科研天堂"。其中，德国政府在 2002 年出台的《国家可持续发展战略报告》（Federal Government of Germany，2002）中，专门制定了"燃料战略——替代燃料和创新驱动方式"，推动优化传统发动机、合成生物燃料、开发混合动力技术和燃料电池技术。法国在能源效率和节能技术，基于生命周期管理的能源基础设施，核能及其他低碳、零碳技术方面也具有相当的优势。欧盟委员会也准备在中国设立"清洁能源中心"，负责协调欧盟国家能源技术转移等相关事宜。

应对气候变化和推进低碳发展道路，将会随着欧盟各国相继颁布实施协调统一的政策法规而逐渐促进欧盟低碳经济体系的形成。随着技术的不断进步、能源利用效率的提高，以及更为清洁且多元化的能源体系的构建，欧盟能源安全将会更有保障，从而有力地推动全球低碳技术和低碳经济的发展，并增强欧盟国家长期的战略性经济竞争力和综合实力。发展低碳的"后工业革命"，一定程度上直指尚未签署《京都议定书》的某些发达国家，力图通过在能效、节能以及新能源等方面的技术优势，抢占未来的低碳市场。与此同时，随着伊拉克战争后欧美关系的重新拉近，欧盟和美国正致力于发展"新型跨大西洋经济伙伴关系"，而应对气候变化由于涉及全球环境资源分配的代内公平和代际公平问题，也将有可能在"民主、公平、责任"等共同价值观的导向下，推动欧美在8国集团或经合组织等相关国际机制下开展低碳经济合作。

（二）日本倡导建立"低碳社会"

日本同样也想成为全球低碳经济发展的领跑者。日本自20世纪70年代两次石油危机之后，能源问题一直是历届政府的工作重点，并且在过去30多年采取了一系列政策措施，保障其能源安全，如降低对石油的依存度、利用非石油能源实现能源供应的多元化，确保石油的安全稳定供应，推进节能和提高能效，研究开发新能源等。日本长期以来谋求在亚洲建立由其主导的运输、储备、市场定价三位一体的石油安全体系，也逐渐受到全球政治经济格局和国际石油市场不断变化的冲击。2006年5月，基于全球能源市场、地区局势和地缘政治风险等众多因素以及全球应对气候变化、核能利用和核不扩散等国际议题的最新发展，日本政府首次制定了国家能源战略——《日本新国家能源战略》（METI of Japan，2006）。

《日本新国家能源战略》是一份以保障能源安全为核心的国家能源战略，其战略目标是建立国家能源安全保障，为经济可持续发展奠定基础，并寻求能源问题和环境问题的综合解决方案。日本政府为2030年国家能源情景设定了宏伟的目标：能源利用效率提高30%，一次能源供应量中石油比例从50%降至40%，交通能耗的石油依存度从近乎100%降至80%，核电比例达到30%~40%，并且将石油的海外自主开发比例从8%增至40%左右。日本将主要通过先进的节能计划、新型交通能源计划、新能源创新计划、核能立国计划、综合资源保障战略、亚洲能源环境合作战略、强化国家能源应急战略、能源技术战略等措施来实现其目标。

作为《京都议定书》的发起和倡导国，日本在应对气候变化方面注重与国家能源战略的协同效应。日本由于国内能源资源匮乏，因而一直重视能源的多样化，并在提高能源使用效率方面做出了很多努力。日本投入巨资开发利用太阳能、风能、光能、氢能、燃料电池等可再生能源和新能源技术，并积极开展潮汐能、水能、地热能等方面的研究。日本把光伏发电研究作为重点领域来推动，并提出在2030年之前将太阳能发电量提高20倍。日本企业如今是光伏发电设备产业的领头羊，仅夏普公司的光伏发电设备就占到世界的 1/3，在日本排名第二至第四位的企业的光伏发电设备也占到 24%。如今，日本已经成为全球最大的光伏发电设备出口国，占据了其他国家很难赶上的市场主导地位。2007 年 5 月，日本经济产业省提出一项新计划，决定在未来 5 年投入 2090 亿日元发展清洁汽车技术，目的不仅是要大大降低燃料消耗，还要降低温室气体的排放量。

日本前首相福田康夫借着 2008 年 7 月在日本北海道举办 8 国峰会的机会，在其 2008 年 1 月 18 日的首份施政报告中也将全球气候变暖列为主要议题之一（Prime Minister of Japan and his Cabinet，2008）。福田首相表示日本将充分利用能源和环境方面的高新技术，引领全球并且把日本打造成为世界上第一个"低碳社会"。为此，日本将会制定《能源环境技术革新方案》，在全球推广其能源和环境领域最为尖端的技术，加速研发节能技术，推广生物燃料的生产技术以及燃料电池的商业化运用，并且长期探索温室气体零排放的划时代技术。

（三）美国大力推动清洁能源技术开发和应用

尽管在应对气候变化的国家承诺和义务方面，美国联邦政府长期因多方面理由保持较为消极的态度，但有很多州如加利福尼亚、新泽西、佛罗里达等都制定了温室气体的中长期减排目标、可再生能源强制指标、气候行动计划等。与此同时，美国也深知技术进步在未来世界政治经济竞争中的重要性。布什政府在 2007 年基于国际国内政治、经济、社会和环境形势的变化，在应对气候变化和温室气体减排方面，虽然仍然拒绝在没有中印等发展中大国参与的情况下承担定期定量的强制性减排责任，但却对市场机制下温室气体减排和能源有效利用的技术创新给予了高度的关注。美国应对气候变化态度的转向，一方面是美国政府改善自身国际形象的举措，同时也反映出美国政府在应对气候变化方面的战略调整，希望在应对全球气候变化方面重新领导国际事务；另一方面也是美国政府部门和工商企业对于未来国际政治经济发展局势以及气候变化背景之下所带来的商业机遇的重新认识和把握。

美国近期在应对气候变化方面最受关注的举措，就是 2007 年在布什总统倡议下召开的"主要经济体能源安全和气候变化会议"（U. S. Department of States，2007）。正如布什总统所说，美国政府希望在近期通过一系列会议，在 2008 年年底前达成 2012 年后全球温室气体减排框架，并将框架的内容于 2009 年纳入联合国气候变化谈判之中。美国所倡导的涵盖所有主要经济体的全球应对气候变化的框架，尤其是着眼于其他主要发达国家长期在能源效率和可再生能源方面的技术和市场优势，以及经济快速增长的主要发展中大国对美国经济所形成的挑战，实质上是为了排除全球气候资源所谓的"免费搭车者",从而不削弱美国经济的比较竞争优势,通过其近年来大力发展的清洁能源技术,继续从根本上主导未来世界经济的发展。

在传统的化石能源的清洁利用以及替代能源的开发应用方面,美国吸引了大量的风险资本和私人投资,联邦政府也希望通过立法、税收减免等多项措施起到积极的推动作用。在政府和市场的共同推动下,美国在当前和未来的温室气体减排技术和发展低碳经济方面有可能获取全球优势。而随着美国政府对温室气体减排和发展低碳经济的战略性思考的进一步深入,美国国内应对气候变化的政治意愿已经出现极大的转变,并且将会成为其未来经济社会发展的重大战略性因素。美国国会单在2007年就提出了至少7项涉及气候变化的立法草案(邓梁春,2008;Pew Center on Climate Change,2008),其中《美国气候安全法案》(America's Climate Security Act,或称 Lieberman-Warner 法案)还成为美国首部在议会委员会层面得到通过的温室气体总量控制和排放贸易法案。而2007年7月11日参院提出的"低碳经济法案"更是以低碳经济为名,明确了促进零碳和低碳能源技术的开发与应用,并且通过制度安排为其提供经济激励机制。虽然美国有关应对气候变化的立法过程仍然曲折并面临诸多挑战,但可以看出,发展低碳技术与低碳经济的思路以及相应的国家战略转型,已经得到了美国政府众多高层人士的重视。

2008年1月28日,布什总统在其任期内的最后一次国情咨文(The White House of the United States,2008)中提出,美国的国家安全、经济繁荣以及环境问题都要求其减少对石油的依赖,并且再次强调了清洁能源方面的科学技术创新的重要作用。美国将会推动在新一代清洁能源技术方面的研发与创新,尤其是将会提供资金开发燃煤发电的碳捕获和封存技术,并鼓励可再生能源、核能以及先进的电池技术的应用,通过减少对于石油的依赖来确保国家的能源安全和经济繁荣。美国更加明确了对于保障能源安全和应对全球气候变化的关注,并且认为通过开发运用更为清洁且效率更高的能源技术是实现上述目标的最佳战略。此外,美国将会继续推动主要经济体磋商达成一项应对全球气候变化的国际协议,以减缓温室气体的排放增长趋势。基于在清洁能源技术方面长期积累的优势,美国政府在"主要经济体能源安全和气候变化会议"上表示将建立国际清洁能源技术基金,与其他国家分享减排技术尤其是推动发展中国家的可持续发展,从而在未来全球应对气候变化的新格局中获取更大的国家利益。

虽然新上任的奥巴马总统尚未公布其完整的气候变化政策,但是他最近一系列关于能源、气候变化方面的谈话,以及其任命了关注气候变化问题的能源环保官员和顾问班底,使人们对其未来的气候变化政策十分期待。

四 低碳经济与低碳发展道路详解

低碳经济是在应对气候变化背景之下人类实现可持续发展的重要道路。气候变化既是环境问题，也是发展问题，归根到底是发展问题（胡锦涛，2005）。气候变化问题的产生，伴随着人类社会从原始文明和农业文明向工业文明的迈进，伴随着工业革命以来的大规模工业化和城市化进程。人类对于化石燃料的大规模开发利用，由于纯粹的市场经济环境下无法解决大气圈层对温室气体的环境容量所造成的外部性问题，从而导致资源和环境的配置和利用出现重大扭曲，由此导致了当前全球气候变暖这一人类有史以来最重大的"公地的悲剧"。

（一）低碳经济的内涵

低碳经济中的"经济"一词，涵盖了整个国民经济和社会发展的方方面面。而所提及的"碳"，狭义上指造成当前全球气候变暖的 CO_2 气体，特别是由于化石能源燃烧所产生的 CO_2，广义上包括《京都议定书》中所提出的 6 种温室气体。所谓"低"，则是针对当前高度依赖化石燃料的能源生产消费体系所导致的"高"的碳强度及其相应"低"的碳生产率，最终要使得碳强度降低到自然资源和环境容量能够有效配置和利用的目标。而要实现以更低的能源强度和温室气体排放强度支撑社会经济高速发展，必须以政府调控下能够反映资源环境稀缺程度和价值的市场经济为基础，同时要有制度创新和技术创新作为保障和支撑，从而实现经济、社会和环境的协调统一。

发展"低碳经济"或者向低碳发展模式转型，其核心是在市场机制基础上，通过制度框架和政策措施的制定和创新，形成明确、稳定和长期的引导和激励，推动低碳技术的开发和运用，并且调整社会经济的发展模式和发展理念，促进整个社会经济朝向高能效、低能耗和低碳排放的模式转型（邓梁春等，2008a；庄贵阳，2007）。

英国的《白皮书》虽然没有为"低碳经济"提出明确的内涵和可供比较的指标体系，但为低碳发展模式制定了较为详细的目标和路线图。英国政府指出，低碳发展道路不仅在技术上是可行的，在经济上也是合理的，并且最终还将会使得经济发展更加安全、稳定和繁荣。英国通过走低碳发展之路，不断改善能源效率和优化能源结构，减少由于化石燃料消耗而排放的温室气体，并且在全球应对气候变化和温室气体减排的制度框架之下，开拓新的市场，创造新的就业，扩大相关的技术、产品和服务的出口。

（二）低碳经济的目标

低碳发展模式是在保障能源安全和应对气候变化方面保持高度统一，在保障经济发展与保护全球环境方面相互结合的战略性发展模式。发展"低碳经济"，实质是通过技术创新和制度安排来提高能源效率并逐步摆脱对化石燃料的依赖，最终实现以更少的能源消耗和温室气体排放支持经济社会可持续发展的目的。通过制定和实施工业生产、建筑和交通等领域的产品和服务的能效标准和相关政策措施，通过一系列制度框架和激励机制促进能源形式、能源来源、运输渠道的多元化，尤其是对替代能源和可再生能源等清洁能源的开发利用，实现低能源消耗、低碳排放以及促进经济产业发展的目标。

1. 保障能源安全

当前，全球油气资源不断趋紧、保障能源安全压力逐渐增大。21 世纪以来，全球油气供需状况已经出现了巨大的变化，石油的剩余生产能力已经比 20 世纪 80 ~ 90 年代大大减少，一个中等规模的石油输出国出现供应中断就可能导致国际市场上石油供应绝对量的短缺。在全球油气资源地理分布相对集中的大前提下，受到近期国际局势变化和重要地区政局动荡等地缘政治因素的影响，国际能源市场的不稳定因素不断增加，油气供给中断和价格波动的风险显著上升。此外，西方发达国家还利用政治外交和经济金融措施对石油市场的投资、生产、储运和定价进行控制，构建符合其自身利益的全球政治经济格局。所有这些因素导致全球油气供应的保障程度及其未来市场预期都有所降低，推动油气价格在剧烈的波动中不断上涨并一度达到每桶 147 美元。

低碳发展模式就是在上述能源背景下所发展起来的社会经济发展战略，以减少对传统化石燃料的依赖，从而保障能源安全。目前，世界各国经济社会都受到油气供应中断风险增加和当前油气价格剧烈波动的影响，主要发达国家对于国际能源市场的高度依赖更是面临着保障能源安全的挑战，低碳发展模式就是调整能源相关的国家战略和政策措施的重要手段。

2. 应对气候变化

气候变化问题为能源体系的发展提出了更加深远的挑战。气候变化问题是有史以来全球人类面临的最大的"市场失灵"问题，扭曲的价格信号和制度安排导致了全球环境容量不合理的配置和利用，并最终形成了社会经济中大量社会效率低下且不可持续的生产和消费。应对全球气候变化的国际谈判和国际协议的发展，实质上是对经济社会发展所必需的温室气体排放容量进行重新配置制定相关国际制度，实现经济发展目标与保护全球气候目标的统一。

低碳发展模式是在全球环境容量瓶颈凸现以及应对气候变化国际机制不断发展的背景下所发展起来的，是应对气候变化的必然选择。在未来形成全球大气容量国际制度安排的前提下，发展低碳经济，将化石燃料开发利用的环境外部性内部化，并通过国际国内政策框架的制定来促进构建经济、高效且清洁的能源体系，从而实现《联合国气候变化框架公约》的最终目标，使得"大气中温室气体的浓度稳定在防止气候系统受到具有威胁性的人为干扰的水平上"。当前，全球各国都共同面临着减少化石燃料依赖并降低温室气体排放和稳定其大气中浓度的挑战，发达国家和发展中国家在未来将承担"共同但有区别的"温室气体减排责任，而低碳发展模式能够实现经济社会发展和保护全球环境的双重目标。

3. 促进经济发展

发展低碳经济，目的在于寻求实现经济社会发展和应对气候变化的协调统一。低碳并不意味着贫困，贫困不是低碳经济的目标，低碳经济是要保证低碳条件下的高增长。通过国际国内层面合理的制度构建，规制市场经济下技术和产业的发展动向，从而实现整个社会经济的低碳转型。发展低碳经济，不仅有助于实现应对气候变化的全球重大战略目标，并且也能够为整个社会经济带来新的经济增长点，同时还能创造新的就业岗位和国家的经济竞争力。

在 20 世纪几次石油危机的刺激下，西方发达国家走在了全球发展低碳经济的前列。德国、丹麦等欧洲各国以及日本长期重视发展可再生能源和替代能源的战略，在当前具备了引领全球低碳技术和低碳产业的优势。在全球金融危机和经济放缓的背景之下，美国新总统奥巴马在当选后公布的经济刺激方案中，也将发展替代能源和可再生能源、创造绿领就业机会作为核心，实现国家的"绿色经济复兴计划"。目前，欧美发达国家都在通过制度构建和技术创新，发展低碳技术和低碳产业，推动社会生产生活的低碳转型，以新的经济增长点和增长面推动整体社会繁荣。

（三）低碳经济的实现途径

发展低碳经济，需要在能源效率、能源体系低碳化、吸碳和碳汇以及经济发展模式和社会价值观念等领域开展工作。根据大量的科学研究和政治倡议所提出的目标，全球温室气体排放量需要在未来 50 年内控制在每年 70 亿吨碳的水平上，从而实现温室气体浓度稳定在 500 毫升/立方米（ppm）的水平，将升温幅度及其风险水平控制在能避免出现重大威胁的范围内（Pacala and Socolow, 2004）。大量研究表明，通过发展低碳经济，采取业已或者即将商业化的低碳经济技术，大规模发展低碳产业并推动社会低碳转型，能够解决控制温室气体排放，关键是成本问题及如何分摊这些成本（邓梁春等, 2008a）。

1. 提高能效和减少能耗

低碳发展模式要求改善能源开发、生产、输送、转换和利用过程中的效率并减少能源消耗。面对各种因素所导致的能源供应趋紧，整个社会迫切需要在既定的能源供应条件下支持国民经济更好更快地发展，或者说在保障一定的经济发展速度的同时，减少对能源的需求并进而减少对能源结构中仍占主导地位的化石燃料的依赖。提高能源效率和节约能源涵盖了整个社会经济的方方面面，尤其作为重点用能部门的工业、建筑和交通部门更是迫切需要提高能效的领域，通过改善燃油经济性、减少对小汽车的过度依赖、提高建筑能效和提高电厂能效等措施，能够实现节能增效的低碳发展目标。

发展低碳经济，制定并实施一系列相互协调并互为补充的政策措施，包括实行温室气体排放贸易体系，推广能源效率承诺，制定有关能源服务、建筑和交通方面的法规并发布相应的指南和信息，颁布税收和补贴等经济激励措施。这些政策措施的目的在于通过合理制度框架，引导和发挥自由市场经济的效率与活力，从而从以长期稳定的调控信号和较低的成本引导重点用能部门向低能耗和高能效的方向转型。

2. 发展低碳能源并减少排放

能源保障是社会经济发展必不可少的重要支撑，低碳发展模式则是要降低能源中的碳含量及其开发利用产生的碳排放，从而实现全球大气环境中温室气体环境容量的高效合理利用。实现经济社会发展的"低碳化"，是为了在合理的制度安排之下推动 CO_2 排放所产生的环境负外部性的内部化，从而实现从低效率的"高碳排放"转向大气环境容量得以优化配置和利用的"低碳经济"。通过恰当的政策法规和激励机制，推动低碳能源技术的发展以及相关产业的规模化，能够将其减缓气候变化的环境正外部性内部化，使得发展低碳经济更加具有竞争力。

降低能源中的碳含量和碳排放，主要涉及控制传统的化石燃料开发利用所产生的 CO_2，以及在资源条件和技术经济允许的情况下，通过以相对低碳的天然气代替高碳的煤炭作为能源，通过捕集各种化石燃料电厂以及氢能电厂和合成燃料电厂中的碳并加以地质封存，能够改善现有能源体系下的环境负外部性。此外，能源"低碳化"还包括开发利用新能源、替代能源和可再生能源等非常规能源，以更为"低碳"甚至"零碳"的能源体系来补充并一定程度上替代传统能源体系。风力发电、生物质能、光伏发电以及氢能等新型能源，在未来都有很大的发展潜力，特别是大量分散、不连续和低密度的可再生能源，能够很好地补充城乡统筹发展所必需的能源服务，并且新能源产业的发展也是提供就业岗位促进能源公平的有力保障。

3. 发展吸碳经济并增加碳汇

低碳发展模式还意味着调整和改善全球大气环境中的碳循环，通过发展吸碳经济并且增加自然碳汇，从而抵消或中和短期内无法避免的化石能源燃烧所排放的温室气体，最终有利于实现稳定大气中温室气体浓度的目标。减少毁林排放和增加植树造林，不仅是改变人类长期以来对森林、土地、林业产品、生物多样性等资源过渡索取的状态，而且也是改善人与自然的关系、主动减缓人类活动对自然生态的影响以及打造生态文明的重要手段。

与自然碳汇相关的林业和土地资源对于不同发展阶段的国家具有不同的开发利用价值，尤其是当前在保障粮食安全、缓解贫困、发展可持续生计等方面具有重大的意义。应对气候变化国际体制在避免毁林等方面的发展，就是将相关资源在自然碳汇方面的价值转化成为具体的经济效益，与其在其他领域所具有的价值进行综合的权衡，从而引导各国的经济社会发展路径朝低碳方向转型。通过植树造林增加自然碳汇降低大气中的温室气体浓度，通过控制热带雨林焚毁减少向大气中排放温室气体，以及通过对农业土地进行保护性耕作从而防止土壤中碳的流失，对于全球各国尤其是众多发展中国家都具有重要意义。

4. 推行低碳价值理念

低碳发展模式还要求改变整个经济社会的发展理念和价值观念，引导实现全面的低碳转型。1992 年联合国环境与发展大会通过了《21 世纪议程》，指出"地球所面临的最严重的问题之一，就是不适当的消费和生产模式"。发展低碳经济就是在应对气候变化的背景之下，从社会经济增长和人类发展的角度，对合理的生产消费模式做出重大变革。

发展低碳经济要求经济社会的发展理念从单纯依赖资源和环境的外延型粗放型增长，转向更多依赖技术创新、制度构建和人力资本投入的科学发展理念。传统的基于化石燃料所提供的高能流高强度能源而支撑起来的工业化和城市化进程，必须从未来能源供需、相应资源环境成本的内部化等方面进行制度和技术创新。发展低碳经济还要求全社会建立更加可持续的价值观念，不能因对资源和环境过度索取而使其遭受严重破坏，要建立符合中国环境资源特征和经济发展水平的价值观念和生活方式。人类依赖大量消耗能源、大量排放温室气体所支撑下的所谓现代化的体面生活必须尽早尽快调整，这将是对当前人类的过渡消费、超前消费和奢侈性消费等消费观念的重大转变，进而转向可持续的社会价值观念。

五 国际低碳经济发展对中国的启示

温室气体减排和发展低碳经济在世界范围内势在必行。无论如何，中国不可能永远作为发展中国家回避承担应对气候变化的义务，中国即便在 2012 年《京都议定书》所规定的第一个承诺期之后仍然不承担强制性、定期和定量化的减排义务，这一责任在中国跻身中等发达国家行列之时也必然会降临。与其经常处于被动地位，不如采取更加积极主动的应对措施，获取与负责任大国相称的国际地位和利益。

2020 年之前是中国在气候变化问题上面临挑战的最大时期，中国需要在较短的时期内迅速提高应对气候变化的技术、政策和体制能力。国际社会很可能对中国这样的发展中国家不断施加限排减排温室气体的压力，这种压力可能最初形成对发展中国家经济发展的能源强度、能源效率、温室气体增长幅度和速度的限制，此后逐渐过渡到发达国家与发展中国家共同的温室气体排放份额划定以及限排减排指标的制定上来。

对于参与减排，中国应该加强综合研究，广泛征求各方面意见，探讨是否应该参加减排或者什么时候以何种方式参加减排，研究减排的真实成本和社会经济风险，提出明确的符合自己国家利益的减排指标和目标。同时，应该在国际事务中，提出气候问题的历史责任追溯原则和补偿标准；在国内事务方面，应制定一系列配套法规、财税政策，加强减缓和适应气候变化的能力建设。

近期而言，中国需要在国际社会保持更加积极主动应对气候变化的政治意愿。中国政府应当更加密切地与国际社会保持沟通，通过大量的实证研究向外界传达中国建设资源节约型、环境友好型社会以及节能减排政策产生的温室气体减排效应。此外，中国应该尽早开启相关的温室气体减排潜力和试点研究，尤其是在当前经济比较发达且代表国家发展方向的典型地区进行案例分析，探索中国城市化和工业化的快速发展所产生的气候变化效应，寻求低碳经济对于中国实现气候友好型发展目标所起到的支撑作用。

中国政府应当更为深入和实质性地将推动低碳经济的发展纳入政策法规的主流当中。在中国现行能源和环境法律法规体系中，增加并不断完善对可再生能源以及能效和节能等低碳经济技术的激励性制度安排，促进技术的研究、开发、示范、推广与市场的培育，以及与之相配套的装备制造业和供应链相关企业的发展和自主知识产权，并且引导金融投资领域从高耗能高污染项目转向为低碳经济技术提供投融资服务。与此同时，政府还应当从中国的大型国有企业，特别是积极拓展海外市场的大型国有企业入手，鼓励其节能减排以及低碳排放的措施，更好地融入全球市场经济的竞争。

本章参考文献

陈迎，等．2007．斯特恩报告及其对后京都谈判的可能影响．气候变化研究进展，3（2）：114～119

陈迎，等．2008．对斯特恩新报告的要点评述和解读．气候变化研究进展，4（5）：266～271

邓梁春．2008．美国气候变化相关立法进展及其对中国的启示．世界环境，（2）：82～85

邓梁春，等．2007a．全球气候变化研究与应对措施：最新进展及中国的对策．气候变化展望，（1）：1～12

邓梁春，等．2007b．权衡气候变化的政策目标：全球背景下的政策制定和企业行动．气候变化展望，（2）：1～14

邓梁春，等．2008a．探索低碳发展之路：中国实现可持续发展的重要取向．气候变化展望，（1）：1～16

邓梁春，等．2008b．破解全球气候僵局：探讨应对气候变化的后京都机制．气候变化展望，（2）：1～18

胡锦涛．2005．携手开创未来，推动合作共赢——在8国集团与中国、印度、巴西、南非、墨西哥五国领导人对话会上的书面讲话．英国英格兰鹰谷8国峰会．2005年7月

罗志如，等．1982．二十世纪的英国经济——"英国病"研究．北京：人民出版社

潘家华．2005．后京都国际气候协定的谈判趋势与对策思考．气候变化研究进展，1（1）：10～15

托尼·布莱尔．2000．第三条道路：新世纪的新政治．见：陈林，林德山．第三条道路：世纪之交的西方政治变革．北京：当代世界出版社．5～30

庄贵阳．2007．低碳经济：气候变化背景下中国的发展之路．北京：气象出版社

Department of Trade and Industry（DTI）．2003．Energy White Paper：Creating a Low Carbon Economy．London：DTI

Department of Trade and Industry．2006．Energy Reviews：Energy Challenges．London：DTI

Department of Trade and Industry．2007．Meeting the Energy Challenge：A White Paper on Energy．London：DTI

European Commission．2007．A European Strategic Energy Technology Plan：Towards a low carbon future

European Commission．2008．20 20 by 2020—Europe's climate change opportunity

European Council．2007．Presidency Conclusions of the Brussels European Council

European Parliament．2008．Texts Approved by the European Parliament of Europe's Climate and Energy Package

Federal Government of Germany．2002．Perspectives for Germany：Our Strategy for Sustainable Development

IPCC. 2007. Climate Change 2007：Synthesis Report. Geneva：IPCC

IPCC. 2008. About International Panel on Climate Change. http:∥www. ipcc. ch/index. htm

Labour Party of the United Kingdom. 1996. New Labour, New Life for Britain

Labour Party of the United Kingdom. 1997. New Labour Because Britain Deserves Better（1997 Labour Party General Election Manifesto）

Labour Party of the United Kingdom. 2001. Labour Party General Election Manifesto

McKinsey & Company. 2007. A Cost Curve for Greenhouse Gas Reduction. The McKinsey Quarterly, February 2007

Ministry of Economy, Trade and Industry（METI）of Japan. 2006. New National Energy Strategy

Pacala S and Socolow R. 2004. Stabilization Wedges：Solving the Climate Problem for the Next 50 Years with Current Technologies. Science, 305：968∼972

Pew Center on Climate Change. 2008. Economy-wide Cap-and-Trade Proposals in the 110th Congress（As of December 1, 2008）

Prime Minister of Japan and his Cabinet. 2008. Policy Speech by Prime Minister Yasuo Fukuda to the 169th Session of the Diet

Stern N. 2006. The Economics of Climate Change：The Stern Review. Cambridge, UK：Cambridge University Press

Stern N. 2008. Key Elements of a Global Deal on Climate Change. The London School of Economics and Political Science（LSE）. April 30, 2008

The White House of the United States. 2008. President Bush Delivers State of the Union Address. Washington, DC. http:∥www. whitehouse. gov

U. S. Department of States. 2007. Major Economies Process on Energy Security and Climate Change. Washington, DC. http:∥www. state. gov

Wellington F, et al. 2007. Scaling Up：Global Technology Deployment to Stabilize Emissions. Washington, DC：World Resource Institute and Goldman Sachs

第四章

中国特色低碳道路的发展战略[*]

　　以气候变暖为主要特征的全球气候变化已成为 21 世纪人类面临的最重大环境挑战，应对气候变化是当前以及今后相当长时期内实现全球可持续发展的核心任务。围绕防止气候变暖的国际谈判及其行动不仅关系人类的生存环境，而且直接影响发展中国家的现代化进程。尽管全球气候保护的进程将取决于人类在科学认知、政治意愿、经济利益和社会接受程度上的共识与采取的措施，但探索低碳发展之路却无疑是未来人类发展的重要选择。

　　低碳发展道路或发展低碳经济不仅是因科学认识水平的推动，更主要的还是源于对经济博弈与战略竞争的考量。在当前金融危机和后京都谈判进程进入胶着状态的阶段，发展低碳经济仍然存在一定的不确定性。但从长远看，探索低碳发展之路不仅符合世界能源发展的趋势，而且也与我国实现可持续发展和节能减排目标具有一致性。从中短期看，中国又受到发展阶段的制约，实现低碳转型面临快速经济增长、国际贸易分工的低端定位、以煤为主的能源结构、技术水平相对落后以及体制机制等方面的障碍。与此同时，作为率先崛起的发展中大国，中国正处在重要战略机遇期，存在利用各种国内外有利条件较快实现跨越重化工业阶段的历史机遇，同时也面临着经济增长和低碳转型的两难选择。因此，我们必须寻找一条协调长期与

---

　　* 本章由王毅、邓梁春执笔，作者单位分别为中国科学院科技政策与管理科学研究所、气候组织（TCG）。本章同时得到了"汇丰与气候伙伴同行项目"（HSBC climate partnership）的研究资助

短期利益、权衡各类政策目标的发展路径。

在综合分析的基础上，我们认为中国的低碳发展道路应该是立足于基本国情并且符合世界发展趋势的渐进式路径，应该有一幅具备清晰的阶段目标和优先行动的发展路线图。一方面，在中短期，以提高能效和降低碳排放强度为核心目标，利用综合手段在实现战略跨越的同时为长期低碳转型奠定坚实的工业基础，逐步构建低碳型社会经济体系；另一方面，积极参与国家气候体制谈判和规则制定，并通过选取合适的指标（如能耗强度或碳排放强度等），承诺符合国情和能力的适当减排行动，为减缓气候变暖做出实质性贡献，提升负责任大国的国际形象。

目前，国际上发展低碳经济尚没有十分成熟的经验和统一的模式。中国发展低碳经济，并非追求单纯的碳减排，而是必须同时追求不同发展目标的共赢以降低应对气候变化的成本，并且需要技术转让和资金方面的国际支持与合作。中国的低碳经济需要在认真审视低碳经济的内涵和发展方向的同时，将提高能效、降低碳强度和转变能源结构融入可持续发展的框架中，并作为国家长期发展的战略目标之一，通过认真规划，有序发展，积累试点经验，开展制度创新、技术创新与管理创新，逐步建立"资源节约型、环境友好型、低碳导向型社会"，为中国塑造一个可持续的低碳未来。

一　全球低碳转型背景及其不确定性

气候变化是 21 世纪全球最重大的环境与发展问题，同时，应对气候变化也是最复杂的系统问题。尽管存在不同声音，但气候变暖已是不争的事实，以 IPCC 为代表的国际主流科学界认为气候变暖很大程度上是由人为活动排放温室气体所引起的，并且将对社会经济产生重大影响，进而建议人类应该尽早采取共同的行动，以避免造成更大或是灾难性的损失。

应对气候变化的核心是减少温室气体的排放和适应变暖的趋势，其中碳减排又是重中之重。由于人为碳排放主要来自于化石能源的燃烧，化石能源在过去 200 多年来又作为工业化发展模式的基础，因此，减少碳排放就意味着降低化石能源的使用量，从而会影响各国的经济增长速度，特别是发展中国家的现代化进程。所以，围绕碳减排的国际谈判的实质是排放空间的公平合理分配以及能源使用、发展权益的争取。无论如何，要实现应对全球变化的目标，人类的生产与消费方式就必须逐步向低碳方向转型。

发展低碳经济不仅仅是依据气候变化科学研究的结论，同样重要的是其背后的经济考量、政治价值判断以及战略上的博弈。包括 IPCC 报告在内，国际上并未对

《公约》提到的所谓"危险的人为干扰的水平"给出明确的解释，这一方面是因为目前的科学研究还不足以提出令人信服的证据，另一方面，其中也牵涉政治、经济等因素；基于同样原因，各国也没有就未来全球升温稳定在 2℃ 或 3℃ 达成共识。也就是说低碳转型并没有一个预设的时间表。目前，与化石能源有关的 CO_2 排放占全球温室气体排放量的 60% 以上，化石能源的开发与利用成为人类低碳发展的核心问题，直接影响未来低碳道路的选择。因此，我们要首先分析一下世界能源结构转型的趋势。

总体来看，人类的能源利用的长期走向是朝"低碳富氢"和新能源方向发展，并逐渐过渡到可持续能源体系，也就是逐步从"碳基能源"转向"氢基能源"或无碳能源。在这一点上，低碳转型符合能源发展的基本规律。但人类以多快的速度以及多大的成本实现这种能源结构的转变将取决于化石能源供需趋势及我们缓解气候变暖的政治决定和现实选择。

中国在快速转型过程中，如何根据世界能源和气候变化的发展趋势，选择适合国情和发展阶段的应对能源、环境、气候挑战的发展路径与发展模式，是需要我们认真思考的问题。

（一）世界能源发展的若干趋势

据国际能源署预测（IEA，2008），2006~2030 年世界一次能源需求将增长 45%，达到 170.1 亿吨石油当量，年均增长率为 1.6%，比 1980~2005 年的 1.8% 略低。其主要原因是全球能源价格上涨和经济增长放缓。预计到 2030 年，化石能源占世界一次能源的比重仍将为 80%，且煤炭需求是各能源品种中增长最快的，石油仍是最主要的燃料。城市能源消耗占全球能源总消耗量的比重将从 2006 年的 2/3 升至 2030 年的 3/4。估计中国和印度的经济持续增长，将使其在 2006~2030 年的一次能源需求增长占全球增长量的一半以上，包括中印在内的发展中国家将是能源消费增长的主要地区。这样的趋势将对全球气候系统形成巨大的压力。因此，IEA 呼吁急需一场能源革命，既保障可靠的、廉价的能源供应，又实现向低碳、高效、环保的能源供应体系迅速转变。能源发展具有周期长、惯性大和路径依赖的特征，按照资源状况和常规发展情景看，今后世界能源发展将具有以下趋势。

1. 廉价石油的时代行将结束

从 20 世纪 80 年代石油价格大幅下降以来，原油价格在 20 年一直维持在较低的水平上。自 2000 年以后，石油价格开始上涨，2008 年一度暴涨到每桶 147 美元，之后迅速回落。这次石油价格的高企并非石油供应能力出现了问题，随着技术进步、较高的储采比和投入的增加，石油资源储量仍有一定潜力，预计 2030 年石油仍占世界能源消费量的 30%。如前所述，按现在趋势发展下去，以石油为主的化石能源时代仍将维持相当长的一段时间。一些权威估计认为（IEA，2008；EIA，2008），尽管石油份额缓慢下降，但今后 20 年或更长时间石油生产将不会达到最高水平。

无论如何，世界石油资源是有限的，全世界石油生产最终将会达到顶峰，然后开始下降。近 10 年来，不断有专家预言石油供应将会达到高峰，低价石油时代即将结束。早在 1956 年，美国地质学家 Hubbert 就提出所谓"石油峰值理论"（peak oil），即当石油开采率达到最大值之后，石油生产量将会下降，油价随后将上涨。1998 年，两位资深石油咨询专家 Campbell 和 Laherrère 发表文章认为，世界常规石油[①]产量可能将在 21 世纪头 10 年达到峰值，石油生产在 2010 年开始下降，原油价格将随之上涨（Campbell and Laherrère，1998）。他们用 4 种方法估计尚未发现的原油储量，并依据地区石油生产的变化规律得出结论[②]。他们进一步分析指出，原油生产达到峰值后所产生的供不应求将不是临时性的，油价将剧烈增长，世界将更加依赖中东石油。如果依据这一理论，稍微乐观一些的估计，廉价石油的时代或许能持续 10 年并有可能在 2020 年前后结束。IEA 报告则认为，尽管逐个油田的产量正加速递减，但全球的石油、天然气资源并不短缺，估计最终可采的常规石油资源在 3.5 万亿桶，而目前只有约 1/3 即 1.1 万亿桶被开发利用，此外，还有很丰富的非常规石油资源。在 2008～2015 年，预测 IEA 成员国进口原油平均价格在 100 美元/桶（2007 年美元价格），到 2030 年将超过 120 美元/桶（IEA，2008）。

这一趋势预测对发展中国家（特别是对优质能源需求增长较快的经济高速增长国家）可能的政策含义，一是如何更好地利用相对短暂的低价石油时期，二是如何应对高油价时代的到来。2007～2008 年的石油价格上涨应该是一个适时的预演和最好提醒，我们应该正确判断形势，采取积极稳妥的应对策略。当然，石油生产达到峰值，并不意味着石油资源迅速枯竭，只是石油生产将呈现下降趋势，石油的减少将逐渐被天然气、煤炭、可再生能源及其他新能源所替代。

2. 天然气地位不断上升

过去 20 多年，天然气在世界能源供应中的比重增长迅速。未来全球天然气需求仍将保持约 1.8% 的年增长速度，2030 年占能源消费比例达 22%。天然气消费量增

[①] 所谓常规石油是指在现有技术经济条件下容易获得的原油等
[②] 即在任何大区域，当累积石油产量上升到估计的可采出资源的一半时，石油生产就进入高峰期，之后就会开始下降，从而形成一个"钟形曲线"。据研究，美国、苏联和非中东产油国的石油产量都符合这样一个模式，并由此推断全世界也将遵循此规律

长大部分来自于发电行业。预计 2006 ~ 2030 年，世界天然气产量增长中的大约
46% 将来自中东，其余部分主要由非洲和俄罗斯提供，产量将会增长两倍，达到约
1 万亿立方米（IEA，2008）。如果天然气产量下降，许多地区将会更多地依赖煤炭。

目前，天然气的探明储量的增长要比石油乐观得多。自 1980 年以来，全球剩余
天然气储量已增长一倍多，发现的总量持续超过生产量，现在剩余的已探明天然气
储量总计为 180 亿立方米，相当于现有产量下继续生产 60 年。按现在的估计，世界
不同地区增加的储量可将使用年限延长到 200 年以上，并且天然气基础设施与未来
非常有希望的氢能经济是相衔接的。由于人均收入水平的提高，消费者对优质洁净
能源需求的日益增长是自然的。随着天然气发电技术（如天然气联合循环）及相关
技术的迅速发展，天然气的应用范围日益广阔，假如用天然气生产液体燃料的技术、
其他车用天然气技术以及燃料电池技术能够尽快商业化、规模化，那么天然气将成
为运输燃料中继石油之后的下一个重要来源。因此，天然气是被普遍看好在 21 世纪
前期部分替代石油的全球最主要能源，为改善能源结构、满足能源需求和环境保护
发挥重要作用。

3. 煤炭仍然扮演重要角色

煤炭在世界范围内主要作为电力的来源及几个关键部门（如钢铁、水泥和化学
工业）的动力和原材料。今后 20 年，煤炭需求的年均增长将为 2%，其所占份额也
将从 2006 年的 26% 增至 2030 年的 29%，消费总量增长 85%，仍是仅次于石油的第
二大能源，预计煤炭消费增长主要来自于中国和印度的电力行业，其中中国的煤炭
消费增长将约占总消费增长的 2/3（IEA，2008）。

虽然煤炭具有资源丰富、易于开发、成本低廉的优势，但其运输不便、利用效
率低、污染排放量大等弱点也十分突出。因此，如果不提高煤炭利用技术（特别是
燃烧技术）的效率、降低成本和减少污染物（包括 CO_2）排放，煤炭的使用将受到
越来越多的限制。近年来洁净煤技术得到了很大发展，国外的循环流化床、增压流
化床技术已比较成熟，尤其是整体煤气化联合循环技术（IGCC）[①] 和多联产系统的
开发，虽然还处在示范阶段，但却显示了很强的潜在市场竞争力，如果与碳捕获和
封存（CCS）及制氢等相结合，同样有望走出一条煤炭高效、清洁利用的路子。中
国近年来的节能减排政策使得超临界、超超临界机组的数量大幅增加，如果洁净煤

[①]　与带烟气脱硫的常规燃煤机组相比，IGCC 在发电效率和环保性能上都是优越的，虽然投资成本和发电
成本略高，但随着技术进步和规模生产，其造价会大幅度下降，在 21 世纪初将具备市场竞争力。针对
中国的国情，在新建和改建燃煤电厂时，IGCC 不失为可供优先选择的先进技术。参见《中美专家报
告：整体煤气化联合循环技术》，1996 年 12 月

技术在中国得到进一步推广，对以煤为主的能源结构和日益严重的环境污染与气候变暖无疑具有重要意义，而且是对全球气候保护的重要贡献。

4. 核电工业难以恢复整体生机

尽管核电在过去 20 多年时间里以超过 10% 的年均增长率扩张，且在减排 CO_2 方面具有优势，但从目前来看，来自天然气、可再生能源甚至洁净煤等技术的市场竞争以及人们对于核电站的经济型、安全操作与核废料处理的忧虑，严重限制了核电发展。2008 年，世界上共有 438 个核电站在运行，44 个在建（新开工核电站大部分在中国），5 个被长期关闭（IAEA，2008）。预计 2030 年，核电在一次能源需求中的比重将从 2006 年的 6% 略降至 5%，其发电量所占比例也从 15% 下降到 10%（IEA，2008）。除中国等少数国家外，核电总体上处于萎缩态势。

发达国家的核电站厂商希望经济高速增长的亚洲国家和地区的潜在电力市场（包括中国、印度、韩国等）能为他们带来生机，以挽救核电产业。中国庞大的核电计划更是令其垂涎。这从 1998 年美国几家大的核反应堆供应商（如通用电器和西屋公司等）不惜工本在华盛顿游说美国政府和国会解除对中国的核技术出口禁令一事上可见一斑。但这些国家大都已有自主开发核能技术和设备的长远计划，并有能力左右核电技术的发展方向。

核电站的管理问题即使在发达国家也尚未解决，不断有因管理造成的事故和停运的报道。发生在 1986 年的切尔诺贝利核电站爆炸事件至今仍在产生影响。仅就核废料的处置而言，长半衰期的核废料一直没有找到妥善的最终处理办法，并且由于核废料的积累而越来越棘手，成为危害生物圈的潜在因素。一些发达国家耗资几十亿甚至上百亿美元来处置核废料，但这只是一个永远不会结束的处置管理计划的开始。目前我国已建和在建的核电站，由于所选的反应堆型多样、地区条件各异，给未来的管理等带来诸多隐患。总而言之，如果中国大规模发展核电，将面临经济风险、资源风险、管理和环境安全风险（王毅等，1997）。

5. 可再生能源迅速崛起

由于各国的重视，近年来现代可再生能源技术得到了长足的发展。预计可再生能源将在 2010 年后超过天然气，成为仅次于煤炭的第二大电力来源。目前，大部分可再生能源的成本依然较高，但随着技术的成熟、规模的扩大、化石燃料价格的上涨以及强有力的政策支持，非水电可再生能源将高速增长，预计从 2006～2030 年的年均增长率达到 7.2%，其占电力比重将从 1% 增长到 4%（IEA，2008）。但由于可再生能源的规模仍然偏小，因此其在短期对满足能源需求的贡献还十分有限。

6. 为后石油时代寻找替代能源和开发可持续能源技术

世界经济的发展不仅面临能源资源短缺问题，而且随着全球变暖的逐渐升温和越来越严格的环境标准的制定，来自环境需求的压力正在使能源生产和消费发生深刻变化，能源部门的改革步伐也进一步加快。针对上述趋势，欧美等发达国家都加紧采取行动，以能源安全和保护环境为战略目标，制定新的制度和政策，提高能效，实现能源供应的多样化、低碳化和大规模使用可再生能源，同时开发各种替代能源和新能源技术，为"后石油经济"、"低碳经济"做准备，以实现一个可持续的能源未来。

值得注意的是，从长期看，转向低碳富氢燃料、无碳能源和技术乃大势所趋，低碳经济、氢能经济不仅是口号，而且已经开始付诸行动和示范。但在未来20年乃至更长的时间里，由于常规情景下的化石能源供应充足、能源结构转变缓慢，因此对低碳发展来讲是机遇和挑战并存，关键取决于低碳转型能以多快的速度形成全球共识和低碳市场，美国、中国、印度等碳排放大国如何参与，谁来负担转型的额外成本和技术推广，今后的贸易规则、国际分工和相关政策如何转变等。

中国经济正处在高速增长阶段，能源消费水平与现代化生活的标准还有相当差距。在一个开放的国际经济环境里，为满足不断增长的能源消费需求、保护全球气候，作为一个负责任的大国，中国必须认真考虑世界能源发展和气候保护的基本趋势，制定符合基本国情的长期能源发展战略，包括进口油气、调整结构、推进市场化进程，采用"蛙跳技术"等，充分利用国内国外两个市场、两种资源、两种技术促进自身以及全球的可持续发展。

（二）国际上低碳转型存在的问题与不确定性

目前，国际社会并没有关于"低碳道路"或"低碳经济"的统一定义，各国提出的与低碳相关的概念也存在差异。狭义的"低碳经济"是以减少碳排放为主要目标，构建以低碳技术、低碳产品为竞争手段的新型低碳市场及其贸易规则与财税体系。从广义的理解看，"低碳道路"的核心应该是把减少碳排放的理念整合到社会经济的各项活动中，通过建立经济高效、能源节约、低碳排放的生产方式和消费方式，形成可持续的低碳能源系统、技术体系和产业结构，实现经济增长、能源安全、节能、环保与温室气体减排等多重目标。实现低碳发展道路需要通过一系列制度安排和技术创新，形成与低碳发展目标相适应的国际国内法律制度框架、技术标准、政策措施和市场体系，并在上述措施的引导和鼓励下，促进整个社会经济逐步向低能耗、低碳排放模式和低碳社会的转型。由于各国社会经济技术条件的差异，实现低碳经济或低碳道路所选择的路径、优先顺序和时间表也应有所不同。

基于上述理解，发展低碳经济应是低碳发展道路的重要组成部分，低碳经济的目标相对单一，更多考虑把碳减排和经济利益挂钩，在实施上还存在成本、市场、推广等方面的障碍；而把低碳同其他社会经济等目标整合在一起的低碳发展道路，则基本符合现今经济、能源发展与转型的潮流，但在具体运作上需要整体的设计和根据国情寻找切入点与实施步骤。

欧盟及日本等分别提出发展低碳经济和建立低碳社会，直接原因是应对气候变暖威胁和确保能源安全，更深层次的原因事关能源基础设施换代、技术竞争以及政治外交等方面的战略需求。上述发达国家和经济体基于各自的利益及其全球战略，希望通过倡导发展"低碳经济"来提高自己的竞争力和保持优势，并在低碳相关领域取得进展。这种态势延续下去，有可能形成以"低碳经济"为核心的新的经济共同体和利益集团，并对未来全球竞争和国际政治经济格局产生重大影响。

尽管各发达国家都在调整社会经济政策，准备向低碳发展转型，但迄今为止，尚未有一个国家取得普适性的成功经验。这些国家所采取的措施包括：欧盟和美国分别实施的碳贸易系统；欧盟部分国家开始征收碳税，构建绿色税收体系；各国纷纷提高能效标准，特别设立行业及其产品的能效标杆，加强能效和环保方面的监管；鼓励发展可再生能源和清洁能源；投资新能源和碳减排的研发等。通过上述实质性的政策调整，部分发达国家已经开始走上低碳经济的发展道路，经济增长与温室气体排放开始脱钩。以瑞典为例，从 1990～2006 年，瑞典的经济增长了 44%，但其 CO_2 排放减少了 9%（中国环境与发展国际合作委员会低碳经济课题组，2008）。

发展低碳经济面临的另一个问题是成本和市场问题。发达国家在减排温室气体排放、开发低碳技术和低碳产品过程中付出了额外成本，使其在国际市场上的竞争力有所下降，如果不能及时产生全球性的低碳市场，并制定相应的制度和规则，其在这方面所形成的技术优势难以获得市场回报，特别是作为能源和碳排放大国的美国是否参与低碳竞争仍然是很大的变数；在全球金融危机的背景下，各国厂商能否从中寻找到低碳发展的生机，各国政府是否愿意通过为应对全球气候变暖的挑战而投资于能源、碳减排技术以及运输系统等，来使经济复苏，也还需要进一步观察。此外，由于开发低碳技术或产品的成本较高，需要同时满足能源多方面的目标来获取共同利益，从而降低开发费用。

低碳发展道路还要求在公平的国际气候体制下，通过合理的技术转让和资金支持，使低碳技术能在全球推广，从而提高能源开发、生产、输送、转化和终端消费过程中的效率，减少能源消耗和碳排放；通过实现全球碳排放空间的合理配置和高效利用，有效降低经济发展必不可少的能源支撑中的碳含量；通过增加自然碳汇或适应措施来抵消短期内无法避免的化石燃料燃烧等所排放的温室气体的影响，最终目的是在保障能源供应安全的同时，缓解增温可能给人类带来的威胁和风险。所有这些解决全球公共物品的技术转让和资金机制都同获取低碳技术商业利益最大化的目的有所冲突，需要在新的国际气候体制下加以解决。

作为最大的发展中国家，中国面临来自低碳经济发展的机遇和挑战，同时也面临两难的选择。一方面，低碳发展道路可以理解为是我们正在建设的"资源节约型、环境友好型社会"（以下简称"节约型社会"）的应有之义，我们希望利用国际上低碳转型的机遇，跟上可能出现的以低碳技术为重要内容的新技术革命的步伐；另一方面，发展低碳经济、走低碳发展道路需要相当的额外成本和大规模采用低碳相关技术，这将有可能延缓我们的现代化进程。因此，如果我们能正确判断形势，采取适时的应对策略，慎重选择适合国情的低碳发展路径和优先事项，就有可能实现经济发展和应对气候变化的双赢。

二　中国实现低碳转型面临的挑战和机遇

（一）中国低碳转型的现实矛盾与障碍

过去30年，中国的社会经济发生了巨大的变化。尤其是进入21世纪以来，随着社会主义市场经济改革方向的确立和加入WTO，中国从经济实力、消费水平、国际环境、政治影响等方面都与20世纪90年代有明显不同。与此同时，中国面临的问题也同步增长。

经过改革开放30年的努力，中国的发展目标已经从保证生存需求转向追求社会经济快速、稳定和可持续发展。总体上表现为人口增长得到有效控制，大量消除贫困人口，比较优势得到了充分的发挥，跨越了满足温饱阶段并向全面小康社会迈进，进一步追求环境改善和生活质量的不断提高，制定政策的过程更具有包容性。由于社会经济的快速发展，工业化、城市化、信息化、市场化、全球化都在加速，经济结构迅速变化、消费结构逐步升级，尽管中国采取的是一条渐进改革的路径，但中国整体上仍处于全方位、多维度、多层面和变化迅速的系统转型过程，处在通过一系列结构性变化不断塑造未来的过渡性阶段。

1. 当前中国的发展阶段约束与战略机遇

作为已经进入工业化中期阶段的后发国家，中国一方面要受制于工业化发展阶段的一般规律，另一方面又要借鉴先行国家和地区推进工业化的经验并勇于创新。纵观世界各国的工业化历程，其工业体系都要经过轻工业发展、重化工业发展、高科技产业发展、后工业化等若干阶段，产业结构逐渐升级，重化工业化是工业化进入中期阶段工业内部结构演化的一般规律，任何一个阶段都是难以逾越的（刘世锦等，2006）。而后发国家一般完成工业化的时间越来越短，同时在技术进步和产业外向度方面都与先发国家有所不同，既具有技术跨越等后发优势，又受到既定的资源环境约束和国际分工格局等后发劣势的影响。

进入 21 世纪，中国进入新一轮经济增长阶段。随着消费结构升级的拉动，以机械制造、钢铁、建材、能源为代表的具有重化工业特征的行业相继进入快速增长通道；与此同时，城市化也进入高速发展时期；由于我国处于国际贸易分工结构中的产业链低端，依赖大量出口能源密集型制造业生产的产品来保持经济增长，所有这些都形成对能源、原材料等的巨大需求，并在 2003 年下半年产生煤、电、油、运的全面紧张状态，从而引发经济结构调整和转变增长方式的要求。

然后，无论结构调整还是技术进步都不会一蹴而就的，这从"十一五"前半期的发展进程可以充分体现出来，反映经济结构的指标都进展缓慢，从而也说明重化工业发展符合现阶段经济发展各方面的客观需求。今后 10～20 年，是我国基本完成工业化中期任务并进入后工业化阶段的重要时期，以机械、钢铁、石化为核心的重化工业产业群和以"住行"为特征的汽车工业、建筑业等的发展仍将成为进一步促进增长的至关重要的因素。

至 2050 年，全球将有包括中国在内的 20 亿～30 亿人口逐步摆脱贫困，实现现代化。这将是人类发展史上影响深远的一次大变革、大事件，是我们未来发展的大背景、大机遇，但也面临前所未有的挑战（路甬祥，2008）。这将为世界发展和进步注入空前的动力与活力，并将深刻改变世界的政治、经济、文化、科技创新格局，同时也将对全球资源、能源提出空前的新需求，对环境和气候系统带来前所未有的新挑战。从我国发展的现实及未来前景看，要实现现代化，就必须解决好能源以及相关的经济、社会、环境问题。

由此可见，中国正面临前所未有的战略机遇期。中国作为率先崛起的发展中大国，具有充分利用各方面的综合比较优势、加速实现工业化目标的难得历史机遇。虽然能源、基础设施、环境保护及国际减排压力等将会成为未来制约中国中长期发展的最主要因素，但也是我们进行工业结构调整，创造高效、低耗、低排放的现代工业体系的动力。如果我们能抓住当前能源价格相对较低以及全球金融危机的机遇，利用市场机制更多地从全球范围获取资源，迅速完成工业化中期的主要任务，跨越重化工业阶段，将会给我们更长时段的全面转型奠定最重要的工业基础。

2. 人口、能源、环境面临的挑战与结构性矛盾

与发展阶段和发展机遇相对应的是基本国情中的一些有利与不利因素，这些因素同样是我们中长期战略选择必须考虑的重要条件。

（1）基本国情。

我国人口众多，资源相对紧缺，自然条件先天不足。从气候条件看，干旱、半干旱区占国土面积52%；从生态脆弱状况看，240万平方千米高寒缺氧的青藏高原、90万平方千米的岩溶地区、64万平方千米的黄土高原等地区的生态系统十分脆弱，易受气候变化的不利影响，这不仅使其生产力低下，开发成本高，而且开发不当极易造成生态破坏。另外，后天失调加剧了先天不足，预计我国人口高峰将在2030~2040年达到近15亿，劳动力年龄人口增长仍将持续约10年；随着人口增加和人均收入水平的提高，人均主要资源、能源消耗量将显著增加，加上就业需求仍在增长、依靠投入推动和出口拉动的外延式增长模式难以在短期内改变、工业化城市化加速以及地区之间的不平衡，将对我国的资源、能源和环境产生更大的压力。

（2）能源与环境的结构性矛盾。

维持快速经济增长和保护环境是中国今后一二十年面临的严峻挑战。自1978年改革开放以来，中国已迅速摆脱贫困，人民生活水平大幅度提高，与之相对应的是环境退化正引起区域、国家乃至全球范围的关注，而能源利用规模的不断扩大特别是煤炭消耗的日益增加对环境产生巨大压力。

我国2007年原煤产量已超过25亿吨，占一次能源比重超过70.4%，对煤的依赖远大于世界其他国家，并且在相当长的时期内难以改变（表4.1）。中国能源发展突出表现为三大结构性问题。

表4.1　2007年世界主要国家和地区一次能源消费量及结构
（BP，2008；UN，2008；IMF，2008）

国家和地区	总消费量/亿吨标准煤	占世界比例/%	煤炭/%	石油/%	天然气/%	水电/%	核电/%	人均能耗/千克标准煤	单位GDP能耗/（吨标准煤/百万美元）
美　国	33.73	21.3	24.3	39.9	25.2	2.4	8.1	11 204	244
中　国	26.62	16.8	70.4	19.7	3.3	5.9	0.8	1 992	811

续表

国家和地区	总消费量/亿吨标准煤	占世界比例/%	煤炭/%	石油/%	天然气/%	水电/%	核电/%	人均能耗/千克标准煤	单位GDP能耗/（吨标准煤/百万美元）
俄罗斯	9.86	6.2	13.4	18.2	57.0	5.9	5.2	6 971	764
日本	7.39	4.7	24.2	44.2	15.7	3.7	1.2	5 798	169
印度	5.78	3.6	51.4	31.8	9.0	6.8	1.0	511	526
加拿大	4.60	2.9	9.4	31.8	26.3	25.9	6.6	13 885	321
德国	4.44	2.8	27.6	36.2	24.0	2.0	10.2	5 578	134
法国	3.64	2.3	4.7	35.8	14.8	5.6	39.1	5 964	142
韩国	3.34	2.1	25.5	46.0	14.2	0.5	13.8	7 027	349
巴西	3.10	2.0	6.3	44.5	9.1	38.0	1.3	1 615	236
欧盟（27国）	24.92	15.7	18.2	40.3	24.9	4.4	12.1	4 994	148
OECD	79.52	50.2	21.3	40.4	23.7	5.3	9.3	6 768	220
世界	158.56	100.0	28.6	35.6	23.8	6.4	—	2 375	292

注：核电和水电按火电站转换效率38%换算热当量；GDP数据为IMF估计数

一是能源供需品种结构问题，即随着进入工业化中期和人均收入水平的提高，未来20~40年，中国能源消费在数量面临倍增的同时，对洁净优质能源的需求增长迅速，与之相对应的是优质能源供应不足和以煤为主的一次能源生产结构。煤炭作为主要能源来源，不仅影响整个生产和技术的选择与效率，而且引起严重的环境污染。以煤为主的能源结构是我国能源战略的核心问题之一，又是迫不得已与世界潮流相悖的能源选择，这意味着我们将比其他工业化国家付出更大的代价。在多大程度上改变能源结构会直接影响我国的现代化进程。

二是能源的地区性结构问题，主要表现在东南沿海地区的能源短缺和农村商品能源供给不足。中国煤炭的分布也极不均衡，优质煤主要出自北方的山西、陕西和内蒙古。每年大量的煤炭被运往东部和南部地区，其中相当部分未经洗选，夹带20%以上的无效成分。而我国沿海及东南地区是我国经济增长最迅速的地区，但能源缺口较大，一方面本地煤炭缺乏且品质较差，另一方面，这些省份大多远离能源产地，无论是北方的煤炭运输还是西南的水电输送都因路途遥远而成本较高，进口煤炭、油气又相对昂贵，因此能源供需矛盾日趋尖锐。在我国的广大农村地区，大量使用传统生物质能源，往往只有在冬天才较多地购买煤炭。

三是结构性污染问题，即由燃料结构引起的煤烟型污染和主要由电力、建材、钢铁、化工行业所主导的结构性污染占整个大气污染的 70% 左右，以 SO_2 和烟尘为主的燃煤污染日益加重，进一步导致酸雨范围不断扩大，而迅速增长的机动车数量所形成的移动源尾气污染正改变着城市大气污染的结构，此外就是因 CO_2 排放的日益增长所产生的不断加重的国际压力。中国在 2005 年的 CO_2 排放位列世界第二，并且很快将成为世界上最大的排放国（表 4.2）。尽管近些年中国能源的快速增长与贸易结构有一定关系，但如果能源结构没有战略性调整，不仅上述结构性矛盾不会有很大改观，而且还会带来越来越大的减排压力。

表 4.2　2005 年世界前 10 位碳排放国（CDIAC，2008）

排　序	国　别	碳排放总量/百万吨	占世界比例/%	人均排放量/吨
1	美　国	1 576.537	19.74	5.32
2	中　国	1 514.126	18.96	1.16
3	俄罗斯	410.290	5.14	2.87
4	印　度	382.740	4.79	0.35
5	日　本	335.706	4.20	2.63
6	德　国	213.969	2.68	2.60
7	英　国	149.131	1.87	2.47
8	加拿大	146.704	1.84	4.54
9	韩　国	123.422	1.55	2.56
10	意大利	123.392	1.55	2.11
	世　界	7 985.000	100.00	1.23

注：中国数据不包括港澳台，意大利数据包括圣马力诺

从未来发展看，今后相当长的时间里能源消费还将持续增长，但能源结构短期内无法改变。如果按现有先进技术条件下达到现代化生活水平，人均能源消费至少需要 3~4 吨标准煤的标准来计算，中国的能源消费在 21 世纪上半叶将达到 45 亿 ~60 亿吨标准煤，而其中相当大部分需要通过增加煤炭产量来解决，这会使上述结构性矛盾更加突出，环境压力越来越大。由此可见，能源结构的转变既是异常艰巨的任务，同时又会对我国的发展产生重大影响。

总体上讲，进行结构创新，加快市场化改革，鼓励提高能效与节能，充分利用国际市场进口油气资源，采用洁净煤、天然气、可再生能源及核电技术是今后中国能源发展的主要选择。

从以上分析可以看出，中国正面临通过快速增长完成工业化中期任务的同时实现经济结构、能源结构转型的两难选择，并且还要考虑就业、能源安全、环境与气候保护等多重政策目标。短期内，无论是重化工业化发展阶段，还是城市化快速扩张时期，无论是整体上依靠外延扩张而非技术进步的增长模式，还是以煤为主的能源结构以及高度依赖能源密集型产业产品出口的国际贸易结构，都成为实现低碳转型难以逾越的障碍。但无论如何，在现阶段，完成重化工业化仍是我们不可回避的紧迫任务，并且存在着利用各方面有利条件实现迅速跨越的机会窗口。因此，我们必须做出战略取舍和选择，明确优先发展次序，分阶段完成不同的结构转型（包括低碳转型）任务，并最终实现可持续发展的各项目标。

3. 应对气候变化、发展低碳经济的体制机制障碍

（1）宏观管理机构能力不足。

虽然全球气候变暖及其影响越来越严峻，但我国应对气候变化的宏观管理机构和能力一直非常薄弱。我国的气候变化领导机构始于1990年设立在当时的国务院环境保护委员会下的国家气候变化协调小组，组长为当时的国务委员宋健，协调小组办公室设在国家气象局。1998年，国家气候变化协调小组更名为国家气候变化对策协调小组，组长由当时国家发展计划委员会主任曾培炎担任，小组办公室也转到国家发展计划委员会。虽然领导小组办公室只是一个非常设的协调机构，但一直承担着相关的政府管理职能。

鉴于中国节能减排形势的进一步加剧以及国际上减缓气候变化的压力，为切实加强对应对气候变化和节能减排工作的领导，2007年6月，中国政府决定成立国家应对气候变化及节能减排工作领导小组，作为国家应对气候变化和节能减排工作的议事协调机构。领导小组组长由国务院总理温家宝担任，领导小组下设国家应对气候变化领导小组办公室、国务院节能减排工作领导小组办公室，均设在国家发展和改革委员会，国家应对气候变化领导小组办公室在原有国家气候变化对策协调小组办公室的基础上得到完善和加强。直到2008年国务院机构改革，才在国家发展和改革委员会设立应对气候变化司，负责组织拟订应对气候变化重大战略、规划和政策，与有关部门共同牵头组织参加气候变化国际谈判，负责国家履行联合国气候变化框架公约的相关工作。

由于国家应对气候变化的正式管理机构刚刚成立，而气候变化问题极其复杂、涉及面广、责任重大，一方面无论从人员编制还是宏观管理能力都十分薄弱，与其承担的责任和我国的大国地位很不相称；另一方面，我国应对气候变化的法律法规、战略与规划、政策体系等非常不完善，很多领域仍然处于空白状态。且不说是发展

低碳经济，即使是应对气候变化等方面都面临着管理的困难和障碍，急需在未来的发展中不断加强和改善。

（2）能源价格、财税政策及市场化改革相对滞后。

作为从计划经济向市场经济转型的国家，政府对于属于基本需求的能源采取价格管制，对能源价格进行补贴，这在过渡期和存在大量低收入人群的条件下是可以理解的。政府希望以可以承受的价格向公民提供能源普遍服务，体现了社会公平与和谐社会的理念。

但是，较低能源价格的负面影响也是显而易见的，它对于节能、技术进步和结构调整等都不能形成正向的激励。在近年国际市场煤炭、油价持续上涨的情况下，如果长时间大规模进行能源价格补贴，不仅与国家经济发展的客观要求相背离，而且还鼓励了消费，甚至导致无法消费或浪费，能源利用效率低，对保证我国产业结构调整和长远的能源安全不利。特别是在重化工业阶段，较低的能源价格助长了高耗能工业的发展，并进一步产生"高碳"设备和产品的锁定效应。

企业是节能减排和发展低碳经济的主体。如果没有对节能、可再生能源、技术进步、减排技术等的财税激励政策和投融资优惠政策的支持，企业在推进低碳经济方面将面临自身和市场机制无法解决的问题，难有大的作为（中国环境与发展国际合作委员会低碳经济课题组，2008）。

此外，我国在产品的强制能效标准、节能产品的标准与标识、行业能效的标杆管理、政府节能减排产品采购、市场准入与退出机制等方面的政策和实施方面与国外还有明显的差距，严重影响了我国节能减排工作的深入开展以及行业、企业低碳转型的实际运作。

（二）国际低碳发展趋势对中国的影响

在世界各国都积极朝向低碳经济迈进的同时，中国走低碳发展道路具有一定的内外动因。在国际局势不断变化的背景之下，中国需要调整国内经济发展政策和对外政治外交战略，在未来应对气候变化的国际政治经济背景下占据有利位置，推动提升国家核心竞争力并保护长期的国家利益（邓梁春等，2008a，2008b）。

随着应对气候变化国际体制的发展，发达国家和发展中国家未来都终将承担形式不同且程度各异的温室气体减排限排责任，从而确立发展低碳经济的国际气候体制基础。全球气候系统中的温室气体排放容量将通过国际谈判达成条约和协议，最终形成全球性的制度安排，从而逐渐成为各国社会经济发展的投入要素，并且还将逐渐从预算软约束过渡成为预算硬约束。

在这样的背景之下，低碳发展道路正在逐渐成为国际社会的大势所趋，并将对未来的全球竞争和国际政治经济格局产生重大影响。作为全球最大的发展中国家，中国将日益深入地融入全球化进程中，中国和平崛起的过程也将受到更多的国际国内因素的制约。与此同时，全球向低碳转型也将毫无疑问地对中国的现代化进程产生深刻影响，中国应该在低碳发展方面做出符合国际潮流和本国国情的正确选择。

1. 国际政治与外交

全球低碳发展趋势将会在国际政治和外交层面对中国的能源环境政策带来新的挑战。为实现欧盟的温室气体减排目标，欧盟各成员国正在统一框架下不断协调各自在能源和应对气候变化方面的政策法规和项目计划。欧盟在协同各国能源政策的同时，逐步建立能效标准以及对温室气体排放的定价税收政策和配额交易体系。除此之外，掌握着先进能源技术的西方发达国家更是有可能通过各种双边和多边合作机制，进一步就低碳能源技术的开发利用以及温室气体减排开展合作，就能源效率及其行业标准达成共识，并在发达国家之间形成相对完整的低碳经济体系。这类低碳经济体系有可能形成所谓的"低碳共同体"，从国家利益层面更为广泛地将主要国家和经济体联系起来，并可以通过多种机制和手段（如征收碳排放边境调节税），将有利于该体系的政策法规和制度框架延伸到其他国家，从而对今后的国际政治经济局势和减排机制产生重大影响（邓梁春等，2008a）。

中国的经济实力和国际影响力都在不断增强，同时国际社会对于中国的期望和忧虑也与日俱增。随着整个国际政治经济版图的不断变化，国际社会对于中国的外交和舆论诉求也从 5～10 年前的"中国崩溃论"、3～5 年前的"中国威胁论"，发展到当前的"中国责任论"。随着中国逐渐融入国际社会，并且在世界经济中的比重以及在国际事务中的影响力逐渐增加，西方发达国家开始要求中国承担一个大国、甚至是与我国发展中国家地位不相符合的责任。中国推行建设和谐世界的外交理念，致力于树立负责任大国的国家形象。因此，中国需要在以我为主和负责任大国之间寻求平衡，在未来的低碳竞争中采取积极合作的姿态，在坚持"共同但有区别的责任"的原则基础上，构建未来国际气候体制。这是在新时期国际外交和安全形势下构建国家软实力的重要手段。

2. 世界经济与国际贸易

世界经济的版图也在逐渐发生变革，低碳转型也是中国和全世界产业发展的重大趋势。中国自加入 WTO 以后，在全球化深入发展的进程中为世界市场经济体系提供了充足的廉价劳动力、自然资源和环境容量，在发展自身国民经济的同时也促进了全球经济增长。随着中国劳动力成本优势的减弱，以及各发展中国家间的竞争日趋激烈，中国也面临着产业转型和结构调整的沉重压力。与世界经济的发展现状相似，中国的社会生产和经济发展受到自然资源和环境容量所形成的要素制约逐渐加大，技术进步的要求不断提高。因此，提高资源生产率和碳生产率，以更少的自然资源消耗和环境容量占用产出更多的财富成为各国实现繁荣的重要手段，因而发展低碳经济越来越受到各国关注，并有望成为提高未来各国经济竞争力的重大增长点。这不仅对全球经济社会的资源环境利用效率提出更高的要求，而且也是相关产业经济发展的趋势，发展低碳经济将同样是这一背景之下中国经济面临的重大机遇。

另外，在一个经济全球化的世界里，发展低碳经济还必将和国际贸易联系起来（邓梁春等，2007b）。一方面，国际贸易规则在应对气候变化的国际框架下将会有所调整。纯粹市场经济环境下的国际贸易是基于各国的比较竞争优势而发展起来的，然而市场经济环境下的国际贸易规则却也带来巨大的环境挑战。包括产业外迁及其就业岗位转移带来的社会挑战以及高耗能高排放产业转移所带来的资源环境挑战，是发达国家和发展中国家所共同关注的问题。另一方面，国际贸易也通过技术、产品和服务的交流与合作，促进各国经济向低碳方向转型。尽管在传统意义上的国际贸易和技术转让对于发展低碳经济是远远不够的，但一个开放的、自由的经济世界加上新的国际应对气候变化合作体制以及各国政府的宏观调控，将会更有效地调配各种生产要素，从而为世界经济创造更加高效优质的产品和服务，并且更有效率地解决经济发展对于资源和环境所造成的问题。

2007年12月，在印度尼西亚巴厘岛召开联合国气候变化大会期间，包括中国在内的32个国家的高级贸易官员就气候变化和国际贸易之间的关系等问题展开了广泛而深入的非正式对话，并就相关研究和交流达成共识。巴厘岛会议上就气候变化与国际贸易展开的讨论，是各国贸易高层首次讨论气候变化问题，并且同意在多哈发展议程中纳入相关的环境内容。可以预见，随着气候变化与国际贸易之间关系研究的不断深入，国际贸易对于应对气候变化这一全人类面临的最为重大的挑战显得越发重要。国际社会将会在贸易领域逐步建立恰当的政策与机制来推动应对气候变化和可持续发展，实现促进国际贸易和全球环境保护的共同目标。

在世界经济和国际贸易领域，由于涉及中国作为温室气体排放大国的地位及其经济社会发展所产生的较高的碳排放强度，涉及中国日益发展的国际贸易的地位和颇受争议的高额顺差现状，涉及全球各国产业的国际分工以及中国已经逐渐发展成为高能耗、高排放技术和产业的"污染避风港"并且亟待升级转型的现状，涉及碳含量高低程度不同的产品和服务的国际流动及其相应的内涵能源出口和内涵碳排放转移，因此，相关的气候变化和贸易谈判是错综复杂的。可以断言，中国必将处于未来所有关于气候变化和贸易谈判的中心，碳排放边境调节税、技术转让和引进以及进出口产品的品种与数量等都将成为应对气候变化背景之下贸易条款修订所关注的热点问题。

3. 国家主权与国际气候体制

此外，应对气候变化等国际环境和发展问题还会对国家主权带来影响，传统的国家主权观念和行为应当加以调整，以适应全球环境保护国际体制的未来发展（张海滨，2007）。气候系统中的温室气体容量作为全球公共物品，超越了国家领土主权和管辖范围，需要建立国际气候体制来进行管理，因此会对国家主权产生影响，包括其国内的资源能源开发利用模式及排放方式。应对气候变化国际体制的发展，通过对各个国家经济社会发展对全球环境造成的外部性的内部化做出规定，使得各国必须承担由于经济社会发展所相应造成的外部成本。从而，各国在行使其根据本国发展政策开发利用资源的同时，不至于损害其他国家或各国管辖范围以外地区的环境。国际气候体制针对全球性问题，通过全球性制度安排和制定政策措施，推进全球性问题的解决。公平有效的国际气候体制符合中国构建和谐世界的理念，符合中国当前和长远的国家利益。在构建国际气候体制的过程中，中国必须积极参与规则的制定，以保障自身当前作为发展中国家和未来作为中等发达国家的利益。

中国的经济发展计划以及相关的国内政策措施，将会越发受到来自国际舆论压力和国际气候体制的制约，特别是在基础设施项目和高能耗、高碳排放的技术和产业发展方面，逐渐发展起来的中国势必会更多地面对要求其在环境领域承担更大责任的挑战。一方面，中国需要更负责任地展示其国家发展理念和规划，尤其是经济社会发展的重大远景及其相应的资源环境内涵，从而提升中国负责任大国的国际形象，打消国际社会的忧虑并寻求相应的合作和支持。另一方面，中国需要更好地寻求国家主权与国际合作之间的平衡，在保护国家主权的同时推进国际气候体制的建设，通过建立公平的国际技术转让和资金机制来增强国家可持续发展能力。

（三）中国可持续发展战略对低碳发展的内在要求

实现可持续发展是中华民族伟大复兴的必由之路，而低碳发展符合中国可持续发展的本质要求。中国在人口、资源、环境以及经济社会可持续发展方面的政策，是在从计划经济向市场经济过渡、从满足基本需求向实现以人为本的科学发展转变的过程中逐渐摸索出来的。2007 年 10 月，党的"十七大"报告中明确了要在以人为本，全面、协调、可持续的科学发展观的引领下，加快转变经济发展方式，推进经济结构战略性调整，并且更加注重提高自主创新能力、提高节能环保水平、提高经济整体素质和国际竞争力。报告还指出要加强能源资源节约和生态环境保护，增强可持续发展能力，将建设节约型社会放在工业化、现代化发展战略的突出位置（胡锦涛，2007）。

1. 低碳发展与节约型社会建设的一致性

虽然中国建设节约型社会的核心目标是节能减排，但低碳发展与节能减排的基本任务是相辅相成的。中国的节约型社会建设，要求在社会经济的生产、流通、消费和废物排放等各个领域，通过采取行政、法律、经济和社会等综合性措施，以资源和环境承载力为基础促进国民经济发展和社会进步，提高资源和环境的利用效率，以最少的资源消耗和污染排放获取最大的经济社会效益，并最终推动人类社会经济与自然生态系统的和谐，实现全面、协调、可持续发展。针对当前及今后应对气候变化形势的严峻性，应该把低碳发展作为可持续发展的重要内容，建立"资源节约型、环境友好型、低碳导向型社会"（中国科学院可持续发展战略研究组，2008）。

以低能耗、高能效和低碳排放为主要特征的低碳发展模式，就是要基于当前全球最为重要的能量来源化石燃料和未来多元化的能源供应体系以及全球大气环境中温室气体排放的环境容量。低碳道路或低碳经济旨在针对包括自然资源和环境容量在内的资源要素，通过提高效率来进一步发展生产力，促进社会经济发展的可持续性。在应对气候变化的国际体制下，通过低碳技术和产业的发展实现能耗降低、能效提高、低碳排放甚至碳捕获与封存，促进新的国际竞争力的提高和社会经济又好又快地发展。

2. 低碳发展与创新型国家建设的相互促进

建设创新型国家有助于解决低碳发展面临的技术难题，并为有可能以新能源和低碳技术为主要内容的新技术革命创造条件。同样，发展低碳经济，也是要推动技术创新和制度创新，使得在政府宏观调控下的市场经济能够促进要素更有效率的配置和利用，使得符合世界发展趋势的能效技术、节约能源技术、可再生能源技术和温室气体减排技术等低碳技术不断涌现并广泛采用。当前，我国在低碳技术领域和发展低碳经济的政策措施方面与发达国家还有较大差距，尤其在新能源和可再生能源领域的关键技术以及工业生产和居民消费的能源利用效率上。因此，通过引进、消化、吸收以及再创新技术和政策，低碳发展能够得到更多的政策和技术支持。

3. 经济社会多重目标的内在要求

低碳发展道路的各个重点领域有助于中国实现多重相辅相成的目标，是植根于中国国情并且符合世界发展趋势的战略性道路。

第一，低碳道路所倡导的高能效和低能耗以及多元化的能源供应体系能够保障我国长期能源安全，特别是解决国际政治经济局势波动状况下的油气安全问题，缓解我国能源需求长期扩张的压力并提供更大的能源品种选择空间。

第二，低碳转型要求调整社会经济的发展模式和发展理念，推动建立结构合理并且资源环境高效利用的生产体系，提高中国产品和服务的国际竞争力，而可持续的社会价值观念的重塑，也有利于合理引导居民的生活消费，提升中国在文化和社会领域的软实力。

第三，低碳发展还能够缓解我国当前和未来能源体系下的国内国际环境问题，减少主要源自化石燃料开发利用所产生的 SO_2、NO_x、$PM_{2.5}$ 和 Hg 等污染物，而 CO_2 减排限排的战略技术和政策措施，对于今后要承担的国际义务而言尤其具有重大的战略意义。

第四，结合我国的能源资源禀赋以及城镇化和新农村建设的历史背景，低碳发展还是提供符合国情的现代化能源服务的有力保障，走低成本的发展道路，从而实现更加经济、公平的能源供给。

第五，为实现 2050 年达到中等发达国家的目标，走低碳发展道路不仅是树立负责任大国形象不可或缺的途径，并且还是争取有利的未来发展空间和国际环境的重要举措。

4. 中国走低碳发展道路的国家共识

尽管目前在中国，对低碳道路、低碳经济的内涵和外延尚未给出明确的定义，但随着节能减排和应对气候变化工作的重要性日渐突出，发展低碳经济越来越受到关注。在国家层面，中国应对气候变化的国家意愿正在不断增强，并且多次发出积极应对气候变化和发展低碳经济的明确指示，具体如下。

（1）2007 年 6 月 21 日，国家发展和改革委员会颁布了应对气候变化的首份框架性文件——《中国应对气候变化国家方案》，明确提出了要发展低碳能源和可再生能源，改善能源结构，从能源开发利用的角度提出低碳发展模式。

（2）2007 年 9 月，胡锦涛总书记在亚太经合组织第十五次领导人非正式会议上，总结了中国有关低碳经济的战略和措施，首次提出中国要"发展低碳经济"，加强研发和推广"节能技术"和"低碳能源技术"，要"增加碳汇"并"促进碳吸收技术"的发展。

（3）2007年10月，胡锦涛总书记在中国共产党第十七次全国代表大会的报告中，明确指出"加强应对气候变化能力建设，为保护全球气候做出新贡献"。

（4）2008年3月，温家宝总理在第十一届全国人民代表大会第一次会议上做政府工作报告，明确指出"实施应对气候变化国家方案，加强应对气候变化能力建设"。

（5）2008年12月，中央经济工作会议在当前全球金融危机和经济放缓的形势下，强调发展"低碳经济"和"循环经济"。

中国党政高层指出，应对气候变化，要深入贯彻落实科学发展观，统筹考虑经济发展和生态建设、国内和国际、当前和长远，全面实施应对气候变化国家方案，把应对气候变化与实施可持续发展战略，加快建设资源节约型、环境友好型社会，建设创新型国家结合起来，以保障经济发展为核心，以节约能源、优化能源结构、加强生态保护和建设为重点，以科技进步为支撑，努力控制和减缓温室气体排放，不断提高适应气候变化能力，不断增强可持续发展能力，促进经济发展与人口资源环境相协调，为改善全球气候做出新贡献。在许多地方和城市，人们也寄希望于低碳经济能够为转变增长方式、发展地方经济贡献力量，要求开展低碳试点的呼声日高。

三 中国特色低碳发展道路的战略目标与措施

（一）中国低碳发展的原则、战略目标和优先领域

中国的低碳发展道路应该是立足于基本国情并且符合世界发展趋势的渐进式路径，应该有一幅具备清晰的阶段目标和优先行动的发展路线图。其基本原则，首先，低碳发展应放在可持续发展的框架下，作为建设资源节约型、环境友好型社会和创新型国家的重点内容，并体现在可持续工业化和可持续城镇化的具体实践中。其次，把"低碳化"作为国家社会经济发展的战略目标之一，近中期应该把提高能效、促进节能减排目标实现作为核心，降低能源消费强度和碳排放强度，努力减少 CO_2 排放的增长率，实现碳排放与经济增长的逐步脱钩。之所以选择这类效率指标或绩效指标，是因为与消耗量和排放量限额指标相比，它们更符合现阶段不成熟经济的发展特征，并可以更好地把经济增长与节能环保结合起来，促进技术进步，在不同国家中也具有较好的可比性。再次，以国家利益为先，权衡经济发展与气候保护、近

期和远期目标，处理好利用战略机遇期实现重化工业阶段的跨越与低碳转型的关系，同时综合考虑碳减排与相关能源、环境目标的协同效应，包括充分利用目前国内外相对较好的资源能源条件支撑完成重化工业化任务，同时优先发展节能技术和加快采用先进的洁净煤技术（如 IGCC、煤气化多联产系统的示范推广及与 CCS 技术的结合），开发清洁能源和可再生能源技术，逐步转变能源结构，建立多元化的能源供应体系，采用与区域污染物的联合减排技术等，以降低碳减排成本。最后，低碳发展应吸引各利益相关方的广泛参与，发挥社会各方面的积极性，特别是通过国际合作，共同促进生产模式和消费模式的转变，以提高负责任大国的整体形象。

低碳经济应作为低碳发展道路的重要载体予以推行，其含义是以低能耗、低污染、低碳排放为基础的经济模式。综合各方面的研究成果（中国科学院可持续发展战略研究组，2006；姜克隽，2007；何建坤，2008），到 2020 年，低碳经济的发展目标是单位 GDP 能耗比 2005 年降低 40%~60%，单位 GDP 的 CO_2 排放降低 50% 左右。如果中国采取较为严格的节能减排技术（包括 CCS）和相应的政策措施，并且在有效的国际技术转让和资金支持下，则中国的碳排放可争取在 2030~2040 年达到顶点，之后进入稳定和下降期。

走低碳发展道路，必须结合国内优先的战略发展目标和各个行业部门的自身特点，把握关键领域的低碳发展重点，以尽可能低的完全成本和尽可能高的整体效益构建未来的产业经济，逐步实现整个国民经济的"低碳化"。需要重点关注的优先领域包括以下方面。

（1）要结合当前节能减排的重大战略措施，针对工业生产和终端用能效率的低下，以及不断发展的交通和建筑领域在未来大幅增长的能源需求，开展高耗能行业的能效对标管理，抓住其他重点用能单位和部门，淘汰落后产能并严把新建项目能效关。

（2）要着眼于中国快速发展的工业化和城市化进程，以低能耗、高能效和低碳排放的方式可持续地完成大规模基础设施建设，避免固定资产投资中的技术"锁定效应"。鉴于低碳经济的复杂性，不存在统一的发展模式，应做好规划，选择典型地区和城市进行低碳经济试点工作。

（3）要基于化石燃料，特别是煤炭在当前和未来我国能源结构和能源安全保障中的基础地位，在中长期能源安全和应对气候变化的背景下，优先部署以煤的气化为龙头的多联产技术系统开发和 IGCC 等先进发电技术商业化，在煤炭洁净利用的相关领域达到全球领先水平。

（4）要根据中国可再生能源资源现状和未来产业发展趋势，探索各具特色的可再生能源在国家整体能源系统中的最优配置和利用，因地制宜各尽其长地提供能源服务，满足中国广大农村地区走向现代化所必需的商品能源需求，促进能源消费的社会公平。

（5）要在中国的生态文明建设过程中，深入研究分析农田、草地、森林生态系统在自然碳汇方面所能实现的潜力，实现建立良好生态环境和应对气候变化的联合效益。

（6）加强气候变化的适应策略研究，以行业和产品设计为重点，有针对性地提高适应气候变暖的水平，减轻极端天气气候事件可能造成的损失。

（二）构建低碳型的社会经济体系

构建低碳型的社会经济体系主要从以下几个方面入手。

1. 建立应对气候变化的法律法规体系，完善宏观管理体制

我国除了《中华人民共和国节约能源法》、《中国应对气候变化国家方案》、《气候可行性论证管理办法》等少数与应对气候变化相关的法律、法规和部门规章外，没有应对气候变化的专门法律，在其他资源、环境保护法律法规中也缺少针对温室气体这种"特殊污染物"的相关适用法律规定。因此，应论证"应对气候变化法"的立法可行性和立法模式，同时在其他法律法规修改过程中，增加有关应对气候变化的条款，例如，在战略环评的技术导则中加入气候影响评价的相关规定，逐步建立应对气候变化的法律法规体系。

针对我国应对气候变化行政主管机构权威不足、能力薄弱的现状，一方面，应充分发挥国家应对气候变化及节能减排工作领导小组和国家气候变化对策协调小组的作用，建立灵活多样的部门协调机制，针对应对气候变化的战略部署提出建议；另一方面，争取更多的行政编制，加强能力建设，并为下次政府机构调整进一步提高应对气候变化主管机构的规格做好准备。

2. 构建低碳发展的制度框架，制定有序发展低碳经济的相关政策

走低碳发展道路，制度创新是关键的保障因素，中国要更加切实地在科学发展观的引领下，探索建立有利于节约能源和保护环境与气候的长效机制和政策措施，从政府和企业两个层面推动社会经济的低碳转型。制度创新，要在市场机制的基础之上针对中国当前所面临的具体的能源和环境现状，通过一系列行政、法律、经济和社会方面的政策进行宏观调控，建立能够逐渐反映出能源与环境稀缺水平和真实成本的价格体系；建立有利于低碳产业快速发展的财政与税收体系，并制定相应的

激励政策；建立能够确保能源环境安全并保障可持续能源服务的能源体系；建立高效率、低排放的生产与消费体系。制度创新，还要在当前和未来的全球应对气候变化国际机制的背景之下，通过国际政治、经济、外交和舆论等各方面的协调与合作，有效应对自身快速发展所产生的各个方面的挑战，积极融入并推动公平公正的国际政治经济新秩序，争取和维护中华民族实现伟大复兴所必需的良好国际环境。

针对当前许多地方和城市发展低碳经济的热情，应该制定战略规划和试点规划，出台相关的指导性意见进行宏观政策引导，规范低碳经济的内涵、模式、发展方向和评价指标体系，借鉴国外低碳经济发展的经验和教训，推动低碳经济有序健康地发展，形成低碳发展的氛围，在条件相对成熟时创建低碳市场。

3. 加强合作，建立和完善低碳技术创新

走低碳发展道路，技术创新是未来社会经济发展的核心，要求中国政府和企业各司其职、锐意进取，不断促进生产和消费各个领域高能效、低排放技术的研发和推广，不断促进节约能源、可再生能源以及自然碳汇等领域的产业化发展。技术创新，要求中国的能源供应体系不断发展，与自然资源、生态环境以及人类社会相协调，通过各种不同能源的生产、转换和输送，以各种不同形式服务于不同的终端用户，实现人类社会经济和自然生态系统协调可持续发展。技术创新，要求中国尤其要植根于以煤为主的国内能源资源基础和形势严峻的环境污染现状，放眼中长期国家能源环境战略的发展及其面临的挑战，实现煤炭清洁利用关键技术的突破和产业发展，更加重视并切实建立一个稳定、经济、清洁且多元化的能源体系，并且更加注重推动温室气体减排、捕获和封存技术的发展，重视我国能源开发利用对国际国内环境造成的影响及其相应的应对措施。技术创新，还要显著提高生产和消费过程中的终端用能效率，要在合理的制度、政策的引导和激励下，推动高能耗的工业生产部门实现能效指标达到国际先进水平，推动提高广泛的社会消费部门用能产品的技术效率，最终实现可持续地利用能源并降低排放。同时，中国应进一步加强国际合作，参与制定行业的能效与碳强度的标准、标杆，开展自愿或强制性标杆管理。

4. 建立利益相关方参与的合作机制

低碳发展不仅是政府或企业的事情，而是需要各利益相关方乃至全社会的广泛参与。鉴于广大公众对气候变化的知识还知之不多、知之不深，应首先通过宣传、教育、培训并结合政策激励，转变人们的思想观念，提高大家应对气候变化的认知和建立低碳意识，并逐步达成关注低碳消费行为和模式的共识。其次，是鼓励各利益相关方的合作，包括国内外的合作，使人们能采取联合的行动，共同抵御气候变

化可能带来的风险。

（三）发展低碳经济的其他关注要点

如前所述，发展低碳经济还具有许多不确定性，包括低碳经济所依赖的国际应对气候变化体制的走向、目前尚不成熟的 CCS 技术发展等，特别是低碳经济的未来发展与全球温室气体减排机制以及国际贸易制度等潜在的相互关系，这些都是中国发展低碳经济所必须关注的要点（邓梁春等，2008a）。

"巴厘路线图"指出，发展中国家要在可持续发展框架下，采取"可测量、可报告、可核实"的适当的国内行动，减缓气候变化的影响，可以预见，发展中国家的可持续发展将有可能超越一个国家国内政策的范畴，而逐渐成为国际社会对发展中国家的义务要求。这一点很可能体现在围绕"巴厘路线图"的国际谈判对发展中国家未来减排行动的规定当中，并且应当注意到，"巴厘路线图"也已经将避免毁林排放、对林业资源和森林碳汇的可持续管理作为发展中国家应当大力采取的措施。

西方某些发达国家往往基于自身利益和政治目的而规避历史责任，淡化其自身消费模式，指责中印等发展中国家当前的发展模式是不可持续的，并且还指责其威胁到未来全球应对气候变化行动的成败。中国走低碳的可持续发展道路，能够实现经济社会快速稳定发展和保护全球环境的双重目标，但如果把发展低碳经济直接同未来的国际谈判、国际体制和减排目标挂钩，特别是将其作为发展中国家应对气候变化必须承担的无条件责任，将会受到发展中国家的广泛质疑，并且对我国也将产生多方面的不利影响。中国必须在未来的气候谈判中密切关注这一趋势的发展，积极与全球各方展开磋商并达成共识，就发展中国家走低碳发展道路争取最为有利的国际环境和支持。

国际气候体制是发展低碳经济最重要的推动力量和保障因素。在发展低碳经济所能够取得的重大经济效益当中，根据麦肯锡的减排成本曲线、通过节能降耗而自然实现的经济效益，是能够在市场导向下通过促成环境的培养和障碍因素的消除而实现。此外，由于外部性内部化而实现的重大经济社会效益，如可再生能源产业的市场竞争力、传统化石能源产业的清洁化以及生产生活方式的低碳转型等，各国因之而需要做出的政策调整都有赖于国际气候体制的发展。中国需要根据国际气候体制进展状况不断调整国家战略，为保障当前和未来的发展空间争取最为有利的制度环境。另外，针对不同的制度发展情景，中国也需要制定相应的和合理的国内政策推进框架，以适度的步伐推动低碳经济的发展。中国既不能因为过快发展低碳经济而为全球低碳转型买单，也不能落后于全球低碳转型的趋势而丢失未来世界政治经济格局中的有利地位。

而对于国际贸易和应对气候变化的相关发展，则尤其应该引起中国政府的注意。中国在国际贸易中的地位越发重要，中国对外贸易中出现的众多状况也引起了国际社会的广泛重视。目前在应对气候变化的背景之下，国际上正在进行有关修改贸易规则的讨论，征收边境调节税、对进出口产品和服务制定能效和碳强度标准或者将其纳入发达国家的碳交易市场中，这些相关的讨论一定程度上都是基于应对全球气候变化的国际行动，并尤其对发展中国家构成挑战。

走低碳发展道路并非单纯地减少碳排放，而是涉及各个复杂的政策目标，并且需要非商业性的优惠的技术转让和新的额外的资金支持。低碳发展也不存在固定的模式，而是需要在认真审视低碳经济的内涵和发展方向的同时，将高能效低碳排放的目标融入经济社会发展的战略当中。中国政府和相关科研单位应当早做准备并及早规划，对低碳发展的各个重点领域进行全面的研究，权衡和协调低碳发展道路同中国社会经济发展的众多目标，并制定相应的政策措施和制度框架，最终真正形成低碳高效地迈向全面小康社会和中等发达国家发展水平的低碳发展路线图。

（四）2012 年后国际气候体制下的中国战略

随着经济实力的显著增强，中国在气候变化问题，尤其是在构建 2012 年后国际气候体制上的国家战略，显然不能简单沿用在积贫积弱或停滞不前的时代所奉行的外交政策，尤其是放眼当前和未来正在变革中的世界，气候变化以及应对气候变化的国际体制已经逐渐发展成为影响中国和全球未来发展的重大问题，中国已经处于需要更多地"有所作为"的历史阶段（邓梁春等，2008b）。

1. 协调国内发展

在国内节约型社会建设和可持续发展道路的内在要求下，中国必须在国家和地方层面上战略性地认识到发展低碳经济和构建低碳社会的重要性，以实现缓解贫困和促进社会经济发展的目的，保障实现中国的"三步走"发展战略。

中国的工业化和城市化正在飞速发展，但是同样也伴随着来自能源、资源以及环境方面的巨大挑战，并逐渐成为国家可持续发展所面临的重大瓶颈和安全隐患之一。不仅如此，中国近年来对于气候变化问题的科学认知以及日益严重的自然灾害事件，警醒了中国政府决策层需要在气候变化背景下实现缓解贫困和促进社会经济发展的目标。气候变化对于中国的社会经济发展而言是机遇也是挑战。挑战在于由于气候变化问题所引发的一系列自然的、经济的、社会的和政治的影响，将对中国的崛起带来重大的风险和不确定性，从而要求中国的社会经济发展尽快转型并提高应对能力。而机遇则在于中国的低碳转型正是中国可持续发展的必由之路，国际应对气候变化的行动将可能有利于中国拓展发展的资源和市场渠道，支持中国的基础设施改造和产业升级，支持中国的居民消费和社会生活升级。

在低碳社会的构建方面，中国已经迈出了非常坚实的一步。《应对气候变化国家方案》的发布以及来自中国最高决策层的声音，已经明确地将应对气候变化问题纳入国家和地方的国民经济和社会发展规划中。尤其是当前，中国一些省份已开始有针对性地制定省级应对气候变化方案，强调构建低碳社会，通过采取适应措施以应对未来不可避免的气候变化及其次生影响，保障社会经济的发展成果不被吞噬，并为未来打下牢固的基础设施和能力建设的基础。与此同时，部分地方尤其是经济相对发达的省份也逐渐意识到发展低碳经济对于地区经济结构调整和转型的重大意义，逐渐开始将高能效、低能耗和低排放的生产和消费方式纳入社会经济发展的核心，以重新塑造区域经济发展的核心竞争力，赢得未来国际竞争中的有利战略地位。

2. 调整对外立场

在国际社会要求中国在发展道路上承担大国责任的压力下，中国必须在对外层面上寻求更加积极主动的国家立场和战略，以问题解决者的姿态介入国际谈判和国际合作，最大限度地争取有利的国际环境。

应对气候变化的国际体制作为全球科学研究、经济社会和国际国内政治之间的互动产物，从世界政治、经济和社会的发展趋势来看，纳入环境成本并且关注当代和后代发展的道路将会成为未来国际气候体制构建的最终目标。应当指出的是，中国正在进行中的工业化和城市化道路基本上沿袭了发达国家的老路，由此引发的国际社会的关注也是不可避免的，与此同时，国际社会对中国崛起的忧虑和压力（包括中国能源威胁论和气候威胁论）也屡见不鲜。这些挑战需要中国勇敢直面并采取措施，否则被国际社会视为不负责任地崛起将是中国为气候变化问题所付出的最大的成本。

在国际谈判中，中国需要掌握一定程度的主动，树立自身的负责任大国形象。一个和谐世界的构建需要中国直面自身崛起所引发的挑战，尤其需要中国在当前为未来的国际地位进行战略性的铺垫。中国应当做出可持续发展的无悔选择，走符合国情的低碳发展之路，应当更多地向国际社会展现其在构建低碳经济和节约型社会方面开展的工作和取得的成效，特别是利用气候变化的各种官方和非官方渠道以及媒体舆论对于中国问题的关注，定期发布中国应对气候变化所采取措施的进展。与此同时在更好地整合发展中国家利益的前提之下，适时有条件地做出承担更大国际责任的意愿，特别是制定在 2050 年达到中等发达国家水平之前以适当指标承诺符合国情和能力的定量减排行动，并且应当更加积极和灵活地制定国家分阶段分情景承担减排责任的方案，以应对存在变数的国际谈判发展局势。

3. 争取国际支持

在后京都的国际体制构建中，中国特别需要考虑国内发展阶段和国际政治经济局势的不断变化，尽可能地维系与广大发展中国家集团的利益与联系，避免客观上在当前与发展中国家的分裂，为自己的可持续发展争取更为有利的资金和技术支持，在不受制于人的前提下实现工业化和节约型社会建设的重大阶段性目标。

经过将近 20 年的发展，尤其是 21 世纪以来中国工业化和城市化进程的加速，中国参与国际气候体制构建的国际国内环境已经不同于 20 世纪。中国作为全球最大的发展中国家，目前已经是世界第三大经济体，已然或即将成为世界头号温室气体排放大国，尤其是中国在未来 20 年内可以预见到的经济增长和相应的排放增加，是国际社会对减缓温室气体目标所最为关注的焦点。在当前的国际谈判中，要求中国承担更大责任的呼声非常强烈，各种研究报告和政治提案都试图将作为排放大国和主要经济体的发展中国家从发展中国家集团中分化出来。而到 2020 年左右中国的经济总量和人均量以及能源消耗与温室气体排放的总量和人均量都将提升到另一个新的高度，中国将面临一个压力更大的国际环境。

与此同时，无论从国内产业发展阶段和资源环境形势来看，还是基于国际社会对中国快速崛起所必须承担责任的要求，中国的低碳转型对于从发展中国家迈向一个中等发达国家都是至关重要的。然而这一转型还面临着比较高的产业技术门槛和社会经济成本，这些都是作为发展中国家的中国相对缺乏和难以支付的。因此，中国在当前比其他任何国家都更为迫切地需要得到有利的国际气候体制的支持，通过合理制度安排获取一定规模的资金和技术支持，跨越这一中国实现可持续发展所必需的低碳转型阶段，以保障中国短期和中期的国家社会经济发展目标。

4. 确保长远利益

可以预见，实现生产和生活方式低碳转型并且经济总量和人均量均达到一定程度的中国，其资源能源的利用效率以及可持续的生产和生活方式将成为最大的国际比较优势，中国必须为自己在中长期即将到来的角色转变做好战略性的铺垫，引导当前的国际气候体制谈判向保障国家长远利益的方向发展。

将发展低碳经济纳入中国实现"三步走"目标的国家发展战略，将成为中国实现伟大复兴的重大举措。中国的资源环境禀赋、经济社会基础、国家发展理念和全球合作战略，意味着中国比其他任何国家都需要公平合理的国际气候体制的保障。到 21 世纪中叶，中国应对气候变化的支付意愿和支付能力都将大为增强，并且中国的低碳转型将会使得中国成为低碳产业生产力和低碳社会发展水平较高的国家，中国有能力为国际社会提供高附加值的低碳产品和服务。在当前构建未来的国际气候体制时，中国需要以国际气候体制构建为契机，影响包括世界贸易组织在内的其他国际政治经济规则的制定。同时，为了保障国家在不断变革的世界中的长期利益，中国需要认同保持国际气候体制一定程度的灵活性，这不仅是基于风险管理和从科学认知到经济影响再到政治意愿的综合考量，同时也是在不断变化的国际国内局势下保障国家利益的重要手段。

本章参考文献

邓梁春，王毅，吴昌华．2007a．全球气候变化研究与应对措施：最新进展及中国的对策．气候变化展望，(1)：1~12

邓梁春，王毅，吴昌华．2007b．权衡气候变化的政策目标：全球背景下的政策制定和企业行动．气候变化展望，(2)：1~14

邓梁春，王毅，吴昌华．2008a．探索低碳发展之路：中国实现可持续发展的重要取向．气候变化展望，(1)：1~16

邓梁春，王毅，吴昌华．2008b．破解全球气候僵局：探讨应对气候变化的后京都机制．气候变化展望，(2)：1~18

何建坤．2008．发展低碳经济，应对气候变化．在"中丹气候变化论坛"上的大会发言．北京．2008 年 10 月 23 日

胡锦涛．2005．携手开创未来，推动合作共赢——在八国集团与中国、印度、巴西、南非、墨西哥五国领导人对话会上的书面讲话．英国英格兰鹰谷八国峰会．2005 年 7 月

胡锦涛．2007．在中国共产党第十七次全国代表大会上的报告

姜克隽，等．2007．中国温室气体排放情景研究．见：WWF 中国 SNAPP 项目组．气候变化国际制度：中国热点议题研究．北京：中国环境科学出版社

李俊峰，马玲娟．2008．低碳经济是规制世界发展格局的新规则．见：张坤民等．低碳经济论．北京：中国环境科学出版社．178~186

刘世锦，等．2006．传统与现代之间．北京：中国人民大学出版社

路甬祥．2008．以科技创新支撑我国的能源可持续发展．见：中国科学院可持续发展战略研究组．2008 中国可持续发展战略报告．北京：科学出版社．i~vii

潘家华．2005．后京都国际气候协定的谈判趋势与对策思考．气候变化研究进展，1(1)：10~15

秦大河．2008．气候变化科学中的时空尺度和不确定性问题．在"中国社会科学院学科交叉专题研讨会——气候变化的科学与经济问题"上的大会发言．北京．2008 年 12 月 29 日

王庆一．2008．2008 能源数据．中国可持续能源项目．北京

王毅．2001．全球气候谈判纷争的原因及其展望．环境保护，（1）：44~47

王毅．2008．探索中国特色的低碳道路．绿叶，（8）：46~52

王毅，等．1997．全球背景下的能源与环境合作．战略与管理，（6）：54~59

张海滨．2007．论国际环境保护对国家主权的影响．欧洲研究，（3）：53~75

张坤民，等．2008．低碳经济论．北京：中国环境科学出版社

庄贵阳．2007．低碳经济：气候变化背景下中国的发展之路．北京：气象出版社

中国环境与发展国际合作委员会低碳经济课题组．2008．中国发展低碳经济途径研究．见：中国环境与发展国际合作委员会秘书处．中国环境与发展国际合作委员会2008年年会文件汇编．2008年11月12~14日

中国科学院可持续发展战略研究组．2006．2006中国可持续发展战略报告——建设资源节约型和环境友好型社会．北京：科学出版社

中国科学院可持续发展战略研究组．2008．2008中国可持续发展战略报告——政策回顾与展望．北京：科学出版社

中美专家报告．1996．整体煤气化联合循环技术．中国科学院，美国能源部

BP. 2008. BP Statistical Review of World Energy 2008. http://www. bp. com/liveassets/bp_internet/globalbp/globalbp_uk_english/reports_and_publications/statistical_energy_review_2008/STAGING/local_assets/downloads/pdf/statistical_review_of_world_energy_full_review_2008. pdf

Campbell, Colin J and Jean H Laherrère. 1998. The End of Cheap Oil. Scientific American, March 1998: 78~83

CDIAC. 2008. Top 20 Emitting Countries by Total Fossil — Fuel CO_2 Emissions for 2005. http://cdiac. ornl. gov/trends/emis/tre_tp20. html

Department of Trade and Industry (DTI). 2003. Energy White Paper: Creating a Low Carbon Economy. London: DTI

EIA. 2008. International Energy Outlook. Washington, DC: EIA, USDOE

European Commission. 2007. A European Strategic Energy Technology Plan: Towards a low carbon future. Brussels. November 2007

European Commission. 2008. 20 20 by 2020 —Europe's climate change opportunity. Brussels. January 2008

European Parliament. 2008. Texts Approved by the European Parliament of Europe's Climate and Energy Package. Brussels. December 2008

Hubbert, M King. 1956. Nuclear Energy and the Fossil Fuels. Drilling and Production Practice. http://www. hubbertpeak. com/hubbert/1956/1956. pdf

IAEA. 2008. Latest News Related to PRIS and the Status of Nuclear Power Plants. http://www. iaea. org/programmes/a2/index. html

IEA. 2008. World Energy Outlook 2008. Paris: IEA

IMF. 2008. World Economic Outlook Database. http://www. imf. org/external/pubs/ft/weo/2008/02/weodata/index. aspx

IPCC. 2007. Climate Change 2007：Synthesis Report. Geneva：IPCC

McKinsey & Company. 2007. A Cost Curve for Greenhouse Gas Reduction. The McKinsey Quarterly. February 2007

Ministry of Economy，Trade and Industry（METI）of Japan. 2006. New National Energy Strategy. Tokyo. May 2006

Stern N. 2006. The Economics of Climate Change：The Stern Review. Cambridge，UK：Cambridge University Press

Stern N. 2008. Key Elements of a Global Deal on Climate Change. The London School of Economics and Political Science（LSE）. April 30，2008

UN Population Division. 2008. http：∥www. un. org/esa/population/unpop. htm

第五章

中国的低碳发展情景和技术路线图[*]

随着人们对气候变化的认识越来越深刻，国际上针对气候变化所采取的行动越来越明确，实现低碳发展已逐渐成为未来社会经济可持续发展的重要途径。与此同时，人们对低碳发展的前景也越来越关心，而对我国低碳之路情景等探讨更是备受各方关注。

在这个研究中，我们设计了未来中国发展基准、低碳和强化低碳 3 个情景，考虑到 2050 年不同的 GDP、人口、消费方式、技术进步、环境需求、全球 CO_2 浓度目标下的减排途径，设计中国的可能减排需求，给出实现上述目标的中国的不同排放情景，并利用模型进行定量分析。结果表明，在一定条件下，中国可以实现发展和碳减排的共同效益。

在低碳情景中，为了实现低碳发展，采取各种政策以较低能源增长来支持经济

* 本章由姜克隽、胡秀莲、庄幸、刘强、刘虹、朱松丽执笔，作者单位为国家发展和改革委员会能源研究所。本章同时还得到了国家自然科学基金委员会（中国温室气体减排技术对策评价模型研究，项目号：40475051）、美国能源基金会（中国 2050 低碳情景研究）及日本国立环境研究所（2050 低碳社会情景研究）的资助

社会发展，包括高耗能行业得到遏制，并主要满足国内需求；能源财税政策得到实施，以促进节能；可再生能源和核能在国家计划和财税政策支持下得到较快发展；甚至在 2030 年后采取专门针对 CO_2 减排的政策。到 2030 年，我国主要高耗能工业的节能减排达到先进国家水平，或者更加先进；工业基本实现高效、清洁生产；新建建筑普遍达到节能标准；大众消费以低能耗为导向。从而实现 CO_2 的较低排放。

在情景研究中发现，技术进步在减缓气候变化特别是长期碳减排过程中扮演非常重要的角色。作为一个发展中大国，处于经济快速增长阶段，技术对节能、环保和气候变化的作用越来越大。未来中国的技术进步将不仅能起到温室气体减排和促进增长的双重作用，而且有可能创造新的增长点和竞争优势。因此，技术策略必须与能源和环境政策结合起来，才能有效降低成本，实现低碳发展的各项目标。在我国未来行业发展过程中，许多目前已有的技术不仅对节能有很大贡献，而且可以降低温室气体排放，这些技术可以也应该在 2020 年之前得到完全普及。由此，我们利用情景分析给出了未来重点行业的关键技术及其发展路线图，并希望中国在其中一些技术上成为领先者。

对中国来讲，气候变化对策可以提供很好的机会实现经济结构转变，促进低能耗、高附加值行业发展。尽管目前我国进行大规模碳减排还不符合国情，但是结合国内的能源、农业和土地利用政策，可以在实现经济发展模式转变的同时最大限度地降低碳排放的增长率，并有望通过积极参与全球温室气体的减排行动，包括在未来一定时期承诺诸如碳强度目标、人均目标、部门目标等，通过争取优惠的或非商业性的技术转让和资金支持来谋求最大的合作效益。

一　研究背景

气候变化是当今国际社会普遍关注的全球性问题，已经成为各国未来经济和社会可持续发展中的重要影响因素。国际社会包括发展中国家都为应对气候变化做出不懈的努力。随着人们对气候变化的认识越来越多，国际上针对气候变化讨论的强度明显加大，近期一些国家和地区公布了减排的中期和长期目标，2010 年后国际气候合作机制有望进入新的阶段。我国未来经济仍将快速增长，实现低碳发展成为社会经济可持续发展的重要选择。

《京都议定书》的第一个承诺期已经临近，2012 年之后的国际合作机制谈判正处于关键时期。全球长期减排目标是这些谈判的核心议题之一，越来越多的注意力给予了 2050 年的减排目标。2008 年的 G8 峰会，还有一些国家和地区如日本、欧盟等，分别提出了 2050 年减排 60% ~ 80% 的目标。最近，新当选的美国总统奥巴马也提出了 2050 年美国减排 80% 的目标，澳大利亚则表示要与其他发达国家保持一致。

作为发展中国家，中国目前正处于经济发展快速上升时期，温室气体排放也随之上升。中国目前已经成为温室气体排放最大国之一，由于预计未来温室气体排放还要有明显上升，因此，中国已经成为气候变化谈判中引人注目的国家。但是，中国是否有可能在长期既保持经济发展目标，又同时实现减排？如果能够认识中国的排放途径，对国际减排目标的影响又如何？这些问题构成了我们研究长期中国温室气体排放情景的驱动。同时，定量的温室气体排放情景又可以为相关的多种研究提供基础。

从 1980~2007 年，中国经济快速发展，年均 GDP 增长速度为 9.96% 以上。1980~2000 年，中国在经济快速发展的同时，能源需求却保持较低增长，同期能源弹性系数低于 0.5。但 2000 年之后，在经济快速增长的同时，能源需求也快速增长，从 2000~2007 年，能源弹性系数达到了 0.88，与以前相比明显发生变化。能源消费量从 2000 年的 13.8 亿吨标准煤上升到 2007 年的 26.2 亿吨标准煤（国家统计局，2007a，2007b）。能源的快速增长，也导致 CO_2 排放量快速增长（图 5.1）（Jiang et al.，2007b）。

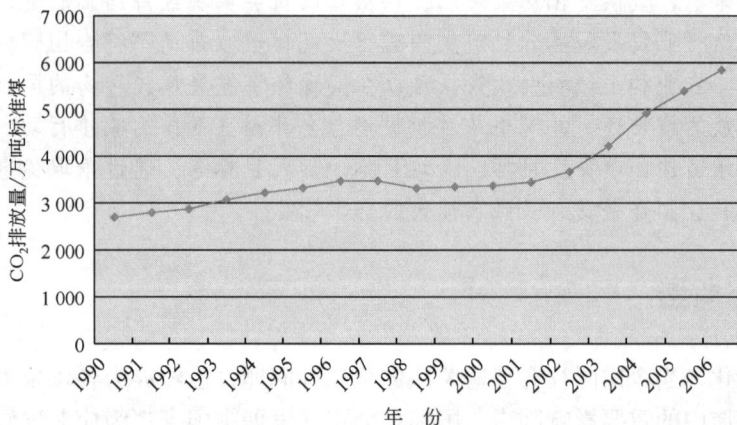

图 5.1　中国 CO_2 排放量

2007 年 6 月，中国政府公布了《中国应对气候变化国家方案》。该方案回顾了我国气候变化的状况和应对气候变化的努力，分析了气候变化对我国的影响与挑战，提出了应对气候变化的指导思想、原则、目标以及相关政策和措施，阐明了我国应对气候变化若干问题的基本立场及国际合作需求。中国的国家方案是发展中国家颁布的第一部应对气候变化国家方案（国家发展和改革委员会，2007a）。

国务院在召开会议审议并决定颁布《中国应对气候变化国家方案》时，也确认全球气候变暖是不争的事实，并对自然生态系统和人类生存环境产生了严重影响。气候变化对国家生态系统、农业、林业、水资源以及经济社会发展和人民生活产生的影响日益明显。我国高度重视应对气候变化问题，采取一系列政策措施，推进结构调整，转变增长方式，节约能源、发展可再生能源，实施生态建设工程，控制人口增长等，为减缓全球气候变化做出了贡献。

这些已经说明中国将气候变化问题看做是影响社会经济发展的重要问题。中国将在气候变化方面有所作为。

二 研究方法

（一）研究框架

国际国内已有不少关于长期排放情景的研究，如 2001 年完成的 IPCC 的排放情景研究，国家发展和改革委员会能源研究所（以下简称"能源所"）利用中国综合政策评价模型（integrated policy assessment model of China，IPAC）在 2002 年进行的我国 2050 年能源和温室气体排放多方案研究，已经有了较为成熟的研究方法（胡秀莲等，2001；姜克隽等，2008）。国内外较多采用综合评价模型的定量分析方法，考虑社会经济发展、能源资源、用能技术、环境制约、消费行为等多方面因素，综合分析未来中国能源与温室气体排放的情景。

我们主要采用以下方法和步骤来分析研究 2050 年中国的排放情景。

（1）定性描述给出未来中国的社会经济、能源发展、技术发展、消费方式、排放需求等情景发展框架。

（2）针对情景发展框架，给出主要的发展指标数据。

（3）构建扩展模型，对情景发展框架进行定量分析。

（4）得到一组排放情景。

研究时间段为 2005～2050 年，其中考虑中国社会经济实现"三步走"的目标，采用了以 2005 年为基年，情景报告期为 2010 年、2020 年、2030 年、2040 年和 2050 年。

（二）模型简介

本研究利用 IPAC 模型对排放情景进行定量分析。IPAC 是由能源所开发的对中国的能源和环境政策进行综合评价的模型（姜克隽等，2003；胡秀莲等，2001），IPAC 模型系统由 13 个主要模型组成，包括分部门分地区的能源供需、能源价格与投资、技术发展评价与政策、污染物排放及其环境影响等多项内容。

本研究中我们主要采用 IPAC 模型系统中的 3 个模型进行分析，即 IPAC-CGE（经济能源系统模型）、IPAC-Emission（全球排放模型）以及 IPAC-AIM/技术模型（能源系统模型）。3 个模型的关联见图 5.2。其中，IPAC-CGE 的作用是用来分析各种政策对社会经济的冲击和影响；IPAC-Emission 主要研究包括社会经济活动、能源活动、土地利用活动在内的全范围排放过程，它包括美国、西欧与加拿大、亚太 OECD 国家、经济转型国家、中国、中东、其他亚洲发展中国家、非洲、拉丁美洲全球 9 个地区，并可对 2100 年前的各时段进行预测。本研究主要分析区间为 1990 ~ 2050 年，并着重分析我国未来谈判过程中的关键年份。

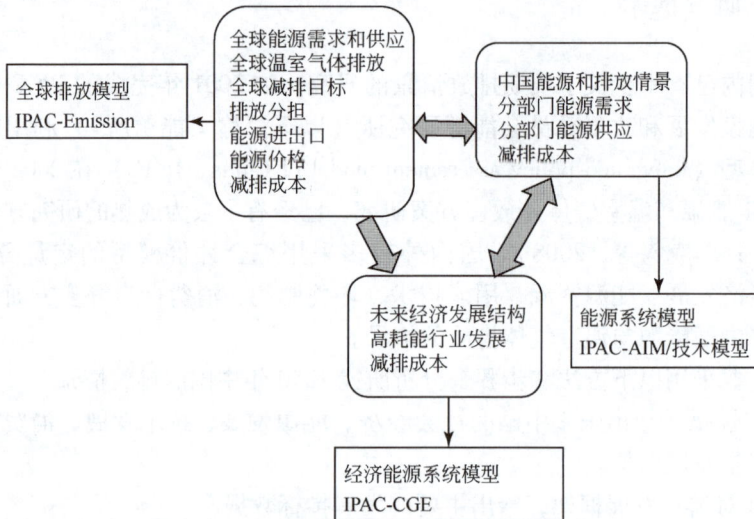

图 5.2　各模型的关联图

三　情景设计

（一）情景定义

为了能比较全面地反映我国未来温室气体可能的排放途径，依据 IPAC 模型组以前的中长期情景研究，并根据与未来排放密切相关的几个主要因素设计了 3 个排放情景（表5.1、表5.2）。

第一个是不采取气候变化对策的情景（business as usual，BaU），即以各种可能的发展模式设计的情景，主要驱动因素是经济发展。根据以往情景分析研究的结论，基本反映目前所能够回顾评述的有关中国未来 50 年的经济发展途径。人口发展模式按国家人口规划，即在 2030~2040 年达到人口高峰 14.7 亿。同时，已经采取的常规能源政策将持续下去。"十一五"期间的 20% 能源强度目标下的新政策不包括在该情景下。

第二个是低碳情景（low carbon scenario，LC），即考虑我国国家能源安全、国内环境、低碳之路因素，通过国家政策所能够实现的低碳排放情景。这个情景主要考虑国内社会经济、环境发展需求，在强化技术进步、改变经济发展模式、改变消费方式、实现低能耗和低温室气体排放因素下，依据国内自身努力所能够实现的能源与排放情景。

第三个是强化低碳情景（enhanced low carbon scenario，ELC），主要考虑了在全球一致减缓气候变化的共同愿景下，中国可以做出的进一步贡献。主要考虑了全球共同努力情况下，技术进步进一步强化，重大技术成本下降更快，发达国家的政策会逐渐扩展到发展中国家。同时考虑到 2030 年之后中国经济规模已经是世界最大，可以进一步加大对低碳经济的投入，更好地利用低碳经济提供的机会促进经济发展。同时中国在一些领域的技术开发方面成为世界领先，如清洁煤技术以及碳捕获和封存（CCS），可使 CCS 技术在中国得到大规模应用。

表 5.1　3 个情景的概述

情　景	简　称	描　述
基准情景	BaU	2005~2050 年年均 GDP 增长速度 6.9%，代表国际经济发展研究中较高的经济发展速度区间。高消费模式，全球投资，关注环境，但是先污染后治理，技术投入大，技术进步快速
低碳情景	LC	考虑中国的可持续发展、能源安全、经济竞争力等所能实现的低碳发展情景。充分考虑节能、可再生能源发展、核电发展，同时对 CCS 技术有所利用。在中国经济充分发展情况下对低碳经济发展有一定的投入
强化低碳情景	ELC	全球一致减排，实现较低温室气体浓度目标，主要减排技术得到进一步开发，成本下降更快，中国对低碳经济投入更大，CCS 的利用得到大规模发展

表 5.2　2050 年各情景的主要参数与特征

主要参数	基准情景	低碳情景	强化低碳情景
GDP	实现国家"三步走"目标 2005～2020 年年均增长速度为 9%，2020～2035 年为 6%，2035～2050 年为 4.5%	基本同基准情景	基本同基准情景
人 口	2040 年达到高峰，在 14.7 亿左右，2050 年为 14.6 亿	同基准情景	同基准情景
人均 GDP	2050 年达到 27 万元，即 3.8 万美元左右	与基准情景类似	与基准情景类似
产业结构	经济结构有一定优化，2030 年后第三产业成为占据经济结构的主要成分，第二产业社会发展显示高物质消耗特点，重工业仍旧占据重要位置	经济结构进一步优化，与目前发达国家的格局类似；新兴工业和第三产业快速发展，信息产业占据重要位置	经济结构进一步优化，与目前发达国家的格局类似；新兴工业和第三产业快速发展，信息产业占据重要位置
城市化率	2030 年为 70%，2050 年为 80%	与基准情景类似	与基准情景类似
进出口格局	2030 年开始初级产品开始失去国际竞争力，高耗能产品以满足国内需求为主	2020 年开始初级产品开始失去国际竞争力，高耗能产品以满足国内需求为主；高附加值行业和服务业出口明显增加	2020 年开始初级产品开始失去国际竞争力，高耗能产品以满足国内需求为主；高附加值行业和服务业出口明显增加
一次能源需求量	2050 年为 65 亿吨标准煤左右	2050 年为 53 亿吨标准煤左右	2050 年为 53 亿吨标准煤左右
CO_2 排放量	2050 为 120 亿吨 CO_2	2050 年为 80 亿吨 CO_2	2050 年为 55 亿吨 CO_2
国内环境问题	2020 年得到较好治理，但是仍然为先污染后治理，体现环境库兹涅茨曲线效果	2020 年得到较好治理，但是仍然为先污染后治理，体现环境库兹涅茨曲线效果	2020 年得到治理，但是仍然为先污染后治理，体现环境库兹涅茨曲线效果

主要参数	基准情景	低碳情景	强化低碳情景
能源使用技术进步	2040年先进用能技术得到普遍应用,中国为世界技术领先者,技术效率比目前提高40%左右	2030年先进用能技术得到普遍应用,中国工业和其他用能技术成为当时世界领先技术;同时中国也成为世界制造先进节能技术领先者,技术效率比目前提高40%左右	2030年先进用能技术得到普遍应用,中国工业和其他用能技术成为当时世界领先技术;同时中国也成为世界制造先进节能技术领先者,技术效率比目前提高40%左右
非常规能源资源利用	2040年之后需要开采非常规天然气,以及非常规石油	2040年之后需要开采非常规天然气	基本不需要开采非常规石油、天然气
太阳能、风能等发电技术	2050年太阳能成本为0.39元/千瓦时,陆上风力田普及	2050年太阳能发电成本为0.27元/千瓦时,陆上风力田普及,近海风力田大规模建设	2050年太阳能发电成本为0.27元/千瓦时,陆上风力田普及,近海风力田大规模建设
核能发电技术	2050年大于2亿千瓦,生产成本从2005年的0.33元/千瓦时下降为2050年的0.24元/千瓦时	2050年大于3.3亿千瓦,生产成本从2005年的0.33元/千瓦时下降为2050年的0.22元/千瓦时,2030年之后第四代核电站开始进入大规模建设阶段	2050年大于3.8亿千瓦,生产成本从2005年的0.33元/千瓦时下降为2050年的0.20元/千瓦时,2030年之后第四代核电站开始进入大规模建设阶段
新建燃煤电站	超临界和超超临界为主	2020年前以超临界和超超临界为主,之后开始以IGCC为主	2010年开始以IGCC为主
CCS	不考虑	2020年开始示范项目,之后进行一些低成本CCS,2050年已经开始与所有新建的IGCC电站相配套	结合IGCC电站,全部使用CCS,同时钢铁、水泥、电解铝、合成氨、乙烯等行业采用CCS,2030年之后基本普及

续表

主要参数	基准情景	低碳情景	强化低碳情景
水电利用	2050 年装机 3.4 亿千瓦，发电量超过 11 万亿千瓦时	2050 年装机 4.3 亿千瓦，发电量超过 13 万亿千瓦时	2050 年装机 4.5 亿千瓦，发电量超过 14 万亿千瓦时
现代生物质能利用技术	2050 年利用近 7000 万吨标准煤的生物质能，成本可低于 430 元/吨标准煤	2050 年利用近 9000 万吨标准煤的生物质能，成本可低于 370 元/吨标准煤	2050 年利用近 9000 万吨标准煤的生物质能，成本可低于 370 元/吨标准煤
居民生活方式	充分利用清洁能源，节能家用电器普及，农村生活用能转向商品能源	低碳、环境友好住宅广泛利用	低碳、环境友好住宅广泛利用
交通发展	快速发展，公交出行便利，大城市轨道交通完善	快速公共交通网络完善，环保出行，轨道交通完善	100 万以上人口城市以公共交通为主，小城市和农村以非机动车出行为主
交通技术	燃油经济性提高 30%	燃油经济性提高 60%	燃油经济性提高 60%
食物构成倾向	肉制品消费快速增加	肉制品消费增加较慢	节制肉制品消费
林地发展	森林面积逐渐增长	森林面积快速增长	森林面积快速增长
碳 税	2020 年开征能源税，较低税率	2020 年开征碳税，较低税率，之后增加	2020 年之前开征碳税，较低税率，之后增加
碳贸易	以 CDM 或类似方式进行	2020 年后以部门方式或区域方式参与国际碳贸易	2020 年后以部门方式或区域方式参与国际碳贸易
减排目标	没有	2030 年开始承诺	2030 年开始承诺

（二）中国情景

1. GDP 增长

中国长期的发展目标是在 2050 年达到目前中等发达国家水平。在这种模式下，由于国内、外市场环境的变化，中国产业结构面临调整、重组，加之中国加入 WTO 后，中国产业更加充分地国际化。未来十几年内，中国将成为国际制造业中心，出口为拉动经济增长的重要因素。考虑到中国经济快速发展，2030 年之后，GDP 的主要支持因素则变为以内需增长为主，国际常规制造业的竞争力由于劳动力成本快速上升而下降。通过采取一系列行之有效的措施，经济结构不断改善，产业结构逐步升级，先进产业的国际竞争力日渐增强，使中国经济仍能在不断调整中以较为正常的速度发展，估计 2000～2050 年，中国经济保持年均 6.4% 的增长速度。各时期经济增长情况见表 5.3～表 5.5。

表 5.3　GDP 情景（单位：亿元）

	2005 年	2010 年	2020 年	2030 年	2040 年	2050 年
GDP	183 132	290 505	649 852	1 291 047	2 099 744	2 991 810
第一产业增加值	22 718	29 206	44 179	55 819	65 786	73 824
第二产业增加值	87 446	142 889	316 258	587 736	853 207	1 087 893
第三产业增加值	72 968	118 409	289 415	647 491	1 180 751	1 830 094

表 5.4　GDP 增长速度（单位:%）

	2005～2010 年	2010～2020 年	2020～2030 年	2030～2040 年	2040～2050 年	2005～2050 年
GDP	9.67	8.38	7.11	4.98	3.60	6.40
第一产业	5.15	4.23	2.37	1.66	1.16	2.65
第二产业	10.32	8.27	6.39	3.80	2.46	5.76
第三产业	10.17	9.35	8.39	6.19	4.48	7.42

表 5.5　GDP 构成①（单位:%）

	2005 年	2010 年	2020 年	2030 年	2040 年	2050 年
第一产业	12.4	10.1	6.8	4.3	3.1	2.5
第二产业	47.8	49.2	48.7	45.5	40.6	36.4
第三产业	39.8	40.8	44.5	50.2	56.2	61.2

2. 人口和城市化

人口情景主要考虑近期的几个主要规划和研究数据。政府继续对中国人口增长

---

①　本报告图表中，由于数据小数点后位数选取和四舍五入原因，合计项可能与各分项之和有细微出入

进行控制。农村人口生育状况也在不断改善，计划外生育有所减少，中国人口基本按照目前的构架向前发展。之后，随着中国经济的不断发展和人们生育观念的逐步改变，外加人口高峰到来后面临负增长局面，政府有意识地放宽对人口增长的限制，间隔生育措施逐步实施，使中国的人口数基本维持在一个较低水平。这里主要采用了国家计划生育委员会的人口发展情景，并利用 IPAC-人口模型进行了分析。在这种情景下，2030~2040 年中国人口达到高峰，为 14.7 亿人左右，2050 年下降到 14.6 亿。各时期的人口情况见表 5.6。

表 5.6　人口和城市化

	2005 年	2010 年	2020 年	2030 年	2040 年	2050 年
人口/百万人	1 308	1 360	1 440	1 470	1 470	1 460
城市化率/%	43	49	63	70	74	79
城市人口/百万人	562	666	907	1 029	1 088	1 138
每户人口/人	2.96	2.88	2.80	2.75	2.70	2.65
户数/百万户	190	222	288	337	365	380
农村人口/百万人	745	694	533	441	382	302
每户人口/人	4.08	3.80	3.50	3.40	3.20	3.00
户数/百万户	183	190	181	160	152	144

这里利用 IPAC-人口模型对人口的年龄分布进行了分析，主要用于劳动力供应和消费模式研究。考虑到未来中国妇女分年龄段的生育率，在收入增加的情况下会下降，这里采用了日本目前的生育率作为中国 2030 年的生育率。

3. 工业发展

从表 5.5 中可以看出，2030 年时，我国工业仍占据 GDP 中的重要位置，而且工业是能源消费的主要行业，因此，在中长期情景中需要对工业进行详细分析。这里将着重对工业的高耗能行业进行分析，描述未来 30~50 年的工业部门情景。详细的工业部门分析一直是能源情景研究中的一个比较薄弱的地方，过去一般是采取与行业专家讨论的方式得到未来高耗能行业的发展，即高耗能产品产量。由于各部门缺乏深入的研究，导致偏差较大，也是以前能源需求预测不准的主要原因。为了进一步认识未来工业行业的发展，更好地对未来高耗能行业和其他行业的趋势进行分析，这里采用了几种分析方法，以更好的提供分析数据。这不仅为本研究提供模型输入参数，也为其他研究提供研究方法和数据的讨论提供基础。

这里采用的三种研究方法包括：

一是采用 IPAC-CGE 对部门的未来经济发展进行分析，从总体经济发展角度解析部门发展，分析高耗能行业的产品产量。这是一个新的研究方法，在此之前国内还没有类似研究，也存在研究方法上的不确定性。但明确的是这个方法将成为今后的一个重要研究方法，因此也需要更多的研究组进行研究。

二是详细使用途径分析方法，有些类似投入产出分析方法，也可以说是第一个方法的一种延伸。如钢铁需求量的预测，通过分析其下游行业的发展确定钢铁的需求量。

三是参考行业分析以及行业专家讨论，也是以前常用的方法。

先利用 IPAC-CGE 得到各工业部门的增加值。在这些部门中，可以直接用于计算产品产量的仅有钢铁部门。建材部门的产品比较少，但有占据优势的产品，因此也可以采取增加值和产品产量相关分析方法得到其产量。表 5.7 中给出了利用上面 3 种方法得到的主要高耗能产品产量的情景。

表 5.7　主要高耗能产品产量（低碳情景和强化低碳情景）

产　品	单　位	2005 年	2020 年	2030 年	2040 年	2050 年
钢　铁	亿吨	3.55	6.1	5.7	4.4	3.6
水　泥	亿吨	10.6	16	16	12	9
玻　璃	亿重量箱	3.99	6.5	6.9	6.7	5.8
铜	万吨	260	700	700	650	460
铝	万吨	851	1 600	1 600	1 500	1 200
铅　锌	万吨	510	720	700	650	550
纯　碱	万吨	1 467	2 300	2 450	2 350	2 200
烧　碱	万吨	1 264	2 400	2 500	2 500	2 400
纸和纸板	万吨	6 205	11 000	11 500	12 000	12 000
化　肥	万吨	5 220	6 100	6 100	6 100	6 100
乙　烯	万吨	756	3 400	3 600	3 600	3 300
合成氨	万吨	4 630	5 000	5 000	5 000	4 500
电　石	万吨	850	1 000	800	700	400

四 行业发展情景

（一）高耗能产品单耗

根据各个行业技术潜力的分析，得到高耗能产品单耗的情景（表 5.8）。表 5.8 是根据模型的结果计算得出的。

表 5.8 低碳情景中的高耗能产品单耗

产　品	单　位	2005 年	2020 年	2030 年	2050 年
钢　铁	千克标准煤/吨	760	650	564	525
水　泥	千克标准煤/吨	132	101	86	·81
玻　璃	千克标准煤/重量箱	24	18	14.5	14
砖　瓦	千克标准煤/万块	685	466	423	410
合成氨	千克标准煤/吨	1 645	1 328	1 189	1 170
乙　烯	千克标准煤/吨	1 092	796	713	705
纯　碱	千克标准煤/吨	340	310	290	280
烧　碱	千克标准煤/吨	1 410	990	890	860
电　石	千克标准煤/吨	1 482	1 304	1 215	1 130
铜	千克标准煤/吨	1 273	1 063	931	920
铝	千瓦时/吨	15 000	12 870	12 170	12 000
造　纸	千克标准煤/吨	1 047	840	761	740
火电发电煤耗	克标准煤/千瓦时	350	305	290	271

（二）城市居民

随着收入的增长，居民对居住室内舒适度的要求将不断提高。对于北方居民来说，延长采暖时间、保持冬季室内的舒适温度、增加夏季空调使用时间等将成为基本需求；对于气候过渡地区及南方居民来说，增加冬季采暖、延长夏季空调使用时间等将成为基本需求。同时居民生活中更多采用节能电器和可再生能源。

表 5.9　城市居民技术参数

年　　份	户数/百万户	平均每户电器容量/千瓦	电器节能率/%	电器利用小时指数(2000 年 = 1.00)	电器用电量/亿千瓦时	平均每户用电量/千瓦时
2005 年	190	3.4	0	1.15	1 820	1 017
2010 年	222	4.6	7	1.30	2 900	1 314
2020 年	288	5.8	20	1.72	5 050	1 597
2030 年	337	6.4	35	2.05	7 520	2 060
2040 年	328	7.2	49	2.14	9 200	2 330
2050 年	341	8.1	55	2.30	10 600	2 628

（三）农村居民

考虑到农村居民收入上升以及农村居民居住模式为单体建筑为主，达到同样用能服务水平需要比城市居民的用能需求更多。2030 年以后，农村居民收入水平达到小康，家用电器基本完全普及，用能服务强度与城市相比相差不大。

表 5.10　农村居民参数

年　　份	户数/百万户	平均每户电器容量/千瓦	电器节能率/%	电器利用小时指数(2000 年 = 1.00)	电器用电量/亿千瓦时	平均每户用电量/千瓦时
2005 年	190	1.7	0	1.05	990	547
2010 年	189	2.6	6	1.15	1 600	842
2020 年	181	3.7	19	1.20	2 130	1 400
2030 年	160	5.9	33	1.30	2 600	2 060
2040 年	151	7.1	47	1.80	3 040	2 600
2050 年	144	8.2	53	2.00	3 300	3 400

（四）服务业（不包括交通）

建筑业能源需求预测的主要驱动因子是建筑面积和所提供的能源服务。建筑根据用途一般分为商业、教育、政府、医院、金融等。这里也根据不同类型的建筑进行分析（表5.11）。

表 5.11 服务业用能主要因素

年　份	建筑面积/亿平方米	大型公共建筑面积/亿平方米	大型公共建筑平均电器容量/（瓦/平方米）	电器节能率/%	其他公共建筑面积/亿平方米	其他公共建筑平均电器容量/（瓦/平方米）	电器节能率/%	达到节能标准的建筑面积比例/%
2005 年	41	5.6	36.9	—	35.4	11.4	—	—
2010 年	69	9.8	45.4	3	59.2	12.1	3	5
2020 年	146	22	58.7	9	124	13.3	8	30
2030 年	245	39	72.1	19	206	14.9	17	65
2040 年	310	52	84.5	28	258	16.5	26	80
2050 年	340	63	95.1	41	277	18.0	40	95

（五）交通

机动车预测见表5.12、表5.13。

表 5.12 机动车拥有量（单位：万辆，基准情景）

机动车种类	2005 年	2010 年	2020 年	2030 年	2040 年	2050 年
汽车总量	3 160	6 836	19 538	39 672	56 372	60 524
乘用车	2 132	4 869	16 330	35 376	50 314	53 117
货　车	1 027	1 967	3 208	4 296	6 058	7 407
小汽车	1 919	4 589	15 970	34 866	49 594	52 217
家庭小汽车	1 100	3 589	14 770	33 466	47 994	50 617
其他小汽车	819	1 000	1 200	1 400	1 600	1 600
小　巴	131	162	202	275	374	450
大型客车	82.3	117.6	158.4	234.6	345.6	450
小型客车	214	280	360	510	720	900
摩托车	6 582	9 947	10 942	12 036	12 036	11 434

表 5.13　机动车拥有量（单位：万辆，低碳情景）

机动车种类	2005 年	2010 年	2020 年	2030 年	2040 年	2050 年
汽车总量	3 160	6 227	18 583	36 318	51 717	55 810
乘用车	2 132	4 299	15 504	32 323	46 083	48 922
货　车	1 027	1 928	3 079	3 995	5 634	6 888
小汽车	1 919	3 921	14 982	31 558	45 075	47 662
家庭小汽车	1 100	3 145	14 032	30 454	43 675	46 062
其他小汽车	819	776	950	1 104	1 400	1 600
小　巴	131	265	313	383	524	214
大型客车	82.3	113.4	208.8	382.5	483.84	1 045.8
大小型客车	214	378	522	765	1 008	1 260
摩托车	6 582	9 848	10 613	11 193	11 193	10 634

根据上面分析，我们可以得到交通周转量情景（表 5.14）。

表 5.14　交通周转量（单位：10 亿人千米/吨，基准情景）

周转量	2005 年	2010 年	2020 年	2030 年	2040 年	2050 年
客运周转量	3 446	5 100	8 631	13 869	20 640	28 312
货运周转量	9 394	14 429	23 832	36 035	57 379	79 970
公路客运周转量	2 628	3 980	6 699	10 634	14 866	17 405
铁路客运周转量	606	752	1 072	1 385	1 791	2 315
航空客运周转量	204.5	360.4	853.2	1 841.9	3 976.6	8 585.1
水运客运周转量	7	7	7	7	7	7
公路货运周转量	2 251	3 565	6 853	10 713	19 345	22 637
铁路货运周转量	2 073	2 692	4 003	5 576	7 769	10 824
航空货运周转量	8	12	29	70	182	477
水运货运周转量	4 954	7 949	12 296	18 136	26 758	39 490
管　道	109	209	651	1 540	3 325	6 541

五 能源和排放情景

根据上面各节的讨论，利用 IPAC-AIM/技术模型，得到中国 2050 年能源需求和排放情景。模型结果见表 5.15 ~ 表 5.23。

表 5.15　一次能源需求量（单位：百万吨标准煤，基准情景）

年 份	煤	油	天然气	水 电	核 电	风 电	生物质能发电	醇 类汽 油	生 物柴 油	合 计
2005 年	1 536.5	435.2	60.4	131.5	19.9	0.8	1.9	1.8	0.6	2 188.6
2010 年	2 423.6	627.7	109.3	216.9	27.6	6.6	15.8	9.7	0.6	3 437.9
2020 年	2 990.5	1 096.4	270.5	294.4	90.2	20.2	30.2	21.5	3.1	4 817.2
2030 年	2 932.3	1 586.9	460.3	358.0	181.2	53.7	43.8	33.4	7.9	5 657.6
2040 年	3 001.1	1 710.2	532.4	379.5	379.5	84.0	70.8	36.1	8.5	6 202.1
2050 年	2 924.6	1 835.5	668.0	396.9	595.4	102.5	86.3	38.9	9.2	6 657.4

表 5.16　发电装机容量（单位：万千瓦，基准情景）

年 份	煤 电	油 电	天然气发电	水 电	核 电	风 电	生物质能发电	合 计
2005 年	36 879	1 311	227	12 133	855	119	100	51 623
2010 年	68 445	1 742	968	19 791	1 306	622	871	93 744
2020 年	103 694	2 350	3 626	27 043	2 891	1 710	1 697	143 010
2030 年	128 098	2 459	8 378	30 194	6 088	5 073	2 459	182 748
2040 年	118 504	2 874	18 096	35 296	19 161	14 142	3 832	211 905
2050 年	126 103	3 259	24 140	34 304	27 933	16 036	4 345	236 118

表 5.17　终端能源需求量（单位：百万吨标准煤，基准情景）

年 份	煤	焦 炭	煤 气	油 品	天然气	热 力	电	合 计
2005 年	651	189	38	390	45	90	285	1 689
2010 年	917	321	50	597	78	157	449	2 569
2020 年	1 106	209	33	1 043	169	274	674	3 509
2030 年	1 133	164	23	1 505	279	398	847	4 292

续表

年　份	煤	焦　炭	煤　气	油　品	天然气	热　力	电	合　计
2040 年	1 072	141	19	1 620	277	432	991	4 552
2050 年	1 037	123	15	1 731	313	474	1 177	4 870

表 5.18　一次能源需求量（单位：百万吨标准煤，低碳情景）

年　份	煤	油	天然气	水　电	核　电	风　电	太阳能发电	生物质能发电	醇类汽油	生物柴油	合　计
2005 年	1 536.5	435.2	60.4	131.5	19.9	0.8	0.0	1.9	1.8	0.6	2 188.6
2010 年	2 173.1	528.2	108.7	206.5	45.6	12.1	0.1	9.4	2.0	1.0	3 086.7
2020 年	2 194.8	842.8	349.1	374.7	136.2	51.1	0.7	32.4	8.3	5.8	3 995.8
2030 年	2 091.5	963.7	529.2	400.7	300.6	92.2	4.0	52.1	27.9	12.0	4 473.9
2040 年	2 062.8	1 010.5	627.8	423.8	470.9	117.7	9.4	61.2	36.3	13.0	4 833.3
2050 年	1 984.4	1 025.0	745.5	422.0	759.5	168.8	19.7	67.5	43.5	14.0	5 250.0

表 5.19　发电装机容量（单位：万千瓦，低碳情景）

年　份	煤　电	油　电	天然气发电	水　电	核　电	风　电	太阳能发电	生物质能发电	合　计
2005 年	37 276	1 286	453	12 133	855	119	0	222	52 344
2010 年	66 525	1 304	1 863	21 558	2 036	1 796	23	652	95 757
2020 年	69 258	1 262	6 938	38 883	6 488	8 110	126	2 397	133 462
2030 年	74 749	1 193	12 595	45 192	15 334	15 675	795	4 135	169 667
2040 年	78 361	1 177	16 052	48 242	24 023	20 019	1 868	4 858	194 601
2050 年	79 499	1 116	21 920	48 057	38 751	28 704	3 907	5 358	227 312

表 5.20　终端能源需求量（单位：百万吨标准煤，低碳情景）

年　份	煤	焦　炭	煤　气	油　品	天然气	热　力	电	合　计
2005 年	594	194	38	390	45	83	284	1 627
2010 年	700	314	49	493	65	111	457	2 189

续表

年　份	煤	焦　炭	煤　气	油　品	天然气	热　力	电	合　计
2020 年	803	185	29	786	171	161	620	2 756
2030 年	770	127	19	872	274	188	775	3 025
2040 年	702	109	16	902	300	201	920	3 149
2050 年	641	91	13	889	326	215	1 099	3 273

表 5.21　一次能源需求量（单位：百万吨标准煤，强化低碳情景）

年　份	煤	油	天然气	水　电	核　电	风　电	太阳能发电	生物质能发电	醇　类汽　油	生　物柴　油	合　计
2005 年	1 536.5	435.2	60.4	131.5	19.9	0.8	0.0	1.9	1.8	0.6	2 188.6
2010 年	2 083.3	532.3	107.0	180.0	39.7	17.5	0.2	8.2	2.0	1.0	2 971.3
2020 年	2 143.6	837.9	329.8	353.7	144.7	65.9	0.8	30.5	8.3	5.8	3 921.1
2030 年	1 903.2	943.4	490.9	394.7	300.7	156.0	4.7	48.9	20.1	12.0	4 274.6
2040 年	1 813.9	993.1	603.9	428.9	496.6	214.4	15.8	58.7	21.1	13.0	4 660.1
2050 年	1 714.7	1 031.9	709.9	420.0	761.5	238.9	36.7	63.0	23.4	14.0	5 013.7

表 5.22　发电装机容量（单位：万千瓦，强化低碳情景）

年　份	煤　电	油　电	天然气发电	水　电	核　电	风　电	太阳能发电	生物质能发电	合　计
2005 年	36 573	1 286	453	12 133	855	119	0	200	51 618
2010 年	57 437	1 218	1 623	19 045	1 774	2 609	43	568	84 317
2020 年	63 029	1 191	6 550	36 888	6 891	10 464	158	2 263	127 433
2030 年	62 530	1 193	11 009	44 576	15 343	26 531	987	3 878	166 048
2040 年	61 516	1 075	15 391	48 765	25 338	36 471	3 320	4 658	196 533
2050 年	60 321	1 042	20 453	47 853	38 836	40 621	7 720	5 000	221 845

表 5.23　终端能源需求量（单位：百万吨标准煤，强化低碳情景）

年　份	煤	焦　炭	煤　气	油　品	天然气	热　力	电	合　计
2005 年	594	194	38	390	45	83	284	1 627
2010 年	692	269	38	496	67	111	414	2 087

年　份	煤	焦　炭	煤　气	油　品	天然气	热　力	电	合　计
2020 年	799	185	29	781	165	148	585	2 694
2030 年	743	127	19	817	257	184	734	2 881
2040 年	684	109	16	827	287	201	882	3 005
2050 年	621	90	13	795	313	216	1 025	3 072

根据化石能源消费量，可以计算得出 CO_2 排放量（表5.24）。

表 5.24　化石燃料燃烧 CO_2 排放量（单位：百万吨碳）

年　份	基准情景	低碳情景	强化低碳情景
2005 年	1 409	1 409	1 409
2010 年	2 134	1 943	1 943
2020 年	2 779	2 262	2 194
2030 年	3 179	2 345	2 228
2040 年	3 525	2 398	2 014
2050 年	3 465	2 406	1 395

低碳情景与基础情景相比，2030 年和 2050 年一次能源需求量分别减少 22% 和 24%。2050 年基准情景一次能源需求量由 2005 年的 21.89 亿吨标准煤增加到 66.57 亿吨标准煤，其中煤炭占 44%，石油占 27.6%，天然气占 10%，核电占 9%，水电占 6%，风电、生物质能发电等新能源和可再生能源占 3.4%。

2050 年低碳情景的一次能源需求量由 2005 年的 21.89 亿吨标准煤增加到 50.82 亿吨标准煤，其中煤炭占 37.4%，石油占 20.2%，天然气占 14.4%，核电占 14.2%，水电占 8.4%，风电、生物质能发电等新能源和可再生能源占 5.4%。2005～2050 年基准情景和低碳情景一次能源需求量见图 5.3。

从一次能源需求总量看，2030 年低碳情景比基准情景减少了近 12 亿吨标准煤，其中包括近 10 亿吨煤炭；2050 年低碳情景比基准情景减少了近 16 亿吨标准煤，其中煤炭超过 10 亿吨。2030 年低碳情景由于核电和水力发电量的增加，与基准情景相比，能源需求结构得到优化；2050 年低碳情景由于石油、核电和天然气需求量的增加致使一次能源需求结构与基准情景相比得到了进一步优化。2050 年低碳情景中，风电、生物质能发电、醇类汽油、生物柴油等能源需求量所占比重达到 5.4%，

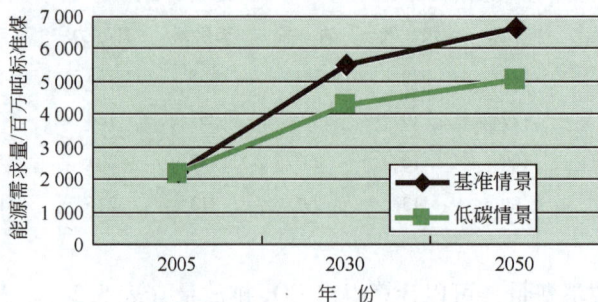

图 5.3　2005～2050 年一次能源需求量

比基准情景上升了 2 个百分点。

　　低碳情景一次能源需求量所面临的挑战主要是未来 45 年中，石油和天然气需求量的快速增长。在基准情景中，石油需求量从 2005 年的 3.05 亿吨增加到 2030 年的 6.75 亿吨和 2050 年的 7.18 亿吨；而在低碳情景中，石油需求量从 2005 年的 3.05 亿吨迅速增加到 2030 年的 11.08 亿吨和 2050 年的 12.8 亿吨。

　　从能源需求弹性系数看：基准情景 2005～2030 年能源需求弹性系数为 0.47，2030～2050 年为 0.22；低碳情景 2005～2030 年能源需求弹性系数为 0.34，2030～2050 年为 0.19。

　　2050 年基准情景和低碳情景的发电量由 2005 年的 24 940 亿千瓦时分别增加到 108 628 亿千瓦时和 95 226 亿千瓦时。基准情景 2005～2030 年发电量年均增长速度为 4.87%，2030～2050 年为 1.42%；低碳情景 2005～2030 年发电量年均增长速度为 4.06%，2030～2050 年为 1.72%。按照一次能源计算，基准情景用于发电的能源总量为 19.87 亿吨标准煤，占一次能源需求总量的 29.8%；低碳情景用于发电的能源总量为 14.59 亿吨标准煤，占一次能源需求总量的 28.7%。

　　与基准情景相比，低碳情景 2050 年发电量构成中，煤电所占比重由 53% 下降到 35%，在下降的 18 个百分点中，天然气发电、水电、核电和风电分别贡献了 2 个、4 个、9 个和 3 个百分点（图 5.4）。由于低碳情景的电源结构优于基准情景，致使每千瓦时电力的一次能源消耗系数比基准情景低 16%，并使终端能源消费构成也得到了优化。在 2050 年低碳情景终端能源消费量构成中，电力占 32%，与基准情景相比，高出 8 个百分点。

　　强化低碳情景的 CO_2 排放量和低碳情景相比，2030 年之后开始有明显下降，2050 年和低碳情景相比下降了 48%。与低碳情景相比，在进一步强化节能的基础上，一次能源需求量下降 4.5%，可再生能源发电、核电等发电量所占比例为 58%，

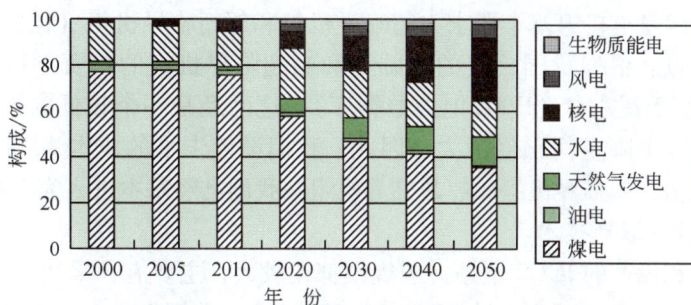

图 5.4　2000~2050 年低碳情景发电量构成

增加了 7%。同时燃煤电站在 2020 年之后大规模普及 IGCC，同时配备 CCS。钢铁、水泥、电解铝、合成氨、炼油、乙烯等高耗能工业普遍使用 CCS。建筑普遍使用可再生能源技术，如先进太阳能热水器供热水和采暖，同时户用风电和光伏技术在适合的建筑和地区得到普遍使用。

六　关键领域的低碳技术进展及发展路线图

（一）电力部门

作为能源部门的重要组成部分，未来电力的发展是能源发展的核心。在分析电力系统发展时，更多依据我们和专家的广泛讨论，以及技术的进展和成本的变化。

1. 煤电

（1）超临界和超超临界发电技术。

目前一些发达国家中，超临界和超超临界机组已是火电结构中的主导机组或是占据一个举足轻重的地位。在日本，450 兆瓦以上的机组全部采用超临界参数。从 1993 年以后已把蒸汽温度提高到 566℃/593℃ 和 593℃/593℃，说明这种等级的超超临界参数已达到成熟阶段（张晓鲁，2004）。

在我国，近几年超临界机组和超超临界机组发展迅速，超临界机组已经基本完全国产化，超超临界机组国产化率超过 80%，这使得我国的超临界和超超临界机组的成本大大低于国际同类机组（Jiang，2007a）。目前世界上新增机组中 60% 的超临界机组和超超临界机组在中国。到 2007 年底，我国已经有超过百台超临界机组，超超临界机组超过十台（Jiang et al.，2009）。根据国家发展和改革委员会的政策，从现在开始，新建煤电机组基本要求为超临界机组和超超临界机组（国家发展和改革委员会，2007a）。根据我国已有的超临界和超超临界机组的投资，目前的投资在3900~4300元/千瓦左右（IPAC电力数据库），这已经是一个较低的投资水平，从长期来讲，成本下降空间已经不大。因此，我们设置未来的成本为3800元/千瓦。所有这些都说明，超临界机组和超超临界机组在我国已经基本进入完全商业化阶段。

（2）IGCC/多联产技术。

最近建设和投产的IGCC电站一般规模都比较大，主要有：采用Shell煤气化技术的意大利Sulcis IGCC电站，电厂净出力450兆瓦；采用Texaco煤气化技术的美国Meigs IGCC电站，电厂净出力630兆瓦，预计2010年投运；采用E-gas煤气化技术的美国Mesaba IGCC电站，电厂净出力530兆瓦，2009年投产；位于美国伊利诺伊州的Steelhead IGCC电站，电厂净出力530兆瓦，2010年投产。IGCC电厂的单位投资正在不断降低，目前国际上单位投资已经降至1000美元/千瓦，发电净效率已经超过43%，IGCC技术正朝着高效化、大型化和商业化的方向发展。

近年来，我国IGCC电站的发展已经进入快速扩展阶段。中国华能GreenGen第一阶段示范工程250兆瓦级IGCC，预计2009年投运，采用先进的干粉气化技术，CO_2分离、制氢和燃料电池试验系分离、制氢和燃料电池试验系统；中国华能GreenGen第二阶段示范工程300~400兆瓦级IGCC，预计2015年投运，先进的干粉气化技术，100兆瓦级CO_2分离、制氢、氢能发电示范系统；中国大唐集团、中国电力投资集团公司等也筹建3~5台300~400兆瓦等级的IGCC电站。2008年将有3~4台机组开始建设（许世森，2006；赵东旭，2007；Jiang et al.，2009）。

国际上已经陆续建立了十几座IGCC电站，随着技术进步，成本正逐步下降（表5.25）。

表5.25　IGCC技术性能和成本

年　代	IGCC系统类型	燃气轮机初温/℃	IGCC热效率（LHV）/%	装置比投资成本/（美元/千瓦）
20世纪90年代初期	常规PC机组		36~37	1 200
	常规IGCC低温净化，独立空分	1 260（F型）	38~42	1 400~1 600
20世纪90年代中期	低温净化，整体空分	1 260（F型）	43~46	1 350~1 550
	高温净化，整体空分	1 260（F型）	45~48	1 180~1 380

年　代	IGCC 系统类型	燃气轮机初温/℃	IGCC 热效率（LHV）/%	装置比投资成本/（美元/千瓦）
20 世纪 90 年代后期	高温净化，整体空分	1 370（G 型、H 型）	46～50	1 130
2006 年（中国）	高温净化，整体空分			950

我国目前超临界机组和超超临界机组利用快速发展，从技术上给 IGCC 的发展提供了良好基础。根据我国目前已经进行的一些 IGCC 项目的初始成本可行性分析，这些电站的建设成本在 7000～8000 元/千瓦。预计 IGCC 电站的投资在技术成熟后可以下降到 6800 元/千瓦。

2. 天然气发电

由于市场的作用，以天然气（和石油）为基础的燃气轮机技术在过去 20 年有了快速的发展。其最具代表性的产品是 ABB（瑞典和瑞士各占有 50% 的股份）1994 年率先推出的、发电效率为 58.5% 的、以 GT24/26 燃气轮机为主体的联合循环系统。随后 GE、SIEMENS 等也相继推出了效率接近 60% 的联合循环系统。

国家在以市场换技术、实现燃气轮机设备制造本土化和国产燃气轮机技术开发方面取得了良好成果。两次打捆招标涵盖了 18 个电站、41 台燃气轮机发电机组。近几年来，配合国家"西气东输"工程，在江浙两省负荷中心的 3 个电厂建设了 7 套 STAG 109FA 燃气 – 蒸汽联合循环发电机组。STAG 109FA 单轴联合循环机组，在燃烧天然气时，ISO 条件下输出功率为 395.5 兆瓦，热效率为 56.68%。我国有几台 9F 级机组已于 2006 年并网发电，包括杭州华电半山发电有限公司，江苏华电望亭、江苏华电戚墅堰发电有限公司。

燃气轮机及其联合循环机组的比投资费远低于燃煤的蒸汽轮机电站，例如：大功率燃气轮机电站和联合循环电站交钥匙工程的比投资费分别为 200～300 美元/千瓦和 500～600 美元/千瓦，而 600 兆瓦的燃煤超临界参数机组的单位造价为 1100 美元/千瓦。因而天然气的联合循环电站的发电成本在国外是最低的，例如，在荷兰为 3 美分/千瓦时，而燃煤蒸汽轮机电站的平均发电成本为 4.5 美分/千瓦时（张蓓文，2004）。我国近期建设的联合循环电厂的投资在 3100 元/千瓦左右，如果考虑技术国产化，成本还可以下降 10% 左右（杨惠新，2005）。

3. 核电

目前世界上有 438 座商用反应堆在运行，向世界提供着约 16% 的电力。我国"863 计划"研发了两种先进反应堆：一种是由清华大学核能技术设计研究院承担的 10 兆瓦高温气冷实验堆。高温气冷堆具有安全性好、发电效率高、用途广的优点。另一种是由中国原子能科学研究院承担的中国实验快堆。快中子反应堆的主要优点是可大大提高铀资源的利用率，从目前轻水堆的 1% 左右提高到 60%~70%。2007 年，我国已经计划建造 20 万千瓦级的高温气冷实验堆。一期项目将于 2009 年开工，位于山东荣成石岛湾。

近二三十年内，国际上将主要建设第三代核电站。中国可以按国际上第三代核电技术的要求，以自主开发为主，引进先进技术，加强国际合作，在国际第三代核电技术发展中争得一定的地位。在 2020 年左右，中国应具备批量建设符合国际上第三代先进压水堆技术要求的核电站，使其成为中国在快堆电站规模发展之前核电市场的主要堆型（郑照宁等，2004）。与此同时，加快研发和应用核废料处理技术。

第四代核电中，优先研发的 6 种新型核电堆型中有 3 种是快堆，由此可见由热堆电站向快堆电站过渡的态势。中国已开始快堆技术的研究开发，在国家"863 计划"的支持下，中国的实验快堆正在加紧建设，预计在"十一五"期间即可建成并投入运行。应加快大型快堆电站的开发，争取跨越式发展，力争 2020 年建成中等规模的原型快堆电站，并具备相应的闭合燃料循环能力，争取在 2025 年开工建设大型快堆示范电站，并在 2030 年后不久建设具有国际上第四代核电技术特点的商用核电站（IEA，2007）。

4. 可再生能源发电

（1）太阳能光伏发电。

世界光伏组件在过去 10 多年特别是自 20 世纪 90 年代后期发展十分迅速。近年来平均年增长率超过 30%。2005 年，全世界光伏电池产量为 120 万千瓦，已累计安装 600 万千瓦（国家发展和改革委员会，2007c）。在产业方面，各国一直通过扩大规模、提高自动化程度、改进技术水平、开拓市场等措施降低成本，并取得了巨大进展。商品化电池效率从 10%~13% 提高到 13%~15%。

我国光伏组件的生产逐年增加，成本不断降低，市场进一步扩大，装机容量也逐年递增。到 2005 年底，全国光伏发电的总容量约为 7 万千瓦，主要为偏远地区居民供电。2002~2003 年实施的"送电到乡"工程安装了光伏电池约 1.9 万千瓦，对光伏发电的应用和光伏电池制造起到了较大的推动作用。除利用光伏发电为偏远地区和特殊领域（通信、导航和交通）供电外，已开始建设屋顶并网光伏发电示范项目。光伏电池及组装厂已有 10 多家，年制造能力达 10 万千瓦以上。但总体来看，我国光伏发电产业的整体水平与发达国家尚有较大差距，特别是光伏电池生产所需的硅材料主要依靠进口，对我国光伏发电的产业发展形成重大制约（国家发展和改革委员会，2007b）。

随着大规模市场发展和快速的技术进步，光伏系统设备和发电成本已经有效降低，目前国际上光伏组件的生产成本降到每瓦 5 美元以下。预计到 2010 年，光伏系统将降到 3 美元/瓦左右，发电成本将下降到每千瓦时 0.1 美元。

2006 年，我国太阳能电池组件的价格大约为 3.95 美元/瓦，并网系统价格为 6～7 美元/瓦，发电成本为 0.25 美元/瓦。最近完成的 8 兆瓦并网光伏系统的前期研究表明，目前太阳光转化成电能的转化率不到 15%，光伏发电上网电价 4～5 元/千瓦时（王亦楠，2005；盖红波，2005；徐士斌，2003；武卫政，2007），依然存在较大的上升空间。图 5.5 表明随着市场的扩大和制造规模的增加，光伏成本下降的学习曲线经验。

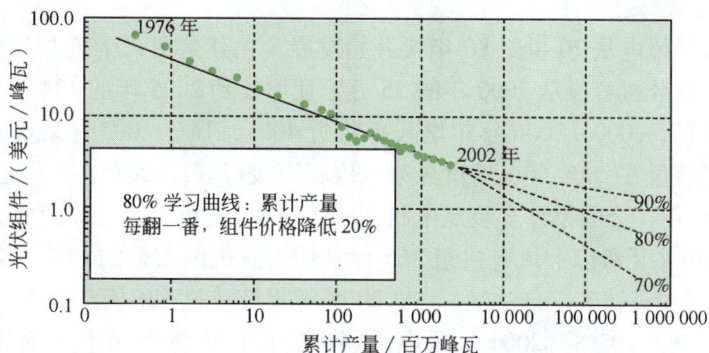

图 5.5 光伏组件生产的成本下降学习曲线

（2）太阳能热发电。

太阳能热发电已经历了较长时间的试验运行，基本上可达到商业运行要求，目前总装机容量约为 40 万千瓦（国家发展和改革委员会，2007b）。

以色列鲁兹公司自 1985 年起，先后在美国加利福尼亚州的沙漠中建成了 9 个槽式发电装置，总容量 354 兆瓦。随着技术不断发展，系统效率由起初的 11.5% 提高到 13.6%，发电成本由 26 美分/千瓦时降低到 12 美分/千瓦时。预计在 2020 年前，太阳能热发电将在发达国家实现商业化，并逐步向发展中国家扩展。2007 年，国内首座 70 千瓦太阳能热发电系统，在南京通过鉴定验收（顾巍钟，2007）。2006 年澳大利亚政府宣布投资 4.2 亿澳元（约 3.18 亿美元），建设装机容量为 154 兆瓦的太阳能发电厂，它将成为世界上最大的太阳能发电厂，并计划 2013 年全面建成发电。

在美国加利福尼亚州的太阳能热发电站建造过程中，由于技术进步及容量的不断增大，电站的装机造价和发电成本显著下降，1984 年 I 号电站（14 兆瓦）造价为 5979 美元/千瓦，发电成本为 26.5 美分/千瓦时；到 1990 年的 Ⅷ 号电站（80 兆瓦），造价降至 3011 美元/千瓦，发电成本降到 8.9 美分/千瓦时。因此，在太阳能丰富的地区，太阳能热发电站在经济上已能与燃油的火力电站竞争。我国西南电力设计院曾对西藏地区引进的 Luz 公司太阳能热发电站进行估算，太阳能热发电站和火力发电站的发电成本均为 1.1 元/千瓦时，如果不考虑设备折旧，仅计入运行和维护费用，则太阳能热发电站的发电成本为 0.1 元/千瓦时，而火力发电站的成本为 0.8 元/千瓦时。

目前，美国、西班牙、以色列等发达国家都在加大太阳能发电研发，发电成本降至每度电 1 元人民币，太阳能热发电技术已处于商业化应用前期，并有望在 2010 年将"太阳能电"降到 8 美分/千瓦时。

（3）风电。

中国的并网风电从 20 世纪 80 年代开始发展，尤其是在"十五"期间，风电发展非常迅速，总装机容量从 2000 年的 35 万千瓦增长到 2005 年的 124 万千瓦，2006 年的 260 万千瓦，2000～2006 年年增长率将近 40%，预计 2007 年底超过 500 万千瓦。风电装机容量在 2006 年已居世界第六位（李俊峰等，2007）。

截至 2006 年，全国累计安装风电机组 3311 台，装机容量 260 万千瓦，风电场 100 多个，其中兆瓦级以上风电机组 366 台，约占总机组数量的 11%。风电场已遍布全国 16 个省（直辖市、自治区）。与 2005 年累计装机 126 万千瓦相比，2006 年累计装机增长率为 105%。2006 年风电上网电量估计约为 38.6 亿千瓦时，比 2005 年增加约 22 亿千瓦时（李俊峰等，2007）。

风力发电技术进展很快，单机容量已经从 600 千瓦发展到目前的 5000 千瓦，其中 2500 千瓦机组已经很成熟，广泛应用于陆上风力发电。图 5.6 给出了美国的风力发电（主要是陆上风力田）的成本曲线。在美国和欧洲风场条件好的地方，发电成本已经下降到 3 美分/千瓦时。这个成本曲线基本反映了风电快速发展的趋势。

我国陆上风力发电近两年进展很快，风力发电机组制造技术也进展很快。通过技术合作与独立开发，目前我国已经在生产 2000 千瓦机组，1500 千瓦变桨变速机组也可利用自主技术制造。由于本地化和大规模生产，目前国产机组成本已经下降到 6000 元/千瓦，基本要比进口机组价格低 10%～20%。在不改变其他条件的前提

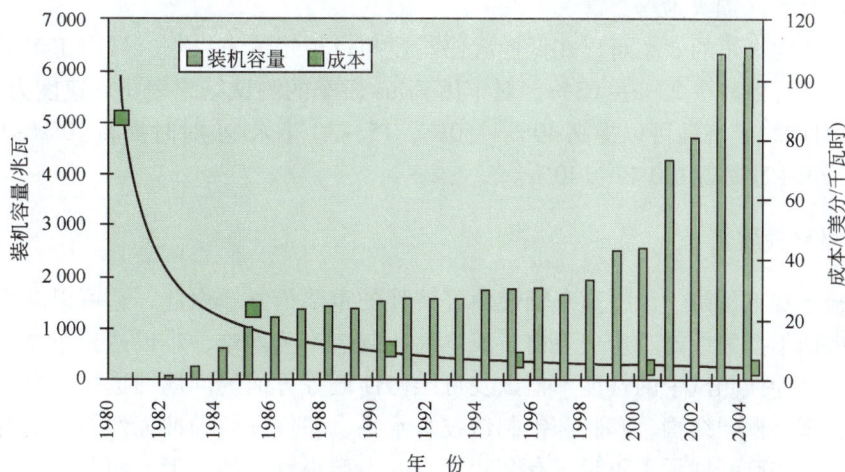

图 5.6 美国的风电成本曲线

下，可使风力发电成本降至 0.375 元/千瓦时。如全部实现风力发电机组国产化，预计可降低风力发电机组成本 30%，在不改变其他条件的前提下，可使风力发电成本降至 0.332 元/千瓦时。

海上风电场发电成本的降低与经济规模、采用新技术和新材料有关，采用钢结构基础可降低成本。目前海上风电场的最佳规模为 120 ~ 150 兆瓦。在海上风电场的总投资中，风电机组占 51%、基础 16%、电气接入系统 19%、其他 14%。

丹麦电力公司对海上风电场发电成本的研究表明，用 IEA 标准方法，在目前的技术水平和 20 年设计寿命前提下，估测的发电成本是每千瓦时 0.36 丹麦克朗（0.05 美元）。如果寿命按 25 年计，还可减少 9%。

（二）交通

1. 混合电动汽车

混合电动汽车将内燃烧发动机和电力驱动系统及电池结合起来，主要通过回收制动能量、减小发动机体积、关闭发动机以节省怠速运行能耗，利用电动驱动替代内燃发动机低效运行状态等来提高效率。欧美、日本等国多家汽车制造商都比原计划提前推出多款混合电动汽车，如日本的丰田、本田，美国的通用汽车及欧洲的戴姆勒·克莱斯勒等。但双发动机系统使得混合电动汽车结构复杂，这影响了其成本和市场占有率（周大地等，2004）。

混合电动汽车的效率可以在低速起停阶段超过传统汽车一倍，城市工况下中型卡车的单耗可以减少23%～63%。对丰田Prius轿车的测试结果表明，速度为40千米/小时时燃料经济性可以提高40%～50%，15～30千米/小时时提高70%～90%，10千米/小时时提高100%～140%。

2. 材料轻质化

减轻车身重量是一个提高车辆燃料经济性的重要措施。由此，它可以减小发动机的功率而不损失性能。历史上由于成本高、制造工艺困难、难以达到车身表面光滑度要求、冲撞测试中的性能不佳以及可维修性低等方面的问题而进展缓慢。但最近几年在车身框架结构、塑料和铝制造技术水平、评价分解和冲撞性能方面有了显著进展。福特已经展示了重量仅有900千克的中型小汽车的原形，而普通小汽车的重量在1450千克左右。虽然福特放弃了一些更为轻便的材料，但车身重量减轻30%是可能的。发动机的动力与重量成比例，减轻车身重量约可提高20%的燃料经济性。目前，一些采用铝合金的小汽车已经投入使用，如奥迪A8、新型大众LUPO，后者的燃油经济性可达3升/百公里。当然，采用轻型材料还需要用生命周期方法来进行评价。

3. 直喷汽油和柴油发动机

直喷汽油发动机已经在日本和欧洲投入使用，但在美国由于汽油硫含量高而受到限制。初步研究结果表明，它对燃料经济性提高的贡献平均可达12%～15%。但发动机的成本比传统发动机高200～300美元。直喷柴油发动机已经在重型卡车上应用了很长时间，最近由于噪声和排放技术得到解决，在小汽车和轻型卡车上的应用也越来越多。这种新型发动机比传统汽油发动机的燃料经济性提高大约35%，而且排放减少25%。轻型卡车的直喷发动机成本比传统汽油发动机高500～1000美元。NO_x和颗粒物排放问题是一个挑战，但有可能通过技术和更清洁燃料来解决。

4. 车用燃料电池

燃料电池可以达到比现有发动机高1倍的效率，而且排放基本为零。几乎所有大的汽车制造商都在开发不同类型的燃料电池汽车。虽然燃料电池发动机的成本在过去一段时间内已经下降很多，但其成本仍然比现有发动机成本高10倍左右。有可能在未来10年内将成本下降到40美元/千瓦。同时燃料电池还可以用在铁路和船舶上。如果考虑燃料电池所用氢气来自于天然气，从开采到车用所形成的 CO_2 排放比常规发动机减小 40% 左右，其减排量取决于氢的来源。制氢过程中由于所排放的 CO_2 浓度大，因此可以采用收集技术。

5. 采用生物燃料

从生物质能生产液体和气体燃料是可行的，主要包括甲醇、乙醇、生物柴油等。在一些国家已经利用了不少这类燃料，如巴西、美国、瑞士、德国等。生物质燃料的利用可以直接减少温室气体排放量。

6. 航空技术

一些研究表明，航空技术的发展可以提高能源效率 40% 或更多，到 2020 年，上述效率提高中的 25% 来自于发动机效率提高，15% 来自于航空动力性提高和重量下降。NO_x 减排的初步目标是 20% ~ 30%。喷气时代以来新型发动机的效率每年提高 2%。IPCC 专门报告分析认为，从 1997 ~ 2015 年燃料效率可以提高 20%，主要通过改善航空动力、减少重量、采用高通发动机等来实现。

（三）其他部门

提高能源效率是工业的主要减排对策。这个行业中存在大量节能技术，但各国的情况不同。工业节能的重点是高能耗工业，包括金属制造业、炼制、造纸、基本化工、建材等。非 CO_2 温室气体包括 N_2O、HFC、PFC、SF_6。这些气体在硫酸、硝酸、HFCF-22 和铝生产过程中作为副产品排放到大气中（周大地等，2004）。一些正在开发中的技术及新工艺都会在未来若干年中发挥节能减排的作用。

工业领域一个重要的技术是碳捕获和封存（CCS）。其成本可以与电厂废气中回收 CO_2 的成本类似，而且会成为工业终端部门最终实行零碳排放的重要技术。还有一些部门的 CCS 成本会更低。典型过程如制氢过程中的副产品 CO_2，但这些 CCS 技术还需要进一步验证。

建筑部门用能的重大技术发展方向是超高效电器，如高效空调系统、半导体照明以及其他先进节能电器等。同时热泵，太阳能热水和采暖系统以及分布式太阳能、风能发电系统，加上储能系统如氢和燃料电池系统，将对未来的电力和能源供应产生重大影响。

建筑部门的另外一个重要技术措施是综合建筑设计，着眼于将节能与建筑设计结合起来，同时考虑各个部分的一致性和相互匹配，如节能门窗、电器设备、采暖以及通风等。特别是未来的建筑可以采用监控系统，以达到最佳节能效果。对大型商用建筑来讲，这样的系统可以实现非常大的节能潜力。

（四）终端能源的技术贡献前景

从终端能源需求总量看，2030 年和 2050 年低碳情景分别比基准情景减少了 13 亿吨和 16 亿吨标准煤。图 5.7 ~ 图 5.9 给出了各种能源品种、各部门及工业部门内部各行业对低碳情景终端能源需求量减少的贡献量。

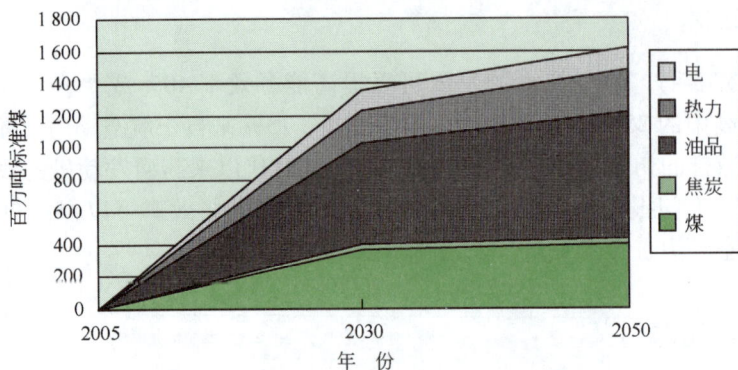

图 5.7　各种能源品种对低碳情景终端能源需求量减少的贡献

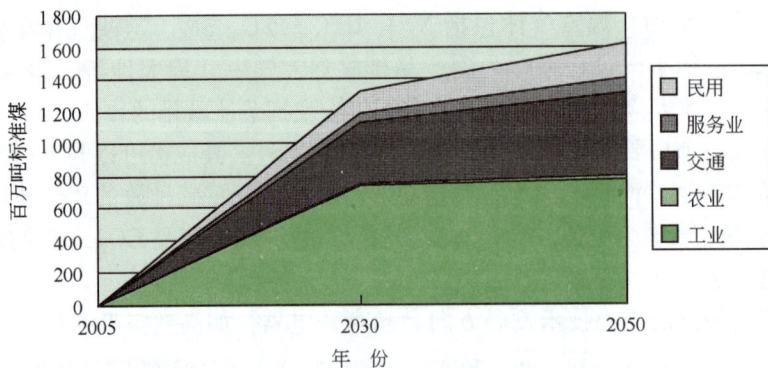

图 5.8　各部门对低碳情景终端能源需求量减少的贡献

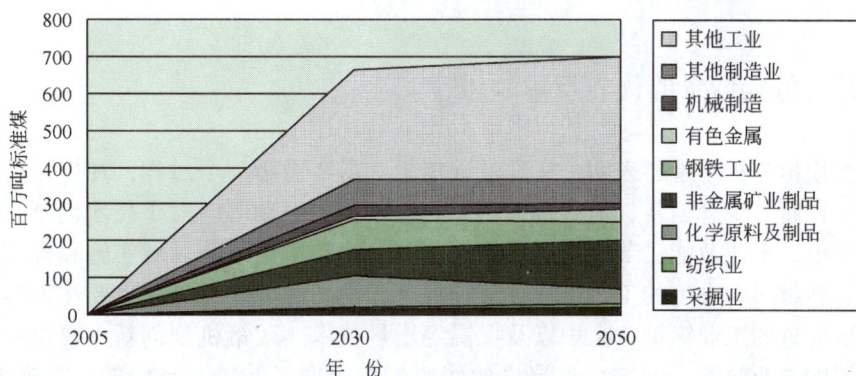

图 5.9 工业内部各行业对低碳情景终端能源需求量减少的贡献

2005～2050 年基准情景和低碳情景分部门和行业终端能源需求量变化趋势及能源需求拐点的描述见表 5.26。

表 5.26 2005～2050 年分部门和行业终端能源需求量变化趋势

部 门	基准情景	低碳情景
农 业	2005～2050 年终端能源呈持续增长趋势	2005～2050 年终端能源呈持续增长趋势
工 业	2005～2050 年呈持续增长趋势	2020～2030 年达到顶峰，之后略有下降，2050 年恢复到 2020 年水平
其中：采掘业	2020 年达到顶峰，之后保持同一水平	2020 年达到顶峰，之后略有下降
纺织业	2005～2050 年呈持续增长趋势	2005～2050 年呈持续增长趋势
化学原料及制品	2020 年达到顶峰，之后基本保持同一水平	2020 年达到顶峰，之后略有下降
非金属矿业制品	2010 年达到顶峰，2020 年之后开始下降	2010 年达到顶峰，2020 年之后开始较大幅度下降
钢铁工业	2020 年达到顶峰，之后持续下降	2010 年达到顶峰，之后开始较大幅度下降
有色金属	2005～2050 年呈持续增长趋势	2020 年达到顶峰，之后略有下降
机械制造	2005～2050 年呈持续增长趋势	2005～2050 年呈持续增长趋势
其他制造业	2005～2050 年呈持续增长趋势	2005～2050 年呈持续增长趋势
其他工业	2005～2050 年呈持续增长趋势	2005～2050 年呈持续增长趋势
服务业	2005～2050 年呈持续增长趋势	2005～2050 年呈持续增长趋势
交通运输	2005～2050 年呈持续增长趋势	2005～2050 年呈持续增长趋势
城市居民	2005～2050 年呈持续增长趋势	2005～2050 年呈持续增长趋势
农村居民	2005～2050 年呈持续增长趋势	2005～2050 年呈持续增长趋势

（五）低碳情景的优先技术领域

模型模拟分析结果还表明，实现低碳情景，需要经历一个过程，在广泛的领域实施技术创新、观念创新、消费行为创新和政策机制创新等。对于技术创新，主要包括在发电、工业节能、节能型消费品、交通运输和建筑节能领域实施和推广应用高科技、新材料、先进的工艺流程、节能和低碳消费品等。另外，也要注重推广应用诸如更先进的工业锅炉、窑炉以及保温等增量技术。政策机制创新主要包括适应低碳发展的产业政策、制定更加严格的能源效率标准、低碳商品标准、实施碳税、制定鼓励建立低碳与能效市场的相关政策等。

实现低碳情景的优先技术领域和措施举例见表 5.27。

表 5.27　实现低碳情景的优先技术领域和措施

部 门	优先技术领域和措施
建筑物	新建建筑物普遍实施节能 65% 和 75% 的节能建筑标准，逐年提高建筑节能标准；推广超高能效建筑，可持续（绿色）建筑，应用先进的采暖和制冷技术，鼓励采用蓄冷、蓄热空调及普及冷热电联供技术；中央空调系统采用变频调速技术的风机水泵；采用节能节水电器，热泵、太阳能热水器；普及供热计量仪表；建立技术咨询和信息网络；建立建筑能源管理系统；实施能源审计；实施需求侧管理（DSM）；对各种电器设备全面实施能效标准和标识制度；采用户用太阳能系统；采用可再生能源利用技术；采用相变材料蓄能技术；采用新型建筑材料；制定建筑节能标准；制定家用电器标准、使用节能灯等
交 通	采用高级柴油、混合燃料、氢动力、燃料电池、混合动力、纯电动、先进柴油汽车、公共交通系统和设计规划、生物质燃料；增加私车购置使用成本，对新型高效和清洁汽车减免税费或提供补贴；实施交通需求管理（TDM），发展非机动交通，通过强制标准或自愿协议提高汽车燃油经济性，大力发展公共交通，提高公众意识；开发利用替代材料和替代能源（如材料轻质化）、可变气门控制系统（variable valve controls, VVT）、燃料电池汽车、可再生能源利用技术、悬浮列车（maglev）、非交通运输的替代方式等
工 业	采用低碳密集与高能效型生产工艺、高效工业锅炉、先进的工业节能技术（钢铁系统、建材、玻璃、化工等行业）、高效率的电动机、废弃物循环回收利用技术，制定更加严格的能源效率标准、低碳商品标准，减少对高耗能工业的补贴或税收优惠，实施排放贸易，征收碳税/能源税，对其他税进行减免/优惠，增加政府补贴/资助，制定法律/法规，制定产业发展战略政策，制定技术研究与开发计划，增加研究与开发投资，建立技术创新机制，新技术示范，发展循环经济，培育技术市场，引进消化吸收先进技术，调整产品结构，发展高产值低能耗产业和产品，实施资源回收利用，实施能源审计与认证，强化能效标准和标识，开展自愿协议，开展国际合作，进行节能和减排温室气体意识建设等

部 门	优先技术领域和措施
能源供应（发电）	整体煤气化联合循环（IGCC）、天然气燃气轮机（NGCT）、天然气联合循环（NGCC）、燃气轮机蒸汽轮机联合循环（CCGT）、核能（裂变与聚变）、热电联产（CHP）、分布式发电系统、多联产技术、加压循环流化床（PFBC）、碳捕获和储存（CCS）、生物质利用技术、太阳能发电、近海风力田发电、生物质液化、水电开发技术、新型薪炭林技术、风能、太阳能、深海碳氢化合物、非常规石油、洁净煤技术、生物技术、纳米技术等
经济激励政策	征收能源税和碳税；征收机动车燃料税；征税与自愿协议相结合，鼓励企业参与自愿协议行动；实施温室气体减排行动的企业应获得经济资助；对节能产品实施所得税优惠政策；政府设立节能专项拨款制度；实施政府采购计划，为新建筑提供廉价的可再生能源；鼓励开发商建造超前节能标准和绿色建筑；鼓励消费者购买节能和绿色建筑等

（六）重点领域低碳技术路线图

　　根据情景研究结果以及上述低碳技术学习曲线分析，可以得到低碳技术的发展路线图（图5.10），其中先进工业用能技术的研发工作已基本完成。表5.28 则给出了不同情景中更为详细的技术普及率。

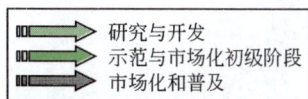

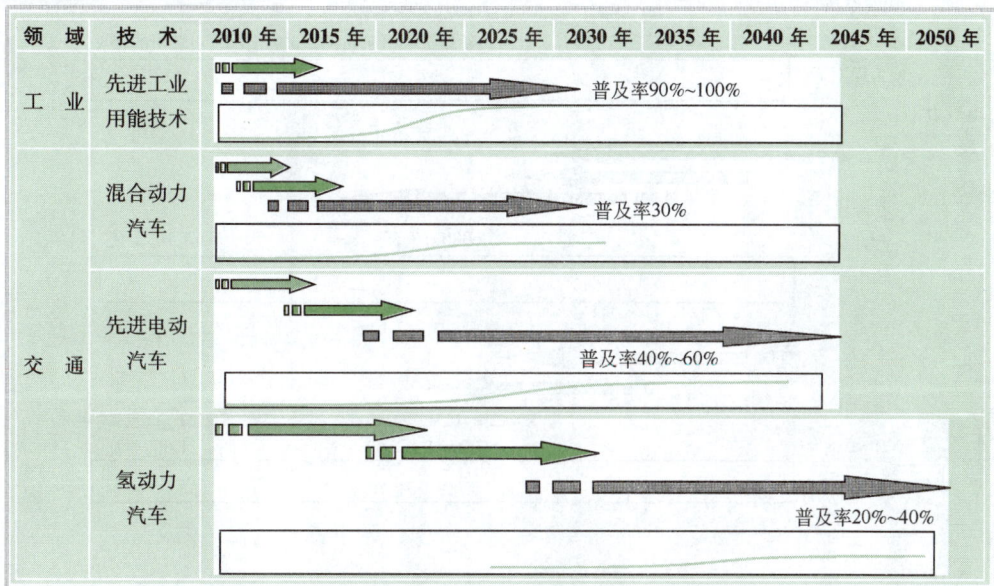

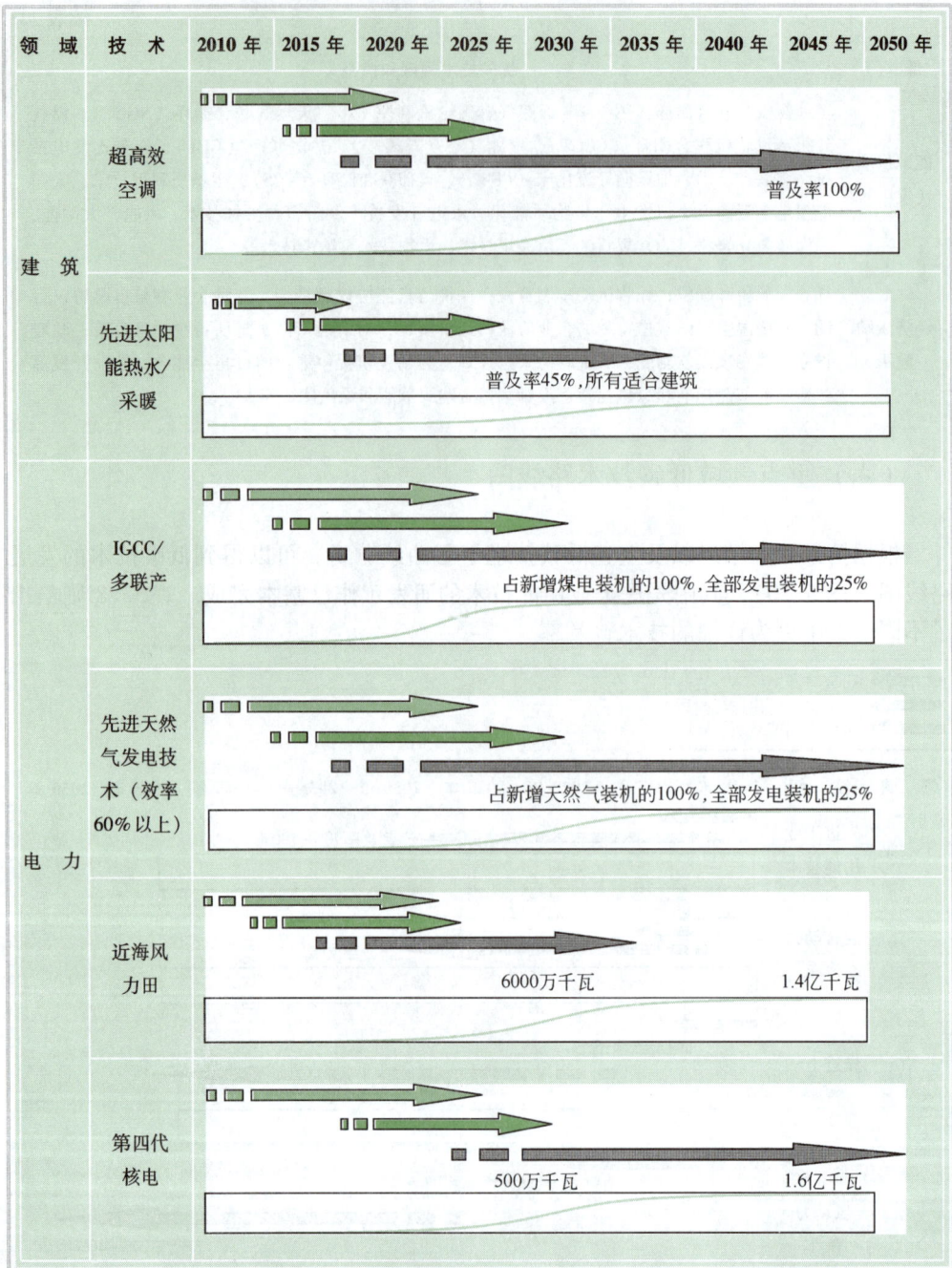

领 域	技 术	2010 年	2015 年	2020 年	2025 年	2030 年	2035 年	2040 年	2045 年	2050 年
建 筑	超高效空调							普及率100%		
	先进太阳能热水/采暖				普及率45%,所有适合建筑					
电 力	IGCC/多联产				占新增煤电装机的100%,全部发电装机的25%					
	先进天然气发电技术（效率60%以上）				占新增天然气装机的100%,全部发电装机的25%					
	近海风力田				6000万千瓦			1.4亿千瓦		
	第四代核电				500万千瓦			1.6亿千瓦		

领　域	技　术	2010 年	2015 年	2020 年	2025 年	2030 年	2035 年	2040 年	2045 年	2050 年

低成本光伏
600万千瓦　　　　1.2亿千瓦

太阳能热发电
200万千瓦　　　　4000万千瓦

终端部门CCS
100%,全部采用

电力部门CCS
全部IGCC电厂采用　　全部NGCC电厂采用

电力

CCS

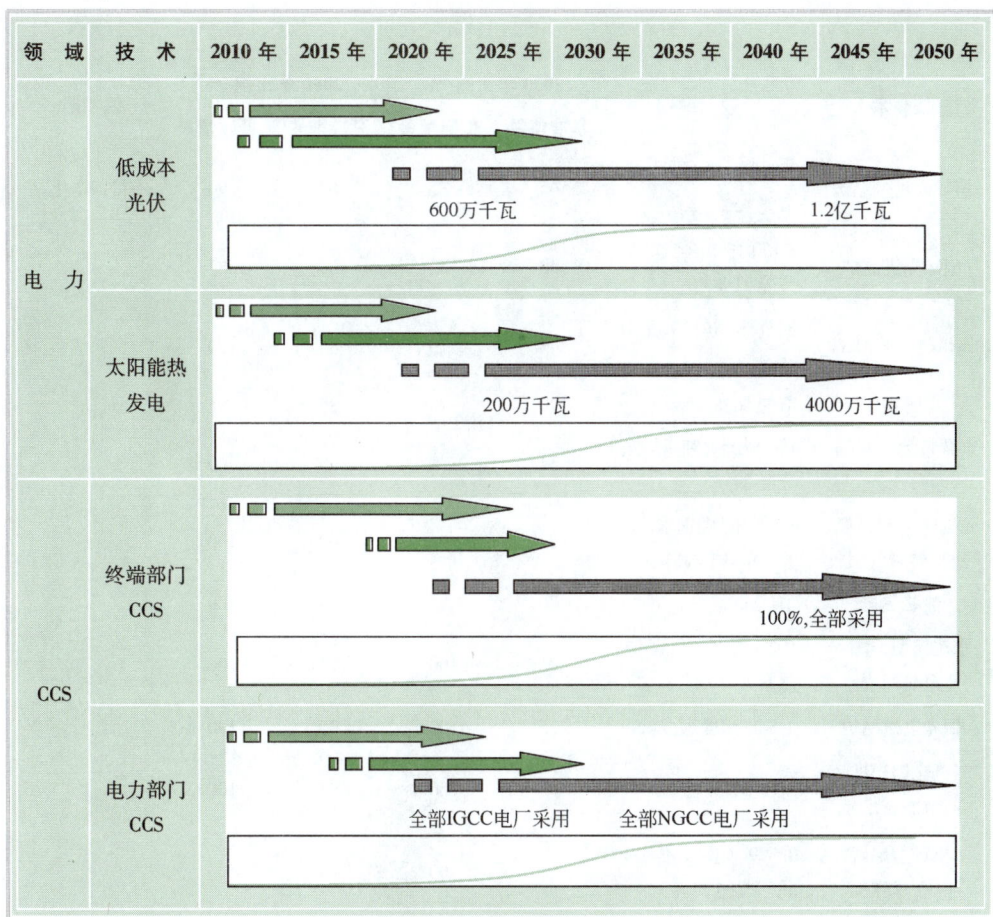

图 5.10　低碳技术路线图

表 5.28　重大技术普及率

技　术	效　率	2030 年比例/%		2050 年比例/%		说　明
		基准情景	低碳情景	基准情景	低碳情景	
先进焦炉	11 900 兆卡/吨焦炭,产焦炉煤气 1 340 兆卡	58	50	77	42	完全国产化
新一代焦炉	1 030 兆卡/吨焦炭,产焦炉煤气 1 420 兆卡	17	47	23	58	
干熄焦	回收 2.4 兆卡/吨焦炭	80	100	90	100	国产化,具有较好的市场普及潜力

续表

技　术	效　率	2030 年比例/%		2050 年比例/%		说　明
		基准情景	低碳情景	基准情景	低碳情景	
国际先进烧结炉	390 兆卡/吨烧结块，节能 42%	45	85	67	90	有待国产化
国际先进高炉	3 750 兆卡/吨铁水，节能 21%	40	65	64	87	
高炉气回收/TRT	回收热/电 0.7 兆卡/吨铁水	44	70	85	100	
连铸连轧	节能 86%	90	98	85	95	
大型转炉（富氧、负压）	170 兆卡/吨钢水，节能 23%	34	30	60	0	
先进转炉（富氧、负压、转炉气回收）	218 兆卡/吨钢水，回收 286 兆卡/吨钢水	37	70	40	100	
热装热送	节能 44%	70	95	95	100	
水泥新型干法 + 余热回收	102 千克标准煤/吨熟料	75	100	90	100	
铜先进熔融炉	0.5 吨标准煤/吨	75	100	90	100	
氧化铝先进节能技术	节能 8%	85	100	95	100	
铅锌冶炼新技术（SKS）	0.379 吨标准煤/吨，节能 21%	80	100	93	100	
大型合成氨	8 500 兆卡/吨，最先进 6 926 兆卡/吨	70	96	85	100	
烧碱离子膜	3 744 兆卡/吨，节能 34%	80	98	95	100	
乙烯原料和高效换热塔	6 517 兆卡/吨，节能 38%	66	95	83	100	
置换加热蒸煮（RDH），连续蒸煮		80	100	95	100	
节能建筑	节能 50%	20	30	34	20	
	节能 65%	16	25	25	40	
	节能 75%	4	15	10	30	

技　术	效　率	2030 年比例/%		2050 年比例/%		说　明
		基准情景	低碳情景	基准情景	低碳情景	
节能冰箱	节能65%	85	100	100	100	
交流变频空调	节能30%	65	20	30	0	
直流变频空调	节能50%	15	60	45	70	
超级空调	节能75%	0	20	20	30	COP（制冷效率）>7
紧凑型节能灯	节能80%	80	95	90	97	
节能洗衣机	节能30%	80	100	100	100	
节能电器	节能40%	65	95	100	100	
太阳能热水器		9	15	30	45	
室内用能方式		少用能120千克标准煤/户	少用能210千克标准煤/户	少用能220千克标准煤/户	少用能390千克标准煤/户	
LPG/天然气灶	效率51%			70	0	
节能LPG/天然气灶	效率58%			30	100	
低能耗汽车	5.4升/百公里	56	45	50	10	
混合动力汽车	4.3升/百公里	20	35	40	55	
超高燃油经济性汽车	3升以下/百公里	0	10	8	20	
公共汽车	人公里能耗为小汽车的1/6左右					
地　铁	人公里能耗为小汽车的1/22左右		大城市占机动车出行的30%		大城市占机动车出行的70%	
电动自行车	百公里耗电1.2千瓦时					
超临界/超超临界发电	效率42%		35		45	
IGCC/多联产	效率45%，2030年为54%		3		45	

续表

技 术	效 率	2030 年比例/%		2050 年比例/%		说 明
		基准情景	低碳情景	基准情景	低碳情景	
电动汽车	14 千瓦时/百公里	8	12	15	35	
先进电动汽车	9 千瓦时/百公里				15	
氢动力汽车	1.3 千克氢/百公里		2		25	
高效氢动力汽车	0.8 千克氢/百公里				5	
IGCC/多联产	效率45%，2030 年为54%	3	6	25	35	
燃料电池 IGCC	63%效率		1		20	
先进天然气发电	效率53%，2030 年为62%	15	23	65	90	占天然气发电的比例
IGCC + CCS	效率下降10%，碳捕获70%				25	
	效率下降11%，碳捕获90%				20	
生物质 IGCC + CCS	效率下降10%，碳捕获70%				4	
超低排放城市家庭	CO_2 减排80%			4	50	
超低排放农村家庭	CO_2 减排80%			2	75	

本章参考文献

段立强，等．2000．整体煤气化联合循环（IGCC）技术进展．燃气轮机技术，13（1）：9~17

盖红波．2005．光伏技术展望．全球科技经济瞭望，(9)：78~80

顾巍钟．2007-6-4．太阳能电，成本六毛一度．扬子晚报

国家发展和改革委员会．2007a．中国应对气候变化国家方案

国家发展和改革委员会．2007b．可再生能源中长期发展规划

国家统计局．2007．中国统计年鉴2007．北京：中国统计出版社

胡秀莲，姜克隽．2001．中国温室气体减排技术选择及对策评价．北京：中国环境科学出版社

胡秀莲，姜克隽．2002．ERI-AIM/中国能源排放模型及应用．见：2002 年中国气候变化科学大会论文集

姜克隽．2005．IPCC 第三工作组第二次新排放情景研讨会简介．气候变化研究进展，1（2）：56

姜克隽，等．2008．中国 2050 年的能源需求与 CO_2 排放情景．气候变化研究进展，4（5）：296~302

姜克隽，胡秀莲．2002．中国温室气体排放情景和技术评价．见：2002 年中国气候变化科学大会论文集

姜克隽，胡秀莲．2003．中国与全球温室气体排放情景分析模型．见：周大地等．中国能源问题研究 2002．北京：中国环境科学出版社

李俊峰，等．2007．中国风电发展报告·2007．北京：中国环境科学出版社

王亦楠．2005．"八面玲珑展威风"对我国太阳能光电成本降低的巨大影响．http://www.china5e.com/renewable_energy

武卫政．2007-09-18．我国光伏发电技术获得突破．人民日报．第 6 版

徐士斌．2003．太阳能光伏发电产业．http://www.newenergy.org.cn/Html/00311/20031304.html〔2003-11-03〕

许世森．2006．中国 IGCC 现状与发展．中国电机工程学会 2006 年学术年会发言

杨惠新．2005．天然气发电的电力市场分析．2005 大型燃气轮机发电技术发展学术研讨会．杭州：中国电机工程学会

张蓓文．2004．燃气–蒸汽联合循环机组发展动态．上海情报服务平台．http://www.istis.sh.cn/list/list.aspx？id=1038

张晓鲁．2004．超超临界燃煤发电技术的研究．见：中国科协 2004 年学术年会电力分会场暨中国电机工程学会 2004 年学术年会论文集

赵东旭．2007．我国 IGCC 发电技术应用现状及政策建议．电力技术经济，（6）：40~43

郑照宁，张树伟，刘德顺．2004．中国核电实现商业化发展的成本及政策建议．中国软科学，（10）：24~29

中国化工报．2007．我国各地煤层气开发近况．http://www.ccin.com.cn/news1/ShowArticle.asp？ArticleID=20964

周大地，姜克隽．2004．减缓气候变化——IPCC 第三次评估报告的主要结论和中国的对策．北京：气象出版社

IEA. 2007. World Energy, Technology and Climate Policy Outlook 2030. Paris：IEA

Jiang Kejun, Hu Xiulian. 2007a. Energy Technology Innovation. *In*：Innovation with Chinese Characteristics. High-Tech Research in China. Palgrave

Jiang Kejun, Hu Xiulian. 2007b. China Greenhouse Gas Emission Scenario Research. *In*：International Climate Change Regime：A Study on Key Issues in China. Beijing：China Environmental Science Press

Jiang Kejun, Hu Xiulian. 2009. China's Energy Efficiency Improvement in 11th Five Year Plan. Climate Policy（to be published）

第六章

低碳道路的技术转让
和资金机制*

在全球应对气候变化、发展低碳经济的过程中，大规模、高效率的国际低碳技术转让对于发展中国家克服技术的"锁定效应"起到重要作用。对电力部门的分析结果表明，如果没有及时的技术转让以帮助中国对燃煤火电机组进行技术升级，中国到2030年可能多排放近60亿吨CO_2，产生巨大的"锁定效应"。因此，国际的低碳技术转让必要而且紧迫。

《联合国气候变化框架公约》（UNFCCC）（以下简称"《公约》"）明确强调了技术开发与转让的必要性和迫切性。但是《公约》生效以来，在发达国家向发展中国家进行技术转让方面进展甚微。究其原因，发达国家将低碳技术视为其未来国家竞争力的重要组成部分，缺乏对发展中国家进行技术转让的政治意愿，此外技术转让过程中本身存在的障碍也是重要制约，包括各种市场、资金、政策、信息、机构、促成环境等方面的障碍。以资金障碍为例，作为技术转让与合作议题的专门资金机制，全球环境基金（GEF）的第四次增资期的规模仅为10亿美元，远远不能满足低

* 本章由邹骥、王克、傅莎、邢璐、周元春、王海芹执笔，作者单位为中国人民大学环境学院。本章研究同时得到了世界自然基金会（WWF）项目（SNAPP 2012）的资助

碳技术开发与转让的每年数千亿美元的资金需求。

为了克服低碳技术转让过程中的各种障碍，促进低碳技术开发与扩散，2007 年《公约》第 13 次缔约方大会达成的"巴厘行动计划"，将技术与减缓、适应和资金一起列为 2012 年后国际气候变化制度的 4 个要素，并且强调发展中国家适当的国内减缓行动，是以发达国家提供"可测量、可报告、可核实"的资金支持和技术转让为前提条件。因此，为了尽快实现低碳技术快速、广泛的实质性转让、扩散，需要在《公约》的框架下，对传统的依托国际贸易和投资的市场机制进行改革，建立低碳技术国际转让与合作的创新机制。

中国政府在《中国应对气候变化国家行动方案》中提出：应建立有效的技术合作机制，消除技术合作中存在的障碍，为技术合作和技术转让提供激励措施，建立国际技术合作基金，确保广大发展中国家买得起、用得上先进的环境友好型技术。我们认为，改善技术转让和资金机制的根本办法是建立国际低碳技术合作与转让的新机制，建议成立一个专门用于推动《公约》下的低碳技术国际合作的政府间合作促进机构，并建立一个有效的创新性融资机制，在公私合作伙伴关系的框架下，由政府主导、企业参与，建立专门的国际低碳技术合作基金，促进国际低碳技术的合作、转让和广泛应用，为保护全球气候做出实质性贡献。

一　锁定效应与国际低碳技术转让的紧迫性

（一）锁定效应

能源对世界经济增长一直发挥着重要作用，无论是发达国家还是发展中国家，其工业化历程无一不是依赖能源特别是化石能源的大量消耗。目前，尽管发达国家仍是世界能源消费的主要市场，但其能源消费增长速度放慢；而发展中国家的能源消费则随着工业化和城市化的快速发展而迅猛增长，已成为世界能源消费增长的主要拉动力。1965～2006 年，OECD 国家的能源消费占全世界的比例由 68.7% 下降到51.1%，而发展中国家的能源消费比例大幅上升，仅中国和印度所占比例就提高了13.4%。国际能源署的预测表明（IEA，2007），2005～2030 年，世界一次能源需求的新增量将有 2/3 来自于发展中国家。

中国作为能源消费增长最快的国家之一，2006 年一次能源消费量占全球比例已达到 15.6%。现阶段，中国能源消费表现出总量规模大、速度增长快的特征。中国能源消费特征受到人口增长、城市化、工业化、消费升级、技术变动等诸多驱动因素的影响。按照许多发达国家的经验，经济快速发展阶段都会伴随能源消费的快速增长。发展中国家目前所经历的经济快速增长，也伴随着大规模的基础设施建设，同样拉动能源需求快速增长。如果只使用发展中国家当前所拥有的非低碳技术，将会产生对环境的严重影响。由于用落后于发达国家的非低碳技术建成的固定资产不可能在短期内推倒重建，这就将形成一个发展中国家能源基础设施在其生命周期内的资金和技术的"锁定效应"。

锁定效应，简单说，就是事物的发展过程对初始路径和规则选择的依赖性，一旦选择了某种道路就很难改弦易辙，以致在演进过程中进入一种类似于"锁定"的状态。目前，像中国这样经济高速发展的发展中国家，正面临着这样一个有可能造成重大气候影响的"锁定效应"状况。如果当前不能解决好这个问题，就可能失去控制未来几十年温室气体浓度的先机。

诸如电厂、交通之类高载能的部门很容易发生锁定效应，因为一旦建成，其运行方式在较长的生命周期中就难以改变。下面以电力行业为例，比较采用高碳技术和低碳技术两种情景下的碳排放，以解释电力部门的锁定效应。

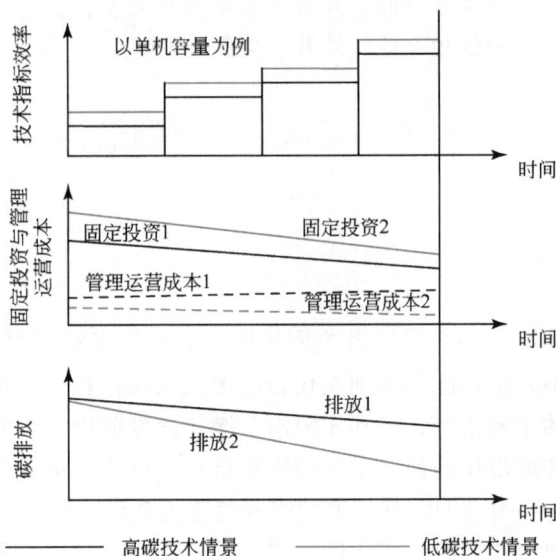

图 6.1　电力部门的锁定效应示例

从图6.1中可以看出，在发电机组中采用效率更高的低碳技术可以比采用高碳技术，在未来的几十年使用周期里，持续减少碳排放；尽管采用低碳技术的初始投资成本可能会高于高碳技术。

表6.1 则在图6.1 的基础上，进一步定量考察了不同发电技术的选择对 CO_2 排放的影响。2005 年中国煤电装机容量为3.68 亿千瓦，假设2010 年、2020 年和2030 年中国的煤电装机容量分别达到6.87 亿千瓦、10.1 亿千瓦和12.91 亿千瓦。在基准情景下，假设中国未来将以60 万千瓦的成熟的亚临界技术作为主力发电机组；为进行对比，在技术进步情景下，假设中国以60 万千瓦以上的超超临界机组作为主力机组，同时加大淘汰小机组和进行 IGCC 试点的步伐。两个情景下，具体的发电机组装机容量设置如表6.1 所示。

表6.1 燃煤发电技术改进对 CO_2 减排量的估计 （邹骥等，2008）

		小机组	一般机组	亚临界机组	大型亚临界机组	超临界机组	超超临界机组	基于水煤浆气化技术的IGCC	基于粉煤灰气化技术的IGCC
单机容量/兆瓦		<100	100~300	300~600	600	600	≥600	≥200	≥200
单位发电煤耗/(克标准煤/千瓦时)		394	346	322	306	298	267	304	299
2005 年装机容量/吉瓦		102	99	120	33	14	0	0	0
基准情景下的装机容量/吉瓦	2010 年	70	110	140	277	64	20	4	2
	2020 年	35	95	130	500	134	100	10	6
	2030 年	0	70	120	652	164	230	30	25
技术进步情景下的装机容量/吉瓦	2010 年	55	100	140	128	74	180	6	4
	2020 年	20	70	100	109	94	581	26	10
	2030 年	0	35	60	85	114	897	60	40
累积 CO_2 减排量/百万吨	2006~2020 年	2 313							
	2006~2030 年	5 813							

注：假设2006~2010 年、2011~2020 年、2021~2030 年3 个时期内的技术替代呈线性关系

利用相关技术参数通过计算可以发现，与基准情景相比，技术进步情景下，2006~2020 年的 CO_2 累积减排量将达到23.13 亿吨，2006~2030 年的累积减排量更高达58.13 亿吨。换句话说，如果没有及时的技术转让以帮助中国对燃煤火电机组进行技术升级，中国到2030 年可能多排放近60 亿吨 CO_2，产生巨大的"锁定效

应"。

由此可见，大规模、高效率的国际低碳技术转让对于发展中国家克服技术的"锁定效应"能够起到重要作用。如果在国际低碳技术开发和转让方面没有取得突出进展，一旦错过发展中国家进行大规模基础建设的这一黄金时期，使得"锁定效应"成为现实，全球将可能为之付出高昂的气候代价。

（二）国际低碳技术转让的紧迫性

中国目前正展开前所未有的大规模基础设施建设，在这些基础设施建设中仍然有大量应用低效率的技术，因此这一历史时期对于中国而言是避免锁定效应的关键时期。中国现在的能源利用效率约为35%，低于 OECD 国家45%的平均能源效率10个百分点。主要的发展中国家和发达国家在能源强度上的差距见表6.2。

表6.2　2006 年国际能源强度比较

国　家	GDP/（百万美元）	一次能源消费量/百万吨	单位 GDP 能耗/（吨/万美元）	单位 GDP 能耗比（中国/外国）
中　国	2 668 071	1 697.8	6.36	1.00
印　度	906 268	423.2	4.67	1.36
韩　国	888 024	225.8	2.54	2.50
日　本	4 340 133	520.3	1.20	5.31
印度尼西亚	364 459	114.3	3.14	2.03
俄罗斯	986 940	704.9	7.14	0.89
美　国	13 201 819	2 326.4	1.76	3.61
墨西哥	839 182	154.2	1.84	3.46
英　国	2 345 015	226.6	0.97	6.59
德　国	2 906 681	328.5	1.13	5.63
法　国	2 230 721	262.6	1.18	5.41
意大利	1 844 749	182.2	0.99	6.44
世　界	48 244 879	10 878.5	2.25	2.82

数据来源：经济数据来自世界发展指数数据库，世界银行，2007.7；能源数据来自《BP 世界能源统计2007》

通过从发达国家获得更有效率的能源利用技术，着眼于长远的气候影响进行各种基础设施的建设，中国可以有效地对其温室气体排放进行控制。由于中国在能源使用和温室气体排放方面占有重要的份额，能源利用效率提高几个百分点就可以带来极为显著的温室气体减排。因此，把握中国以及其他发展中国家的这一特殊历史发展机遇，进行积极有效的国际技术合作，对于控制和减缓全球变暖具有十分重大的意义。

二　国际低碳技术转让的概念框架

（一）在应对气候变化中低碳技术的特定含义

在发展低碳经济、应对气候变化过程中，作为减少温室气体排放的一类技术，低碳技术的采用是针对全球公共物品——气候进行保护的有效措施，而气候改善的收益是低碳技术最核心的回报。具体说来，低碳技术就是指那些有利于改善公众的生活质量、提高其生活水平，通过提高能源的效率以获得更多的能源消费、降低温室气体排放的先进技术。更加迅速、有效地在发展中国家发展、转移、传播与分配低碳技术对于全球气候的保护起着至关重要的作用。气候这一全球公共物品的改善会给全球居民带来好处，低碳技术的国际合作为解决全球变暖问题提高了有效配置全球性技术资源的机会，我们需要找出一条创新性的路径来实现这种全球技术的重新配置。

低碳技术的实现并不只是其技术本身，而是一系列要素组合的整体，简单来说，应该包括以下几部分内容（邹骥等，2008b）。

（1）硬件：包括常规设备、机器、工序等。

（2）软件：包括知识产权、技术设计的原理与实施、设备使用、政策、合理的体制安排等。

（3）人力资源：包括技术人员的素质以及培训等。

（4）资金资源：包括技术的转让、开发、吸收所需要的资金保障。

从上面技术的内涵和外延可以看出，任何技术要真正发挥效用，硬件、软件、人力资源和资金资源都是必须的，缺少了哪一部分都会影响技术效果的发挥。值得注意的是，低碳技术的目标是针对气候变化这一全球公共物品问题，考虑到社会成本，低碳技术的国际合作与转让具有双赢的效果。但是由于这些技术很大部分掌握在私营企业部门的手中，企业从自身的收益考虑，不具有技术转让的积极性。在这种市场失灵的情况下，只能依靠政府的有力措施来解决技术合作和转让问题。

（二）全球公共物品

由于存在自我净化机制，全球气候变暖不是只要排放温室气体就会产生，而是在特定的情况下才会发生。破坏大气自我净化机制的排放量就是临界点，一旦人类向大气中排放的 CO_2 等气体的量超过此临界值，气候变暖就会发生。这种后果产生后，升温的气候就会成为强制各国消费的公共物品，可称之为"强制性公共物品"。它具有两个很明显的特点：一是它没有消费的排他性和竞争性，具有纯公共物品的特征；二是它一旦形成，不管愿不愿意，各个经济体都必须消费，没有选择的余地。随着排放量大大超过临界点，这种"强制性公共物品"的品质就会越来越"差"，如果不采取有效措施，人类就会受到越来越严厉的惩罚。因此，全球气候变暖问题是一个典型的全球公共物品问题，容易导致解决气候变暖所需资源的"供给不足"和治理成果的"免费搭车"，只有世界各国通力合作，才有可能从根本上减缓全球变暖。

环境问题相对来讲属于比较新的问题，从20世纪60年代以来才逐渐得到足够的重视，而气候问题更是近十几年才被广泛关注。由于气候变化问题具有公共物品属性，传统的单纯基于市场（如国际贸易和投资）的技术合作与转让模式已经不能适应全球应对气候变化的需要。大量先进的低碳技术为发达国家政府和企业所有，他们基于自身利益最大化，一直强调要加强低碳技术领域的知识产权保护，这为全球范围内的低碳技术合作与转让制造了障碍。因此，在气候变化领域，不能单纯强调市场机制的作用，更不能把应对气候变化、加强技术开发与转让的责任全部推向市场，政府尤其是发达国家政府需要通过公共财政的投入和相关政策措施，来解决技术合作与转让领域所存在的市场失灵问题。

（三）全生命周期的技术合作

根据技术生命周期各阶段的特点，可以把技术生命周期分为以下几个阶段：基础理论研究阶段、基础技术研究阶段、技术应用开发阶段和技术产业化阶段。通过图6.2，我们可以看到新技术代替旧技术的一个自然过程。在现实的市场中，很多在发达国家更新到第二代技术的时候，发展中国家可能还处于第一代技术的研发或者市场化进程，即在发达和发展中国家技术的使用上存在两代技术的时间差，这就为国际技术合作提供了空间。因为通过技术合作，可以大大缩短发展中国家掌握和应用新技术的时间，具体到气候领域就可以减少大量的温室气体排放。所以，根据技术生命周期的不同阶段，可以考虑不同的技术合作方式来使低碳技术尽快得到大范围的使用。

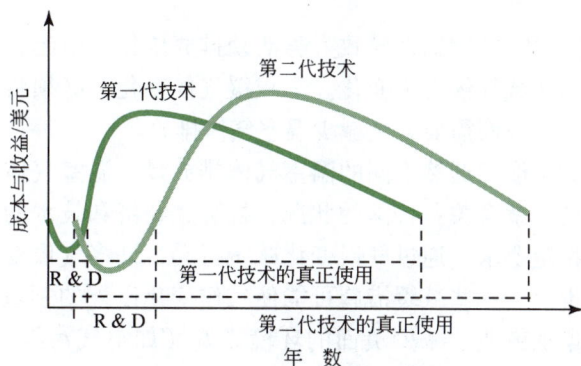

图 6.2　新技术替代旧技术的过程

从表 6.3 中我们可以看出，技术生命周期的不同阶段存在不同的技术合作方式，主要有前期的联合研发、中期的联合示范和后期的联合推广。这些合作过程都需要资金的支持，而这些资金主要应该来自表 6.3 中所列的利益相关者。

表 6.3　不同技术阶段的技术合作方式

技术发展阶段	发展特点	主要利益相关者	合作方式	政策需求
基础理论研究	发现科学规律、形成科学思想	科学家、学者、政府	联合研发、知识共享	以公共财政为主
基础技术研究	形成技术概念、识别技术功效	技术科学家、工程科学家、政府	联合研发、知识共享	以公共财政为主
技术应用开发	要素投入、成本核算、技术系统的整合	工程师、风险投资家、厂商	联合研发、人才培训	以私营投资为主
技术产业化	大规模、可接收成本、市场开发、融资等	厂商、工程师	技术贸易	制定技术标准、进行私营投资

三 国际低碳技术转让的重点领域

经济发展造成能源需求增加，导致人类活动排放增加，引起大气温室气体浓度升高，进而使全球和区域气候发生变化。为减缓气候变化，必须将大气中温室气体浓度稳定在一定水平，因而需要大量减少温室气体排放。

不同的发展模式可形成迥然不同的温室气体排放量。温室气体排放方案以及相应的减排措施与下列因素有关：各国的状况，社会、经济和技术的发展途径以及温室气体在大气中的稳定要求。通过气候变化减缓行动，许多气候变化的不利影响能够被避免、降低或推迟。一些减缓措施可能使气候变化以外的领域受益，如可减少健康方面的问题，增加就业，减少负面的环境影响（如空气污染），保护森林、土壤和流域，引起技术革新，促进技术推广，从而为实现可持续发展的广泛目标做出贡献。

IEA 在其《能源技术展望2008》（IEA，2008）中对现有的能源技术和先进的清洁能源技术等低碳技术的现状以及前景进行了深度评估，并为这些技术组合所产生的不同结果提供了情景分析，并计算了不同技术的减排潜力和贡献率。IEA 在该报告中提出，能源可持续发展是有可能实现的，其中科技将是关键因素，能源效率、CO_2 捕获和封存、可再生能源和核电等低碳技术都非常重要。

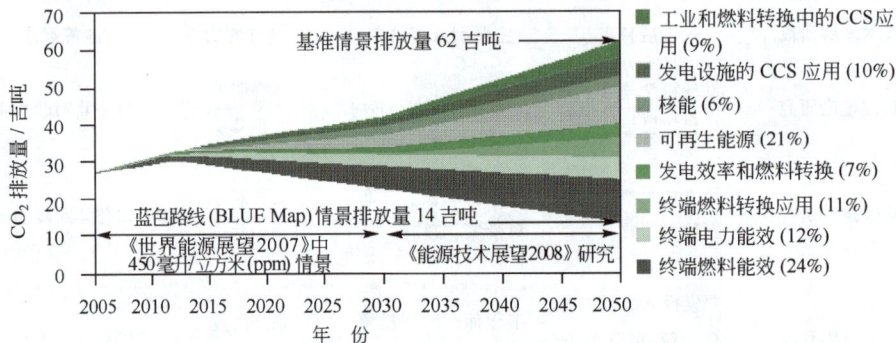

图 6.3　IEA 的技术情景（IEA，2008）

从图6.3中可以看到，与基准情景相比，BLUE Map 情景的 CO_2 减排量达到48吉吨，其中终端能效改善（包括燃料能效和电力能效）可占到总减排量的36%，而且此部分减排一般都是有净效益的。燃料转换效率提高所减少的排放差不多能占到总排放的18%，可再生能源占21%，核能占6%，CCS（包括工业和发电）

占 19%。

同时，IEA 还基于对每项技术的深度评估给出了对未来温室气体减排具有决定性作用的 17 项技术（表 6.4）。

表 6.4 IEA 识别的 17 项关键低碳技术（IEA，2008）

供应侧	需求侧
CCS 化石燃料发电	建筑物和电器的能效
核电厂	热泵
向岸风能及离岸风能利用	太阳能室内和热水供暖
生物质高度气化发电（BIGCC）和共同燃烧	运输中的能效
光伏系统	电动汽车和插电式汽车
太阳能热电厂	氢（H_2）燃料电池汽车
煤炭 – IGCC（整体煤气化联合循环发电）系统	CCS：工业、氢（H_2）与燃料转化
煤炭 – USCSC（超临界发电）	工业马达系统
第二代生物燃料	

IEA 所识别的对于发展低碳经济、减少温室气体排放具有重要意义的上述关键技术，对于中国等发展中国家开展低碳技术需求评估具有重要的参考价值。

在《中国应对气候变化国家方案》（以下简称"《国家方案》"）中，政府明确提出要依靠科技进步和科技创新应对气候变化，"要发挥科技进步在减缓和适应气候变化中的先导性和基础性作用，促进各种技术的发展以及加快科技创新和技术引进步伐"，并将"先进适用技术开发和推广"作为温室气体减排的重点领域，包括煤的清洁高效开发和利用技术、油气资源勘探开发利用技术、核电技术、可再生能源技术、输配电和电网安全技术等。

针对技术转让和合作需求，上述《国家方案》在低碳技术领域提出的具体技术需求包括：先进的能源技术和制造技术、环保与资源综合利用技术、高效交通运输技术、新材料技术、新型建筑材料技术等方面，具体技术包括高效低污染燃煤发电技术，大型水力发电机组技术，新型核能技术，可再生能源技术，建筑节能技术，洁净燃气汽车、混合动力汽车技术，城市轨道交通技术，燃料电池和氢能技术，高炉富氧喷煤炼铁及长寿命技术，中小型氮肥生产装置的改扩建综合技术，路用新材料技术，新型墙体材料技术等。

四 《公约》框架下的技术转让与资金机制及其障碍分析

（一）《公约》中有关技术转让与资金机制的规定

在《公约》中，技术开发与转让的必要性和迫切性已得到明确体现。

《公约》第 4.5 款规定："附件二所列的发达国家缔约方和其他发达缔约方应采取一切实际可行的步骤，酌情促进、便利和资助向其他缔约方特别是发展中国家缔约方转让或使它们有机会得到无害环境的技术和技术诀窍。"

《公约》第 4.7 款进一步指出，发展中国家缔约方能在多大程度上有效履行其在《公约》下的承诺，将取决于发达国家缔约方对其在《公约》下所承担的有关资金和技术转让的承诺的有效履行情况。

《公约》第 4.1(c) 款将技术开发与转让扩展到了部门层次，提出应在所有有关部门，包括能源、运输、工业、农业、林业和废物管理部门，促进和合作发展、应用和传播（包括转让）各种用于控制、减少或防止温室气体排放的技术、做法和过程。

但是《公约》生效以来，无论是《公约》下关于如何执行第 4.5 款的谈判，还是应对气候变化过程中发达国家对发展中国家进行技术转让的实际行动和措施，都没有实质进展。究其原因，发达国家将低碳技术视为其未来国家竞争力的重要组成部分，缺乏对发展中国家进行技术转让的政治意愿，此外技术转让过程中本身存在的障碍也是重要制约。对于低碳技术等环境有益技术转让过程中存在的障碍，现有研究大多认为是多方面的，除了技术层面的障碍，还与技术开发、扩散以及使用环境中的社会、经济、政治、文化等因素有关。另外，市场激励、管理体制、科教水平、社会价值和偏好都极大地影响技术转让效果。

（二）国际低碳技术转让的障碍分析

2000 年，IPCC 特别报告《技术转让的方法和技术问题》（IPCC，2000）较为全面地总结了技术转让问题中的各种障碍，包括责任机制不清晰、发达国家转让意愿不足、私有部门转让信息缺乏、资金支持和渠道障碍等。

具体而言，低碳技术转让过程中存在的障碍包括（Ockwell et al.，2007；Zou Ji，2008）：

（1）市场障碍：市场的不稳定阻碍了国际技术投资。很多低碳技术的知识产权掌握在发达国家企业手中，低碳技术市场具有垄断性，容易造成市场失灵，也会增加发展中国家企业进入低碳技术市场的难度。

（2）资金障碍：缺乏对向发展中国家转让技术的资金支持，特别是缺乏对未商业化的新兴技术和低碳技术的额外成本部分的资助。

（3）政策障碍：发展中国家缺少稳定的政策环境和定义明晰、实施明确的政策，无法给技术开发与转让的利益相关方提供有效的激励。由于市场失灵的存在，公共政策尤其是与环境、气候有关的公共政策，如中国实施的脱硫电价政策等，往往会对相关低碳技术的普及产生非常大的推动作用，因此，作为技术输出国的发达国家和作为技术输入国的发展中国家都要重视相关激励政策的制定和实施。

（4）未覆盖低碳技术的所有要素：只重视技术的更新换代，对更新改造和运行维护技术关注不够，没有将针对技术运行维护的培训纳入技术转让内容中。事实上，技术设备的实际运行效率会随着时间的推移而下降，与设计效率的差距会越来越大，如何通过有效地运行维护使得设备能够在更长时间范围内充分发挥出其设计效率的问题，应该得到发展中国家的足够重视。发达国家在设备维护运行和更新改造方面有着很多很好的技术诀窍，而且这部分技术诀窍也相对容易获取，发展中国家应大力促进这类技术的转让；处于研发阶段和示范阶段的未商业化的技术风险大、价格高，无法引起发展中国家的足够兴趣。

（5）信息障碍：对可得的技术和融资渠道、特定领域的技术需求缺乏了解，发展中国家企业对低碳技术的收益也缺乏了解。

（6）机构障碍：机构设置方面存在不足，例如，缺少发挥共同作用和实施有效政策工具的政府间机构，这会导致一些涉及多国的问题不能直接有效地由专管部门解决。

（7）促成环境不足：必要的基础设施和辅助设施不足，例如，技术交易信息的不透明和缺少统一的交易机构导致了高额的交易成本；缺乏训练有素的人力资源；对知识产权的过度保护导致了令广大发展中国家无法承受的高额费用，阻碍了低碳技术的广泛应用，对专有技术的保密也会导致发展中国家无法有效使用先进的低碳技术；发展中国家薄弱的国家创新体系导致了发展中国家企业薄弱的技术吸收能力。技术接受方本身的技术能力会影响技术转让的成败。相对来说，接受方技术水平越高越有利于双方达成共识。

上述障碍直接影响着国际低碳技术转让的进程和效果，进而影响发展中国家在应对气候变化过程中的发展路径的选择，如果不能够切实有效地解决这些问题，将会给人类社会的低碳经济发展之路增加很多额外的成本，使得国际社会对于控制大气中温室气体浓度的各种目标成为"空想"。

（三）《公约》进程下的技术转让与资金机制

1. 技术转让行动框架

为了克服技术开发与转让过程中的各种障碍，促进《公约》第4.5款的真正有效实施，《公约》生效以来，历次缔约方大会都将技术开发与转让议题列为重要议题，并达成了一系列决议。

技术开发与转让的一个重要进展是在2001年第7次缔约方大会达成的"马拉喀什协定"中达成了一个技术转让行动框架，并设立在一个由缔约方提名的专家组成的技术转让专家小组（EGTT）。"马拉喀什协定"中提出的技术转让行动框架，其目的是增加和改善环境有益技术与诀窍的转让和获取，从而为增强执行《公约》第4.5款采取有意义和有效的行动。该框架提出，由利益相关方（私营部门、政府、捐助方、双边和多边机构、非政府组织和学术及研究机构）开展合作，包括开展有关技术需求评估，技术信息，促成环境、能力建设和技术转让机制的各种活动。

在目前针对2012年后国际气候变化制度的谈判中，技术开发与转让议题是其中的重要组成部分，也是关于《京都议定书》第二承诺期和长期合作行动计划谈判中的重要议题，在2007年第13次缔约方大会所达成的"巴厘行动计划"中被视为未来国际气候进程的4个要素之一（其余3个要素分别为减缓、适应和资金）。"巴厘行动计划"中明确指出，就技术开发与转让议题，国际社会应从以下4个方面努力。

（1）制定有效的机制和采取加强的手段，进一步消除开发技术和向发展中国家缔约方转让技术的障碍，并提供资金和其他激励办法，以获取能够负担得起的环境有益技术的手段。

（2）加快部署、推广和转让能够负担得起的环境有益技术的方法。

（3）合作研究和开发当前技术、新技术和创新技术，包括双赢办法。

（4）制定具体部门技术合作机制和提高工具的有效性。

"巴厘行动计划"首先要求《公约》发达国家缔约方，依据其不同的国情，承担"可测量、可报告、可核实"的与其国情相符的温室气体减排承诺或行动，包括量化的温室气体减排和限排目标，同时要确保发达国家减排努力的可比性。而发展中国家，则要在可持续发展框架下，采取适当的国内减缓行动，这些减排行动也应是"可测量、可报告、可核实"的，但同时，发展中国家的适当的国内减缓行动，以发达国家提供资金、技术和能力建设支持为前提条件，而且至关重要的是，发达国家向发展中国家提供的资金、技术和能力建设支持必须同样是"可测量、可报告、可核实"的。

2. 技术转让的资金机制

2001 年 COP7 达成的"马拉喀什协定"中，决定请全球环境基金（GEF）作为技术转让的专门资金机制，为技术转让行动框架提供资金资助。但是，GEF 的资金规模有限，不能满足技术转让的资金需求。表 6.5 概括了《公约》和《京都议定书》下用于减缓的现有资金渠道和规模（UNFCCC Secretariat，2008）。GEF 的第四次增资期预计有 10 亿美元，加上气候变化特别基金约 1600 万美元，能够用于促进低碳技术开发与转让的资金量非常有限。

表 6.5　《公约》和《京都议定书》下用于减缓的现有资金渠道和规模

资金渠道	规模/百万美元	时间范围
示范阶段	280.6	1991～1993 年
GEF1	507.0	1994～1998 年
GEF2	667.2	1998～2002 年
GEF3	881.8	2002～2006 年
GEF4	1 030.0	2006～2010 年
GEF4 中已经承诺的资金量	352.0	
气候变化特别基金（SCCF）	16.2	截至 2008 年 12 月 7 日

与此相对应，资金的需求量又非常庞大。《公约》秘书处对减排的资金需求做了估算，结果表明，到 2030 年，为使全球温室气体排放在 2000 年的基础上下降 25% 所需要的额外投资需求约为 2000 亿美元。

此外，国际能源署（IEA）按照技术的不同发展阶段，估算了到 2030 年所需要的额外技术投资。为了实现全球减排目标，到 2030 年全球每年所需额外投资达到 3000 亿～10 000 亿美元，如表 6.6 所示。

因此，《公约》下的现有资金机制的资金规模远远不能满足低碳技术开发与转让的需求。此外，现有的资金机制缺乏一个有力的协调机构，从而导致资金的使用目标不够明确，尤其是缺乏更为具体的针对技术转让的特定目标。由于上述问题的存在，许多缔约方要求对《公约》下的用于技术转让的资金机制进行改革，包括加大资金规模、改革资金机制的制度安排和管理程序等。

表 6.6　基于技术发展阶段的额外资金需求（IEA，2008）

技术发展阶段	到 2030 年额外的资金需求/10 亿美元	
	发展中国家	全　球
技术研究与开发		10 ~ 100
技术示范		27 ~ 36
技术部署	6 ~ 41	25 ~ 163
技术扩散和商业化应用	176 ~ 464	380 ~ 1 000

五　国际低碳技术转让新机制的探讨

如上文所述，气候是人类共享的全球公共物品。为保护全球气候而开发、转让和推广应用有益于气候的技术，将有助于促进保护、创造全球公共财富，克服全球范围的外部性。而对于具有公共物品属性的低碳技术而言，仅依据私营成本信息决策的市场机制将无法完全发挥效用，传统的通过基于市场的国际贸易和投资机制而实现的技术开发、转让和扩散，无论是规模、范围和速度都远不能满足迎接气候变化挑战的需要。因此，面对全球气候变化这一人类面临的前所未有的挑战，为了尽快实现低碳技术快速、广泛的实质性转让、扩散，必须对传统的依托国际贸易和投资的市场机制进行改革，建立低碳技术国际合作新机制。

在《国家方案》中，中国提出"应建立有效的技术合作机制，促进应对气候变化技术的研发、应用与转让；应消除技术合作中存在的政策、体制、程序、资金以及知识产权保护方面的障碍，为技术合作和技术转让提供激励措施，使技术合作和技术转让在实践中得以顺利进行；应建立国际技术合作基金，确保广大发展中国家买得起、用得上先进的环境友好型技术"。

在《国家方案》的基础上，我们初步提出了对国际低碳技术转让新机制的设想（邹骥等，2007）。

（一）机制目标

低碳技术国际合作新机制所要实现的最终目标就是在不影响企业赢利和经济高速增长的基础上，抓住历史机遇，加快发达国家向发展中国家转让低碳技术的速度，拓宽低碳技术国际合作的覆盖领域，加大国际技术合作的力度以及深化低碳技术国际合作的深度。

（二）机制框架

这里所指的技术是包括硬件、软件、人力资源和资金在内的"一揽子安排"的低碳技术体系，图 6.4 列出了低碳技术国际合作新机制中具体发生的资金流和技术流的路径。这也是低碳技术国际合作机制的基本框架。下文将通过对资金流和技术流的具体环节以及利益相关者的分析，设计真正适应低碳技术开发和转让的国际合作新机制。

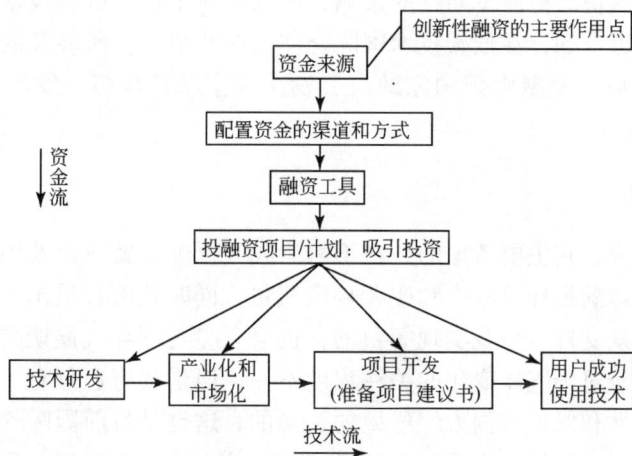

图 6.4 低碳技术国际合作机制的资金流和技术流

（三）利益相关者分析

制定和实施国际合作新机制最终需要落实到利益相关者身上。因此，在制定国际合作新机制时需要充分考虑利益相关者的关注要点。

《21 世纪议程》和《公约》都规定了发达国家有向发展中国家提供新的、额外的资金并以优惠条件转让先进的低碳技术的义务。在经济全球化进程中，发展中国家与发达国家间的技术差距正在拉大。发达国家能否、何时、怎样、多大程度上兑现其以非商业性的、优惠的条件向发展中国家缔约方转让低碳技术的承诺，是在全球范围内推进《公约》进程、缓解全球环境问题和促进全球可持续发展的关键。

但是，尽管《公约》已经明确规定了发达国家应履行其技术转让责任的义务，技术转让在机制建立和具体实施进程中仍是步履维艰。从大局上看，低碳技术的国际开发和转让应该是发达国家与发展中国家实现"双赢"或者说是全球实现"多赢"的战略举措。发达国家向发展中国家转让先进技术，一方面可以帮助发展中国家改变传统的发展模式，提高能源的利用效率，转换能源结构，从而减少落后的能源利用方式对大气的污染，实现保护大气、保护环境的目的；另一方面发达国家也可以共享由此带来的清洁、健康运转的全球气候系统。

然而，由于各利益相关方出于自身利益考虑，对待温室气体减排和气候保护的诚意和愿意为实现气候保护而付出的代价和努力是不同的，同时又受到碳排放的外部性与全球气候保护的搭便车问题的影响，所以造成了目前低碳技术国际合作陷入僵局的现状。可以看到，在低碳技术国际合作这一背景下，所涉及的利益相关者主要有发达国家政府、发展中国国家政府、发达国家私营部门、发展中国家私营部门等。

1. 政府部门

对于政府来说，它主要考虑的是在不影响收入分配和就业以及国际竞争力的前提下，最大限度地满足环境标准和改善环境质量。同时政府官员出于实现政绩、得到提升、获取民众支持、自我实现等目的，也会有参与国际气候谈判的热情。也就是说虽然不同政府对于气候变化的关注程度不一，但是政府还是有一定的参与国际气候进程的积极性和保护本国大气环境的意愿的，这也是目前国际气候进程得以逐步深入的重要原因。另外，为了获得信息和产业的合作而非阻碍，政府通常也不得不与私营部门进行协商。

（1）发达国家政府。

对于发达国家来说，由于其经济已经发展到了一定程度，民众的生活水平已达到一个较高的层次，在满足了物质享受之后，开始更关注环境和气候变化等问题，因此，发达国家政府对于气候变化的关注程度应该是更高的，因此，正是在它们的率先倡导下，促成了全球气候谈判进程的启动。但是它们出于自身利益考虑，更多地还是寄希望于发展中国家自发承诺减排，不愿或者只愿意为发展中国家提供有限的帮助。

发达国家政府强调私营部门在技术转让中的关键作用，认为技术主要掌握在私营部门手中，因此国际技术转让只能依靠传统的市场机制来进行。发达国家政府强调以市场机制为核心，充分利用现有的商业渠道来促进国际低碳技术合作与转让。

发达国家政府认为如果想让私营企业转移这类技术，需要给企业一定的税收优惠和财政补贴，这就要大大加大发达国家政府的公共财政支出，而这是发达国家政府面临的一个挑战。

对于公共拥有的低碳技术的转让，以美国为代表的发达国家认为，公共拥有的技术所占份额很小，而且即使是公共资助的技术研究，在技术开发的早期阶段就转让给国内私营公司了，由私营部门来进行技术的商业化和推向市场，因此，公共拥有的技术不可能成为技术转让的主要来源，并且转让公共拥有的技术也需要相关私营部门的参与。

发达国家认为发展中国家应先建立技术转让的促成环境，目前发展中国家的市场条件还不成熟，无法进行有效的技术转让。

（2）发展中国家政府。

发展中国家受其经济发展阶段的限制，其政府面临的首要目标还是解决温饱问题，促进经济发展和提高民众的生活水平。由于发展中国家一般民众对气候变化问题的认识相对较浅，因此，对于发展中国家政府来说，对气候变化问题的关注可能总体上会比发达国家要弱一些。但是也有一些发展中国家（以中国为代表），出于负责任和全球共同利益的考虑，积极地参与到全球气候保护进程中，并为减缓和适应气候变化做出了大量的努力。

发展中国家普遍认为，为了应对气候变化，发达国家有责任向发展中国家以优惠条件转让各类低碳技术，以帮助发展中国家应对气候变化。双方分歧的实质就是技术的价格和政府的责任。

发展中国家普遍强调《公约》下技术转让应以赠款或优惠为基础，突出政府尤其是发达国家政府在技术转让中的关键作用，否则发展中国家不愿意或者说是无力支付昂贵的技术引进费用。发展中国家还认为发达国家政府尤其应促进公共拥有技术的转让。

2. 私营部门

对于私营部门来说，其一般目标分为利润最大化、安全性（即生存）、稳定性等。对于低碳技术，其兴趣主要在于自身的商业行为不受到打断和保持国内与国际竞争的优势地位。另外，私营部门还希望通过低碳技术来改善其竞争力。不同产业部门乃至不同企业，对不同目标的关注程度并不一样。在实际中，有些企业希望在行业的"绿色化"中起带头作用，这种自发的动机尤其在跨国公司和国际型大企业中可以看到。另外，有些企业则考虑长期策略，它们洞察到从长远看，环境有害技术将不能被政治或市场所容忍，因此，自发投入对低碳技术的研发是可以理解的、保持企业长期稳定性的策略，也有一些企业试图通过低碳技术来创造一个新的增长点。

（1）发达国家私营部门。

先进的、更多的低碳技术掌握在发达国家私营部门手中。为了保持市场竞争力并补偿技术开发成本，甚至于形成技术垄断，它们希望通过市场机制来进行技术转让，或按照商业价格进行技术转让。它们对技术转让提出了昂贵的知识产权要求，以至于成为技术转让的实质障碍。这是由企业性质和市场性质所决定的。

同时，由于全球气候的公共物品性质，发达国家的私营部门没有足够的动力去投资存在着普遍的免费"搭车"现象、几乎没有利润或者微薄利润的公共领域，对于在将来获取利润可能性不大的技术也缺乏足够的投入动力。这也是发达国家公共财政对技术的投入主要集中于基础性的、商业化可能性不大的领域的原因。

诸如电力设备等部门存在着市场垄断的因素。技术垄断是这种市场垄断的主要基础。取得垄断地位的公司一般倾向于强化和保持它们在市场上的垄断地位，因而愿意投入大量资本用于先进技术的研发，以保持和巩固其垄断地位。

（2）发展中国家私营部门。

发展中国家私营部门普遍来说技术比较落后，技术研发投入不足，保护知识产权的意识也比较淡薄，存在着窃取和仿冒技术的可能性。

考虑到低碳技术一般价格比较高，发展中国家私营部门虽然有一定的技术需求，但很可能因为价格原因而失去引入低碳技术的兴趣。

发展中国家私营部门是应用低碳技术的直接对象。它们可以通过应用低碳技术来应对本国日益严格的环境政策约束。同时这些技术还有利于发展中国家私营部门对其现有技术设备进行技术改造，提高其能源利用效率，为发展中国家在其经济持续发展过程中提高新增生产能力的技术先进性做出贡献。

此外，一些已经逐步发展起来的发展中国家的企业为了提高其自身的市场竞争力，在未来的全球市场竞争中抢占先机，以及从发达国家企业的手中抢占市场份额，也有进行技术研发的积极性，但研发所需投入的巨额资金还需要资本市场或政府的帮助。

（四）建立低碳技术国际合作新机制的要点

1. 建立低碳技术国际合作新机制的原则

建立低碳技术国际合作新机制的最终目的是通过共享气候有益的技术而保护和改善气候这一全球公共物品。因此，基于《公约》提出的"共同但有区别的责任"，在历史上和目前较早和较多地占有温室气体排放容量的公共资源并拥有先进技术的发达国家有责任采取主动措施，向发展中国家转让、扩散低碳技术。

发达国家政府和立法机构应当将保护全球气候的政治意愿体现到促进全球共享低碳技术上来，主动促进形成激励政策环境，为本国研发机构和企业向发展中国家研发机构和企业转让技术创造有利条件，并直接在公有技术合作方面采取行动。

发达国家具有雄厚资金和技术实力的企业也应当切实承担起企业在全球气候保护方面的社会责任，率先以多种形式和优惠的条件向发展中国家的企业、市场转让、扩散对气候有益的技术。

发展中国家政府和立法机构应当主动改善本国的市场和政策环境，为发达国家政府和企业向本国转让技术创造适宜性环境。同时，还应该在发达国家的帮助下，对本国的技术需求进行全面评估，提出最迫切的技术合作领域。

发展中国家的私营部门也应该主动配合发达国家的行动，促进先进技术在本部门的使用，为自身和本国的技术升级做出应有的努力。

2. 国际低碳技术合作与转让的原则

新机制下的国际低碳技术合作与转让应遵循以下原则：

第一，技术有效性和先进性原则。所转让和扩散的低碳技术应确实在适应和减缓气候变化过程中发挥有效的作用，具有足够强大和稳定的技术功能，代表着未来可持续的技术发展方向，而不应当是行将淘汰的落后技术。

第二，技术便利性和低成本原则。所转让和扩散的技术应当足够便宜和便利，让发展中国家的企业买得起、用得上，从而有足够大的推广范围和规模，为此，以发达国家为主的公共财政应发挥重要支持作用。

第三，快捷性原则。技术转让应该包括处于技术发明、研发、工程示范到商业化应用的技术生命周期各个阶段的技术。应当努力使先进的技术迅速、及时地在发展中国家得到有效应用，以避免锁定效应。

第四，国有和私营部门合作原则。要通过国家明确的政策信号引导私营部门做出有益于气候保护的决策，运用公共财政手段为企业开发、转让和部署低碳技术，在降低交易费用、减少开拓市场和采用新技术的风险、补偿增量成本等方面创造优惠的条件。发达国家公共财政应当率先发挥驱动激励作用。

第五，循序渐进的原则。可以首先从比较容易达成共识或易于操作的领域采取行动，如在联合研发、公有技术共享、解除技术出口限制等领域率先采取行动。

第六，全面综合开展合作的原则。要在从发明、研发、示范、市场营销、商业化应用等技术生命周期的任何一个阶段全面开展多种形式的合作。

3. 政府间合作仍是低碳技术国际合作的主要驱动力

一项技术的跨国转移需要政府和市场的共同作用。问题在于，市场和政府哪一个是主要的驱动因素。如果完全依靠价格机制进行技术转移，追求利润最大化的企业不会考虑转移技术带来的环保效益，从而使得《公约》保护气候的作用不复存在；同时发展中国家的购买力不足，无法购买价格昂贵的先进技术，发展中国家连续使用落后的技术，必然会造成落后技术的"锁定效应"。如果完全依靠政府的作用，一方面政府对国内技术的供给和需求情况不是很了解；另一方面，政府也无法代替企业来进行技术转移的成本－效益分析。

考虑到气候问题的外部性和《公约》的多边性，在新机制下，政府间合作仍将作为低碳技术国际合作的主要驱动力，同时结合市场机制的作用，共同推动低碳技术的国际合作。具体来说，加强政府间合作主要体现在以下方面。

（1）建立政府间合作促进机构。

在《公约》框架内建立促进低碳技术国际合作的专门机构——国际低碳技术合作理事会，负责规划、指导、协调、监督和评价相应的国际合作计划，促进国际上不同利益相关方之间技术信息、经验的交流。该理事会还将负责对有关基金的使用提出指导意见。该机构应当直接向缔约方大会负责并向缔约方大会例行报告工作。该机构可下设若干专题工作组。

该机构应当按照联合国区域分配原则，由非附件一缔约方和附件一缔约方各推选15名成员，1名小岛国代表成员，1名国际组织代表成员。成员的更换按照现行《公约》下的技术转让专家组（EGTT）成员更替的做法进行。

新机构的主要职能如下：①为低碳技术的国际合作提供意见、指导和建议；②做好不同国家的利益相关者的协调工作；③推动各国间信息/知识的交流和共享；④监测和评估《公约》下技术开发和转让的效果。

（2）加强基于其他双边和多边关系的低碳技术政府间合作。

（3）建立政策协调与对话机制。

通过例行对话、联合研究、信息共享等方式，对政策效果进行评估，对政策措施进行识别选择，对政策实施进行协调。总的宗旨是不断促进形成有利于国际技术合作的财政、税收、信贷、技术、市场准入等方面的、相互协调的政策环境。

（4）政府间合作的优先领域。

优先领域包括①为了对私营部门提供更好的激励措施而开展的政策对话与合作。②关于创新性资金机制的研究。③促进公有技术的直接转让和扩散：发达国家政府除了要鼓励私营部门积极参与技术转移，其公共部门拥有的技术则要发挥更大的作用。发达国家政府应考虑向发展中国家优惠转移其公共资助的技术，改善公共拥有的技术的转移和扩展。

4. 为私营部门参与低碳技术的国际合作提供积极的刺激

如上文所述，政府在促进技术转移中负有不可推卸的责任。作为低碳技术国际合作的主要驱动力，政府理应搭建技术转移的平台，在这个平台上，进行技术转移活动的微观主体依然是两国的企业，主要的场所依然是市场，一个有政府调节干预的市场。

一方面，发达国家政府可采取如下一系列的经济、政策手段，激励本国企业和研发机构向发展中国家研发机构和企业转让技术：①为出口低碳技术的发达国家企业提供税收豁免；②提供补贴激励低碳技术的开发和转让；③为与低碳技术相关的出口信贷提供优惠条件，如提供贸易担保、出口补贴等；④解除对低碳技术的出口限制；⑤其他相关政策和措施。

这些政策措施将给发达国家私营部门一个积极信号，为私营部门积极参与对发展中国家的技术转让提供激励，从而促进国际技术合作的深入和扩大。

另一方面，政府还可以通过为私营部门参与国际技术合作消除各种障碍而提供正向激励。发展中国家政府可在发达国家的帮助下通过消除各种障碍来改善发展中国家的适宜性环境，包括增强环境规章、增强立法系统、保护知识产权、为私营部门的技术转移提供便利和帮助等，最终促进私营部门的技术向发展中国家转移。

5. 选择联合研发作为低碳技术国际合作的新的着眼点

由于先进的能效技术掌握在发达国家的私营部门手中，将企业追求最大利润的本质和全球气候保护结合在一起，不是一件容易的事情，尽管发达国家可以采取各种措施对私营部门向发展中国家优惠转让或者是援助环境、援助好技术提供刺激，但是不得不承认光靠发达国家的政府补贴来推动国际技术合作还是远远不够的。

联合研发即指南北技术研发和南南技术研发。南北技术研发即指发达国家和发展中国家根据发展中国家应对气候变化的需求，结合发展中国家的经济发展状况和能源使用特点，双方共同出资研发先进的技术，在此过程中，双方按比例出资，共担研发成本，共摊研发风险，共享知识产权，真正地共同应对气候变化。研究表明，先进的能效技术的研发周期长，风险大，投资强度高，但在经济全球化的今天，随着生产要素在全球范围内的有效配置，应对气候变化的趋势以及能效技术的尖端性使得在这个领域的联合研发成为可能。

6. 低碳技术合作与转让效果的系统评估

快速并且大规模的技术合作与转让对于发展中国家及转型国家避免由于经济高速发展所造成的高碳经济模式至关重要。与此同时，对于技术合作与转让的效果进行系统有效的评估也是很重要的。只有设置了详细并且恰当的评价指标体系，才能真正明确技术合作与转让对于发达与发展中国家的影响以及因气候改善带来的明确收益。

根据技术合作与转让的规模、速度和范围等，可以考虑用下列指标来评估技术合作与转让效果。

（1）技术流的规模。包括：①价值流占投资的比重；②效益占总收入的比重；③实物流。

（2）技术流的速度。包括：①设备到位、技术发挥效益的时间；②影响速度的因素；③技术转移速度和扩散速度。

（3）技术流的覆盖范围。包括：①不同部门的参与程度；②同一个行业不同规模（发展水平）企业的参与程度；③市场占有率（覆盖率）。

（4）环境与社会经济效益指标。包括：①减排量；②经济产值；③就业率；④国产化率；⑤创新能力。

7. 建立低碳技术国际合作的创新性融资机制

低碳技术国际合作的资金来源问题一直是争论的焦点，也是技术转让的一个瓶颈问题，在有关《公约》下技术转让障碍的研究中，"资金缺乏"成为技术转让的首要障碍。目前的资金机制大体分为两种：一是《公约》下的资金机制，也就是源于 GEF 的资金；一种是创新性融资。2005 年 10 月份在德国波恩召开的"创新性融资"研讨会上，在界定"创新性融资"时，UNEP 的 Usher 先生认为，"创新性融资"不是纯股本、债务或保险，而是一种风险/回报的组合；不仅涉及资本，而且涉及企业发展服务；不是由公共部门单独从事，而是与商业领袖结成伙伴关系从事；不仅涉及创新，而且涉及推广和主流化；不仅涉及资本和服务，而且涉及转变精神状态；不仅针对金融家，而且针对很多企业、政府工作人员。

目前，全球环境基金提供资金是气候变化的资金机制，然而以政府为主体的全球环境基金项目，难以顾及技术的有效转移。商业化的技术转移已经发展得相当成熟，借鉴传统的商业融资模式是必要的。因此，除了强调传统的资金机制向低碳技术国际合作倾斜外，创新性融资成为国际技术合作有发展潜力的另一个资金机制。

所谓"创新性融资"，就是将现有的融资工具和手段运用到低碳技术的开发与转让中，切实地提高发展中国家开发技术转让项目和吸引项目融资的能力，这种崭新的资金机制，需要建立"公私合作伙伴关系"（PPP），吸引更多的公共部门、私营部门（企业、银团等）参与技术开发与转让，实现资金来源多样化，同时力争使企业作为推动技术转让的主力，成为先进技术扩散和引进的主体，这既符合技术扩散的一般规律，也是《公约》下融资形式的一种突破。以项目为载体，将技术开发与转让具体化，是对现有的《公约》框架下技术转让机制的一种检验，也是一种深化。从图 6.5 中可以看出，低碳技术国际合作下的创新性融资作用于技术变动的全过程，包括研发阶段、技术试点和示范阶段、商业化阶段和技术升级替代阶段。

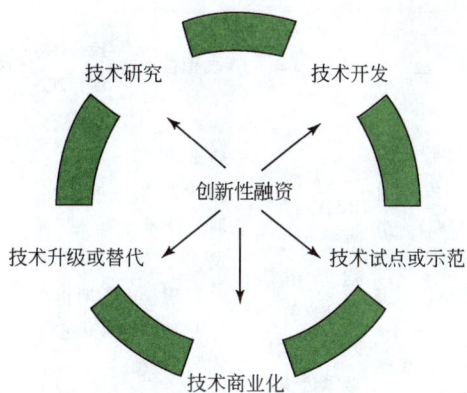

图 6.5　基于技术变动的创新性融资

　　旨在解决全球气候公共物品问题的国际技术合作，需要来自公共财政和私营部门资金等多种资金来源的资助。

　　发达国家政府应当在征收的各类环境能源税费中、拍卖的排放权收入中和用于科技研发的公共财政预算中提取固定比例的资金，作为驱动因子，建立国际技术合作基金，用于保障低碳技术的开发和转让。

　　该基金是基于公私合作伙伴关系的国际技术合作基金，应当以地区、部门、技术和示范项目为单元设计资助计划，主要用于资助①支持联合设计、研发具有商业化或大规模应用前景的低碳技术；②为技术合作者提供示范、信息、降低市场开拓和采用新技术风险等方面的便利和服务；③通过补贴、出口信贷担保、提供技术服务等方式的激励，补偿发展中国家为保护气候而发生的增量成本；④开展以人力资源开发、体制建设、去除市场障碍为主的能力建设活动。

　　该基金应当由各国政府拨付的公共财政资金、国际金融组织资金、私营部门资金等组成，其中，各国政府拨付的公共财政的资金应当以发达国家为主，并且额外于发达国家政府所提供的官方援助资金。

从资金来源看，基金的建立首先要确保发达国家公共财政资金的投入。其次要吸引来自国际组织、国际金融机构等各种资金的投入，通过国际的磋商和对话，寻求有效的国际合作机制，寻求新的、额外的资金。最后也是最关键的就是要以公共财政资金为动力，推动 PPP，鼓励私营部门包括企业和研发机构的积极参与，带动更多的私营资本和私营技术，将公共资金和私营资金有效结合起来。表 6.7 给出了低碳技术国际合作的融资机制的具体内容。

表 6.7 低碳技术国际合作的融资机制

资金来源	政策工具	挑战	任务	典型技术	技术层次	障碍	适当性和行为评估	解决方案
公共	财政预算：政府开发援助；气候变化的额外补助；技术转让补助，GEF，免税	能力建设，帮助最不发达国家（LDC）、小岛国家，适应性，R&D，市场开拓（market tapping），基础设施等	能力建设，R&D，促进开发与转让、启动市场；原型/引领/示范，适应，政策进步	商业化和竞争性前期的技术，发电、交通、建造（基础设施）等领域技术	基础研究，竞争前期和商业化进程	政治意愿	规模和效力	提高政治家和公众的意识
私营	外商直接投资（FDI），知识产权交易，产品和服务，商业银行的基金和贷款，风险投资	大规模的投资	以双赢的方式实现确实的减排	制造部门：终端使用者	竞争前期和商业化进程	市场驱动，技术能力，出口许可，其他	指导和刺激	
公私合作	结合公共和私营部门的资金来源	吸引私营部门对气候公共物品投资	引导资金流入目标领域	基础设施		市场驱动	创新	政府主动出击：南北合作

（五）低碳技术国际合作新机制部署和实施的路线图

综上所述，要建立低碳技术国际合作新机制，首先需要建立一个囊括各利益相关方，包括低碳技术的拥有者、技术开发者、技术潜在用户和决策者在内的多边和双边的促成机制，确定有关利益相关方在国际低碳技术合作进程中的责任、关系和地位。

其次，需要成立一个专门用于推动《公约》下低碳技术国际合作的政府间合作促进机构。在《公约》框架内建立促进低碳技术国际合作的专门机构——国际低碳技术合作理事会，负责规划、指导、协调、监督和评价相应的国际合作计划，促进国际上不同利益相关方之间技术信息、经验的交流。

再次，需要确定国际技术合作的战略重点，识别低碳技术国际合作的优先领域，分别制定合作行动计划。这些计划应当包括重点技术的联合研发、示范、推广等多种形式和内容。

第四，需要建立一个有效的创新性融资机制。建立公私合作伙伴关系，由政府主导、企业参与，建立专门的国际低碳技术合作基金，落实相关资源条件。

最后，需要在专门机构的指导下，在基金资金的保障下，开展一系列的低碳技术转让和国际合作的实践。

六　结论

目前，从中国的经济发展阶段和发展状况来看，国际技术转让与合作的速度、规模和效果等相对于中国发展的需求来说都还远远不够。中国所处经济发展的特定阶段决定了如果不能够进行有效的技术升级，尽快运用低碳技术，将会造成很大一部分的基础设施和工业设备的"锁定效应"，直接带来 CO_2 排放的大量增加，这不仅会给中国带来影响，也会对全球气候产生影响。因此，尽管目前全球仍处在金融危机的笼罩下，但从长远看，也正是投资新的领域，开展大规模、高效率的国际技术转让与合作的大好时机，这种机遇的把握需要发达和发展中国家政府的共同努力。

目前，在低碳技术的国际转让与合作方面存在着激励不足的问题，这从经济学角度来讲是市场失灵，也正是政府应该关注并致力解决的问题。单纯依靠企业的自发行为不可能完成这一违反其自身的经济有效性的任务。因此，从各利益相关方看，目前应该充分发挥政府在低碳技术的转让与合作中的引导者作用，通过发达国家与发展中国家的通力合作，为私营部门参与国际技术合作消除各种障碍而提供正向激励。发达国家政府可通过消除各种障碍来改善发展中国家的适宜性环境，包括增强环境规章、增强立法系统、保护知识产权、为私营部门的技术转移提供便利和帮助，最终促进私营部门的技术向发展中国家转移。而发展中国家政府也应该帮助企业自身提高能力，使其能够参与国际技术合作，并使技术合作的效用能真正发挥。

在资金来源方面，作为技术转让与合作的瓶颈，以现有的状况和经验来看，最好还应该采取创新性融资机制，这需要建立公私合作伙伴关系，获得来自公共财政和私营部门的多种资金来源的资助。具体说来就是发达国家政府应当在征收的各类环境能源税费中、拍卖的排放权收入中和用于科技研发的公共财政预算中提取固定比例的资金来建立一个基于公私合作伙伴关系的国际技术合作基金，用于资助支持联合设计、研发具有商业化或大规模应用前景的低碳技术，为技术合作者提供示范、信息、降低市场开拓和采用新技术风险等方面的便利和服务等。

总之，只有发达国家和发展中国家政府明确了各自的任务，采取有效的措施来解决市场失灵问题，给企业以足够的激励和资金支持，才能保障低碳技术在全球范围的使用收益达到最大化，为全球气候保护做出贡献。

本章参考文献

国家发展和改革委员会. 2007. 中国应对气候变化国家方案

邹骥，等. 2007. 气候有益技术国际合作新机制研究. 见：潘家华，邹骥，姜克隽. 气候变化国际制度：中国热点议题研究. 北京：中国环境科学出版社

邹骥，等. 2008a. 中国双赢的能源政策经济学分析. 中国人民大学环境学院－哈佛大学合作项目工作报告

邹骥，等. 2008b. 技术开发与转让国际合作机制创新研究. 中国－联合国气候变化伙伴关系框架项目子课题——2012 年后气候变化制度中的热点问题研究工作报告

BP. 2007. BP 世界能源统计 2007

IEA. 2008. Energy Technology Perspective 2008：Scenarios & Strategies to 2050

IPCC. 2000. Methodological and Technological Issues in Technology Transfer. Cambridge：Cambridge University Press

Ockwell, et al. 2007. UK-India collaboration to identify the barriers to the transfer of low carbon energy technology. phase I final report

UNFCCC Secretariat, 2008. Investment and financial flows to address climate change：an update

Zou Ji. 2008. Views on Development and Transfer of Climate Sound Technologies, presentation on the conference of "ECOSOC Special Event：Achieving the MDGs and coping with the challenges of climate change". UN Headquarters. New York. http：//www. un. org/ecosoc/docs/pdfs/Prof. %20Zou%20－%20UNECOSOC%20PRESENTATION%20ON%20TT%20（simplified）. pdf ［2008-5-2］

第七章

中国低碳城市的发展战略[*]

　　低碳城市是以城市空间为载体，发展低碳经济，实施绿色交通和建筑，转变居民消费观念，创新低碳技术，从而达到最大限度地减少温室气体的排放。低碳发展已成为 21 世纪城市可持续发展的重要内容。

　　我国已步入城市化加速发展期，工业化和城市化的快速推进既给城市的经济发展带来了机遇，同时也给其资源环境带来了挑战。"十五"期间，中国城市化率由 36% 上升为 43%，工业占 GDP 的比重由 43.6% 上升为 46.1%，而同期的能源消费量则增长了 70%。如何协调工业化、城市化与能源消耗的关系，已成为摆在我们面前一项迫切需要解决的战略任务。

　　根据对中国 287 个地级以上城市和 100 强城市能源消费的现状估算，2006 年我国 287 个地级以上城市市辖区的能源消费总量约为 13.7 亿吨标准煤，100 强城市市辖区的能源消费总量为 10.54 亿吨标准煤，分别占全国能源消费总量的 55.5% 和 42.79%，而其对全国 GDP 的贡献率则分别高 7~8 个百分点。由此可见在城市区域开展节能减排和应对气候变化的重要性，同样也说明在城市区域探索低碳发展道路、实现经济增长和碳减排双赢的重要性。情景分析显示，如果采取

　＊ 本章由刘怡君、汪云林、付允执笔。作者单位为中国科学院科技政策与管理科学研究所

低碳或优化的能源利用方式，我国 287 个地级以上城市有望在 2030～2040 年达到能源消费的拐点。

中国发展低碳城市的战略目标是以科学发展观为统领，坚持实施可持续发展战略，实现人口、资源、经济、环境和社会的协调发展，实现城乡统筹，促进科技创新能力，提高城市能源的利用效率，增加可再生能源比例，加速从"碳基能源"向"低碳能源"和"氢基能源"转变，改变以往高消费、高排放的生活方式和生产模式，提倡低碳建筑和公共住宅，大力发展公共交通和轨道交通，建构多中心、紧凑型、网络化的城市空间格局，以实现城市经济社会的低碳发展，最终建立以低能耗、低污染、低排放和高效能、高效率、高效益为特征的低碳城市。

中国发展低碳城市的战略重点在于其支撑体系的发展和完善。目前的战略重点包括城市产业结构调整、基础设施完善、消费方式转变和政策制度保障，并要根据不同城市自身特点，对资源开发型、工业导向型、综合型和旅游型城市进行分类指导，探索符合城市特色的低碳发展模式及其实现的路径，通过试点积累经验，为未来低碳城市的建设提供科学依据。

一 探索低碳城市发展的经验

（一）低碳城市的发展背景

自工业革命以来，城市作为经济发展主要推动力的作用日趋明显，城市人口不断增多，规模日益扩大。据统计，1800 年左右，世界城市人口只占人口总数的 3%，而今，全球接近半数以上的人口居住在城市。据联合国估计，到 2030 年，世界 60% 以上的人口将生活在城市，其中发展中国家的城市人口将从 2000 年的 19 亿增加到 39 亿。

中国城市化进程起步相对较晚。1950～1980 年，中国的城市化相当缓慢，城市人口仅由 11.2% 上升到 19.4%（许涤新，1988），而同期全世界城市人口的比重由 28.4% 上升到 41.3%，其中发展中国家由 16.2% 上升到 30.5%。改革开放后的 30 年，是中国城市发展的活跃期，截至 2007 年，中国的城市化率已达到 43.7%。

城市化的快速推进既给我们带来了机遇，同时也使我们面临着挑战。以我国城市化发展为例，"十五"期间，中国城市化率由 36% 上升到为 43%，增长了 7%；工业增加值占 GDP 的比重由 43.6% 上升为 46.1%，增长了 2.5%；而能源消费量则增长了 70%。研究表明，全球化背景下的城市发展正面临着贫困、住房短缺、交通拥堵、资源匮乏、环境退化等一系列问题（顾朝林，2008），特别是由温室气体排放量增加所导致的气候变化。

气候变化是国际社会普遍关心的全球性重大问题。在2007年瑞士达沃斯世界经济论坛年会上，气候变化问题超过恐怖主义、阿以冲突、伊拉克问题成为首要议题。气候变化已直接威胁人类社会的未来发展，影响各国的生态安全、增长方式和消费模式。气候变化既是环境问题，也是发展问题，但归根结底是发展问题（庄贵阳，2007）。

城市在未来的区域和国家的经济社会发展中将扮演重要角色，也就是说，城市也许是解决世界上某些最复杂、最紧迫问题（如资源、环境等）的关键（吴良镛等，2008）。因此，在应对气候变化、转变发展方式的过程中，低碳城市的建设有可能发挥重要作用。通过在城市空间内发展低碳经济，创新低碳技术，转变居民消费观念，不仅可以达到减少温室气体排放的目标，而且还会为城市发展带来新的机遇。因此，发展低碳经济已逐步成为21世纪城市可持续发展的重要内涵。

（二）国际低碳城市的发展现状

1. 国际低碳城市规划建设的行动法案

国外（尤其是英国）在低碳城市的规划和建设方面做出了很多努力，也出台了若干促进低碳城市设计的行动方案。下面是英国组织的一些研究及英国政府在低碳城市建设方面出台的一系列行动方案。

（1）斯特恩报告（Stern Review）：该报告分析了气候变化产生经济影响的证据，并探索了稳定大气中温室气体浓度的经济学内涵，包括成本和损失。低碳城市规划被视为其四个优先行动领域之一（Stern，2006）。

（2）对于规划政策声明的补充：它的意义远远超出所有尺度上规划政策和实践的意义。为通过规划来应对气候变化和发展更可持续的分布式能源，构建了一个很好的框架（Department for Communities and Local Government，UK，2008）。

（3）地方政府能源白皮书：该白皮书强调地方政府在CO_2减排中的重要作用，并要求地方出台应对气候变化的减排目标（Department for Communities and Local Government，UK，2006a）。

（4）建立更加绿色的未来：政府要求从2016年开始所有新建住宅应该是零碳排放的。这包括将可持续住宅标准作为新建住宅的国家标准（Department for Communities and Local Government，UK，2006b）。

（5）可持续住宅标准：这个标准目的是要求减少 CO_2 排放。目前，政府通过公共资助的手段强制实施这一标准，从 2010 年开始将通过建筑规章的手段强制执行（Department for Communities and Local Government，UK，2006c）。

英国政府在政策制定和新住宅标准制定方面取得了很大进步，这些方案对于低碳城市的规划、建设起到了很大的促进作用。

2. 国际低碳城市建设的先驱者

国外一些城市对于应对气候变化行动需要的反应以及在"绿色城市"建设方面都起到了领跑者的作用。它们不仅制定了合理的战略政策和低碳城市规划，也安排了不同规模的保障投资。地方政府是能源服务的主要购买者，它们有能力在低碳能源和低碳建筑项目方面起到催化剂作用。例如：

伦敦——该城市在规划新的发展时所制定的目标和提出的要求是非常出色的。目标包括碳减排、可再生能源利用和技术发展。伦敦市长在能源战略制定方面发挥了重要作用，这一战略主要包括雄心勃勃的战略目标和对于分布式能源的强烈关注，并建立了伦敦气候变化管理局，同时在伦敦发展管理局下面设立了分布式能源供给部门。目前的挑战是如何将这些高度的战略目标或理念转化为 700 万伦敦市民的行动。

东京——该城市在规划中考虑住宅的节能和环保等要素。目前在示范阶段的一个项目，主要是利用市内天然气发电的同时，把发电产生的余热用于为家庭提供热水。其效率可以达到常规方式的两倍以上，节能效果得到了很大的提高。同时，日本也提出了建设"低碳社会"的口号。

柏林——该城市已经制定了有效的气候变化战略和能源战略，它通过热电联产来实现节约能源和减少温室气体的目标。目前，柏林是世界上区域供热网络最大的城市之一，同时它也大力发展微型发电。

哥本哈根——该城市已经建立了广阔的热电联产和区域供热网络，并逐步使用低碳燃料。市民的需求已经驱使主要的项目和投资都侧重于联合发电模式的风力发电领域。

马尔默——该城市已经强化了它的低碳身份，通过示范一种分布式能源的综合方法，弥补了该城市现存能源网络的不足。

巴塞罗纳——该城市已经执行了规划要求，即所有新的开发建设都应该使用太阳能集热器。这一规划也被西班牙的其他城市所采用。

（三）低碳城市的国际经验借鉴

1. 注重低碳城市的规划

城市规划直接决定了城市经济社会系统的发展布局、功能、规模、生活方式、消费习惯、资源利用、交通等，而这些都可以影响温室气体的排放。目前，国外先进城市已通过推动发展"零排放"城市或小区域规划，来实现城市的低碳发展。国外低碳城市的规划经验表明，要规划一个节能、低排放、低碳的城市，首先要了解影响城市发展的无形因素：城市的经济、社会、文化、环境，市民的价值观念、生活方式、消费习惯等。其次，要关注城市规划引出的有关社会贫富分布、公平、援助等问题。因为这些最后都会影响一个城市的能源和自然资源的使用和分配。而无形因素是城市规划管理的重要部分，在编制城市规划时应该考虑在内。最后，在制定城市规划的土地资源分配时，应有明确的、可定量的目标。例如，规划市区内的零碳排放区；所有部门能源需求减少一定比例；提高水利用效率；综合土地使用和交通网络，减少私人车辆出行；限制使用摩托车，提倡步行和使用自行车；全面落实可再生能源建设，分布式及多样化本土能源供应等。

2. 充分调动各方减排积极性

国际经验表明，建筑节能、交通节能等需要通过立法进行严格监管。除此之外，还要注重采取自下而上的策略，包括邀请居民、企业及政府的共同参与，这将有机会从道德层次改变个人的生活习惯，市民对于减碳目标也将更有意愿达成。另外，企业是节能降耗的主体，为调动其减排积极性，国外城市的做法是：切实改变对企业经营业绩的评价办法，把节能降耗、综合利用、环境保护指标列入评价标准，充分调动企业节能降耗和资源综合利用的积极性；发挥市场机制在节能管理中的作用，通过财政、税收、金融等经济政策和限制高能耗产品进出口的政策，鼓励和促进企业开展节能降耗，形成激励和约束相结合的节能机制。

3. 鼓励使用低碳或无碳新能源

国外城市通过制定太阳能利用政策，以低息贷款、补助及税率优惠等方式推广住宅太阳能应用，并重点鼓励企业使用可再生能源和无污染能源，并以减税等激励性措施刺激企业及家庭、个人更多地使用节能减排产品。此外，国外城市对能源消费的空间布局进行优化。在城市能源消费的空间布局中，市中心依靠大规模热电联产供热，依靠大规模太阳能光电装置为公共和商业建筑供电；中心边缘区热密度较高的医院、高校和商住综合建筑适合使用热电联产供热，其他剩余潜能可由社区安置的新能源技术弥补；工业区是城市最主要的耗能区域，适于安置风能发电、垃圾发电、生物质发电等大型可再生能源发电项目；郊区人口和住房密度较低，比较适合使用微型发电技术；农村腹地适于使用生物燃料，如沼气等。

（四）中国低碳城市的发展探索

1. WWF"中国低碳城市发展项目"

2008 年 1 月，世界自然基金会（World Wide Fund for Nature，WWF）启动了"中国低碳城市发展项目"，以期推动城市发展模式的转型，保定和上海是首批试点城市。

WWF 希望保定在"新能源产业带动城市低碳发展"的原则下，双方重点合作领域要放在以下方面：新能源产业及低碳经济发展方面先进理念和经验的引入；保定市成功经验的国内外推广；保定市新能源产业发展的能力建设等。

作为试点城市，保定提出"低碳保定"的理念，就是要探索建立一个低排放、低污染、低消耗、生态化的经济增长方案，实现一种循环、节约、可持续的低碳城市发展之路。保定低碳城市的战略定位是：打造"中国电谷"，建设"低碳保定"，大力发展以新能源、文化旅游为主导的绿色产业，打造以太阳能之城、生态园林城市为特征的绿色城市，建设资源节约、环境友好的绿色社会，倡导从我做起，促进人与自然、人与社会和谐共赢的绿色文明，真正把保定建成落实科学发展观的典范城市、生态文明示范城市，以"绿色城市、低碳保定"的新形象走向世界。

为实现向低碳城市转型的目标，保定在 2006 年提出打造"保定·中国电谷"的战略构想，依托保定国家级高新区新能源与能源设备产业基础，打造一个以电力技术为基础的产业和企业群，重点发展风力发电的产业链、太阳能光伏发电产业链、节能产业链等七大产业园区，培育以光电、风电、生物质发电、节电、储电、输变电六大产业体系，通过技术研发、人才培训、商务服务和产业制造，形成一个全产业链条，通过 10 年左右的努力，把"保定·中国电谷"建成占地 25 平方千米、产值超千亿、具有国际影响力的新能源产业基地，为国家提供一个可再生能源和节电产业的战略发展平台。两年多来，"中国电谷"发展迅猛，新能源企业已超过 160余家，与中国科学院、清华大学、华北电力大学以及国家开发银行等展开战略合作，中国兵装、国电集团等一批大公司纷纷加盟，新上天威英利 500 兆瓦光伏发电等一批重大项目，其战略投资 500 亿元以上。2007 年"中国电谷"销售收入 175 亿元，增速高达 56%。

2007 年，保定又提出"太阳能之城"的概念，计划在整座城市中大规模应用太阳能为主的可再生能源，以降低碳排放量。按照规划，保定计划用 2~3 年时间，将其建设成国内首座在照明、供热、取暖等各个方面大范围应用太阳能的城市。据统计，截至 2007 年底，保定 50% 的公共场所、40% 的生活小区、40% 的旅游景区完成了太阳能应用改造。此外，保定市政府还规定新建的公共场所、公共设施和新建居民小区，都要加快应用太阳能。

2. 中英"崇明东滩生态城"项目

上海崇明东滩生态城是由英国奥雅纳规划工程国际咨询公司负责城市从硬件到软件的规划，包括都市规划、生态发展、可持续能源、废弃物管理、绿色建筑、交通规划设计和建设等。规划面积为 86 平方千米，定于 2040 年竣工。东滩生态城主要由三大板块组成：24 平方千米的国际湿地公园、27 平方千米的生态农业园、35 平方千米的生态城镇建设。与荷兰合作的农业园将在 2010 年世博会前向市场投放现代化种植的粮食和蔬菜；城镇由三座相互连接的村庄组成，每个村庄有一个以旅游、创新科技和健康等不同主题为基础的混合功能开发区，计划 2010 年前完成以旅游为主题的村庄建设。

东滩生态城将有望成为世界上第一个碳中和区域。在这座新城中，热能和电力将通过风能、生物质能、垃圾发电和城市建筑物上的太阳能光伏板直接获得；为满足燃料电池的需求，将建立全国第一个氢能电网；最高建筑仅有 8 层，建筑物采用环保技术，屋顶草坪和植物成为城区的天然隔热层，可储存雨水用于灌溉，一期建设区域每年可减少 35 万吨 CO_2 排放量；步行、自行车、燃料电池公交车、水上出租车，将是人们的出行方式，市内建有不受机动车干扰的独立的人行步道和自行车道网络，任何地方到附近公交车站步行不超过 7 分钟，一期建设区域每年可减少 40 万吨 CO_2 排放量；市区建立了集水、水处理与再利用系统；城区内 80% 的固体废弃物实现了循环利用。东滩生态城区最大的特点，在于它建立的将是一个低碳、节水、节能的生态系统。

3. 气候组织的"城市低碳领导力"项目

为了促进中国城市低碳经济发展，减少温室气体排放，气候组织（The Climate Group）于 2008 年正式推出"城市低碳领导力"项目，并得到汇丰与气候伙伴同行项目（HSBC climate partnership）的大力支持。通过实施本项目，气候组织将会推动中国国家和地方的相关政府部门以及工商企业、科研机构、新闻媒体等利益相关方，共同构建中国城市低碳领导力体系，发展低碳经济。

项目实施过程当中，气候组织将推动地方政府制定相关政策，鼓励利益相关方积极参与，探索基于市场的一揽子低碳解决方案。与此同时，建立多方参与的对话与合作平台，规范组织形式，完善工作机制，共商促进城市实现低碳转型的中长期发展战略；在合作城市实施示范项目，推动符合地方特点的低碳技术的创新和应用，并在更大范围内进行推广。此外，项目还将建立一个由 15～20 个城市组成的低碳城市联盟，协调政策，分享资源，共同推动低碳城市发展，并通过辐射效应逐步扩大城市联盟规模。

气候组织"城市低碳领导力"项目主要通过以下几大战略来确保项目的成功实施。

（1）建立战略合作伙伴关系——识别各个领域中的领先机构，与相关政府、企业、金融机构、民间机构及科研院所建立战略合作伙伴关系，共同推动中国城市发展低碳经济。

（2）提高城市低碳领导力——通过组织研讨会、对话和国际国内专题培训等各种形式的活动，提高城市发展低碳经济的领导能力。

（3）探索低碳解决方案——与城市合作开展示范项目，推动低碳技术创新与应用，并通过示范项目探索基于城市的、切实可行的低碳政策、低碳技术和投融资解决方案。

尽管这些城市或地区的低碳发展经验及其推广价值还有待实践的检验，其存在的问题也需要在发展中不断加以解决，但无论如何，它们在低碳城市的探索中将成为中国其他城市借鉴的范本。

二 中国城市发展的战略背景

（一）中国城市化与工业化发展趋势

世界各国实现城市化的历史与现实表明：工业化是城市化的直接原因和物质载体，而城市化又是工业化的必然结果，两者相互联系，相互促进。二者的协调发展有助于促进社会经济的整体可持续发展。因此，工业化与城市化协调发展一直是学术界讨论的热点问题。目前各国特别是发展中国家都在大力推进城市化进程，快速城市化成为发展中国家的首要任务，以工业化来推进城市化是发展中国家普遍接受的一种发展方式，但从世界工业化与城市化关系的进程来看，工业化与城市化往往并不同步，甚至出现极不协调的现象，所以，工业化与城市化的协调程度在城市的发展过程中起到了非常重要的作用。

对中国而言，学术界普遍存在着一种观点是中国城市化滞后于工业化发展，是一种不协调的发展方式。事实上，改革开放前，在计划经济体制制约下，中国工业化速度远远高于城市化速度，改革开放后，随着市场经济体制逐渐完善，尽管工业化还超前于城市化，但它们之间的差距已逐步缩小（图7.1）。

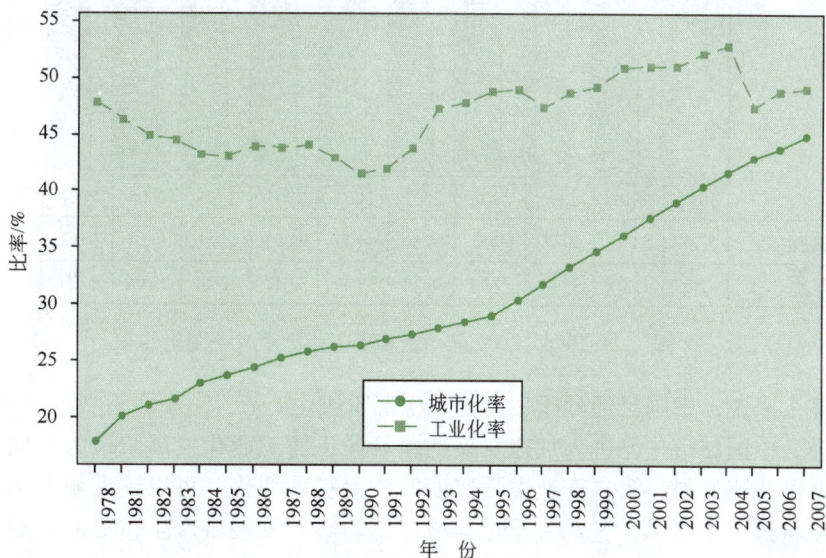

图7.1　1978～2007年中国工业化与城市化水平
资料来源：《中国统计年鉴2008》

从图7.1可以看出，20世纪80年代，中国工业化水平呈现逐年下降趋势，而城市化水平则呈现逐年上升趋势。1978～1989年，城市化水平从17.9%上升到26.2%，提高8.3个百分点，与工业化率的差距从30%下降到16.8%；到90年代，工业化水平和城市化水平都呈现出逐年上升趋势，1990～1999年，城市化水平从26.4%上升到34.8%，提高8.4个百分点，与工业化率的差距从15.2%下降到14.5%；2000～2007年，城市化水平从36.2%上升到44.9%，提高了8.7个百分点，与工业化率的差距从14.7%下降到4.3%。

此外，中国的工业也呈现出重型化的趋势，图7.2是中国轻重工业比重的时序变化。2007年中国重工业在工业中的比重为70.63%，较10年前（1998年）的57.07%上升了近14个百分点。虽然工业化的发展阶段判断至今还没有统一的标准，

图 7.2 中国轻重工业比重时序变化数据

年份	1998	1999	2000	2001	2002	2003	2004	2005	2006	2007
■ 重工业	57.07	58.03	60.20	60.57	60.86	64.51	66.53	67.56	70.04	70.63
■ 轻工业	42.93	41.97	39.80	39.43	39.14	35.49	33.47	32.44	29.96	29.37

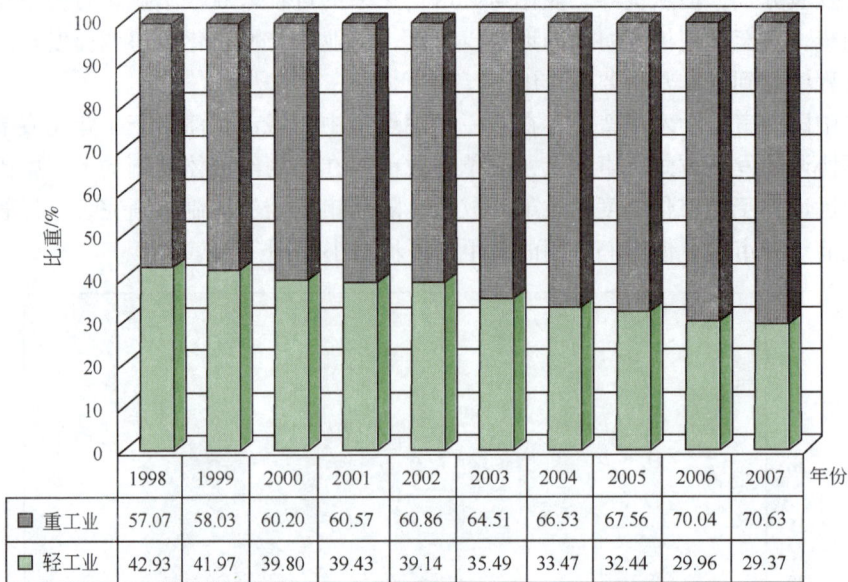

图 7.2　1998～2007 年中国轻重工业比重时序变化

但是总体上来说，中国已经处于工业化的中期阶段。

目前，中国城市化已进入加速发展的新阶段，而工业化发展阶段为中期，随着第三产业的快速发展，第二产业增长速度的放缓和重型化，可以预见城市化与工业化的差距将进一步缩小，这对工业化与城市化的协调发展将产生重要的影响。未来20 年将是工业化与城市化互动和协调发展的战略机遇时期，工业化的推进和城市化的发展既是全面建设小康社会、实现现代化的历史要求，又是有效解除中国经济社会约束"瓶颈"，保障中国经济社会快速、持续和健康发展的重大举措。

（二）中国城市能源消费现状

在快速的城市化和重化工业化促进中国经济高速发展的同时，中国的能源消费也迅速增长，继而带来了生态破坏和环境污染等一系列问题，对中国建设低碳城市和实现可持续发展提出了严重的挑战。

首先，快速城市化必然带来能源需求的快速增加。据统计，目前城市能源消费量占全国消费总量的60% 多。原建设部副部长、中国科学院院士、中国工程院院士周干峙预计，2020 年中国城市化率将达到50% ～55%，2050 年可能达到60% ～70%。随着城市化进程的加快，大量农村人口进入城市，将使能源消费行为发生改变，人均用能迅速增加，城市人口增长也将引起交通用能增加，这必将推动城市能源消费量的增长。从20世纪80年代到90年代中期，我国城镇居民经历了以家用电器普及为主的第一次消费结构升级，"冰箱、彩电、洗衣机"成为消费热点；到了90年代后期，消费水平再次升级，住房消费、汽车消费、通信及电子产品消费、文化教育消费、节假日消费及旅游消费成为新的消费热点。其中，居住是最大的能源密集型行为，占城镇居民生活行为能源消费的45.1%；直接生活用能占26.43%；食品占11.66%；教育文化娱乐服务占8.37%；四者共占91.56%。同时这些行为也是较大的碳排放密集行为，分别占城镇居民生活行为 CO_2 排放的43.82%、24.47%、12.85%、9.74%，共占90.88%。这种消费结构的变化对我国能源消费及 CO_2 排放都产生了重要影响。

其次，工业重型化也会带来能源需求的迅速增加。重工业每单位产出所消耗的能源是轻工业的4倍，重工业增长速度的加快，导致工业部门能源消耗的比重上升，甚至带来了能源消耗增长速度的加快。据统计，高耗能工业对我国工业增加值的贡献率只有10%～12%，而其耗能却占50%～70%。随着我国重化工业化规模的不断扩大并将持续一段时间，其能源消耗所带来的污染和 CO_2 排放压力将日益加剧。

能源安全直接影响国家安全、可持续发展及社会稳定。在中国快速的城市化和重化工业化的趋势下，本章首先估算了中国100强城市、287个地级以上城市的能源消费现状，然后重点分析了工业化、城市化对城市能源需求的动态影响，最后选择了50个代表性城市，按照其经济特征分为4类，对4类城市的经济发展水平、资源、环境、科技以及 CO_2 排放等情况进行对比分析，试图找出各类城市的特点和问题，为其发展低碳经济、建设低碳城市提供科学的参考依据。

1. 样本城市选择依据

根据《中国城市统计年鉴2007》中GDP的排序，本章选择了100个地级以上城市，分别为上海、北京、广州、深圳、苏州、天津、重庆、杭州、无锡、青岛、佛山、宁波、南京、成都、东莞、武汉、大连、沈阳、烟台、唐山、济南、哈尔滨、石家庄、郑州、长春、泉州、温州、长沙、南通、潍坊、绍兴、福州、淄博、大庆、常州、台州、济宁、西安、东营、徐州、临沂、威海、嘉兴、邯郸、洛阳、沧州、金华、昆明、南阳、保定、南昌、盐城、厦门、鞍山、扬州、合肥、中山、镇江、泰安、包头、泰州、德州、太原、惠州、茂名、江门、呼和浩特、南宁、聊城、滨州、鄂尔多斯、邢台、湛江、湖州、枣庄、珠海、汕头、岳阳、吉林、常德、廊坊、漳州、许昌、焦作、宜昌、周口、襄樊、衡阳、平顶山、乌鲁木齐、淮安、商丘、安阳、兰州、新乡、柳州、桂林、株洲、贵阳、临汾。

以上为 2006 年中国 GDP 前 100 强城市，其占全国 13.91% 的面积、45.71% 的人口，完成了全国 67.36% 的 GDP，其 GDP 年增长率达到 14.69%，远超过全国平均 11.9% 的水平，城市平均 GDP 产出 1672 亿元，最高为上海，GDP 为 10 366 亿元，入围线为 592 亿元。同时，100 个城市用电量占全国的 41.59%，用水量占全国的 58.02%，天然气（含煤气）和液化石油气使用量更占到了全国的 75% 以上，是能源消耗和污染物控制的重点区域。

注 释 专 栏 7.1

城市能源消费量的估算方法

《城市统计年鉴》只给出了城市市辖区（市辖区包括城区、郊区，不包括市辖县）的用电量、煤气和石油气的消费量，未给出城市能源消费总量，所以本章采用下列方法对市辖区能源消费量进行估算：

第一步：将市辖区用电量折算成标准煤，方法为用电量 ×4.04 吨标准煤/万千瓦时；

第二步：先计算用于发电的煤炭和石油量（折算后的电量分别乘以煤电和石油发电在总电量中的比例 0.798 和 0.0185），然后除以煤炭和石油消费量中用于发电的比例 0.5 和 0.06，得到市辖区的煤炭和石油消费量；

第三步：将市辖区的煤气和石油气折算成标准煤，方法为煤气量 ×12.143 吨/万立方米，石油气 ×1.7143 吨标准煤/吨；

第四步：计算核能、风能发电等清洁能源的消费量，用总电量减去煤电和石油发电的量；

第五步：市辖区总能源消费量为煤炭、石油、天然气（煤气和石油气）及清洁能源的总和。

注：按火力发电煤耗计算，以国家统计局每度电折 0.404 千克标准煤作为电力折算标准煤系数。

2. 城市能源消费量计算

根据注释专栏 7.1 给出的方法，本章估算了 2006 年 100 强城市（图 7.3）、287 个地级以上城市市辖区的能源消费总量（表 7.1）。2006 年，全国的能源消费总量约为 24.63 亿吨标准煤，287 个地级以上城市市辖区的能源消费总量约为 13.66 亿吨标准煤，100 强城市市辖区的能源消费总量约为 10.54 亿吨标准煤，287 个地级以上城市市辖区能源消费量为全国的 55.50%，100 强城市市辖区能源消费量占全国的 42.79%。比较而言，287 个地级以上城市市辖区和 100 强城市市辖区的 GDP 贡献分别是全国的 62.45% 和 50.98%，都比能源所占比重高 7~8 个百分点。

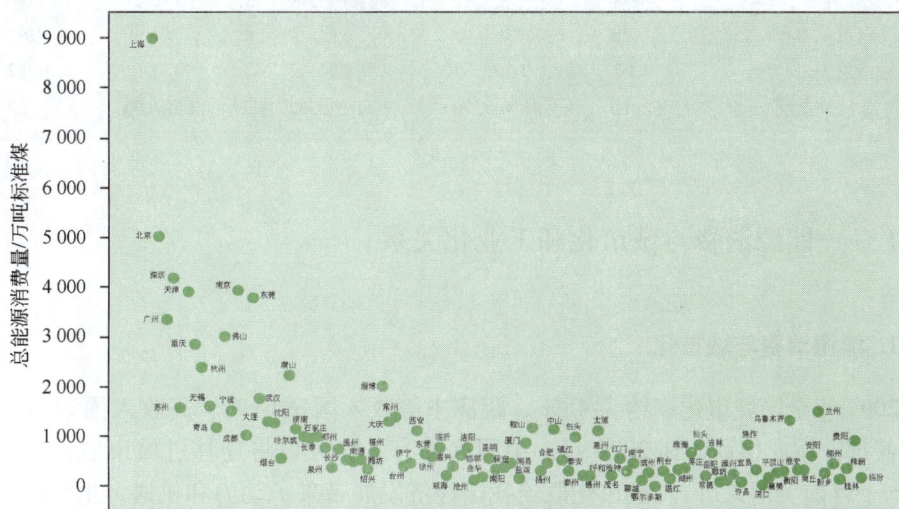

图 7.3 100 强城市市辖区能源消费量

表 7.1 2006 年城市市辖区能源消费总量

	能源消费量/万吨标准煤	GDP/亿元	能源消费量占全国比例/%	GDP 占全国比例/%
全　　国	246 270	211 808	100.00	100.00
287 个地级以上城市市辖区	136 622.8	132 272	55.50	62.45
100 强城市市辖区	105 383.54	107 989.9	42.79	50.98

本章所选的 100 强城市的能源消费量、GDP、市辖区面积、城市化率、城市总人口、工业总产值见表 7.2。数据显示，能源消费量最多的城市为上海市，最少的是鄂尔多斯市，该变量的变异系数较大，说明 100 强城市的能源消费差异较大；100 个城市中，深圳、佛山、珠海的城市化率均达到了 100%，城市化率最小的周口市仅为 11.88%，但城市化率的变异系数仅为 0.45，说明 100 强城市的城市化水平差距相对其他指标的变异系数较小。

表 7.2   100 强城市市辖区能源消费量的描述统计

	最小值	最大值	平均值	标准差	变异系数
能源消费量/万吨标准煤	33.86	8 985.85	1 053.84	1 313.05	1.25
GDP/亿元	66.30	10 258.10	1 079.90	1 535.56	1.42
城市辖区面积/平方千米	97.00	26 041.00	2 258.15	3 015.41	1.34
城市化率/%	11.88	100.00	42.76	19.40	0.45
城市总人口/万人	92.63	3 198.87	594.12	370.61	0.62
工业总产值/亿元	62.10	18 447.70	1 690.62	2 587.93	1.53

（三）能源消费与城市化和工业化关系

1. 能源消费与城市化

2007 年全国城市化率约为 45%，距离中等收入国家 61%、高收入国家 78% 的差距甚远。按此估计，到 2020 年，中国大约有 3 亿人口将迁移进城市居住和工作（相当于目前美国人口）。城市化既给我国经济发展带来了动力和机遇，也给我国能源消费带来了压力。大规模的人口迁移并聚集居住于城市，对包括住房、交通运输、医疗卫生、下水设施、城市绿化等各种公共服务设施都提出了更高要求，相关设施及建筑的建设和运行、维护都需要比以前更多的能源消耗（林伯强，2008）。随着城市化率提高、居民人均收入增加，其能源消费特征也会发生较大的转变，据估计，城市人均能源消费量为农村地区的 3.9 倍（李刚等，2007）。因此，农村人口的快速城市化过程必然带来能源消费量的增长。本章以 100 强城市为样本，以城市化率为自变量，以城市能源消费量的对数为因变量，给出了城市能源消费量与城市化率之间的统计关系，如图 7.4 所示。城市能源消费量与城市化率之间存在明显的正比例关系，城市化进程的推进将会拉动城市能源需求的增加。

2. 能源消费与工业化

工业化通常被定义为第二产业产值（或收入）在国民生产总值（或国民收入）中比重不断上升和工业就业人数在总就业人数中比重不断上升的过程。工业发展是工业化的显著特征之一，但工业化并不能狭隘地仅仅理解为工业发展。在工业化进程中，主要表现为工业生产量的快速增长，新兴部门大量出现，高新技术广泛应用，劳动生产率大幅提高，城镇化水平和国民消费层次全面提升。世界经济社会发展史

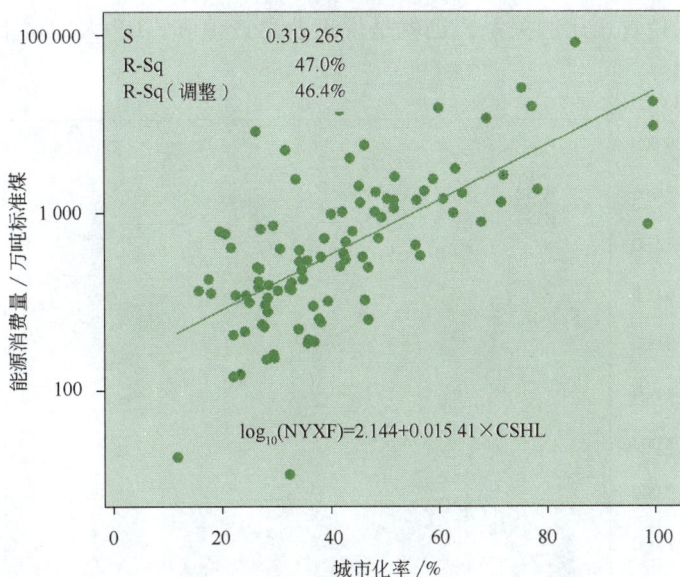

图 7.4　城市能源消费量与城市化率之间的统计关系

表明，工业化是加快社会进步和增强经济实力的有效手段，是人类社会发展进程中的必经阶段。工业化水平是衡量一个国家或地区经济社会发展水平的重要标志。

　　城市能源消费与城市的经济总量和速度密切相关。当然，在以工业化作为主要推动力的经济发展的不同阶段，能源消费存在着一定的差异。工业化所带来的能源消费变化的一般趋势是：从工业初期阶段向中期阶段发展过程中，能源消费强度增强，能源需求增长超过经济增长；在工业化的后期发展阶段，能源消费强度下降，经济增长对能源的依赖也在下降（刘星，2006）。

　　改革开放 30 年来，中国经济总体上一直经历着高位运行的态势，目前正处于工业化中期发展阶段，然而与大多数发达国家不同的是，中国在工业化进程中保持经济高速增长的同时，能源消费强度却出现了持续下降的变化趋势。特别是在1996～1999 年 3 年的时间里，我国能源绝对消费量还出现了负增长，能源消费弹性出现负值。

　　我们以城市能源消费量为因变量，分别以工业总产值和 GDP 为自变量，给出了它们的线性统计关系，如图 7.5 和图 7.6 所示。城市能源消费量与工业总产值的关系表明，工业总产值每增加 1 单位（亿元）会导致 0.464 单位（万吨标准煤）能源的增长，说明工业生产对能源消费具有较大影响，工业发展对能源的依赖性强。城市能源消费量与 GDP 的关系表明，GDP 每增加 1 单位（亿元）会导致 0.776 单位（万吨标准煤）能源的增长。两图也说明，在现阶段，城市能源消费量与工业总产值和 GDP 都保持着正比例关系，也就是说工业总产值和 GDP 大的城市，其能源消费量也大。

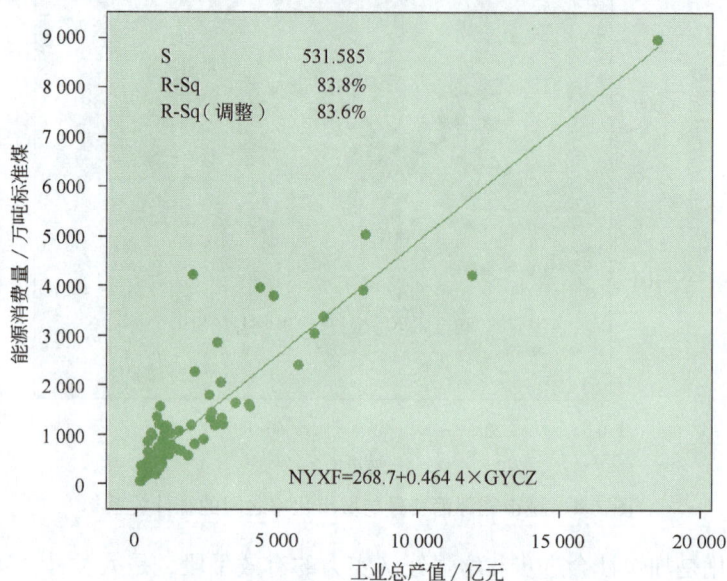

图 7.5　城市能源消费与工业总产值的统计关系

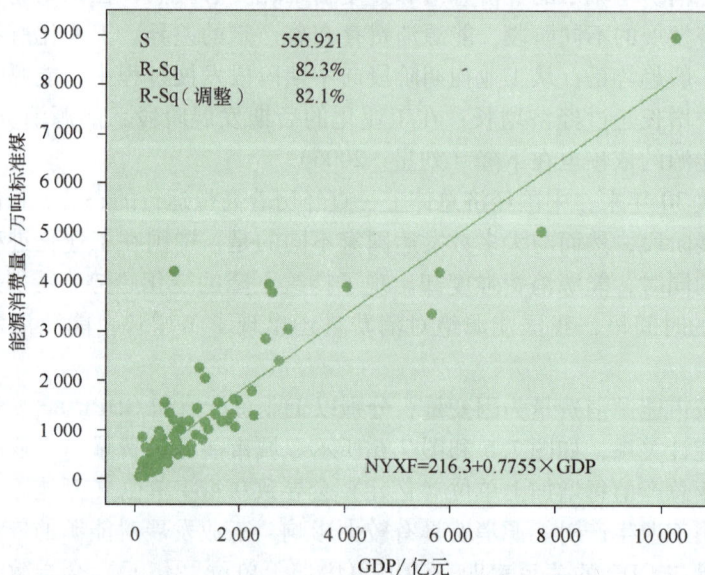

图 7.6　城市能源消费与 GDP 的统计关系

（四）中国 4 类城市发展比较

随着工业化进程步伐的加快，中国经济发展动力逐步由农业向工业和服务业转移，城市化水平不断提高，城市发展体系逐步走向成熟。截至 2006 年底，中国的城市总数为 656 个，其中地级以上城市 287 个，地级以上城市市辖区年末人口总数达到 36 764 万人，地级以上城市（不包括市辖县）的 GDP 占全国 GDP 的 62.45%，GDP 超过 1000 亿元的城市已达到 30 个。

要分析中国如此众多的城市，必须按照城市的不同特点进行划分。城市有不同的分类方法，其中，根据城市职能和城市规模进行的分类最能揭示城市的基本特点。为了准确地描述中国城市发展低碳经济的背景和现状，本章将中国城市分为资源开发型城市、工业导向型城市、综合型城市和旅游型城市 4 类，并且选取了中国 50 个具有代表性的城市（表 7.3），其中，资源开发型城市 10 个、工业主导型城市 22 个、综合型城市 14 个、旅游型城市 4 个。由于城市的复杂性，城市的性质有时并不十分明显，因此，这几类城市之间难免有交叉和重复之处。基于上述分类，我们采用《2007 中国城市统计年鉴》的统计数据，对这几类城市的经济发展水平、资源、环境、科技以及 CO_2 排放等情况进行对比分析，试图找出各类城市的特点，为未来发展低碳经济提供科学的参考依据。

表 7.3　50 个代表性城市产业分布

城市类型	数量/个	城市名称
资源开发型城市	10	唐山、大庆、东营、邯郸、鞍山、包头、呼和浩特、鄂尔多斯、平顶山、乌鲁木齐
工业主导型城市	22	深圳、苏州、无锡、青岛、佛山、宁波、东莞、大连、沈阳、烟台、哈尔滨、泉州、温州、南通、绍兴、常州、台州、徐州、威海、嘉兴、金华、中山
综合型城市	14	重庆、上海、北京、广州、天津、杭州、南京、成都、武汉、济南、郑州、长沙、福州、西安
旅游型城市	4	昆明、厦门、南宁、桂林

经济发展水平是城市低碳发展的前提和基础。本章采用人均工业总产值和人均 GDP 指标对这 4 类城市的经济发展水平进行比较，如图 7.7 所示。在人均工业总产值方面，工业主导型城市达到了 11.83 万元/人，远高于其他 3 类城市，资源开发型城市最低，只有 3.97 万元/人，旅游城市也只有 4.69 万元/人。旅游型城市高于资

源开发型城市的主要原因是样本数量较少，因此容易受干扰，如旅游型城市中，厦门的人均工业总产值达到了 14.76 万元/人，这是直接拉高旅游型城市人均工业总产值的主要原因。实际上，其余 3 个城市的人均工业总产值还是很低的，昆明为 2.59 万元/人，南宁为 0.74 万元/人，桂林为 0.69 万元/人，都远低于其他城市。在人均 GDP 方面，工业主导型城市也以 5.11 万元/人领先于其他 3 类城市，其次为综合型城市，旅游型城市以 2.62 万元/人位于最后。从上述分析可以看出，工业主导型城市在经济发展水平上相对其他 3 类城市较高，其次为综合型城市，资源开发型城市在人均 GDP 和人均工业总产值方面也强于旅游型城市。

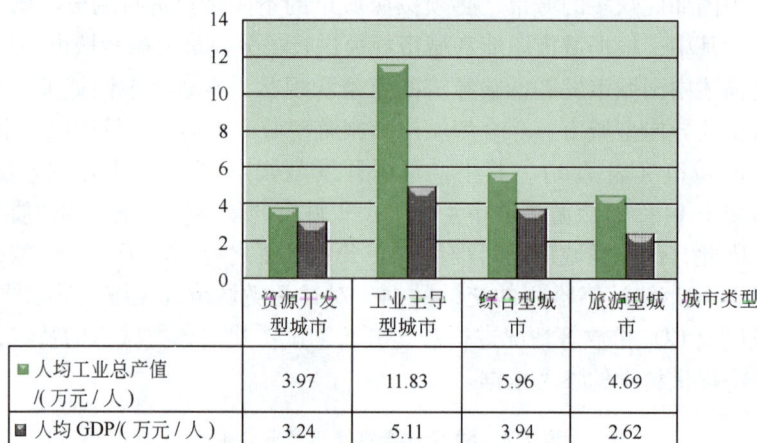

	资源开发型城市	工业主导型城市	综合型城市	旅游型城市
人均工业总产值/(万元/人)	3.97	11.83	5.96	4.69
人均 GDP/(万元/人)	3.24	5.11	3.94	2.62

图 7.7　4 类城市经济发展水平比较

　　能源消耗是城市 CO_2 排放最直接的原因和主要来源，是城市低碳发展要解决的核心环节。本章采用单位 GDP 能耗、地均 GDP 能耗和人均 GDP 能耗 3 个指标对这 4 类城市的能源消耗情况进行比较，如图 7.8 所示。从单位 GDP 能耗看，资源开发型城市最高，达到了 1.3 吨标准煤/万元，其次为工业主导型城市，旅游型城市最低，只有 0.77 吨标准煤/万元；从地均 GDP 能耗看，工业主导型城市最高，其次为资源开发型城市，旅游型城市最低；从人均能耗看，工业主导型城市最高，资源开发型城市第二，旅游型城市最低。整体上看，资源开发型和工业主导型城市由于其产业结构偏重，增长方式粗放等原因造成能源消耗较高，旅游型城市则由于服务业相对发达而能源消耗较少。

　　优良的生态环境是建设宜居城市、特色城市和魅力城市的基础，也应是低碳城市追求的目标。本章采用万人工业 SO_2 排放量、万人工业烟尘排放量和万人工业废水排放量 3 个指标对这 4 类城市的环境情况进行比较，如图 7.9 所示。资源开发型

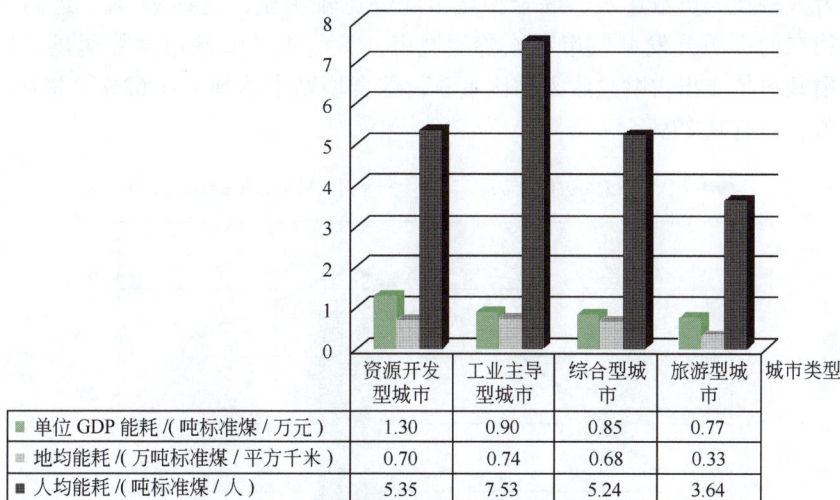

	资源开发型城市	工业主导型城市	综合型城市	旅游型城市
单位 GDP 能耗 /(吨标准煤 / 万元)	1.30	0.90	0.85	0.77
地均能耗 /(万吨标准煤 / 平方千米)	0.70	0.74	0.68	0.33
人均能耗 /(吨标准煤 / 人)	5.35	7.53	5.24	3.64

图 7.8　4 类城市能源消耗情况比较

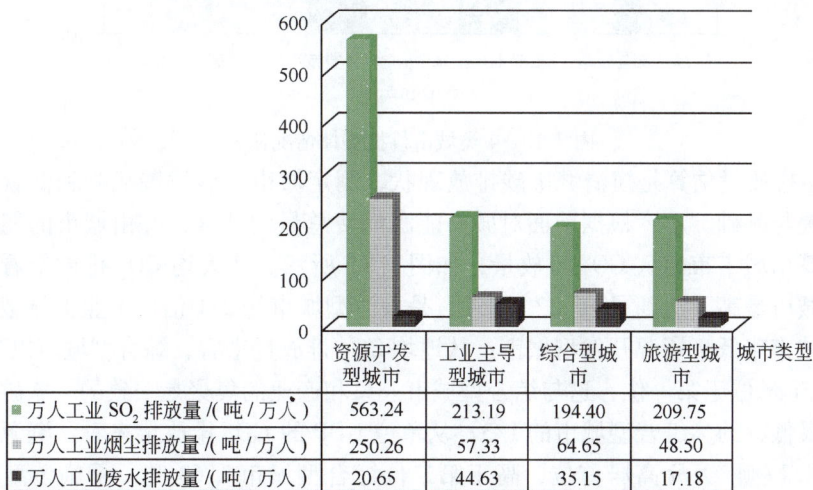

	资源开发型城市	工业主导型城市	综合型城市	旅游型城市
万人工业 SO_2 排放量 /(吨 / 万人)	563.24	213.19	194.40	209.75
万人工业烟尘排放量 /(吨 / 万人)	250.26	57.33	64.65	48.50
万人工业废水排放量 /(吨 / 万人)	20.65	44.63	35.15	17.18

图 7.9　4 类城市环境污染情况比较

城市在 SO_2 和烟尘排放量指标上远远高于其他 3 类城市，这与中国目前的资源型城市主要有煤炭和冶金工业构成是一致的；旅游型城市在 3 项指标中有两项最低，一项位于第三，相对来说有一定优势。

科技水平是城市低碳发展的重要支撑。本章采用万人科技人员数量和财政科学支出占财政收入的比重两个指标对这 4 类城市的科技水平进行比较，如图 7.10 所示。从万人科技人员数量看，综合型城市优势比较明显，达到 97 人，远高于以 35 人并列第二的资源开发型城市和旅游型城市，工业主导型城市劣势明显，只有 22 人；从财政科技支出占财政收入的比重看，综合型城市达到了 0.62%，资源开发型城市最低，只有 0.27%。

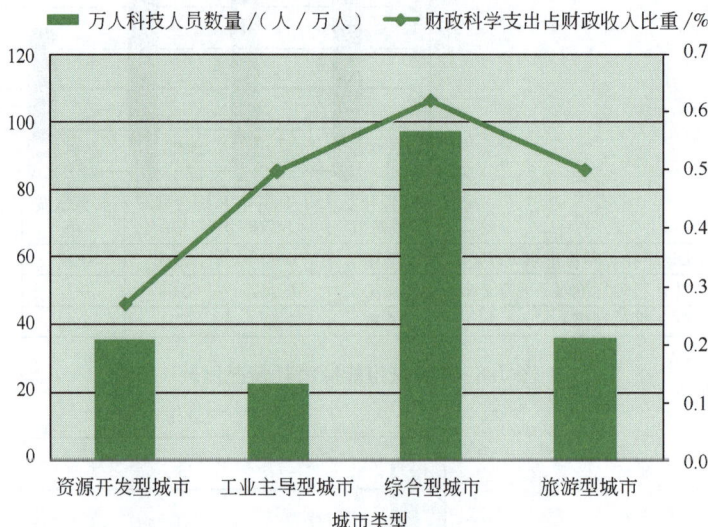

图 7.10 4 类城市科技支撑情况比较

CO_2 排放量估算是摸清城市碳排放现状、制定城市低碳发展战略和低碳发展目标的前提与基础。本章根据前面对城市能源消费总量的估算，并由城市的能源消费总量估算出城市市辖区 CO_2 排放量，如图 7.11 所示。从人均 CO_2 排放量看，资源开发型城市最高，达到了 16.22 吨/人，是旅游型城市的 2.1 倍，工业主导型城市和综合型城市略低于资源开发型城市；从地均 CO_2 排放量来看，综合型城市以 1.93 万吨/平方千米位于第一位，这与综合型城市人口和产业的集聚是一致的，旅游型城市排放量最低，约为综合型城市的 1/3；从单位 GDP 的 CO_2 排放量来看，资源开发型城市以 4.17 吨/万元高居首位，高于第二位综合型城市 1.63 吨，是旅游型城市的 2.5 倍。

整体上看，资源开发型城市由于其产业结构、能源消费结构、粗放的增长方式等原因，CO_2 排放量较大，而且由于其产业转型难度大、科技支撑乏力等，节能减排压力巨大；工业主导型城市在经济发展水平上占有一定优势，但是其能源高消耗和环境污染是城市低碳发展中必须克服的问题；综合型城市在科技方面有优势；旅游型城市则在生态方面基础好。

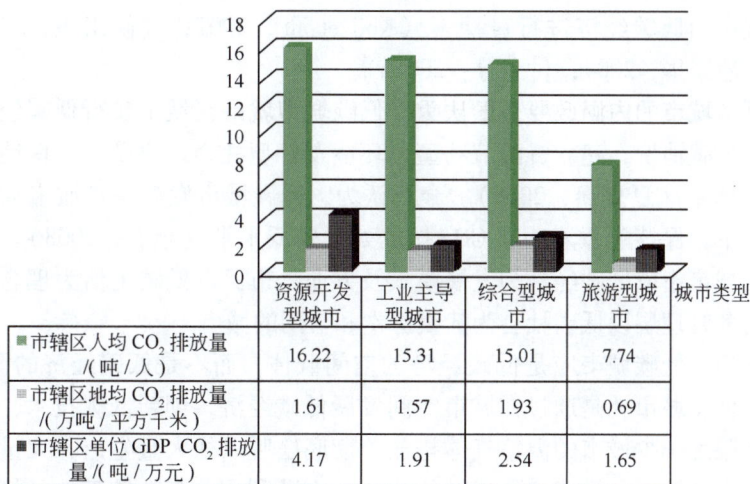

	资源开发型城市	工业主导型城市	综合型城市	旅游型城市
■ 市辖区人均 CO_2 排放量 /（吨 / 人）	16.22	15.31	15.01	7.74
▫ 市辖区地均 CO_2 排放量 /（万吨 / 平方千米）	1.61	1.57	1.93	0.69
■ 市辖区单位 GDP CO_2 排放量 /（吨 / 万元）	4.17	1.91	2.54	1.65

图 7.11　4 类城市 CO_2 排放情况比较

三　中国低碳城市的战略目标

（一）低碳城市的理论内涵与特征

1. 低碳城市的内涵

低碳城市目前已成为一些发达国家发展低碳经济的重点，很多国际大都市把发展低碳城市作为目标。自 2008 年初，建设部（现为"住房和城乡建设部"）与WWF 在中国内地以上海和保定两市为试点联合推出"低碳城市"以后，"低碳城市"同样引起国内各界的关注，成为中国内地城市自"花园城市"、"人文城市"、"魅力城市"、"宜居城市"、"生态城市"、"最具竞争力城市"之后的新热点。

目前，国内外关于低碳城市（low-carbon city）研究的文献还非常少。要界定低碳城市的内涵，首先要理解"低碳经济"的概念。根据英国在《我们未来的能源——创建低碳经济》（State for Trade and Industry，UK，2003）的定义，低碳经济是通过更少的自然资源消耗和更少的环境污染，获得更多的经济产出；低碳经济是创造更高的生活标准和更好的生活质量的途径和机会，也为发展、应用和输出先进技术创造了机会，同时也能创造新的商机和更多的就业机会。但英国并没有界定低碳经济的概念，也没有给出低碳经济的评价指标体系。此外，国内外也有众多学者对正在发展中的低碳经济进行过探索（Koji et al.，2007；气候组织，2007；庄贵阳，2005；潘家华，2004；付允等，2008a）。

对于低碳城市的内涵，夏堃堡认为，低碳城市就是在城市实行低碳经济，包括低碳生产和低碳消费，建立资源节约型、环境友好型社会，建设一个良性的可持续的能源生态体系（夏堃堡，2008）。金石认为，低碳城市发展是指城市在经济高速发展的前提下，保持能源消耗和 CO_2 排放处于较低水平（金石，2008）。也有学者认为，低碳城市指以低碳经济为发展模式及方向、市民以低碳生活为理念和行为特征、政府公务管理层以低碳社会为建设标本和蓝图的城市。

无论如何，低碳城市应是低碳经济的空间载体，而不是低碳经济的简单延伸。系统来说，低碳城市就是通过在城市空间发展低碳经济，创新低碳技术，改变生活方式，最大限度减少城市的温室气体排放，彻底摆脱以往大量生产、大量消费和大量废弃的社会经济运行模式，形成结构优化、循环利用、能效较高的经济体系，形成健康、节约、低碳的生活方式和消费模式，最终实现城市的清洁发展、高效发展、低碳发展和可持续发展（付允等，2008b）。

2. 低碳城市的特征

低碳城市强调以人的行为为主导，以生态系统为依托，以科技创新为支撑，在保障经济发展和社会进步的前提下最大限度减少温室气体的排放，以实现城市的可持续发展。因此，低碳城市应具有以下特征。

（1）经济性。低碳城市的经济性是指以最少的资源和能源投入，换取最大的经济产出，也就是经济的高效化和集约化。从经济层面来看，低碳不仅是一种压力，同时也是一种机遇。要实现低碳城市的经济低碳化、高效化和集约化目标，需要不断优化产业结构，改进生产工艺，促进技术创新，提高经济效益。随着国际社会对气候变化重视程度的提高，低碳产品在不远的将来定会成为市场的主流，因此，我国的企业要抓住这次产品革新的趋势和机遇，提前加大对低碳产品的研发和投入，形成产品的核心竞争力，抢占国际市场。

（2）安全性。低碳城市是在应对气候变化的背景下产生的，因此，建设低碳城市是实现粮食安全、生态安全、经济安全和社会安全的重要保障。

（3）系统性。低碳城市建设是一项由经济、社会、人口、科技、资源和环境等子系统组成，时空尺度高度耦合的复杂动态开放巨系统的系统工程。低碳城市的规划和基础设施建设应以低碳为主题，追求城市的紧凑、舒适和宜居；要改变能源的利用方式，提高能源的转化率，大力发展清洁能源；在社会层面，人们要改变以往浪费型的生活方式，倡导使用绿色建筑、公共交通；在技术层面，充分利用科学技术，促进能源的利用效率，促进经济的低碳发展；在制度层面，国家通过法律等手段引导企业的低碳生产和人们的低碳消费，使得低碳成为人们的行为规范。

（4）动态性。动态性特征是指低碳目标不是固定的，而是要不断地调整，不断地适应变化的情况。零碳是低碳城市追求的终极目标，但这在短期内是很难实现的。如果城市不能摆脱对化石能源的依赖，那么零碳将永远也实现不了。低碳对于城市来说是一个动态的目标，在不同时期其目标定位是不同的。目标的动态性使得经济的发展模式、人们的消费模式都处在动态变化中，以满足目标的需要。

（5）区域性。低碳城市应当是一种城市化区域或城乡复合体，表现为一种城市与乡村融合发展的新的城乡关系格局，表现为大、中、小城镇之间的协调、协同发展，以实现整个城市区域的低碳化。城市环境改善只有自身的努力是不行的，需要以城乡统筹的形式，以区域协同的模式，共同实现经济、社会的低碳发展。

3. 低碳城市的基本支撑体系

（1）低碳城市的产业结构体系。产业结构是决定经济增长方式的重要因素，是衡量经济发展水平和体现国民经济整体素质的重要标志，也是影响能源需求的重要因子。从产业结构来说，工业的能源消费强度大，而服务业的能源消费强度相对较低；从工业结构来说，重化工业的能源消费强度大，而轻工业的能源消费强度相对较低。因此，实现从工业向服务业的转变和重化工业化向高加工度化的转变，对于我国减少能源消费，发展低碳经济，实现城市的低碳、高效和可持续发展具有重要的意义。

（2）低碳城市的基础设施体系。城市基础设施是城市存在和发展的物质载体，是城市经济社会正常运行的必要基础，也是城市经济社会现代化的重要标志。中国的城市化和工业化进程，要求建设大量的基础设施作为保障，这从规模上加大了能源的需求；现存基础设施由于规划、设计、建设等各个环节的原因，运行效率较低，从而加大了能源的消耗。因此，需预先做好城市基础设施的总体规划，保证城市基础设施设计的低碳化。

（3）低碳城市的消费支撑体系。居民的消费观念、生活方式，对城市的能源需求有重要影响。随着物质生活条件的改善和收入水平的提高，人们的消费欲望不断增强，开始追求大住宅、小汽车，推升了城市的能源需求。为实现城市的低碳发展，人们要改变以往高消费、高浪费的生活方式。城市必须通过大力发展公共交通，严格限制小汽车使用的增长速度，推行紧凑型的城市布局，鼓励民众消费低碳产品，提倡居住低碳建筑和公共住宅，来降低城市的能源需求和实现城市的低碳发展。

（4）低碳城市的政策制度体系。城市的低碳化发展不仅关系城镇居民的生存环境，而且还影响整个国家的现代化与可持续发展进程。因此，需制定合理、正确的制度和政策，依托和整合现有政策体系及手段，确定低碳城市发展的长期目标，向社会大众表明政府联合全社会一起实现低排放或零排放的决心。通过把清晰的政策目标转换为经济信号，可以引导企业和个人都积极融入低碳经济的发展框架中来，长期的政策目标也可以给企业以信号，坚持其向低碳模式转变的信心。

（二）城市能源需求的情景分析

1. 模型方法

本章采用单位产值能耗法（王妍等，2008）分别对 2020～2050 年我国城市能源需求进行情景分析，由式（7-1）推导得出式（7-2）。其中 E_0 为基年能源消费量，G_0 为基期 GDP 总量，E_0/G_0 为基期单位 GDP 能耗，本章取 2006 年的数据为基期数据；E_t 为当期能源需求量，G_t 为当期的 GDP 总量，且 $G_t = G_0 (1 + n)^t$，E_t/G_t 为当期单位 GDP 能耗；m 为年度单位 GDP 节能率（主要由于技术进步、结构优化、政策促进、工艺改进等导致的单位 GDP 耗能量减少）；n 为 GDP 增长速度。

$$\frac{E_0}{G_0}(1 - m)^t = \frac{E_t}{G_t} = \frac{E_t}{G_0(1 + n)^t} \tag{7-1}$$

$$E_t = E_0\left[(1 - m)^t(1 + n)^t\right] \tag{7-2}$$

2. 方案设定

本章在能源的需求情景分析中，以 2006 年为基期，以 2020 年、2030 年、2040 年、2050 年为目标期，分 100 强城市、287 个地级以上城市和全国进行能源需求分析。在分析中，考虑了以下原则：①本章设定全国 2007～2020 年 GDP 增长为 8%，2021～2030 为 6%，2031～2040 为 5%，2041～2050 为 4%；城市 2007～2020 年为 10%，2021～2030 为 7.5%，2031～2040 为 6%，2041～2050 为 4.5%。②根据对各省份、各部门节能潜力的分析及近年来的节能实际，并考虑技术进步、产品结构调整、产业结构调整、政策督导等因素，参照国际的经验，确定单位 GDP 能耗变化率指标，即年度节能率。根据《国民经济和社会发展第十一个五年规划纲要》，设定年能源强度降低 4%。③为了保证科学性和严谨性，本章分低碳情景、优化情景和基准情景对节能率 m 和 GDP 增速 n 进行参数设定，3 个方案的情景假设见表 7.4。由于篇幅原因，未将参数的设定表放入文中。

表 7.4 中国城市能源基准、优化和低碳方案设定

情 景	假 设
低碳情景	严格执行计划生育政策；注重城乡的协调、等质发展；城市交通以公交和自行车为导向；经济结构得到极大优化，低能耗的现代服务业占据主导；能源结构中煤炭比例持续下降，可再生能源比例持续上升；清洁能源发电技术得到较多应用，水电发展顺利，核电和天然气联合循环发电得到较大发展；制定严厉的节能降耗政策措施，保证主要城市的节能率在 6% 以上
优化情景	继续执行计划生育政策；重点发展小城镇、兼顾不同类型城市协调发展；鼓励发展公共交通；工业结构得到改善，重化工在工业中的比重持续降低；制定一些节能降耗的政策措施，节能率在 5% 左右；交通、建筑等的节能标准更加严格；社会形成了低碳的生产、生活和消费模式
基准情景	计划生育政策稍有放开；城镇化进展受到户籍、资源和经济发展水平的限制；基本不采取或采取较小力度的节能减排措施，节能率较低；仍然大力发展高能耗重化工产业；节能技术有所进步，但仍不能满足节能需求

3. 能源需求"零增长"的理论可行性

当今世界，各国都在探讨如何使用更少的能源和资源去获取更多的财富，以及如何改变实体型经济为知识型经济，更加高效地运用资源和能源。以法国、日本、德国和英国为例，这几个工业化国家从 20 世纪 50～90 年代单位产值所消耗的能源就具有明显的下降趋势，下降幅度分别达到 37.5% 、35.3% 、40% 和 41% ，尤其是在 20 世纪 70 年代世界石油危机之后，各国能源消费下降更为明显。有鉴于此，挪威前首相布伦特莱夫人曾提出在未来几代人的时间内，在不增加能源和资源的前提下，国民财富可以提高 5～10 倍。

中国从 1978 年起，随着工业化、城市化水平的逐步提高，到 2006 年，每生产亿元国民生产总值所消耗的能源下降了 65% 以上（按 1978 年不变价）。1978 年万元 GDP 能耗为 15.676 吨标准煤，而到了 2006 年万元 GDP 能耗下降为 5.06 吨标准煤（按 1978 年不变价）。这种能源消耗的明显下降，与中国城市化水平的日益提高密切相关。正是由于城市化程度的不断提高，使产业组织结构、技术结构、产品结构等得到更合理的调整、各种配置得到进一步优化、各种资源得到更加合理的利用。

《四倍跃进》（*Factor Four*）（厄恩斯特等，2001）一书也指出，在同样资源消耗的条件下实现财富的四倍跃进，也就是在财富成倍增加的同时使资源消耗减半。四倍跃进指出了资源生产率提高四倍的可能性，即从单位自然资源中获取翻两倍的财富。

4. 2006～2050 年能源需求情景分析

（1）100 强城市市辖区能源需求情景分析结果。本章分 3 种情景对 100 强城市市辖区能源需求进行了分析，结果如表 7.5 和图 7.12 所示。数据显示，低碳情景下城市能源需求在 2025 年实现了零增长，也就是在 2025 年出现拐点，拐点值为176 045.0万吨标准煤，其后开始下降，到 2050 年下降为 124 080.7 万吨标准煤，但仍高于 2006 年的水平；优化情景下城市能源需求在 2030 年出现拐点，拐点值为190 772.8万吨标准煤；基准情景下城市能源需求在 2035 年出现拐点，拐点值为205 863.1万吨标准煤。100 强城市代表了我国经济发展的最高水平，它们有能力拿出更多资金加大对于新技术和新能源研发的投入力度，再加上这些城市的人才优势，可以确保其节能率远远高于经济落后城市，从而使得它们有可能尽早实现能源消费的零增长。

表 7.5　100 强城市市辖区 2006～2050 年能源需求（单位：万吨标准煤）

情　景	2006 年	2020 年	2030 年	2040 年	2050 年	拐　点	拐点值
低碳情景	105 383.5	168 290.8	171 149.2	148 341.6	124 080.7	2025 年	176 045.0
优化情景	105 383.5	181 265.7	190 772.8	177 581.8	162 306.0	2030 年	190 772.8
基准情景	105 383.5	195 164.5	205 400.6	202 184.2	187 994.9	2035 年	205 863.1

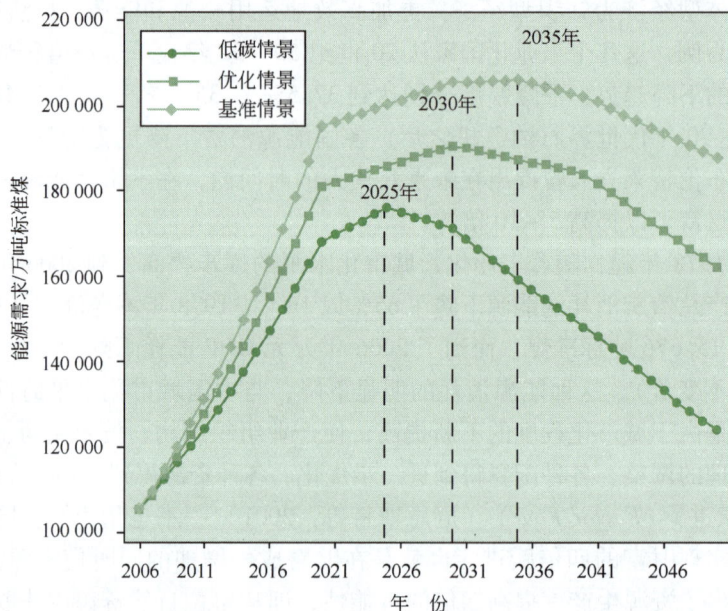

图 7.12　100 强城市市辖区 2006～2050 年能源需求

（2）287 个地级以上城市市辖区能源需求情景分析结果。本章分 3 种情景对 287 个地级以上城市市辖区能源需求进行了分析，结果如表 7.6 和图 7.13 所示。数据显示，低碳情景下城市能源需求在 2030 年实现了零增长，能源需求的最大值为 209 080.8 万吨标准煤，其后开始下降，到 2050 年下降为 179 773.7 万吨标准煤，但仍约为 2006 年的 1.32 倍；优化情景下城市能源需求在 2035 年出现拐点，拐点值为 239 401.7 万吨标准煤；基准情景下城市能源需求在 2040 年出现拐点，拐点值为 290 289.9 万吨标准煤。

表 7.6　287 个地级以上城市市辖区 2006～2050 年能源需求（单位：万吨标准煤）

情　景	2006 年	2020 年	2030 年	2040 年	2050 年	拐　点	拐点值
低碳情景	136 622.8	206 794.8	209 080.8	202 841.5	179 773.7	2030 年	209 080.8
优化情景	136 622.8	222 651.0	237 377.1	235 802.6	220 249.9	2035 年	239 401.7
基准情景	136 622.8	239 630.1	269 323.1	290 289.9	285 678.5	2040 年	290 289.9

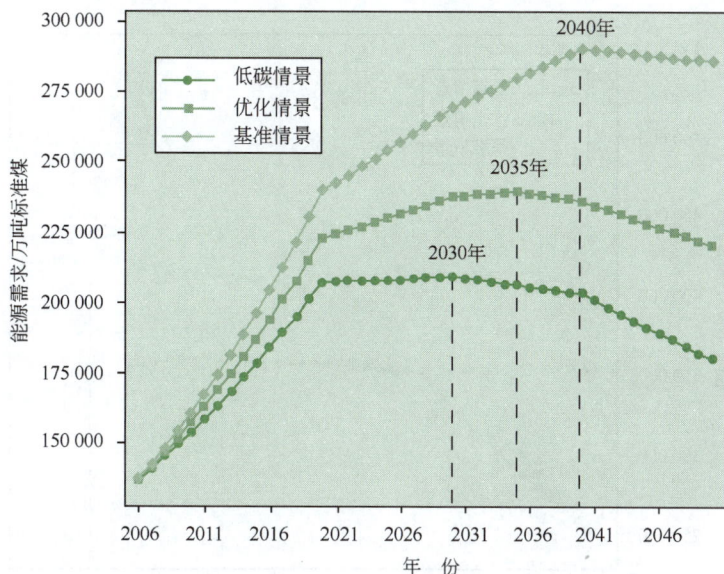

图 7.13　287 个地级以上城市市辖区 2006～2050 年能源需求

（3）全国能源需求情景分析结果。本章分 3 种情景对全国能源需求进行了分析，结果如表 7.7 和图 7.14 所示。数据显示，低碳情景下全国能源需求在 2035 年

出现拐点，拐点值为 362 853.8 万吨标准煤，其后开始下降，到 2050 年下降为
334 705.8 万吨标准煤；优化情景下城市能源需求在 2040 年出现拐点，拐点值为
424 205.3 万吨标准煤；基准情景下城市能源需求在 2050 之前未出现拐点，原因在
于现有的经济增长模式、城市进程的加速、城市规划格局、城市生活方式、居民消
费方式导致能源需求持续增加。表 7.8 给出了国内学者对中国未来能源需求的情景
分析，本章的结果与周凤起和张建民的结果差距较大，主要原因是他们的情景分析
是基于 1995 年的数据做出的，误差由于时间的因素而增大；与韦保仁和八木田浩史
的预测结果比较接近，尤其是中方案的结果差别非常小。

表 7.7　全国 2006~2050 年能源需求（单位：万吨标准煤）

情　景	2006 年	2020 年	2030 年	2040 年	2050 年	拐　点	拐点值
低碳情景	246 270.0	352 756.1	358 799.1	358 340.7	334 705.8	2035 年	362 853.8
优化情景	246 270.0	379 656.9	407 085.8	418 420.3	420 822.5	2045 年	424 205.3
基准情景	246 270.0	408 452.3	461 565.9	499 849.2	545 619.4	无拐点	

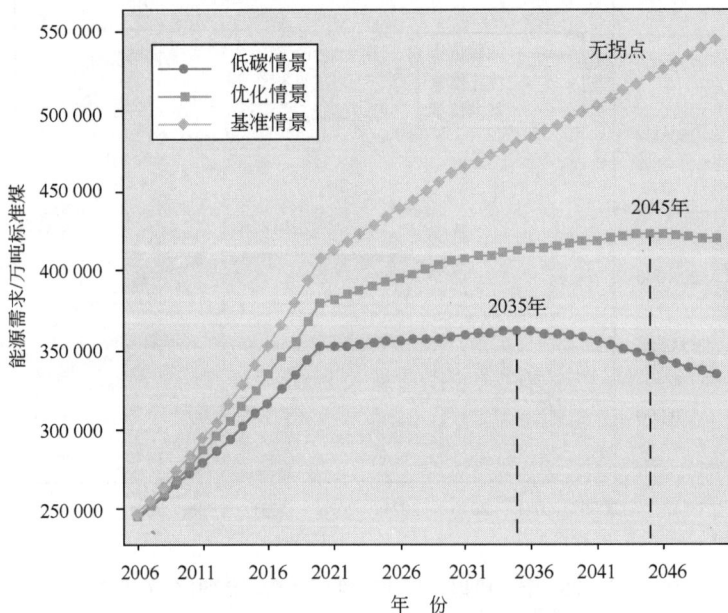

图 7.14　全国 2006~2050 年能源需求

表 7.8　国内学者对 2020～2050 年中国能源需求的情景分析（单位：亿吨标准煤）
（韦保仁等，2008；周凤起等，2000）

数据来源	方案	2020 年	2030 年	2040 年	2050 年
笔　者	低碳情景	35.28	35.88	35.83	33.47
	优化情景	37.97	40.71	41.84	42.08
	基准情景	40.85	46.16	49.98	54.56
韦保仁、八木田浩史	高情景	40.78	55.42	68.93	76.90
	中情景	35.99	40.23	42.58	43.09
	低情景	31.38	27.93	24.56	20.85
周凤起、张建民	基础方案	23.15	—	—	33.40
	强化节能方案	21.01	—	—	28.09

（4）单位 GDP 能耗变化趋势。要摸清我国能源强度的变化趋势和在国际上所处的位置，有必要从时间和空间两个维度对万元 GDP 能耗进行分析。通过中国与世界主要发达国家和地区的单位 GDP 能耗的比较，数据显示中国的能源强度非常高，2004 年为 1.26 吨标准煤/万元 GDP，与印度相当，但为韩国、巴西、加拿大、新加坡、美国、澳大利亚的 2～5 倍，为荷兰、法国、德国、日本、英国、中国香港的 6～8 倍，为世界平均水平的 3.1 倍、高收入国家的 5 倍和中等收入国家的 1.3 倍，可见中国的节能潜力还很大。从时间维度来看，1978～2007 年我国单位 GDP 能耗强度一直呈现下降趋势，从 1978 年的 15.676 吨标准煤/万元下降到 2006 年的 1.163 吨标准煤/万元（按当年价格），下降幅度非常大，这与我国的经济结构优化、节能政策的促进和科技的支撑是分不开的。

表 7.9、表 7.10 和表 7.11 分别给出了 100 强城市市辖区单位 GDP 能耗、287 个地级以上城市市辖区单位 GDP 能耗和全国单位 GDP 能耗，数据显示，100 强城市、287 个地级以上城市和全国的单位 GDP 能耗均呈现下降趋势，2020 年城市的单位 GDP 能耗将接近世界 2004 年平均单位 GDP 能耗水平（0.4 吨标准煤）。

表 7.9　100 强城市市辖区单位 GDP 能耗（单位：吨标准煤/万元，2006 年价）

情　景	2006 年	2020 年	2030 年	2040 年	2050 年
低碳情景	0.976	0.410	0.202	0.098	0.053
优化情景	0.976	0.442	0.226	0.098	0.069
基准情景	0.976	0.476	0.243	0.134	0.080

表 7.10　287 个地级以上城市市辖区单位 GDP 能耗（单位：吨标准煤/万元，2006 年价）

情　景	2006 年	2020 年	2030 年	2040 年	2050 年
低碳情景	1.033	0.412	0.202	0.109	0.062
优化情景	1.033	0.443	0.229	0.127	0.076
基准情景	1.033	0.477	0.260	0.157	0.099

表 7.11　全国单位 GDP 能耗（单位：吨标准煤/万元，2006 年价）

情　景	2006 年	2020 年	2030 年	2040 年	2050 年
低碳情景	1.163	0.567	0.322	0.197	0.125
优化情景	1.163	0.610	0.365	0.231	0.157
基准情景	1.163	0.657	0.414	0.275	0.203

（5）城市人均能耗变化趋势。表 7.12、表 7.13 和表 7.14 的数据显示，2006～2050 年 100 强城市市辖区的人均能耗呈现先增加后下降的趋势，287 个地级以上城市市辖区的人均能源也表现出了这一规律。全国的人均能耗除基准情景持续增长外，其他两种情景均表现出先上升后下降的趋势。

表 7.12　100 强城市市辖区人均能耗（单位：吨标准煤/人）

情　景	2006 年	2020 年	2030 年	2040 年	2050 年
低碳情景	4.379	6.612	6.494	5.462	4.456
优化情景	4.379	7.122	7.238	5.462	5.829
基准情景	4.379	7.668	7.793	7.445	6.752

表 7.13　287 个地级以上城市市辖区人均能耗（单位：吨标准煤/人）

情　景	2006 年	2020 年	2030 年	2040 年	2050 年
低碳情景	3.716	5.319	5.086	4.666	3.910
优化情景	3.716	5.727	5.774	5.424	4.791
基准情景	3.716	6.164	6.551	6.677	6.214

表 7.14　全国人均能耗（单位：吨标准煤/人）

情　景	2006 年	2020 年	2030 年	2040 年	2050 年
低碳情景	1.874	2.538	2.458	2.354	2.123
优化情景	1.874	2.731	2.789	2.749	2.670
基准情景	1.874	2.938	3.162	3.284	3.461

（三）中国低碳城市的战略目标设计

1. 总体目标

低碳城市的发展要以科学发展观为统领，坚持实施可持续发展战略，实现人口、资源、经济、环境和社会的协调发展，实现城乡统筹，促进科技创新能力，提高城市能源的利用效率，增加可再生能源比例，加速从"碳基能源"向"低碳能源"和"氢基能源"转变，改变以往高消费、高排放的生活模式和生产模式，提倡低碳建筑和公共住宅，大力发展公共交通和轨道交通，建构多中心、紧凑型、网络化的城市空间格局，以实现城市经济社会的低碳发展，最终建立以低能耗、低污染、低排放和高效能、高效率、高效益为特征的低碳城市模式，并通过优化能源结构、调整产业结构、转变生活方式、加强技术创新4个方面具体落实。

2. 2020 年目标设计

本节以全国城市和100强城市为对象，以2020年为时间节点，从经济、社会和环境3个层面，将总体目标细化为9个子目标，并依据城市能源的情景分析结果，使用26项指标定量识别各个子目标，从而实现总体目标的细化和子目标的量化。我国低碳城市发展战略的具体目标如表7.15所示。

表 7.15　2009～2020 年中国低碳城市发展战略目标

类　别	子目标	指　标	单　位	全国城市	100 强城市
经济	优化产业结构，提高经济效益	人均 GDP	万元	6	12
		GDP 增速	%	8	10
		第三产业占 GDP 比例	%	50	60
		第三产业从业人员比例	%	55	65
	资源循环利用，提高能源效率	万元 GDP 能耗	吨标准煤	0.5	0.45
		能源消耗弹性系数		0.5	0.3
		单位 GDP CO_2 排放量	吨	0.75	0.5
		新能源比例	%	15	20
		热电联产比例	%	100	100
	加大 R&D 投入，促进技术创新	R&D 投入占财政支出比例	%	3	5

续表

类 别	子目标	指 标	单 位	全国城市	100 强城市
社 会	保证低收入居民有能力负担住房支出	住宅用地中经济适用房的比例	%	20	30
		人均住房面积	平方米	20	30
		土地出让净收入中，用于廉租房建设的比例	%	20	30
	提高人们的生活质量	人均可支配收入（城市）	万元	2.5	4
		恩格尔系数	%	30	25
		城市化率	%	50~55	55~60
	大力发展快速公交系统（BRT），引导人们利用公共交通出行	到达 BRT 站点的平均步行距离	米	1 000	500
		万人拥有公共汽车数	辆	15	20
环 境	提升整体城市的碳汇能力	森林覆盖率	%	35	40
		人均绿地面积	平方米	15	20
		建成区绿地覆盖率	%	40	45
	减少污染物排放量，改善城市生态环境	生活垃圾无害化处理率	%	100	100
		城镇生活污水处理率	%	80	100
		工业废水达标率	%	100	100
	通过低碳设计，降低对气候的影响	低能耗建筑比例	%	50	70
		温室气体捕获与封存（CCS）比例	%	10	15

四 发展低碳城市的战略重点

（一）低碳城市的产业结构调整

产业结构是决定经济增长方式的重要因素，是衡量经济发展水平的重要标志。产业发展是城市发展的基础和支柱，产业结构体系的调整、优化和升级是转变城市经济增长方式、实现城市可持续发展的根本保障。

调整优化产业结构，是城市低碳发展的基础。按照技术密集程度高、产品附加值高和能耗少、水耗少、排污少、运量少、占地少的原则，调整和优化产业结构。重点发展高新技术产业，促进第二产业"高加工度化"；控制高能耗和高污染行业，淘汰落后产能，提高钢铁、有色、建材、化工、电力和轻工等行业的准入条件；发展再生资源产业和环保产业，大力提高第三产业比重。

提高能源利用效率，是城市低碳发展的核心。根据国家现代化进程的发展需求，将国家能源消费结构的变化与城市燃料供应的改善紧密结合起来，扩大石油和天然气消费，最大限度地提高各类城市的气化水平和高质量燃料供应。注重新一代纤维素乙醇和氢燃料等车用燃料生产技术，清洁煤、核能、太阳能和风能等先进发电技术，先进节能技术，碳捕获和封存，可再生能源等的研究与开发。

总之，在控制总能耗、物耗、水耗和污染物排放标准、排放总量的前提下，建设低碳城市应重点发展电子、汽车工业，积极发展机械、轻工、食品、印刷等行业，集中发展计算机、通信、新材料、生物工程等高新技术产业，大力发展现代服务业，建立起功能齐全、布局合理、服务一流的第三产业体系。

（二）低碳城市的基础设施完善

1. 建立高效快捷的交通运输系统

交通是我国国民经济的基础产业之一，也是社会经济活动中物流和客流的纽带。与世界上绝大多数国家一样，交通部门是我国的石油消费大户。城市交通 CO_2 的排放受多种因素的影响，包括交通需求的高低、交通运输模式的选择、交通工具的能效水平等。单从能源效率角度看，发展铁路交通、水运以及城市公共交通无疑对减缓交通用能和 CO_2 排放量的快速增长贡献最大。

优先发展城市公共交通，构建合理的交通结构。公交车、轨道交通、小汽车、出租车、自行车和步行，已经构成了目前中国城市的主要交通方式。在所有的机动交通工具中，公共交通是最为节能的方式。以小汽车每百公里的平均能耗为 1 计算，公共汽车是 8.4%，无轨电车为 4.4%，有轨电车为 3.4%，地铁为 5%（王凤武，2007）。可见，优先发展城市公共交通、构建合理的交通结构对于节能减排效果明显。

推进城市轨道交通建设，发展大运量的快速公交系统。城市轨道交通包括地铁、轻轨等，这些大运量的快速公交方式运量大、单耗低、速度快、安全准点、乘坐舒适，具有普通公共（电）汽车等其他交通运输方式不可比拟的优点，是解决大城市交通及其节能减排的最理想交通工具。

实施紧凑型城市空间规划，减少交通需求量。紧凑城市既指城市的一种高密度状态，又指城市形态、功能的有效、合理性，突出表现为高密度开发及土地空间综合利用两个方面。总体来看，首先，城市高密度开发便于控制城市空间扩张，城市建筑密度增加、高度提升有利于减少城市用地，缩短交通距离，并通过发展公共交通而有效控制私人小汽车的使用，减少能源耗费和有害气体的排放，遏制气候变暖。其次，城市土地的综合利用，将居住、就业、购物、娱乐组合在一起，各种功能得到有机结合，既有利于城市服务业的发展，又可减少出行里程和对私人汽车的使用，促进资源节约和环境保护。

加大交通科技研发力度，提高清洁能源比重。不断开发符合环保要求的新内燃机，即不断完善汽油、柴油发动机结构，优化其工作过程，从而达到节能减排的目的。推进我国低碳城市发展，应推广应用柴油机新技术，提高柴油发动机在汽车动力装置中所占的比重；开发利用混合动力汽车技术，将内燃机、电动机与一定容量的蓄电池通过控制系统相组合，存储吸收内燃机富余功率和车辆制动能量，从而大幅度降低油耗，减少 CO_2 排放。

2. 开发节能舒适的绿色环保建筑

如何适应城市人口飞速增长的需求和继续改善人民生活水平的需要，如何解决改善体现"以人为本"的室内温度设计和空气品质与降低能耗使用的矛盾，是推进我国低碳城市发展的一个难题。绿色建筑倡导节能、节地、节水、节材和环境保护，既是对建筑节能的有力带动，也是引领建筑技术发展的重要载体，同时也是建设领域贯彻落实科学发展观、转变城乡建设增长方式、调整建筑业产业结构、提高人民群众居住质量水平、促进资源节约型和环境友好型社会建设的重要举措。

推进大型公共建筑节能改造。大型公共建筑目前仅占城镇总建筑面积的 5% ~ 6%，但其用电量为 100 ~ 300 千瓦时/（平方米·年），为住宅建筑用电量的 10 倍以上（不包括供暖）。在我国大型和特大型城市，这类建筑的总电耗大于当地住宅的总电耗。因此，必须探索有效的大型公共建筑节能途径。研究表明，当建筑、空调、照明等方面采用先进技术，可以使新建大型公共建筑降低电耗 60% 以上，若对空调系统、照明等采取全面的改进措施，既有建筑的电耗也有可能降低 30%。

实施城镇民用供暖节能改造。目前北方城镇建筑近 60% 采用不同规模的集中供热系统供暖。由于调节不当导致部分建筑过热，开窗散热造成的热量浪费平均为供热量的 30% 以上。部分小型燃煤锅炉效率低下也是造成能耗过高的原因之一。通过更换供暖方式、改善管网系统的调节、提高热源效率等，可将既有建筑的供暖能耗在目前水平上减低 30%。

打造绿色新建公共建筑和住宅新模式。严格按照国家《节约能源法》和《建筑节能条例》，编制城市的建筑节能规划、节能标准和实施细则，以体现节约、集约为发展理念，将节能与节材融为一体；以新建公共建筑和住宅的节能降耗为重点，总体推进建筑节能，逐步推进零能耗建筑。同时，规模化推广和应用高性能、低材（能）耗、可再生循环利用的建筑材料，打造绿色建筑新理念，实现城市低碳发展。

兴建光伏民宅社区工程。在一定社区范围内，将人居建筑的墙面和屋顶，整体安装上类似于我国独立研发的"铜铟硒薄膜太阳能电池"，以玻璃或其他廉价材料为衬底，外涂 3~4 微米的薄膜，可折叠可切割，可达到资源消耗低、CO_2 零排放的要求。它既是一种高效绿色能源产品，又是一种新型建筑材料，同时可作为饰面材料和建筑融为一体，形成使用功效与艺术美感完美结合的绿色人居，成为引领中国绿色建筑和新型房地产业的先锋和样板。

（三）低碳城市的消费方式转变

目前，我国正处于快速城市化时期，城市化给居住、就业、生活、消费等方式都带来了深刻变化，不仅涉及社会经济问题，也涉及资源和环境问题。已有的研究结果表明，CO_2 减排的有效方式是消费理念和行为的转变，即由奢侈型消费向节约型消费转变。基于此，提出以下措施来引导生活行为及促进技术革新，实现城市低碳发展。

第一，研发节能环保型轿车和家用电器，制定制造业不同产品的节能环保标准，对节能产品采取政策和税收方面的优惠，鼓励消费者购买，从而降低单位产品的生产和使用能耗。

第二，提倡选乘公交车、骑自行车和步行等出行方式，节约能源，保护环境。提高城市公共交通服务水平，提高城市公共交通的出行分担率。提高市民对使用小汽车出行可能带来能源问题和气候变化问题的认识，感受绿色交通出行对环境改善的作用。

第三，制定人均住房面积标准，对于超出人均标准的面积，实现价格干预政策，进而引导城市居民的住房消费行为，购买适度面积的房子，减少对取暖、采冷、照明等热能和电能的需求，进而减少 CO_2 的排放量。

第四，规定房屋内外温差标准，即冬季室内温度不太高，夏季不太低，进而杜绝冬季穿衬衣、夏季穿西服的奢侈型消费行为，减少能源消费和碳排放量。

第五，发展绿色产品的规模生产，提倡居民对初级食品的消费，降低化肥和农药的使用，减少食品行业的再加工，引导居民养成直接消费天然绿色食品的行为模式，提高居民膳食质量和营养构成，降低食品行业的能源消耗和碳排放量。

第六，扩大宣传，调动企业的积极性，发挥企业的社会责任；正确引导居民消费行为，在国内形成一种节约能源、提高能源效率、减少 CO_2 排放的良好氛围。

（四）低碳城市的政策制度保障

"低碳城市"是所有城市建设的长期目标，由于城市的类型和定位不同，实现低碳城市的路径选择和发展模式也不尽相同。按照本章所分的4类城市，即资源开发型城市、工业主导型城市、综合型城市及旅游型城市，分别制定出重点突出、科学有效的政策制度，是地方政府坚定低碳发展、建立低碳城市的有力保障。

1. 资源开发型城市

实施开发与保护并举方针。坚持在开发中保护、在保护中开发，对资源开发做好科学规划。按照综合开发、深度加工、高效利用的原则，使资源利用达到效率最高和碳排放量最少。在开发中推广先进适用的开采技术、工艺和设备，提高矿山回采率、选矿和冶炼回收率及劳动生产率，减少物资能源消耗和污染物排放。在油气开采与加工、煤炭采掘与转化及其他矿业开采与加工企业中，大力推广清洁生产技术。

建立资源开发补偿制度。健全资源开发与生态环境补偿的市场调节机制，明确企业是资源补偿、生态环境保护与修复的责任主体，实行污染者付费制度，开展跨地域、跨行业的生态补偿试点工作，对资源开采过程中形成的生态环境破坏和资源损失等外部问题，资源开发企业应承担相应的责任，逐步使资源价格合理化，有效抑制能源过度消费，用价格杠杆优化高耗能项目的产业布局。

2. 工业主导型城市

严格执行环评。加强节能环保评估审查，提高产业准入门槛，将 CO_2 排放指标纳入战略环评过程中，逐步淘汰钢铁、有色、煤炭、电力、化工、建材等领域的落后生产能力，有效遏制高耗能、高排放行业过快增长，加强对重点耗能企业和重点排放企业的监管，引导工业城市的产业升级；对企业碳排放进行配额，促使企业加强节能减排的生产、销售和管理体系的建设；坚持走新型工业化道路，大力发展第三产业。

改革考核指标。以《节约能源法》规定的"国家实行节能目标责任制和节能考核评价制度"为原则，改革政绩考核指标体系，引入资源、能源节约和生态环境保护的指标。因此，要求工业主导型城市的地方政府积极发展生态工业园，实现工业园区化、产业生态化；打造多产业横向发展与产业链纵向延伸相结合的循环型工业体系，构建工业循环网络，实现以企业"小循环"、产业"中循环"、城市"大循环"为特色的区域循环经济体系。

3. 综合型城市

申请建立国家低碳城市发展示范区。在技术研发推广平台的基础上，构建低碳发展技术服务体系，整合市场现有的低碳技术，开展技术咨询、推广服务、宣传培训等工作，促进成熟技术的普遍应用；加强国际间交流与合作，在充分利用清洁发展机制的基础上，创建新的国际技术合作与资金机制，引进、吸收、推广和再创新国外先进低碳技术，实现与国际接轨；在电力、交通、建筑、冶金、化工、石化等能耗高、污染重行业先行试点。由此，向国家申请低碳城市发展示范区，成为探索低碳城市发展路径的先导者。

开展国内碳交易的试点工作，采用经济手段降低碳排放。利用综合型城市的区位优势和中心地位，设立区域性的碳排放交易所，打造碳排放交易平台，先以自愿原则为基础，探索碳交易的规律和特点，在时机成熟时，扩大交易的范围和规模。采用碳税及其他经济手段，对减少碳排放、促进低碳经济有重要作用，这也是国际上的普遍趋势，应积极研究这些经济手段的可行性、方案设计及其可能影响，并优先考虑对高耗能行业及其产品征收碳税，以促使这些企业减少碳排放。这对从制度层面上探索建立适合我国国情的碳减排经济政策有重要意义。

4. 旅游型城市

全面推行旅游行业 ISO14000 环境管理体系认证。力求将旅游开发与生态保护、城市建设、可持续发展相结合，以城市自身作为旅游开发的载体，注重旅游资源的科学开发利用，实现旅游产业的清洁化、绿色化和可持续发展；大力发展生态旅游、农业观光旅游，通过规划、设计、施工把农田建设、农场管理、产品生产、原料加工与游客参与融为一体，达到改善生态环境、增加就业机会、向游客提供高质量旅游产品的目的，使农业发挥保证粮食安全以外的更多功能，促进区域的开放，提高当地居民的收入水平，最终缩小城乡差别，促进城乡一体化，实现区域的可持续发展。

科学规划开展清洁发展机制的实施区域。旅游型城市相对于其他城市有在生态建设方面的优势，因此必须增强其碳汇功能，尤其是提高森林的净固碳量，并适当增加灌木林、针叶混交林、针阔叶混交林等平均净生产量较高的植被的覆盖面积，以此来吸收更多的 CO_2；积极推进建立森林碳汇计量和监测体系，规划适合开展清洁发展机制下的造林再造林碳汇项目的优先实施区域。

本章参考文献

厄恩斯特·冯·魏茨察克，艾默里 B. 洛文斯 . 2001. 四倍跃进：一半的资源消耗创造双倍的财富 . 北京：中华工商联出版社

付允，等 . 2008a. 低碳经济的发展模式研究 . 中国人口·资源与环境，18（3）：14～19

付允，汪云林，李丁 . 2008b. 低碳城市的发展路径研究 . 科学对社会的影响，2：5～11

顾朝林 . 2008. 城市与区域规划研究 . 北京：商务印书馆

金石 . 2008. WWF 启动中国低碳城市发展项目 . 环境保护，2A：22

李刚，尹东梅 . 2007. 城镇化进程中有关问题的再思考 . 北方经济（学术版），1：37～38

林伯强 . 2008-11-15. 城市化是能源可持续问题的关键 . 21 世纪经济报道

刘星 . 2006. 能源对中国经济增长制约作用的实证研究 . 数理统计与管理，4：443～447

骆毅 . 2008-04-21. 低碳保定寻找"吐纳秘籍". 21 世纪经济报道，第 40 版

潘家华 . 2004. 低碳发展的社会经济与技术分析 . 可持续发展的理念、制度与政策 . 北京：社会科学文献出版社

气候组织 . 2007. 赢余：低碳经济的成长

许涤新 . 1988. 当代中国的人口 . 北京：中国社会科学出版社

工凤武 . 2007. 优先发展城市公共交通，建设和谐城市交通体系 . 城市交通，5（6）：7～13

王妍，李京文 . 2008. 我国煤炭消费现状与未来煤炭需求预测 . 中国人口·资源与环境，18（3）：152～155

韦保仁，八木田浩史 . 2008. 和谐社会能源需求情景的构造 . 中国人口·资源与环境，（3）：124～129

吴良镛，吴唯佳 . 2008. 中国特色城市化道路的探索与建议 . 北京：商务印书馆

夏堃堡 . 2008. 发展低碳经济，实现城市可持续发展 . 环境保护，2A：33～35

周凤起，张建民 . 2000. 中国 2030 年的经济、能源、环境展望 . 见：李志东，张坤民等 . 中国能源环境研究文集 . 北京：中国环境科学出版社 . 170～172

庄贵阳 . 2005. 中国经济低碳发展的途径与潜力分析 . 国际技术经济研究，8（3）：79～87

庄贵阳 . 2007. 低碳经济：气候变化背景下中国的发展之路 . 北京：气象出版社

Department for Communities and Local Government，UK. 2006a. Strong and Prosperous Communities：The Local Government White Paper. London：The Stationery Office

Department for Communities and Local Government，UK. 2006b. Building a Greener Future：Towards Zero Carbon Development. www. communities. gov. uk

Department for Communities and Local Government，UK. 2006c. Code for Sustainable Homes：A step-change in sustainable home building practice. www. communities. gov. uk

Department for Communities and Local Government，UK. 2008. Draft Planning Policy Statement. http：// www. communities. gov. uk/planningandbuilding/planning/planningpolicyguidance/planningpolicystatements/planningpolicystatements

Koji S, et al. 2007. Developing a long-term local society design methodology towards a low-carbon economy: An application to Shiga Prefecture in Japan. Energy Policy, 35: 4688~4703

State for Trade and Industry, UK. 2003. UK Energy White Paper: Our energy future—creating a low carbon economy

Stern N. 2006. The Economics of Climate Change: The Stern Review. Cambridge: Cambridge University Press

第八章

中国应对气候变化与低碳发展的对策[*]

　　气候变化是政治问题，是环境问题，是经济问题，归根到底是发展问题。随着IPCC评估报告、斯特恩报告等一些研究结论逐渐被人们接受，后京都进程进入关键谈判阶段，"气候变化问题"变得越来越政治化。此时的科学性已退居次要、甚或无关紧要的位置。防止全球气候变化需要各国领袖们的政治抉择，争取国家利益和发展空间已成为决定未来减排目标和行动的最重要因素。如果说世界范围内的碳减排行动已经拉开帷幕的话，低碳发展必将成为世界各国在未来相当一段时间内的实践探索。

　　从工业化的历史经验看，英国、美国等早期工业化国家主要是依靠煤炭、石油等化石能源实现工业化的；发展越快排放的 CO_2 越多，人均收入水平越高排放水平越高。换句话说，世界上还没有一个国家依赖低碳能源实现工业化，或者说人类的现代文明是建立在大量 CO_2 排放基础之上的。如果说西方国家提出低碳能源、低碳经济、低碳发展，主要是满足人们的生活需要的话，对于包括中国在内的发展中国家，摆脱贫困、提高人民的生活水平仍是第一要务。对中国而言，实现低碳发展是

---

　　[*] 本章由周宏春执笔，作者单位为国务院发展研究中心社会发展研究部

一个巨大挑战，需要寻找一条符合国情的理想路径。

我国是一个人口众多的发展中国家，劳动力资源丰富，就业压力大，特别是处于重化工发展阶段。因此，我们必须从实际出发，充分考虑劳动力就业，低收入群体，人群之间、地区之间和城乡之间差距大等特点，以全球的视野、有利于中华民族长远发展的角度，制定我国的气候变化政策，审视并调整相关规划和政策，推广使用先进适用的低碳技术。

在全球气候变化的未来国际谈判中，我国既要秉承一贯的原则立场，又要利用国际社会已达成的公约和文件精神，对可持续发展、"共同但有区别的责任"等原则要坚持且不能让步，姿态要积极但不能冒进，行动要主动而不能盲从，策略要灵活并不能墨守成规，根据形势变化与时俱进地提出我国的主张，调整我国的立场，树立我国负责任的发展中大国形象。

在应对气候变化和低碳发展的政策制定中，不应也不能像发达国家那样以减排温室气体为重点，而要将应对气候变化放在经济社会可持续发展的框架下，有所为有所不为：近期应将提高能源资源效率放在优先地位；进一步实施计划生育、节能减排、植树造林、可再生能源开发利用等可持续发展的相关政策；中远期（如2030年、2050年）利用法律的、经济的、技术的和必要的行政手段，逐步探索建立低碳发展的模式，减轻气候变化对我国经济社会发展产生的不利影响。

2007年，在印度尼西亚召开的联合国气候大会制定了"巴厘路线图"。其中确定要争取于2009年底在哥本哈根召开的公约缔约方大会（COP15）上，通过关于2012年后国际社会应对气候变化长期合作行动的决定，目前到谈判结束仅剩不足一年的时间。各国都在积极准备温室气体减排的国家战略和谈判策略。在美国的气候变化政策将发生变化并誓言要领导世界对抗气候变暖问题、欧盟于2009年1月28日出台全球应对气候变化新的协议草案、发展中国家的声音不断分化及我国人均排放水平低的优势不再等新形势下，我国受到的减排温室气体的国际压力越来越大。虽然受国际金融危机的影响，欧美等发达国家的碳减排中期目标可能会有所降低，但研究制定符合我国国情和发展阶段的应对气候变化对策，提出在气候变化国际谈判中我国的原则、立场和需求等问题，仍然显得十分必要和迫切。

一　应对气候变化的总体思考

根据《联合国气候变化框架公约》（以下简称"《公约》"）的界定，本章中讨论的气候变化，是指"由改变全球大气组成的人类活动直接或间接造成的气候变化，且经过相当时间的观察，这种变化属于自然气候变化之外"。

1988 年，联合国政府间气候变化专门委员会（IPCC）成立，任务是评估气候变化状况及其影响。IPCC 第四次评估报告认为，全球平均温度在 20 世纪上升了约 0.74℃，过去 50 年的全球气候变暖"非常可能"（90%）是由人为排放温室气体引起的（IPCC，2007a）。与此同时，《全球变暖——毫无来由的恐慌》一书则持完全相反的观点（S. 弗雷德·辛格等，2008）。该书作者指出："有证据表明，在全球变暖的过程中，人类排放的 CO_2，充其量只扮演了一个次要的角色。相反，如果往回追溯到 100 万年的气候变化历程，我们会发现，温和、适度的全球变暖只是 1500 年（±500 年）气候周期中自然变化的一部分。"2007 年 3 月 17 日，英国在牛津大学召开会议，有科学家认为一些科学家对全球变暖的预测说法太夸张，是"好莱坞式"的"妖魔化"（李师礼，2007）。

如果说气候变化在科学上还存在不确定性的话，世界上一些地方的煤炭、石油等化石能源已被采光却是不争的事实。我国是一个对气候灾害应急和适应能力较为薄弱的国家，需要采取对策措施，减少极端天气气候事件及海平面上升等气候变化对农业、沿海城市等带来的不利影响。另外，提高化石能源的利用效率、降低经济发展中的碳排放强度，虽然被认为是减排温室气体以保护全球"公共物品"的需要，但也不失为我国贯彻落实科学发展观，转变经济增长方式，形成可持续的生产和消费模式的可行选择。国务院发展研究中心的研究发现，人均收入水平与能源资源消耗之间并不是倒 U 型关系，而呈反 S 形关系（刘世锦，2006）。虽然由于技术进步可以带来资源可用量的增加，但有限的地球资源是无法满足人的无限需求的。因此，建立一套制度提高能源利用效率、减少碳排放、实现经济社会可持续发展，是十分必要的。

从总体上看，应对气候变化，特别是降低化石能源消费所排放的 CO_2 等温室气体的行动既具有紧迫性、又具有长期性和系统性，我们应当统筹规划、综合考虑、超前部署，分步实施，既参与国际谈判和联合行动，更应结合中国实际，全面把握和统筹减缓、适应与发展的关系，统筹对外争取发展空间和对内向低碳经济转型，统筹经济又好又快发展和生态文明建设，统筹当前利益和长远利益。应当将应对气候变化与实施可持续发展战略结合起来，与加快建设资源节约型、环境友好型社会结合起来，与建设创新型国家有机结合起来。建立有效的应对气候变化的制度体系和管理机制，努力营造有利于减缓和适应气候变化的体制环境、政策环境和市场环境，提高我国减缓和适应气候变化的能力。

在国内，我们应以贯彻落实科学发展观为指导，以保障经济又好又快发展为主线，以提高能源资源利用效率和加强生态建设为重点，不断提高中国减缓与适应气候变化的能力，为实现全面建设小康社会战略目标和保护全球气候奠定基础。应将具体的气候变化对策措施纳入国民经济和社会发展总体规划、地区和行业规划，从全球的视野、有利于中华民族长远发展的角度，审视并调整相关规划和政策，推广利用先进和适用的低碳技术。具体地说，应考虑以下几点。

一是必须考虑我国人口多、就业压力大这一基本国情。减排温室气体的政策措施必然给经济发展带来多种影响，如能源消费、能源品种选择等，就业也是其中之一。我国是一个人口众多的发展中国家，劳动力资源丰富，就业压力大，目前又处于重化工发展阶段。这是我们制定应对气候变化政策的立足点和出发点。如果不考虑劳动力就业问题，如果用资本密集型产业大规模替代劳动密集型产业，必然会减少就业机会；如果盲目排斥劳动密集型产业，必将带来大量劳动力失业，势必影响我国的社会稳定，这不符合中央提出的和谐发展的要求。

二是要考虑对低收入人群的影响，不能妨碍我国脱贫致富的进程和收入差距的缩小。在我国经济社会发展过程中，长期积累下来的一些矛盾和问题解决了，同时又出现了一些新情况和新矛盾。例如，按照世界银行人均每天 2 美元的标准计算，我国还有大量的贫困人口，需要满足基本需求；同时在人群之间、城乡之间和地区之间的收入差距不断扩大。又如，发达国家工业化时，不仅人口少而且还可以廉价利用、甚至掠夺外国资源；我国以 13 亿人口进行的工业化前无古人，且已经没有了廉价利用国外资源的条件。我国突发性、积累性的污染问题还没有解决，又出现了应对和减缓气候变化的要求。不论是长期积累下来的矛盾，还是新出现的问题，均需要我们统筹规划，循序渐进地加以解决。我国气候变化政策的制定和实施，不应扩大业已存在的差距，不能影响脆弱人群的生活，否则不利于和谐社会的建设。

三是要充分利用市场机制，提高资源配置效率。市场可以有效配置资源，却存在所谓的"外部性"问题，需要政府干预以弥补"市场失效"。由于发展中国家的市场制度尚不完善，价格扭曲或信号错误导致不同程度的资源浪费。比如，政府部门在给企业优惠电价的决策中存在随意性；有些地方用水没有实行分户计量，出现"喝大锅水"情形。纠正价格扭曲不但可以产生环境效益，也可以产生经济效益；不但有利于社会和谐，也有利于减缓贫困，从而实现发展与环境的双赢。如果能源价格远低于国际市场价格，节能技术就难得到推广应用。能源属于一种基础性投入品，价格扭曲还会带来一系列相关产品的价格扭曲，最终影响资源配置效率。所以，改变价格扭曲是发挥市场配置资源的基础性作用的迫切任务。发达国家完善市场制度花了 200 多年时间，还存在不少缺陷，我国要完善市场体制、发挥市场配置资源的基础性作用，不可能一蹴而就。

四是要推广运用减排温室气体的技术和知识。应对气候变化需要科学技术支撑。应结合中国国情，推广应用温室气体减排的技术和知识。此类技术的开发使用，不仅仅能让使用者获得利益，更是关系全人类的利益和可持续发展。在国际上，已有相关的机构负责推广和运用这类技术。我国也应如此。例如，开发、推广节能减排技术、温室气体减排技术、新能源和可再生能源开发利用技术等，国家发展和改革委员会、科技部、财政部等部门应安排更优先的资金支持，使之造福人类，特别是应向中西部地区转移和推广先进适用的低成本技术，避免再走"先污染后治理"的路子。

总之，要通过较长时间的努力，显著降低我国单位 GDP 的碳排放强度，使我国适应气候变化的能力不断增强，公众适应气候变化的意识明显提高，气候变化领域的科技研发达到国际先进水平，走出一条适合中国国情的低碳发展的路子。

在国际合作上，我国作为一个负责任的发展中大国，应主动制定力所能及的温室气体减排的中长期目标及路线图（如至 2050 年），明确应对气候变化在我国现代化进程中的战略定位，确定阶段目标和减排措施，开展技术经济分析，评价节能减排的成本与效益，制定切实可行的、有实质内容的相对减排计划。研究在什么时间 CO_2 排放将达到高峰并开始下降，高峰年的 CO_2 排放量可以控制在什么水平。在我国工业化和城市化进程加快发展中，如果低碳能源技术不能得到足够发展，相应 CO_2 排放还将继续增加。因此，我们可以采用人均历史累积趋同或碳排放强度等办法，计算我国在相应时间（包括起点、趋同点和最大排放点等）的排放量。

减排温室气体具有很大挑战性，尤其是对于我国这样的发展中国家来说更是如此，应从现在起就采取强有力的措施，考虑相应的能源战略和科技发展规划，在充分节能、提高能效的基础上尽快建成基于低碳技术的工业生产和基础设施建设体系；按照国家可再生能源法律和规划，加速提高新能源和可再生能源的比重，力争在 2050 年后主要靠发展非化石能源或零排放技术满足经济社会发展对新增能源的需求，逐步实现向低碳经济转型。

二 我国在气候变化国际谈判中可采取的原则立场

以 4000 多名科学家共同完成的 IPCC 第四次评估报告、斯特恩报告、《难以忽视的真相》等为代表，阿累尼乌斯在 1896 年提出的"大气中 CO_2 的浓度倍增将导致全球变暖"的科学假设已经被证实。随着 2007 年诺贝尔和平奖授予戈尔和 IPCC 专家组以及"巴厘路线图"的确定，使"气候变化"变成全球最重要的政治议题。此时，科学性已退居次要、甚或无关紧要的位置，防止全球气候变化已成为各国领袖们的政治抉择，反复的讨价还价将使国际气候变化谈判变成一个漫长的进程。

在全球气候变化的未来国际谈判中，我国既要秉承一贯的原则立场，又要利用国际社会已达成的公约和文件精神，根据形势变化与时俱进地提出我国的主张，调整我国的原则立场。从总体上看，原则要坚持且不能让步，姿态要积极但不能冒进，行动要主动而不能盲从，策略要灵活而不能墨守成规，从而树立我国负责任的发展中大国形象。

（一）保持我国原则立场的连续性

在有关气候变化的国际会议上，我国多次表明立场，应对气候变化应在可持续发展的框架下，坚持"共同但有区别的责任"，减缓和适应并举，加强科技研究，开展国际合作等。在 2008 年日本洞爷湖首脑峰会（G8＋5）上，胡锦涛总书记进一步阐述了我国政府的一贯立场（胡锦涛，2008）。在坚持上述原则的前提下，我国还应坚持发达国家必须优先大幅度减排且有量化指标，争取发展中国家公平的发展机会和发展空间，这应成为我国参与国际谈判和合作的基本立场。

1. 坚持可持续发展原则

可持续发展是我国一贯强调的原则，也代表了广大发展中国家的利益。尽管在气候变化的国际谈判中发展中国家的声音在不断分化，但可持续发展仍是"77 国＋中国"在国际谈判中的共同利益之所在（陈迎，2007）。在未来的国际谈判中我们不能也不应改变这一原则。一是要强调通过发展来消除贫困，一是要强调用发展的办法而不是停滞的办法来应对全球气候变化。

气候变化既是一个环境问题，又是一个政治问题、外交问题和发展问题，归根到底是发展问题。我国是一个发展中国家，必须把发展作为第一要务。我们不能忽视发展来谈气候变化，在现阶段也不可能把应对气候变化主流化，而是要通过发展来提高应对气候变化的能力，在可持续发展的框架下考虑应对气候变化。我们既要发展经济、消除贫困，满足人民群众日益增长的物质和文化需求，又要减缓和适应气候变化，减少频繁发生的自然灾害对我国水资源、农业、沿海地区经济发展等带来的不利影响。

2. 坚持"共同但有区别的责任"原则

"共同但有区别的责任"是《公约》和《京都议定书》（以下简称"《议定书》"）确定的减排温室气体的原则，我们必须继续坚持。一方面，应认识到全人类都生活在同一个地球上，地球是我们的唯一家园，保护全球环境是世界各国的共同责任，开展合作减排温室气体是世界各国的必然选择；另一方面，必须使发达国家正视国家之间、地区之间、人群之间条件的差异性和发展的不平衡性。公平性发展既是人类的共同诉求，也是我们的目标。公平性不仅要求代内公平，也要求代际公平；不仅要结果公平，也要保证过程公平；不仅涵盖人与人的关系，也涉及人与自然的关系。潘家华教授根据 1995 年 Fankhauser 等的研究（潘家华等，2003），列出 10 种不同的公平准则及其在 CO_2 等温室气体排放权分配中的操作办法（表 8.1）。如果不分国家贫富强调"共同无区别"的减排义务，势必带来贫富国家差距扩大和矛盾加剧，最终妨碍全球减排目标的实现。

表 8.1　温室气体减排义务分担的公平原则

	公平准则	基本含义	CO_2 排放权分配的操作规则
基于分配	主权原则	所有国家排污和不被污染的权利平等	排放权按相对排放份额分配
	平均主义	所有人均有污染或不被污染的权利	排放权按相对人口份额分配
	支付能力	各国根据实际能力承担经济责任	排放权分配应使所有国家减排总成本占 GDP 比例相等
基于过程	罗尔斯最大最小	处于最不利地位国家的福利最大化	给最贫穷国家分配较多的份额使其净收益最大化
	一致同意	国际谈判过程公平	排放权分配应满足大多数国家的要求
	市场正义	市场是公平的	以拍卖方式将排放权分配给出价最高者
基于结果	水平公平	所有国家平等对待	排放权分配应使所有国家净福利变化占 GDP 比例相等
	垂直公平	更多关注处于不利地位的国家	累进排放权分配使净收益与人均 GDP 负相关
	补偿原则	根据帕雷托最优原则任何一方的改善不能造成他方损失	排放权分配不应造成任一国家净福利损失
	环境公平	生态系统的基础地位和权利优先	排放权分配应使环境价值最大化

资料来源：据潘家华等（2003）的文献修改

　　美国总统可持续发展理事会在一份《美国可持续发展战略概要》中承认：富国优先利用了地球资源，长期以来形成的这一格局，剥夺了发展中国家本应公平利用那一部分资源来促进经济增长的机会（刘培哲，2001）。这种不公平的情形不能继续下去，必须改变，必须形成一个资源节约型的经济结构。发达国家必须大幅度减排温室气体，采取措施减轻气候变化对世界经济社会发展的不利影响；同时应帮助发展中国家消除贫困，提高应对气候变化的能力。

（二）与时俱进地提出我国的主张

我国多次在气候变化国际会议、领导人会见等场合表示，中国是一个负责任的发展中大国。那么在气候变化这个议题上，如何承担责任、用什么样的量化指标、提出什么样的温室气体减排方案和主张，确实关系到国家利益和中华民族的长远发展。

1. 人均历史累积排放量是一个可以借用的指标

全球气候变化国际谈判的核心之一是减排责任分担，其中用什么样的减排指标争议很大。国际上已有的指标主要有国别指标、碳强度指标、行业指标、人均指标、人均累积排放指标等（中国科学院学部，2008）。在温室气体的国际谈判中，以中国为代表的发展中大国一直坚持"人均排放量"指标，强调发展中国家人均排放量少，不应承担量化的减排责任；而发达国家则坚持"国别排放量"和"单位 GDP 排放量"等标准，强调中国也是排放大国、单位 GDP 排放量大，中国、印度等发展中大国也应承担量化减排责任。

1990 年，英国全球公共资源研究所提出"紧缩与趋同"（contraction and convergence）方法。其基本思路是，选择远期（如 2100 年）大气 CO_2 的稳定浓度（如 450ppm），根据人均原则确定某一目标年（如 2045 年）全球统一的人均排放目标。以人均排放现状为起点，发达国家逐步降低，发展中国家逐步提高，到目标年人均排放水平"趋同"。之后共同减排，通过"紧缩"实现稳定浓度的最终（如 2100 年）目标（潘家华等，2003）。与此同时，国际社会对人均历史累积也有许多的研究。在未来的气候变化国际谈判中，应借用国际社会较为通用的概念和指标，可以将"人均历史累积排放量"作为我国参与谈判的基础指标之一。

IPCC 评估报告表明，工业化以来大气层中的 CO_2 浓度逐步增加，主要原因是发达国家在工业化过程中的人为排放。换句话说，发达国家目前享受的现代化生活，实际上是建立在工业化过程中排放大量温室气体并导致全球变暖基础之上的。因为我国工业化起步晚，人均历史累积排放量少，有比较优势，可以争取更多的排放权利和发展空间。同时还应计算"终端消费排放量"指标，把国际贸易中的温室气体排放转移纳入视野，使温室气体排放评价的焦点从关注生产领域转向关注生产和消费领域并重，使美国等发达国家认识到，它们不仅应当对历史上温室气体排放的绝大部分负责，而且还应当对以中国为代表的发展中国家近年来的温室气体排放快速增加负有重要责任。

2. 提出我国的主张，并从相对减排中获得补偿

温室气体减排是经济学中典型的"外部性"问题。因为大气层中温室气体容量是一种"公共资源"，减排温室气体的结果是使全人类受益，不减排温室气体将加速气候变暖、极端气候事件频发、海平面升高等"气候的悲剧"的到来，其道理与经济学中"公地的悲剧"类似。按照国际社会将环境保护费用纳入成本、"排污者付费、治理者受益"等普遍使用的原则，发达国家优先排放了温室气体，理应支付减排成本。

每个国家工业化起步时间不同，人均历史累积温室气体排放量不同。发达国家工业化起步早，排放的 CO_2 积累多，人均累积排放水平高。按照有关研究（Hansen et al., 2007），在 1751~2007 年，在使用化石能源累积排放的温室气体中，中国占 8.5%，美国占 27.2%（图 8.1）。如果这个结论正确，我国人均累积排放约为世界人均累积排放的 42.5%。应对此进行验证，并从人均历史累积排放量出发推算我国减排温室气体的大致开始时间。

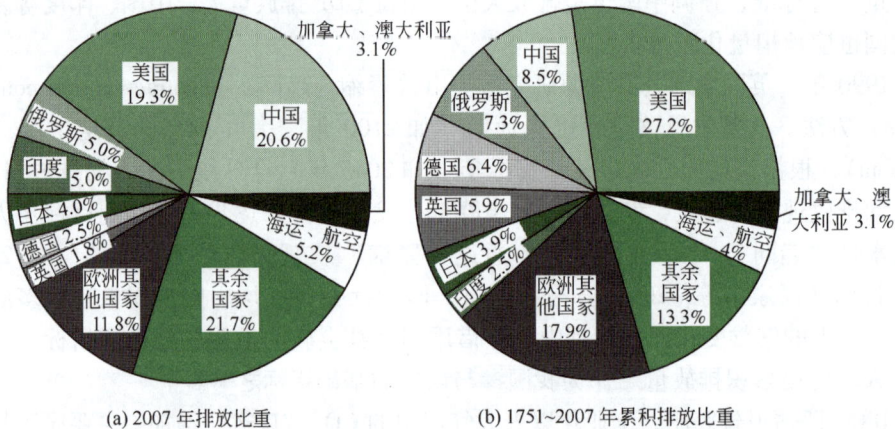

(a) 2007 年排放比重　　　　(b) 1751~2007 年累积排放比重

图 8.1　有关各国化石燃料的温室气体排放比重（Hansen et al., 2007）

我们主张：高出"人均历史累积排放量"的发达国家，必须实现强制性量化减排；低于"人均历史累积排放量"的发展中国家，可以根据各自的实际情况进行自愿或相对减排；人均历史累积排放量趋同后再共同减排。发达国家在工业化中没有认识到温室气体的危害，也没有限排要求。我国在工业化过程中就要求承担减排温室气体的责任，势必增加经济发展的成本。那么，根据"巴厘行动计划"精神，发展中国家承诺的相应责任的前提是发达国家必须给予发展中国家"可测量、可报告、

可核实"的技术和资金资助；按常规发展排放的 CO_2 量与自愿减排后的实际排放量之间的差额，应通过《议定书》确立的清洁发展机制（CDM）获得补偿，或得到"碳交易"的补偿。

3. 必须以发达国家强化减排作为谈判的前提

联合国开发计划署在《2007/2008 年人类发展报告》中认为，发达国家对工业化以来绝大部分的温室气体排放负有不可推卸的历史责任，应承担更多的减排责任和义务，率先减排；而发展中国家还有很多人口处于贫困之中，目前可不承担减排义务（UNDP，2007）。有关研究表明，在发达国家和发展中国家之间、不同行业之间，减排温室气体的成本相差很大，麦肯锡的碳减排成本曲线就证明了这一点（中国科学院学部，2008）。由于减排成本的差异，通过碳交易或清洁发展机制，是发达国家用较少的投入获得同等减排结果的最经济的途径，是对优先占用气候资源的一种"补偿"，而不能理解为对发展中国家的援助。

我国的相对减排必须以发达国家强制性减排为前提。必须提出，发达国家平均减排量不能低于英国《气候变化法案》中规定的中长期目标，即到 2020 年 CO_2 排放量在 1990 年水平上减少 26%～32%；到 2050 年在 1990 年水平上至少削减 60%[①]（中国科学院学部，2008）。同时，必须提出发达国家必须改变不可持续的消费方式，减少"奢侈性"排放的要求。如果发达国家不实行强制性减排，发展中国家的"生存排放"就没有空间，发达国家的技术转让和资金援助就难以落实，历史形成的碳密集型增长方式及发达国家挥霍性的消费方式就难以得到根本改变。

《公约》及其《议定书》奠定了应对气候变化国际合作的法律基础，其中确立的"共同但有区别的责任"的原则，反映了各国经济发展水平、历史责任、当前人均排放的差异，是最具权威性、普遍性和全面性的国际合作框架。我国应坚定不移地维护其作为应对气候变化国际合作的主渠道地位，继续坚持这一原则不动摇。主动宣传我国的具体政策、积极行动和实际成果，反击"中国气候威胁论"，维护我国和其他发展中国家"公平发展"的合理权益，保证我国实现现代化必需的 CO_2 等温室气体的排放空间。积极引导，利用矛盾、联合多数，在国际社会发挥积极的建设性作用；主动参与多边、双边磋商和合作，调动各方面有利因素，谋求发展中国家的最大利益，推动发展中国家形成共同立场；力争建立一个有利于解决发展中国家发展所关切的问题、促进技术创新和技术转让、鼓励各国和各界广泛参与的长效机制。

[①] 2008 年 11 月 26 日，英国议会通过了《气候变化法案》（*Climate Change Act*），将到 2050 年实现 CO_2 排放量调整为在 1990 年水平上至少减少 80%

三 我国应对气候变化和低碳发展的对策建议

总体上看，我国应对气候变化的政策不应也不能像发达国家那样以减排温室气体为重点，而是要在经济社会可持续发展的进程中，积极应对气候变化。在政策制定中，应尽可能避免制约我国发展的量化减排目标。近期应将提高能源资源效率放在优先地位；进一步实施可持续发展的相关政策措施，如计划生育政策、节能减排政策、植树造林政策、可再生能源开发利用政策等。远期（如 2030 年、2050 年）考虑减少温室气体的绝对排放量，利用法律的、经济的、技术的和必要的行政手段，探索建立低碳社会，防止气候变化对我国经济社会发展产生不利影响。

（一）以能源开发利用为重点，降低经济发展中的碳排放强度

1. 以节能减排为抓手，提高能源利用效率

提高能源使用效率，是中国应对气候变化最重要、最有效的解决方案。中国一次能源生产的 70% 左右来自于煤炭，在煤炭的清洁高效利用等方面有着广阔前景。如能解决洁净煤技术的经济可行性，将会对中国减少 CO_2 排放起到重要作用。从历史经验看，世界上还没有一个国家是依靠新能源和可再生能源完成工业化的。因此，必须采取切实可行的措施，大幅提高化石能源的利用效率。我国能源利用的现状是能源利用效率低、能源消耗强度高于世界平均水平，这是制约我国经济发展的瓶颈问题。工业部门能源消费量约占我国能源消费量的 70%，且使用的品种主要是煤炭，是能源效率亟待提高的部门。当前，我们应重点抓好工业节能减排，控制建筑和交通能耗的快速增长。除利用法律和行政等手段外，还应通过价格、排放权交易、自愿协议、能源服务公司等基于市场的手段，形成节能减排的长效机制。

通过推进节能减排，切实贯彻落实相关政策措施，强化节能减排目标责任评价考核，提高节能环保市场准入门槛，控制高耗能、高排放行业过快增长，加快淘汰落后生产能力，完善政策措施，积极推进能源结构调整；实施十大重点节能工程，加快节能减排技术的开发和推广，努力完成"十一五"规划纲要提出的节能减排约束性目标和优化能源结构目标。这既是加快转变经济发展方式的关键举措，又是落实《中国应对气候变化国家方案》的重要内容。"十一五"规划提出在 2010 年单位 GDP 能耗降低 20% 的目标，2007 年以来相继出台了《单位 GDP 能耗统计指标体系实施方案》、《单位 GDP 能耗监测体系实施方案》、《单位 GDP 能耗考核体系实施方

案》3 个方案和主要污染物总量减排统计、监测和考核 3 个办法，必须切实执行，这是落实节能减排目标的强有力保证。

2. 优化能源结构，大力开发利用新能源和可再生能源

能源结构变化是一个缓慢过程，在较长时间内不可能有颠覆性的改变。地球上的能量主要来自太阳的输入，由太阳输入的能源是恒定的。人们现今开发利用的化石能源，主要是在地球历史时期形成的。人们在开发利用化石能源的同时，也将"古代"动植物吸收的 CO_2 排到大气中，带来地球升温问题。因此，应该把能源结构的调整与提高能源效率有机结合起来，把提高煤炭等化石能源利用效率放在优先位置。在未来相当长的一段时间内，要重视煤炭的清洁利用；在中国能源需求快速增长的同时，保障石油供应是能源安全的重点，应采用低碳技术、节能技术和减排技术，逐步减少工业生产对化石能源的过度依赖。

总体上看，煤在消费结构中的份额将逐步下降，石油消费在能源消费结构中的比例将维持在 20% 左右；天然气、水电、核电等新能源、可再生能源份额将有所增长，一部分能源需求还将依靠大规模发展非水能的可再生能源来满足。努力提高现有能源体系的整体效率，遏制化石能源总消耗量增加；限制和淘汰高碳产业和产品，发展低碳产业和产品。天然气作为"过渡燃料"为避免长期局限在新建煤电发电站的局面提供了重要机会。在其他能源资源和技术由小到大，逐步从小规模向产业化发展的过程中，天然气可以作为近期内有效降低碳排放的燃料来使用。

在已制定的《可再生能源中长期发展规划》和到 2020 年可再生能源占能源消费 15% 目标的基础上，国家应继续完善大力促进可再生能源发展的激励性制度，加大对可再生能源发展的投资力度，促进能源供应品种的多样化，在可再生能源上实现跨越式发展。降低可再生能源开发利用成本，使可再生能源对化石能源具有竞争力，是中国可再生能源取得市场竞争力的关键。因此，加大投入，加快研发先进技术和设备，开发利用太阳能、风能等可再生能源，提高可再生能源消费量的比例，开展第四代核能技术的研究和开发，应成为满足未来能源的重要举措，也是未来控制温室气体排放和满足我国能源需要、保障能源安全的重要措施。

3. 优化能源利用方式，提高能源利用效率

在我国能源开发利用中存在一些不科学、不合理问题，如对能量、物质守恒及转化效率等因素考虑不够，煤炭转化效率本来不高，还要经多次转化变成"油"。又如，补贴优质能源和开发低密度能源（秸秆发电就是例子），用廉价汽油远距离运输沙子或砖头；再如，在余压余热利用得到了充分重视并成为优先支持项目的同

时，焦化厂布局远离发电厂或钢铁厂等用能设施，大量的高温热量被浪费而没有用起来。因此，按轻重缓急选择建设项目，用更为科学的办法节能减排仍有必要。

在我们的观念中，焦化过程污染严重。但研究表明，在煤炭的利用方式中，焦化的转换效率达85%，高于直接液化的55%和间接液化的60%（煤制油的两种途径）。焦化之所以"脏"，是因为一会儿用"渣"（焦炭），一会儿用气（城市煤气），很多有用组分排到空气中，还成了大气污染的"罪魁祸首"。因此，对"废物"要辩证看待，用起来是"宝"，去处理不仅多花钱，还不能产生效益。如焦炉煤气中含50%~70%氢气，可以回收利用；CO、SO_2 也可回收做原料。过去没有用起来是因为技术水平低，现在已有成功经验，国外硫酸生产基本不用原矿了。因此，要优化能源利用方式，研究节能减排的技术路线图：对煤炭多联产予以支持，对"煤制油"进行综合评估。

对新能源和可再生能源的开发利用，当前迫切要解决的是，提高太阳能、风能、地热、生物质能等开发利用的技术装备水平，降低生产成本。对农作物制液体燃料的项目，特别是用粮食生产乙醇要进一步研究。有专家研究发现，在粮食生产乙醇中消耗的能源与使用乙醇产生的能源几乎相等，从能量守恒角度看，从粮食到乙醇、用乙醇做汽油的转化，不仅没有增加能源供应，还要多排放废弃物，因而是无效的。建议逐步取消对用粮食生产乙醇的补贴。对不科学的能源利用及相关活动，国家不仅不应该支持，而且还要限制。除应考虑人口与汽车争土地、考虑国家的粮食安全之外，我们也不能穷其地力，因为土地还要"留给子孙耕"，我们应为子孙后代的发展留下足够的资源和空间。

4. 研究解决能源开发利用中的问题

解决煤炭自燃问题。中国有几百处煤矿发生煤炭自燃，有的已经燃烧了上百年。由于自燃每年浪费的煤炭超过亿吨，而且还增加了 CO_2 的排放。扑灭地下火灾很难，因为地下散热慢，如果有空气进入，氧化过程就会继续，热量会越积越多，最后还会爆发火灾，因而减少煤炭自燃现象需要开展国际合作，获得国际援助。

开发利用煤层气。一方面，虽然石油和天然气等高品质能源将逐步替代煤炭，但煤炭仍将占一次能源的2/3左右。由此导致中国的碳排放强度较高，而减低单位GDP的碳排放成本很大。另一方面，中国煤矿中的煤层气含量丰富。煤层气也是煤矿爆炸的罪魁祸首。煤层气的主要成分是甲烷，过去未加利用直接排向大气，增加了大气中的温室气体；如果加以利用就成为比煤炭清洁的能源，所以利用煤层气是一项双赢措施。

发展液化天然气。天然气是一种比较洁净的能源，我国的探明储量和生产量迅速增加。天然气的市场不是自由市场，受制于管道系统的建设。液化天然气可以突破这一限制。这就使本来在市场之外的发展中国家能够进入天然气市场。另外，一种天然气制造石油的技术能够进一步降低使用天然气的成本，因为它能够避免液化天然气接收终端的设备投资。

开展高放射性核废料处理和处置研究与国际合作。利用核能可以有效地减少温室气体排放，但是广泛应用还有不少困难，其中之一是放射性废料的处理问题。现有的技术可以保证核废料安全储藏万年，但是储藏地必须在地质上非常稳定。因此，发挥地质学家的作用，寻找地质条件最好的地方用来储藏放射性废料非常重要。一些国家不允许本土暂存核废料，主要担心"后院"安全；那么，接受核废料储藏的国家就有权获得必要的补偿，用于运输中防护等成本的支出。

（二）提高我国农业、沿海地区等适应气候变化的能力

根据《中国应对气候变化国家方案》，应着重加强 5 个方面的工作。

1. 促进水资源的可持续利用

我国是水资源相对紧缺的国家之一，治水历来是我国的头等大事。以水资源的可持续利用支撑经济社会的可持续发展，应当成为我们的努力方向。应坚持人与自然和谐共处的治水思路，在加强堤防和控制性工程建设的同时，继续积极退田还湖（河）、平垸行洪、疏浚河湖；对于生态恶化的河流，采取积极措施进行修复和保护。实行以流域为单元的水资源统一管理，统一规划和统一调度。转变水资源"取之不尽、用之不竭"的错误观念，注重水资源的节约、保护和优化配置，从传统的"以需定供"转为"以供定需"。建立初始水权分配制度和水权转让制度。建立与市场经济体制相适应的水利工程投融资体制和水利工程管理体制。

我国部分城市或地区的缺水属于工程性缺水。因此，应进一步加强水利基础设施的规划和建设。加快建设南水北调工程，通过三条调水线路与长江、黄河、淮河和海河四大江河联通，逐步形成"四横三纵、南北调配、东西互济"的水资源优化配置格局。加强水资源控制工程（水库等）建设、灌区建设与改造，继续实施并开工建设一些区域性调水和蓄水工程，解决工程性缺水问题。

此外，应加大综合节水和海水利用技术的研发和推广力度。重点研究开发大气水、地表水、土壤水和地下水的转化机制和优化配置技术，污水、雨洪资源化利用技术，人工增雨技术等。研究开发工业用水循环利用技术，开发灌溉节水、旱作节水与生物节水综合配套技术，重点突破精量灌溉技术、智能化农业用水管理技术及

设备，加强生活节水技术及器具开发。加强海水淡化技术的研究、开发与推广。

2. 加强森林和其他自然生态系统建设

加强森林植被建设，不断增加自然碳汇。降低 GDP 碳强度，不仅要有效遏制"碳源"（carbon source），还应该增加"碳汇"（carbon sink）。森林是吸收消耗、固定和储存 CO_2 最有效的陆地生态系统，其增加或减少都将对大气 CO_2 产生重要影响。国际社会对森林吸收 CO_2 的汇聚作用越来越重视。"波恩政治协议"、"马拉喀什协定"等将造林、再造林等活动纳入《议定书》确立的清洁发展机制，鼓励各国通过绿化、造林来抵消一部分工业排放的 CO_2。

目前我国的森林覆盖率为 18.21%，仅相当于世界平均水平的 61.52%（雷加富，2005）。因此，我国需要不断加强森林植被建设力度，重视植被的生态调节功能和固碳能力，不断增加自然碳汇功能。这可以抵消一部分工业 CO_2 排放量，为我国经济发展赢得更大的排放空间，减缓我国温室气体减排压力。

应强化对现有森林资源和其他自然生态系统的有效保护。对天然林禁伐区实施严格保护，使天然林生态系统由逆向退化向良性演替转变。实施湿地保护工程，有效减少人为干扰和破坏，遏制湿地面积下降趋势。扩大自然保护区面积，提高自然保护区质量，建立保护区走廊。加强森林防火，建立完善的森林火灾预测预报、监测、扑救助、林火阻隔及火灾评估体系。积极整合现有林业监测资源，建立健全国家森林资源与生态状况综合监测体系。加强森林病虫害控制，进一步建立健全森林病虫害监测预警、检疫御灾及防灾减灾体系，加强综合防治，扩大生物防治。

应加大技术开发和推广应用力度。研究与开发森林病虫害防治和森林防火技术，研究选育耐寒、耐旱、抗病虫害能力强的树种，提高森林植物在气候适应和迁移过程中的竞争和适应能力。开发和利用生物多样性保护和恢复技术，特别是森林和野生动物类型自然保护区、湿地保护与修复和濒危野生动植物物种保护等相关技术，降低气候变化对生物多样性的影响。加强森林资源和森林生态系统定位观测与生态环境监测技术，包括森林环境、荒漠化、野生动植物、湿地、林火和森林病虫害等监测技术，完善生态环境监测网络和体系，提高预警和应急能力。

3. 以农业可持续发展保障国家的粮食安全

农业是我国的基础性产业。"手中有粮、心中不慌"对于有着 13 亿人口的大国仍有现实意义。应继续加强农业基础设施建设。实施以节水改造为中心的大型灌区续建配套，更新改造老化机电设备，完善灌排体系。继续推进节水灌溉示范，在粮食主产区进行规模化建设试点，干旱缺水地区积极发展节水旱作农业，继续建设旱作农业示范区。狠抓小型农田水利建设，加大粮食主产区中低产田盐碱和渍害治理力度，加快丘陵山区和其他干旱缺水地区雨水集蓄利用工程建设。

推进农业结构和种植制度调整。优化农业区域布局，促进优势农产品向优势产区集中，形成产业带，提高农业生产能力。扩大经济作物和饲料作物的种植，促进种植业结构向粮食作物、饲料作物和经济作物三元结构的转变。调整种植制度，发展多熟制，提高复种指数。

遏制草地荒漠化加重趋势。建设人工草场，控制草原的载畜量，恢复草原植被，增加草原覆盖度，防止荒漠化进一步蔓延。加强农区畜牧业发展，增强畜牧业生产能力。

加强新技术的研究和开发。发展包括生物技术在内的新技术，力争在光合作用、生物固氮、生物技术、病虫害防治、抗御逆境、设施农业和精准农业等方面取得重大进展。继续实施"种子工程"、"畜禽水产良种工程"，搞好大宗农作物、畜禽良种繁育基地建设和扩繁推广。加强农业技术推广，提高农业应用新技术的能力。

4. 重视海岸带及沿海地区的应对能力建设

沿海在我国社会经济中占有重要位置。提高沿海应对气候变化的能力，对于我国的可持续发展尤为重要。应加大技术开发和推广应用力度。加强海洋生态系统的保护和恢复技术研发，主要包括沿海红树林的栽培、移种和恢复技术，近海珊瑚礁生态系统以及沿海湿地的保护和恢复技术，降低海岸带生态系统的脆弱性。加快建设已经选定的珊瑚礁、红树林等海洋自然保护区，提高对海洋生物多样性的保护能力。

加强海洋环境的监测和预警能力。增设沿海和岛屿的观测网点，建设现代化观测系统，提高对海洋环境的航空遥感、遥测能力，提高应对海平面变化的监视监测能力。建立沿海潮灾预警和应急系统，加强预警基础保障能力，加强业务化预警系统能力和加强预警产品的制作与分发能力，提高海洋灾害预警能力。

建立海岸带综合管理制度、综合决策机制以及行之有效的协调机制，及时处理海岸带开发和保护行动中出现的各种问题。建立综合管理示范区。强化应对海平面升高的适应性对策。采取护坡与护滩相结合、工程措施与生物措施相结合，提高设计坡高标准，加高加固海堤工程，强化沿海地区应对海平面上升的防护对策。控制沿海地区地下水超采和地面沉降，对已出现地下水漏斗和地面沉降区进行人工回灌。采取陆地河流与水库调水、以淡压咸等措施，应对河口海水倒灌和咸潮上溯。提高沿海城市和重大工程设施的防护标准，提高港口码头设计标高，调整排水口的底高。大力营造沿海防护林，建立一个多林种、多层次、多功能的防护林工程体系。

5. 完善防御天气灾害事件的应急机制，加强适应气候变化的能力建设

中国以较低的生产力水平、较低的人均资源储量、较低的环境承载力，为13亿人口创造并不断扩大着生存与发展机会。但自然生态系统和社会系统承受着巨大的压力，在气候变化面前表现出尤为突出的脆弱性。2008年初南方地区的低温雨雪冰冻灾害，对极端气候事件的危害性和应对能力提出了警示。因此，在未来极端气候事件频率增加、强度增大的趋势下，要加快建立和完善部门联合、上下联动、区域联防的防灾减灾机制，尽快出台防御极端气候事件的法律法规，提高对灾害的综合监测和预报预警能力。要从保障我国粮食安全、生态安全、经济安全、人民群众生命财产安全的高度出发，加强农业、林业、水资源、沿海及生态脆弱地区等领域适应气候变化能力建设，国家重大工程和基础设施建设要考虑气候变化因素。需要切实提高我国自然和社会系统应对气候变化的适应能力和恢复能力。既要增强自然环境的保护和修复工作，又要建立社会预防、预测、预警、应急和重建机制，减少气候变化及极端气候事件等对经济社会发展的危害。

（三）发展低碳经济，探索低碳道路

我国大力推进的循环经济，与英国提出的低碳经济既密切相关，又各有侧重。循环经济强调经济活动中的资源循环利用和高效利用，低碳经济强调经济活动中的碳排放逐步降低，这两者均可以看做是我国建设资源节约型、环境友好型社会的重要内容，而且其中很大一部分工作乃至产业均是相互统一的。

1. 优化产业结构，发展具有低碳特征的产业

在应对气候变化的新形势下，世界范围内正经历一场经济发展方式的变革。其核心是，发展低碳技术，建立低碳经济发展模式和低碳社会，并作为统筹协调经济发展和保护全球气候关系的重要途径。不可否认，作为产业转移的一部分，发达国家在发展低碳经济的同时，也将一些碳密集和高能耗的项目向发展中国家转移；其中的一些项目投资规模还很大，20～30年内可能很难被淘汰或转移，产生所谓的"锁定效应"。如果把这些产业转移出去，对就业、再就业和经济发展将带来很大冲击。从这个角度看，优化产业结构，提高碳密集型产业的准入门槛，发展低碳经济和产业，对中国未来经济发展具有举足轻重的战略意义。

因此，我们应将产业结构调整作为发展低碳经济的重要途径。面对我国工业化和城市化加速的现实，用高新技术改造钢铁、水泥等传统重化工业，优化产业结构，发展高新技术产业和现代服务业，显得十分重要。我国作为世界"制造中心"，被许多地方、专家引以为豪，但却带来了能耗高、物耗高、污染重等问题。因此，在未来发展中我们不仅要"中国制造"，更需要"中国创造"，更应向利润曲线的两端延伸，即向前端延伸，可以从产品的生态设计入手，形成具有自主知识产权的知识和产品；向后端延伸，开发形成自己的品牌与销售网络，不断提高我国产业和产品的核心竞争力。以信息化促进工业化，加快现代服务业的发展，是我国可持续发展中的应有之意。包括金融、保险、物流、旅游、教育、文化、科学研究、技术服务等在内的现代服务业，是一个能耗低、污染小、就业机会多的低碳产业，有着很大的发展空间。在重视传统工业发展的同时，加快这些产业的发展，可以有效减轻我国的碳排放强度，这是降低我国工业化和城市化进程中碳排放的重要措施。

2. 发展有机、生态、高效农业，实现农业可持续发展

农业关系到13亿人口的吃饭问题，事关我国的长治久安，一直得到中央的高度重视。21世纪中央的5个"一号文件"，主题均是农业。传统农业是低碳经济的，而现代农业则是建立在化石能源基础之上的，如"石油农业"就是如此。发展生态农业和农业循环经济，保证我国粮食供应和食品安全，应成为我国长久发展的历史任务。为此要做好以下工作：

一是要大幅度地减少化肥和农药使用量，减轻农业发展中的碳含量。用粪肥、堆肥或有机肥替代化肥，提高土壤有机质含量；通过秸秆还田增加土壤养分，提高土壤保墒条件，保护土壤生产力。利用生物相生相克关系防治病虫害，减少农药、特别是高残留农药的使用量，提供无公害的食品，保障人民群众的身体健康。

二是充分合理利用农副业剩余物。我国是一个农业大国，生物质能资源极其丰富。每年农作物秸秆产量约7亿吨，其中的一半可作为能源使用，折合1.5亿吨标准煤；树木枝桠和林业废弃物可获得量约9亿吨，1/3可作为能源使用，折合2亿吨标准煤。开展农作物秸秆综合利用，包括用作饲料、肥料、菌类基料、工业原料和发电等，可以减少秸秆焚烧对周边地区、特别是机场周边的环境污染；也可在高温、高压、厌氧条件下将秸秆热解气化成可燃气体，以解决小村镇的燃料问题。在我国的一些农村地区已有这样的成功经验，可以利用扩大内需的机会，加快推进农作物秸秆的综合利用工作，使"一人烧火、大家用气"，造福更多的农民。

三是推广太阳能和沼气技术。在农村普及太阳能集热器是发展低碳乡村的有效途径。在规模化畜牧业养殖中，"四位一体"和"五配套"是生物质能利用的良好形式。所谓"四位一体"，就是以太阳能为动力，以沼气为纽带，将种植业和养殖业结合起来，在全封闭条件下将沼气池、猪禽舍、厕所和日光温室等一体化。简言

之，就是建大棚利用太阳能养猪养鸡、种植蔬菜，以及人畜粪便做原料发酵生产沼气用于照明，沼渣做肥料又用于种植，既解决农村的能源供应，改善农民卫生状况和生活环境，又可以减少农作物和蔬菜生长中农药化肥的使用量，保障食品安全。所谓"五配套"，是解决西北干旱地区的用水困难，促进农业可持续发展，增加农民收入的重要途径。具体实现形式是：建一个沼气池、一个果园、一个暖圈、一个蓄水窖和一个看营房，实行人厕、沼气、猪圈三结合，圈下建沼气池，池上搞养殖，除养猪外，圈内还可以放笼养鸡，形成鸡粪喂猪、猪粪池产沼气的立体养殖和多种经营系统。

3. 建设低碳城市和基础设施

低碳城市的建设离不开低碳建筑，发展低碳建筑要从设计和运行管理两方面入手。据住房和城乡建设部的资料，与发达国家相比，我国建筑钢材消耗高出 10% ~ 25%，每立方米混凝土多消耗 80 千克水泥。因此，在建筑设计上应引入低碳理念，推广利用太阳能，选用隔热保温的建筑材料，合理设计通风和采光系统，选用节能型取暖和制冷系统。在建设施工和城市运行管理中，倡导居住空间的低碳装饰，选用低碳装饰材料，避免过度装修，杜绝毛坯房；在家庭推广使用节能灯和节能家用电器，鼓励使用高效节能厨房系统，在不影响人民群众生活质量的同时有效地降低日常生活的碳排放量。

低碳交通是未来的发展方向。一些发达国家城市客流量的 50% ~ 60% 由公共交通承担，东京达 90%；而我国城市公共交通承载的客流量还不足 10%，北京也不足 1/3。到 2020 年，我国汽车年产量将达到 2000 万辆，保有量超过 1.3 亿辆，将烧掉石油总消耗量的 60%。改变这种交通高碳排放的状况，需要发展形成低碳的交通模式。应选择合适的交通运输方式，发挥水运、铁路、城市公共交通的比较优势，加强多种交通运输方式的衔接和协调。把控制私家车的使用和发展方便快捷的公共交通系统有机结合起来，形成自行车、机动车和行人和谐的交通道路体系。建立起城市专用、智能、高效的快速公交系统（BRT）和通向较大居住小区的公共交通网络，提供快捷、便利、舒适的交通运输服务。控制城市汽车保有量，改善城市交通系统，减少交通堵塞，降低拥堵成本。加强城市交通智能管理系统建设，实行现代化、智能化、科学化管理；建设现代物流信息系统，减少各种运输工具的空驶率，提高运输效率；引进和开发汽车新技术，开发灵活燃料汽车、混合动力汽车及电动汽车；使用柴油、氢燃料等清洁能源或替代能源，减轻交通运输对环境的污染。

4. 建立低碳的生活方式和消费模式

建立可持续的生活方式和消费模式，是应对气候变化的重要途径和出路。我国需要在鼓励绿色出行、节约粮食等方面做出进一步的努力。

粮食是人类生存的最基本生活资料，是社会可持续发展的重要物质保障。由于传统习俗的惯性、收入水平的提高、接待制度不健全、处罚不力等原因，我国在粮食生产后各个环节中的损耗相当严重，公款消费和餐桌上的浪费较为突出：有人还以饭菜丰盛乃至过剩为面子，以过度劝酒为热情好客。有关研究表明，我国在粮食生产、储存、加工、运输、消费等环节存在严重的浪费现象，讲排场、讲面子、铺张浪费现象相当普遍，有些浪费之严重令人触目惊心。我国有 13 亿人口，每人浪费的一点乘上 13 亿就是一个大数目。节约粮食反对浪费，不仅可以增加粮食安全系数，保障社会稳定，也可以减少对国际市场的依赖，为国际粮食市场平衡做贡献。

从这个角度看，开展全民节粮活动十分必要。在毫不动摇地继续实施人口国策的同时，应重点抓节约食品反对浪费工作。切实扭转我国存在的食品浪费问题，做到丰年不忘灾年，增产不忘节约，消费不能浪费。对公众而言，应当通过鼓励发展快餐业，提倡分餐制，推进以中央厨房为主的集中生产、统一配送，建立健全餐饮服务标准等行规约约，丰富菜品设计规格，引导顾客适量、适度点菜，鼓励剩餐打包等。在公务活动中，应严格执行国家有关文件精神，刹住公款吃喝风。制定全国统一的公务活动接待费使用管理办法，界定公务接待范围和开支标准，完善公务接待审批制度；严格执行定点接待制度，提倡自助餐；推行公务接待公示制度和公务卡结算制度，加大公务接待活动的监督和处罚力度。加强粮食和原材料采购、储存和加工管理，防止腐烂变质；提醒自助餐用餐人员适量饮用，避免浪费。

发达国家过度发展小汽车造成资源浪费、道路拥挤、环境污染及交通事故频发等问题。发展中国家不能重蹈覆辙。由于汽车、汽油和道路是同时消费的，道路成本并不由车主负担而由政府免费提供，因而会过度消费。在大城市还有一项巨大支出是拥挤成本，不仅浪费汽油和时间，还污染空气。尾气造成别人的身体伤害，车主并不支付费用。这也是一种"外部性"成本。现在新加坡和伦敦等城市对车主收取这部分社会成本，取得了良好效果。车主开车要政府补贴道路成本，并由普通纳税人承担，这是不公平的。

因此，我国应当鼓励绿色出行。绿色出行是指在人们外出时，尽可能选择高效利用能源和交通资源、少排放污染物、有益健康的出行方式。自行车是一种能源转化效率最高的交通工具，因而得到环保人士的极力推崇。有研究表明，人在骑车运动中消耗 80% 的能量，有益健康，可节省时间，还可减少"富贵病"的发生。公共交通的单位能耗和污染物排放低于小汽车。在市区内上下班应优先选择自行车、城铁（轻轨、地铁）、公共汽车等交通工具；如果出行距离不是很远，在天气和身体条件合适的情况下，骑自行车和步行是最佳选择。在互联网日益影响人们生活的今天，利用信息资源替代出行，也是提高效率的有效途径。

此外，还应将低碳经济的理念融入政府管理和企业经营中。制定并切实执行行业和产品的国家标准，实行节能减排的管理考核责任制。从国家法律和行业法规的高度，逐步开发完善各个行业和各种主要工业产品的能源效率标准，建立各行业、企业碳排放标准。在行业、企业之间逐步探索建立"碳排放交易"机制，用经济手段推进行业节能减排。

（四）应对气候变化和探索低碳道路的对策建议

1. 健全应对气候变化的政策体系

健全应对气候变化法律法规和政策体系，加强应对气候变化制度保障能力。研究制定"应对气候变化法"，并在能源、节能、农业、林业、水资源等相关法律法规和政策中，增加减缓和适应气候变化的内容。研究适时征收碳税或采用其他财政、税收、市场手段和措施，逐步完善减缓和适应气候变化的政策体系和激励机制。在当前节能减排统计、监测、考核体系的基础上，逐步形成未来限控 CO_2 等温室气体排放的统计、监测、考核等的管理机制和体系，并考虑适当时间在局部地区，如沿海城市，进行试点。

通过制定鼓励发展低碳工业的优惠政策，使低碳工业成为有利可图的新兴领域。高碳工业发展难以为继，不仅仅是不可再生的化石能源资源的储量已经有限，更重要的是大量的 CO_2 排放将影响人类的生存环境。发展低碳工业已成为世界各国可持续发展的必然选择。然而，从高碳工业向低碳工业转型是一个漫长的过程，因为高碳的工业体系是庞大而又稳定的，传统工业对化石能源的依赖不可能在短期改变。许多低碳或无碳能源的利用，由于多种原因还未达到产业化、规模化和商业化的程度。由于低碳工业必须建立在低碳或无碳能源基础之上，而新能源的基础设施建构不仅需要巨额投资，还需要有较长的建设周期。

扩大资源税征税范围，将水资源、土地资源、森林资源等纳入资源税征收范围。同时，改革资源税计税办法，将定额税改为从价税，提高资源税赋水平，以起到对能源资源使用的调节作用。考虑改革和开征其他一些与能源资源相关的税种，探索开征 SO_2 税。

研究开征碳税。我国目前没有针对温室气体排放的碳税制度，开征碳税的条件也不成熟，但应着手研究开征碳税的可行性方案，以增强企业、公众等对气候变化这一全球性问题重要性和紧迫性的认识。

对发展低碳能源和可再生能源的企业给予税收优惠，特别是对企业采取措施减少 CO_2 等温室气体排放行为加大税收优惠力度。在增值税中，可以对企业减少温室气体排放所进行的设备投资探索从生产型增值税向消费型增值税的转变。在所得税中，增加对环保投资进行抵免及对环保设备加速折旧等优惠措施。在关税方面，继续取消高耗能、高污染产品的出口退税，以增强社会公众应对气候变化、加强环境保护的意识（魏陆，2008）。

2. 依靠技术进步，减缓和适应气候变化的不利影响

技术进步是应对气候变化的决定性力量。我们必须通过技术进步来提升经济发展的质量和效益，减少温室气体排放。节能减排和应对气候变化是相互联系、相辅相成的，节能减排促进应对气候变化，应对气候变化又反过来推动节能减排。这两者事关我国经济社会发展的国内外两个大局，对内节能减排要取得实效，对外保护全球气候要做出新的贡献。

科技创新是减少人为温室气体排放的利器，是应对气候变化的重大手段，越来越成为当今社会生产力解放和发展的重要基础和标志。胡锦涛总书记在2008年政治局学习时强调，要大力发挥科技进步和创新的作用，加快减缓和适应气候变化领域重大技术的研发和示范，加强应对气候变化基础研究，加强气候变化领域国际科技合作。

我国在依靠科技应对气候变化方面做了大量的工作。例如，为实现举办一届高科技的绿色奥运会的目标，我国将奥林匹克运动场馆都设计成了节能环保型场馆，使用"绿色"材料和废水回收系统。科技部、国家发展和改革委员会和外交部等14个部门2007年6月还在北京联合发布了《中国应对气候变化科技专项行动》，为国家应对气候变化总体方案提供科技支撑。"十一五"以来，科技部加大了这方面的投入，已启动的第一批项目，投入46亿元人民币。国家发展和改革委员会在基础设施建设方面、中国科学院在知识创新工程方面、环保部在相应的环保技术方面的投入也相当大。此外，各级地方政府在应对气候变化方面的投入更加具体。

加强气候保护政策的国家战略研究和系统设计，服务于气候变化国际合作的重大需求。应研究制定应对气候变化的有关法规，并在农业、林业、水资源、节能等相关法律法规和政策中，增加减缓和适应气候变化的内容。

在气候变化研究上不能人云亦云，而要认真分析有利和不利影响，提出体现中

国国情和发展阶段的大政方针，计算方案、方法或模型及应对的政策措施。一些国外研究者认为我国 2007 年已是全球温室气体排放量最大的国家，我们需要通过研究得出自己的结论。例如，温室气体部分来自水泥生产，由于我国水泥生产中利用了大量废弃物，如粉煤灰、电石渣等，国外的常规计算方法不能反映中国的情况。这就需要我们自己开发计算模型、研究计算方法并得出计算结果。此外，还应该吸收更多的科学家参与气候变化的研究，如天文、地质、人文社会科学等领域的科学家，避免使气候变化这个"巨人"站在"淤泥"的基础上。

加快发展低碳排放技术。探求发展各种技术是至关重要的，如风能、水力、太阳能光伏和光热以及生物质能。但这些技术的开发要在一套环境和社会约束条件下进行，以确保其可持续性。到 2050 年，这些技术应能满足能效提高后能源需求的 70%，可有效减少 CO_2 的排放。

集中开发碳捕获与封存技术。全世界少数工厂开始捕集 CO_2 并埋入地下，这种技术被称为碳捕获与封存（CCS）技术。现已被广泛地认为是一种潜在的、可供选择的 CO_2 减排方案，以稳定大气层中的 CO_2 浓度、减缓气候变化。美国为了自身利益，拒绝在《议定书》上签字，大力倡导 CCS 技术开发，并联合加拿大、澳大利亚、挪威、日本等国开展了多方面的研究及相关技术开发。因此，集中相关科技力量积极开发或开展国际合作引进 CCS 技术，应成为我国应对气候变化与温室气体减排的必然举措。

推动发达国家对发展中国家温室气体减排的国际技术转让。虽然《公约》及《议定书》中规定了发达国家向发展中国家提供资金和先进技术帮助发展中国家减排，但先进技术援助并没有在国际气候变化行动中得到有效落实。中国应坚持要求发达国家通过非商业性或优惠的技术转让，帮助发展中国家提高生产力水平和能源利用效率，在推动发展中国家可持续发展的前提下，实现全球温室气体排放的减量化。应努力争取将技术合作纳入应对气候变化的新的合作框架，在气候变化技术合作领域采取灵活、有效的知识产权和技术转移模式。

3. 通过清洁发展机制，获得减排的经济效益

为了使给定碳减排量所需要的总成本最小化，必须让单位碳减排量的边际成本统一，即不论在什么地方都应该有同样的边际成本，这是碳交易的基础。按照经济学相关理论，最优的减排量应该在减排的边际成本等于减排的边际收益的地方。

碳交易是一种对经过论证的碳排放权的交易，依据是《议定书》中规定的温室气体减排的 3 种机制：排放贸易、联合履行、清洁发展机制。按照《议定书》的规定，发达国家及其企业之间可进行碳排放贸易。我国主要是通过 CDM 项目卖温室气

体的减排量，但也存在缺少经验与核算方法以及注册成功率低等问题。运用市场手段降低废弃物排放的经验值得借鉴，我国既可用来推进 SO_2 减排，也可推进 CDM 的国际合作。

国际上有两种碳交易体系。一种是基于配额的碳交易，是为完成《议定书》规定的温室气体减排目标，在"总量－贸易（cap-and-trade）"体系下购买由管理者制定、分配（或拍卖）的减排配额，包括《议定书》中的分配额度（AAU）、欧盟排放贸易系统（EU ETS）下的欧盟配额（EUAs）等。另一种是基于项目的碳交易。这是理查德·桑德博士创立的以自发和法律相结合的温室气体减排、注册和交易机制。芝加哥气候交易所（CCX）成立于 2003 年，是世界上第一个以温室气体减排为目标和贸易内容的市场平台。有关研究表明，CCX 采用会员制的交易模式，参与机构较多，市场流动性好，不要监管机构的审批，机制灵活；交易的是经过认证机构认证的减排量，具有法律约束力。与 CDM 框架下包括政府、业主和中间机构在内的复杂关系相比，CCX 的碳交易体系属于市场自愿行为。由于 CCX 也对没有注册的项目所产生的减排量进行交易，因而还没有得到《议定书》的确认。其交易价格往往比欧盟排放贸易系统交易价格低很多。

为实现对国际社会承诺的温室气体减排目标，2003 年 10 月 13 日欧洲议会和理事会通过 87 号指令（directive 2003/87EC），其中设立了一个从 2005 年 1 月 1 日开始实施的温室气体排放许可交易制度，简称"欧盟排放贸易系统"。该系统规定，1个配额（EUA）为 1 吨 CO_2 当量，可以在成员国之间自由贸易；该系统附有 12 000个工业企业，其燃烧过程中排放的 CO_2 约占欧盟 CO_2 排放总量的一半。欧盟配额分配考虑了各国的历史排放、预测排放和行业排放标准等因素，大部分配额是免费分配的。例如，允许英国排放 CO_2 的配额是 7.36 亿吨，分解到 1200 多家企业。如果一家公司或工厂能够使自己的预期排放量小于允许排放额度，就可以将剩余额度拿到市场上出售；反之，如果预期排放量超过允许排放额度，就要到市场上购买排放权，因为完不成目标将被罚款。

对我国而言，一是利用 CDM 项目的资金额外性准则，促进外资的有效利用；二是利用 CDM 项目的技术额外性准则，加速国际技术转移；三是加强 CDM 项目方法学的开发和科学评估。有关研究表明，我国 CDM 项目分布的行业和领域非常广泛，包括可再生能源，径流式水电，风能发电，节能降耗，工业废气减排，煤层气回收利用，太阳能，生物燃料、生物柴油，地热，土地适用、土地用途变化和造林（西部地区的退耕还林还草），燃料的逸散排放等项目。应进一步规范各地 CDM 项目实施的申报和实施，以获得应有的补偿。

4. 提高公众应对气候变化的认识和能力

《公约》及《议定书》的有效实施，不仅有利于全球转向可持续发展道路，也有利于中国走可持续发展道路，实现社会经济发展的长远目标；可以促进世界各国的技术进步，从而开创一种低污染、低资源消费的可持续发展模式。开发利用低碳技术、发展低碳经济，也有利于中国实现可持续发展的战略目标。

结合学习实践科学发展观活动，搞好气候变化知识的宣传普及，利用电视、报纸、书刊、影像等各种宣传工具和手段，让广大干部群众了解并认识应对气候变化的重要性和紧迫性，认清气候变化对国家、地区、企业发展和竞争力的重大影响，倡导全民参与，鼓励企业采取行动。提高公众保护全球气候的参与意识，引导公众建立有助于减少温室气体排放的生活方式，如使用较高效率的家用电器、充分利用公共交通基础设施、购买和使用再生纸以及分类存放可回收利用的生活垃圾等。把节约能源、保护环境、减少温室气体排放作为社会公德，引导、规范和制约企业和公众行为。倡导健康文明的消费理念，抑制奢侈消费，增强企业社会责任感，自觉制定并实施减缓碳排放的目标和措施。

除《中国应对气候变化国家方案》提出的在农、林、水、沿海地区等领域增强适应气候变化的能力外，更应该重视提高人的适应能力。在总体上看，随着生活水平的提高，人们忍耐高温和寒冷的能力在下降。其直接结果是，我国用于夏季空调供冷和冬季供暖的能源消耗在增加，比例在提高。因此，应鼓励开展群众性的健身活动以增强体质，提高人们的适应能力。

5. 加强领导，统筹协调，积极应对气候变化

抓好组织领导，提高应对气候变化工作的宏观决策和综合管理能力。应对气候变化工作涉及国内、国外，涉及政治、经济、社会、环境，涉及各部门、各行业、各地方，事关国计民生、事关国家长远发展，需要有强有力的组织领导、系统的归口管理、全面的统筹协调、统一的对外行动。建议在国家应对气候变化领导小组统一领导和部署下，充分发挥领导小组办事机构的组织协调作用，要上下一盘棋、内外一盘棋。加强部门间的横向协作配合、中央和地方上下联动，强化宏观调控、分类指导、综合协调、系统管理。进一步加强各级政府应对气候变化工作的组织领导能力，建立有效的协调和决策机制，强化应对气候变化工作的实施手段和管理能力。对外要从全局出发，协调有序地开展好有关国际合作活动，统一政策、统一信息、统一口径，以免我国的形象和整体利益受损。目前，国际合作资金渠道较多，需要统筹考虑、全盘规划，避免多头对外，口径、标准参差不齐。

受全球金融危机影响蔓延和国内经济结构调整的双重压力，我国的经济呈下行态势。这次金融危机的影响，从虚拟经济向实体经济、从发达国家向发展中国家蔓延，从终端消费品（包括汽车和住房等）滞销、降价向原材料延伸。金融危机造成的全球需求萎缩、价格回归等效应日渐显现。因此，在扩大内需政策实施中，应把节能减排和减排温室气体作为扩大投资的重要内容，并成为我国未来调整结构的杠杆。

本章参考文献

陈迎．2007-12-07．全球气候变化　政治较量升温．人民日报

何建坤．2007-06-12．在可持续发展框架下应对全球气候变化．科学时报

胡锦涛．2008-06-29．坚定不移地走可持续发展道路，加强应对气候变化能力建设．人民日报

雷加富．2005．国家林业局公布第六次森林资源清查结果新闻发布会实录．http：//www. people. com. cn/GB/huanbao/1072/3127533. html［2005-01-18］

李师礼．2007．全球变暖被妖魔化了？都市快报．http：//hzdaily. hangzhou. com. cn/dskb/html/2007-03/19/content_ 46920. htm［2007-03-19］

刘培哲．2001．可持续发展理论与中国 21 世纪议程．北京：气象出版社．13

刘世锦．2006．传统与现代之间——增长模式转型与新型工业化道路的选择．北京：中国人民大学出版社．251～267

茅于轼．2005．发展中国家防止气候变暖的政策．http//cppcc. people. com. cn/BIG5/34961/51372/51377/52178/3675074. html［2005-09-07］

潘家华，等．2003．减缓气候变化的经济分析．北京：气象出版社．119～150

S. 弗雷德·辛格，等．2008．全球变暖——毫无来由的恐慌．中译本．上海：上海科技文献出版社

魏陆．2008．我国应对全球气候变暖的税制绿化分析．http//www. ccchina. gov. cn/cn/ Newsinfo. asp？NewsID＝11552［2008-03-28］

中国科学院学部．2008．国际温室气体排放定量评价与减排应对策略研究．中国科学院学部咨询专题研究报告（内部报告）

国家发展和改革委员会．2007．中国应对气候变化国家方案

Hansen J，et al. 2007. Dangerous human-made interference with climate：a GISS modelE study. Atmos. Chem. Phys.，7：2287～2312

IPCC. 2007a. Climate Change 2007：The Physical Science Basis. Summary for Policymakers. http：//www. ipcc. ch

IPCC. 2007b. Climate Change 2007：Mitigation of Climate Change. Summary for Policymakers. http：//www. ipcc. ch

UNDP. 2007. Human Development Report 2007/2008—Fighting Climate Change：Human Solidarity in a Divided World

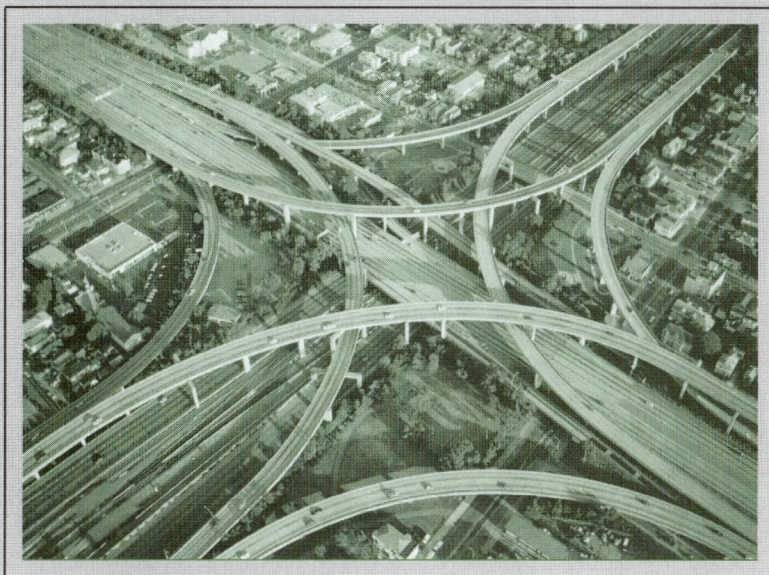

第二部分 技术报告

——可持续发展能力与资源环境绩效评估

第九章

中国可持续发展能力
评估指标体系*

一 中国可持续发展能力评估指标体系的基本框架

对可持续发展能力进行评估，需要建立一套具有描述、分析、评价、预测等功能的可持续发展定量评估指标体系。这也是目前国际上可持续发展研究领域所关注的焦点问题之一。中国科学院可持续发展战略研究组在世界上独立地开辟了可持续发展研究的系统学方向，将可持续发展视为由具有相互内在联系的五大子系统所构成的复杂巨系统的正向演化轨迹。依据此理论内涵，设计了一套"五级叠加，逐层收敛，规范权重，统一排序"的中国可持续发展能力评估指标体系，其基本架构如图 9.1 所示。该指标体系分为总体层、系统层、状态层、变量层和要素层五个等级。

总体层：从整体上综合表达一个国家或地区的可持续发展能力，代表着一个国家或地区可持续发展总体运行态势、演化轨迹和可持续发展战略实施的总体效果。

* 本章由陈劭锋执笔，作者单位为中国科学院科技政策与管理科学研究所。本章同时得到国家自然科学基金项目（40571062）资助

总体层　　　系统层　　　　状态层　　　　　变量（要素）层

		生存资源禀赋	土地资源指数、水资源指数、气候资源指数、生物资源指数
	生存支持系统	农业投入水平	物能投入指数、资金投入指数
		资源转化效率	生物转化效率指数、经济转化效率指数
		生存持续能力	生存稳定指数、生存持续指数
		区域发展成本	自然成本指数、经济成本指数、社会成本指数
	发展支持系统	区域发展水平	基础设施能力指数、经济规模指数、经济推动力指数、结构合理度指数
		区域发展质量	工业经济效益指数、产品质量指数、经济集约化指数
中国可持续发展总体能力	环境支持系统	区域环境水平	排放强度指数、大气污染指数、水污染指数
		区域生态水平	生态脆弱指数、气候变异指数、土地退化指数
		区域抗逆水平	环境治理指数、生态保护指数
	社会支持系统	社会发展水平	人口发展指数、社会结构指数、生活质量指数
		社会安全水平	社会公平指数、社会安全指数、社会保障指数
		社会进步动力	社会潜在效能指数、社会创造能力指数
	智力支持系统	区域教育能力	教育投入指数、教育规模指数、教育成就指数
		区域科技能力	科技资源指数、科技产出指数、科技贡献指数
		区域管理能力	政府效率指数、经社调控指数、环境管理指数

要素群

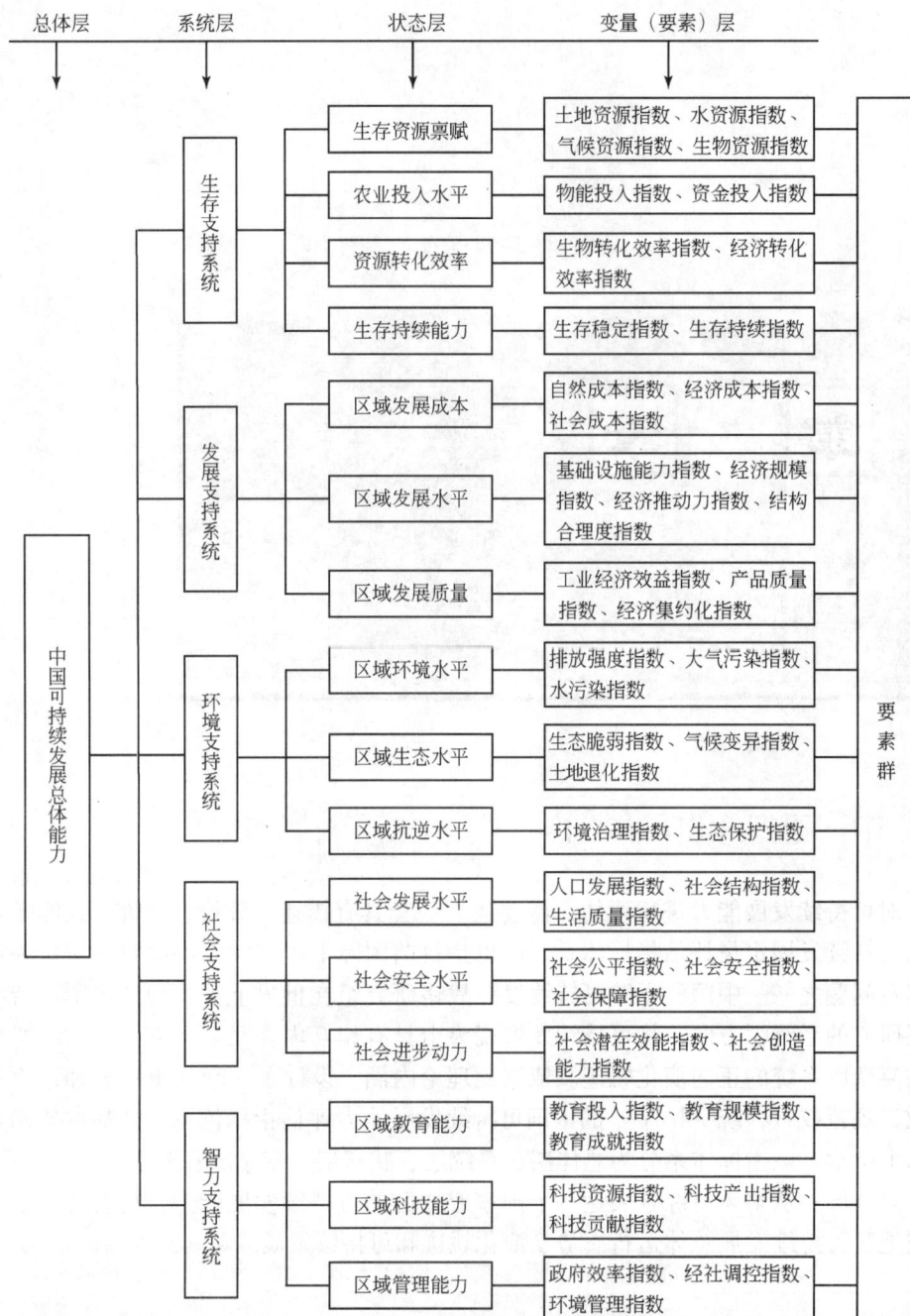

图 9.1　中国可持续发展能力评估指标体系基本框架

系统层：将可持续发展系统解析为内部具有内在逻辑关系的五大子系统，即生存支持系统、发展支持系统、环境支持系统、社会支持系统、智力支持系统。该层面主要揭示各子系统的运行状态和发展趋势。

状态层：反映决定各子系统行为的主要环节和关键组成成分的状态，包括某一时间断面上的状态和某一时间序列上的变化状况。

变量层：从本质上反映、揭示状态的行为、关系、变化等的原因和动力。本指标体系共遴选 45 个"指数"来加以表征。

要素层：采用可测的、可比的、可以获得的指标及指标群，对变量层的数量表现、强度表现、速率表现给予直接地度量。本报告根据数据的可得性采用了 225 个"基层指标"，全面系统地对 45 个指数进行定量描述，构成了指标体系的最基层要素。

二 2009 年中国可持续发展能力评估指标体系

1. 生存支持系统

1.1 生存资源禀赋

 1.1.1 土地资源指数

  1.1.1.1 人均耕地面积

  1.1.1.2 耕地质量

  1.1.1.3 耕地面积的变化

 1.1.2 水资源指数

  1.1.2.1 人均水资源

  1.1.2.2 水资源密度

 1.1.3 气候资源指数

  1.1.3.1 光合有效辐射

  1.1.3.2 ≥10℃积温

  1.1.3.3 年平均降水

  1.1.3.4 年均霜日

 1.1.4 生物资源指数

  1.1.4.1 人均 NPP

  1.1.4.2 NPP 密度

1.2 农业投入水平

 1.2.1 物能投入指数

1.2.1.1 单位农林牧渔总产值农机总动力

1.2.1.2 单位农林牧渔总产值用电量

1.2.1.3 单位农林牧渔总产值化肥施用量

1.2.1.4 单位农林牧渔总产值用水量

1.2.1.5 单位农林牧渔总产值柴油使用量

1.2.1.6 单位农林牧渔总产值塑料薄膜使用量

1.2.1.7 单位农林牧渔总产值农药使用量

1.2.2 资金投入指数

1.2.2.1 农户人均生产经营费用现金支出

1.2.2.2 农业生产财政支出占财政支出比例

1.2.2.3 单位播种面积农业生产财政支出

1.2.2.4 农业固定资产投资占全社会固定资产投资比例

1.2.2.5 单位播种面积农业固定资产投资

1.3 资源转化效率

1.3.1 生物转化效率指数

1.3.1.1 单位播种面积粮食产量

1.3.1.2 农业劳动生产力

1.3.1.3 单位农机总动力粮食产量

1.3.1.4 化肥利用效率

1.3.1.5 单位农业用水粮食产量

1.3.1.6 单位用电粮食产量

1.3.2 经济转化效率指数

1.3.2.1 人均农林牧渔业总产值

1.3.2.2 单位播种面积农林牧渔业总产值

1.3.2.3 农林牧渔业增加值占其总产值比重

1.3.2.4 农村居民家庭人均纯收入

1.4 生存持续能力

1.4.1 生存稳定指数

1.4.1.1 农业产值波动系数

1.4.1.2 粮食产量波动系数

1.4.1.3 农村人均收入波动系数

1.4.2 生存持续指数

1.4.2.1 有效灌溉面积占耕地面积比例

1.4.2.2 旱涝保收面积占灌溉面积比例

1.4.2.3 节水灌溉率

1.4.2.4 旱涝盐碱治理率

1.4.2.5 成灾率

1.4.2.6 中等教育水平以上农业劳动者比例

2. 发展支持系统

2.1 区域发展成本

2.1.1 自然成本指数

2.1.1.1 地形限制系数

2.1.1.2 资源组合优势度

2.1.1.3 生态响应成本系数

2.1.2 经济成本指数

2.1.2.1 吸引力

2.1.2.1.1 人均外资

2.1.2.1.2 外资占本地 GDP 比例

2.1.2.1.3 人均进出口总额

2.1.2.1.4 外贸依存度

2.1.2.2 通达性

2.1.2.2.1 人均交通线路长度

2.1.2.2.2 交通密度

2.1.2.3 潜势度

2.1.2.3.1 交通运输仓储和邮政业投资占全社会固定资产投资比例

2.1.2.3.2 交通运输仓储和邮政业投资密度

2.1.2.3.3 人均交通运输仓储和邮政业投资

2.1.3 社会成本指数

2.1.3.1 人力资本系数

2.1.3.2 万人拥有智力资源量

2.1.3.3 经济增长对人口的弹性系数

2.2 区域发展水平

2.2.1 基础设施能力指数

2.2.1.1 单位面积货运周转量

2.2.1.2 每万人邮电业务总量

2.2.1.3 互联网普及率

2.2.1.4 每百人拥有的电话主线数

2.2.1.5 城镇居民每百户拥有个人电脑数

2.2.2 经济规模指数

2.2.2.1 人均 GDP

2.2.2.2 GDP 密度

2.2.3 经济推动力指数

2.2.3.1 全社会固定资产投资占 GDP 比例

2.2.3.2 固定资产投资密度

2.2.3.3 人均固定资产投资额

2.2.3.4 人均储蓄额

2.2.3.5 人均社会商品零售总额

2.2.3.6 出口竞争优势系数

2.2.4 结构合理度指数

2.2.4.1 非农产值占总产值比例

2.2.4.2 产业结构高度化指数

2.2.4.3 第三产业增长弹性系数

2.2.4.4 高技术产业产值占 GDP 比例

2.3 区域发展质量

2.3.1 工业经济效益指数

2.3.1.1 工业效益总体水平

2.3.1.1.1 人均工业增加值

2.3.1.1.2 人均利税总额

2.3.1.1.3 人均主营业务收入

2.3.1.2 投入产出水平

2.3.1.2.1 工业全员劳动生产率

2.3.1.2.2 成本费用收益率

2.3.1.3 运营效率

2.3.1.3.1 流动资产周转率

2.3.1.3.2 资产负债率

2.3.1.4 盈利水平

2.3.1.4.1 总资产贡献率

2.3.1.4.2 净资产收益率

2.3.1.4.3 营运资金比例

　　　　2.3.1.4.4 工业增加值率

　2.3.2 产品质量指数

　　2.3.2.1 产品质量优等品率

　　2.3.2.2 产品质量损失率

　　2.3.2.3 新产品产值率

　2.3.3 经济集约化指数

　　2.3.3.1 万元产值水资源消耗

　　2.3.3.2 万元产值能源消耗

　　2.3.3.3 万元产值建设用地占用

　　2.3.3.4 万元产值工业废水排放量

　　2.3.3.5 万元产值工业废气排放量

　　2.3.3.6 万元产值工业固体废弃物排放量

　　2.3.3.7 全社会劳动生产率

3. 环境支持系统

3.1 区域环境水平

　3.1.1 排放强度指数

　　3.1.1.1 废气排放水平

　　　3.1.1.1.1 人均废气排放

　　　3.1.1.1.2 废气排放密度

　　3.1.1.2 废水排放水平

　　　3.1.1.2.1 人均废水排放

　　　3.1.1.2.2 废水排放密度

　　3.1.1.3 废弃物排放水平

　　　3.1.1.3.1 人均固体废弃物排放

　　　3.1.1.3.2 固体废弃物排放密度

　3.1.2 大气污染指数

　　3.1.2.1 SO_2 排放水平

　　　3.1.2.1.1 人均 SO_2 排放

　　　3.1.2.1.2 SO_2 排放密度

　　3.1.2.2 烟尘排放水平

　　　3.1.2.2.1 人均烟尘排放

3.1.2.2.2 烟尘排放密度

3.1.3 水污染指数

3.1.3.1 点源污染

3.1.3.1.1 人均化学需氧量（COD）排放

3.1.3.1.2 单位径流化学需氧量（COD）排放

3.1.3.2 面源污染

3.1.3.2.1 单位耕地化肥施用量

3.1.3.2.2 单位耕地农药使用量

3.2 区域生态水平

3.2.1 生态脆弱指数

3.2.1.1 地形起伏度

3.2.1.2 地震灾害频率

3.2.2 气候变异指数

3.2.2.1 干燥度

3.2.2.2 受灾率

3.2.3 土地退化指数

3.2.3.1 水土流失率

3.2.3.2 荒漠化率

3.2.3.3 盐碱化耕地占耕地面积比例

3.3 区域抗逆水平

3.3.1 环境治理指数

3.3.1.1 污染治理投资占 GDP 比例

3.3.1.2 工业废水排放达标率

3.3.1.3 工业锅炉烟尘排放达标率

3.3.1.4 工业固体废弃物综合利用率

3.3.1.5 城市生活垃圾无害化处理率

3.3.1.6 工业用水重复利用率

3.3.1.7 环保产业产值占 GDP 比例

3.3.2 生态保护指数

3.3.2.1 森林覆盖率

3.3.2.2 自然保护区面积占国土面积比例

3.3.2.3 水土流失治理率

3.3.2.4 造林面积占国土面积比例

3.3.2.5 湿地面积占国土面积比例

4. 社会支持系统

4.1 社会发展水平

4.1.1 人口发展指数

4.1.1.1 出生时平均预期寿命

4.1.1.2 人口自然增长率

4.1.1.3 成人文盲率

4.1.1.4 赡养比

4.1.2 社会结构指数

4.1.2.1 第三产业劳动者占社会劳动者比例

4.1.2.2 城市化率

4.1.2.3 性别比例

4.1.3 生活质量指数

4.1.3.1 居民生活条件

4.1.3.1.1 城市居民家庭人均可支配收入

4.1.3.1.2 医疗条件

4.1.3.1.2.1 千人拥有医生数

4.1.3.1.2.2 千人拥有病床数

4.1.3.1.2.3 人均公共卫生财政经费支出

4.1.3.1.3 人均住房面积

4.1.3.1.3.1 城市人均住房面积

4.1.3.1.3.2 农村人均住房面积

4.1.3.2 居民消费水平

4.1.3.2.1 人均消费支出

4.1.3.2.1.1 城市人均消费支出

4.1.3.2.1.2 农村人均消费支出

4.1.3.2.2 恩格尔系数

4.1.3.2.2.1 城市居民恩格尔系数

4.1.3.2.2.2 农村居民恩格尔系数

4.1.3.2.3 文化消费支出

4.1.3.2.3.1 城市人均文化消费支出

4.1.3.2.3.2 农村人均文化消费支出

4.1.3.2.3.3 城市人均文化消费占人均消费支出比例

4.1.3.2.3.4 农村人均文化消费占人均消费支出比例

4.2 社会安全水平

4.2.1 社会公平指数

4.2.1.1 城乡收入水平差异

4.2.1.2 行业收入水平差异

4.2.1.3 就业公平度

4.2.1.4 受教育公平度

4.2.2 社会安全指数

4.2.2.1 城镇失业率

4.2.2.2 贫困发生率

4.2.2.3 通货膨胀率

4.2.2.4 万人交通事故发生率

4.2.2.5 交通事故直接损失占 GDP 比例

4.2.2.6 万人火灾事故发生率

4.2.2.7 火灾事故直接损失占 GDP 比例

4.2.3 社会保障指数

4.2.3.1 城镇每万人拥有的社区服务设施数

4.2.3.2 社会保障财政支出占财政支出比例

4.2.3.3 人均社会保障财政支出

4.2.3.4 城镇职工养老保险覆盖率

4.2.3.5 城镇职工医疗保险覆盖率

4.2.3.6 城镇职工失业保险覆盖率

4.3 社会进步动力

4.3.1 社会潜在效能指数

4.3.1.1 劳动者文盲人口比例

4.3.1.2 劳动者小学程度人口比例

4.3.1.3 劳动者中学程度人口比例

4.3.1.4 劳动者大学程度以上人口比例

4.3.2 社会创造能力指数

4.3.2.1 未受教育人口参与比

4.3.2.2 第二产业人口参与比

4.3.2.3 科学家、工程师人口参与比

5. 智力支持系统

5.1 区域教育能力

5.1.1 教育投入指数

5.1.1.1 教育经费支出占 GDP 比例

5.1.1.2 各级在校学生人均教育经费

5.1.1.3 全社会人均教育经费支出

5.1.2 教育规模指数

5.1.2.1 万人中等学校在校学生数

5.1.2.2 万人在校大学生数

5.1.2.3 万人拥有中等学校教师数

5.1.2.4 万人拥有大学教师数

5.1.3 教育成就指数

5.1.3.1 中等学校以上在校学生数占学生总数比例

5.1.3.2 成人文盲变动

5.1.3.3 大专以上教育人口比例的变化

5.2 区域科技能力

5.2.1 科技资源指数

5.2.1.1 科技人力资源

5.2.1.1.1 万人拥有科技人员数

5.2.1.1.2 科学家工程师人数占科技人员比例

5.2.1.2 科技经费资源

5.2.1.2.1 R&D 经费占 GDP 比例

5.2.1.2.2 地方科技事业费、科技三费占财政支出比例

5.2.1.2.3 大型企业科技活动经费占产品销售收入比例

5.2.1.2.4 科技人员平均经费

5.2.1.2.5 企业研发经费与政府研发经费之比

5.2.2 科技产出指数

5.2.2.1 科技论文产出

5.2.2.1.1 千名科技人员发表国际论文数

5.2.2.1.2 单位科研经费的国际论文产出

5.2.2.1.3 千名科技人员发表国内论文数

5.2.2.1.4 单位科研经费的国内论文产出

5.2.2.2 专利产出能力

5.2.2.2.1 万人专利授权量

5.2.2.2.2 单位科研经费专利授权量

5.2.3 科技贡献指数

5.2.3.1 直接经济效益

5.2.3.1.1 科技活动人员人均技术市场成交额

5.2.3.1.2 技术市场成交额占 GDP 比例

5.2.3.1.3 大中型企业新产品销售收入占主营业务收入比例

5.2.3.1.4 企业科技人员人均创造的新产品销售收入

5.2.3.2 间接经济效益

5.2.3.2.1 万元产值水资源消耗下降率

5.2.3.2.2 万元产值能耗下降率

5.2.3.2.3 万元产值建设用地下降率

5.2.3.2.4 万元产值废水排放下降率

5.2.3.2.5 万元产值废气排放下降率

5.2.3.2.6 万元产值的固体废物排放下降率

5.2.3.2.7 全社会劳动生产率的增长率

5.3 区域管理能力

5.3.1 政府效率指数

5.3.1.1 政府财政效率

5.3.1.1.1 财政自给率

5.3.1.1.2 财政收入弹性系数

5.3.1.1.3 人均财政收入

5.3.1.2 政府工作效率

5.3.1.2.1 公务员占总就业人数比例

5.3.1.2.2 行政管理费用占财政支出比例

5.3.1.2.3 政府消费占 GDP 比例

5.3.2 经社调控指数

5.3.2.1 经济调控绩效

5.3.2.1.1 财政收入占 GDP 比例

5.3.2.1.2 经济波动系数

5.3.2.1.3 市场化程度

5.3.2.1.3.1 非国有经济固定资产投资占全社会固定资产投资比例

5.3.2.1.3.2 非国有工业产值占工业总产值比例

5.3.2.2 社会调控绩效

5.3.2.2.1 城乡收入差距变动

5.3.2.2.2 失业率的变化

5.3.2.2.3 城市化率的变化

5.3.3 环境管理指数

5.3.3.1 环境影响评价执行力度

5.3.3.2 三同时制度执行力度

5.3.3.3 每千人拥有的环境保护工作人员数

5.3.3.4 环境问题来信处理率

5.3.3.5 环境问题来访处理率

中国可持续发展能力综合
评估（1995～2006）*

1995 年，中国政府把可持续发展战略确立为国家的基本战略。为了监测中国可持续发展战略实施的进展，《2009 中国可持续发展战略报告》依据其提出的中国可持续发展能力评估指标体系，对 1995 年以来全国及 31 个省、直辖市、自治区的可持续发展能力的动态变化进行了综合评估。该项评估把统计学中的增长指数法和多指标综合评价中的线性加权和法结合起来，通过等权处理和逐级汇总，从而获得了不同地区不同年份的可持续发展能力指数值，从而把可持续发展能力的纵向和横向对比统一起来，即在纵向上或时间序列上不仅可以反映各地区可持续发展能力的演进方向和速度，而且在横向上可以同时体现出该地区可持续发展能力与其他地区的差距大小和在全国中所处的地位及其动态变化。由于资料的限制和统计口径的差异，本次评估暂未包括中国的台湾省、香港特别行政区和澳门特别行政区。

考虑到中国可持续发展能力的区域分异特点，我们在以往按照省级行政单元进

　*　本章由陈劭锋、邹秀萍、刘扬、王海燕、汝醒君、苏利阳、张云芳执笔，前 6 位作者单位为中国科学院科技政策与管理科学研究所，最后一位作者来自中国农业大学。本章同时得到国家自然科学基金项目（40571062）资助

行评估的基础上，不仅对我国的东部地区（包括北京、天津、河北、辽宁、上海、江苏、浙江、福建、山东、广东和海南等11个省、直辖市）、中部地区（包括山西、吉林、黑龙江、安徽、江西、河南、湖北、湖南等8个省）、西部地区（包括重庆、四川、贵州、云南、西藏、陕西、甘肃、青海、宁夏、新疆、广西、内蒙古等12个省、直辖市、自治区）和东北老工业基地（包括辽宁、吉林、黑龙江）的可持续发展能力进行评估，同时补充对地域上邻近的中部6省（山西、安徽、江西、河南、湖北、湖南等6省）以及东部10省、直辖市（未包括辽宁，以减少重复计算）的可持续发展能力进行评估，而且还对国务院发展研究中心提出的八大综合经济区的可持续发展能力进行评估。这八大综合经济区除东北与东北老工业基地划分相同外，其他7个区分别是：北部沿海地区（包括北京、天津、河北、山东2直辖市2省）、东部沿海地区（包括上海、江苏、浙江1直辖市2省）、南部沿海地区（包括福建、广东、海南3省）、黄河中游地区（包括陕西、山西、河南、内蒙古3省1自治区）、长江中游地区（包括湖北、湖南、江西、安徽4省）、西南地区（包括云南、贵州、四川、重庆、广西3省1直辖市1自治区）、大西北地区（包括甘肃、青海、宁夏、西藏、新疆2省3自治区）。

一　2006年中国可持续发展能力综合评估

（一）2006中国各省、直辖市、自治区可持续发展能力综合评估结果

2006年中国各省、直辖市、自治区的可持续发展能力及各支持系统的发展水平如表10.1所示。

表10.1　2006年中国各省、直辖市、自治区可持续发展能力综合评估结果
（国家统计局，1995~2008）

地　区	生存支持系统	发展支持系统	环境支持系统	社会支持系统	智力支持系统	可持续发展能力
全　国	103.6	114.1	100.9	108.8	111.6	107.8
北　京	102.4	126.0	107.4	128.0	121.0	116.9
天　津	98.8	128.2	106.8	119.9	118.5	114.4
河　北	98.8	113.3	99.9	110.9	108.2	106.2
山　西	96.7	113.1	99.1	112.9	109.4	106.2
内蒙古	102.5	112.1	100.8	110.8	107.1	106.6
辽　宁	104.8	116.4	106.6	115.8	112.8	111.3

续表

地 区	生存支持系统	发展支持系统	环境支持系统	社会支持系统	智力支持系统	可持续发展能力
吉 林	106.9	113.8	108.0	112.8	111.3	110.6
黑龙江	105.8	112.5	108.5	114.6	109.4	110.2
上 海	103.0	130.3	114.9	125.3	119.2	118.5
江 苏	104.4	121.0	109.8	113.0	111.7	112.0
浙 江	106.7	119.2	112.8	111.9	112.3	112.6
安 徽	103.5	111.5	107.8	103.1	108.1	106.8
福 建	108.7	116.9	108.0	106.9	112.3	110.6
江 西	108.5	113.3	112.6	106.9	107.6	109.8
山 东	101.8	118.5	105.2	111.1	109.8	109.3
河 南	102.4	111.2	105.1	109.1	107.1	107.0
湖 北	103.8	112.7	108.1	109.4	111.8	109.2
湖 南	107.8	110.5	112.2	109.2	109.9	109.9
广 东	105.0	120.9	108.6	112.0	111.2	111.5
广 西	106.0	110.5	105.7	106.1	106.2	106.9
海 南	109.1	119.3	113.1	106.2	105.8	110.7
重 庆	101.9	109.3	101.8	106.2	110.8	106.0
四 川	104.7	108.2	104.1	104.1	107.2	105.7
贵 州	103.4	104.8	109.0	99.3	102.2	103.7
云 南	103.5	107.2	105.4	98.4	104.1	103.7
西 藏	105.7	100.4	104.0	90.5	94.6	99.0
陕 西	101.7	113.1	102.2	108.6	110.5	107.2
甘 肃	98.2	106.5	99.8	101.0	107.1	102.5
青 海	100.0	110.5	100.3	103.4	104.9	103.8
宁 夏	97.9	110.9	97.0	105.6	106.8	103.7
新 疆	103.3	106.7	95.1	113.0	105.9	104.8

注：1）1995 年全国为 100.0

2）本章所有表格均采用最新出版的相关统计年鉴中的数据

由表 10.1 可知，如果以 1995 年全国可持续发展能力指数为 100.0，则 2006 年全国可持续发展能力指数达到了 107.8。其各支持系统发展水平如图 10.1 所示。从中可以发现，中国目前的可持续发展能力主要由发展、智力和社会三大支持系统的发展来主导，而生存和环境系统发展则呈现出相对滞后性。因此，提升中国的可持续发展能力，要在引导其他系统健康发展的同时，注重加强中国的农业系统能力建设和生态环境系统能力建设，确保实现粮食安全、生产发展、生态良好、生活富裕。

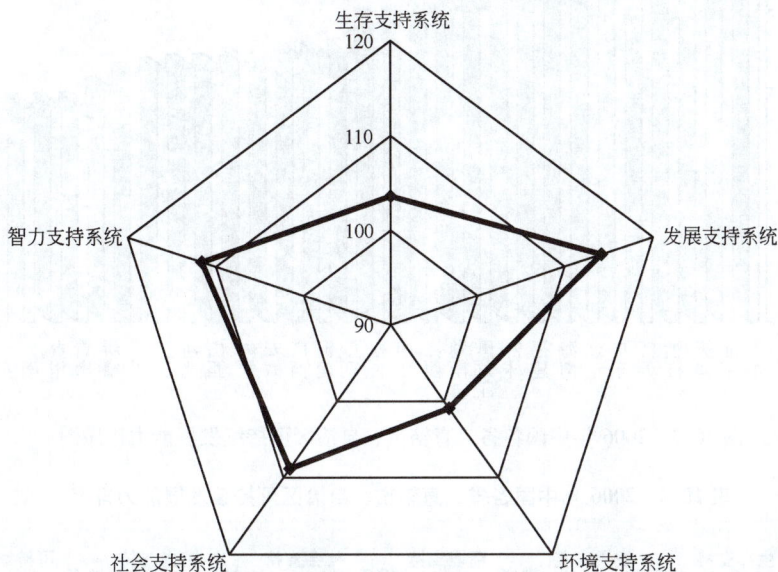

图 10.1　全国可持续发展五大支持系统发展水平图

2006 年，可持续发展能力超过全国平均水平的省、直辖市、自治区有北京、天津、辽宁、吉林、黑龙江、上海、江苏、浙江、福建、江西、山东、湖北、湖南、广东、海南。其他省、直辖市、自治区的可持续发展能力均低于全国平均水平。

从 2006 年中国各省、直辖市、自治区可持续发展能力排名（见图 10.2 和表 10.2）来看，上海的可持续发展能力最强，而西藏的可持续发展能力最弱。可持续发展能力排在全国前十位的依次是：上海、北京、天津、浙江、江苏、广东、辽宁、海南、福建、吉林。位居后十位的依次是：河北、重庆、四川、新疆、青海、贵州、云南、宁夏、甘肃、西藏。各省、直辖市、自治区五大支持系统排名也如表 10.2 所示。与往年（2005 年）相比，北京、天津、上海、江苏、浙江、河南、湖南、西藏、陕西、甘肃、新疆等 11 个省、直辖市、自治区可持续发展能力的位序保持不变，安徽、江西、山东、广东上升了 1 位，河北、山西上升了 2 位，广西、海南、青海则上升了 3 位，升幅最大。辽宁、吉林、黑龙江、福建、贵州、云南、宁夏下降了 1 位，内蒙古、湖北、四川下降了 2 位，重庆则下降了 4 位，降幅最大。

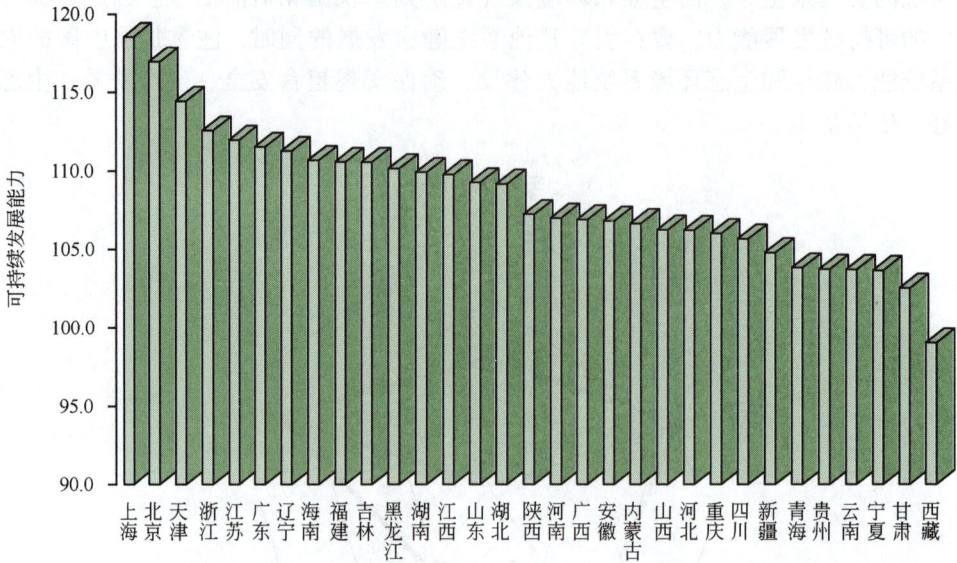

图 10.2 2006 年中国各省、直辖市、自治区可持续发展能力排序图

表 10.2 2006 年中国各省、直辖市、自治区可持续发展能力排序

地　区	生存支持系统	排序	发展支持系统	排序	环境支持系统	排序	社会支持系统	排序	智力支持系统	排序	可持续发展能力	排序
北　京	102.4	21	126.0	3	107.4	14	128.0	1	121.0	1	116.9	2
天　津	98.8	27	128.2	2	106.8	15	119.9	3	118.5	3	114.4	3
河　北	98.8	28	113.3	13	99.9	27	110.9	13	108.2	17	106.2	22
山　西	96.7	31	113.1	15	99.1	29	112.9	8	109.4	16	106.2	21
内蒙古	102.5	20	112.1	18	100.8	25	110.8	14	107.1	22	106.6	20
辽　宁	104.8	11	116.4	10	106.6	16	115.8	4	112.8	4	111.3	7
吉　林	106.9	5	113.8	11	108.0	12	112.9	9	111.3	9	110.6	10
黑龙江	105.8	8	112.5	17	108.5	9	114.6	5	109.4	15	110.2	11
上　海	103.0	19	130.3	1	114.9	1	125.3	2	119.5	2	118.5	1
江　苏	104.4	13	121.0	4	109.8	6	113.0	7	111.7	8	112.0	5
浙　江	106.7	6	119.2	7	112.8	3	111.9	11	112.3	5	112.6	4
安　徽	103.5	15	111.5	19	107.8	13	103.1	27	108.1	18	106.8	19
福　建	108.7	2	116.9	9	108.0	11	106.9	19	112.3	6	110.6	9
江　西	108.5	3	113.3	12	112.6	4	106.9	20	107.6	19	109.8	13

地 区	生存支持系统	排序	发展支持系统	排序	环境支持系统	排序	社会支持系统	排序	智力支持系统	排序	可持续发展能力	排序
山 东	101.8	24	118.5	8	105.2	19	111.1	12	109.8	14	109.3	14
河 南	102.4	22	111.2	20	105.1	20	109.1	17	107.1	23	107.0	17
湖 北	103.8	14	112.7	16	108.1	10	109.4	15	111.8	7	109.2	15
湖 南	107.8	4	110.5	22	112.2	5	109.2	16	109.9	13	109.9	12
广 东	105.0	10	120.9	5	108.6	8	112.0	10	111.2	10	111.5	6
广 西	106.0	7	110.5	24	105.7	17	106.1	23	106.2	25	106.9	18
海 南	109.1	1	119.5	6	113.1	2	106.2	21	105.8	27	110.7	8
重 庆	101.9	23	109.3	25	101.8	24	106.2	22	110.8	11	106.0	23
四 川	104.7	12	108.2	26	104.1	21	104.1	25	107.2	20	105.7	24
贵 州	103.4	17	104.8	30	109.0	7	99.3	29	102.2	30	103.7	27
云 南	103.5	16	107.2	27	105.4	18	98.4	30	104.1	29	103.7	28
西 藏	105.7	9	100.4	31	104.0	22	90.5	31	94.6	31	99.0	31
陕 西	101.7	25	113.1	14	102.2	23	108.6	18	110.5	12	107.2	16
甘 肃	98.2	29	106.2	29	99.8	27	101.0	28	107.1	21	102.5	30
青 海	100.0	26	110.5	23	100.3	26	103.4	26	104.9	28	103.8	26
宁 夏	97.9	30	110.9	21	97.0	30	105.6	24	106.8	24	103.7	29
新 疆	103.3	18	106.7	28	95.1	31	113.0	6	105.9	26	104.8	25

注：1995 年全国为 100.0

（二）2006 年中国东、中、西部和东北老工业基地以及八大经济区的可持续发展能力综合评估结果

2006 年中国东、中、西部和东北老工业基地以及八大经济区的可持续发展能力综合评估结果如表 10.3 所示。由表 10.3 可知，2006 年，中国东部地区、中部地区和东北老工业基地的可持续发展能力高于全国平均水平，而西部地区低于全国平均水平。从全国东、中、西部和东北老工业基地的可持续发展能力来看，东部地区高于东北老工业基地，东北老工业基地高于中部地区，中部地区又高于西部地区，呈现出比较显著的空间差异特征。再从八大经济区来看，东部沿海地区可持续发展能力最高，而大西北地区最低。各大经济区按照可持续发展能力由高到低的顺序依次是：东部沿海地区、北部沿海地区、南部沿海地区、东北老工业基地、长江中游地

区、黄河中游地区、西南地区、大西北地区。

表 10.3　2006 年中国东、中、西部和东北老工业基地以及八大经济区的

可持续发展能力综合评估结果（国家统计局，1995~2008）

	地　区	生存支持系统	发展支持系统	环境支持系统	社会支持系统	智力支持系统	可持续发展能力
东、中、西部和东北老工业基地	东部地区（11省、直辖市）	105.9	119.8	106.5	114.7	113.2	112.0
	中部地区（8省）	106.4	111.7	106.4	109.4	109.5	108.7
	西部地区（12省、直辖市、自治区）	103.5	108.7	100.3	103.7	107.3	104.7
	东北老工业基地	106.9	114.7	107.6	114.4	111.5	111.0
	东部地区（10省、直辖市）	105.9	120.3	106.5	114.6	113.3	112.1
	中部地区（6省）	105.8	111.3	105.8	108.2	109.4	108.1
八大经济区	东北区	106.9	114.7	107.6	114.4	111.5	111.0
	北部沿海地区	101.1	120.0	103.8	117.5	113.5	111.2
	东部沿海地区	105.9	122.3	110.7	116.5	113.8	113.9
	南部沿海地区	107.7	119.5	108.5	108.4	111.2	111.1
	黄河中游地区	102.1	111.3	101.3	110.1	108.9	106.8
	长江中游地区	107.1	111.5	109.7	107.0	109.8	109.0
	西南地区	105.2	108.2	104.2	102.7	106.7	105.4
	大西北地区	103.4	106.8	98.8	102.6	106.8	103.7

注：1）1995 年全国为 100.0

2）各地区解释如下：

东部地区（11省、直辖市）包括：北京、天津、河北、辽宁、上海、江苏、浙江、福建、山东、广东和海南；

中部地区（8省）包括：山西、吉林、黑龙江、安徽、江西、河南、湖北、湖南；

西部地区（12省、直辖市、自治区）包括：重庆、四川、贵州、云南、西藏、陕西、甘肃、青海、宁夏、新疆、广西、内蒙古；

东北老工业基地包括：辽宁、吉林、黑龙江；

东部地区（10省、直辖市）包括：北京、天津、河北、上海、江苏、浙江、福建、山东、广东和海南；

中部地区（6省）包括：山西、安徽、江西、河南、湖北、湖南；

北部沿海地区包括：北京、天津、河北、山东；

东部沿海地区包括：上海、江苏、浙江；

南部沿海地区包括：福建、广东、海南；

黄河中游地区包括：陕西、山西、河南、内蒙古；

长江中游地区包括：湖北、湖南、江西、安徽；

西南地区包括：云南、贵州、四川、重庆、广西；

大西北地区包括：甘肃、青海、宁夏、西藏、新疆。

本章以下表同

二 1995～2006 年中国可持续发展能力变化趋势

（一）1995～2006 年全国可持续发展能力变化趋势

自 1995 年以来，全国可持续发展能力总体上呈上升态势（图10.3），2006 年比 1995 年增长了 7.8%，平均每年增长。除 1997 年比上年有所下降外，其他年份均有所增长。

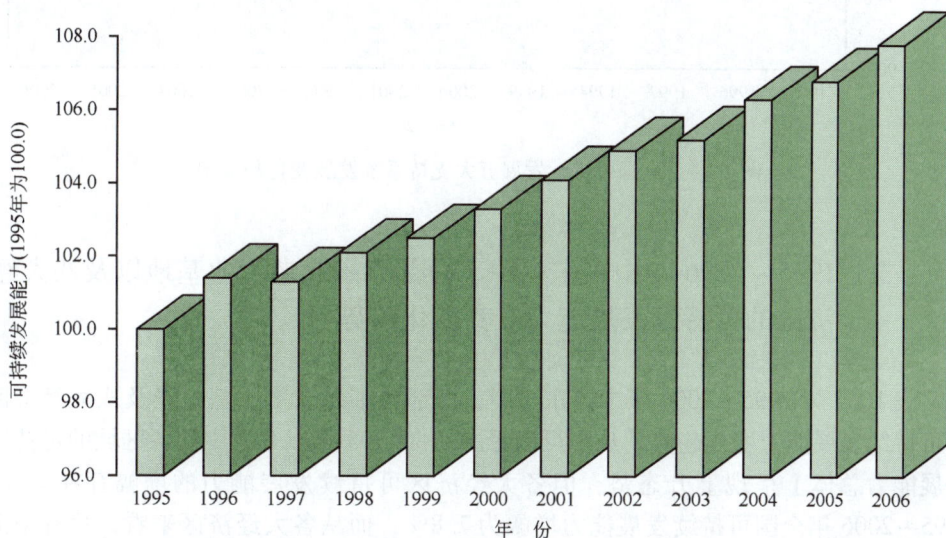

图10.3　1995～2006 年全国可持续发展能力变化趋势图

从全国可持续发展五大支持系统的发展变化来看（图10.4），同样可以发现可持续发展能力的变化主要由发展、智力和社会三大系统的变化来驱动。自 1995 年以来，中国生存支持系统的变化在经历了徘徊波动后，最近几年特别是 2004 年以后才呈现出较快平稳的发展势头，这在一定程度上反映了农业政策调控的成效。而环境支持系统的发展变化则非常缓慢，其间也经历了一个相对缓和的波动过程，特别是最近 3 年虽然相对于前一时期有所下降，但还基本保持稳定，尚未持续恶化。这说明了我国经济高速增长所带来的环境冲击部分得到缓解和遏制，环境治理和节能减排工作取得一定的成效。

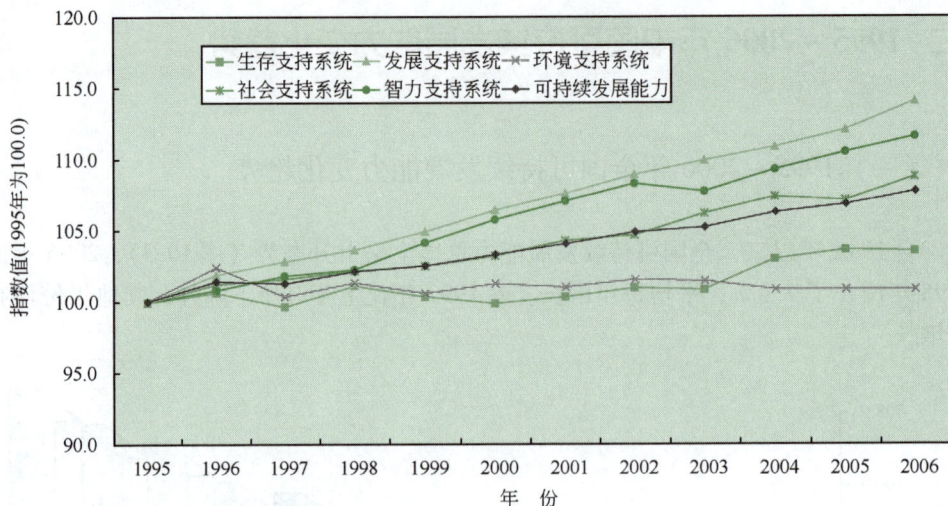

图 10.4　全国可持续发展五大支持系统发展变化趋势图

（二）1995～2006 年中国东、中、西部和东北老工业基地以及八大经济区的可持续发展能力及其变化趋势

表 10.4 为 1995～2006 年中国东、中、西部和东北老工业基地以及八大经济区的可持续发展能力变化趋势。从中可以看出，自 1995 年以来，中国各区域的可持续发展能力总体上呈现上升态势，但各大经济区可持续发展能力的增幅存在差异。1995～2006 年全国可持续发展能力增幅为 7.8%，而从各大经济区来看，只有中部 6 省和黄河中游地区超过全国平均增长水平。从东、中、西部和东北老工业基地来看，中部地区增长最快，为 7.52%，其次是西部地区（7.38%）、东部地区（7.18%）和东北老工业基地（6.63%）。从八大经济区来看，黄河中游地区增长最快，为 8.32%，其次依次是长江中游地区（7.71%）、东部沿海地区（7.35%）、大西北地区（7.35%）、西南地区（7.22%）、南部沿海地区（7.03%）、北部沿海地区（7.03%）、东北老工业基地（6.63%）。东北老工业基地无论从东、中、西部和东北老工业基地，还是从八大经济区来看，都是可持续发展能力增长幅度最低的地区。

表10.4　1995～2006年中国东、中、西部和东北老工业基地以及八大经济区的
可持续发展能力变化趋势（国家统计局，1995～2008）

	地　区	1995年	1996年	1997年	1998年	1999年	2000年	2001年	2002年	2003年	2004年	2005年	2006年	2006年比1995年增长/%
东、中、西部和东北老工业基地	东部地区（11省、直辖市）	104.5	104.7	104.7	106.2	106.6	107.1	108.1	108.7	109.2	110.1	111.0	112.0	7.18
	中部地区（8省）	101.1	101.6	101.7	102.8	103.1	103.9	104.5	105.5	106.0	107.2	107.7	108.7	7.52
	西部地区（12省、直辖市、自治区）	97.5	98.1	98.1	99.1	99.4	100.4	101.1	101.9	102.7	103.5	104.1	104.7	7.38
	东北老工业基地	104.1	104.7	103.8	105.9	106.0	106.3	107.7	108.2	109.1	110.0	110.3	111.0	6.63
	东部地区（10省、直辖市）	104.6	104.7	104.7	106.2	106.6	107.2	108.1	108.8	109.2	110.1	111.1	112.1	7.17
八大经济区	中部地区（6省）	100.2	100.6	101.0	101.8	102.3	103.2	103.6	104.7	105.2	106.4	106.9	108.1	7.88
	东北区	104.1	104.7	103.8	105.9	106.0	106.3	107.7	108.2	109.1	110.0	110.3	111.0	6.63
	北部沿海地区	103.9	103.6	103.3	105.0	105.3	106.2	106.8	107.5	108.4	109.4	110.2	111.2	7.03
	东部沿海地区	106.1	106.7	106.1	107.7	108.4	108.7	109.5	110.5	111.0	111.9	113.0	113.9	7.35
	南部沿海地区	103.8	104.0	105.1	106.0	106.5	106.8	107.9	108.4	108.5	109.2	110.4	111.1	7.03
	黄河中游地区	98.6	99.4	99.0	100.5	100.6	101.7	102.3	103.2	103.7	105.1	105.8	106.8	8.32
	长江中游地区	101.2	101.5	102.3	103.0	103.5	104.2	104.7	105.7	106.4	107.4	107.9	109.0	7.71
	西南地区	98.3	98.6	98.7	99.5	99.8	101.1	101.8	102.5	103.4	104.2	104.8	105.4	7.22
	大西北地区	96.6	97.4	97.5	98.3	98.8	99.5	100.5	101.1	101.9	102.6	102.8	103.7	7.35

注：1995年全国为100.0

东、中、西部和东北老工业基地以及八大经济区的可持续发展能力具体变化趋势见图 10.5～图 10.15。

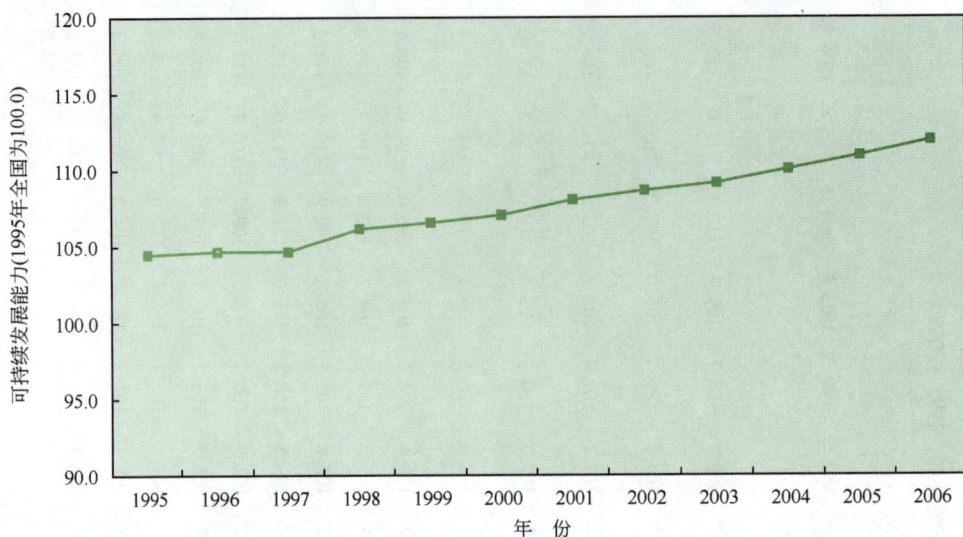

图 10.5　1995～2006 年东部地区可持续发展能力变化趋势图

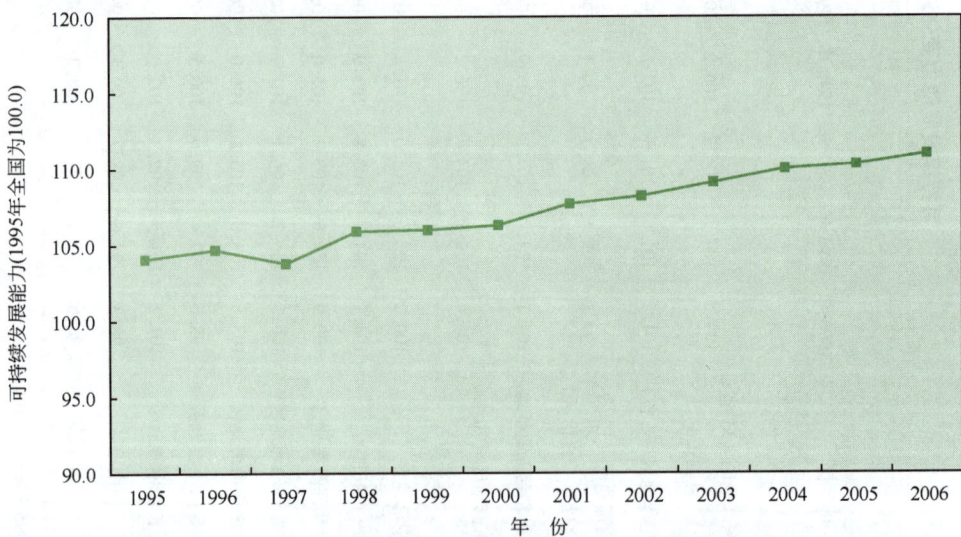

图 10.6　1995～2006 年东北老工业基地可持续发展能力变化趋势图

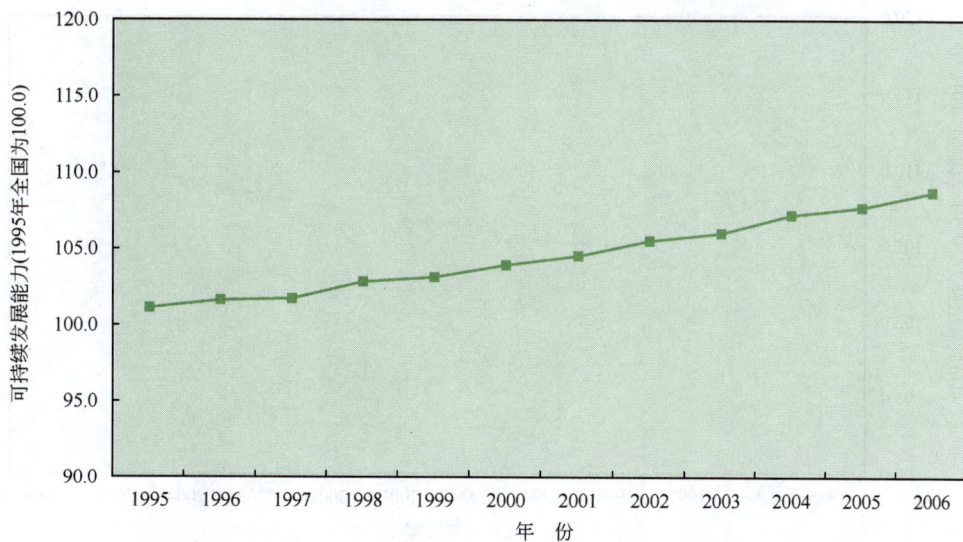

图 10.7 1995～2006 年中部地区可持续发展能力变化趋势图

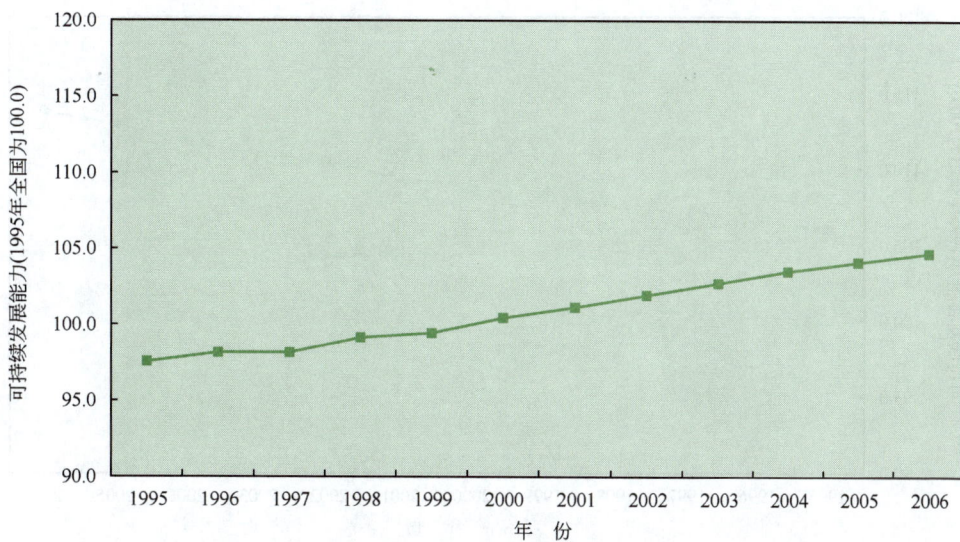

图 10.8 1995～2006 年西部地区可持续发展能力变化趋势图

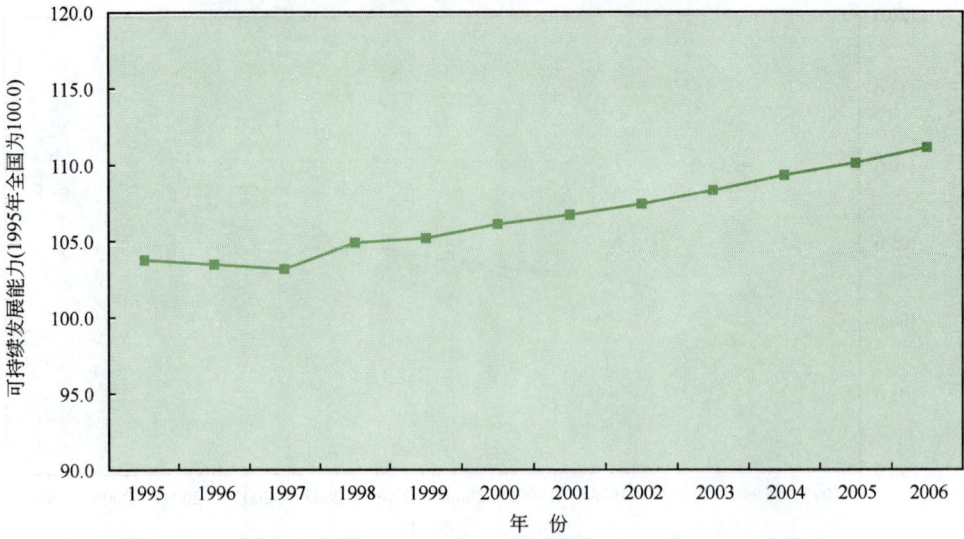

图 10.9　1995～2006 年北部沿海地区可持续发展能力变化趋势图

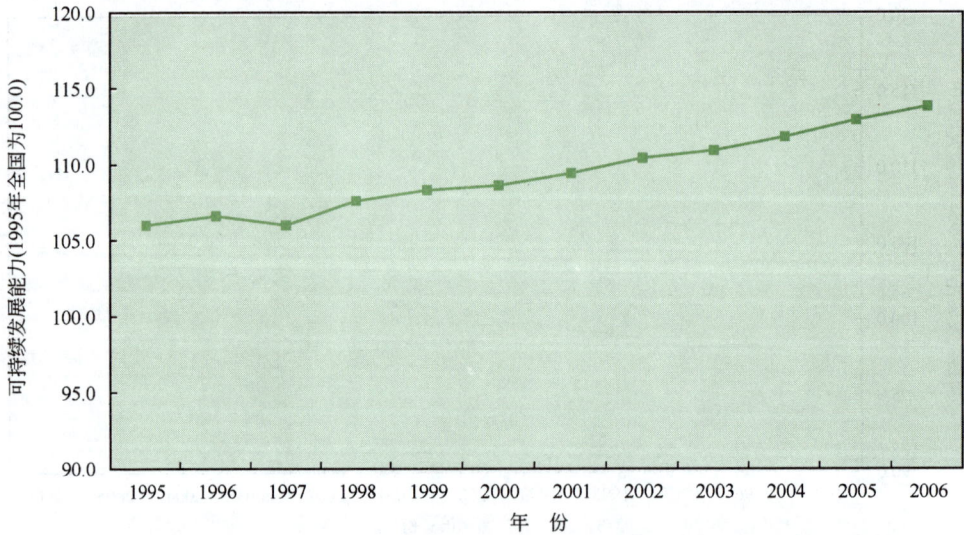

图 10.10　1995～2006 年东部沿海地区可持续发展能力变化趋势图

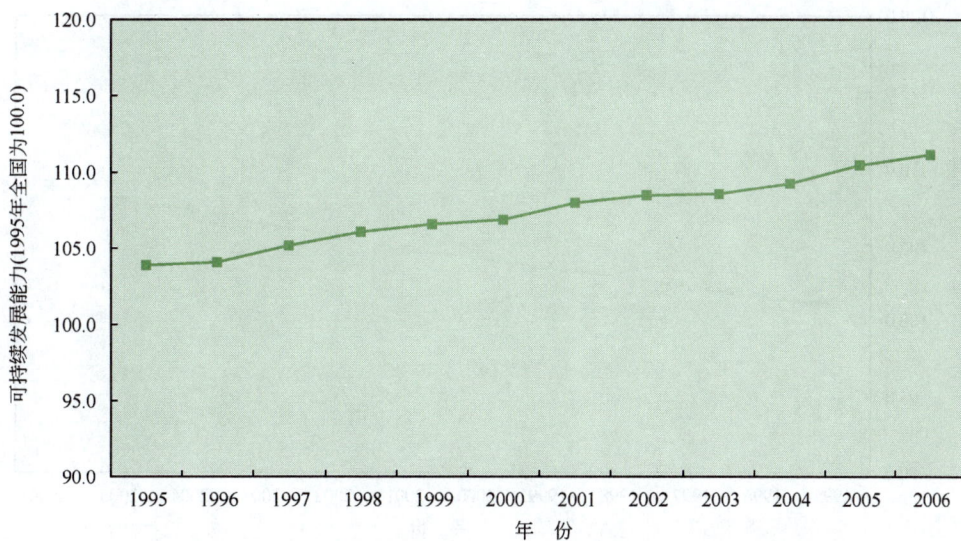

图 10.11　1995～2006 年南部沿海地区可持续发展能力变化趋势图

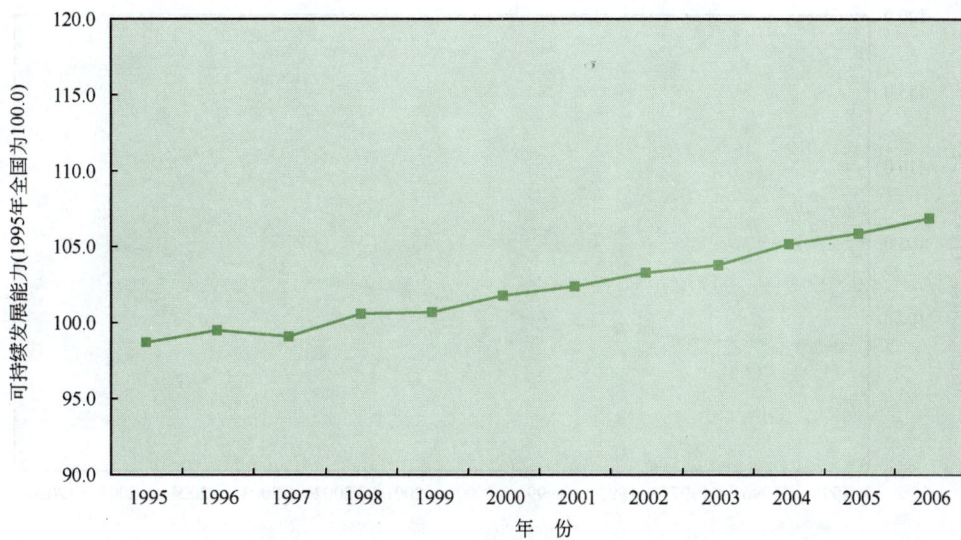

图 10.12　1995～2006 年黄河中游地区可持续发展能力变化趋势图

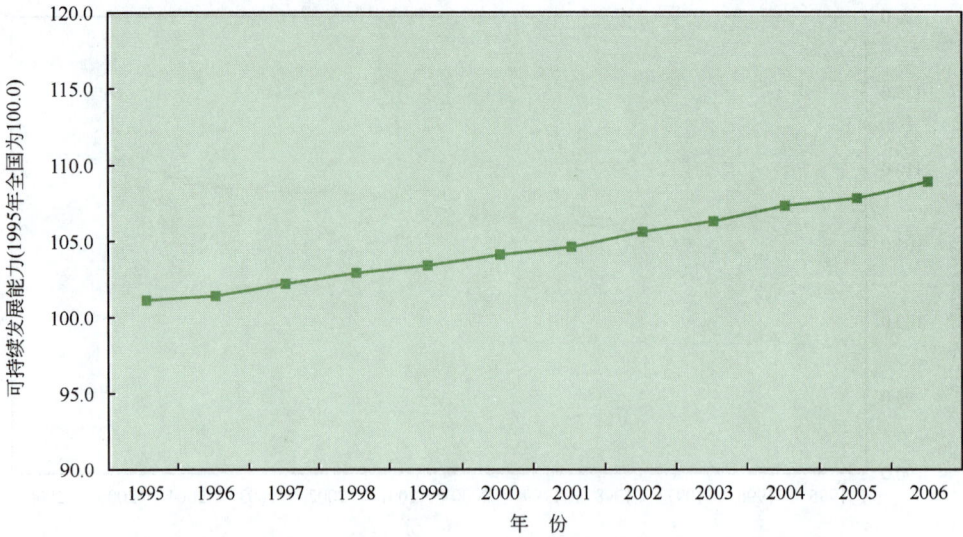

图 10.13 1995～2006 年长江中游地区可持续发展能力变化趋势图

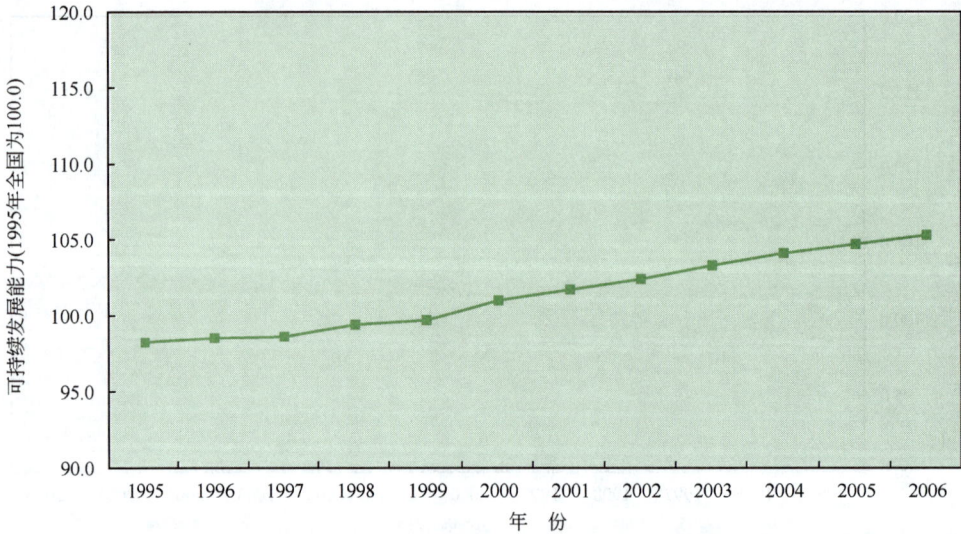

图 10.14 1995～2006 年西南地区可持续发展能力变化趋势图

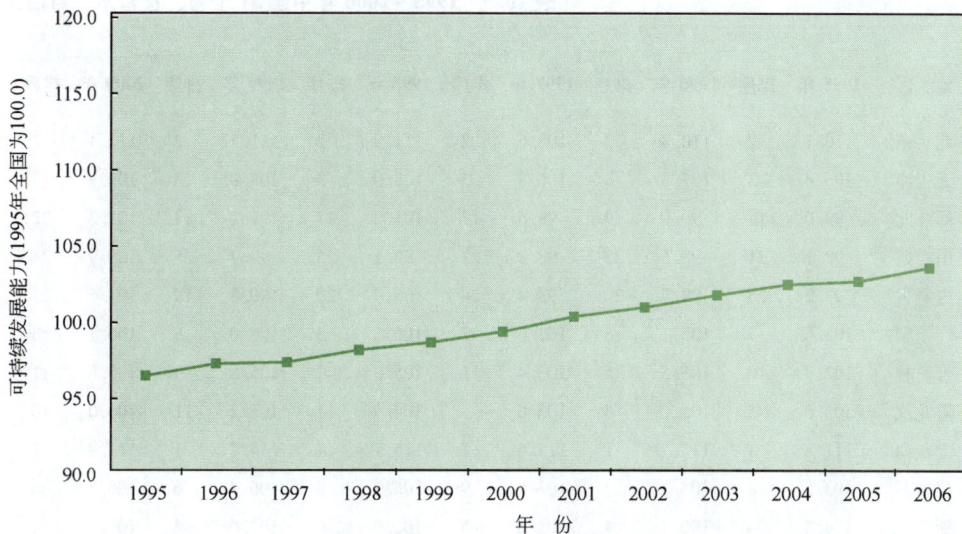

图 10.15　1995～2006 年大西北地区可持续发展能力变化趋势图

（三）1995～2006 年中国 31 个省、直辖市、自治区可持续发展能力及其变化趋势

　　1995 年以来，全国各省、直辖市、自治区可持续发展能力及位序变化趋势如表 10.5 所示。由表可知，1995～2006 年全国各省、直辖市、自治区可持续发展能力总体上呈上升态势，尽管个别年份发生波动，或下降或与往年持平。其中可持续发展能力超过全国平均水平（7.8%）的省、直辖市和自治区有山西、内蒙古、江苏、浙江、福建、江西、山东、河南、湖南、广西、重庆、四川、贵州、陕西、甘肃、青海、宁夏。其他省、直辖市、自治区的可持续发展能力增幅低于全国平均水平。江西是全国可持续发展能力增长最快的省份，而黑龙江则最慢。其中，可持续发展能力增幅位居全国前十位的省、直辖市、自治区的依次是：江西、内蒙古、陕西、青海、贵州、湖南、河南、山东、福建、甘肃。排在后十位的分别是：湖北、云南、辽宁、海南、河北、广东、安徽、北京、上海、黑龙江。

表 10.5　1995~2006 年中国 31 个省、直辖市、自治区

地　区	1995 年	排序	1996 年	排序	1997 年	排序	1998 年	排序	1999 年	排序	2000 年	排序
北　京	110.1	2	110.8	2	108.6	2	111.3	2	111.7	2	112.1	2
天　津	106.4	3	107.3	3	106.8	3	108.0	3	108.0	3	108.9	3
河　北	99.0	17	99.9	19	99.5	17	101.0	17	101.2	17	101.3	22
山　西	98.1	21	99.5	23	98.7	22	99.1	25	99.4	25	100.9	24
内蒙古	97.2	25	99.7	20	98.4	24	100.9	20	100.8	19	101.5	21
辽　宁	103.6	7	105.1	6	103.6	7	106.2	5	106.0	8	106.1	8
吉　林	102.7	10	105.5	5	103.4	11	105.9	7	105.8	9	105.8	11
黑龙江	104.0	5	105.0	8	103.6	8	104.9	11	105.2	11	106.0	10
上　海	111.8	1	115.7	1	112.5	1	115.7	1	114.7	1	113.8	1
江　苏	103.5	8	105.1	7	103.5	9	105.7	8	106.4	6	106.8	6
浙　江	104.4	4	106.1	4	105.3	5	106.0	6	107.0	4	107.4	4
安　徽	99.7	16	100.9	16	100.5	16	101.5	16	102.2	16	102.3	17
福　建	101.9	11	103.9	10	104.5	6	105.2	10	105.2	10	106.0	9
江　西	100.1	15	101.6	14	102.3	14	102.3	15	102.7	14	103.2	15
山　东	100.7	14	101.5	15	100.8	15	102.5	14	102.7	12	103.8	14
河　南	98.4	19	100.0	17	98.6	23	100.4	22	100.2	22	102.1	19
湖　北	101.6	12	102.6	12	102.4	13	103.9	12	104.1	12	105.5	12
湖　南	101.0	13	102.4	13	102.5	12	103.2	13	104.1	13	104.8	13
广　东	104.0	6	104.8	9	105.8	4	106.3	4	106.9	5	107.2	5
广　西	98.8	18	99.6	21	99.5	18	100.9	19	100.6	20	102.1	18
海　南	103.1	9	103.4	11	103.5	10	105.5	9	106.1	7	106.4	7
重　庆	98.0	22	99.2	24	98.4	25	100.0	23	99.9	24	102.0	20
四　川	98.0	23	99.6	22	98.7	21	100.4	21	100.2	21	101.2	23
贵　州	95.2	28	96.5	29	96.4	29	97.3	28	98.0	28	100.1	26
云　南	96.5	26	97.4	27	97.2	26	97.8	27	98.8	27	99.2	28
西　藏	92.1	31	93.9	31	91.6	31	92.3	31	93.2	31	94.6	31
陕　西	98.2	20	100.0	18	98.9	19	101.0	18	100.9	18	102.0	16
甘　肃	94.5	30	96.7	28	95.7	30	97.2	29	97.8	29	98.8	30
青　海	95.1	29	96.1	30	96.5	28	96.5	30	97.4	30	99.0	29
宁　夏	96.0	27	97.9	26	97.0	27	98.7	26	99.1	26	99.9	27
新　疆	97.4	24	99.1	25	98.8	20	99.8	24	100.2	23	100.5	25

注：1995 年全国为 100.0

可持续发展能力及排序（国家统计局，1995~2008）

2001年	排序	2002年	排序	2003年	排序	2004年	排序	2005年	排序	2006年	排序	1995~2006年增长率/%	排序
112.6	2	113.4	2	113.8	2	114.8	2	115.9	2	116.9	2	6.18	29
110.0	3	111.1	3	111.4	3	113.0	3	113.6	3	114.4	3	7.52	20
101.9	21	102.7	23	103.6	23	104.6	23	105.3	23	106.2	21	7.27	26
101.5	24	103.1	21	103.4	24	104.5	24	104.5	24	106.2	22	8.26	11
101.7	23	102.6	24	103.7	21	105.0	20	106.0	18	106.6	20	9.67	2
107.8	6	108.3	6	109.3	6	110.2	5	110.9	6	111.3	7	7.43	24
107.2	9	107.9	8	109.0	7	109.9	6	110.2	8	110.6	9	7.69	18
106.7	11	107.2	11	108.1	10	109.4	9	109.7	10	110.2	11	5.96	31
116.2	1	115.9	1	116.5	1	116.8	1	117.7	1	118.5	1	5.99	30
107.6	7	107.9	7	109.4	5	109.6	7	111.2	5	112.0	5	8.21	12
108.3	5	109.9	4	110.0	4	111.2	4	111.7	4	112.6	4	7.85	17
102.4	18	103.9	17	104.8	17	106.2	16	105.7	20	106.8	19	7.12	28
106.7	10	107.3	10	107.6	11	108.2	11	110.0	9	110.6	10	8.54	9
104.6	15	105.5	14	106.4	15	107.3	15	108.4	14	109.8	13	9.69	1
104.8	14	105.4	15	106.6	14	107.4	14	108.3	15	109.3	14	8.54	8
102.4	19	103.3	20	103.6	22	105.5	18	106.2	17	107.0	17	8.74	7
105.4	13	105.8	13	107.1	12	107.7	13	108.5	13	109.2	15	7.48	22
105.6	12	106.8	12	106.7	13	108.2	12	108.7	12	109.9	12	8.81	6
108.5	4	108.9	5	108.6	8	109.6	8	110.7	7	111.5	6	7.21	27
103.4	16	104.8	16	104.2	19	104.8	21	105.7	21	106.9	18	8.20	13
107.6	8	107.6	9	108.2	9	108.6	10	108.9	11	110.7	8	7.37	25
102.1	20	103.7	18	104.9	16	105.0	19	105.8	19	106.0	23	8.16	14
101.8	22	102.8	22	103.8	20	104.6	22	105.3	22	105.7	24	7.86	16
99.1	30	101.2	27	101.7	27	102.7	28	103.1	27	103.7	28	8.93	5
100.9	27	99.7	30	101.6	28	103.0	26	103.1	26	103.7	27	7.46	23
95.3	31	96.5	31	98.1	31	97.1	31	97.6	31	99.0	31	7.49	21
102.9	17	103.4	19	104.8	18	105.5	17	106.7	16	107.2	16	9.16	3
99.8	29	100.0	29	101.3	29	101.5	30	101.7	30	102.5	30	8.47	10
100.1	28	101.0	28	101.2	30	101.9	29	102.6	29	103.8	26	9.15	4
100.9	26	101.3	26	101.8	26	102.7	27	102.9	28	103.7	29	8.02	15
101.3	25	102.5	25	103.1	25	103.9	25	104.1	25	104.8	25	7.60	19

31 个省、直辖市、自治区可持续发展能力具体变化趋势如图 10.16～图 10.46 所示。

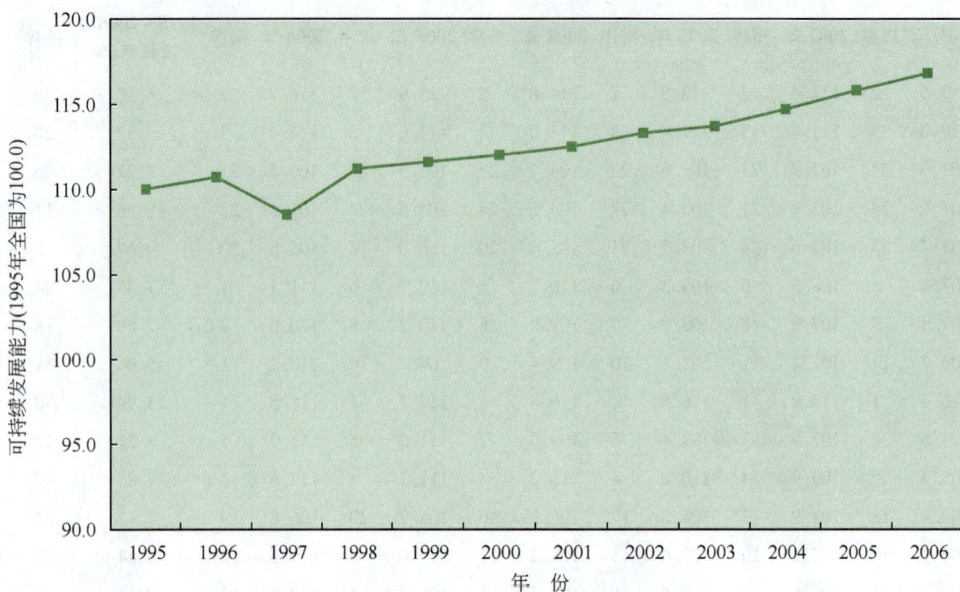

图 10.16　1995～2006 年北京可持续发展能力变化趋势图

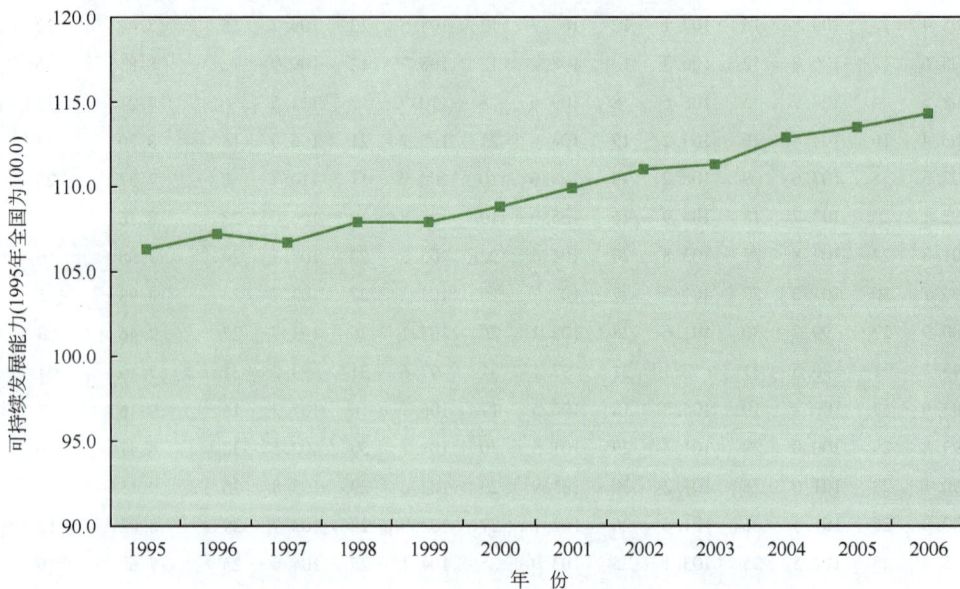

图 10.17　1995～2006 年天津可持续发展能力变化趋势图

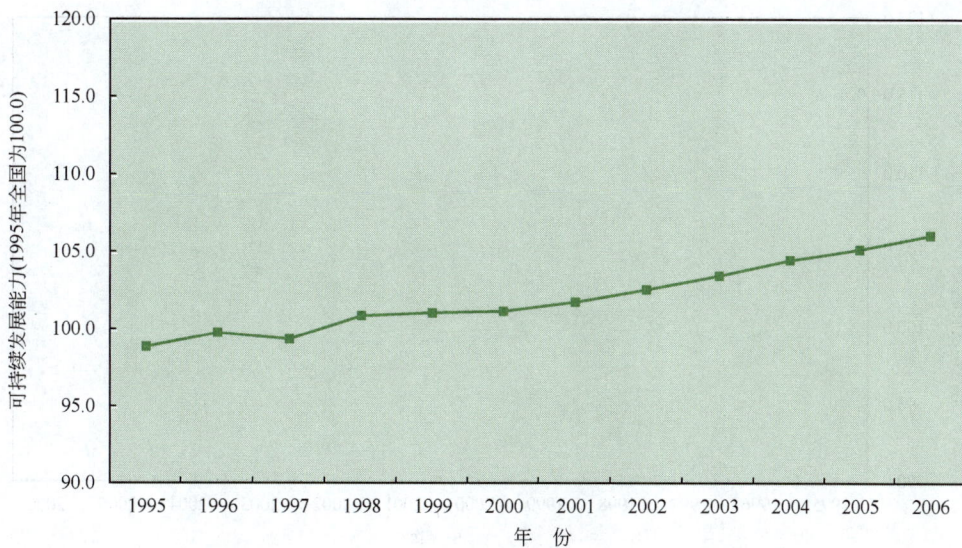

图 10.18　1995～2006 年河北可持续发展能力变化趋势图

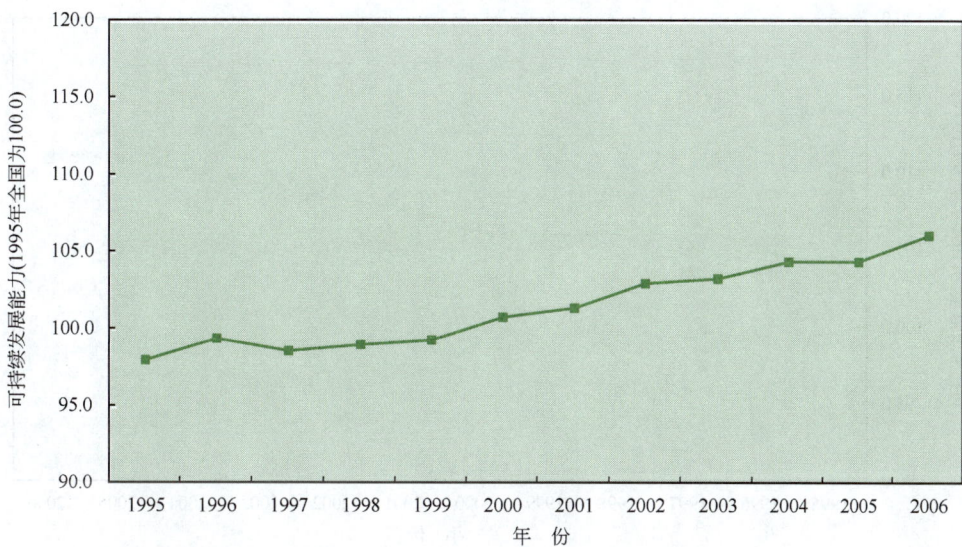

图 10.19　1995～2006 年山西可持续发展能力变化趋势图

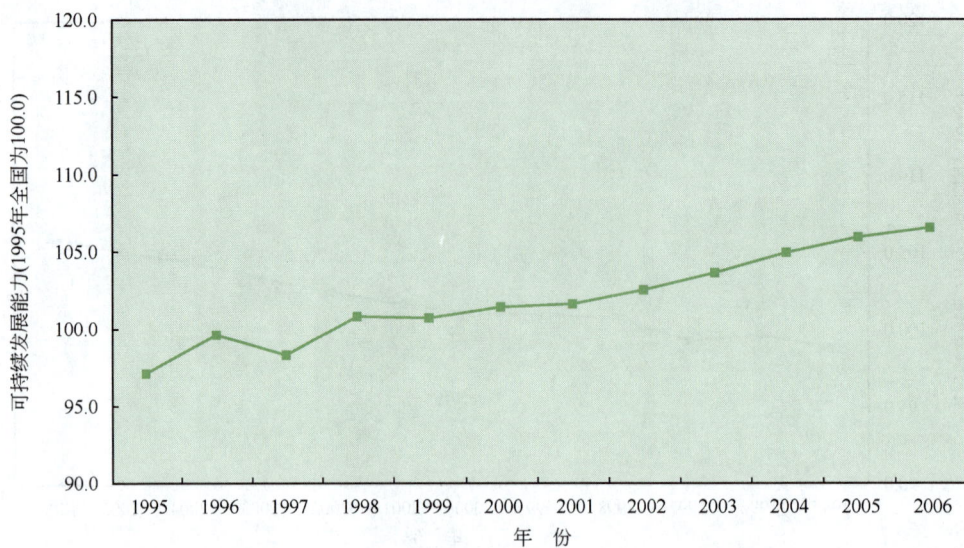

图 10.20　1995～2006 年内蒙古可持续发展能力变化趋势图

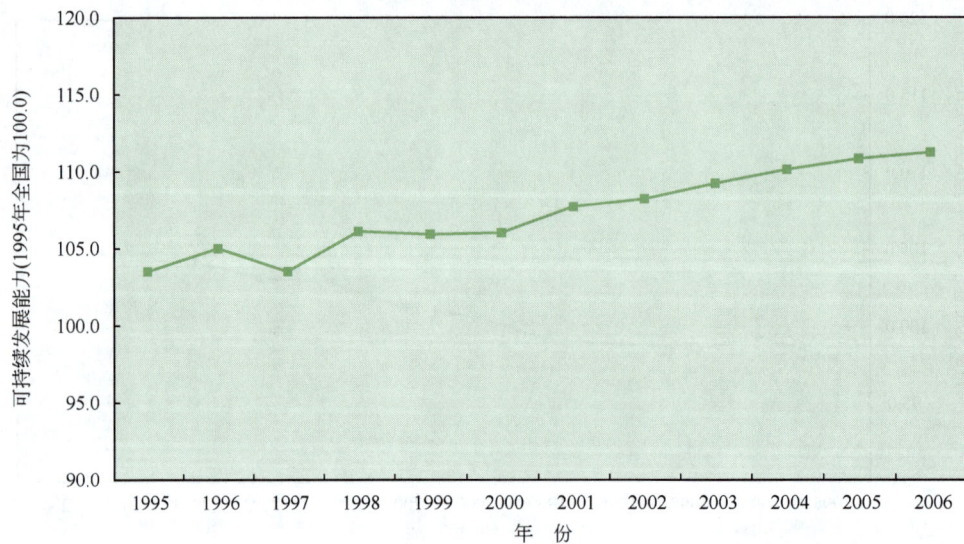

图 10.21　1995～2006 年辽宁可持续发展能力变化趋势图

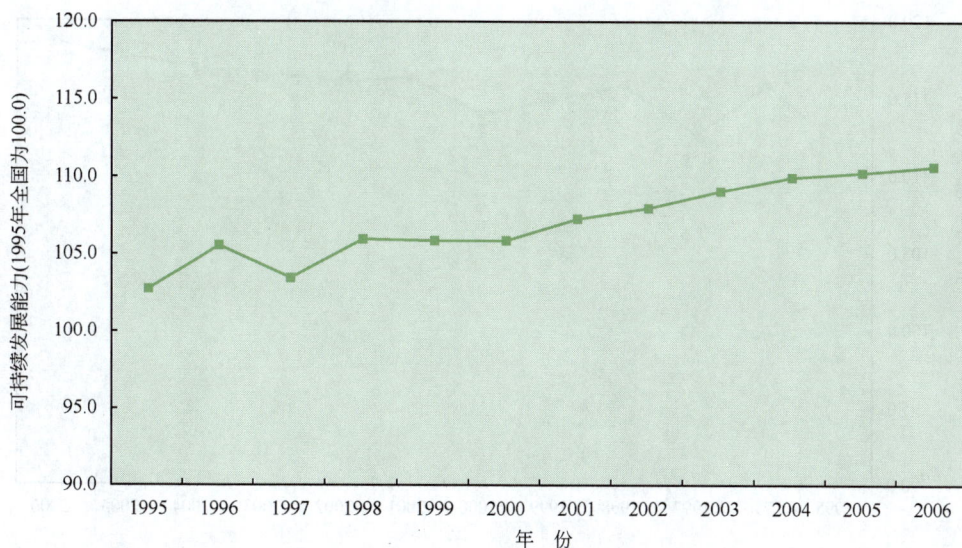

图 10.22　1995～2006 年吉林可持续发展能力变化趋势图

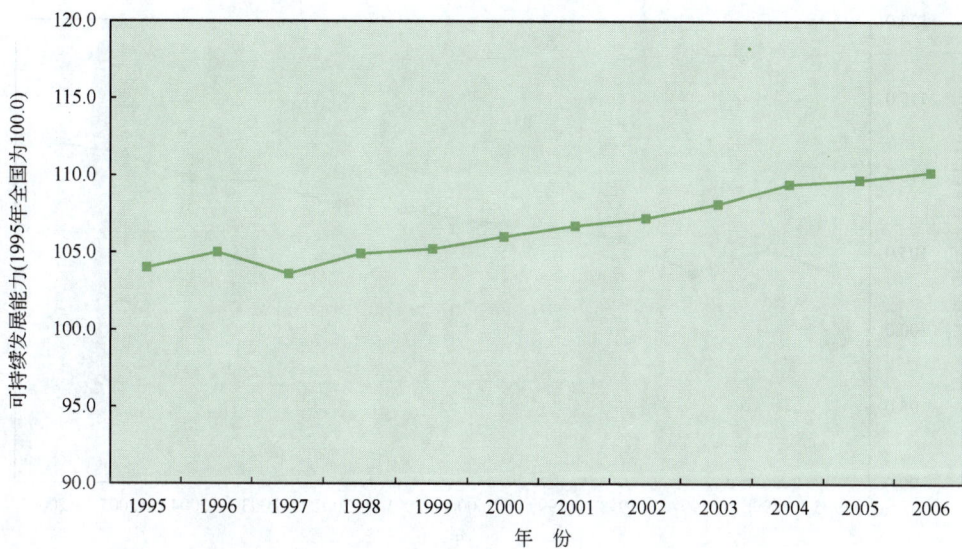

图 10.23　1995～2006 年黑龙江可持续发展能力变化趋势图

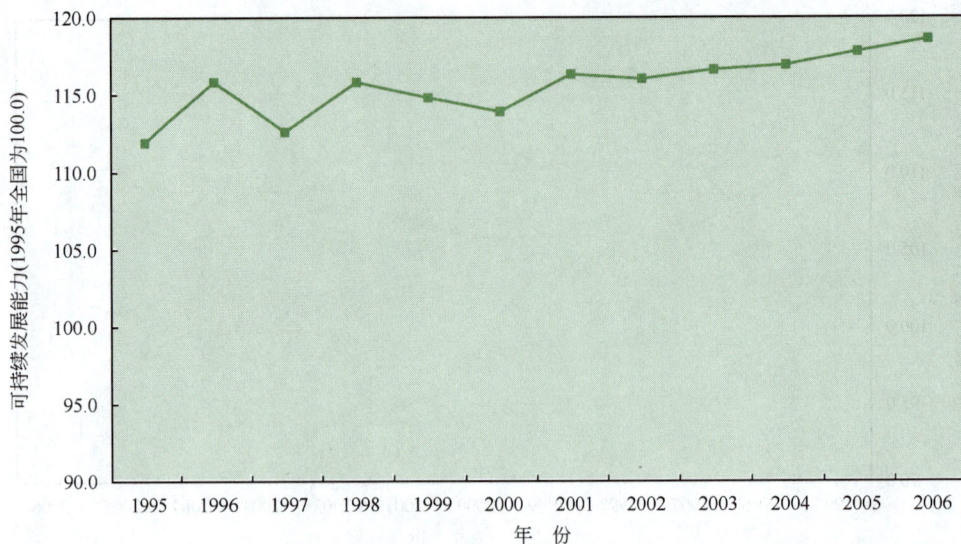

图 10.24　1995～2006 年上海可持续发展能力变化趋势图

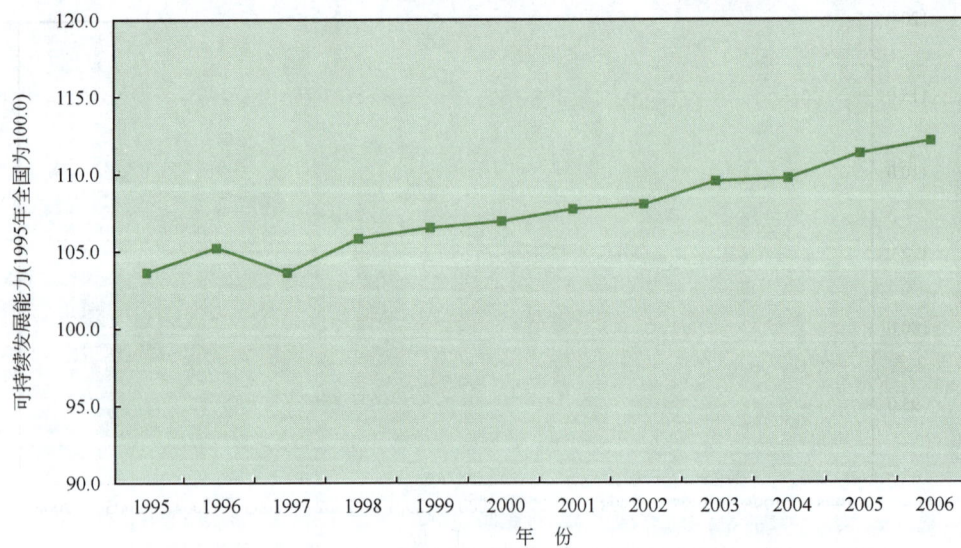

图 10.25　1995～2006 年江苏可持续发展能力变化趋势图

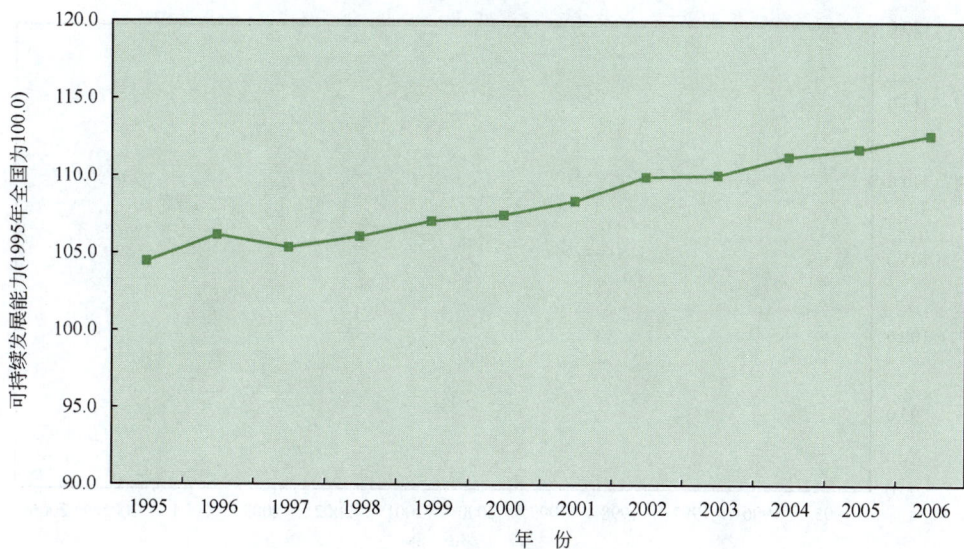

图 10.26　1995～2006 年浙江可持续发展能力变化趋势图

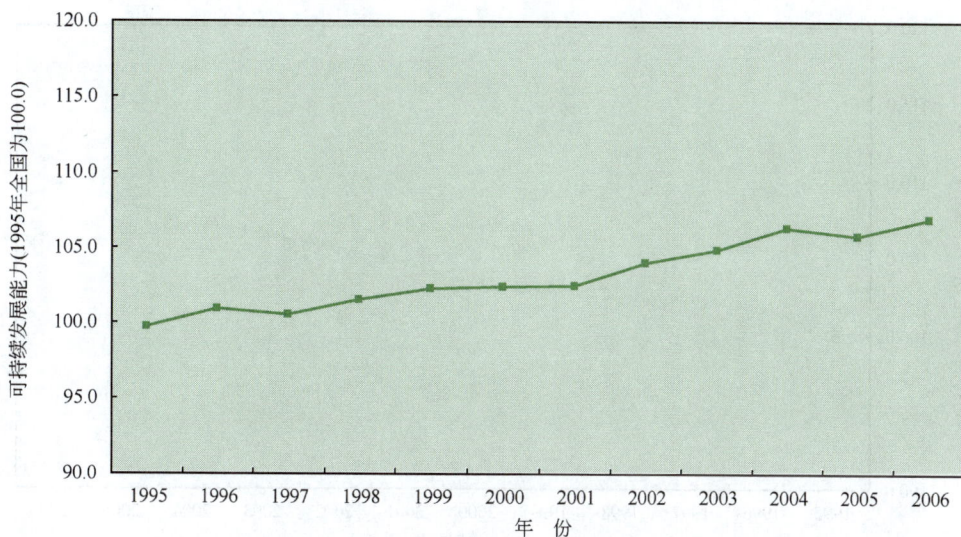

图 10.27　1995～2006 年安徽可持续发展能力变化趋势图

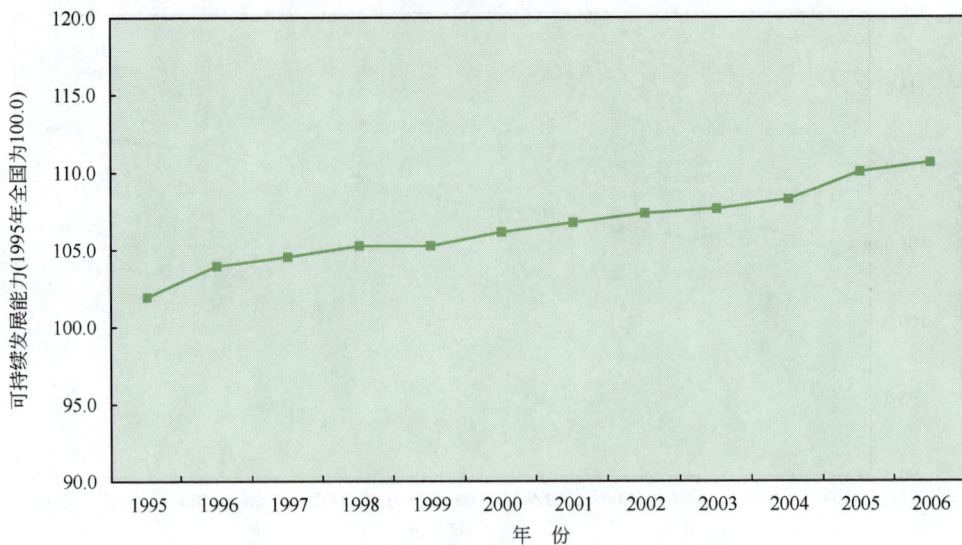

图 10.28　1995~2006 年福建可持续发展能力变化趋势图

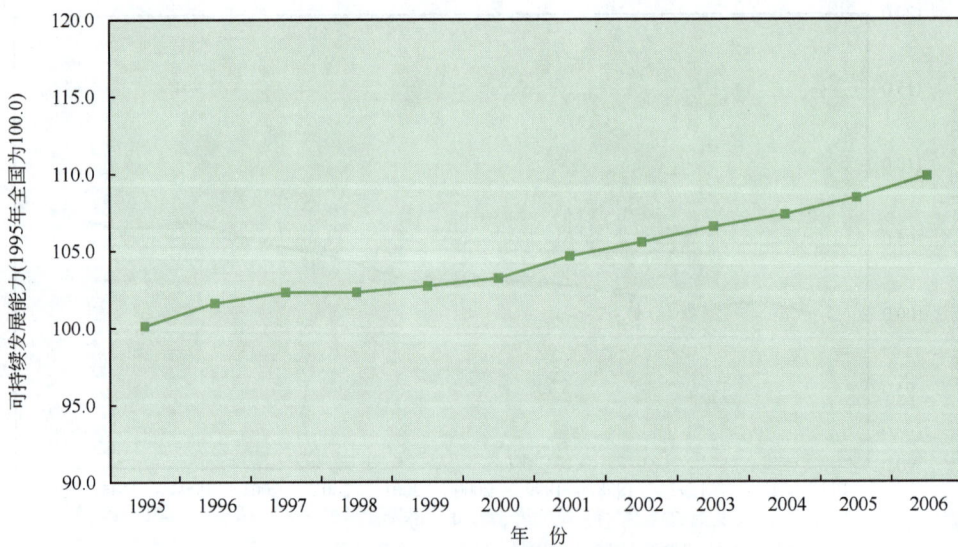

图 10.29　1995~2006 年江西可持续发展能力变化趋势图

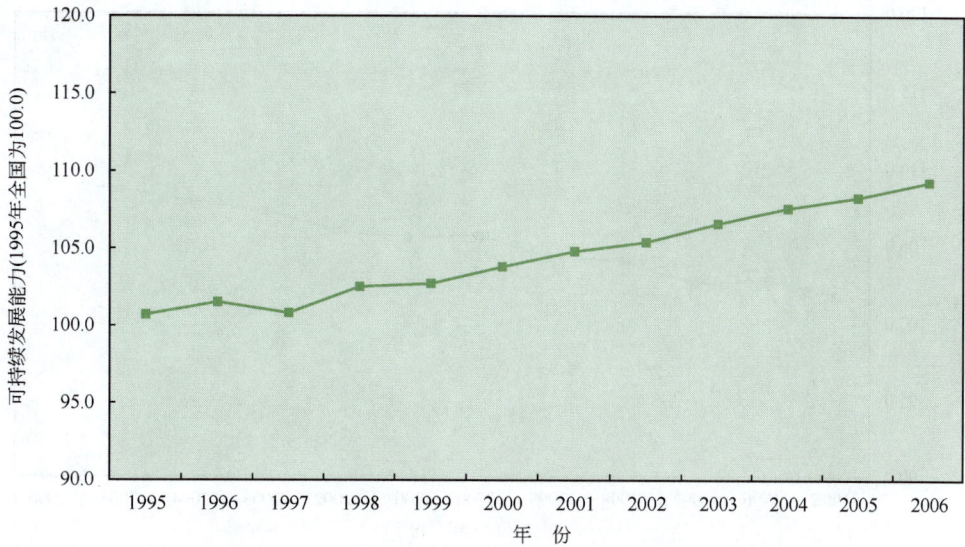

图 10.30　1995～2006 年山东可持续发展能力变化趋势图

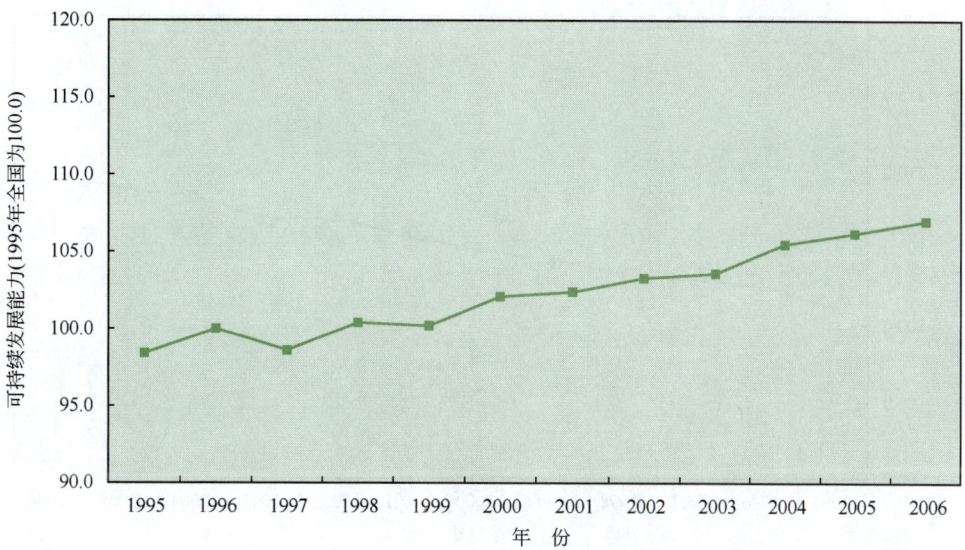

图 10.31　1995～2006 年河南可持续发展能力变化趋势图

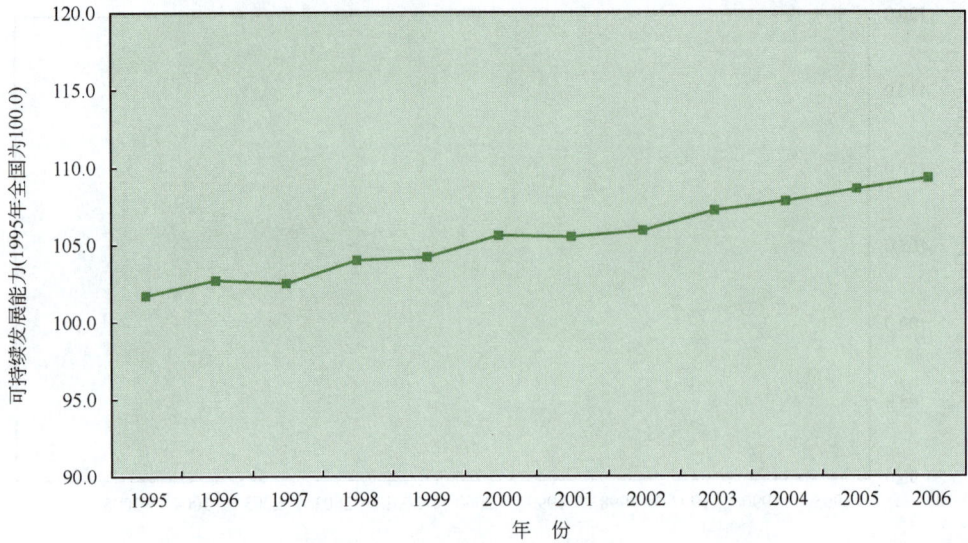

图 10.32　1995～2006 年湖北可持续发展能力变化趋势图

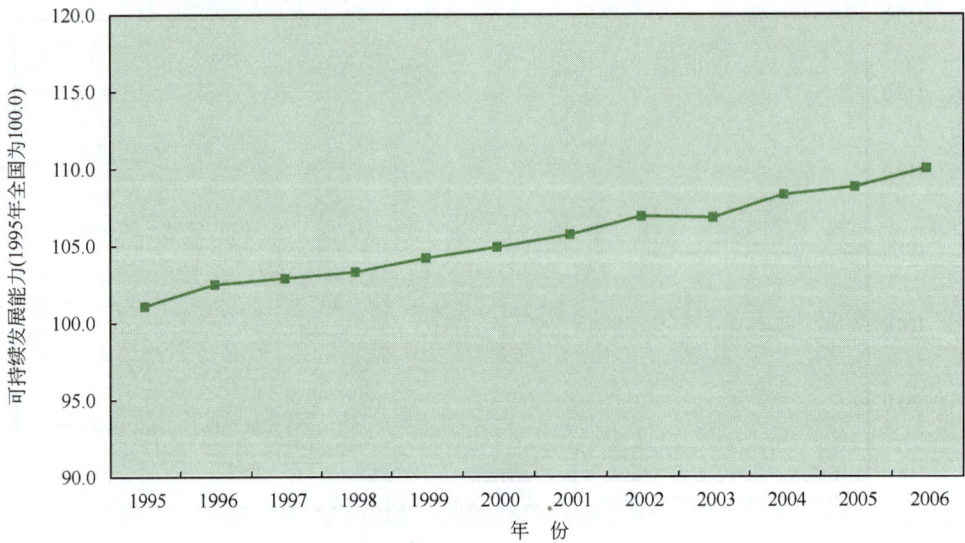

图 10.33　1995～2006 年湖南可持续发展能力变化趋势图

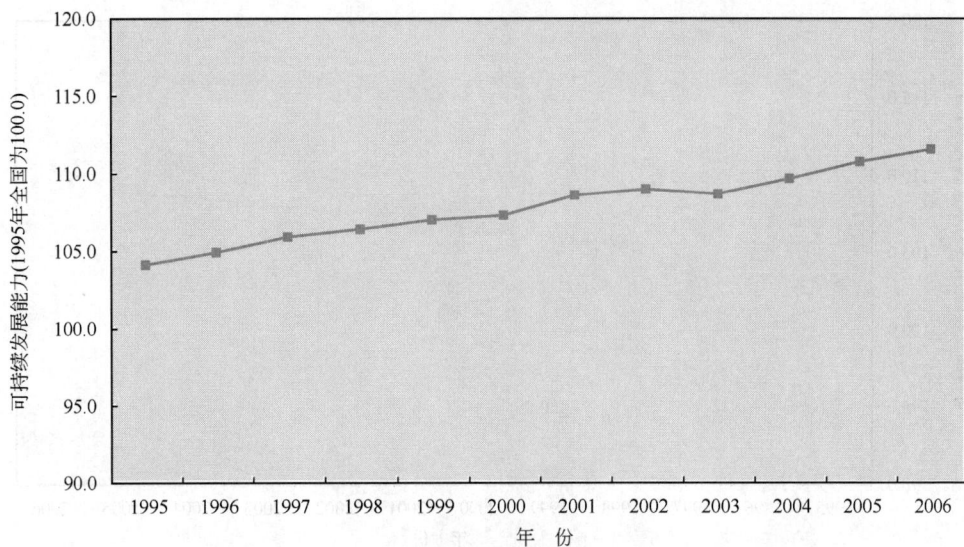

图 10.34　1995～2006 年广东可持续发展能力变化趋势图

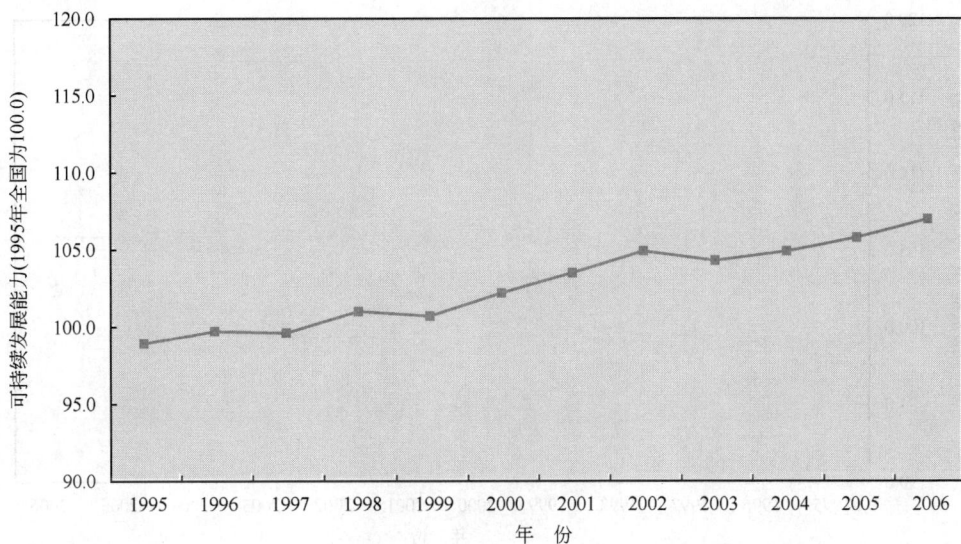

图 10.35　1995～2006 年广西可持续发展能力变化趋势图

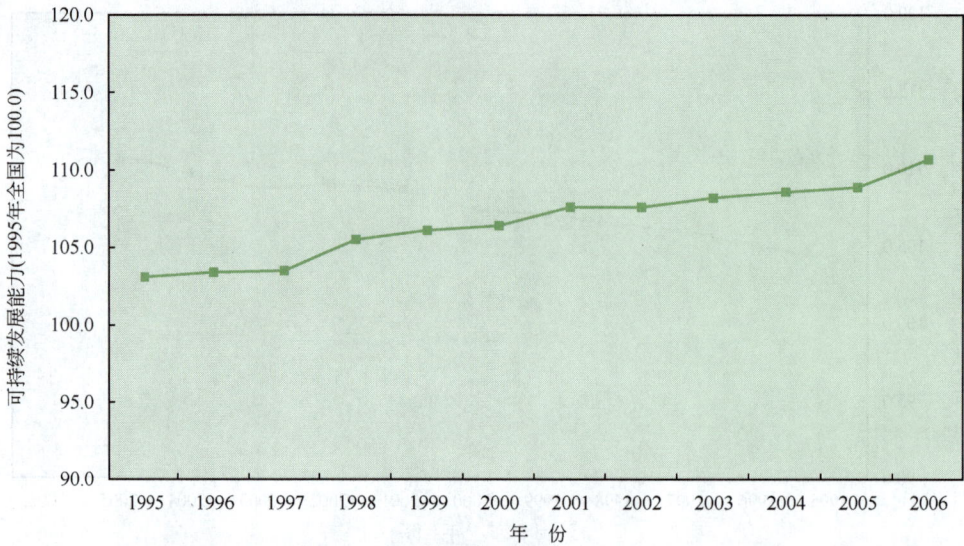

图 10.36　1995～2006 年海南可持续发展能力变化趋势图

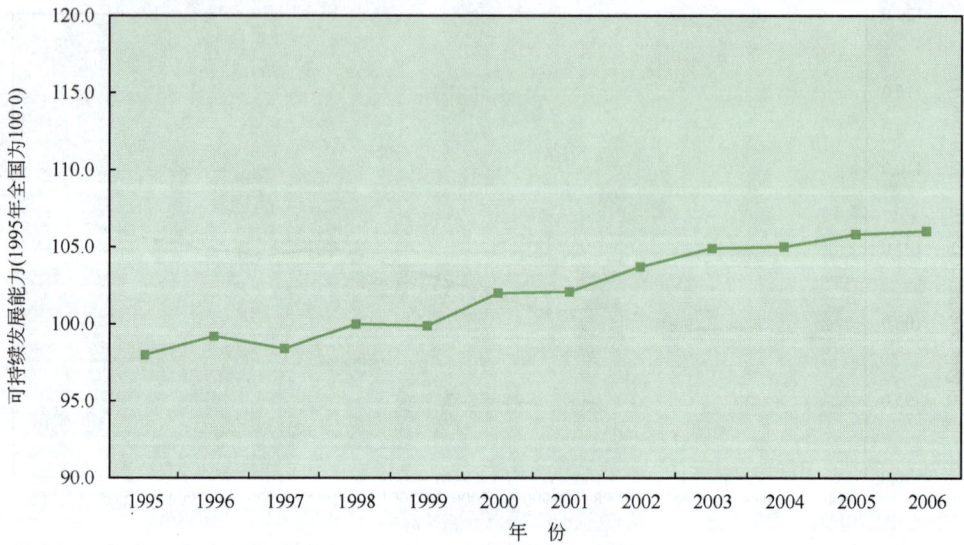

图 10.37　1995～2006 年重庆可持续发展能力变化趋势图

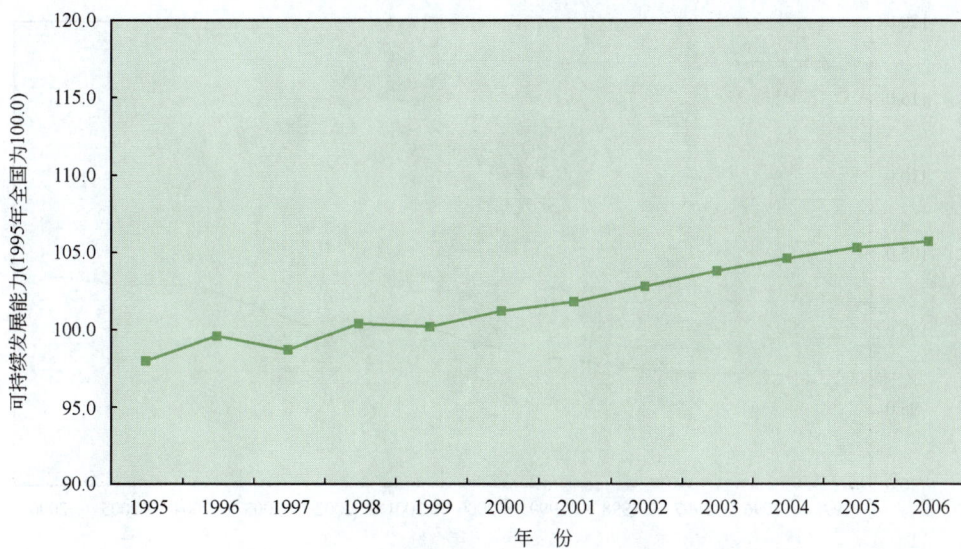

图 10.38　1995～2006 年四川可持续发展能力变化趋势图

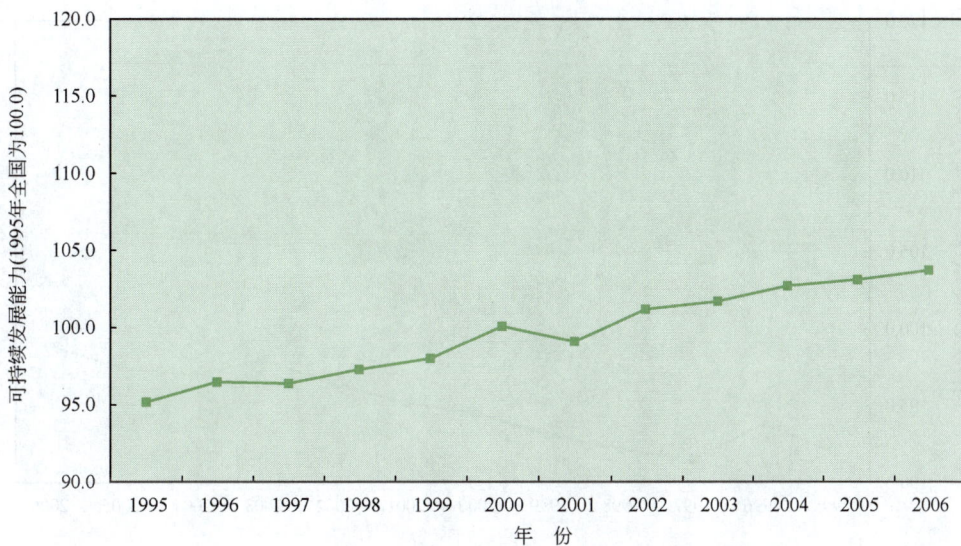

图 10.39　1995～2006 年贵州可持续发展能力变化趋势图

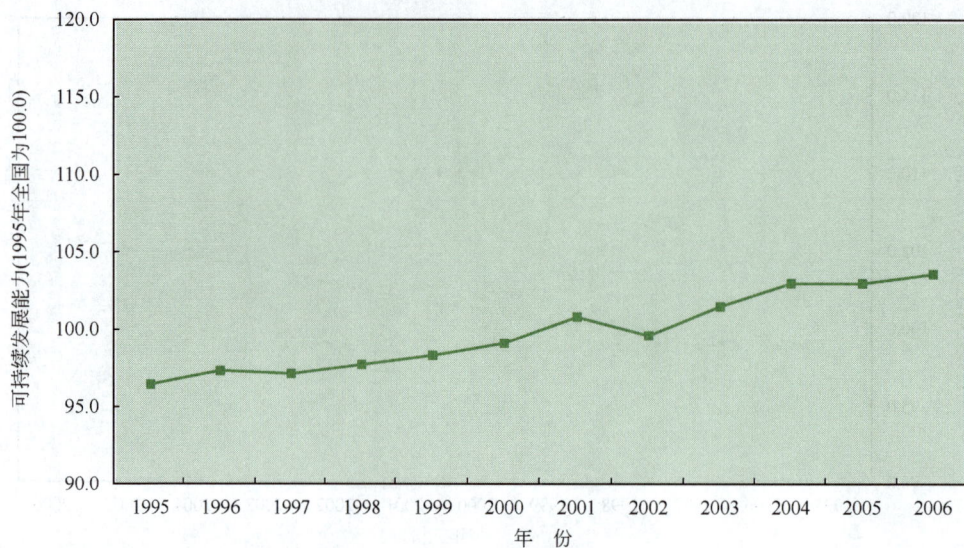

图 10.40　1995~2006 年云南可持续发展能力变化趋势图

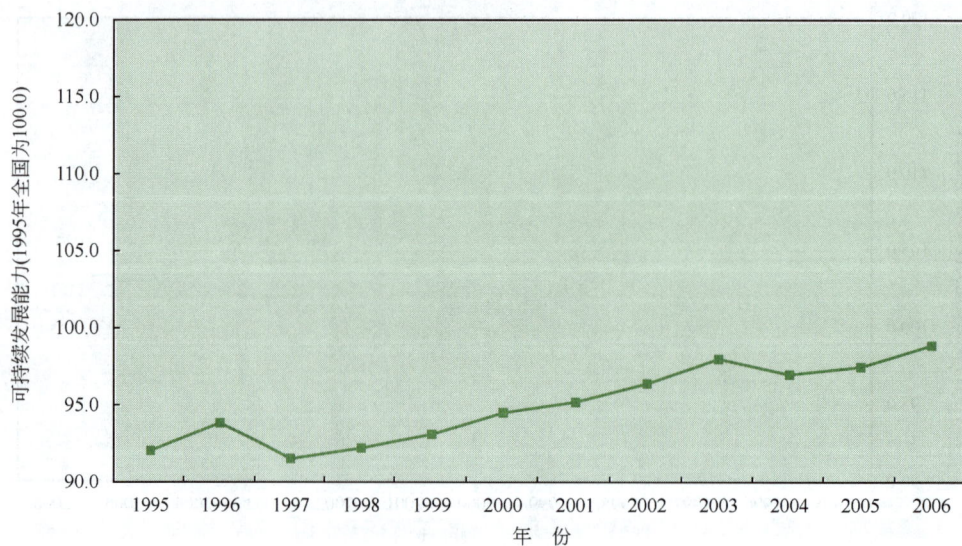

图 10.41　1995~2006 年西藏可持续发展能力变化趋势图

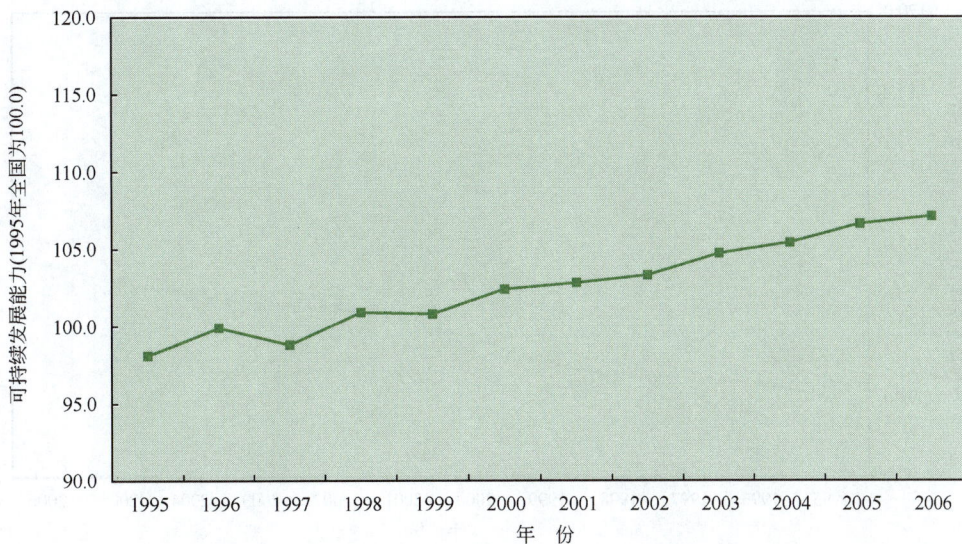

图 10.42　1995～2006 年陕西可持续发展能力变化趋势图

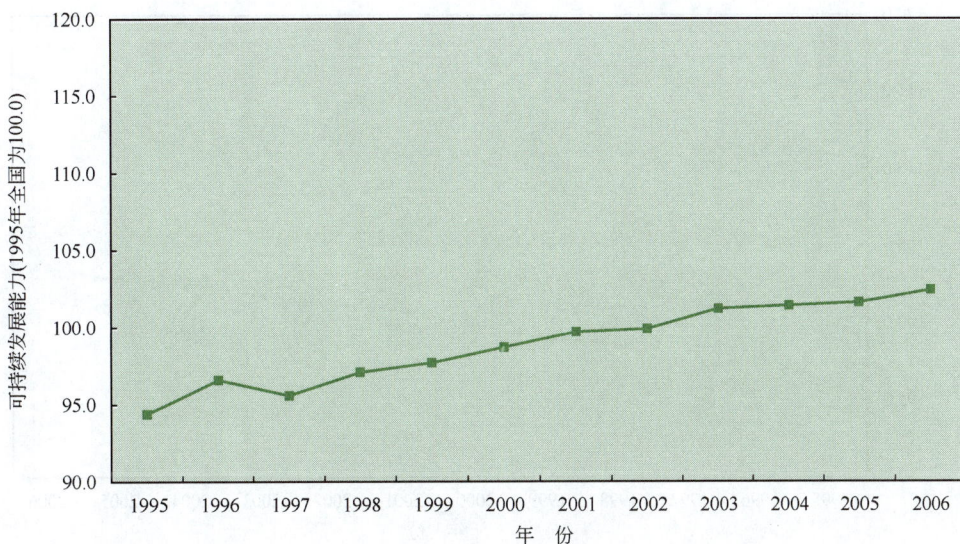

图 10.43　1995～2006 年甘肃可持续发展能力变化趋势图

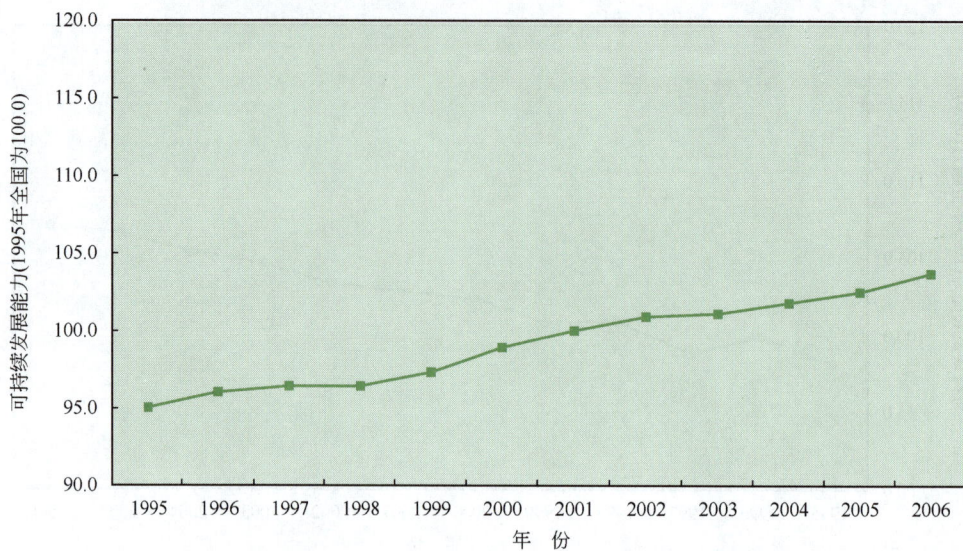

图 10.44　1995～2006 年青海可持续发展能力变化趋势图

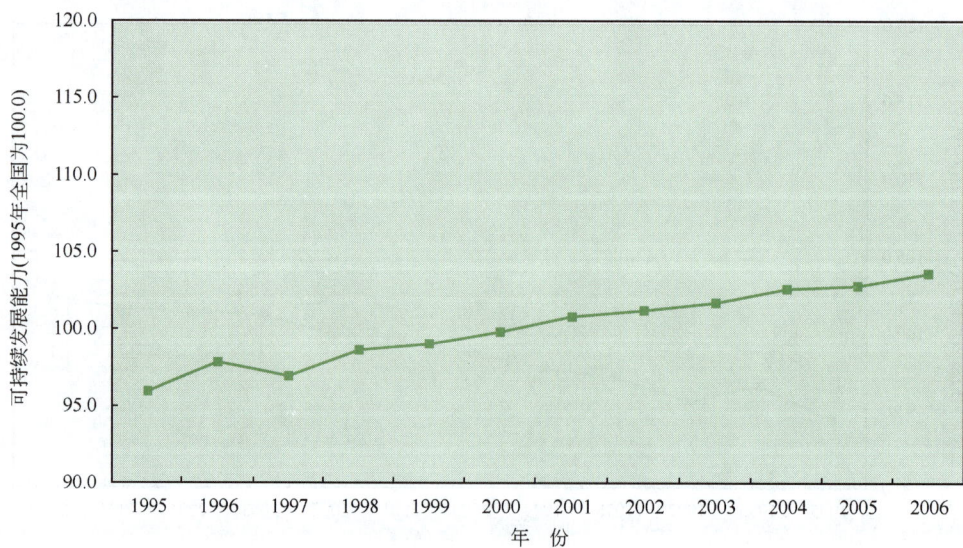

图 10.45　1995～2006 年宁夏可持续发展能力变化趋势图

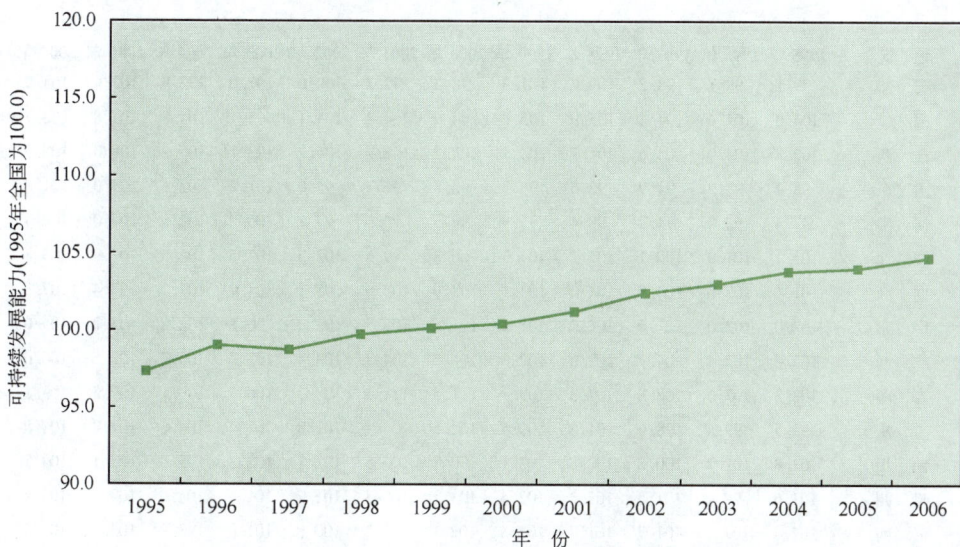

图 10.46 1995～2006 年新疆可持续发展能力变化趋势图

三 1995～2006 年中国可持续发展能力系统分解变化趋势

为了进一步反映全国，各省、直辖市、自治区，东、中、西部和东北老工业基地及八大经济区的可持续发展能力变化趋势，我们对可持续发展能力进行层层分解，包括系统层、状态层和变量层（即指数层），形成 66 张统计表，如表 10.6～表 10.71 所示。

表 10.6 1995～2006 年中国各省、直辖市、自治区生存支持系统变化趋势

地 区	1995 年	1996 年	1997 年	1998 年	1999 年	2000 年	2001 年	2002 年	2003 年	2004 年	2005 年	2006 年
全 国	100.0	100.7	99.7	101.2	100.4	99.9	100.4	101.0	100.9	103.0	103.6	103.6
北 京	100.3	100.0	96.4	100.1	97.8	98.3	97.5	97.8	96.8	100.5	103.4	102.4
天 津	94.5	94.5	91.3	94.1	90.4	90.6	94.4	93.0	96.1	98.8	99.0	98.8
河 北	96.6	95.9	92.9	95.0	93.7	94.3	94.7	94.0	96.5	98.9	99.2	98.8
山 西	93.7	95.6	90.4	93.8	89.5	93.0	90.7	95.3	95.9	97.0	95.4	96.7
内蒙古	95.8	101.8	96.3	101.3	97.7	97.4	97.8	97.9	101.5	102.5	102.9	102.5
辽 宁	99.7	101.6	98.0	103.6	98.5	96.1	100.8	99.9	101.9	105.3	106.1	104.8
吉 林	99.8	102.5	97.8	103.3	100.0	97.1	98.9	100.7	103.5	106.3	108.6	106.3
黑龙江	101.2	102.7	100.1	100.9	100.0	98.5	100.1	103.3	103.5	105.4	105.4	105.2
上 海	100.7	102.0	103.4	102.2	107.3	101.1	103.6	103.8	98.6	100.6	102.0	103.0
江 苏	98.4	99.5	95.0	101.0	101.5	100.1	98.4	98.5	102.8	101.3	104.2	104.4
浙 江	102.7	103.0	102.5	103.0	103.4	101.4	101.8	103.8	101.1	105.2	106.8	106.7

续表

地　区	1995 年	1996 年	1997 年	1998 年	1999 年	2000 年	2001 年	2002 年	2003 年	2004 年	2005 年	2006 年
安　徽	99.1	98.7	98.2	100.6	101.9	98.3	97.7	100.0	101.0	102.9	102.9	103.5
福　建	104.0	104.4	104.1	105.9	105.0	104.6	104.8	104.1	103.1	104.8	107.8	108.7
江　西	102.8	104.0	104.6	104.7	104.5	102.2	102.7	104.7	103.1	106.2	108.0	108.5
山　东	98.4	97.9	94.9	98.6	96.3	96.4	96.7	94.0	101.2	102.3	104.0	101.8
河　南	97.4	98.0	94.2	98.4	95.9	99.5	96.2	97.1	100.0	102.5	104.0	102.4
湖　北	101.1	101.0	100.1	102.2	101.3	100.8	99.5	102.3	103.5	104.5	104.9	103.8
湖　南	101.4	102.0	104.0	104.0	103.1	102.9	102.6	105.1	104.4	107.5	107.4	107.8
广　东	102.0	102.0	101.0	102.0	101.2	101.4	103.3	102.2	100.8	102.3	103.2	105.0
广　西	103.6	102.4	104.1	103.6	102.6	101.7	104.7	103.4	103.0	103.7	105.5	106.0
海　南	108.3	107.6	108.8	107.3	109.7	111.5	111.3	108.7	108.3	106.1	107.5	109.1
重　庆	99.5	99.2	98.6	101.8	100.5	102.6	98.1	101.8	103.4	104.6	104.8	101.9
四　川	101.8	101.7	100.8	102.8	102.1	100.7	100.5	101.7	103.8	105.6	107.1	104.7
贵　州	101.6	99.4	101.5	102.2	102.4	103.1	100.3	101.7	101.9	104.0	103.8	103.4
云　南	102.4	102.1	101.7	101.7	102.8	102.1	102.2	100.8	101.0	103.9	103.7	103.5
西　藏	106.3	105.0	102.8	105.7	105.9	104.7	103.9	103.4	106.8	104.7	107.7	105.7
陕　西	95.4	98.4	93.8	98.9	95.1	97.6	96.6	97.6	101.3	100.9	102.3	101.7
甘　肃	91.0	94.0	90.6	94.8	93.1	94.7	96.0	95.2	97.0	97.0	98.3	98.2
青　海	95.6	97.3	97.6	97.3	96.2	95.7	98.9	97.5	98.6	99.5	100.7	100.0
宁　夏	92.7	95.7	92.8	94.9	93.6	92.0	94.1	95.1	95.9	97.6	97.0	97.9
新　疆	99.5	100.2	100.5	100.7	99.8	99.2	99.0	99.6	102.0	103.0	103.8	103.3
东部地区 （10 省、直辖市）	102.0	102.0	101.0	102.3	101.8	101.5	102.2	101.5	101.7	103.2	105.4	105.9
东部地区 （11 省、直辖市）	101.9	102.1	100.9	102.6	101.6	101.2	102.2	101.5	101.8	103.6	105.5	105.9
东北老工业基地	101.9	103.9	100.5	104.0	101.2	98.9	101.7	102.0	104.2	106.7	107.4	106.6
中部地区（8 省）	101.6	102.5	101.2	103.2	102.0	100.9	100.9	102.9	103.3	105.8	106.3	106.4
中部地区（6 省）	100.9	101.5	101.0	102.8	101.7	101.2	100.4	102.9	102.6	105.1	105.5	105.8
西部地区 （12 省、直辖市、 自治区）	100.1	101.3	100.4	101.7	100.6	100.5	100.3	100.7	102.4	103.5	104.2	103.5
北部沿海地区	98.2	97.8	94.7	98.0	96.1	96.7	97.0	95.3	99.6	101.2	102.4	101.1
东部沿海地区	101.4	102.5	100.2	102.6	103.6	101.7	101.4	102.6	101.6	103.7	105.8	105.9
南部沿海地区	104.7	104.9	104.5	105.2	104.8	105.0	105.8	105.1	103.6	104.5	106.2	107.7
黄河中游地区	96.7	99.1	95.1	99.3	96.2	97.8	96.8	98.1	100.0	101.9	102.4	102.1
长江中游地区	102.3	102.7	103.2	104.1	103.8	102.3	102.1	104.5	103.9	106.3	106.8	107.1
西南地区	103.4	102.8	102.8	103.5	103.0	103.1	102.7	102.9	103.7	105.5	106.3	105.2
大西北地区	98.8	101.1	99.9	101.3	100.1	99.6	100.2	100.4	102.5	103.3	103.7	103.4

表 10.7 1995～2006 年中国各省、直辖市、自治区发展支持系统变化趋势

地 区	1995 年	1996 年	1997 年	1998 年	1999 年	2000 年	2001 年	2002 年	2003 年	2004 年	2005 年	2006 年
全 国	100.0	101.9	102.9	103.7	104.9	106.4	107.6	108.9	109.9	110.9	112.1	114.1
北 京	114.7	115.2	113.7	116.4	118.8	119.1	120.7	121.0	122.5	121.9	122.4	126.0
天 津	112.7	114.0	116.2	116.3	121.1	122.1	122.5	123.9	123.6	124.8	129.2	128.2
河 北	99.0	100.3	102.3	103.3	105.1	105.9	106.7	108.0	108.9	109.6	111.1	113.3
山 西	96.8	98.3	101.5	100.8	103.3	103.7	106.3	107.1	107.1	110.4	111.2	113.1
内蒙古	92.5	94.4	94.9	96.5	98.8	100.9	99.8	102.1	105.2	107.6	110.0	112.1
辽 宁	102.5	104.0	102.4	105.9	108.0	109.8	111.3	112.0	113.3	114.3	115.7	116.4
吉 林	96.9	100.4	99.5	102.2	104.3	106.0	107.9	107.6	109.0	110.4	111.5	113.8
黑龙江	99.5	100.3	98.9	101.7	103.9	106.6	106.9	106.7	108.7	109.4	111.3	113.2
上 海	118.5	119.4	117.2	120.8	121.9	122.4	124.4	124.8	126.9	127.7	128.4	130.3
江 苏	105.6	107.8	107.6	110.2	111.8	113.7	115.2	116.0	117.4	119.0	120.0	121.0
浙 江	104.9	106.2	106.2	108.2	109.4	110.8	112.2	114.3	118.3	117.3	117.1	119.2
安 徽	98.3	99.7	98.8	99.7	101.5	103.9	104.6	105.5	107.2	108.7	109.7	111.5
福 建	103.4	106.0	105.9	108.1	109.2	110.5	111.3	113.1	114.3	114.2	118.8	116.9
江 西	93.6	94.4	96.0	97.1	98.5	100.6	103.2	104.4	106.9	106.9	110.2	113.3
山 东	102.6	104.0	105.4	106.4	108.6	110.2	111.7	114.0	113.2	115.1	115.5	118.5
河 南	96.4	97.7	99.5	100.2	101.5	103.0	104.7	105.8	106.3	108.5	109.4	111.2
湖 北	97.1	99.1	99.5	102.2	103.9	105.3	106.4	106.5	109.2	109.0	110.8	112.7
湖 南	96.6	98.9	99.1	100.0	101.7	103.2	104.9	105.2	109.0	107.1	109.0	110.5
广 东	108.2	109.9	112.4	112.3	114.9	114.0	115.6	116.7	116.8	118.3	121.1	120.9
广 西	97.1	98.4	96.5	100.4	101.1	103.7	103.8	104.3	105.4	106.7	109.0	110.5
海 南	105.5	106.6	103.5	107.5	109.1	108.5	110.9	112.2	113.2	115.2	118.1	119.3
重 庆	94.1	95.8	94.7	96.5	98.1	99.9	101.8	102.3	104.2	105.3	106.5	109.3
四 川	93.1	94.8	94.4	97.9	98.5	100.9	102.1	102.7	103.9	104.2	106.2	108.2
贵 州	89.1	89.7	88.6	90.8	92.0	94.3	96.1	97.6	99.3	100.0	102.4	104.8
云 南	91.3	92.7	92.4	94.7	94.7	96.2	101.7	98.4	104.3	105.4	106.2	107.2
西 藏	87.2	91.7	88.5	88.9	90.1	92.6	95.5	97.3	99.0	98.6	100.6	100.4
陕 西	95.2	95.6	96.9	98.2	100.9	103.2	103.8	105.1	105.5	107.6	110.5	113.1
甘 肃	92.2	93.6	92.9	94.7	96.2	98.3	100.0	100.7	103.4	102.3	102.8	106.5
青 海	92.4	93.2	94.4	94.1	97.4	99.0	101.5	100.9	102.2	103.4	105.7	110.5
宁 夏	99.5	101.8	104.3	104.1	105.6	108.1	107.6	107.8	109.1	110.3	111.7	110.9
新 疆	93.9	94.3	94.8	95.5	97.0	99.0	100.4	101.4	102.2	103.4	105.0	106.7
东部地区 (10 省、直辖市)	106.6	108.5	107.8	110.2	112.1	112.8	114.0	115.2	116.7	117.6	118.3	120.3
东部地区 (11 省、直辖市)	106.2	108.1	107.3	109.7	111.6	112.4	113.9	114.8	116.4	117.3	118.0	119.8
东北老工业基地	100.3	101.7	100.6	103.7	105.7	107.7	109.4	109.3	110.9	111.6	112.8	114.7
中部地区 (8 省)	96.8	98.6	98.8	100.2	101.8	103.8	104.8	105.7	107.3	108.4	109.9	111.7
中部地区 (6 省)	96.4	98.3	98.5	99.7	101.3	103.0	104.2	105.2	106.7	108.0	109.4	111.3
西部地区 (12 省、直辖市、 自治区)	94.2	95.8	95.4	97.2	98.2	100.4	101.7	102.7	104.0	105.1	106.8	108.7
北部沿海地区	105.7	106.8	107.9	108.9	111.3	112.3	113.2	115.0	114.8	115.9	117.1	120.0
东部沿海地区	107.9	110.1	109.0	111.6	113.2	114.5	116.0	117.1	119.3	120.0	120.5	122.3
南部沿海地区	106.6	108.8	108.5	110.4	112.6	112.2	113.8	115.1	116.3	117.0	120.6	119.5
黄河中游地区	95.3	96.9	98.4	98.3	100.9	101.8	103.3	105.2	105.3	107.8	109.1	111.3
长江中游地区	96.4	98.5	98.4	100.1	101.6	103.5	104.7	105.5	107.2	107.9	109.6	111.5
西南地区	94.0	95.4	94.4	97.0	97.7	100.0	101.5	102.1	103.7	104.6	106.4	108.2
大西北地区	93.4	95.1	95.2	96.0	97.7	99.4	101.2	101.4	103.1	103.6	105.0	106.8

表10.8　1995～2006 年中国各省、直辖市、自治区环境支持系统变化趋势

地区	1995 年	1996 年	1997 年	1998 年	1999 年	2000 年	2001 年	2002 年	2003 年	2004 年	2005 年	2006 年
全 国	100.0	102.4	100.4	101.3	100.6	101.3	101.0	101.6	101.5	100.9	100.9	100.9
北 京	103.3	107.6	105.1	107.5	106.6	107.1	107.0	107.7	107.6	107.7	107.4	107.4
天 津	106.2	108.1	106.4	108.7	107.1	107.0	106.1	107.3	106.7	107.0	106.2	106.8
河 北	100.0	101.8	99.7	100.3	99.1	100.0	99.9	100.5	100.4	99.8	100.2	99.9
山 西	98.5	100.0	98.4	98.1	97.8	98.6	98.4	99.2	99.7	98.7	98.7	99.1
内蒙古	102.2	103.5	101.4	102.8	102.2	103.0	102.9	103.1	101.5	100.9	99.8	100.8
辽 宁	105.9	107.6	105.5	106.8	106.1	106.3	106.6	106.9	107.5	107.1	107.1	106.6
吉 林	108.6	110.8	108.6	109.7	108.9	110.0	110.0	110.2	109.1	108.7	108.0
黑龙江	108.8	110.8	108.8	110.0	109.5	110.3	110.0	110.0	109.6	108.8	108.5
上 海	112.4	127.8	112.7	123.2	113.3	114.4	119.0	114.7	117.8	115.5	118.0	114.9
江 苏	107.8	110.9	107.9	109.6	108.9	109.2	110.4	110.0	110.2	109.6	110.0	109.8
浙 江	112.4	115.6	113.0	113.4	112.6	113.3	112.8	113.4	112.7	112.7	112.5	112.8
安 徽	107.6	110.4	108.5	109.2	108.6	109.2	109.0	110.8	109.5	110.6	108.1	107.8
福 建	107.6	111.0	108.8	109.3	107.9	108.7	108.2	108.9	108.1	108.1	108.1	108.0
江 西	111.1	113.8	112.1	112.3	111.5	112.5	112.5	113.9	112.7	112.1	111.6	112.6
山 东	103.6	105.8	103.6	105.2	104.1	104.3	104.1	104.8	105.5	104.0	105.0	105.2
河 南	104.3	106.8	104.0	105.9	104.0	104.9	105.0	105.6	105.7	105.3	105.4	105.1
湖 北	107.9	109.7	108.0	109.0	107.9	108.6	108.0	109.4	109.3	111.0	108.9	108.1
湖 南	110.8	112.2	110.9	111.0	110.6	111.9	111.7	112.6	111.8	111.8	111.4	112.2
广 东	107.3	110.2	107.8	109.3	107.3	108.9	109.2	109.4	109.2	108.9	108.8	108.6
广 西	104.9	107.4	105.3	106.8	104.7	104.9	105.8	106.6	106.8	104.9	105.2	105.7
海 南	111.0	111.7	111.4	114.7	113.4	112.2	112.9	113.1	113.0	112.7	112.3	113.1
重 庆	101.0	104.0	101.5	103.3	101.1	102.9	102.5	103.1	103.7	102.5	102.9	101.8
四 川	102.2	107.1	103.2	104.7	103.8	104.8	103.6	104.3	104.7	104.2	104.8	104.1
贵 州	107.8	110.2	108.2	108.3	107.2	108.2	109.5	110.2	109.2	109.4	109.4	109.0
云 南	104.2	107.0	104.0	105.6	105.0	106.0	106.1	106.6	106.9	105.9	106.1	105.4
西 藏	104.4	107.3	99.7	100.1	102.8	104.3	102.8	105.1	106.6	105.5	102.2	104.0
陕 西	102.1	104.4	102.5	103.3	102.4	103.0	101.9	102.8	102.9	102.3	102.3	102.2
甘 肃	100.0	101.4	98.8	99.3	100.1	100.7	100.7	100.5	101.1	99.4	99.7	99.8
青 海	103.1	104.2	102.8	102.9	103.6	103.9	104.3	104.5	103.9	102.5	101.1	100.3
宁 夏	95.4	98.7	95.5	97.6	96.7	97.2	96.9	97.6	98.2	96.7	96.8	97.0
新 疆	93.7	98.0	94.3	96.7	95.7	97.0	96.8	96.6	96.6	95.6	95.9	95.1
东部地区 （10 省、直辖市）	105.2	104.6	105.7	107.1	105.9	106.6	106.4	106.7	106.8	106.3	106.5	106.5
东部地区 （11 省、直辖市）	105.2	104.5	105.6	107.0	105.9	106.5	106.3	106.7	106.8	106.3	106.5	106.5
东北老工业基地	107.4	106.2	107.3	108.5	108.0	108.3	108.3	108.8	108.7	108.0	107.9	107.6
中部地区（8 省）	105.9	104.8	106.1	106.9	106.1	106.9	106.6	107.5	106.9	106.5	106.3	106.4
中部地区（6 省）	105.0	104.0	105.3	106.2	105.1	105.9	105.7	106.7	106.1	105.8	105.5	105.8
西部地区 （12 省、直辖市、 自治区）	100.4	100.0	100.5	101.4	100.7	101.3	100.9	101.4	101.5	100.5	100.5	100.3
北部沿海地区	102.7	101.8	103.0	104.3	103.2	103.9	103.6	104.0	104.2	103.4	103.9	103.8
东部沿海地区	108.9	108.9	109.2	110.7	109.8	110.4	110.5	111.0	110.9	110.5	110.8	110.7
南部沿海地区	107.5	107.0	108.3	109.8	108.2	108.9	108.8	109.0	108.8	108.7	108.3	108.5
黄河中游地区	101.5	100.4	101.5	102.0	101.4	102.1	101.5	101.9	102.1	101.3	101.3	101.3
长江中游地区	108.8	107.6	109.2	109.8	109.0	109.7	109.7	111.0	110.1	110.0	109.4	109.7
西南地区	103.1	103.6	103.6	104.7	103.5	104.5	104.3	104.9	105.1	104.2	104.5	104.2
大西北地区	98.5	98.3	98.4	99.7	99.5	100.1	99.9	100.0	100.4	99.1	98.9	98.8

表10.9　1995～2006年中国各省、直辖市、自治区社会支持系统变化趋势

地　区	1995 年	1996 年	1997 年	1998 年	1999 年	2000 年	2001 年	2002 年	2003 年	2004 年	2005 年	2006 年
全　国	100.0	101.3	101.6	102.2	102.5	103.2	104.3	104.7	106.2	107.4	107.1	108.8
北　京	116.5	116.6	112.9	116.0	116.9	117.5	118.3	119.8	121.7	123.1	126.0	128.0
天　津	109.7	110.6	110.7	111.1	109.8	112.1	112.9	115.5	115.0	116.9	117.0	119.9
河　北	102.7	103.6	103.3	106.3	106.6	105.8	105.9	106.6	109.0	109.5	109.3	110.9
山　西	104.0	105.8	104.5	105.1	106.1	107.5	108.7	109.7	110.5	110.3	111.1	112.9
内蒙古	101.2	100.6	102.0	105.7	106.5	106.2	106.7	107.6	108.2	109.3	110.2	110.8
辽　宁	106.6	108.2	107.5	109.7	110.9	111.2	111.3	112.7	113.8	113.5	113.8	115.8
吉　林	106.7	108.3	107.2	109.1	110.2	109.8	111.5	112.2	114.5	114.5	112.0	112.8
黑龙江	110.8	110.3	108.4	110.0	109.6	109.4	110.3	111.9	111.9	114.2	113.5	114.6
上　海	115.7	117.1	115.2	119.3	117.0	117.1	118.6	119.2	121.4	121.9	122.2	125.3
江　苏	104.2	105.4	104.3	104.6	105.3	106.3	107.7	107.4	108.7	109.1	110.7	113.0
浙　江	102.8	102.9	103.2	103.7	103.8	104.9	105.7	107.5	108.5	109.7	110.0	111.9
安　徽	98.8	98.6	99.1	99.2	98.8	98.7	100.2	100.2	102.6	103.3	101.4	103.1
福　建	97.2	97.9	101.0	99.8	100.6	102.6	103.9	104.0	105.0	105.0	106.1	106.9
江　西	99.2	100.6	102.5	101.4	101.5	102.1	103.6	103.2	107.5	107.4	105.6	106.9
山　东	100.1	101.3	100.7	101.5	102.5	104.1	106.0	107.7	107.4	109.0	108.5	111.1
河　南	99.5	100.9	99.5	100.6	101.1	102.1	104.6	105.7	105.2	106.8	106.3	109.1
湖　北	101.5	102.9	103.2	105.0	104.8	105.8	106.5	104.1	106.6	107.6	107.2	109.4
湖　南	99.0	100.6	101.5	102.1	102.9	103.3	105.1	106.0	106.4	107.4	107.4	109.2
广　东	101.0	101.4	103.4	104.6	105.1	106.0	106.5	107.8	108.2	108.9	110.1	112.0
广　西	95.2	97.0	96.4	97.9	98.2	100.1	101.7	100.9	102.9	104.5	103.5	106.1
海　南	96.0	97.0	99.0	102.2	99.9	102.0	102.4	104.5	105.0	106.7	105.5	106.2
重　庆	98.1	98.9	98.7	99.8	99.6	101.9	102.1	102.8	104.8	104.1	104.1	106.2
四　川	97.2	98.3	98.6	99.5	99.2	100.2	101.7	103.3	104.9	105.3	102.8	104.1
贵　州	89.1	91.7	94.0	93.0	94.1	94.2	96.1	98.4	99.3	99.9	96.9	99.3
云　南	90.8	90.9	93.7	91.9	91.7	92.2	93.9	93.3	94.5	97.7	95.8	98.4
西　藏	79.4	84.1	85.2	83.6	83.2	84.4	86.5	87.2	88.8	88.5	87.3	90.5
陕　西	99.2	100.3	100.1	102.3	103.3	104.3	106.3	105.2	107.4	108.1	108.0	108.6
甘　肃	94.2	96.9	99.1	98.5	99.4	100.1	100.2	102.1	103.0	103.5	101.4	101.0
青　海	91.3	91.6	94.0	93.4	96.2	97.1	96.9	101.2	101.6	102.0	101.9	103.4
宁　夏	96.4	97.6	95.9	98.7	99.8	102.0	101.2	102.2	103.0	102.3	103.8	105.6
新　疆	102.6	105.7	105.8	108.1	107.2	106.6	108.1	110.9	111.0	112.3	110.8	113.0
东部地区 （10 省、直辖市）	106.5	105.5	105.3	106.7	106.9	108.0	109.0	110.1	110.9	111.9	112.6	114.6
东部地区 （11 省、直辖市）	106.5	105.6	105.5	106.9	107.2	108.3	109.2	110.3	111.1	112.0	112.5	114.7
东北老工业基地	108.8	108.5	107.2	109.2	109.8	110.0	110.9	111.9	113.0	113.6	112.7	114.4
中部地区（8省）	103.6	103.2	103.1	103.9	104.4	104.9	106.3	106.3	107.8	108.5	107.9	109.4
中部地区（6省）	101.9	101.4	101.7	102.2	102.6	103.3	104.9	104.7	106.4	107.0	106.3	108.2
西部地区 （12 省、直辖市、 自治区）	96.9	96.4	97.3	97.7	98.1	98.8	100.3	101.2	102.1	103.3	102.2	103.7
北部沿海地区	109.3	108.4	106.9	108.6	108.9	110.2	111.1	112.6	113.3	114.7	115.2	117.5
东部沿海地区	109.2	108.2	107.3	108.7	108.5	109.2	110.2	111.1	112.3	113.2	114.2	116.5
南部沿海地区	100.3	99.0	101.1	101.6	102.1	103.4	104.4	105.4	106.1	106.8	107.2	108.4
黄河中游地区	102.8	102.1	101.6	103.4	104.3	105.0	106.6	106.6	107.5	108.5	108.7	110.1
长江中游地区	101.0	100.5	101.5	101.8	102.1	102.5	104.1	103.3	105.8	106.3	105.4	107.0
西南地区	96.1	95.8	96.5	96.5	96.6	97.6	99.1	99.8	101.3	102.1	100.5	102.7
大西北地区	95.9	95.5	96.3	96.3	97.0	97.7	99.0	100.8	100.9	102.1	101.3	102.6

表 10.10　1995～2006 年中国各省、直辖市、自治区智力支持系统变化趋势

地区	1995 年	1996 年	1997 年	1998 年	1999 年	2000 年	2001 年	2002 年	2003 年	2004 年	2005 年	2006 年
全　国	100.0	100.9	101.9	102.3	104.2	105.8	107.1	108.3	107.7	109.3	110.5	111.6
北　京	115.7	114.5	114.7	116.4	118.1	118.7	119.7	120.5	120.4	120.8	120.4	121.0
天　津	108.8	109.3	109.5	110.1	111.7	112.8	114.1	115.6	115.8	117.4	116.5	118.5
河　北	96.8	97.9	99.4	100.1	101.3	100.8	102.4	104.5	103.3	105.1	106.8	108.2
山　西	97.5	97.9	98.4	97.8	100.4	101.5	103.3	104.0	103.8	106.2	106.1	109.4
内蒙古	94.4	98.2	97.3	98.4	98.7	100.0	101.4	102.5	102.3	104.8	107.0	107.1
辽　宁	103.2	103.9	104.5	105.2	106.4	107.3	109.1	109.8	110.2	110.7	112.0	112.8
吉　林	101.3	105.4	104.0	102.9	105.7	106.2	108.2	108.9	107.1	109.4	110.3	111.3
黑龙江	99.6	101.0	101.3	101.8	103.1	105.0	106.2	106.9	107.0	108.9	109.3	109.4
上　海	111.6	112.2	114.2	113.2	113.9	114.1	115.4	116.9	118.0	118.2	119.7	119.2
江　苏	101.8	102.1	102.6	103.1	104.4	104.4	106.2	107.7	107.9	109.2	111.3	111.7
浙　江	99.1	101.9	101.7	101.7	106.0	106.9	108.8	110.4	109.3	111.2	112.0	112.3
安　徽	94.7	97.1	98.1	98.7	100.1	101.4	100.7	103.0	103.9	105.7	106.5	108.1
福　建	97.3	100.2	102.6	103.0	103.4	104.0	105.2	106.4	107.7	108.8	109.3	112.3
江　西	93.7	95.2	96.4	95.8	97.5	98.5	100.9	101.4	102.7	103.8	106.5	107.6
山　东	98.8	97.8	99.3	100.8	102.2	104.0	105.4	106.4	105.5	107.7	108.7	109.8
河　南	94.5	96.5	95.9	96.9	98.3	101.1	101.5	102.5	101.0	104.4	105.9	107.1
湖　北	100.3	100.4	101.0	101.0	102.4	107.1	106.1	106.1	106.8	108.8	110.7	111.8
湖　南	97.2	98.4	98.7	98.8	102.0	102.6	103.2	104.9	104.4	106.9	108.4	109.9
广　东	101.3	100.5	104.3	103.3	106.1	105.4	107.5	108.7	107.9	109.6	110.5	111.1
广　西	93.4	92.6	95.0	95.9	96.5	100.1	100.9	108.8	102.4	104.2	105.3	106.2
海　南	94.9	93.9	94.9	95.9	98.5	98.1	100.7	99.6	101.7	102.4	101.3	105.8
重　庆	97.4	98.0	98.5	98.7	100.4	102.7	106.0	108.6	103.8	108.4	110.9	110.8
四　川	95.9	96.1	96.4	97.0	97.5	99.3	101.4	102.0	101.9	103.9	105.7	107.2
贵　州	88.4	91.5	89.7	92.0	94.2	100.7	93.7	98.4	98.8	100.5	102.7	102.2
云　南	93.8	94.1	94.3	95.3	97.6	99.3	100.5	99.5	101.1	102.9	103.6	104.1
西　藏	83.0	81.6	81.7	83.1	83.8	86.9	87.7	89.3	89.2	88.4	90.2	94.6
陕　西	99.3	101.3	101.4	102.2	103.6	104.3	106.1	106.0	107.1	108.5	110.2	110.5
甘　肃	95.0	97.4	97.1	98.5	99.5	100.2	100.7	101.6	102.1	101.8	106.2	107.1
青　海	93.2	94.3	94.0	95.0	93.7	99.3	99.4	99.1	101.0	99.8	101.5	104.9
宁　夏	96.2	95.4	96.5	98.2	99.9	100.9	103.8	102.3	103.4	104.0	105.2	106.8
新　疆	97.5	97.2	98.6	97.8	101.3	101.1	102.1	103.9	103.5	105.1	104.9	105.9
东部地区 （10 省、直辖市）	102.6	102.9	104.0	104.6	106.6	107.2	108.8	110.3	109.9	111.3	112.4	113.3
东部地区 （11 省、直辖市）	102.7	103.1	104.1	104.7	106.6	107.3	108.9	110.3	110.0	111.3	112.4	113.2
东北老工业基地	101.9	103.1	103.6	104.2	105.4	106.4	108.1	108.9	108.7	109.9	110.7	111.5
中部地区（8 省）	97.7	98.9	99.3	99.6	101.3	103.1	103.9	104.9	104.6	106.8	108.1	109.5
中部地区（6 省）	96.9	98.0	98.4	98.6	100.5	102.7	102.9	104.1	104.1	106.2	107.6	109.4
西部地区 （12 省、直辖市、 自治区）	95.9	96.8	97.2	97.6	99.3	101.1	102.4	103.4	103.5	105.3	106.7	107.2
北部沿海地区	103.7	103.3	103.8	105.0	106.9	108.0	109.2	110.8	109.9	111.7	112.4	113.5
东部沿海地区	102.9	104.0	104.7	104.7	107.0	107.6	109.3	110.9	110.9	112.0	113.7	113.8
南部沿海地区	99.9	100.3	103.1	102.7	104.8	104.6	106.5	107.7	107.8	109.1	109.8	111.2
黄河中游地区	97.0	98.8	98.4	99.1	100.6	102.0	103.4	104.2	103.8	106.3	107.3	108.9
长江中游地区	97.4	98.3	99.0	99.0	101.0	103.2	103.1	104.4	104.8	106.7	108.5	109.8
西南地区	94.8	95.4	95.9	96.0	98.0	100.5	101.6	103.0	103.1	104.5	106.3	106.7
大西北地区	96.2	96.9	97.5	98.1	99.8	100.8	102.3	103.1	102.8	105.1	105.1	106.8

表 10.11 1995～2006 年中国各省、直辖市、自治区生存资源禀赋变化趋势

地 区	1995 年	1996 年	1997 年	1998 年	1999 年	2000 年	2001 年	2002 年	2003 年	2004 年	2005 年	2006 年
全 国	100.0	99.5	99.6	102.4	99.5	99.0	98.4	99.0	98.3	96.4	98.3	96.8
北 京	90.8	89.1	77.5	86.6	78.4	78.4	78.4	76.8	76.8	77.3	77.5	76.7
天 津	82.9	82.5	71.9	79.1	70.9	71.3	73.9	71.5	78.1	80.4	77.2	76.3
河 北	86.6	86.0	76.8	82.5	79.1	81.0	79.1	77.4	81.1	80.9	79.7	77.9
山 西	86.6	85.9	78.5	81.9	80.0	80.6	79.6	80.1	84.2	80.6	79.8	80.1
内蒙古	92.9	92.2	88.8	98.4	89.9	88.5	87.9	87.4	90.0	88.8	89.2	88.5
辽 宁	95.9	95.2	88.9	95.4	87.5	85.3	90.3	85.9	89.0	91.6	95.2	90.4
吉 林	102.1	101.5	95.0	102.7	97.7	99.4	98.2	100.1	98.6	98.5	106.4	99.4
黑龙江	101.9	101.7	100.0	104.1	97.7	99.3	98.3	99.0	102.1	99.1	100.7	100.6
上 海	93.3	93.3	94.6	102.3	118.2	92.4	99.3	101.4	82.3	88.3	87.7	89.1
江 苏	94.6	94.3	86.4	101.7	98.0	98.3	90.9	91.0	106.5	87.6	99.5	96.6
浙 江	107.3	106.2	110.0	110.9	111.4	106.2	106.2	112.0	98.0	100.0	106.5	103.9
安 徽	101.1	100.0	94.8	108.9	108.5	100.0	95.0	103.6	109.4	95.2	101.3	97.9
福 建	111.5	110.7	116.0	116.6	110.8	111.6	111.8	109.8	102.9	101.3	112.7	116.1
江 西	111.0	110.7	116.6	123.8	115.8	110.7	111.4	117.2	108.7	104.4	110.6	111.9
山 东	92.3	91.7	82.1	93.1	85.4	87.0	87.5	80.8	97.4	91.8	94.2	85.2
河 南	93.3	92.7	82.9	96.6	85.3	101.5	85.6	89.0	101.8	92.0	97.5	89.5
湖 北	104.6	104.0	99.8	110.7	105.4	104.0	96.7	106.4	107.4	102.2	103.0	97.8
湖 南	108.6	108.2	112.0	116.4	111.9	109.6	107.8	118.0	102.9	107.5	108.5	109.6
广 东	108.7	107.9	116.1	106.9	103.5	102.4	110.2	106.3	101.4	99.7	102.7	107.4
广 西	107.6	107.6	113.1	112.0	107.0	104.9	112.2	111.6	106.7	103.7	105.4	106.8
海 南	111.0	110.7	114.1	106.5	111.0	117.6	117.8	110.0	107.1	99.3	107.6	102.6
重 庆	104.1	103.6	103.2	115.3	109.9	108.5	98.2	106.6	107.7	106.4	106.1	101.0
四 川	106.3	105.9	102.0	107.9	105.0	105.4	104.1	100.8	104.0	102.8	106.7	99.9
贵 州	106.1	105.7	109.3	106.1	107.6	108.5	103.2	105.5	101.7	102.8	100.7	100.3
云 南	109.4	109.1	109.6	110.7	110.7	109.9	110.8	108.6	103.4	106.5	104.3	103.1
西 藏	104.6	104.4	102.7	105.5	104.0	104.4	102.8	102.1	103.6	103.0	102.1	100.8
陕 西	99.7	98.4	89.5	96.4	91.5	95.2	91.2	91.3	100.7	92.3	97.7	91.0
甘 肃	87.3	86.6	82.2	84.8	84.6	83.3	83.5	81.7	84.7	81.8	85.2	82.3
青 海	91.0	90.7	86.1	90.1	90.6	89.1	88.2	87.0	87.5	86.7	90.8	85.8
宁 夏	78.4	78.2	76.2	78.4	77.6	77.1	78.2	73.8	77.3	75.5	74.6	75.5
新 疆	89.1	88.8	87.3	89.4	89.2	87.5	88.6	88.9	87.1	86.2	87.0	86.7
东部地区 (10 省、直辖市)	101.7	101.1	103.6	103.1	100.1	100.0	101.6	99.9	97.3	93.8	100.3	100.7
东部地区 (11 省、直辖市)	101.3	100.7	102.5	102.6	99.2	98.9	100.8	98.9	96.7	93.8	99.9	99.9
东北老工业基地	100.9	100.5	96.6	102.1	95.7	96.5	96.8	96.7	98.6	97.6	101.2	98.3
中部地区 (8 省)	104.0	103.5	102.7	110.2	104.7	103.7	100.5	106.5	105.2	100.5	103.8	102.2
中部地区 (6 省)	102.7	102.2	102.1	110.4	105.0	103.2	99.3	106.8	104.6	99.1	102.3	100.9
西部地区 (12 省、直辖市、自治区)	98.7	98.2	97.2	100.1	98.0	97.9	97.2	96.5	96.4	95.7	96.7	94.7
北部沿海地区	89.4	88.8	79.2	87.8	81.8	83.9	82.9	78.7	88.8	86.0	86.7	81.3
东部沿海地区	101.6	101.1	101.4	106.6	106.2	102.4	100.1	104.1	99.2	94.7	102.8	100.2
南部沿海地区	110.0	109.3	115.9	110.4	106.9	107.0	111.5	108.0	102.5	99.2	106.5	109.8
黄河中游地区	92.8	92.0	85.9	95.0	87.5	91.1	86.4	87.0	93.1	88.5	91.0	87.6
长江中游地区	106.7	106.2	107.4	115.5	110.5	106.7	103.9	112.4	108.1	102.9	106.2	105.4
西南地区	107.8	107.5	108.0	110.3	108.1	107.7	107.9	106.8	104.9	104.8	105.7	103.1
大西北地区	94.8	94.5	92.6	95.1	94.3	94.0	93.2	92.7	93.3	92.5	92.9	91.4

表 10.12 1995~2006 年中国各省、直辖市、自治区农业投入水平变化趋势

地　区	1995 年	1996 年	1997 年	1998 年	1999 年	2000 年	2001 年	2002 年	2003 年	2004 年	2005 年	2006 年
全　国	100.0	102.2	102.6	104.7	105.5	106.5	107.1	108.2	109.9	115.4	116.8	118.0
北　京	102.6	106.9	103.9	108.2	111.9	116.0	115.6	119.1	119.4	124.1	128.1	130.1
天　津	92.5	94.9	95.1	97.9	99.3	103.7	105.1	105.7	113.7	120.0	120.8	121.9
河　北	95.6	97.7	98.2	100.0	101.6	102.6	104.3	103.5	108.0	115.0	116.8	117.0
山　西	93.4	96.4	96.9	96.4	98.1	100.9	101.6	102.7	106.7	110.7	111.2	113.3
内蒙古	97.6	104.8	103.3	108.4	109.3	110.6	111.2	113.1	116.1	120.1	120.5	122.6
辽　宁	101.7	104.8	109.5	107.9	108.8	102.0	110.3	111.7	117.6	123.8	125.4	126.6
吉　林	95.5	98.2	101.8	92.4	102.0	100.4	94.9	98.1	112.3	120.9	123.1	123.9
黑龙江	104.7	104.7	104.2	105.3	106.6	103.5	105.8	105.8	113.4	119.0	120.8	121.6
上　海	102.6	107.6	109.7	103.2	108.0	111.2	110.7	112.3	112.6	113.2	113.7	118.3
江　苏	93.8	96.1	95.8	102.8	106.3	104.4	103.6	103.7	107.9	112.1	114.8	116.1
浙　江	99.0	101.9	99.3	100.9	102.1	100.3	102.4	104.8	109.3	119.0	120.1	119.2
安　徽	94.0	94.3	98.9	99.2	100.4	100.6	99.9	97.6	105.9	113.4	114.9	116.0
福　建	103.6	106.4	107.1	109.6	111.7	112.3	111.2	111.0	112.5	119.0	120.6	119.8
江　西	101.3	103.2	102.0	101.8	101.9	100.9	100.8	103.2	106.7	117.0	119.9	120.3
山　东	97.0	96.7	100.9	98.8	99.8	100.6	101.0	101.0	108.0	117.0	118.6	119.9
河　南	94.7	97.1	97.0	99.8	99.7	101.0	101.6	101.8	106.9	114.5	116.4	117.0
湖　北	98.2	100.6	100.9	102.8	103.5	103.1	105.0	105.9	111.1	115.3	117.4	118.3
湖　南	96.1	98.4	102.7	102.3	101.5	103.1	103.5	104.8	109.9	119.0	119.9	120.3
广　东	103.8	104.1	93.4	107.1	106.8	109.2	107.8	106.9	109.6	118.4	116.3	117.7
广　西	102.9	104.0	105.4	105.8	106.3	108.5	111.3	106.3	110.3	116.2	118.8	120.2
海　南	123.8	124.7	121.8	125.0	128.5	127.8	126.4	124.7	126.8	128.3	130.3	131.0
重　庆	99.5	99.1	99.7	102.5	102.9	110.6	104.7	106.2	111.4	114.5	116.3	117.5
四　川	99.2	99.3	101.9	105.5	105.7	99.9	103.6	106.0	113.0	118.4	120.7	122.0
贵　州	103.3	102.6	103.8	108.5	108.0	110.2	106.4	109.9	110.8	118.4	120.1	120.4
云　南	109.1	108.0	107.1	107.0	109.4	108.1	107.8	105.2	109.0	116.0	117.3	117.9
西　藏	124.4	123.5	122.5	128.1	125.6	125.1	122.3	118.5	129.2	126.7	130.3	131.1
陕　西	95.0	96.6	99.5	102.5	103.4	106.3	107.7	107.1	114.3	116.9	118.1	121.3
甘　肃	93.0	93.7	94.0	99.1	101.7	106.2	106.1	106.0	112.8	114.4	115.7	118.5
青　海	102.4	106.7	110.6	106.0	112.7	112.4	113.8	114.3	120.7	122.2	122.2	124.1
宁　夏	103.8	103.3	104.2	106.8	106.1	103.2	103.9	106.8	114.9	118.5	118.7	121.0
新　疆	106.6	111.8	112.6	112.1	113.1	109.6	108.0	107.0	118.9	123.3	123.2	123.9
东部地区 （10 省、直辖市）	103.3	104.8	103.3	106.5	108.3	109.5	109.5	109.5	112.6	119.7	120.9	121.9
东部地区 （11 省、直辖市）	103.5	105.1	104.3	107.0	108.7	109.9	109.9	110.0	113.4	120.3	121.7	122.8
东北老工业基地	106.8	108.0	109.4	109.6	111.4	109.6	110.0	111.2	118.5	124.3	126.2	126.9
中部地区（8 省）	102.3	103.7	104.4	105.3	106.3	105.8	106.3	107.0	113.2	119.9	121.6	122.4
中部地区（6 省）	100.3	102.5	103.3	104.7	105.0	105.9	106.2	106.8	111.9	119.0	120.6	121.4
西部地区 （12 省、直辖市、 自治区）	106.0	109.2	110.5	110.9	111.5	111.4	111.2	111.9	117.1	121.0	122.3	123.8
北部沿海地区	100.1	101.2	103.2	103.6	105.1	106.8	108.2	107.4	112.1	119.9	121.5	122.8
东部沿海地区	100.1	103.7	100.9	104.5	107.5	106.8	106.5	107.4	111.1	117.5	119.4	119.9
南部沿海地区	110.3	111.7	106.9	113.9	115.3	117.1	115.3	115.9	116.9	122.9	122.7	123.2
黄河中游地区	98.6	102.1	102.0	105.1	105.8	107.6	108.7	110.1	114.1	118.9	120.2	122.0
长江中游地区	101.6	103.7	105.1	105.9	106.3	106.8	106.7	107.6	113.0	120.1	121.8	122.5
西南地区	106.9	107.1	108.0	109.4	110.3	110.8	110.6	109.9	114.6	120.1	122.2	123.2
大西北地区	107.0	111.5	113.4	113.2	113.8	112.5	111.5	112.1	120.1	123.1	123.6	125.0

表 10.13 1995～2006 年中国各省、直辖市、自治区资源转化效率变化趋势

地　区	1995 年	1996 年	1997 年	1998 年	1999 年	2000 年	2001 年	2002 年	2003 年	2004 年	2005 年	2006 年
全　国	100.0	101.2	100.8	101.4	101.3	100.2	100.1	100.3	99.8	100.9	101.2	101.9
北　京	103.0	102.0	102.0	102.3	100.2	98.2	96.7	95.6	92.2	94.4	97.1	98.0
天　津	99.2	99.7	99.9	100.0	97.9	94.5	96.9	96.9	95.7	95.3	96.3	97.5
河　北	98.0	98.4	97.3	97.8	97.1	96.8	97.2	97.2	97.9	98.6	99.1	100.2
山　西	94.3	96.8	94.5	97.2	92.1	93.7	91.6	95.4	96.4	98.0	95.9	97.3
内蒙古	99.0	104.6	102.0	103.5	102.0	100.7	100.5	101.2	101.6	102.7	103.6	103.7
辽　宁	101.3	104.2	102.0	106.5	104.5	99.7	102.0	103.9	104.1	105.7	105.6	105.5
吉　林	108.1	111.0	107.6	112.7	111.4	105.3	106.8	109.0	109.0	110.1	111.0	111.5
黑龙江	103.9	106.4	106.3	105.2	105.5	102.9	103.3	104.7	103.1	104.5	104.8	105.5
上　海	98.1	100.0	102.0	101.3	100.4	100.2	99.9	99.6	97.8	98.7	98.5	100.2
江　苏	101.3	102.4	99.4	101.8	102.5	101.4	101.3	101.2	100.7	102.7	102.6	104.2
浙　江	102.4	103.6	103.4	103.4	102.1	102.7	102.3	101.8	100.4	101.2	100.6	102.4
安　徽	100.7	101.0	101.9	100.5	99.9	100.1	100.2	101.6	97.8	100.7	100.0	101.6
福　建	101.1	101.8	102.0	102.1	101.9	101.2	101.1	100.4	100.3	100.7	100.6	101.2
江　西	101.4	103.1	103.3	102.2	103.5	103.7	103.3	103.7	103.3	104.1	104.5	105.4
山　东	101.3	102.0	100.2	102.1	101.9	101.0	100.8	99.2	99.9	100.6	101.7	102.6
河　南	98.1	99.7	99.7	99.9	100.7	100.1	100.0	100.3	97.8	100.1	101.4	102.8
湖　北	103.5	103.3	103.8	104.1	103.4	102.8	102.6	102.5	102.0	103.2	103.2	103.5
湖　南	104.0	104.4	105.0	104.6	104.7	104.4	104.9	104.2	104.2	104.4	104.4	105.3
广　东	100.2	101.2	101.5	101.2	102.9	100.9	100.1	99.4	99.3	99.1	99.4	100.4
广　西	100.6	100.2	100.5	100.9	101.1	100.3	100.0	100.0	99.3	99.0	99.9	100.5
海　南	102.3	102.1	102.6	103.0	103.9	102.5	102.4	102.2	102.2	101.7	100.0	102.5
重　庆	103.0	103.8	103.4	102.9	103.0	103.0	101.9	103.6	104.6	105.2	105.6	102.2
四　川	103.7	104.2	104.2	104.3	104.5	104.6	103.0	104.1	103.7	104.1	104.4	103.2
贵　州	99.8	100.7	100.3	100.8	100.7	100.7	100.1	99.2	100.1	100.2	100.3	99.7
云　南	97.6	98.0	98.1	98.4	99.5	99.1	99.0	98.7	98.9	99.4	99.3	99.7
西　藏	107.2	105.0	105.3	105.0	107.3	108.0	106.8	107.6	112.3	106.2	105.6	105.1
陕　西	92.3	96.3	94.3	97.1	94.6	95.0	94.3	95.0	95.0	96.2	96.1	97.0
甘　肃	91.0	95.0	94.7	97.0	95.4	94.3	95.5	96.0	96.6	96.4	97.1	97.0
青　海	98.3	99.3	99.4	99.8	97.4	94.5	95.2	95.7	96.7	98.3	99.0	98.0
宁　夏	93.7	97.2	96.7	97.2	96.7	95.3	96.5	96.7	95.8	96.2	96.5	97.1
新　疆	99.6	100.4	101.0	101.5	101.1	101.5	101.3	101.9	102.3	102.1	102.9	102.3
东部地区（10 省、直辖市）	100.3	101.1	99.7	101.1	100.9	99.9	99.6	99.0	98.9	99.6	100.1	101.2
东部地区（11 省、直辖市）	100.4	101.3	99.7	101.6	101.3	99.9	99.9	99.4	99.3	100.0	100.5	101.6
东北老工业基地	103.9	106.7	104.8	107.4	106.6	102.5	103.6	105.5	104.6	106.0	106.4	106.9
中部地区（8 省）	101.3	102.6	102.4	102.7	102.7	101.3	101.5	102.3	100.8	102.5	102.7	103.7
中部地区（6 省）	100.4	101.9	101.5	101.4	101.5	101.0	101.0	101.3	99.8	101.7	101.9	102.8
西部地区（12 省、直辖市、自治区）	99.0	100.4	100.0	100.6	100.2	99.9	99.3	99.9	100.5	100.4	100.7	100.4
北部沿海地区	99.7	100.2	99.0	100.0	99.5	98.7	98.5	97.6	98.1	98.8	99.7	100.5
东部沿海地区	100.8	101.9	99.8	101.7	102.0	101.1	100.9	100.8	99.5	101.2	101.0	102.7
南部沿海地区	100.4	101.5	101.6	102.3	102.4	101.0	100.3	99.8	99.7	99.6	99.6	100.7
黄河中游地区	96.4	99.2	98.2	99.4	98.4	98.1	97.9	98.6	97.5	99.5	99.9	101.0
长江中游地区	102.3	102.8	103.4	102.7	103.2	102.6	102.6	102.7	101.3	102.8	102.7	103.7
西南地区	101.4	101.7	101.6	101.8	102.0	101.8	100.8	101.4	101.6	101.8	102.0	101.3
大西北地区	96.4	98.3	98.3	99.3	98.6	97.8	98.5	99.0	100.0	99.0	99.6	99.3

表 10.14　1995～2006 年中国各省、直辖市、自治区生存持续能力变化趋势

地　区	1995 年	1996 年	1997 年	1998 年	1999 年	2000 年	2001 年	2002 年	2003 年	2004 年	2005 年	2006 年
全　国	100.0	99.8	95.8	96.1	95.2	93.9	95.8	96.4	95.4	99.3	98.3	97.5
北　京	104.8	101.8	102.2	103.3	100.7	100.6	99.4	99.8	98.6	106.3	110.7	104.7
天　津	103.4	101.0	98.2	99.4	93.6	92.8	101.5	97.8	96.7	99.3	101.8	99.6
河　北	106.2	101.5	99.1	99.9	97.1	96.7	98.1	98.0	99.1	100.9	101.3	99.8
山　西	100.4	103.4	91.7	99.5	88.0	96.7	90.1	103.0	96.5	98.6	94.5	96.1
内蒙古	93.9	105.6	91.2	94.9	89.6	89.6	91.5	90.1	98.3	98.6	98.1	95.1
辽　宁	99.9	102.3	92.4	104.4	93.1	88.4	100.5	98.6	96.8	100.2	98.0	96.3
吉　林	93.6	99.4	86.6	100.4	88.8	83.4	95.7	95.4	92.5	93.9	94.0	93.0
黑龙江	94.1	98.0	92.3	88.8	90.3	88.1	93.6	90.7	94.4	100.4	95.2	95.3
上　海	108.9	107.2	107.4	101.9	102.7	100.7	104.3	101.8	101.6	102.4	100.8	104.3
江　苏	104.0	105.1	98.2	97.5	99.2	96.2	97.9	98.4	96.1	102.9	100.1	100.7
浙　江	102.1	100.3	97.3	96.8	97.1	95.9	96.4	96.4	96.9	100.6	99.9	101.1
安　徽	100.5	99.0	97.1	93.6	96.6	92.5	95.6	97.6	90.8	102.2	95.5	98.6
福　建	99.9	98.6	91.1	95.7	95.4	93.4	95.2	95.1	96.7	98.1	97.4	97.6
江　西	97.7	99.0	96.6	91.0	96.9	93.4	94.9	94.8	93.5	98.7	97.1	96.5
山　东	103.1	101.2	96.4	100.5	98.0	96.1	97.5	95.5	99.3	99.6	101.3	99.3
河　南	103.5	102.6	97.2	97.5	97.9	95.6	97.2	97.4	93.5	103.0	100.7	100.1
湖　北	98.0	95.9	95.9	91.2	93.6	92.0	94.1	94.2	93.4	97.2	96.0	95.6
湖　南	96.9	97.1	92.6	92.6	94.2	94.3	94.3	93.3	94.9	98.1	96.7	95.8
广　东	95.4	94.7	92.5	91.5	91.4	93.1	94.9	96.2	92.9	93.6	94.5	94.4
广　西	103.1	97.8	97.2	95.6	96.0	93.0	95.1	95.6	95.2	96.0	97.8	96.4
海　南	96.0	93.0	96.5	94.6	95.4	98.0	98.7	98.0	96.9	94.5	91.9	100.2
重　庆	91.0	90.3	88.0	86.7	86.5	88.0	86.9	90.7	90.0	92.1	91.4	86.9
四　川	98.0	97.2	95.1	93.6	93.1	92.8	91.4	96.0	94.5	96.9	96.6	93.6
贵　州	97.3	88.5	92.6	93.5	93.3	93.1	91.3	92.1	94.8	94.5	94.5	93.0
云　南	93.6	93.4	92.1	90.6	91.6	91.4	91.0	90.6	92.7	93.5	93.7	93.4
西　藏	89.0	87.2	80.7	84.3	86.7	81.2	83.6	85.3	82.2	82.8	92.8	85.6
陕　西	94.7	102.4	92.0	99.8	91.0	93.9	93.0	96.2	95.3	98.3	97.4	97.4
甘　肃	92.5	100.7	91.8	98.5	91.8	95.0	90.8	93.9	95.3	95.3	95.2	91.1
青　海	90.8	92.5	92.8	88.6	84.2	86.8	95.7	91.3	88.6	92.8	90.8	92.1
宁　夏	95.0	104.2	94.0	97.1	93.9	92.4	97.9	98.4	95.4	100.2	98.1	98.1
新　疆	102.6	99.7	101.2	99.7	95.8	98.1	98.2	100.4	99.7	100.3	102.2	100.2
东部地区 （10 省、直辖市）	102.6	101.1	97.5	98.5	97.8	96.7	98.0	97.6	97.9	99.9	100.3	99.7
东部地区 （11 省、直辖市）	102.4	101.2	97.1	99.0	97.4	95.9	98.2	97.6	97.8	99.9	100.1	99.4
东北老工业基地	96.2	100.3	91.1	96.9	91.0	87.1	96.3	94.4	94.4	98.9	95.9	95.3
中部地区（8 省）	98.9	100.0	95.2	94.7	94.2	92.6	95.2	95.9	94.0	100.1	97.0	97.1
中部地区（6 省）	100.0	99.8	96.8	94.8	95.5	94.6	95.3	96.7	94.0	100.4	97.6	97.9
西部地区 （12 省、直辖市、 自治区）	96.7	97.6	93.7	95.0	92.6	92.8	93.3	94.6	95.4	96.8	96.9	95.2
北部沿海地区	103.8	100.8	97.5	100.6	97.8	97.2	98.6	97.6	99.3	100.1	101.8	99.8
东部沿海地区	103.1	103.4	98.7	97.5	98.6	96.4	98.0	98.1	96.7	101.3	99.9	101.0
南部沿海地区	98.0	96.9	93.4	94.4	94.6	94.9	96.1	96.5	95.4	96.1	96.0	96.9
黄河中游地区	98.8	103.0	94.1	97.6	93.1	94.3	94.0	96.7	95.2	100.6	98.6	98.0
长江中游地区	98.5	97.9	96.8	92.5	95.3	93.3	95.0	95.2	93.3	99.3	96.5	96.9
西南地区	97.4	94.8	93.7	92.6	92.8	92.2	91.6	93.7	93.8	95.2	95.4	93.2
大西北地区	97.0	100.1	95.4	97.7	93.7	94.2	97.5	97.8	96.7	98.4	98.8	98.0

表 10.15　1995～2006 年中国各省、直辖市、自治区区域发展成本变化趋势

地　区	1995 年	1996 年	1997 年	1998 年	1999 年	2000 年	2001 年	2002 年	2003 年	2004 年	2005 年	2006 年
全　国	100.0	104.5	105.2	105.5	106.4	107.4	108.6	109.1	109.9	109.9	109.5	112.2
北　京	116.8	117.4	112.1	118.5	120.6	119.1	119.4	119.8	123.6	121.9	121.1	123.4
天　津	116.6	120.1	123.8	121.8	132.3	130.6	128.6	131.9	127.5	126.2	127.7	128.0
河　北	99.3	102.5	104.3	106.0	107.9	106.9	108.4	109.7	109.0	108.9	109.7	112.0
山　西	97.1	101.9	109.2	105.9	111.1	109.3	113.4	112.1	108.0	111.3	112.0	113.1
内蒙古	98.0	102.7	97.3	102.2	106.8	109.0	106.3	106.9	110.4	112.4	113.3	114.1
辽　宁	104.9	108.2	102.2	110.7	113.2	114.2	116.4	115.2	115.4	114.4	113.5	116.7
吉　林	98.3	106.5	101.3	108.3	109.9	109.7	111.0	112.0	113.0	113.7	112.6	114.8
黑龙江	102.8	105.3	99.1	106.4	107.4	109.0	109.3	106.9	108.6	109.3	109.7	112.4
上　海	122.1	124.4	116.2	124.5	123.2	123.5	126.4	126.1	128.8	129.2	128.8	129.6
江　苏	110.9	113.7	110.4	115.2	117.2	118.0	121.7	121.5	121.6	123.1	122.1	122.1
浙　江	101.3	104.7	101.7	106.7	107.0	108.1	109.7	111.1	113.1	113.0	111.8	114.5
安　徽	98.8	101.4	100.5	103.2	103.9	107.8	109.4	108.9	110.3	111.0	111.2	112.8
福　建	102.6	108.7	103.4	108.7	109.1	109.5	111.8	112.8	113.9	112.7	112.3	113.4
江　西	94.8	98.1	94.0	99.9	100.4	102.7	104.8	105.0	108.3	107.6	106.5	108.6
山　东	103.7	106.4	108.1	108.5	112.1	112.7	113.9	119.2	113.1	114.2	113.0	117.5
河　南	95.4	98.7	102.3	100.8	104.0	105.0	108.6	108.7	107.0	108.3	108.6	110.9
湖　北	97.4	100.1	97.6	101.9	102.9	103.3	106.2	104.6	106.3	106.9	107.3	111.0
湖　南	96.9	100.8	96.6	100.9	102.2	104.0	104.1	104.3	106.2	106.1	105.9	107.8
广　东	109.4	113.6	110.9	116.0	117.0	114.4	117.1	116.0	116.3	115.2	113.6	116.9
广　西	100.2	104.0	96.8	105.6	104.7	107.6	106.5	107.8	108.5	109.0	109.7	110.4
海　南	115.1	118.0	111.7	122.0	121.4	121.1	122.9	122.8	122.6	122.6	120.7	121.9
重　庆	86.3	89.9	85.0	90.0	91.9	92.2	94.7	94.4	94.4	95.1	98.3	100.1
四　川	88.2	91.1	86.6	95.2	95.0	97.3	98.1	99.4	98.7	97.8	98.4	100.8
贵　州	85.6	88.8	83.3	91.3	91.3	93.0	92.5	93.8	95.2	94.7	97.7	96.8
云　南	89.8	94.4	89.6	95.2	96.1	97.2	99.3	99.6	100.5	101.1	101.5	102.6
西　藏	98.4	104.8	94.9	95.3	94.2	99.7	101.9	105.5	105.2	106.0	105.7	106.8
陕　西	94.3	94.8	96.1	100.0	102.5	102.0	104.1	104.0	102.4	104.5	102.7	107.9
甘　肃	92.8	93.4	91.3	96.8	97.5	99.6	100.7	101.1	100.9	102.1	101.1	103.6
青　海	96.8	99.1	98.6	102.0	103.2	105.3	106.5	106.6	107.5	108.1	106.9	111.2
宁　夏	100.9	106.2	109.5	106.9	109.6	114.0	110.6	109.8	110.0	112.0	113.1	113.0
新　疆	96.5	97.4	98.0	100.4	100.1	99.9	103.1	103.9	105.0	105.4	105.5	106.7
东部地区（10 省、直辖市）	109.3	112.5	108.1	113.7	114.8	114.5	116.2	116.8	118.0	118.0	116.9	118.8
东部地区（11 省、直辖市）	108.8	112.1	107.6	113.3	114.5	114.2	116.5	116.4	117.7	117.7	116.6	118.5
东北老工业基地	103.3	107.1	101.2	109.2	110.7	111.4	114.6	112.6	112.8	113.0	112.4	115.1
中部地区（8 省）	97.9	101.5	99.4	102.6	103.7	105.5	106.9	106.8	108.0	108.3	108.4	110.7
中部地区（6 省）	96.8	100.0	98.3	101.0	102.3	104.3	105.5	105.5	107.0	107.3	107.4	109.7
西部地区（12 省、直辖市、自治区）	94.2	97.6	93.3	99.4	99.9	101.4	102.0	103.0	103.6	103.8	104.9	106.1
北部沿海地区	108.2	110.7	111.6	112.6	115.9	115.1	116.0	118.9	115.6	116.2	116.1	120.2
东部沿海地区	110.4	113.3	108.5	114.2	115.1	115.8	118.4	118.7	120.4	120.9	120.0	121.4
南部沿海地区	108.1	113.0	109.1	114.6	115.7	114.0	116.9	116.6	117.5	116.4	115.0	117.1
黄河中游地区	96.2	99.7	101.8	100.6	104.6	104.6	107.3	107.7	105.9	107.4	107.5	110.7
长江中游地区	97.1	100.3	97.1	101.5	102.4	104.4	105.8	105.5	107.4	107.4	107.6	109.9
西南地区	90.6	94.3	88.9	95.9	96.3	98.1	98.8	99.7	100.3	100.1	101.9	102.4
大西北地区	95.2	97.8	95.8	99.3	99.8	100.9	103.0	103.7	104.4	104.7	105.0	106.5

表 10.16　1995～2006 年中国各省、直辖市、自治区区域发展水平变化趋势

地　区	1995 年	1996 年	1997 年	1998 年	1999 年	2000 年	2001 年	2002 年	2003 年	2004 年	2005 年	2006 年
全　国	100.0	100.9	102.4	104.2	105.9	108.0	109.4	111.1	113.0	114.9	117.9	120.0
北　京	122.3	122.9	124.2	126.2	127.2	127.8	129.9	131.0	132.5	133.3	135.9	137.2
天　津	117.0	118.0	119.3	121.1	124.0	125.5	126.7	128.0	129.7	132.1	134.2	135.7
河　北	99.0	100.4	102.0	102.9	104.9	107.7	108.6	110.2	111.7	114.1	116.8	119.1
山　西	96.9	97.6	99.5	101.5	103.4	105.4	107.3	108.4	110.8	113.5	116.4	118.7
内蒙古	88.5	88.2	90.0	91.5	93.0	95.4	92.2	100.0	102.9	106.2	109.5	112.2
辽　宁	105.1	105.3	106.5	107.9	110.1	112.0	113.5	115.3	117.1	118.9	120.8	122.9
吉　林	96.1	96.9	98.7	99.7	102.7	104.8	106.1	107.7	108.7	110.4	114.0	116.8
黑龙江	96.6	97.3	99.3	100.5	102.8	106.3	106.8	108.5	110.2	111.3	114.1	115.4
上　海	126.5	127.7	128.9	130.6	133.0	133.3	134.7	136.0	137.3	139.1	141.3	142.6
江　苏	106.6	107.8	109.2	111.2	113.0	115.3	116.3	118.0	120.7	122.6	125.5	128.0
浙　江	108.2	109.3	110.7	113.2	114.5	117.1	118.8	121.0	123.5	125.5	128.1	130.5
安　徽	93.3	93.5	95.1	97.2	99.1	102.1	102.9	104.6	106.7	108.6	111.7	114.3
福　建	104.3	105.4	107.2	108.8	110.8	113.4	114.5	116.5	118.5	120.3	122.4	124.8
江　西	94.0	95.2	97.2	99.4	100.0	102.4	103.2	105.6	107.5	109.4	111.8	114.5
山　东	101.4	102.3	104.2	106.4	108.4	111.1	112.9	114.8	117.1	119.7	122.4	124.4
河　南	93.2	94.4	96.1	98.2	99.5	102.2	103.2	105.2	107.3	109.4	112.8	115.5
湖　北	97.6	99.0	100.8	103.3	105.4	107.4	108.6	110.3	111.6	112.4	115.3	117.8
湖　南	95.3	96.8	97.9	99.8	101.8	104.3	105.5	107.1	108.4	109.4	112.6	114.8
广　东	112.1	113.1	114.1	115.8	119.5	119.1	121.1	122.5	124.2	126.1	128.1	129.6
广　西	93.5	94.3	95.9	97.8	99.9	102.7	103.6	104.8	106.0	108.0	111.4	112.9
海　南	98.7	98.9	99.9	100.2	102.0	103.8	104.7	106.2	106.8	108.3	112.0	115.1
重　庆	97.5	98.2	99.7	102.1	104.2	107.0	108.4	110.1	112.2	113.6	116.6	119.5
四　川	94.1	95.1	96.3	98.5	99.6	102.3	103.9	105.8	107.1	108.8	112.0	114.1
贵　州	86.8	88.1	89.4	91.7	93.8	96.8	98.7	100.7	102.6	104.2	107.0	109.3
云　南	91.3	92.2	94.1	96.7	98.5	99.9	101.2	102.7	104.0	106.0	108.2	109.5
西　藏	72.3	76.3	79.2	82.6	86.4	88.5	94.7	95.0	97.6	98.1	101.1	102.6
陕　西	96.2	96.8	98.7	100.3	102.7	105.8	107.1	108.8	111.1	113.2	115.7	118.1
甘　肃	92.3	91.6	94.1	95.5	97.2	100.2	100.8	102.4	105.0	106.7	108.5	—
青　海	88.5	90.2	91.6	91.6	93.4	94.9	97.9	100.7	103.0	104.1	106.4	108.9
宁　夏	95.6	96.7	98.2	100.4	101.9	104.2	105.8	107.7	109.9	110.6	113.3	114.4
新　疆	90.1	91.2	92.3	93.6	96.2	98.0	99.4	101.6	102.4	104.3	106.3	109.3
东部地区（10 省、直辖市）	108.8	109.9	111.3	113.0	115.4	116.6	118.1	119.7	121.6	123.7	126.0	128.0
东部地区（11 省、直辖市）	108.6	109.6	110.9	112.6	114.9	116.2	117.8	119.3	121.3	123.3	125.6	127.6
东北老工业基地	99.8	100.3	101.9	103.2	105.6	107.9	109.1	110.8	112.4	114.1	116.7	118.9
中部地区（8 省）	95.2	96.2	98.0	99.9	101.7	104.2	105.2	107.0	108.6	110.2	113.4	115.7
中部地区（6 省）	95.2	96.3	97.9	100.0	101.7	104.1	105.2	107.0	108.7	110.3	113.5	115.9
西部地区（12 省、直辖市、自治区）	91.7	92.6	94.3	96.0	97.9	100.2	101.7	103.6	105.4	107.2	110.0	112.2
北部沿海地区	106.9	108.0	109.5	111.3	113.3	115.1	116.6	118.0	119.8	122.0	124.5	126.3
东部沿海地区	111.6	112.8	114.1	116.0	118.1	119.8	121.1	122.9	125.2	127.0	129.5	131.7
南部沿海地区	108.0	108.9	110.1	111.6	114.7	114.8	116.6	118.1	119.9	121.8	123.9	125.8
黄河中游地区	93.0	93.8	95.7	97.4	99.2	101.5	102.7	104.7	107.1	109.6	112.7	115.2
长江中游地区	95.4	96.4	98.0	100.2	101.9	104.4	105.4	107.2	108.8	109.9	113.1	115.4
西南地区	93.3	94.2	95.8	98.0	99.8	102.2	103.5	105.2	106.7	108.5	111.5	113.5
大西北地区	89.3	90.5	91.8	93.0	95.3	97.6	99.6	101.5	103.2	104.2	106.4	108.6

表10.17　1995～2006年中国各省、直辖市、自治区区域发展质量变化趋势

地　区	1995年	1996年	1997年	1998年	1999年	2000年	2001年	2002年	2003年	2004年	2005年	2006年
全　国	100.0	100.4	101.0	101.3	102.5	103.9	104.8	106.6	106.9	107.8	108.8	110.0
北　京	105.1	105.4	104.8	104.4	108.7	110.3	112.8	112.2	111.5	110.4	110.2	117.3
天　津	104.5	104.0	105.6	106.0	107.0	110.2	112.3	111.8	113.6	116.0	125.6	120.8
河　北	98.6	98.0	100.6	101.0	102.4	103.0	103.1	104.0	105.9	105.9	106.9	108.7
山　西	96.5	95.3	95.9	95.0	95.3	96.3	93.0	100.8	102.6	106.3	105.3	107.4
内蒙古	90.9	92.2	95.7	95.7	96.7	98.2	100.9	100.9	102.2	104.1	107.3	109.9
辽　宁	97.6	98.4	98.5	99.0	100.6	103.3	104.0	105.5	107.5	109.5	112.5	109.5
吉　林	96.2	97.7	98.6	98.6	100.2	103.5	106.5	103.2	107.3	107.2	107.9	109.8
黑龙江	99.1	98.3	98.3	98.1	101.5	104.6	104.6	104.8	107.4	107.7	110.1	109.7
上　海	106.8	106.2	106.4	107.3	109.5	110.4	112.0	112.2	114.6	114.9	115.2	118.6
江　苏	99.2	102.0	103.3	104.1	105.3	107.8	107.5	108.5	109.9	111.4	112.3	112.9
浙　江	105.2	106.6	106.2	104.7	106.6	107.2	108.0	110.8	118.3	113.5	111.4	112.5
安　徽	102.7	104.2	100.9	98.8	101.5	101.8	101.4	103.1	104.5	106.6	106.1	107.3
福　建	103.3	103.9	107.2	106.8	107.7	108.6	107.6	110.1	110.6	109.5	121.7	112.6
江　西	92.0	90.0	96.7	91.9	95.0	96.7	101.3	102.7	103.8	104.5	112.3	116.7
山　东	102.7	103.2	103.8	104.7	105.3	106.7	107.5	108.1	109.3	111.3	111.1	113.6
河　南	100.7	100.0	100.2	101.6	100.9	101.7	101.6	103.4	104.5	107.8	106.9	107.3
湖　北	96.3	98.2	100.2	101.3	103.4	105.2	104.4	104.4	109.7	107.7	109.5	109.4
湖　南	97.7	99.1	102.9	99.2	101.1	101.4	105.2	104.3	104.5	106.7	108.6	108.9
广　东	103.1	103.0	112.3	105.1	108.3	108.6	108.7	111.7	109.6	113.7	121.5	116.2
广　西	97.6	96.9	96.9	97.7	98.8	100.9	101.2	100.3	101.8	103.1	105.9	108.1
海　南	102.6	102.9	98.8	100.4	103.9	100.5	105.1	107.5	110.3	114.8	121.5	120.9
重　庆	98.6	99.2	99.3	97.5	98.2	100.6	102.4	102.5	106.0	107.1	104.5	108.4
四　川	97.1	98.1	100.3	99.9	100.9	103.0	104.2	103.0	105.9	106.1	108.2	109.7
贵　州	94.8	92.1	93.2	89.3	91.0	93.2	97.2	98.2	100.2	101.0	102.4	108.2
云　南	92.7	91.6	93.4	92.3	89.4	91.5	104.7	92.9	108.4	109.2	109.0	109.4
西　藏	91.0	93.9	91.4	88.8	89.8	89.5	89.8	91.3	93.9	91.8	95.1	91.7
陕　西	95.0	95.3	94.8	94.3	95.4	101.9	100.1	100.1	103.7	103.0	105.0	113.4
甘　肃	91.4	95.8	93.3	91.7	94.0	95.1	98.4	98.4	105.1	99.7	100.5	107.3
青　海	91.8	90.3	93.0	88.6	95.6	96.7	100.0	95.2	96.0	98.1	103.9	111.4
宁　夏	102.0	102.6	105.1	104.9	105.4	106.1	106.4	106.0	107.4	108.3	108.8	105.4
新　疆	95.1	94.4	94.0	92.6	94.8	97.9	98.6	98.6	99.3	100.4	103.1	104.0
东部地区 （10省、直辖市）	101.7	103.1	104.0	103.8	106.0	107.2	107.6	109.1	110.5	111.1	112.1	114.0
东部地区 （11省、直辖市）	101.2	102.5	103.3	103.3	105.4	106.8	107.3	108.7	110.1	110.8	111.9	113.4
东北老工业基地	97.9	97.7	98.6	98.6	100.8	103.9	104.5	104.4	107.4	107.6	109.4	110.0
中部地区（8省）	97.3	98.1	99.1	98.2	100.1	101.6	102.4	103.3	105.2	106.6	107.9	108.7
中部地区（6省）	97.1	98.5	99.3	98.2	99.8	100.5	101.9	103.0	104.5	106.5	107.4	108.2
西部地区 （12省、直辖市、 自治区）	96.6	97.2	98.5	96.3	96.9	99.5	101.5	101.4	103.1	104.2	105.6	107.9
北部沿海地区	101.9	101.7	102.7	102.8	104.8	106.8	107.1	108.0	109.0	109.6	110.6	113.4
东部沿海地区	101.7	104.1	104.3	104.7	106.5	107.8	108.5	109.7	112.2	112.2	112.1	113.8
南部沿海地区	103.8	104.5	106.4	104.9	107.5	107.8	107.8	110.5	111.4	112.7	122.8	115.7
黄河中游地区	96.7	97.1	97.7	96.8	97.8	99.2	100.0	103.2	103.0	106.0	107.1	108.1
长江中游地区	96.8	98.8	100.2	98.6	100.6	101.6	102.8	103.7	105.2	106.4	108.1	109.1
西南地区	98.1	97.6	98.6	97.0	97.0	99.6	102.2	101.3	104.2	105.1	105.9	108.8
大西北地区	95.6	97.1	98.1	95.8	97.9	99.6	100.0	98.9	101.6	101.8	103.5	105.2

表 10.18　1995～2006 年中国各省、直辖市、自治区区域环境水平变化趋势

地区	1995 年	1996 年	1997 年	1998 年	1999 年	2000 年	2001 年	2002 年	2003 年	2004 年	2005 年	2006 年
全 国	100.0	101.0	101.2	99.7	100.1	99.9	99.9	99.8	99.4	98.6	97.9	97.6
北 京	92.1	93.3	93.4	94.8	95.9	97.4	98.3	99.3	100.3	99.8	101.0	101.8
天 津	93.5	95.2	93.9	95.4	95.6	93.9	94.7	94.3	94.4	94.2	92.1	92.7
河 北	97.8	97.8	97.3	95.0	95.2	95.7	95.5	95.3	95.2	94.0	93.5	93.2
山 西	99.4	100.0	94.2	94.9	95.7	96.5	96.4	95.9	95.4	94.7	94.1	93.6
内蒙古	106.7	105.7	104.1	104.8	104.3	104.5	104.4	103.2	101.0	99.3	97.6	97.1
辽 宁	95.3	95.8	95.4	95.1	95.1	96.4	96.2	96.1	96.4	96.8	94.5	94.0
吉 林	100.0	101.1	100.8	101.5	100.9	101.4	101.7	102.2	101.9	100.2	99.2	98.4
黑龙江	103.3	103.8	103.4	103.7	103.8	104.1	104.3	104.1	103.8	102.8	101.9	101.3
上 海	89.1	89.6	91.7	91.3	91.9	92.4	92.9	93.5	94.2	94.2	94.1	94.3
江 苏	95.8	95.6	96.2	95.7	96.3	96.6	99.0	95.2	95.6	94.3	93.9	93.7
浙 江	98.3	99.2	99.0	95.9	96.3	96.4	96.4	96.2	95.4	95.0	94.8	94.4
安 徽	99.5	100.8	100.8	100.6	100.9	100.9	100.8	101.4	101.1	105.0	99.2	98.4
福 建	100.2	101.3	103.5	100.8	99.0	99.3	98.7	99.3	98.2	97.4	96.6	96.7
江 西	99.9	101.1	103.0	103.0	103.1	101.8	102.5	102.8	100.8	99.2	98.7	98.4
山 东	95.3	96.0	95.6	95.2	95.7	96.1	95.8	95.5	96.1	95.7	95.2	94.7
河 南	98.8	99.6	98.6	98.5	97.9	98.1	97.4	97.2	97.6	96.5	95.0	95.0
湖 北	99.1	99.9	100.0	98.9	98.4	98.6	98.7	99.1	99.0	98.2	97.8	97.2
湖 南	99.9	100.2	101.3	98.9	99.3	99.2	99.2	99.5	98.7	97.6	97.0	97.2
广 东	98.9	100.4	101.4	99.1	98.7	99.8	99.8	99.4	98.5	97.6	97.2	97.3
广 西	99.0	100.2	100.5	98.4	98.8	96.7	97.4	97.3	99.5	94.8	94.4	94.6
海 南	105.8	105.5	106.0	104.9	105.3	105.0	107.7	106.3	105.9	104.7	104.7	104.0
重 庆	99.8	100.6	101.6	101.4	98.3	99.2	99.3	99.6	99.0	98.0	96.9	96.0
四 川	101.5	103.8	102.6	100.0	101.8	99.4	99.7	99.5	99.4	99.1	99.2	98.7
贵 州	105.0	105.6	105.8	101.3	101.9	103.3	104.9	105.1	104.8	104.9	104.3	103.5
云 南	105.3	106.3	105.0	103.7	104.2	104.2	104.6	105.0	104.5	103.7	102.8	102.2
西 藏	139.8	135.7	125.0	122.3	129.0	130.0	129.4	132.0	135.6	128.5	130.2	132.6
陕 西	101.2	103.4	103.0	101.1	100.7	101.0	101.2	100.9	100.6	99.5	98.7	98.2
甘 肃	105.6	105.9	105.1	104.1	105.5	105.3	105.9	105.2	104.0	104.2	103.0	102.8
青 海	114.3	116.0	114.4	113.8	113.8	113.5	113.7	113.8	112.6	110.8	104.2	103.0
宁 夏	99.5	100.9	99.5	98.5	98.1	97.5	97.3	97.4	96.6	96.7	94.2	94.0
新 疆	105.7	109.9	108.5	108.1	108.8	110.2	109.4	108.9	107.6	105.8	104.8	103.5
东部地区 (10 省、直辖市)	96.4	97.1	97.6	96.2	96.6	96.9	96.8	96.6	96.3	95.5	95.2	95.1
东部地区 (11 省、直辖市)	96.2	96.8	97.3	96.0	96.4	96.7	96.8	96.6	96.3	95.6	95.1	95.0
东北老工业基地	99.4	100.0	99.7	99.7	99.7	100.1	100.5	100.7	100.5	99.7	98.2	97.7
中部地区 (8 省)	99.6	100.4	100.6	99.4	99.5	99.5	99.5	99.6	99.1	98.3	97.5	97.1
中部地区 (6 省)	98.9	99.8	100.1	98.4	98.6	98.5	98.6	98.6	98.0	97.3	96.5	96.2
西部地区 (12 省、直辖市、 自治区)	103.7	105.2	104.7	102.9	103.4	102.6	103.1	102.9	102.4	101.0	100.1	99.6
北部沿海地区	95.6	96.2	95.8	95.0	95.4	95.9	95.7	95.5	95.8	95.0	94.5	94.2
东部沿海地区	95.6	95.9	96.5	95.2	95.9	96.0	96.3	95.5	95.3	94.6	94.3	94.1
南部沿海地区	99.7	100.9	102.2	99.8	99.3	99.7	99.3	99.2	98.5	97.5	97.1	97.1
黄河中游地区	101.0	101.8	101.1	99.8	99.6	99.9	99.6	99.1	98.7	97.7	96.8	96.2
长江中游地区	99.4	100.2	101.0	99.9	99.9	99.7	100.0	100.2	99.5	98.9	98.0	97.7
西南地区	101.4	102.9	102.7	100.2	100.7	99.6	100.2	100.1	100.2	98.7	98.3	97.8
大西北地区	107.2	109.5	108.1	107.5	108.3	108.2	108.2	108.0	107.0	106.3	104.2	103.5

表 10.19　1995～2006 年中国各省、直辖市、自治区区域生态水平变化趋势

地　区	1995 年	1996 年	1997 年	1998 年	1999 年	2000 年	2001 年	2002 年	2003 年	2004 年	2005 年	2006 年
全　国	100.0	106.3	99.8	103.5	100.0	101.9	100.1	101.1	100.1	100.3	100.6	101.1
北　京	118.6	126.5	118.5	124.1	119.3	119.8	117.8	118.4	116.9	118.6	116.9	118.4
天　津	120.6	123.7	119.0	123.9	118.6	120.1	118.1	119.7	118.1	119.7	118.4	120.0
河　北	102.1	107.7	101.3	105.5	101.3	103.4	101.7	102.3	101.8	101.8	102.6	102.6
山　西	99.7	103.8	99.7	102.0	99.8	100.3	99.8	99.8	100.5	99.8	100.5	100.3
内蒙古	104.7	109.0	104.6	106.8	104.6	105.1	104.5	104.7	104.7	103.8	104.9	104.8
辽　宁	117.3	122.8	117.0	120.1	117.8	117.4	116.7	117.1	117.3	116.9	118.1	117.8
吉　林	121.3	126.6	121.0	122.9	121.6	121.8	120.9	122.3	122.0	121.4	122.3	122.7
黑龙江	121.2	126.6	121.0	124.6	121.7	124.0	121.1	122.3	120.6	121.0	121.0	122.3
上　海	153.0	199.6	150.8	176.4	147.6	148.9	158.9	147.6	153.2	148.3	153.3	146.0
江　苏	125.1	135.6	125.1	129.4	125.6	128.2	126.1	129.0	126.3	127.4	127.6	127.5
浙　江	137.0	145.4	137.2	140.4	137.3	140.1	138.1	139.3	137.4	138.1	137.2	138.3
安　徽	125.0	131.6	124.7	127.2	124.5	127.3	124.4	127.4	124.3	126.2	125.3	126.1
福　建	122.4	131.2	123.1	127.3	122.6	126.6	123.6	125.2	122.2	123.7	122.7	123.7
江　西	133.1	141.2	133.8	135.5	133.1	137.3	133.7	137.0	133.0	134.6	132.9	135.8
山　东	110.9	117.2	110.7	115.5	110.9	113.0	111.3	111.4	111.3	111.9	111.9	112.6
河　南	114.7	121.6	114.0	119.3	114.9	116.9	115.0	116.8	114.7	115.6	116.0	116.5
湖　北	123.3	128.5	123.3	126.6	123.5	125.3	123.4	124.4	123.3	123.7	123.5	124.1
湖　南	132.4	137.5	133.2	135.7	132.9	136.5	133.2	134.5	132.7	134.1	133.2	135.3
广　东	124.6	131.5	124.6	130.8	125.1	128.3	125.2	125.7	125.3	125.3	126.0	126.6
广　西	116.1	122.6	116.3	123.1	116.0	119.4	116.7	118.8	116.3	116.9	116.7	118.1
海　南	127.2	130.0	127.2	133.9	127.6	129.4	127.5	129.9	127.3	129.2	126.6	128.2
重　庆	109.2	118.0	109.2	113.1	108.9	111.6	109.3	109.9	109.3	109.3	110.3	109.9
四　川	110.1	121.4	110.1	116.4	111.2	114.7	110.2	111.9	110.8	111.1	111.8	111.6
贵　州	124.1	131.0	124.4	129.9	124.6	127.7	125.8	126.5	126.1	126.1	126.8	127.3
云　南	114.7	121.4	113.6	118.1	114.0	116.8	115.0	115.5	115.1	114.8	114.3	114.5
西　藏	109.3	120.2	108.8	109.9	108.1	111.9	108.5	110.7	108.7	111.3	109.7	112.7
陕　西	104.3	109.1	104.2	107.1	104.4	105.6	104.6	104.6	104.6	104.1	105.2	104.6
甘　肃	95.6	100.6	95.7	98.6	96.2	96.4	95.8	96.0	96.2	95.2	96.0	96.3
青　海	103.9	108.0	104.5	105.8	104.1	103.2	103.6	102.7	103.3	102.6	103.6	103.6
宁　夏	91.8	100.0	92.2	96.9	93.3	93.5	92.9	93.2	93.3	92.4	92.4	93.5
新　疆	93.7	102.0	93.1	96.6	93.7	94.1	92.8	92.3	93.1	91.5	93.7	93.0
东部地区 （10 省、直辖市）	115.1	122.2	114.8	119.5	115.0	117.4	115.5	116.6	115.4	116.0	116.0	116.5
东部地区 （11 省、直辖市）	115.1	122.1	114.8	119.3	115.2	117.2	115.4	116.4	115.4	115.8	116.0	116.5
东北老工业基地	119.0	124.4	118.7	121.6	119.4	120.2	118.7	119.6	118.8	118.9	119.6	120.0
中部地区（8 省）	116.7	122.4	116.6	119.7	116.9	118.8	116.7	118.1	116.6	117.2	117.3	118.1
中部地区（6 省）	115.7	121.6	115.7	118.8	115.8	118.0	115.6	117.3	115.7	116.5	116.3	117.2
西部地区 （12 省、直辖市、 自治区）	99.0	105.5	99.0	102.9	99.2	100.8	99.3	99.8	99.5	99.0	99.8	99.9
北部沿海地区	108.9	114.8	108.1	112.9	108.4	110.5	108.7	109.3	108.8	109.1	109.4	109.9
东部沿海地区	127.5	137.6	127.5	131.6	127.7	130.3	128.4	130.7	128.3	129.3	129.2	129.4
南部沿海地区	122.3	129.0	122.5	128.2	122.7	125.9	123.3	124.2	122.7	123.5	123.0	124.1
黄河中游地区	103.7	108.9	103.4	106.7	103.7	104.8	103.8	104.3	103.9	103.6	104.5	104.5
长江中游地区	126.3	132.1	126.5	129.1	126.3	129.1	126.3	128.1	126.1	127.3	126.5	127.8
西南地区	111.8	120.0	111.8	117.2	112.0	115.2	112.3	113.5	112.6	112.7	113.0	113.3
大西北地区	94.0	100.1	94.2	97.2	94.6	94.8	94.2	94.2	94.6	93.5	94.5	94.8

表 10.20 1995~2006 年中国各省、直辖市、自治区区域抗逆水平变化趋势

地 区	1995 年	1996 年	1997 年	1998 年	1999 年	2000 年	2001 年	2002 年	2003 年	2004 年	2005 年	2006 年
全 国	100.0	99.9	100.1	100.8	101.7	102.0	103.1	103.8	104.9	103.7	104.1	103.9
北 京	99.3	102.9	103.4	103.6	104.7	104.1	104.8	105.5	105.5	104.8	104.4	101.9
天 津	104.4	105.3	106.2	106.7	107.1	106.9	105.5	107.8	107.6	107.0	108.2	107.7
河 北	100.0	99.8	100.4	100.4	100.7	100.8	102.5	103.8	104.3	103.5	104.4	103.8
山 西	96.3	96.2	96.4	97.5	97.9	99.1	99.1	101.8	103.2	101.5	101.4	103.5
内蒙古	95.1	95.7	95.6	96.8	97.8	99.4	99.8	101.3	98.7	99.5	97.0	100.5
辽 宁	105.0	104.2	104.2	105.3	105.5	106.1	106.8	107.3	108.5	107.5	108.7	108.1
吉 林	104.6	104.8	103.9	104.6	104.3	106.8	105.7	106.7	106.8	105.4	104.6	102.8
黑龙江	102.0	101.9	102.1	102.4	103.0	102.9	104.6	105.0	104.4	102.7	103.3	101.8
上 海	95.0	94.3	95.7	101.8	100.4	102.0	105.3	103.1	106.7	104.1	106.5	104.4
江 苏	102.5	101.6	102.3	103.7	104.8	102.9	106.2	105.8	108.8	107.0	108.3	108.2
浙 江	101.9	102.1	102.7	103.9	104.2	103.3	103.8	104.8	105.3	105.0	105.5	105.6
安 徽	98.3	98.8	100.0	99.9	100.3	99.5	101.7	103.7	103.1	100.7	99.7	98.8
福 建	100.1	100.4	99.7	99.8	101.0	100.2	102.2	102.1	103.8	103.3	104.9	103.6
江 西	100.3	99.0	99.4	98.5	98.2	98.5	101.2	101.9	104.3	102.4	103.2	103.5
山 东	104.6	104.3	104.9	105.0	105.6	103.8	107.2	107.0	109.0	104.4	107.3	108.2
河 南	99.3	99.2	99.3	99.8	100.2	99.6	102.6	102.8	104.2	103.9	104.8	103.9
湖 北	101.4	100.7	100.8	101.5	101.8	101.8	103.1	104.6	105.6	104.6	105.3	103.1
湖 南	100.2	98.8	98.1	98.3	99.5	99.9	102.6	103.9	104.3	103.9	104.2	103.2
广 东	98.4	98.8	97.5	98.1	98.0	99.6	102.9	102.6	103.9	103.9	102.6	102.0
广 西	99.7	99.4	99.1	98.8	99.4	98.7	103.3	103.6	104.6	102.9	104.6	104.3
海 南	100.0	99.7	101.0	105.3	106.8	102.1	103.6	103.1	105.8	104.2	105.6	107.1
重 庆	93.9	93.5	93.6	95.5	96.0	98.0	99.0	100.0	102.3	100.2	101.4	99.6
四 川	95.0	96.1	96.8	97.7	98.3	100.2	100.8	101.6	104.0	102.5	103.4	102.0
贵 州	94.2	94.0	94.4	93.8	95.1	93.5	97.7	98.9	96.6	97.1	97.2	96.3
云 南	92.5	93.3	93.0	95.0	96.4	96.9	98.7	99.4	101.1	99.2	101.1	99.4
西 藏	64.1	65.9	65.3	68.2	71.3	71.1	70.5	74.3	75.5	76.8	66.6	66.8
陕 西	100.8	100.7	100.4	101.6	102.1	102.4	99.5	102.9	103.3	103.3	103.0	103.7
甘 肃	98.9	97.6	95.6	95.2	99.8	100.3	100.3	100.4	102.6	98.8	100.1	100.2
青 海	91.2	88.7	89.5	89.2	92.9	94.9	95.7	96.9	95.7	95.2	95.4	94.5
宁 夏	94.9	95.3	94.9	97.4	98.6	100.7	100.5	102.2	104.7	101.0	103.7	103.5
新 疆	81.6	82.1	81.4	85.4	84.5	86.7	88.1	88.7	89.1	89.6	89.1	88.8
东部地区 （10 省、直辖市）	104.0	94.4	104.6	105.5	106.1	105.6	106.8	107.0	108.6	107.4	108.2	107.8
东部地区 （11 省、直辖市）	104.2	94.5	104.7	105.6	106.1	105.7	106.8	107.1	108.7	107.4	108.4	107.9
东北老工业基地	103.9	94.2	103.4	104.1	104.9	105.2	105.7	106.2	106.7	105.5	106.0	105.0
中部地区（8 省）	101.5	91.7	101.1	101.5	101.9	102.3	103.6	104.9	105.1	103.9	104.0	103.9
中部地区（6 省）	100.4	90.5	100.1	100.4	100.9	101.2	102.8	104.3	104.7	103.6	103.8	104.0
西部地区 （12 省、直辖市、 自治区）	98.4	89.4	97.8	98.5	99.5	100.5	100.3	101.5	102.5	101.5	101.7	101.4
北部沿海地区	103.6	94.4	105.1	105.1	105.7	105.3	106.5	107.1	108.1	106.2	107.7	107.4
东部沿海地区	103.7	93.2	103.6	105.3	105.8	104.9	106.9	106.9	109.0	107.6	108.8	108.7
南部沿海地区	100.4	91.1	100.3	101.5	102.7	101.2	103.9	103.5	105.3	105.0	104.8	104.2
黄河中游地区	99.8	90.4	100.1	100.2	100.9	101.6	101.2	102.4	103.6	102.7	102.6	103.3
长江中游地区	100.6	90.6	100.1	100.3	100.9	100.4	102.7	104.5	104.6	103.7	103.8	103.5
西南地区	96.2	87.8	96.4	96.8	97.8	98.6	100.4	101.2	102.6	101.2	102.3	101.4
大西北地区	94.3	85.2	92.9	94.3	95.7	97.2	97.4	97.9	99.5	97.6	98.1	98.0

表 10.21　1995～2006 年中国各省、直辖市、自治区社会发展水平变化趋势

地　区	1995 年	1996 年	1997 年	1998 年	1999 年	2000 年	2001 年	2002 年	2003 年	2004 年	2005 年	2006 年
全　国	100.0	101.1	102.3	103.1	103.9	105.2	106.6	108.3	109.3	110.1	110.6	113.9
北　京	113.0	115.3	116.0	117.7	119.0	120.2	121.2	123.4	126.4	126.9	129.0	129.0
天　津	108.0	108.6	110.3	110.9	113.1	114.0	115.9	118.0	118.8	120.2	121.2	124.5
河　北	98.8	100.3	101.7	103.0	104.3	105.8	106.8	108.6	109.3	109.8	110.9	114.6
山　西	100.4	101.5	102.4	102.7	104.1	106.2	108.3	110.1	111.6	111.9	113.0	117.7
内蒙古	101.0	102.0	103.4	104.7	105.8	107.3	108.6	110.2	111.1	112.7	112.9	115.5
辽　宁	105.0	106.4	107.4	108.7	109.7	111.3	112.9	115.7	117.1	117.9	118.4	121.1
吉　林	104.0	105.0	105.4	106.0	108.7	110.0	111.4	113.4	116.4	118.7	119.3	115.7	118.2
黑龙江	104.3	105.0	106.2	106.9	107.3	109.6	111.7	113.4	115.1	117.3	116.4	118.8
上　海	116.0	117.4	117.6	120.8	118.7	118.8	119.8	122.6	125.8	124.9	125.9	126.7
江　苏	102.5	103.0	104.1	105.1	106.4	107.6	108.8	110.2	111.2	111.7	114.1	117.5
浙　江	102.7	103.8	105.0	105.9	107.2	108.9	109.9	111.4	112.5	112.8	114.3	119.1
安　徽	96.7	97.3	98.6	99.1	99.8	99.6	102.0	102.9	104.6	104.8	103.9	108.7
福　建	98.5	99.5	101.8	102.5	103.0	105.4	106.5	107.8	108.8	109.4	110.7	114.2
江　西	97.8	99.1	101.4	101.8	102.7	103.9	105.8	106.8	108.1	108.0	108.1	110.9
山　东	100.3	100.9	101.7	102.7	103.9	105.7	107.3	109.3	109.4	110.2	111.5	116.2
河　南	95.8	97.0	98.8	99.3	99.1	100.4	102.9	105.0	105.4	106.8	106.5	111.1
湖　北	101.4	102.4	103.8	105.2	106.0	107.3	108.6	109.1	110.2	111.2	111.0	114.1
湖　南	98.7	99.8	101.8	102.6	103.4	103.5	106.0	107.2	107.9	109.4	108.1	114.2
广　东	102.4	102.0	102.5	105.2	105.3	106.0	108.0	107.5	109.9	109.7	110.9	113.6	117.5
广　西	96.4	98.2	98.2	99.5	100.2	100.4	104.1	104.7	105.3	106.3	105.2	110.8
海　南	101.0	100.8	102.0	102.5	103.3	104.1	104.7	107.2	107.2	109.0	107.7	110.0
重　庆	98.7	98.6	100.5	101.7	102.5	104.2	106.0	107.8	109.8	108.6	107.9	113.3
四　川	96.9	97.8	99.0	100.8	101.3	102.3	103.9	106.3	107.5	108.0	106.5	110.5
贵　州	92.8	93.9	94.8	95.2	96.5	96.6	99.4	101.3	102.0	102.8	102.2	106.1
云　南	94.9	95.8	97.6	98.5	99.0	99.6	100.4	101.5	101.8	104.1	103.5	106.6
西　藏	93.3	95.4	94.7	96.0	96.0	96.6	100.8	101.6	101.8	102.4	102.1	105.4
陕　西	97.9	98.5	100.8	102.0	102.8	104.4	106.1	108.2	109.8	110.1	110.8	114.1
甘　肃	95.8	96.9	98.8	99.2	100.7	102.1	103.4	105.2	105.1	105.9	106.7	108.6
青　海	97.1	97.5	98.9	99.7	101.3	102.3	103.9	106.3	107.0	107.7	108.5	110.2
宁　夏	99.0	99.9	100.8	101.7	102.7	103.7	105.2	106.6	107.0	108.3	108.2	111.1
新　疆	102.7	103.9	104.9	105.2	106.6	107.5	108.5	110.2	111.7	112.2	111.9	113.3
东部地区 （10 省、直辖市）	104.5	105.2	106.5	107.3	108.4	109.8	110.9	112.8	113.5	114.2	115.5	118.6
东部地区 （11 省、直辖市）	104.5	105.3	106.6	107.4	108.5	109.9	111.0	112.9	113.7	114.4	115.6	118.7
东北老工业基地	104.5	105.5	106.7	107.5	108.5	110.4	112.4	114.8	116.5	117.8	116.4	119.3
中部地区（8 省）	100.1	101.1	102.5	103.2	103.9	105.2	107.0	108.2	109.6	110.3	109.8	113.4
中部地区（6 省）	98.6	99.6	101.2	101.8	102.5	103.5	105.4	106.5	107.8	108.3	108.0	112.1
西部地区 （12 省、直辖市、 自治区）	97.4	98.5	99.6	100.4	101.2	102.3	104.2	105.6	106.1	107.0	107.0	109.8
北部沿海地区	105.3	106.3	107.5	108.5	110.0	111.4	113.0	115.1	115.7	116.5	117.6	120.9
东部沿海地区	106.8	107.8	108.7	109.5	110.7	111.7	112.9	114.8	116.0	116.5	118.0	120.9
南部沿海地区	100.9	101.0	103.1	103.5	104.1	105.8	106.3	108.2	108.5	109.4	110.3	113.6
黄河中游地区	98.8	99.7	101.4	102.1	102.9	104.5	106.1	108.0	109.1	110.1	110.5	114.2
长江中游地区	98.8	99.8	101.4	102.2	103.0	103.6	105.4	106.2	107.6	108.0	107.4	111.5
西南地区	96.1	97.0	98.2	99.2	99.9	100.7	102.5	104.1	104.9	105.7	104.8	109.2
大西北地区	97.9	99.1	99.8	100.6	101.4	102.4	104.6	105.8	106.2	106.9	107.2	109.2

表10.22　1995～2006年中国各省、直辖市、自治区社会安全水平变化趋势

地　区	1995 年	1996 年	1997 年	1998 年	1999 年	2000 年	2001 年	2002 年	2003 年	2004 年	2005 年	2006 年
全　国	100.0	102.1	100.7	101.0	100.6	98.6	97.7	96.8	99.0	100.1	100.7	101.1
北　京	102.8	99.6	94.1	94.9	94.1	94.0	94.6	94.7	95.6	96.2	99.3	103.1
天　津	105.3	106.4	104.9	104.5	94.3	99.0	98.4	101.5	99.3	100.1	101.7	104.7
河　北	106.8	107.0	105.1	108.1	107.3	102.2	100.3	97.8	101.7	102.8	102.8	104.7
山　西	101.8	105.6	103.5	103.9	102.7	102.0	100.9	101.0	101.3	100.3	101.3	100.9
内蒙古	101.6	98.1	103.0	110.1	113.1	108.7	107.1	106.8	108.1	104.8	107.4	106.7
辽　宁	100.3	103.3	102.3	105.2	106.3	104.6	102.6	101.5	101.2	100.5	101.0	104.3
吉　林	104.2	107.6	103.0	108.0	107.4	101.6	102.0	100.6	104.6	104.2	101.0	102.1
黑龙江	115.2	112.8	108.8	111.3	110.0	105.2	104.2	106.4	103.0	106.4	105.5	107.0
上　海	106.9	108.9	109.7	112.7	105.6	104.0	105.6	105.4	104.2	105.4	106.9	110.6
江　苏	106.6	109.3	107.2	105.5	103.3	102.3	102.4	101.8	102.7	102.9	103.3	106.5
浙　江	104.1	102.9	101.5	102.2	100.4	99.7	99.1	99.5	100.6	101.1	103.7	102.4
安　徽	106.5	105.1	104.5	105.9	103.7	100.3	99.0	99.2	99.0	100.1	100.8	99.4
福　建	97.7	97.9	98.4	99.1	98.8	97.7	96.2	96.4	97.2	97.6	97.8	96.3
江　西	102.7	105.1	102.4	102.0	100.6	97.8	97.3	97.1	100.0	102.8	100.9	101.2
山　东	103.9	108.0	103.7	103.4	103.0	101.3	100.6	101.0	102.0	104.2	103.9	105.0
河　南	103.2	105.3	100.6	100.6	104.7	101.0	100.9	100.3	100.5	100.4	102.3	105.3
湖　北	102.0	104.8	102.3	106.2	104.1	102.9	99.9	97.3	99.4	101.4	101.6	102.8
湖　南	99.0	102.1	99.7	101.4	101.6	99.4	101.2	101.1	101.1	101.4	103.2	101.8
广　东	96.4	97.1	95.3	97.3	97.9	96.9	97.5	95.8	97.5	97.7	98.3	99.9
广　西	94.3	97.5	95.9	97.9	97.9	98.5	95.3	94.4	96.7	97.2	97.9	96.6
海　南	94.9	97.4	99.5	108.2	100.4	103.2	101.2	100.7	100.4	98.8	101.2	101.6
重　庆	97.9	99.2	96.4	101.3	98.6	101.3	98.0	95.3	96.5	99.3	98.9	98.5
四　川	100.7	102.7	99.6	100.9	101.6	100.4	100.1	100.4	102.1	102.6	102.9	99.9
贵　州	97.4	104.1	103.5	108.0	105.2	102.8	103.2	105.7	105.5	104.4	103.4	104.0
云　南	99.2	98.2	98.5	97.3	95.7	93.9	95.7	94.9	97.8	95.7	96.5	97.5
西　藏	97.3	108.5	103.6	104.9	107.9	103.9	100.1	99.1	105.5	97.1	97.4	100.8
陕　西	100.5	102.7	97.9	103.0	105.5	103.8	105.2	102.9	102.3	100.3	101.0	99.6
甘　肃	101.8	108.3	108.6	109.7	109.0	107.0	103.7	107.2	107.8	106.6	104.0	103.7
青　海	98.2	98.1	102.4	104.9	102.9	104.3	101.9	106.6	104.1	103.2	102.9	102.1
宁　夏	96.7	98.8	96.7	102.7	104.0	102.8	100.6	101.6	101.0	100.4	100.4	101.1
新　疆	101.7	109.2	106.7	114.0	104.5	102.3	106.3	108.6	106.8	111.0	108.1	113.0
东部地区 （10省、直辖市）	107.0	102.5	101.0	102.2	100.0	99.8	99.4	99.0	99.4	100.2	101.7	103.2
东部地区 （11省、直辖市）	106.5	102.2	101.0	102.4	100.6	100.3	99.8	99.3	99.5	100.1	101.0	103.4
东北老工业基地	108.9	106.5	103.2	106.8	106.6	103.7	102.8	102.1	102.3	102.8	101.7	104.6
中部地区（8省）	107.3	104.5	102.2	103.9	104.0	101.2	100.4	99.7	100.5	101.4	101.6	102.2
中部地区（6省）	106.9	104.0	101.9	103.4	103.1	100.6	99.9	99.2	100.1	100.7	101.4	101.6
西部地区 （12省、直辖市、 自治区）	104.0	100.9	100.3	102.6	101.8	100.3	100.4	100.3	100.9	101.0	100.7	100.7
北部沿海地区	109.4	104.8	100.8	101.5	98.6	99.2	98.5	98.4	98.9	100.4	101.3	103.5
东部沿海地区	110.6	105.9	105.1	106.0	102.1	101.0	100.7	101.0	101.1	101.9	104.2	105.8
南部沿海地区	102.4	97.6	97.3	99.1	99.0	98.4	98.1	97.2	98.2	97.9	98.9	99.5
黄河中游地区	107.0	103.5	101.2	104.3	106.3	103.7	103.1	101.6	102.1	101.2	102.6	102.8
长江中游地区	106.6	103.4	101.8	103.4	102.7	100.1	99.6	98.8	100.0	101.2	101.6	101.3
西南地区	103.0	100.5	98.6	100.2	99.2	98.3	98.0	97.5	99.2	99.1	98.9	98.4
大西北地区	105.4	102.4	102.3	103.9	102.0	101.2	100.9	102.4	101.7	102.4	101.9	102.8

表 10.23　1995~2006 年中国各省、直辖市、自治区社会进步动力变化趋势

地　区	1995 年	1996 年	1997 年	1998 年	1999 年	2000 年	2001 年	2002 年	2003 年	2004 年	2005 年	2006 年
全　国	100.0	100.6	101.9	102.5	103.1	105.9	108.6	108.9	110.3	111.9	110.1	111.3
北　京	133.7	134.8	128.5	135.4	137.7	138.4	139.0	141.3	143.2	146.1	149.7	151.8
天　津	115.9	116.9	116.8	117.8	122.0	123.3	124.5	127.1	127.0	130.4	128.2	130.6
河　北	102.6	103.5	103.1	107.8	108.2	109.4	110.5	113.3	116.0	116.0	114.1	113.4
山　西	109.8	110.4	107.5	108.7	111.5	114.3	117.0	118.0	118.7	118.8	118.9	120.0
内蒙古	101.1	101.6	100.2	102.2	100.6	102.5	104.3	105.9	105.5	110.5	110.4	110.1
辽　宁	114.5	114.9	112.9	115.1	116.6	117.6	118.5	121.0	123.0	122.0	121.9	121.9
吉　林	111.8	112.2	112.4	112.5	114.5	116.7	118.9	119.6	120.7	120.0	119.2	118.1
黑龙江	112.9	113.2	110.2	111.9	111.6	113.4	115.1	116.0	117.6	118.8	118.6	118.0
上　海	124.3	125.1	118.3	124.4	126.8	128.6	130.4	129.5	134.2	135.5	133.7	138.6
江　苏	103.4	104.0	101.5	103.2	106.1	109.1	111.8	111.0	112.2	112.2	114.7	114.3
浙　江	101.7	102.1	103.2	103.0	103.9	106.0	108.0	111.6	112.4	115.0	111.9	114.2
安　徽	93.1	93.3	94.3	92.5	92.9	96.3	99.6	98.5	104.3	104.9	99.5	101.3
福　建	95.3	96.2	102.7	97.9	100.0	104.7	109.1	107.8	108.9	108.0	109.8	110.3
江　西	97.1	97.7	103.6	100.2	101.3	104.5	107.7	105.6	114.1	111.4	107.9	108.6
山　东	96.2	96.9	96.7	98.5	100.7	105.4	110.0	112.8	111.4	112.6	110.0	112.1
河　南	99.5	100.3	99.0	102.0	99.5	105.0	110.0	111.7	109.6	113.0	110.0	111.0
湖　北	101.1	101.5	103.5	103.6	103.3	107.3	110.3	105.8	110.0	110.3	109.1	111.4
湖　南	99.4	100.0	103.1	102.4	103.7	106.9	110.0	109.7	110.3	112.3	110.9	111.5
广　东	104.2	105.1	109.6	111.2	111.3	113.0	114.5	117.6	117.7	118.2	118.5	118.6
广　西	94.9	95.4	95.2	96.3	96.6	101.4	105.5	103.7	106.8	106.0	107.3	111.0
海　南	92.1	92.7	95.4	95.9	95.9	98.7	101.3	105.5	107.4	112.4	107.7	106.9
重　庆	97.8	98.9	99.1	96.6	97.8	100.1	102.3	105.3	108.1	104.3	105.5	106.7
四　川	94.0	94.4	97.1	96.8	94.8	98.0	101.0	103.1	105.1	105.3	99.0	101.8
贵　州	77.1	77.2	83.6	75.9	80.6	83.1	85.6	88.2	90.3	92.4	85.2	87.9
云　南	78.3	78.6	85.0	80.0	80.4	83.0	85.3	83.6	84.0	93.2	87.5	91.1
西　藏	47.7	48.3	57.2	50.0	46.0	52.7	58.5	60.8	59.2	65.9	62.3	65.2
陕　西	99.1	99.7	101.7	101.8	101.7	104.7	107.5	104.4	110.2	114.0	112.1	112.1
甘　肃	84.9	85.6	89.8	86.7	88.6	91.1	93.5	93.9	95.5	98.0	93.4	90.8
青　海	78.5	79.2	78.1	75.5	84.3	84.6	84.9	90.7	93.8	95.0	94.4	97.9
宁　夏	93.4	94.0	90.3	91.6	92.8	97.0	100.9	102.6	102.0	106.1	102.8	104.6
新　疆	103.5	104.0	105.9	105.2	110.5	110.0	109.6	113.5	114.5	113.7	112.4	112.8
东部地区 （10 省、直辖市）	107.9	108.7	108.4	110.5	112.2	114.5	116.7	118.4	119.7	121.3	120.7	122.0
东部地区 （11 省、直辖市）	108.5	109.3	108.8	110.9	112.6	114.8	116.9	118.6	120.0	121.4	120.9	122.0
东北老工业基地	113.1	113.4	111.8	113.2	114.2	115.9	117.5	118.9	120.3	120.3	119.9	119.4
中部地区（8 省）	103.4	103.9	104.5	104.6	105.2	108.4	111.4	110.9	113.3	113.9	112.1	112.7
中部地区（6 省）	100.2	100.7	102.0	102.0	102.3	105.9	109.4	108.5	111.3	111.9	109.6	110.8
西部地区 （12 省、直辖市、 自治区）	89.3	89.8	91.9	90.0	91.3	93.9	96.3	97.6	99.3	101.8	99.0	100.5
北部沿海地区	113.2	114.1	112.3	115.9	118.0	120.0	121.9	124.4	125.2	127.1	126.7	128.1
东部沿海地区	110.1	110.8	108.1	110.7	112.7	114.9	117.1	117.4	119.9	121.3	120.4	122.8
南部沿海地区	97.6	98.4	102.9	102.3	103.1	106.0	108.8	110.7	111.4	113.0	112.3	112.2
黄河中游地区	102.6	103.2	102.3	103.8	103.6	106.8	109.9	110.3	111.2	114.2	113.0	113.4
长江中游地区	97.7	98.2	101.3	99.9	100.5	103.9	107.2	105.0	109.8	109.8	107.1	108.3
西南地区	89.3	89.8	92.6	90.1	90.8	93.8	96.8	97.7	99.9	101.6	97.8	100.5
大西北地区	84.3	84.9	86.8	84.3	87.5	89.5	91.5	94.2	94.9	97.1	94.7	95.8

表 10.24　1995～2006 年中国各省、直辖市、自治区区域教育能力变化趋势

地　区	1995 年	1996 年	1997 年	1998 年	1999 年	2000 年	2001 年	2002 年	2003 年	2004 年	2005 年	2006 年
全　国	100.0	100.2	102.0	103.0	105.6	108.5	111.3	113.5	115.8	117.6	118.8	119.8
北　京	129.4	130.4	130.4	132.6	133.9	134.3	136.3	137.3	138.7	139.3	140.0	136.0
天　津	116.3	116.0	118.9	119.0	122.5	123.2	125.9	128.5	130.2	132.2	132.5	131.9
河　北	97.2	97.2	99.7	101.0	103.0	105.6	109.0	112.4	113.8	114.8	116.2	116.5
山　西	101.6	100.2	101.5	101.5	106.3	108.1	111.9	114.0	116.4	117.6	119.9	120.8
内蒙古	99.8	100.8	101.3	103.0	103.9	106.2	109.6	112.5	113.7	117.3	117.3	117.7
辽　宁	107.2	106.9	108.8	108.7	111.2	113.0	115.6	118.0	120.2	120.8	122.0	122.4
吉　林	105.0	113.8	109.3	110.0	111.8	113.2	115.7	118.0	119.6	120.5	120.8	121.8
黑龙江	103.3	103.2	104.7	104.8	107.7	112.1	115.1	116.7	118.5	119.8	120.6	120.4
上　海	122.7	122.8	123.8	125.8	125.9	125.2	127.5	129.9	131.2	131.8	132.7	131.2
江　苏	102.9	102.7	103.5	106.9	109.5	110.8	113.7	115.9	119.2	121.3	124.3	122.6
浙　江	98.3	100.4	102.9	106.3	108.4	111.5	115.0	117.9	119.5	121.4	121.5	122.7
安　徽	93.8	92.9	95.5	96.7	99.0	103.5	105.1	107.0	111.2	111.3	113.7	115.2
福　建	100.3	99.7	102.9	101.6	104.3	107.2	110.8	112.8	115.6	117.4	120.0	119.9
江　西	95.5	95.5	98.6	97.1	100.9	104.8	109.2	111.4	117.6	116.5	118.5	120.3
山　东	98.3	96.5	98.8	100.5	103.3	108.3	111.3	113.2	114.2	116.7	117.7	119.0
河　南	94.6	94.3	94.9	96.6	97.3	103.0	105.3	106.7	108.0	111.7	112.7	113.7
湖　北	103.4	103.3	105.0	105.5	108.0	110.9	114.1	115.7	119.3	120.5	122.3	122.9
湖　南	96.4	97.9	98.9	100.0	103.4	107.0	109.3	111.7	114.0	116.3	118.1	118.9
广　东	101.4	98.8	105.0	103.3	104.9	106.2	110.4	113.7	115.0	116.8	116.8	116.8
广　西	93.1	92.1	94.2	95.8	96.9	103.2	104.0	105.6	107.7	109.4	110.9	112.6
海　南	96.3	95.0	97.1	98.2	98.7	101.0	104.1	108.3	111.2	113.5	114.5	115.6
重　庆	98.5	98.1	99.2	99.5	104.5	106.6	109.2	111.0	113.4	114.5	119.6	118.7
四　川	93.7	90.2	94.3	95.6	96.9	102.4	104.8	107.2	109.3	111.6	113.7	115.4
贵　州	87.2	87.6	88.3	90.0	94.5	98.8	100.9	103.7	105.6	106.8	111.1	107.2
云　南	93.8	94.4	94.2	95.6	97.9	100.2	102.9	98.9	106.4	110.7	109.7	110.7
西　藏	97.7	93.4	93.2	92.6	96.2	103.5	104.9	110.4	109.5	115.1	116.9	116.7
陕　西	103.7	105.0	105.3	106.7	109.7	113.2	117.5	118.3	122.7	123.1	123.8	124.0
甘　肃	95.5	96.4	97.1	99.7	101.9	104.1	107.7	109.7	112.3	113.6	114.4	114.6
青　海	99.6	99.4	99.0	102.5	102.3	104.4	107.5	109.9	111.5	111.6	113.7	114.7
宁　夏	99.5	100.2	100.7	102.1	104.8	107.3	111.0	112.4	113.1	115.5	116.0	117.1
新　疆	106.0	105.0	105.8	106.2	109.0	109.7	113.6	115.5	116.5	117.3	117.9	118.1
东部地区 （10 省、直辖市）	104.2	104.1	105.8	107.4	109.8	111.5	114.8	117.3	119.1	120.9	122.0	121.6
东部地区 （11 省、直辖市）	104.6	104.4	106.2	107.6	110.0	111.7	114.9	117.4	119.2	120.9	122.0	121.6
东北老工业基地	105.9	106.5	107.6	107.9	110.2	112.8	115.5	117.5	119.4	120.4	121.0	121.6
中部地区（8 省）	99.0	99.3	100.5	101.0	103.7	107.2	110.0	112.0	114.9	116.1	117.8	118.6
中部地区（6 省）	97.7	97.4	99.0	99.6	102.5	106.1	108.9	110.8	114.2	115.2	117.2	118.3
西部地区 （12 省、直辖市、 自治区）	96.4	96.5	97.5	98.9	101.4	104.5	107.4	109.5	111.7	113.8	115.5	115.3
北部沿海地区	105.2	104.8	106.3	107.8	110.6	112.7	115.9	118.1	119.6	121.5	122.6	122.0
东部沿海地区	105.3	105.9	107.0	109.8	112.0	113.7	116.5	119.3	121.3	123.3	124.8	124.2
南部沿海地区	100.5	99.2	103.2	102.7	104.5	106.3	110.3	113.0	115.3	116.7	117.6	117.4
黄河中游地区	99.0	99.1	99.7	100.7	103.7	106.6	109.9	111.8	114.1	116.2	117.5	118.0
长江中游地区	98.1	98.2	100.1	100.5	103.5	107.0	109.8	111.7	115.9	116.3	118.3	119.4
西南地区	93.6	92.9	94.3	95.3	98.2	102.2	104.4	106.1	108.9	110.7	113.4	112.8
大西北地区	100.3	100.2	100.7	102.5	104.5	106.4	110.1	112.3	113.4	115.3	116.3	116.3

表 10.25　1995～2006 年中国各省、直辖市、自治区区域科技能力变化趋势

地 区	1995 年	1996 年	1997 年	1998 年	1999 年	2000 年	2001 年	2002 年	2003 年	2004 年	2005 年	2006 年
全 国	100.0	99.7	100.9	100.5	103.1	103.8	104.4	106.3	107.1	105.4	108.2	109.3
北 京	113.0	110.3	110.2	111.3	115.8	116.7	116.6	117.5	118.3	117.0	117.6	118.8
天 津	104.3	105.4	104.0	105.2	107.4	107.8	108.5	111.1	112.1	112.4	111.7	115.1
河 北	93.0	94.6	100.2	97.2	99.3	96.9	96.6	98.4	98.3	96.5	101.6	102.5
山 西	90.5	92.6	92.0	90.9	93.9	95.5	96.2	97.8	99.1	97.6	99.1	98.9
内蒙古	87.6	90.0	90.6	90.6	92.5	94.2	94.2	94.4	96.4	95.4	99.3	98.9
辽 宁	98.3	100.3	101.4	101.7	103.7	104.5	105.2	107.1	108.0	107.9	108.0	109.6
吉 林	98.7	102.3	101.2	103.8	103.5	103.9	104.3	105.1	104.6	105.0	107.9	109.9
黑龙江	97.2	97.6	98.0	98.6	100.2	101.5	101.2	104.0	104.0	105.1	106.6	106.3
上 海	103.8	105.0	107.4	106.6	110.1	110.3	111.7	113.0	116.0	114.3	117.6	118.9
江 苏	98.6	98.9	102.2	100.4	102.4	100.4	101.4	105.8	106.4	104.5	107.5	108.6
浙 江	98.9	103.3	103.0	100.7	106.3	104.9	104.8	106.9	108.5	107.8	110.4	110.8
安 徽	93.6	96.3	94.7	97.7	98.4	98.1	98.0	101.1	101.0	100.8	103.6	103.6
福 建	96.9	101.0	103.3	100.8	103.1	102.5	101.2	105.7	108.7	104.4	107.0	107.2
江 西	87.7	90.4	91.5	90.8	92.6	92.3	94.0	93.9	95.7	94.3	99.3	100.1
山 东	94.5	95.8	97.6	98.2	99.9	101.0	101.0	103.5	104.1	102.6	106.7	106.5
河 南	90.5	93.0	91.3	91.7	94.1	96.3	94.9	96.5	97.1	96.7	99.8	100.5
湖 北	98.5	97.2	98.2	96.1	99.4	101.6	102.3	104.3	105.3	105.0	108.4	108.4
湖 南	95.2	97.0	98.6	96.2	101.6	101.0	102.0	102.7	103.9	103.5	106.6	106.6
广 东	100.5	100.0	103.0	102.1	108.9	105.3	105.8	106.7	108.8	107.0	110.1	111.0
广 西	87.6	88.6	90.5	91.2	93.1	95.2	94.6	96.2	97.0	97.3	101.0	99.5
海 南	89.8	85.2	88.0	89.4	97.0	92.8	97.0	93.7	98.8	93.7	91.9	97.4
重 庆	93.5	96.8	96.9	97.0	97.3	101.7	104.2	106.3	107.7	106.9	110.1	110.3
四 川	95.0	97.3	94.9	95.9	97.9	98.0	99.3	99.6	101.9	101.7	103.9	105.3
贵 州	83.7	88.8	83.4	84.8	89.3	90.5	89.3	94.2	94.5	94.1	97.2	96.1
云 南	92.3	90.8	93.6	93.3	97.2	96.4	97.7	97.5	98.4	97.7	99.6	99.8
西 藏	58.3	60.5	57.3	63.1	61.8	64.8	63.9	66.4	66.6	60.4	67.7	68.3
陕 西	96.8	98.7	98.9	97.5	100.2	100.4	100.9	101.8	103.6	102.8	104.2	106.2
甘 肃	92.8	95.6	95.0	95.0	92.1	97.6	98.4	97.7	98.1	101.1	103.3	104.9
青 海	84.9	87.6	84.9	81.1	82.6	91.2	90.0	93.1	92.3	93.1	93.0	95.9
宁 夏	88.8	84.5	88.7	90.5	94.4	92.4	96.0	92.4	95.9	93.0	95.0	98.0
新 疆	89.3	90.7	92.8	90.9	96.6	94.7	93.2	95.2	96.0	97.1	96.2	97.4
东部地区（10 省、直辖市）	101.6	102.0	103.8	102.8	106.5	106.1	106.3	109.0	110.1	108.0	111.2	112.3
东部地区（11 省、直辖市）	101.3	101.9	103.7	102.8	106.3	106.0	106.3	108.9	110.0	108.1	110.8	112.1
东北老工业基地	98.2	100.1	100.8	101.4	103.0	103.5	104.1	106.1	106.7	106.8	107.5	108.9
中部地区（8 省）	95.1	96.9	96.7	96.4	99.1	99.5	100.3	101.6	102.2	102.0	104.8	105.4
中部地区（6 省）	94.1	95.9	95.7	95.0	98.2	98.8	99.5	100.8	101.6	101.1	104.1	104.7
西部地区（12 省、直辖市、自治区）	93.5	95.6	95.1	94.6	97.6	98.7	99.4	100.5	101.7	101.5	103.7	104.5
北部沿海地区	103.2	102.6	103.8	103.5	106.8	107.4	107.2	109.4	109.7	108.0	111.2	112.3
东部沿海地区	100.3	101.5	103.7	101.8	105.6	104.7	105.6	108.9	110.2	108.3	111.3	112.5
南部沿海地区	99.4	99.8	102.6	101.3	106.6	104.0	103.9	106.4	108.9	106.1	109.1	109.9
黄河中游地区	93.3	95.9	94.7	94.1	96.9	97.8	98.2	99.3	100.4	99.5	102.1	102.6
长江中游地区	95.6	96.5	97.1	96.1	99.3	99.8	100.9	102.1	103.2	102.6	105.9	106.6
西南地区	92.6	95.0	94.1	94.1	97.2	98.4	99.4	100.4	102.0	101.6	104.3	104.7
大西北地区	91.3	93.6	94.1	93.1	96.6	96.6	96.8	97.2	98.1	99.3	99.7	101.7

表 10. 26　1995～2006 年中国各省、直辖市、自治区区域管理能力变化趋势

地 区	1995 年	1996 年	1997 年	1998 年	1999 年	2000 年	2001 年	2002 年	2003 年	2004 年	2005 年	2006 年
全　国	100.0	102.7	102.7	103.4	103.8	104.9	105.5	105.2	100.3	104.8	104.5	105.7
北　京	104.6	102.8	103.5	105.4	104.6	105.0	106.1	106.8	104.3	106.2	103.6	108.3
天　津	105.8	106.5	105.5	106.0	105.2	107.5	108.0	107.3	105.1	107.7	105.1	108.4
河　北	100.2	101.8	98.3	102.2	101.6	100.0	101.5	102.7	97.6	104.1	102.5	105.7
山　西	100.5	100.6	101.8	100.9	101.1	101.0	101.6	101.0	95.8	103.3	99.2	108.6
内蒙古	95.9	103.7	99.9	101.6	99.8	99.7	100.3	100.6	96.8	101.9	104.4	104.7
辽　宁	104.0	104.4	103.2	105.1	104.4	104.5	106.4	104.1	102.1	103.3	106.2	106.3
吉　林	100.2	100.0	101.5	101.8	101.7	101.6	104.6	103.5	97.0	102.0	102.2	102.4
黑龙江	98.4	102.1	101.3	102.1	101.9	101.4	102.4	100.0	98.4	101.9	100.6	101.6
上　海	108.2	108.8	111.3	107.3	105.6	106.9	107.0	107.7	106.7	108.5	108.9	107.6
江　苏	103.7	104.6	102.0	101.9	101.2	102.1	103.6	101.2	98.2	101.8	102.0	103.7
浙　江	99.9	102.0	99.0	98.3	103.4	104.3	106.5	105.6	99.9	104.5	104.1	103.6
安　徽	96.8	102.1	104.0	101.7	102.7	102.5	98.2	100.9	99.3	105.0	102.0	105.5
福　建	94.8	99.9	101.7	106.6	102.6	102.3	103.9	100.7	98.9	104.6	104.0	109.8
江　西	97.8	99.6	99.1	99.5	99.0	98.4	99.5	98.9	94.7	100.7	101.7	102.4
山　东	103.7	101.1	101.4	103.5	103.1	102.7	103.6	102.6	98.3	103.6	101.7	103.8
河　南	98.4	102.0	101.6	102.4	103.0	101.4	104.4	104.2	98.0	104.0	105.3	107.0
湖　北	99.2	100.5	100.1	101.3	99.9	108.7	101.4	100.2	95.6	100.8	101.8	104.1
湖　南	99.8	100.3	98.5	100.2	101.1	100.4	98.1	100.2	95.0	100.4	100.6	102.2
广　东	102.1	102.9	104.9	104.4	104.4	104.6	106.3	105.5	99.9	104.9	104.2	105.6
广　西	99.5	97.1	100.2	100.7	99.5	101.9	104.1	124.6	103.4	106.0	103.9	106.5
海　南	98.6	101.4	99.6	100.2	99.8	100.5	99.9	96.7	95.1	100.2	97.4	104.4
重　庆	100.0	99.0	99.6	99.7	99.5	99.9	104.5	108.6	103.9	103.8	103.1	103.5
四　川	98.9	100.8	100.2	99.5	97.6	97.5	100.1	99.2	93.9	98.5	99.3	101.1
贵　州	94.2	98.0	97.4	101.3	98.8	112.8	91.0	97.2	96.1	100.7	100.6	103.4
云　南	95.2	97.1	95.0	96.7	97.6	101.3	101.3	101.9	98.4	100.1	101.6	101.8
西　藏	92.9	90.9	94.6	93.5	93.3	92.4	94.3	91.1	91.6	89.8	86.1	98.9
陕　西	97.5	100.2	99.0	102.5	101.1	99.3	101.0	97.8	94.9	99.5	102.5	101.9
甘　肃	96.6	100.3	98.3	100.1	99.2	99.0	100.4	97.4	95.9	101.3	100.7	101.9
青　海	95.0	95.6	98.0	101.4	96.0	102.5	99.9	100.0	95.5	101.8	103.9	104.2
宁　夏	100.2	101.5	100.0	102.0	100.6	102.9	104.5	102.0	101.1	103.3	104.5	105.4
新　疆	97.1	96.0	97.1	96.2	98.3	98.9	99.6	101.1	98.0	100.9	100.5	102.0
东部地区 （10 省、直辖市）	101.8	102.7	102.2	103.5	103.4	104.1	105.5	104.6	100.5	105.1	104.1	105.8
东部地区 （11 省、直辖市）	102.2	102.9	102.3	103.7	103.5	104.2	105.5	104.6	100.8	104.8	104.4	106.0
东北老工业基地	101.5	102.8	102.2	103.4	102.8	102.8	104.8	103.2	99.9	102.6	103.6	104.0
中部地区（8 省）	99.0	100.7	100.7	101.4	101.2	102.5	101.4	101.2	96.6	102.3	101.6	104.4
中部地区（6 省）	98.9	100.7	100.3	101.1	100.9	103.1	100.4	100.6	96.1	102.3	101.4	105.1
西部地区 （12 省、直辖市、 自治区）	97.8	98.3	99.1	99.3	98.9	100.1	100.3	100.2	97.2	100.7	101.0	102.0
北部沿海地区	102.8	102.5	101.4	103.8	103.4	103.9	104.5	104.9	100.3	105.5	103.4	106.3
东部沿海地区	103.2	104.7	103.4	102.6	103.3	104.4	105.7	104.5	101.0	104.5	104.9	104.7
南部沿海地区	99.9	102.0	103.5	104.2	103.3	103.6	105.2	103.6	99.3	104.4	102.9	106.3
黄河中游地区	98.5	101.4	100.9	102.3	101.5	101.6	102.3	101.5	96.8	103.0	102.2	106.1
长江中游地区	98.7	100.1	99.7	100.5	100.3	102.7	98.7	99.4	95.4	101.0	101.3	103.3
西南地区	98.2	98.4	99.4	98.6	98.7	100.8	101.0	102.3	98.4	101.1	101.1	102.6
大西北地区	97.1	96.8	97.8	98.7	98.2	99.4	99.9	99.7	96.9	100.8	99.2	102.4

表 10.27　1995～2006 年中国各省、直辖市、自治区土地资源指数变化趋势

地　区	1995 年	1996 年	1997 年	1998 年	1999 年	2000 年	2001 年	2002 年	2003 年	2004 年	2005 年	2006 年
全　国	100.0	98.6	98.6	98.5	98.3	98.0	97.8	97.4	96.6	96.4	96.2	96.1
北　京	96.7	90.9	90.7	90.6	90.2	89.2	85.1	83.8	82.4	80.0	79.7	79.5
天　津	88.1	87.7	87.6	87.6	87.4	87.2	87.0	86.8	86.5	84.2	84.2	84.0
河　北	90.6	89.0	88.9	88.8	88.7	88.6	88.6	87.7	86.8	86.6	86.3	85.8
山　西	98.5	96.8	96.7	96.6	96.5	95.6	95.6	94.5	93.4	92.8	92.6	92.4
内蒙古	100.6	99.5	99.0	98.5	97.5	96.6	95.9	95.0	93.9	93.8	94.4	94.5
辽　宁	100.2	98.7	98.5	98.4	98.4	98.3	98.3	98.1	97.6	97.7	97.7	97.6
吉　林	101.9	100.6	100.5	100.5	100.5	100.4	100.4	100.3	100.2	100.2	100.1	100.1
黑龙江	109.7	109.4	109.4	109.4	109.3	109.4	109.3	109.2	109.0	109.0	109.0	109.5
上　海	101.7	101.7	101.1	100.4	99.8	97.8	97.9	97.8	97.0	96.4	95.7	94.7
江　苏	102.1	101.4	101.3	101.2	101.1	100.9	100.8	100.4	100.1	99.5	99.3	99.1
浙　江	101.4	96.7	96.6	96.6	96.3	95.9	95.9	95.3	95.0	94.5	93.6	93.1
安　徽	101.7	100.2	100.1	100.1	100.0	100.2	100.0	99.7	98.7	98.6	98.7	98.7
福　建	96.8	93.6	93.3	93.0	92.8	92.1	92.1	91.9	91.7	91.5	91.4	90.9
江　西	103.9	102.7	102.5	102.4	102.3	102.2	102.2	101.8	101.1	100.9	100.9	100.5
山　东	99.4	97.8	97.7	97.6	97.6	97.6	97.6	97.5	97.2	97.0	96.8	96.7
河　南	99.7	98.1	98.1	98.0	98.0	98.0	97.9	97.6	97.2	97.2	97.3	97.3
湖　北	102.7	100.9	100.8	100.8	100.7	100.6	100.5	99.9	99.1	98.9	99.0	99.0
湖　南	103.5	101.8	101.7	101.6	101.6	101.5	101.5	101.1	100.6	100.4	100.6	100.4
广　东	95.2	92.0	91.9	91.7	91.4	89.8	90.1	89.5	89.4	89.0	87.7	87.0
广　西	95.9	95.4	95.4	95.4	95.3	95.3	95.2	95.0	94.6	94.4	94.0	93.7
海　南	92.8	92.1	92.0	91.9	91.9	91.7	91.6	91.6	90.4	90.2	89.9	89.9
重　庆	89.3	88.5	88.4	88.4	88.2	88.1	88.1	87.3	85.6	84.7	84.8	84.5
四　川	89.1	88.3	88.3	88.2	88.0	87.3	86.8	86.2	85.4	84.9	85.0	84.7
贵　州	91.6	90.4	90.3	90.2	89.4	89.4	89.1	88.6	87.6	87.2	87.3	87.2
云　南	99.8	98.9	98.9	98.8	98.7	98.2	98.2	98.0	97.3	96.9	96.7	96.6
西　藏	98.8	98.6	98.9	99.0	99.2	99.2	99.2	99.0	98.5	98.3	98.3	98.3
陕　西	99.2	95.2	95.1	94.9	94.5	93.0	92.2	91.0	89.3	88.7	88.3	88.0
甘　肃	97.4	96.4	96.4	96.3	96.3	96.0	95.4	94.0	94.0	93.7	93.6	93.6
青　海	93.1	93.4	93.3	93.2	93.2	92.1	91.2	88.5	85.8	85.0	85.0	85.0
宁　夏	95.1	95.2	95.2	95.2	95.3	99.5	95.6	94.0	91.3	90.0	89.8	89.8
新　疆	104.0	105.3	105.7	106.2	106.6	106.5	106.6	106.1	105.3	105.2	105.4	105.8
东部地区 （10 省、直辖市）	98.0	96.0	95.9	95.8	95.6	95.2	95.2	94.7	94.3	93.8	93.5	93.1
东部地区 （11 省、直辖市）	98.3	96.3	96.2	96.1	96.0	95.6	95.6	95.1	94.7	94.3	94.0	93.6
东北老工业基地	105.9	105.1	105.0	105.0	105.0	104.9	104.9	104.8	104.5	104.4	104.6	104.8
中部地区（8 省）	103.3	102.1	102.0	102.0	101.9	101.8	101.7	101.4	100.9	100.8	100.8	100.9
中部地区（6 省）	101.6	100.0	99.9	99.8	99.8	99.6	99.5	99.1	98.4	98.2	98.2	98.1
西部地区 （12 省、直辖市、 自治区）	97.0	95.9	95.8	95.7	95.4	95.0	94.5	93.9	92.8	92.4	92.4	92.4
北部沿海地区	96.2	94.5	94.4	94.3	94.3	94.1	94.0	93.5	93.0	92.6	92.4	92.1
东部沿海地区	101.8	99.9	99.8	99.6	99.5	99.1	99.1	98.6	98.3	97.7	97.3	96.9
南部沿海地区	95.4	92.6	92.4	92.2	91.9	90.7	90.9	90.5	90.2	89.9	89.1	88.5
黄河中游地区	99.4	97.5	97.3	97.0	96.7	95.9	95.5	94.6	93.7	93.4	93.5	93.4
长江中游地区	102.8	101.2	101.1	101.1	101.0	101.0	100.9	100.5	99.7	99.5	99.7	99.5
西南地区	94.2	93.3	93.3	93.2	93.0	92.7	92.4	92.0	91.2	90.7	90.7	90.5
大西北地区	100.0	100.0	100.1	100.3	100.4	100.7	100.2	99.4	98.0	97.7	97.7	97.8

表 10.28　1995～2006 年中国各省、直辖市、自治区水资源指数变化趋势

地　区	1995 年	1996 年	1997 年	1998 年	1999 年	2000 年	2001 年	2002 年	2003 年	2004 年	2005 年	2006 年
全　国	100.0	100.0	100.7	111.9	101.3	100.2	98.4	101.3	99.6	92.7	100.7	95.1
北　京	85.5	85.4	41.3	75.9	47.2	50.8	54.4	50.8	52.8	57.0	59.5	57.7
天　津	71.1	71.1	29.6	56.9	28.2	30.6	40.9	32.9	57.8	69.4	57.7	55.8
河　北	76.1	76.0	40.5	62.4	50.3	57.8	50.7	45.2	59.6	59.1	55.6	49.8
山　西	72.8	72.8	44.5	57.1	50.7	54.6	50.7	53.6	70.0	57.7	55.2	56.5
内蒙古	71.6	71.5	60.6	98.2	67.5	63.4	61.7	60.0	70.7	67.4	68.4	65.8
辽　宁	92.0	91.9	67.2	92.5	63.4	55.5	74.3	57.5	69.6	79.9	93.8	76.1
吉　林	92.7	92.7	67.4	97.0	79.2	87.3	82.5	89.5	83.8	83.4	114.4	87.5
黑龙江	91.8	91.8	85.4	101.6	77.3	81.9	80.2	82.5	94.8	83.7	89.6	88.6
上　海	90.5	90.5	96.6	127.8	194.4	97.7	124.0	132.4	60.4	84.1	82.8	90.1
江　苏	91.3	91.2	60.3	120.6	106.7	109.1	79.8	80.6	141.6	68.7	115.6	104.7
浙　江	116.1	116.1	131.6	135.0	137.9	121.2	119.0	142.5	88.8	97.4	124.9	115.8
安　徽	103.4	103.3	80.3	135.9	135.3	100.1	83.4	116.9	140.7	85.9	107.3	94.0
福　建	121.3	121.2	142.4	144.8	124.0	129.4	130.1	122.8	97.2	90.1	135.3	149.2
江　西	119.1	119.0	143.1	172.5	141.3	120.7	124.0	147.1	115.8	98.6	123.2	129.2
山　东	84.2	84.2	46.3	89.5	60.0	70.8	68.7	43.7	107.5	86.1	96.2	61.9
河　南	87.2	87.1	48.6	101.8	58.7	120.9	60.7	74.1	124.1	86.6	106.6	75.4
湖　北	107.3	107.3	91.4	130.4	113.8	108.8	80.7	118.6	123.7	103.3	104.2	84.0
湖　南	115.5	115.4	130.5	148.7	131.0	121.5	115.9	155.6	122.8	115.8	117.5	121.8
广　东	120.1	120.0	153.0	118.3	106.2	109.8	135.9	121.9	104.0	92.1	115.2	134.4
广　西	119.2	119.1	141.1	137.5	118.0	108.2	139.1	137.4	119.6	108.1	112.9	119.0
海　南	122.1	122.0	136.4	107.7	126.6	154.1	155.4	125.2	115.5	86.1	119.0	99.9
重　庆	107.1	107.1	105.3	152.6	131.8	127.8	89.0	120.4	126.7	122.2	115.8	96.8
四　川	112.2	112.2	97.3	120.1	110.5	111.4	108.6	96.4	109.6	105.3	118.1	91.7
贵　州	112.5	112.4	127.6	116.2	123.2	124.2	107.9	117.2	104.0	108.9	98.9	97.5
云　南	115.9	115.9	118.1	123.3	123.8	122.4	125.8	118.1	99.5	111.9	103.9	99.7
西　藏	132.2	132.1	125.8	137.4	132.7	135.6	129.6	128.3	135.1	133.8	130.9	126.8
陕　西	92.0	91.9	57.4	83.6	65.9	81.3	67.2	68.8	107.0	75.6	97.3	71.3
甘　肃	72.3	72.2	56.0	64.1	61.1	62.3	62.3	55.9	68.5	58.1	71.3	60.5
青　海	93.5	93.4	84.7	93.4	96.0	92.2	90.2	88.7	93.4	91.6	107.8	89.2
宁　夏	43.7	43.6	36.2	44.2	42.2	38.1	45.2	47.5	46.7	42.8	40.4	43.8
新　疆	80.5	80.4	77.0	83.6	84.0	81.3	84.7	86.1	80.9	78.5	82.1	81.7
东部地区 （10 省、直辖市）	106.5	106.4	116.6	115.0	104.1	106.2	111.6	105.8	96.3	83.9	110.3	112.7
东部地区 （11 省、直辖市）	105.1	105.0	112.5	113.1	100.8	102.2	108.5	101.9	94.0	83.5	108.7	109.6
东北老工业基地	91.5	91.4	76.5	97.9	74.2	77.1	78.9	78.4	86.0	82.3	96.2	85.0
中部地区（8 省）	102.1	102.0	99.3	128.8	108.1	103.6	92.4	115.8	111.6	93.7	105.3	98.9
中部地区（6 省）	106.1	106.1	106.0	138.6	117.9	110.5	96.7	126.2	118.7	97.6	108.7	103.2
西部地区 （12 省、直辖市、 自治区）	100.9	100.9	97.4	108.8	102.1	101.6	100.8	98.8	99.9	97.9	100.1	92.7
北部沿海地区	80.3	80.3	43.1	76.4	54.4	63.1	59.6	44.3	83.3	73.0	76.4	56.4
东部沿海地区	105.5	105.4	106.9	127.8	126.9	114.3	104.7	120.8	102.8	86.0	118.5	109.3
南部沿海地区	120.6	120.5	147.5	126.6	114.4	121.0	135.6	122.4	102.5	90.9	122.5	136.2
黄河中游地区	75.9	75.9	53.0	88.4	60.7	75.1	58.5	61.1	85.8	68.9	77.9	64.9
长江中游地区	112.2	112.2	117.4	149.6	130.2	114.6	105.0	138.3	123.2	102.9	114.0	110.9
西南地区	114.1	114.0	116.3	125.6	118.1	115.9	118.3	114.8	108.9	108.3	110.3	100.5
大西北地区	101.3	101.2	94.9	104.3	102.3	102.6	99.8	98.9	102.9	100.8	102.7	97.4

表 10.29　1995～2006 年中国各省、直辖市、自治区气候资源指数变化趋势

地　区	1995 年	1996 年	1997 年	1998 年	1999 年	2000 年	2001 年	2002 年	2003 年	2004 年	2005 年	2006 年
全　国	100.0	99.9	99.9	100.5	100.0	100.0	99.9	100.2	100.0	99.8	100.1	99.8
北　京	97.8	97.1	96.1	98.1	95.7	96.4	96.6	96.1	96.5	97.2	96.6	96.4
天　津	98.9	98.2	97.2	99.1	97.0	97.8	98.2	97.2	99.0	99.2	98.6	98.2
河　北	97.9	97.2	96.3	97.8	96.5	97.4	96.9	96.6	98.0	97.7	97.3	96.9
山　西	95.6	95.1	94.4	95.9	95.1	95.7	95.2	95.9	97.0	95.8	95.7	95.8
内蒙古	88.9	87.9	86.9	88.2	86.2	86.1	85.9	86.6	87.3	86.3	86.1	86.2
辽　宁	86.8	86.3	85.8	87.1	85.4	85.4	86.0	85.5	86.3	86.4	86.9	86.0
吉　林	84.7	84.3	83.9	85.2	84.1	84.5	83.8	84.7	84.5	84.4	85.3	84.5
黑龙江	81.1	81.1	81.1	81.4	80.4	80.8	80.2	80.9	81.3	80.5	80.9	81.0
上　海	107.1	107.1	107.1	107.3	108.5	107.4	107.9	108.0	105.7	106.9	107.0	107.0
江　苏	105.0	104.7	104.3	105.6	105.0	105.2	104.4	104.6	105.8	104.0	105.2	105.0
浙　江	110.9	111.4	111.8	111.9	111.9	111.5	111.5	112.1	110.4	110.9	111.6	111.3
安　徽	106.3	106.3	106.3	107.4	107.4	106.8	105.9	107.2	107.8	106.3	107.1	106.6
福　建	118.0	118.9	119.7	119.3	118.9	119.3	119.0	119.1	117.4	118.1	119.4	119.8
江　西	115.3	115.7	116.1	116.3	115.8	115.4	115.6	116.2	114.5	114.9	115.5	115.5
山　东	105.2	104.8	104.4	105.7	104.3	104.7	104.7	103.3	106.4	105.7	105.9	104.5
河　南	101.8	101.5	101.1	103.2	101.6	103.5	101.2	102.2	103.8	102.6	103.1	102.2
湖　北	108.5	108.2	107.9	109.0	108.3	108.5	107.3	108.6	108.6	108.3	108.7	107.5
湖　南	114.1	114.5	114.8	114.8	114.7	114.4	114.0	115.5	113.9	114.4	114.1	114.4
广　东	120.5	121.1	121.6	120.6	120.1	120.5	121.3	120.9	119.8	119.5	120.7	121.4
广　西	119.1	119.8	120.5	120.1	119.9	119.2	120.4	120.5	119.2	119.3	119.5	119.7
海　南	122.3	122.7	123.0	122.0	122.6	123.3	123.4	122.6	122.4	121.2	122.5	121.9
重　庆	112.4	112.3	112.2	113.5	113.0	113.0	111.9	112.9	112.9	112.8	112.6	111.9
四　川	111.9	111.5	111.0	112.3	111.9	111.9	112.0	111.6	112.1	111.9	112.3	111.4
贵　州	114.1	114.5	114.7	114.1	114.5	114.7	114.0	114.5	113.8	114.1	113.6	113.7
云　南	100.9	101.3	101.8	101.8	102.1	101.9	102.1	101.7	100.9	101.7	101.4	101.2
西　藏	80.0	80.4	80.8	81.5	81.1	81.2	81.1	80.8	81.3	81.2	81.0	80.9
陕　西	97.9	97.4	96.8	98.6	97.6	98.2	97.9	98.1	99.3	98.0	98.4	98.0
甘　肃	88.1	87.3	86.4	87.6	87.3	87.2	87.2	87.3	88.4	87.1	87.8	87.3
青　海	88.5	87.9	87.2	87.6	87.9	87.5	87.3	87.5	87.7	87.6	88.4	87.6
宁　夏	89.2	89.1	89.1	90.9	90.1	89.4	90.8	91.1	91.1	89.9	89.1	90.0
新　疆	86.3	84.9	82.9	85.0	84.2	84.3	84.1	85.3	84.6	84.3	84.4	84.4
东部地区 （10 省、直辖市）	109.0	109.3	109.5	109.5	109.0	109.3	109.4	109.2	108.9	108.6	109.4	109.5
东部地区 （11 省、直辖市）	106.9	107.1	107.3	107.4	106.7	107.0	107.1	106.9	106.7	106.5	107.3	107.2
东北老工业基地	83.8	83.6	83.4	84.2	83.0	83.3	83.0	83.5	83.8	83.4	83.9	83.6
中部地区（8 省）	100.9	100.9	100.9	101.6	101.0	101.1	100.3	101.5	101.2	100.8	101.0	100.9
中部地区（6 省）	107.4	107.5	107.6	108.3	107.8	107.8	107.0	108.3	107.8	107.5	107.7	107.5
西部地区 （12 省、直辖市、 自治区）	97.1	96.8	96.6	97.4	97.0	96.9	96.9	97.0	97.0	96.8	96.9	96.6
北部沿海地区	100.1	99.6	98.9	100.3	98.9	99.6	99.3	98.5	100.7	100.2	100.1	99.2
东部沿海地区	107.8	108.0	108.1	108.6	108.4	108.2	107.9	108.4	107.8	107.4	108.3	108.0
南部沿海地区	120.0	120.6	121.2	120.5	120.1	120.5	120.8	120.6	119.4	119.4	120.6	121.0
黄河中游地区	94.9	94.1	93.0	94.9	93.2	93.8	93.1	93.8	94.8	93.7	93.8	93.5
长江中游地区	111.2	111.4	111.5	112.0	111.7	111.4	110.8	112.1	111.2	111.1	111.3	111.2
西南地区	111.6	111.8	112.0	112.3	112.2	112.0	112.3	112.1	111.7	111.9	111.9	111.6
大西北地区	86.9	86.5	86.1	87.1	86.7	86.7	86.6	86.8	87.0	86.7	86.9	86.6

表 10.30　1995～2006 年中国各省、直辖市、自治区生物资源指数变化趋势

地　区	1995 年	1996 年	1997 年	1998 年	1999 年	2000 年	2001 年	2002 年	2003 年	2004 年	2005 年	2006 年
全　国	100.0	99.5	99.0	98.6	98.2	97.8	97.5	97.2	96.9	96.6	96.3	96.1
北　京	83.3	82.9	81.8	81.6	80.6	77.3	77.3	76.4	75.6	74.9	74.0	73.2
天　津	73.3	73.1	73.1	72.9	70.8	69.4	69.3	69.2	69.1	68.7	68.1	67.2
河　北	81.9	81.6	81.3	81.1	80.8	80.0	80.3	80.0	79.8	79.6	79.4	79.1
山　西	79.3	78.9	78.4	78.0	77.6	76.4	76.7	76.4	76.2	75.9	75.7	75.5
内蒙古	110.3	109.7	109.3	108.8	108.4	108.0	108.0	107.9	107.9	107.8	107.8	107.5
辽　宁	104.4	104.1	103.9	103.7	102.8	102.1	102.6	102.5	102.4	102.3	102.3	101.7
吉　林	129.1	128.5	128.0	128.0	126.8	125.5	126.2	126.0	125.9	125.8	125.7	125.5
黑龙江	125.0	124.6	124.2	123.9	123.6	125.2	123.3	123.3	123.3	123.3	123.2	123.2
上　海	73.8	73.7	73.7	73.6	70.0	66.5	67.5	67.3	66.0	65.6	65.1	64.6
江　苏	80.1	79.8	79.6	79.4	79.3	78.1	78.5	78.4	78.3	78.2	78.0	77.6
浙　江	100.7	100.4	100.1	99.9	99.6	97.7	98.3	98.0	97.7	97.3	95.8	95.2
安　徽	93.0	92.7	92.3	92.0	91.4	93.1	90.8	90.7	90.3	89.9	92.2	92.3
福　建	109.8	109.1	108.7	108.3	107.5	105.4	105.8	105.5	105.2	104.9	104.6	104.3
江　西	105.5	105.0	104.6	104.0	103.6	104.6	104.1	103.7	103.4	103.0	102.7	102.4
山　东	80.3	80.1	79.8	79.5	79.5	78.6	78.8	78.6	78.4	78.2	77.9	77.7
河　南	84.3	84.0	83.7	83.3	83.0	83.6	82.4	82.1	81.9	81.7	83.1	83.0
湖　北	100.0	99.6	99.2	98.9	98.7	98.0	98.4	98.3	98.2	98.1	100.5	100.6
湖　南	101.3	101.0	100.8	100.5	100.3	100.0	99.8	99.6	99.4	99.2	101.8	101.7
广　东	99.1	98.4	97.7	97.1	96.1	89.4	93.4	93.0	92.5	90.9	87.3	86.9
广　西	96.3	95.9	95.4	95.0	94.6	96.9	93.9	93.6	93.3	93.0	95.2	94.6
海　南	106.6	105.8	105.1	104.5	102.7	101.3	100.9	100.4	100.0	99.6	99.1	98.7
重　庆	107.5	107.2	106.9	106.6	106.4	106.2	106.1	105.9	105.8	105.7	111.0	110.8
四　川	111.9	111.5	111.2	110.9	109.5	110.8	109.0	108.8	108.7	108.5	111.5	111.8
贵　州	106.0	105.3	104.6	103.9	103.3	105.7	102.2	101.7	101.3	100.9	103.0	102.7
云　南	120.9	120.2	119.5	118.8	118.2	117.0	117.0	116.5	116.0	115.5	115.1	114.8
西　藏	107.3	106.2	105.1	104.1	102.9	101.4	101.2	100.3	99.6	98.7	98.0	97.2
陕　西	109.5	109.1	108.7	108.4	108.1	108.2	107.5	107.3	107.1	106.9	106.7	106.5
甘　肃	91.2	90.6	90.0	89.5	89.0	88.7	88.4	88.1	87.9	87.6	88.1	87.8
青　海	88.8	88.0	87.1	86.2	85.4	84.6	84.0	83.4	82.9	82.4	82.0	81.5
宁　夏	85.6	84.8	84.1	83.4	82.9	81.4	81.3	80.6	80.0	79.4	78.9	78.3
新　疆	85.6	84.6	83.7	82.7	81.9	77.7	79.0	78.2	77.5	76.7	75.6	74.7
东部地区 (10 省、直辖市)	93.2	92.8	92.5	92.1	91.5	89.1	90.1	89.8	89.5	88.9	87.8	87.4
东部地区 (11 省、直辖市)	94.8	94.5	94.1	93.8	93.2	90.8	91.8	91.6	91.2	90.7	89.7	89.2
东北老工业基地	122.4	122.0	121.6	121.4	120.7	120.5	120.3	120.2	120.1	120.1	120.0	119.7
中部地区 (8 省)	109.5	109.1	108.7	108.4	107.9	108.4	107.4	107.2	107.0	106.8	108.2	108.1
中部地区 (6 省)	95.7	95.4	95.0	94.7	94.3	94.8	93.8	93.6	93.4	93.1	94.7	94.7
西部地区 (12 省、直辖市、 自治区)	99.8	99.3	98.8	98.3	97.6	98.0	96.7	96.4	96.0	95.8	97.4	97.1
北部沿海地区	80.9	80.6	80.3	80.0	79.7	78.6	78.8	78.6	78.3	78.0	77.7	77.3
东部沿海地区	91.1	90.9	90.7	90.5	89.8	88.0	88.6	88.4	88.0	87.7	87.0	86.5
南部沿海地区	104.0	103.3	102.6	102.1	101.1	95.5	98.7	98.3	97.9	96.6	93.9	93.6
黄河中游地区	101.0	100.6	100.2	99.8	99.4	99.5	98.6	98.4	98.1	97.9	98.7	98.5
长江中游地区	100.4	100.0	99.6	99.3	99.0	99.7	98.7	98.5	98.2	98.0	99.9	99.9
西南地区	111.4	110.9	110.4	110.0	109.2	110.3	108.5	108.1	107.8	107.6	110.0	109.8
大西北地区	90.9	90.1	89.3	88.5	87.9	86.0	86.2	85.6	85.2	84.6	84.3	83.7

表 10.31　1995～2006 年中国各省、直辖市、自治区物能投入指数变化趋势

地　区	1995 年	1996 年	1997 年	1998 年	1999 年	2000 年	2001 年	2002 年	2003 年	2004 年	2005 年	2006 年
全　国	100.0	100.8	100.5	101.0	101.0	101.2	101.3	101.6	101.8	101.7	101.8	102.3
北　京	100.7	100.5	102.3	103.7	104.7	107.0	109.2	113.1	113.5	114.0	115.2	115.9
天　津	101.6	102.1	102.0	105.3	101.5	104.4	107.7	109.5	111.8	108.6	108.3	108.9
河　北	95.9	98.2	95.9	96.4	97.0	97.8	98.0	98.3	98.6	97.5	97.7	98.2
山　西	96.7	98.1	96.2	97.4	95.6	96.7	95.1	97.2	97.8	97.8	96.7	97.3
内蒙古	104.9	108.7	106.8	107.1	105.5	105.9	105.2	105.6	105.7	106.6	106.2	107.0
辽　宁	102.2	104.3	104.0	106.1	108.0	106.7	107.6	108.3	108.8	109.5	109.7	110.5
吉　林	106.9	108.4	105.9	108.9	108.3	106.0	105.1	107.7	109.2	108.3	109.7	110.5
黑龙江	101.8	102.2	101.8	101.4	101.9	101.6	102.3	103.0	103.1	104.0	104.8	105.2
上　海	100.6	101.6	108.8	101.2	101.7	103.9	106.4	108.0	109.0	107.9	104.9	104.9
江　苏	102.3	102.8	97.5	102.2	102.8	103.1	103.5	104.0	104.2	104.6	104.5	105.1
浙　江	97.9	98.3	97.9	98.5	98.7	99.2	99.1	98.8	99.5	99.8	99.7	100.2
安　徽	103.3	104.0	104.4	104.3	105.6	105.5	105.0	105.4	104.2	104.1	103.5	103.7
福　建	104.6	105.2	106.3	106.9	106.6	106.9	106.5	105.2	105.5	106.1	106.0	106.5
江　西	106.0	107.0	107.1	105.9	105.9	106.0	106.7	106.9	107.7	106.0	106.2	106.6
山　东	99.1	99.6	98.7	100.0	98.7	100.0	99.8	98.9	99.7	100.7	100.7	101.0
河　南	100.9	101.7	100.6	101.0	101.5	102.4	102.2	102.6	102.9	104.2	105.0	105.3
湖　北	100.7	101.7	101.9	102.6	103.0	102.8	103.3	104.1	104.9	105.3	105.4	105.4
湖　南	106.5	108.4	109.3	108.8	109.2	109.2	109.2	109.2	108.6	108.4	108.3	108.9
广　东	102.9	104.5	105.5	106.3	105.9	106.2	106.0	107.5	108.0	107.8	109.6	110.1
广　西	102.5	103.0	106.0	106.1	107.2	106.4	106.5	106.9	107.5	107.9	108.2	109.2
海　南	125.6	124.4	123.6	124.3	128.1	125.2	126.6	121.2	120.7	120.4	120.0	121.1
重　庆	111.6	111.1	109.1	109.4	108.7	106.7	106.3	106.5	107.1	107.4	107.2	106.6
四　川	109.3	109.6	109.7	108.8	107.6	108.2	108.7	109.9	110.7	111.4	112.1	112.5
贵　州	120.1	116.2	119.5	122.4	118.8	118.7	119.0	118.2	117.0	115.0	115.4	116.1
云　南	102.2	100.0	99.4	100.3	102.1	100.7	100.9	101.3	101.7	102.2	101.9	103.0
西　藏	133.6	125.0	119.8	132.0	129.0	127.1	125.1	117.1	125.0	120.2	117.8	117.4
陕　西	99.7	100.8	100.0	101.4	100.3	100.8	102.0	103.2	104.3	105.3	106.3	107.3
甘　肃	100.3	99.7	100.0	100.7	100.4	101.5	102.1	102.0	102.9	101.8	102.3	103.0
青　海	107.0	107.4	106.4	106.0	105.4	103.3	105.1	105.8	105.3	106.1	106.5	106.8
宁　夏	96.9	97.8	96.9	97.0	95.4	96.2	96.8	97.5	99.2	99.2	100.5	101.4
新　疆	100.9	99.0	98.8	100.1	100.9	101.2	101.5	103.2	103.3	103.6	102.9	103.6
东部地区 （10 省、直辖市）	107.3	107.8	106.0	107.9	107.8	108.6	108.7	108.6	109.0	108.8	109.0	109.4
东部地区 （11 省、直辖市）	107.4	108.1	106.3	108.4	108.4	109.1	109.2	109.2	109.6	109.4	109.6	110.2
东北老工业基地	110.2	111.7	110.8	112.3	113.0	112.0	112.5	113.6	114.2	114.1	115.1	115.5
中部地区（8 省）	109.1	110.1	109.8	110.1	110.5	110.5	110.6	111.3	111.4	111.6	111.9	112.4
中部地区（6 省）	109.5	110.1	110.2	110.4	110.8	111.1	111.1	111.6	111.6	111.9	111.9	112.4
西部地区 （12 省、直辖市、 自治区）	110.2	109.9	110.1	110.6	110.5	110.3	110.7	111.5	112.0	112.2	112.5	113.1
北部沿海地区	105.4	106.2	105.0	106.1	105.5	106.9	107.0	106.7	107.3	107.0	107.1	107.6
东部沿海地区	107.6	108.1	104.3	107.5	108.0	108.5	108.7	108.9	109.4	109.6	109.4	109.8
南部沿海地区	112.2	113.3	114.3	114.8	115.0	115.2	115.0	115.0	115.6	115.6	116.6	117.2
黄河中游地区	106.7	108.0	107.0	107.8	107.4	107.9	108.0	108.7	109.3	109.9	110.4	111.1
长江中游地区	111.3	112.4	112.8	112.7	113.4	113.4	113.5	114.0	113.8	113.6	113.6	114.0
西南地区	112.8	112.5	113.6	113.7	113.9	113.4	113.6	114.2	114.8	115.2	115.3	115.8
大西北地区	108.3	106.8	106.8	107.8	107.8	108.3	108.7	109.5	110.3	109.7	109.5	110.0

表 10.32　1995～2006 年中国各省、直辖市、自治区资金投入指数变化趋势

地　区	1995 年	1996 年	1997 年	1998 年	1999 年	2000 年	2001 年	2002 年	2003 年	2004 年	2005 年	2006 年
全　国	100.0	103.6	104.6	108.4	110.0	111.8	112.9	114.9	118.0	129.1	131.7	133.7
北　京	104.4	113.3	105.5	112.8	119.0	125.1	121.9	125.1	125.3	134.2	141.0	144.4
天　津	83.3	87.6	88.2	90.4	97.0	102.9	102.5	102.0	115.6	131.4	133.2	135.0
河　北	95.3	97.1	100.5	103.5	106.3	107.3	110.6	108.7	117.4	132.6	135.8	136.0
山　西	90.0	94.8	97.6	95.4	100.5	101.1	108.1	108.3	115.5	123.5	125.7	129.2
内蒙古	90.2	101.0	99.8	109.7	113.0	115.3	117.1	120.5	120.6	126.4	133.5	138.2
辽　宁	101.1	105.2	115.1	109.8	109.6	115.3	113.0	115.1	126.4	138.2	141.1	142.7
吉　林	84.1	88.0	97.8	85.9	95.6	94.7	84.6	88.5	116.6	133.4	136.4	137.2
黑龙江	107.7	107.2	106.6	109.2	111.3	105.5	109.3	108.6	123.7	134.0	136.8	138.0
上　海	104.7	113.5	110.5	105.2	114.3	118.5	115.0	116.6	116.2	118.4	122.5	131.8
江　苏	85.2	89.4	94.1	103.4	109.8	105.7	103.8	102.6	111.5	119.6	125.0	127.1
浙　江	100.0	105.5	100.6	103.3	105.4	101.4	105.6	110.8	119.0	138.1	140.4	138.3
安　徽	84.8	84.6	93.5	94.1	95.2	95.6	94.7	89.8	107.8	122.6	126.3	128.2
福　建	102.6	107.7	107.9	112.2	116.8	117.7	115.9	116.9	119.5	132.3	135.1	133.1
江　西	96.5	99.5	96.9	97.7	97.8	95.7	94.6	99.5	105.8	129.0	133.6	134.0
山　东	94.9	96.3	103.0	97.6	100.9	101.2	102.1	102.2	116.4	133.8	136.6	138.9
河　南	88.4	92.4	93.0	98.5	97.8	99.5	101.4	101.0	110.7	124.9	127.8	129.0
湖　北	95.7	99.6	99.9	103.0	104.0	105.9	105.6	107.7	117.3	125.2	129.3	130.8
湖　南	85.8	88.0	96.1	95.7	93.8	96.3	97.8	100.4	111.2	129.6	131.6	131.7
广　东	104.7	103.7	81.3	107.9	107.8	112.2	109.7	106.3	111.2	128.9	122.9	125.3
广　西	103.3	105.1	104.9	105.5	105.5	110.5	116.1	105.7	113.1	124.6	129.4	131.2
海　南	122.1	124.9	120.0	125.6	128.8	130.3	126.3	128.2	132.3	137.2	140.6	140.8
重　庆	87.4	87.0	90.2	95.5	97.1	114.5	103.2	105.9	115.6	121.5	125.3	128.3
四　川	89.2	89.1	94.1	102.1	103.8	91.5	98.4	102.1	115.4	125.4	129.3	131.5
贵　州	86.4	89.1	88.1	94.7	97.2	101.7	93.8	101.7	104.6	121.4	124.8	124.7
云　南	116.1	116.0	114.6	113.8	116.8	115.4	114.7	109.1	116.8	129.6	132.7	132.7
西　藏	115.2	121.9	125.3	124.1	122.2	123.1	119.5	119.8	133.4	133.2	142.7	145.1
陕　西	90.3	92.5	98.6	103.5	106.5	111.8	111.3	114.3	112.4	124.3	128.6	135.2
甘　肃	85.7	87.6	88.0	97.5	103.0	111.0	110.1	110.1	114.3	122.8	127.0	134.2
青　海	97.8	106.0	115.4	115.3	120.0	121.4	122.5	122.8	136.0	138.3	137.9	141.4
宁　夏	110.7	108.7	111.4	116.6	116.8	110.2	111.0	116.1	130.6	137.7	136.9	140.6
新　疆	112.4	124.6	126.5	124.2	125.3	118.1	114.5	110.8	134.3	142.9	143.4	144.1
东部地区 (10 省、直辖市)	99.3	101.7	100.5	105.1	108.7	110.3	110.3	110.3	116.2	130.5	132.8	134.5
东部地区 (11 省、直辖市)	99.5	102.1	102.2	105.6	108.9	110.8	110.5	110.7	117.2	131.2	133.7	135.4
东北老工业基地	103.3	104.3	108.1	106.8	109.7	107.2	107.4	108.9	122.8	134.4	137.3	138.3
中部地区（8 省）	95.6	97.3	99.0	100.6	102.2	101.2	102.1	102.6	115.0	128.2	131.3	132.4
中部地区（6 省）	91.1	94.6	96.5	98.9	99.1	100.6	101.2	101.9	112.2	126.1	129.2	130.4
西部地区 (12 省、直辖市、 自治区)	101.8	108.4	110.9	111.2	112.5	112.4	111.8	112.3	122.2	129.7	132.1	134.6
北部沿海地区	94.7	96.2	101.4	101.1	104.8	106.7	109.3	108.1	116.9	132.8	135.9	138.1
东部沿海地区	92.7	99.3	97.5	101.6	107.1	105.0	104.4	106.0	112.5	125.5	129.3	129.9
南部沿海地区	108.3	110.2	99.6	112.9	115.6	118.9	115.5	116.8	118.5	130.3	128.8	129.3
黄河中游地区	90.5	96.2	97.1	102.5	104.2	107.4	109.4	111.5	119.2	127.9	130.0	132.8
长江中游地区	91.9	95.0	97.3	99.0	99.3	100.1	99.9	101.2	112.1	126.6	130.0	131.0
西南地区	101.1	101.8	102.4	105.0	106.8	108.2	107.6	105.5	114.4	125.1	129.0	130.6
大西北地区	105.7	116.2	120.0	118.5	119.9	116.6	114.3	114.7	129.6	136.6	137.6	140.0

表10.33　1995～2006年中国各省、直辖市、自治区生物转化效率指数变化趋势

地　区	1995 年	1996 年	1997 年	1998 年	1999 年	2000 年	2001 年	2002 年	2003 年	2004 年	2005 年	2006 年
全　国	100.0	101.1	99.8	100.3	99.8	97.4	96.7	96.7	95.4	96.6	96.6	96.6
北　京	102.5	100.3	99.9	100.3	96.0	91.1	87.8	84.6	78.1	82.0	87.0	88.8
天　津	98.6	97.5	96.8	97.3	92.9	85.7	90.0	89.3	87.4	85.9	87.2	87.7
河　北	97.6	97.6	94.9	95.7	94.0	92.5	92.2	91.5	91.8	91.8	92.0	92.7
山　西	94.2	97.5	92.9	96.8	89.6	90.6	86.1	92.8	94.4	96.0	93.1	94.7
内蒙古	98.3	106.2	101.7	103.9	100.8	98.0	97.5	99.2	99.4	100.5	101.5	101.0
辽　宁	102.5	105.8	99.7	107.9	104.6	95.8	99.8	102.7	102.4	104.5	103.5	102.1
吉　林	113.7	117.0	110.4	118.6	116.0	105.8	109.2	112.5	113.0	113.1	114.2	114.7
黑龙江	108.1	111.8	111.1	108.8	109.4	105.0	104.9	107.0	103.7	106.5	106.2	106.8
上　海	98.0	100.0	102.8	100.6	98.7	97.7	96.3	95.0	90.7	92.1	91.4	92.8
江　苏	102.0	102.9	96.9	101.6	102.5	99.6	98.8	98.1	94.6	96.9	96.3	97.5
浙　江	98.9	100.0	99.3	99.0	98.0	96.5	94.9	92.8	90.0	90.8	89.2	91.1
安　徽	102.7	101.9	102.6	100.3	101.5	98.0	98.1	100.1	94.2	98.8	97.0	98.4
福　建	96.4	96.5	96.3	95.7	94.9	93.2	92.7	90.9	90.2	90.5	89.8	89.6
江　西	104.0	106.0	105.3	102.7	104.6	103.9	103.5	102.6	101.5	102.4	102.6	102.9
山　东	102.8	102.8	99.3	101.3	100.7	98.5	97.6	94.3	96.3	96.8	98.1	98.2
河　南	98.8	100.3	99.5	99.4	100.4	99.0	98.5	98.4	94.5	98.2	99.4	100.5
湖　北	104.3	103.8	102.4	103.2	103.2	101.8	101.1	100.3	99.1	100.4	100.0	100.2
湖　南	105.9	105.9	106.1	104.6	104.9	105.1	104.7	102.9	102.2	102.9	102.4	102.3
广　东	95.1	96.9	96.8	98.1	98.4	95.1	92.3	90.9	90.0	89.0	88.9	88.4
广　西	99.2	98.1	97.9	97.4	97.6	96.5	95.7	95.0	94.7	92.6	93.7	93.3
海　南	98.3	96.9	97.5	97.3	99.0	95.1	94.4	92.8	92.5	90.4	86.2	89.8
重　庆	107.4	107.5	106.0	104.6	104.0	104.1	101.6	103.3	104.0	104.5	104.5	97.8
四　川	107.7	107.7	107.0	106.7	106.5	105.6	102.1	103.9	103.5	103.7	103.6	100.3
贵　州	101.8	103.0	102.2	103.0	102.6	102.5	101.7	99.1	100.5	100.3	99.5	97.9
云　南	97.1	96.9	96.4	96.6	98.5	97.6	97.0	95.9	96.5	96.3	95.7	95.6
西　藏	108.0	105.7	104.8	104.3	108.0	109.2	106.6	107.7	107.2	104.9	103.2	102.4
陕　西	89.2	95.7	91.8	96.6	91.3	91.6	89.6	90.4	89.6	91.1	90.1	90.4
甘　肃	89.6	94.5	92.6	95.3	93.0	89.7	91.4	92.0	92.1	91.9	92.5	91.2
青　海	95.1	96.4	96.7	97.1	92.0	86.7	92.8	92.6	90.5	91.1	92.0	89.4
宁　夏	91.3	96.2	95.2	95.2	94.0	92.0	94.2	94.9	93.1	94.0	94.3	94.2
新　疆	98.1	99.4	99.2	99.6	99.0	98.7	98.4	99.1	97.5	96.9	97.8	97.4
东部地区 （10 省、直辖市）	99.1	99.4	96.1	98.4	97.9	95.5	94.4	92.7	92.0	92.6	92.8	93.3
东部地区 （11 省、直辖市）	99.4	99.9	96.2	99.3	98.5	95.5	94.8	93.5	92.9	93.7	93.7	94.1
东北老工业基地	107.3	110.7	106.8	110.5	109.1	102.0	103.9	106.9	105.1	106.7	106.7	106.7
中部地区（8 省）	103.1	104.4	103.3	103.2	103.2	100.5	100.3	101.3	98.7	101.1	100.9	101.6
中部地区（6 省）	101.7	102.2	101.8	100.8	101.1	99.8	99.2	99.4	96.7	99.3	99.0	99.6
西部地区 （12 省、直辖市、 自治区）	98.9	100.6	99.2	99.8	98.8	97.9	96.5	97.0	96.9	96.9	97.0	95.3
北部沿海地区	100.4	100.1	97.2	98.7	97.5	95.4	94.8	92.6	93.8	94.1	95.0	95.4
东部沿海地区	100.6	101.6	96.8	100.3	100.0	98.2	97.2	96.2	92.7	94.8	94.0	95.3
南部沿海地区	95.3	96.4	96.3	96.8	96.8	93.9	92.1	90.5	89.7	89.0	88.5	88.4
黄河中游地区	95.8	99.5	97.1	98.7	96.9	95.7	94.8	95.9	93.8	96.5	96.9	97.8
长江中游地区	104.0	103.9	104.2	102.3	103.1	101.7	101.3	101.0	98.5	100.7	99.9	100.2
西南地区	103.0	102.9	102.1	101.9	102.1	101.3	99.1	99.4	99.6	99.3	99.2	96.8
大西北地区	92.8	95.8	95.0	96.1	94.6	92.8	93.9	94.4	93.6	93.3	93.9	93.0

表 10.34 1995～2006 年中国各省、直辖市、自治区经济转化效率指数变化趋势

地 区	1995 年	1996 年	1997 年	1998 年	1999 年	2000 年	2001 年	2002 年	2003 年	2004 年	2005 年	2006 年
全 国	100.0	101.3	101.8	102.5	102.7	102.9	103.4	103.9	104.2	105.1	105.7	107.2
北 京	103.4	103.7	104.0	104.3	104.3	105.3	105.6	106.6	106.2	106.8	107.1	107.1
天 津	99.7	101.9	102.9	102.6	102.8	103.3	103.7	104.5	104.0	104.6	105.3	107.3
河 北	98.3	99.1	99.6	99.9	100.2	101.1	102.1	102.9	103.9	105.4	106.1	107.7
山 西	94.3	96.0	96.1	97.5	94.5	96.7	97.0	97.9	98.3	100.0	98.7	99.9
内蒙古	99.7	102.9	102.3	103.1	103.2	103.3	103.5	103.2	103.7	104.9	105.6	106.4
辽 宁	100.1	102.6	102.7	105.1	104.3	103.6	104.1	105.0	106.9	106.9	107.3	109.6
吉 林	102.4	104.9	104.8	106.8	106.7	104.7	104.4	105.5	106.5	107.0	107.7	108.3
黑龙江	99.6	101.0	101.4	101.6	101.5	100.8	101.6	102.3	102.4	102.4	103.3	104.2
上 海	98.2	100.0	101.1	102.0	102.1	102.7	103.5	104.1	104.8	105.3	105.5	107.5
江 苏	100.6	101.9	101.9	102.0	102.4	103.2	103.8	104.3	106.3	108.4	108.8	110.9
浙 江	105.9	107.1	107.5	107.7	108.1	108.8	109.2	110.7	110.7	111.5	111.9	113.7
安 徽	98.6	100.0	101.2	100.6	102.2	102.1	102.4	102.5	101.3	102.5	102.9	104.7
福 建	105.7	107.1	107.7	108.5	108.8	109.2	109.4	109.9	110.3	110.8	111.3	112.8
江 西	98.8	100.2	101.3	101.6	102.3	103.4	103.9	104.5	105.0	105.7	106.4	107.9
山 东	99.7	101.1	101.0	102.8	103.1	103.5	103.9	104.1	103.9	104.6	105.2	107.0
河 南	97.3	99.0	99.8	100.3	101.0	101.1	101.8	102.2	101.9	102.6	103.4	105.0
湖 北	102.6	102.8	103.3	104.2	103.9	103.8	104.1	104.6	104.9	105.9	106.3	107.7
湖 南	102.0	102.9	102.9	103.9	104.5	104.0	105.0	104.6	104.9	105.3	106.3	108.2
广 东	105.2	105.8	106.5	106.9	107.4	106.7	107.8	107.9	108.6	109.2	109.8	112.4
广 西	101.9	102.3	103.1	104.3	104.6	104.1	104.3	104.9	105.1	105.4	106.1	107.7
海 南	106.2	107.2	107.7	108.6	108.7	109.8	110.7	111.5	111.8	113.0	113.7	115.1
重 庆	99.5	100.1	100.8	101.9	101.0	101.8	102.0	103.8	105.2	106.0	106.6	106.6
四 川	99.7	100.7	101.4	102.1	102.5	103.5	103.8	104.2	103.9	104.5	105.1	106.1
贵 州	97.8	98.3	98.3	98.6	98.8	98.9	99.0	99.2	99.7	100.1	100.4	101.4
云 南	98.1	99.1	99.9	100.2	100.5	100.6	101.0	101.4	101.9	102.4	102.8	103.8
西 藏	106.4	104.3	105.8	105.7	106.4	106.7	107.0	107.4	117.4	107.4	108.0	107.8
陕 西	95.4	96.7	96.8	97.6	98.1	98.3	98.9	99.5	100.3	101.3	102.1	103.5
甘 肃	92.4	95.5	96.3	98.6	98.1	98.8	99.6	100.0	100.7	101.3	101.7	102.8
青 海	101.4	102.1	102.1	102.5	102.7	102.7	102.2	102.8	103.9	105.0	105.3	106.6
宁 夏	96.0	98.1	98.2	99.2	99.4	98.5	98.7	98.5	98.5	98.4	98.7	100.0
新 疆	101.0	101.4	102.8	103.3	103.2	104.2	104.1	104.7	107.0	107.2	107.3	107.2
东部地区 （10 省、直辖市）	101.5	102.7	103.2	103.7	103.9	104.3	104.8	105.3	105.7	106.6	107.3	109.0
东部地区 （11 省、直辖市）	101.3	102.7	103.2	103.8	104.0	104.3	104.7	105.3	105.7	106.7	107.3	109.1
东北老工业基地	100.5	102.6	102.8	104.2	104.0	102.9	103.2	104.1	104.7	104.9	106.0	107.1
中部地区（8 省）	99.4	100.8	101.5	102.2	102.1	102.1	102.6	103.2	102.9	103.9	104.4	105.8
中部地区（6 省）	99.1	100.4	101.3	101.9	101.8	102.2	102.8	103.2	102.9	104.0	104.4	105.9
西部地区 （12 省、直辖市、 自治区）	99.1	100.1	100.7	101.4	101.6	101.9	102.1	102.7	104.1	103.8	104.4	105.4
北部沿海地区	99.0	100.3	100.7	101.2	101.4	101.9	102.2	102.6	102.4	103.5	104.3	105.6
东部沿海地区	100.9	102.2	102.7	103.0	103.4	104.0	104.6	105.3	106.3	107.5	108.0	110.0
南部沿海地区	105.5	106.5	107.2	107.7	107.9	108.0	108.5	109.1	109.7	110.2	110.7	113.0
黄河中游地区	96.9	98.9	99.2	100.0	99.8	100.4	100.9	101.2	101.4	102.5	102.9	104.2
长江中游地区	100.5	101.6	102.5	103.0	103.2	103.4	103.9	104.4	104.5	104.9	105.5	107.2
西南地区	99.7	100.4	101.1	101.6	101.9	102.3	102.5	103.3	103.6	104.3	104.8	105.8
大西北地区	99.9	100.7	101.5	102.5	102.6	102.8	103.1	103.6	106.4	104.7	105.2	105.6

表 10.35　1995～2006 年中国各省、直辖市、自治区生存稳定指数变化趋势

地　区	1995 年	1996 年	1997 年	1998 年	1999 年	2000 年	2001 年	2002 年	2003 年	2004 年	2005 年	2006 年
全　国	100.0	98.7	91.2	91.5	89.4	86.3	89.6	90.6	88.5	95.9	93.1	92.3
北　京	94.3	87.4	88.7	90.9	86.3	84.9	83.6	86.0	80.5	97.0	103.8	95.9
天　津	102.3	96.1	91.6	93.2	82.5	81.3	97.3	90.4	87.2	92.4	95.7	92.5
河　北	107.0	97.0	92.3	93.3	87.7	87.5	89.8	89.2	90.5	93.8	93.6	92.5
山　西	99.3	104.9	83.9	99.2	76.1	93.6	80.2	105.9	92.0	96.4	87.3	93.4
内蒙古	94.4	117.6	88.9	96.5	85.3	84.7	87.4	87.0	99.4	99.4	98.1	92.7
辽　宁	99.2	104.0	83.7	108.0	84.7	76.1	98.9	94.7	91.2	98.0	93.4	91.3
吉　林	95.9	107.0	80.7	107.6	84.4	74.0	97.9	97.4	92.9	94.3	94.3	92.7
黑龙江	97.0	103.7	91.8	86.1	88.3	81.8	92.5	86.0	94.3	104.7	93.6	93.5
上　海	97.7	96.2	92.2	86.6	87.8	84.5	87.1	85.7	82.0	89.5	88.5	92.7
江　苏	103.1	97.7	90.4	88.4	91.5	85.9	88.7	89.8	84.9	98.1	91.7	93.5
浙　江	99.8	95.9	89.5	88.5	89.0	87.0	86.8	86.0	86.2	93.3	90.7	93.6
安　徽	104.1	98.3	95.5	86.8	92.8	85.2	90.0	93.6	79.7	102.4	87.9	95.1
福　建	100.7	97.9	93.5	90.8	90.3	86.8	88.6	87.8	88.1	92.7	89.7	90.6
江　西	96.1	98.9	93.1	82.5	93.8	86.4	89.4	88.7	88.1	98.2	94.7	93.4
山　东	101.8	96.3	87.6	95.8	90.3	86.7	89.3	85.6	92.4	93.1	96.0	92.6
河　南	106.0	102.8	92.5	92.6	93.1	88.6	90.9	91.2	82.5	101.3	95.5	95.3
湖　北	99.9	96.0	95.7	86.9	89.2	86.1	88.3	87.9	88.6	95.5	92.0	92.0
湖　南	96.7	96.9	94.9	87.1	90.4	90.3	89.3	88.5	89.5	95.6	92.4	91.7
广　东	99.0	96.0	93.0	90.4	90.3	85.7	86.8	88.5	88.7	90.1	91.1	90.6
广　西	106.6	94.7	94.5	90.8	91.4	84.5	89.9	90.4	90.2	90.7	94.0	91.7
海　南	97.2	92.5	95.7	91.1	93.6	89.7	91.4	90.4	94.8	90.5	85.2	99.1
重　庆	97.1	94.9	90.3	88.6	87.6	90.1	87.0	92.8	91.2	94.3	93.0	84.1
四　川	99.0	96.7	93.0	91.2	89.7	88.4	85.4	93.7	90.2	94.1	93.1	87.4
贵　州	98.7	95.6	89.2	90.7	90.0	90.0	87.1	87.9	92.7	92.3	91.8	89.3
云　南	97.4	97.0	93.9	90.4	92.2	91.9	90.1	89.0	92.1	93.1	92.3	92.5
西　藏	99.0	95.4	85.5	92.3	94.2	90.0	91.4	89.9	92.6	92.2	90.4	93.2
陕　西	92.9	107.6	85.9	100.9	83.1	89.1	85.9	92.3	89.7	95.7	92.8	93.5
甘　肃	90.8	106.6	87.9	101.4	84.6	86.5	93.2	92.0	91.0	93.2	92.6	89.9
青　海	91.7	95.8	93.7	91.2	82.4	80.9	98.3	86.9	92.5	92.1	93.5	90.9
宁　夏	93.1	112.3	90.8	98.8	89.4	84.0	94.3	94.5	87.8	96.1	92.6	93.5
新　疆	99.3	95.6	95.8	92.0	85.6	91.1	90.3	93.8	90.6	92.1	95.0	92.8
东部地区 （10 省、直辖市）	100.7	95.5	90.5	91.5	89.8	87.2	89.4	88.5	89.0	92.9	92.9	92.7
东部地区 （11 省、直辖市）	100.6	96.2	89.9	92.9	89.4	86.2	90.1	89.1	89.2	93.4	92.9	92.5
东北老工业基地	97.1	105.0	86.1	98.4	86.1	77.7	95.6	91.8	92.9	100.1	93.8	92.8
中部地区（8 省）	99.3	100.8	91.4	90.2	89.0	85.5	90.1	91.2	87.8	99.2	92.5	93.4
中部地区（6 省）	100.3	99.2	93.2	88.6	90.0	88.1	88.7	91.3	85.9	98.5	92.0	93.5
西部地区 （12 省、直辖市、 自治区）	97.3	99.5	90.6	93.3	88.2	87.9	88.3	91.1	91.6	93.8	93.4	90.5
北部沿海地区	101.9	94.7	88.7	94.5	88.8	88.0	90.6	88.5	91.1	92.7	95.3	92.5
东部沿海地区	100.5	96.2	90.9	88.1	90.1	86.1	88.4	88.6	85.3	94.4	90.6	93.4
南部沿海地区	99.4	96.2	93.6	91.0	91.3	87.1	88.3	88.4	89.5	91.3	90.3	91.6
黄河中游地区	98.8	106.4	89.0	95.7	86.4	88.7	87.3	92.8	88.5	99.1	94.2	94.0
长江中游地区	99.1	97.3	94.9	86.0	91.3	87.0	89.3	89.4	86.3	97.9	91.5	93.1
西南地区	100.1	95.6	92.1	90.3	90.1	88.4	87.4	91.1	90.8	92.9	92.9	88.9
大西北地区	94.5	101.5	90.3	95.2	86.9	86.6	92.3	92.4	90.3	93.2	93.6	92.3

表 10.36　1995～2006 年中国各省、直辖市、自治区生存持续指数变化趋势

地 区	1995 年	1996 年	1997 年	1998 年	1999 年	2000 年	2001 年	2002 年	2003 年	2004 年	2005 年	2006 年
全 国	100.0	100.9	100.5	100.8	101.1	101.5	102.0	102.3	102.4	102.8	103.4	102.7
北 京	115.3	116.2	115.7	115.8	115.1	116.4	115.3	113.5	116.8	115.6	117.6	113.6
天 津	104.6	105.8	104.7	105.6	104.8	104.3	105.7	105.3	106.3	106.2	107.8	106.8
河 北	105.3	105.9	105.9	106.6	106.6	106.0	106.5	106.9	107.8	108.0	109.0	107.2
山 西	101.4	101.9	99.5	99.9	99.9	99.9	100.0	100.1	100.9	100.9	101.9	98.8
内蒙古	93.4	93.6	93.5	93.4	93.8	94.5	95.5	93.1	97.1	97.7	98.1	97.5
辽 宁	100.6	100.7	101.0	100.7	101.5	100.9	102.0	101.3	102.5	102.6	102.6	101.4
吉 林	91.3	91.7	92.5	93.2	93.3	92.9	93.6	93.5	92.3	94.2	93.7	93.2
黑龙江	91.3	92.4	92.9	91.5	92.2	94.5	94.7	95.4	94.6	96.1	96.8	97.2
上 海	120.1	118.3	122.5	117.2	117.7	116.9	121.4	117.9	121.3	115.4	113.1	115.9
江 苏	104.9	112.5	106.0	106.5	106.8	106.4	107.0	107.0	107.2	107.7	108.5	107.8
浙 江	104.5	104.7	105.2	105.0	105.2	104.8	106.0	106.8	107.6	107.9	109.1	108.6
安 徽	96.8	99.7	98.8	100.3	100.3	99.8	101.2	101.6	101.8	101.9	103.1	102.2
福 建	99.1	99.3	88.7	100.5	100.6	100.0	101.7	102.4	105.4	103.6	105.0	104.7
江 西	99.4	99.1	100.1	99.4	100.0	100.4	100.3	100.9	99.0	99.2	99.6	99.5
山 东	104.3	106.0	105.1	105.2	105.8	105.5	105.8	105.4	106.1	106.1	106.7	106.0
河 南	101.1	102.4	102.0	102.4	102.6	102.6	103.4	103.7	104.7	104.6	105.0	105.0
湖 北	96.2	95.7	96.2	95.5	96.5	97.9	99.9	100.5	98.2	98.8	99.1	99.2
湖 南	97.0	97.2	97.6	98.1	98.0	98.3	99.2	99.5	100.3	100.5	101.0	99.9
广 东	91.8	93.3	92.0	92.6	92.4	100.4	102.9	103.4	97.0	97.1	97.8	98.2
广 西	99.6	100.9	100.0	100.3	100.6	101.6	100.3	100.9	100.9	101.2	101.5	101.1
海 南	94.8	93.4	97.3	98.1	97.2	106.2	106.1	105.6	99.1	98.5	98.6	101.4
重 庆	84.9	85.8	85.8	84.8	85.4	85.9	86.8	88.5	88.7	89.9	89.7	89.7
四 川	97.0	97.7	97.1	95.9	96.5	97.3	97.5	98.3	98.9	99.6	100.1	99.8
贵 州	95.8	81.5	96.0	96.2	96.6	96.2	95.5	96.3	96.9	96.7	97.1	96.7
云 南	89.8	89.9	90.3	90.8	90.9	90.8	92.0	92.1	93.3	93.9	95.0	94.3
西 藏	79.1	78.9	76.0	76.3	79.2	72.3	75.7	80.7	71.7	73.5	95.1	78.1
陕 西	96.6	97.2	98.1	98.7	98.8	98.7	100.2	100.1	100.0	100.9	101.9	101.2
甘 肃	94.2	94.7	95.7	95.6	95.9	103.4	104.4	98.0	96.8	97.4	97.7	100.3
青 海	90.0	90.0	89.9	86.0	85.9	92.7	93.2	95.7	88.2	89.5	88.2	93.2
宁 夏	96.9	96.2	97.1	95.5	98.4	100.8	101.5	102.4	102.9	104.2	103.6	102.7
新 疆	106.0	103.8	106.6	106.7	105.9	105.1	106.0	107.0	108.5	108.6	108.6	107.7
东部地区 （10 省、直辖市）	104.5	106.8	104.6	105.6	105.7	106.1	106.6	106.7	106.8	106.8	107.7	106.8
东部地区 （11 省、直辖市）	104.2	106.2	104.3	105.2	105.4	105.6	106.2	106.2	106.4	106.4	107.2	106.3
东北老工业基地	95.4	95.7	96.0	95.4	95.9	96.4	96.9	97.0	96.6	97.7	98.0	97.7
中部地区（8 省）	98.5	99.2	99.0	99.1	99.4	99.7	100.3	100.6	100.3	100.9	101.6	100.8
中部地区（6 省）	99.7	100.5	100.4	100.8	101.0	101.1	101.9	102.2	102.1	102.4	103.2	102.3
西部地区 （12 省、直辖市、 自治区）	96.1	95.7	96.8	96.7	97.0	97.8	98.3	98.2	99.2	99.7	100.3	99.9
北部沿海地区	105.7	106.8	106.3	106.7	106.9	106.4	106.7	106.7	107.5	107.5	108.4	107.0
东部沿海地区	105.7	110.7	106.5	106.8	107.1	106.7	107.5	107.7	108.0	108.2	109.1	108.6
南部沿海地区	96.7	97.6	93.3	97.9	97.8	102.7	103.9	104.6	101.3	101.0	101.8	102.2
黄河中游地区	98.8	99.6	99.3	99.5	99.7	99.9	100.7	100.6	101.4	102.1	103.0	102.0
长江中游地区	97.8	98.5	98.7	99.0	99.4	99.7	100.6	101.0	100.4	100.7	101.4	100.7
西南地区	94.8	93.9	95.3	95.0	95.4	95.9	95.8	96.3	96.8	97.4	97.8	97.4
大西北地区	99.4	98.8	100.5	100.2	100.5	101.9	102.7	103.2	103.1	103.6	104.0	103.6

表 10.37 1995～2006 年中国各省、直辖市、自治区自然成本指数变化趋势

地 区	1995 年	1996 年	1997 年	1998 年	1999 年	2000 年	2001 年	2002 年	2003 年	2004 年	2005 年	2006 年
全 国	100.0	100.0	100.0	99.0	100.2	100.4	100.7	100.6	100.8	101.6	100.6	100.8
北 京	106.0	106.1	120.1	106.8	116.7	114.9	114.0	116.2	115.7	114.1	113.1	112.2
天 津	131.5	131.4	156.3	131.7	157.8	152.8	142.1	150.7	135.5	132.6	135.6	135.7
河 北	106.7	106.7	119.2	108.9	113.8	111.2	114.0	117.2	111.7	111.7	112.9	114.3
山 西	99.4	99.6	135.2	108.8	120.3	114.4	120.5	115.9	102.0	110.9	113.7	111.5
内蒙古	107.8	107.8	113.4	100.7	109.5	111.6	112.9	114.1	108.6	109.9	109.3	110.2
辽 宁	104.0	104.3	108.9	104.7	111.1	114.2	112.0	115.6	113.0	111.0	109.2	108.8
吉 林	110.3	110.5	114.2	110.5	112.9	112.3	113.3	113.0	114.0	114.1	111.6	112.3
黑龙江	108.3	108.5	109.9	108.1	112.3	112.0	112.4	111.8	110.1	111.5	110.7	109.7
上 海	131.1	131.5	132.3	132.4	132.2	135.4	135.2	135.1	138.0	136.6	136.5	133.5
江 苏	122.3	123.1	128.9	124.4	127.3	129.5	132.9	132.3	127.9	133.5	129.1	125.3
浙 江	97.3	97.6	97.7	98.3	99.0	100.4	101.3	101.3	104.4	103.9	102.6	100.1
安 徽	113.2	113.6	117.1	113.2	114.2	117.3	120.6	118.3	117.5	121.8	119.7	117.4
福 建	98.0	98.3	98.2	98.8	100.4	101.0	101.9	103.4	105.4	106.0	103.6	99.9
江 西	98.3	98.5	97.9	97.3	99.0	100.6	101.0	100.5	102.0	103.4	101.8	99.5
山 东	113.7	114.1	128.6	114.3	123.0	120.7	122.7	137.0	119.2	122.0	120.6	123.2
河 南	107.9	108.6	118.8	109.8	118.9	113.1	121.2	119.2	114.4	117.5	115.5	113.9
湖 北	98.3	98.4	100.1	97.2	98.7	99.2	102.2	98.9	98.6	100.0	100.0	101.3
湖 南	102.0	102.2	101.7	101.1	102.3	103.1	103.5	101.7	103.1	103.5	103.4	102.4
广 东	111.7	111.7	110.5	111.9	112.6	112.5	109.9	107.9	107.7	108.5	107.1	108.6
广 西	112.2	112.3	111.4	111.6	112.7	113.5	112.0	112.0	112.8	113.4	113.1	112.5
海 南	130.5	131.0	131.3	133.8	133.8	133.9	134.5	135.7	136.2	138.2	135.9	134.3
重 庆	70.8	70.8	71.0	68.3	69.4	69.7	73.4	72.0	72.2	72.5	73.0	73.1
四 川	84.7	84.8	86.2	84.3	85.1	85.2	85.7	87.5	86.5	86.8	85.9	87.5
贵 州	77.0	77.0	76.0	76.9	76.4	76.5	77.8	77.0	78.2	77.7	78.8	78.6
云 南	81.9	82.0	81.8	81.5	81.5	81.5	81.6	82.7	84.3	83.1	83.6	83.4
西 藏	106.4	106.4	106.7	106.1	106.3	106.1	106.5	106.7	106.1	105.4	104.9	105.3
陕 西	89.1	89.1	101.4	90.1	96.7	91.5	96.2	95.7	87.3	93.4	88.7	94.6
甘 肃	92.7	92.6	96.4	94.1	93.4	94.4	94.4	96.9	93.8	95.8	92.5	94.7
青 海	106.2	106.1	108.9	105.9	104.9	105.8	106.4	106.8	105.4	105.9	102.2	106.9
宁 夏	108.8	108.9	128.9	106.0	111.4	120.9	106.3	103.2	103.8	109.0	113.2	107.1
新 疆	93.2	93.2	94.0	92.5	92.4	92.8	92.2	91.9	92.9	92.4	92.6	92.7
东部地区 （10 省、直辖市）	110.7	110.9	110.7	111.2	112.5	112.9	113.1	114.3	115.4	116.7	114.2	112.1
东部地区 （11 省、直辖市）	109.6	109.8	109.8	110.2	111.7	112.1	112.3	113.6	114.8	115.9	113.5	111.2
东北老工业基地	107.0	107.3	109.9	107.2	111.3	111.1	111.6	112.3	111.5	112.1	110.4	109.7
中部地区（8 省）	104.6	104.9	105.7	103.7	105.9	106.9	108.5	106.4	106.8	108.5	107.4	106.4
中部地区（6 省）	102.6	102.8	103.4	101.5	103.5	104.7	106.4	104.1	104.7	106.6	105.5	104.4
西部地区 （12 省、直辖市、 自治区）	95.6	95.6	96.0	94.7	95.5	95.6	95.8	96.4	96.4	96.6	96.2	96.8
北部沿海地区	112.8	113.0	126.9	113.5	120.9	118.1	119.9	128.5	116.0	117.9	117.1	120.5
东部沿海地区	113.4	113.8	114.6	114.5	115.6	117.3	118.7	118.4	119.7	121.0	119.0	116.2
南部沿海地区	109.1	109.4	108.9	110.1	111.3	111.6	111.2	111.3	112.2	113.1	111.2	109.6
黄河中游地区	103.2	103.4	114.3	100.4	110.0	105.0	111.7	110.4	102.9	107.2	104.6	107.7
长江中游地区	102.7	102.9	103.0	101.8	103.1	104.5	105.6	103.9	104.8	106.2	105.4	104.2
西南地区	85.7	85.7	85.6	85.0	85.6	85.8	86.0	86.9	87.6	87.6	87.5	87.5
大西北地区	95.9	95.9	96.8	95.4	95.7	95.6	96.0	96.2	95.7	95.8	95.4	96.1

表 10.38 1995~2006 年中国各省、直辖市、自治区经济成本指数变化趋势

地 区	1995 年	1996 年	1997 年	1998 年	1999 年	2000 年	2001 年	2002 年	2003 年	2004 年	2005 年	2006 年
全 国	100.0	113.7	114.6	116.7	117.5	118.8	121.1	121.9	123.1	120.4	122.0	128.6
北 京	123.3	130.6	101.8	132.5	128.6	128.4	126.8	125.6	137.6	130.5	133.7	140.2
天 津	103.7	118.1	102.6	123.7	128.9	128.5	131.5	131.8	133.5	128.7	132.4	133.6
河 北	95.2	105.7	95.5	109.5	110.0	109.4	110.1	108.1	108.7	108.0	111.1	117.9
山 西	88.2	104.7	90.4	108.8	111.0	110.7	114.1	114.1	114.3	113.8	114.5	119.1
内蒙古	85.5	97.8	75.6	102.3	107.9	110.8	100.0	111.4	113.8	115.3	117.1	121.4
辽 宁	104.0	115.6	90.1	121.5	121.4	121.9	132.1	132.9	122.9	120.6	121.9	131.0
吉 林	92.3	104.0	83.1	107.9	111.3	110.4	112.1	114.9	116.8	116.0	117.0	122.0
黑龙江	95.2	103.5	82.0	107.4	106.5	108.9	110.8	112.9	109.7	108.6	110.7	119.9
上 海	118.6	127.3	103.1	128.3	128.1	126.2	129.4	129.2	135.8	134.0	136.3	140.4
江 苏	107.2	116.6	102.8	119.3	121.0	121.8	128.1	129.1	131.7	129.2	130.1	133.6
浙 江	109.1	119.5	107.5	121.3	122.3	124.8	125.8	126.5	128.2	126.2	128.5	135.3
安 徽	87.5	96.5	88.3	101.3	102.8	106.2	109.2	109.6	111.4	107.6	110.0	117.6
福 建	111.3	130.0	110.3	127.8	127.6	127.1	129.2	131.6	131.8	127.0	128.4	133.6
江 西	90.9	102.4	86.8	106.6	103.8	105.6	110.1	113.9	116.2	114.1	114.3	121.7
山 东	97.8	109.0	98.7	113.7	115.1	115.8	114.2	114.2	113.1	112.2	112.4	122.2
河 南	83.0	91.9	93.4	96.1	97.1	101.3	102.9	104.6	105.6	102.9	105.2	114.6
湖 北	93.2	101.7	89.8	106.9	108.3	108.7	112.5	112.4	115.6	113.9	114.8	122.5
湖 南	93.9	103.3	90.6	104.6	104.8	107.4	107.5	108.4	112.0	106.0	108.1	115.9
广 东	116.0	133.9	120.2	133.9	136.5	133.9	134.9	135.3	136.0	132.1	131.4	136.5
广 西	93.7	108.7	86.6	111.9	109.3	109.9	109.2	109.6	109.5	108.1	109.7	113.7
海 南	117.9	127.6	105.9	132.3	130.3	129.0	132.3	131.2	126.5	124.3	121.6	126.0
重 庆	91.1	102.7	86.9	107.8	109.1	107.5	109.9	110.5	110.0	110.1	114.2	123.4
四 川	83.4	92.6	76.4	103.5	104.9	105.9	108.3	109.3	108.2	104.2	105.3	110.9
贵 州	86.0	93.9	77.7	101.5	100.2	100.9	101.3	103.8	103.7	102.5	102.5	111.0
云 南	92.3	104.8	92.5	110.4	112.7	114.6	118.3	117.7	119.7	116.6	119.4	122.6
西 藏	94.6	120.6	92.5	100.1	98.7	111.4	113.3	117.4	118.0	118.4	118.3	119.8
陕 西	93.2	94.5	87.1	110.9	112.0	112.0	113.0	112.8	113.2	111.1	112.4	120.7
甘 肃	88.4	90.0	81.6	98.8	100.0	104.0	105.7	105.1	105.1	104.0	106.0	113.0
青 海	84.2	91.7	87.9	98.4	101.5	107.8	110.9	110.5	111.2	112.4	110.2	119.2
宁 夏	91.1	106.2	97.0	111.3	114.2	116.7	118.4	119.0	118.4	117.1	117.5	122.4
新 疆	89.7	94.5	92.9	102.6	100.0	100.8	106.5	109.8	111.2	111.2	114.4	117.7
东部地区 (10 省、直辖市)	111.2	123.0	109.0	125.1	126.3	126.2	127.7	127.9	129.6	126.5	127.9	134.2
东部地区 (11 省、直辖市)	110.7	122.5	108.2	124.8	126.0	125.9	129.4	127.6	129.2	126.1	127.5	134.0
东北老工业基地	99.3	109.7	87.1	115.0	115.4	116.7	125.8	120.5	118.5	116.7	118.2	126.3
中部地区（8 省）	90.5	100.4	91.9	104.3	105.0	107.0	109.5	111.2	112.6	110.0	111.5	119.2
中部地区（6 省）	89.7	99.8	92.9	103.8	104.4	106.6	109.3	110.3	112.4	109.6	111.1	118.9
西部地区 (12 省、直辖市、 自治区)	88.6	99.0	85.4	104.8	105.3	107.1	108.9	110.3	110.3	108.8	110.8	116.0
北部沿海地区	103.5	113.4	101.7	117.8	118.9	119.4	118.9	118.0	119.8	117.1	119.4	127.8
东部沿海地区	111.0	120.6	106.3	122.8	124.1	125.2	129.0	129.6	132.5	130.4	132.2	137.2
南部沿海地区	115.5	133.0	117.6	132.9	134.7	132.6	134.1	134.9	135.1	131.0	130.8	135.8
黄河中游地区	85.3	95.9	91.6	102.0	103.8	106.2	106.9	109.3	109.3	107.9	109.6	116.7
长江中游地区	91.8	101.4	89.5	105.1	105.4	107.4	110.3	111.2	114.0	110.7	112.2	120.0
西南地区	90.5	102.0	85.4	107.4	107.9	109.0	111.1	111.5	111.4	109.0	111.1	116.5
大西北地区	88.8	97.6	90.3	101.7	101.8	105.0	108.6	110.4	111.6	111.1	112.9	117.1

表 10.39　1995～2006 年中国各省、直辖市、自治区社会成本指数变化趋势

地区	1995 年	1996 年	1997 年	1998 年	1999 年	2000 年	2001 年	2002 年	2003 年	2004 年	2005 年	2006 年
全　国	100.0	99.9	101.1	100.9	101.6	103.1	104.0	104.7	105.9	107.8	106.0	107.2
北　京	121.0	115.6	114.5	116.3	116.4	114.0	117.3	117.7	117.6	121.2	116.6	117.9
天　津	114.6	110.8	112.5	110.1	110.1	110.5	112.1	113.1	113.5	117.3	114.9	114.7
河　北	96.0	95.3	98.3	99.7	100.0	100.1	101.2	103.8	106.5	107.1	105.0	103.8
山　西	103.7	101.5	101.9	100.1	102.1	102.9	105.5	106.2	107.9	109.1	107.8	108.7
内蒙古	100.7	102.6	102.9	103.5	103.1	104.7	106.0	95.1	108.9	112.1	113.5	110.7
辽　宁	106.8	104.7	107.5	105.8	106.7	106.4	106.9	107.1	110.1	111.6	109.5	110.4
吉　林	92.4	104.9	106.4	105.4	105.9	107.6	108.2	108.2	110.8	109.1	109.1	110.2
黑龙江	104.8	103.9	105.5	103.8	103.6	106.0	104.8	96.1	106.1	107.7	107.6	107.5
上　海	116.7	114.6	113.1	112.8	109.2	108.8	114.6	114.0	112.5	117.0	113.7	115.0
江　苏	103.1	101.4	99.6	101.8	103.3	102.8	104.2	103.2	105.2	106.6	107.0	107.3
浙　江	97.5	97.0	99.9	100.4	99.7	99.3	101.9	105.6	106.7	108.9	104.2	107.9
安　徽	95.7	94.0	96.0	95.0	94.6	99.6	98.1	98.7	102.0	103.6	103.8	103.6
福　建	98.5	97.8	101.7	99.4	99.5	100.5	103.8	103.3	104.4	105.1	104.8	106.6
江　西	95.2	93.5	97.3	95.7	98.5	101.8	102.5	100.6	106.1	105.3	103.3	104.5
山　东	99.6	96.1	97.0	97.4	98.3	101.7	104.9	106.5	106.8	108.5	105.9	107.2
河　南	95.3	95.5	94.7	96.5	96.1	100.6	101.2	102.4	100.9	104.6	105.2	104.1
湖　北	100.8	100.3	102.9	101.6	101.4	102.1	103.7	102.5	104.7	106.7	107.0	108.2
湖　南	94.9	97.1	97.5	97.3	99.4	101.7	101.3	102.8	103.4	105.8	106.3	105.1
广　东	100.5	95.1	101.9	102.2	101.7	96.7	106.5	104.7	105.2	106.5	102.5	106.5
广　西	94.8	90.9	92.4	93.3	92.2	99.2	98.1	101.8	103.2	105.5	106.2	105.0
海　南	96.9	95.5	97.8	99.8	100.2	100.5	101.4	101.6	104.9	105.2	104.5	105.5
重　庆	96.9	96.1	97.2	93.8	97.3	99.5	100.7	100.5	101.0	102.6	107.7	103.8
四　川	96.5	95.8	97.2	97.8	95.2	100.8	100.4	101.3	101.5	102.4	103.9	103.9
贵　州	93.9	95.5	96.3	95.6	97.4	101.7	98.5	100.7	103.7	103.8	111.9	100.7
云　南	95.1	96.2	94.5	93.8	94.2	95.6	97.8	98.3	97.6	103.8	101.5	101.9
西　藏	94.0	87.3	85.5	79.7	77.6	81.6	85.8	92.3	92.6	94.1	93.8	95.2
陕　西	100.6	100.8	99.8	99.1	100.8	102.6	103.2	103.4	106.7	108.9	107.1	108.5
甘　肃	97.3	97.7	95.8	97.5	99.0	100.5	102.0	101.2	103.9	106.4	104.9	103.0
青　海	100.0	99.6	99.1	101.7	103.1	102.4	102.3	102.6	105.9	106.2	108.5	104.9
宁　夏	102.8	103.4	102.5	103.4	103.1	104.1	104.0	107.0	107.1	107.7	110.0	109.3
新　疆	106.5	104.4	107.1	106.2	107.9	106.2	110.7	109.9	110.8	111.5	109.5	109.7
东部地区 （10 省、直辖市）	105.9	103.7	104.5	104.9	105.6	104.4	107.9	108.1	109.0	110.9	108.6	110.3
东部地区 （11 省、直辖市）	106.1	103.9	104.9	105.0	105.7	104.6	107.9	108.0	109.2	111.0	108.7	110.3
东北老工业基地	103.6	104.3	106.5	105.4	105.4	106.2	106.4	105.1	108.3	110.2	108.7	109.3
中部地区（8 省）	98.7	99.1	100.6	99.7	100.3	102.6	102.7	102.7	104.6	106.4	106.4	106.4
中部地区（6 省）	98.0	97.3	98.5	97.7	98.8	101.5	101.8	102.1	104.0	105.7	105.7	105.8
西部地区 （12 省、直辖市、 自治区）	98.5	98.2	98.5	98.6	99.1	101.6	101.4	102.3	104.1	106.1	107.6	105.5
北部沿海地区	108.2	105.7	106.2	106.6	107.9	107.8	109.3	110.2	111.0	113.6	111.7	112.3
东部沿海地区	106.8	105.4	104.8	105.4	105.5	105.0	107.4	108.2	109.1	111.4	108.9	110.6
南部沿海地区	99.7	96.6	100.9	100.9	101.0	97.9	105.5	103.6	105.2	105.1	103.1	105.8
黄河中游地区	100.1	99.9	99.6	99.4	100.9	102.6	103.2	103.3	103.3	108.0	108.2	107.7
长江中游地区	96.9	96.6	98.7	97.7	98.7	101.4	101.4	101.3	104.0	105.3	105.3	105.5
西南地区	95.6	95.2	95.9	95.2	95.5	99.6	99.2	100.7	101.8	103.7	107.0	103.3
大西北地区	100.9	99.8	100.4	100.8	102.0	102.0	104.4	104.4	105.9	107.3	106.7	106.3

表 10.40　1995～2006 年中国各省、直辖市、自治区基础设施能力指数变化趋势

地　区	1995年	1996年	1997年	1998年	1999年	2000年	2001年	2002年	2003年	2004年	2005年	2006年
全　国	100.0	101.4	103.5	107.9	112.8	118.7	121.2	125.6	129.2	134.1	139.4	143.9
北　京	142.9	144.0	145.7	149.0	152.6	153.5	158.9	161.2	164.4	165.5	168.2	170.2
天　津	125.9	127.4	129.5	132.5	143.9	147.8	149.5	152.2	156.2	162.7	167.2	170.0
河　北	93.5	94.8	96.7	98.9	105.1	113.7	115.3	120.2	124.2	131.2	138.3	143.0
山　西	89.0	90.8	93.1	99.4	104.0	110.0	113.7	117.5	123.1	130.1	136.8	142.3
内蒙古	79.7	80.9	82.9	86.6	91.6	97.7	101.1	106.6	111.3	120.1	123.8	129.8
辽　宁	103.7	104.7	107.0	110.6	117.1	122.2	125.5	130.3	134.4	138.2	142.6	147.2
吉　林	92.1	93.5	95.2	100.4	108.7	112.4	115.1	118.7	122.6	128.6	133.9	139.1
黑龙江	91.4	93.3	96.0	97.9	103.8	113.1	114.3	119.0	123.1	127.9	133.3	136.3
上　海	141.1	142.6	144.0	149.0	159.7	161.5	165.0	167.7	170.8	172.6	175.7	179.1
江　苏	106.9	108.5	110.7	115.2	120.0	126.8	128.2	132.1	136.5	139.9	147.1	152.6
浙　江	111.9	113.7	115.6	121.5	126.1	132.6	135.3	139.4	144.4	148.7	155.4	161.0
安　徽	82.3	83.8	85.7	92.0	97.5	105.0	106.6	111.0	115.1	119.9	126.2	131.9
福　建	108.8	110.2	112.4	115.1	121.0	129.4	131.2	136.1	140.9	143.7	148.7	153.8
江　西	86.2	87.8	90.6	95.0	98.8	104.8	107.2	113.4	117.3	119.5	126.3	133.1
山　东	98.5	99.8	102.2	109.1	114.7	122.9	126.2	129.9	133.8	140.2	145.4	149.2
河　南	79.9	81.9	84.5	90.7	95.0	103.0	105.4	110.3	114.3	120.4	128.1	133.2
湖　北	94.8	96.5	98.7	104.7	109.9	114.9	117.1	122.3	125.7	128.5	136.3	140.1
湖　南	92.7	94.1	95.6	100.0	104.7	111.7	114.1	117.6	121.3	124.0	130.0	134.4
广　东	123.6	125.5	126.9	130.3	136.6	139.8	143.7	146.6	149.8	154.6	157.6	161.1
广　西	88.0	89.6	91.8	98.3	103.4	110.1	113.5	117.2	120.5	127.5	134.1	136.7
海　南	99.0	100.1	101.8	101.1	105.7	112.5	117.0	122.1	123.7	127.8	137.6	147.1
重　庆	97.0	99.0	100.2	104.1	111.5	116.8	118.4	122.4	127.0	130.9	136.4	142.3
四　川	87.2	86.9	89.5	96.2	100.3	106.7	110.7	114.1	117.8	122.6	129.2	133.4
贵　州	70.7	72.7	75.0	81.0	85.8	93.4	96.9	102.3	107.2	111.4	116.5	122.3
云　南	82.3	84.4	87.1	94.4	100.4	104.9	107.6	111.4	114.5	120.1	124.2	127.4
西　藏	60.5	62.2	68.0	68.5	76.9	75.2	92.7	95.0	101.1	99.9	107.4	111.2
陕　西	86.5	88.2	90.6	96.7	102.1	111.1	114.3	118.5	123.5	129.5	134.9	140.3
甘　肃	86.4	88.0	90.3	94.6	95.1	103.8	106.8	111.8	115.4	119.3	122.9	127.7
青　海	77.0	79.0	81.3	78.3	85.0	87.5	95.4	103.1	108.2	113.5	118.5	124.3
宁　夏	89.9	92.0	94.2	98.8	103.6	109.8	114.9	119.4	122.6	123.6	128.4	133.3
新　疆	84.9	86.9	89.8	92.5	98.3	106.2	110.6	116.3	119.7	121.9	125.8	130.8
东部地区（10省、直辖市）	115.9	117.3	119.2	122.9	129.5	134.1	137.2	140.5	144.3	148.8	153.7	158.0
东部地区（11省、直辖市）	115.1	116.5	118.4	122.1	128.6	133.2	136.3	139.7	143.6	148.0	152.9	157.1
东北老工业基地	96.3	97.7	99.9	103.6	110.5	116.3	118.9	123.3	127.4	132.1	137.1	141.5
中部地区（8省）	88.7	90.4	92.6	97.7	102.8	109.2	111.4	115.9	120.0	124.5	131.0	135.7
中部地区（6省）	88.0	89.7	91.9	97.3	102.0	108.5	110.9	115.5	119.5	123.8	130.6	135.6
西部地区（12省、直辖市、自治区）	84.3	85.6	87.9	92.5	97.7	103.9	107.8	111.9	116.1	121.1	126.6	131.1
北部沿海地区	112.7	114.0	116.0	119.5	126.3	130.9	134.0	136.9	140.6	146.0	150.9	154.2
东部沿海地区	118.1	119.8	121.7	126.5	133.4	138.1	140.5	143.9	148.0	151.1	156.8	161.8
南部沿海地区	116.3	117.9	119.6	122.5	128.4	133.1	136.9	140.5	144.2	148.6	152.8	157.2
黄河中游地区	82.1	83.8	86.2	91.8	96.6	103.8	106.8	111.3	116.1	123.0	129.2	134.6
长江中游地区	90.2	91.6	93.7	98.7	103.5	109.9	112.1	116.8	120.5	123.7	130.3	135.2
西南地区	86.7	87.8	90.1	95.8	101.5	107.3	110.4	114.3	118.1	123.3	129.1	133.3
大西北地区	82.9	84.8	87.2	89.8	93.9	100.0	106.3	110.7	115.0	117.4	121.8	126.5

表 10.41 1995～2006 年中国各省、直辖市、自治区经济规模指数变化趋势

地 区	1995 年	1996 年	1997 年	1998 年	1999 年	2000 年	2001 年	2002 年	2003 年	2004 年	2005 年	2006 年
全 国	100.0	100.9	101.7	102.3	103.0	103.7	104.5	105.2	106.2	107.0	107.9	108.9
北 京	114.7	115.5	116.2	117.1	117.9	118.3	119.4	120.3	121.1	122.2	123.2	124.2
天 津	113.8	115.0	116.1	116.9	117.5	118.2	119.3	120.4	121.8	123.1	124.3	125.4
河 北	102.5	103.7	104.8	105.7	106.6	107.3	108.2	109.0	110.0	111.2	112.3	113.5
山 西	98.3	99.3	100.2	101.0	101.4	101.9	102.9	104.1	105.3	106.7	107.8	108.8
内蒙古	89.9	91.0	91.8	92.7	93.4	94.2	95.2	96.4	97.9	99.7	101.8	103.4
辽 宁	106.1	106.8	107.6	108.3	109.0	109.7	110.6	111.5	112.5	113.7	114.8	116.0
吉 林	99.1	100.1	101.0	101.9	102.5	103.2	104.1	105.0	105.9	107.0	108.1	109.4
黑龙江	99.2	100.1	101.0	101.7	102.3	103.3	104.0	104.9	105.8	106.9	107.9	108.9
上 海	123.3	124.4	125.6	126.5	126.7	126.9	128.1	129.1	129.9	131.1	132.0	132.9
江 苏	110.0	111.1	112.1	113.1	114.0	114.8	115.8	116.8	118.0	119.3	120.6	121.9
浙 江	109.2	110.3	111.3	112.1	113.0	113.8	114.9	115.9	117.2	118.4	119.4	120.6
安 徽	100.7	101.9	103.0	103.8	104.4	105.2	106.0	106.8	107.6	108.7	110.2	111.3
福 建	105.6	106.9	108.2	109.2	110.0	110.6	111.4	112.3	113.3	114.4	115.4	116.7
江 西	97.7	98.9	99.9	100.6	101.2	102.1	102.8	103.8	104.9	106.0	107.1	108.2
山 东	106.9	108.0	108.9	109.9	110.8	111.6	112.5	113.6	114.8	116.1	117.4	118.7
河 南	101.5	102.7	103.6	104.3	105.0	106.0	106.6	107.4	108.4	109.6	111.1	112.3
湖 北	101.5	102.7	103.8	104.7	105.5	106.2	107.1	107.9	108.7	109.6	111.2	112.4
湖 南	99.6	100.8	101.7	102.5	103.2	104.1	104.9	105.6	106.6	107.6	109.0	110.1
广 东	109.2	110.0	110.9	111.8	112.5	112.5	114.1	115.1	116.4	117.5	118.1	119.3
广 西	97.6	98.3	99.0	99.7	100.4	101.4	101.7	102.7	103.6	104.6	106.1	107.2
海 南	102.2	102.5	103.1	103.8	104.3	105.0	105.7	106.6	107.5	108.4	109.3	110.4
重 庆	100.1	101.1	102.1	102.8	103.5	104.3	105.1	106.0	107.0	108.1	109.8	110.9
四 川	96.4	97.3	98.1	99.0	99.3	100.3	100.9	101.8	102.8	104.0	105.5	106.7
贵 州	91.8	92.6	93.3	94.0	94.7	95.8	96.2	97.0	97.8	98.9	100.2	101.2
云 南	94.4	95.2	96.0	96.6	97.3	97.8	98.4	99.2	100.0	100.9	101.7	102.7
西 藏	77.1	78.2	79.1	79.9	80.7	81.5	82.6	83.7	84.7	85.7	86.7	87.8
陕 西	95.7	96.5	97.3	98.1	98.8	99.7	100.5	101.5	102.6	103.7	104.8	105.9
甘 肃	89.2	90.2	90.9	91.7	92.4	93.2	94.0	94.9	95.8	96.8	98.0	99.0
青 海	85.4	86.1	86.8	87.6	88.3	89.0	90.0	91.0	92.0	93.1	94.2	95.2
宁 夏	95.1	96.0	96.6	97.3	98.0	98.7	99.6	100.5	101.6	102.5	103.4	104.5
新 疆	90.5	91.0	91.8	92.5	93.0	93.3	94.2	94.9	95.8	96.8	97.7	98.5
东部地区（10 省、直辖市）	108.3	109.3	110.4	111.3	112.1	112.7	113.8	114.8	115.9	117.2	118.2	119.4
东部地区（11 省、直辖市）	108.1	109.1	110.1	111.0	111.8	112.4	113.5	114.5	115.6	116.8	117.9	119.1
东北老工业基地	101.5	102.4	103.2	104.0	104.6	105.4	106.2	107.1	108.1	109.2	110.3	111.5
中部地区（8 省）	99.6	100.7	101.7	102.4	103.1	104.0	104.7	105.5	106.5	107.6	109.0	110.1
中部地区（6 省）	100.1	101.2	102.3	103.0	103.7	104.6	105.3	106.2	107.1	108.2	109.6	110.8
西部地区（12 省、直辖市、自治区）	91.7	92.6	93.4	94.1	94.8	95.6	96.3	97.1	98.2	99.3	100.7	101.8
北部沿海地区	106.4	107.5	108.5	109.5	110.3	111.1	112.0	113.0	114.1	115.4	116.6	117.8
东部沿海地区	111.2	112.3	113.4	114.3	115.1	115.8	116.9	117.9	119.1	120.4	121.4	122.6
南部沿海地区	107.7	108.6	109.6	110.5	111.2	111.4	112.7	113.7	114.9	116.0	116.8	118.0
黄河中游地区	95.3	96.4	97.3	98.0	98.7	99.5	100.3	101.3	102.4	103.7	105.2	106.4
长江中游地区	100.1	101.2	102.3	103.1	103.8	104.7	105.4	106.2	107.1	108.2	109.5	110.6
西南地区	96.0	96.9	97.7	98.4	99.0	99.9	100.4	101.3	102.2	103.3	104.7	105.8
大西北地区	87.5	88.3	89.1	89.8	90.4	91.0	91.9	92.7	93.7	94.7	95.7	96.7

表 10.42 1995～2006 年中国各省、直辖市、自治区经济推动力指数变化趋势

地　区	1995 年	1996 年	1997 年	1998 年	1999 年	2000 年	2001 年	2002 年	2003 年	2004 年	2005 年	2006 年
全　国	100.0	101.2	102.5	103.8	103.8	104.3	105.7	107.1	109.2	111.3	113.9	115.9
北　京	113.1	113.6	114.8	116.8	116.1	115.2	117.0	118.6	120.1	120.7	122.5	123.5
天　津	110.9	111.7	113.2	114.8	114.1	114.2	115.8	116.8	118.4	119.8	121.4	122.8
河　北	103.7	105.7	108.6	108.8	108.6	109.1	109.5	109.9	111.1	113.8	115.6	118.1
山　西	102.0	102.7	105.1	106.7	105.2	106.4	108.4	109.1	111.4	114.0	114.9	116.5
内蒙古	94.6	94.4	97.3	97.2	96.3	96.5	77.6	100.4	105.9	108.6	112.1	113.8
辽　宁	105.6	105.6	106.3	107.6	107.4	107.8	109.1	110.3	112.1	115.1	118.2	120.8
吉　林	98.0	99.8	99.9	100.5	101.9	103.5	104.2	106.2	106.0	105.8	111.3	114.5
黑龙江	97.1	97.7	100.4	100.9	100.8	102.2	103.6	104.5	105.9	107.6	110.2	112.5
上　海	120.8	121.9	122.8	122.3	120.7	119.1	120.2	121.0	121.6	123.8	125.6	126.5
江　苏	105.5	106.4	108.0	109.2	109.8	109.9	110.7	111.9	114.6	116.2	118.5	120.5
浙　江	108.6	109.8	111.4	112.8	112.6	113.6	115.7	117.9	120.3	121.9	123.1	124.5
安　徽	98.0	97.8	99.7	100.4	100.7	102.3	102.3	103.1	104.4	107.0	110.2	113.0
福　建	102.6	103.9	105.3	107.0	107.0	107.2	107.9	108.7	110.2	112.4	114.5	116.8
江　西	98.0	99.3	101.6	102.6	102.0	102.9	103.5	105.5	108.4	110.3	112.4	114.2
山　东	101.5	102.6	104.6	105.9	106.3	107.4	108.5	110.3	113.6	116.4	118.5	120.1
河　南	97.8	99.9	102.2	103.1	103.1	104.1	104.4	106.2	107.8	110.2	113.7	116.5
湖　北	99.5	101.4	103.1	104.2	104.3	105.0	104.9	105.9	105.7	109.2	110.5	112.9
湖　南	98.4	100.4	101.3	102.1	102.2	103.3	104.3	105.2	105.7	107.7	111.4	114.1
广　东	108.7	108.8	109.2	110.8	117.2	110.3	112.0	112.9	114.7	115.9	116.9	118.1
广　西	96.4	98.5	101.7	102.4	102.6	103.9	103.3	103.2	104.0	105.1	108.3	110.3
海　南	103.9	101.9	103.1	104.2	106.5	106.4	104.3	104.8	105.2	105.7	108.1	110.4
重　庆	97.3	95.6	97.9	101.3	101.5	105.1	107.6	109.6	111.7	112.9	116.1	118.3
四　川	96.3	99.1	100.2	100.1	99.1	101.8	102.4	104.9	106.0	107.9	111.3	113.2
贵　州	92.3	95.1	96.1	96.6	97.9	99.6	102.1	103.4	104.3	105.2	107.6	109.6
云　南	95.5	96.4	99.8	101.6	101.4	101.5	102.2	103.5	105.2	106.9	109.0	110.7
西　藏	82.3	84.8	88.2	92.4	96.2	103.8	107.8	104.5	108.9	108.6	112.0	111.7
陕　西	100.4	99.4	101.9	102.0	103.0	105.1	105.5	107.8	110.3	112.5	114.8	116.2
甘　肃	95.3	95.2	99.8	100.6	103.5	103.8	103.6	106.5	106.3	105.5	105.6	106.6
青　海	98.8	102.8	105.4	106.0	104.5	103.9	106.2	109.2	111.0	111.5	112.1	114.7
宁　夏	102.7	104.6	105.9	109.3	108.2	108.9	109.3	112.0	115.6	115.7	117.3	117.3
新　疆	98.0	99.4	100.3	101.3	102.8	102.3	102.0	104.8	106.0	108.1	111.1	114.9
东部地区 （10 省、直辖市）	106.0	107.2	108.5	109.6	111.2	109.6	110.6	112.2	114.4	116.2	118.0	119.6
东部地区 （11 省、直辖市）	105.9	107.0	108.3	109.4	110.8	109.4	110.7	112.0	114.2	116.1	117.9	119.7
东北老工业基地	101.5	102.1	103.1	104.4	104.4	105.1	106.2	107.5	108.7	110.8	114.1	116.9
中部地区（8 省）	97.9	99.3	101.1	102.1	102.0	103.4	104.0	105.2	106.4	108.5	111.5	114.0
中部地区（6 省）	98.6	100.0	101.8	102.9	102.7	104.0	104.5	105.7	107.1	109.5	111.9	114.4
西部地区 （12 省、直辖市、 自治区）	95.3	96.2	98.7	99.7	99.8	101.2	101.6	103.8	105.9	107.5	110.2	112.3
北部沿海地区	102.0	103.6	105.5	106.9	107.0	107.0	108.2	109.7	112.1	114.3	116.3	117.9
东部沿海地区	109.1	110.1	111.4	112.1	112.0	112.0	113.3	114.8	117.0	118.7	120.6	122.2
南部沿海地区	107.0	107.3	108.0	109.5	114.3	109.1	110.4	111.3	113.1	114.4	115.8	117.3
黄河中游地区	97.7	98.4	101.0	101.3	101.1	101.9	101.8	104.7	107.1	110.2	112.8	115.1
长江中游地区	98.4	99.7	101.2	102.3	102.2	103.6	103.9	105.1	106.3	108.4	110.9	113.3
西南地区	95.7	97.0	99.4	100.8	100.4	102.4	103.2	104.8	106.1	107.6	110.5	112.4
大西北地区	95.6	96.8	98.8	100.2	101.7	102.2	102.8	104.7	106.0	107.7	109.4	111.9

表 10.43 1995～2006 年中国各省、直辖市、自治区结构合理度指数变化趋势

地 区	1995 年	1996 年	1997 年	1998 年	1999 年	2000 年	2001 年	2002 年	2003 年	2004 年	2005 年	2006 年
全 国	100.0	100.2	101.9	102.6	103.8	105.3	106.2	106.6	107.3	107.2	110.3	111.1
北 京	118.6	118.6	120.1	121.9	122.3	124.2	124.1	123.9	124.3	124.6	129.8	130.8
天 津	117.5	118.0	118.4	120.0	120.3	121.7	122.0	122.4	122.3	122.9	123.7	124.4
河 北	96.3	97.5	98.0	98.3	99.4	100.5	101.3	101.6	101.3	100.0	100.8	101.8
山 西	98.4	97.6	99.7	98.8	103.0	103.3	104.0	102.8	103.5	103.0	106.2	107.0
内蒙古	89.8	86.3	87.9	89.6	90.8	93.2	94.9	96.7	96.6	96.5	100.3	101.6
辽 宁	104.8	104.1	104.9	105.0	106.7	108.9	108.9	109.0	109.5	108.4	107.4	107.7
吉 林	95.2	94.1	98.7	96.0	97.7	99.9	100.9	100.0	100.7	101.2	102.6	104.0
黑龙江	98.7	98.2	99.9	101.3	104.3	106.5	105.1	105.5	106.0	102.8	103.7	103.6
上 海	120.7	122.0	123.2	124.4	124.8	125.7	125.4	126.1	127.0	128.9	131.7	131.7
江 苏	103.8	105.1	106.1	107.1	108.0	109.6	110.3	111.2	113.7	114.9	115.9	117.1
浙 江	103.2	103.3	104.4	106.2	106.4	108.4	109.2	110.7	112.0	112.9	114.6	115.9
安 徽	92.3	90.6	91.8	92.7	93.9	95.7	96.5	97.3	99.8	98.6	100.1	101.0
福 建	100.0	100.4	102.8	103.7	105.0	106.2	107.3	108.7	109.7	110.5	110.9	111.7
江 西	94.2	94.9	96.5	99.3	99.3	99.9	99.3	99.7	99.2	98.7	101.3	102.5
山 东	98.7	98.6	101.0	100.9	101.3	102.6	104.1	105.2	106.3	106.2	108.1	109.4
河 南	93.7	93.1	94.2	94.5	94.7	95.9	96.2	96.7	98.7	97.4	98.4	100.0
湖 北	94.5	95.4	97.4	99.6	102.0	103.1	104.9	105.2	104.5	102.0	103.9	105.6
湖 南	90.5	91.4	92.8	94.4	96.9	98.2	98.7	99.8	99.8	98.2	99.9	100.6
广 东	106.9	108.2	109.3	110.4	111.7	113.8	114.6	115.5	115.8	116.5	119.7	120.0
广 西	91.9	90.7	90.9	90.8	93.2	95.2	96.0	95.9	95.8	94.9	96.9	97.5
海 南	89.7	91.2	91.5	91.7	91.3	91.5	91.9	91.4	90.8	91.1	93.1	92.7
重 庆	95.7	97.2	98.6	100.0	100.4	101.9	102.5	102.3	103.0	102.4	104.1	106.5
四 川	96.4	97.2	97.4	98.5	99.7	100.2	101.6	102.1	101.8	100.8	102.0	103.2
贵 州	92.5	92.1	93.1	95.1	96.8	98.2	99.7	100.1	100.9	101.1	103.8	104.2
云 南	92.9	92.8	93.4	94.0	94.9	95.5	96.6	96.5	96.1	95.9	97.8	97.1
西 藏	69.3	79.8	81.4	89.4	91.8	93.3	95.6	96.8	95.7	98.1	98.1	99.6
陕 西	102.3	103.2	105.1	104.3	106.9	107.7	107.9	107.4	107.9	107.1	108.3	109.1
甘 肃	98.4	93.1	95.3	93.6	97.6	100.0	98.8	99.2	99.1	97.5	100.4	100.8
青 海	92.8	92.7	92.8	94.6	95.9	99.1	99.4	100.2	100.9	100.1	100.7	101.5
宁 夏	94.8	94.1	96.1	96.2	97.8	99.3	99.2	100.1	99.8	100.6	101.9	102.6
新 疆	86.8	87.5	87.3	87.9	90.4	90.2	90.8	90.8	87.3	90.3	90.6	93.1
东部地区 (10 省、直辖市)	105.1	105.8	107.0	108.0	108.6	109.9	110.6	111.2	111.9	112.6	114.2	114.9
东部地区 (11 省、直辖市)	105.2	105.7	106.9	107.8	108.5	109.9	110.5	111.1	111.9	112.4	113.8	114.5
东北老工业基地	99.8	99.1	101.3	100.7	102.8	104.9	105.0	105.2	105.3	104.2	105.2	105.6
中部地区 (8 省)	94.7	94.5	96.4	97.2	99.0	100.1	100.7	101.1	101.6	100.1	102.2	103.0
中部地区 (6 省)	94.0	94.0	95.5	96.8	98.4	99.2	100.1	100.4	101.2	99.7	101.7	102.7
西部地区 (12 省、直辖市、 自治区)	95.5	96.1	97.0	97.8	99.3	100.2	101.2	101.5	101.2	100.8	102.6	103.4
北部沿海地区	106.5	106.8	108.1	109.1	109.7	111.4	112.0	112.3	112.4	112.4	114.1	115.2
东部沿海地区	107.8	108.9	109.9	111.2	111.9	113.3	113.8	114.9	116.5	117.9	119.2	120.1
南部沿海地区	101.0	101.9	103.1	103.8	104.7	105.7	106.4	106.9	107.4	108.2	110.1	110.6
黄河中游地区	96.9	96.4	98.4	98.5	100.2	100.7	101.7	101.6	102.4	101.6	103.6	104.5
长江中游地区	92.9	93.1	94.6	96.6	98.2	99.2	100.0	100.7	101.1	99.4	101.5	102.6
西南地区	94.7	95.0	95.8	97.0	98.1	99.1	100.1	100.3	100.3	99.7	101.7	102.5
大西北地区	91.1	91.9	92.2	92.2	95.0	97.2	97.4	97.9	97.1	97.1	98.6	99.4

表 10.44　1995～2006 年中国各省、直辖市、自治区工业经济效益指数变化趋势

地　区	1995 年	1996 年	1997 年	1998 年	1999 年	2000 年	2001 年	2002 年	2003 年	2004 年	2005 年	2006 年
全　国	100.0	99.4	100.2	98.9	100.5	103.1	103.7	104.8	106.7	108.6	109.5	111.1
北　京	106.4	102.0	103.3	103.0	104.1	106.1	106.2	107.2	109.1	110.9	111.3	111.8
天　津	105.1	101.6	103.9	102.5	103.3	106.9	108.0	108.7	110.8	113.9	115.0	117.1
河　北	100.1	100.7	101.8	100.2	101.2	103.0	103.3	104.8	106.7	108.9	109.6	111.0
山　西	99.8	99.3	99.7	97.0	96.9	97.8	99.6	101.8	105.4	107.9	108.7	109.9
内蒙古	97.0	97.5	99.4	96.4	96.4	99.4	100.0	102.7	105.1	108.0	111.9	114.5
辽　宁	98.1	97.1	98.4	96.5	99.1	102.6	102.4	103.5	106.1	107.4	108.1	109.8
吉　林	96.2	94.7	95.5	94.5	97.6	101.3	101.6	102.8	105.3	106.2	106.7	109.1
黑龙江	105.1	104.1	106.0	103.7	109.1	116.0	115.0	113.6	116.5	117.5	119.9	121.4
上　海	109.4	107.1	107.7	107.4	108.9	110.2	111.6	112.5	114.5	115.5	114.7	115.5
江　苏	102.2	101.3	101.4	100.6	102.4	104.1	105.1	106.5	108.1	110.5	110.5	112.2
浙　江	101.9	101.2	101.5	102.2	103.9	105.2	106.8	108.3	109.2	110.1	109.3	110.2
安　徽	98.3	99.6	99.6	93.9	96.1	97.5	99.2	101.2	104.0	104.5	106.0	106.9
福　建	100.6	100.8	102.3	101.3	102.7	103.8	104.1	107.2	108.4	108.9	109.6	111.2
江　西	93.3	92.9	93.2	90.5	92.0	94.5	95.6	97.3	99.8	101.1	104.2	107.4
山　东	101.7	102.4	102.6	102.1	103.1	106.3	106.8	107.1	109.5	111.5	114.2	115.1
河　南	100.1	98.7	98.9	97.7	99.0	100.0	100.5	101.7	103.7	106.1	109.0	112.6
湖　北	98.6	98.0	100.7	99.0	100.2	101.6	102.7	103.6	104.4	105.8	107.8	109.1
湖　南	96.4	97.9	97.6	94.8	95.8	97.5	99.0	100.3	102.7	104.7	106.9	108.7
广　东	101.5	101.8	102.8	102.0	103.9	105.6	106.3	107.7	109.3	110.3	110.7	112.1
广　西	97.1	93.4	93.2	92.0	94.0	97.9	98.1	98.3	100.6	103.7	104.7	106.9
海　南	90.7	90.6	90.9	94.7	94.2	97.2	98.7	102.5	102.9	104.8	106.2	108.2
重　庆	93.4	93.2	92.9	90.2	92.7	96.3	97.3	99.4	102.0	104.0	103.9	106.5
四　川	94.7	94.6	96.7	95.6	95.8	97.5	99.0	101.0	101.9	103.6	106.3	108.3
贵　州	96.0	94.4	95.6	93.3	93.5	95.5	96.3	97.2	99.9	102.1	103.2	105.8
云　南	110.8	108.9	109.5	106.6	105.5	106.5	107.2	107.1	108.3	109.6	109.4	110.7
西　藏	100.8	104.6	112.5	105.1	104.9	106.1	106.0	104.2	107.3	105.6	110.2	107.8
陕　西	94.1	93.0	94.2	92.0	95.3	100.0	100.3	102.1	105.1	108.0	111.3	113.7
甘　肃	97.5	95.5	95.3	91.7	93.9	95.6	96.4	98.7	100.6	103.6	103.5	105.4
青　海	91.8	80.5	85.9	89.8	96.1	96.4	99.3	101.9	102.4	103.4	112.2	114.5
宁　夏	98.0	96.6	97.3	94.2	95.3	98.4	98.8	98.8	101.0	103.2	104.5	105.7
新　疆	97.7	95.1	100.4	97.6	99.1	107.5	107.8	106.7	110.4	109.1	117.0	120.1
东部地区（10 省、直辖市）	102.2	101.3	102.1	101.7	103.1	105.2	106.1	107.5	109.2	111.0	111.4	112.8
东部地区（11 省、直辖市）	101.8	101.0	101.8	101.3	102.8	105.0	105.7	107.2	108.9	110.7	111.1	112.6
东北老工业基地	100.3	99.2	100.6	98.6	102.4	107.6	107.4	107.2	109.8	111.5	112.5	114.5
中部地区（8 省）	98.8	98.5	99.3	96.8	98.8	101.9	102.5	103.3	105.8	107.3	109.0	111.2
中部地区（6 省）	98.0	98.1	98.6	96.0	97.0	98.6	99.8	101.3	103.5	105.2	107.0	109.4
西部地区（12 省、直辖市、自治区）	98.5	97.4	99.3	96.2	97.1	100.0	100.8	101.3	104.0	106.6	108.4	110.9
北部沿海地区	102.2	100.9	102.0	101.0	102.0	104.9	105.3	106.3	108.3	110.7	111.8	113.3
东部沿海地区	103.7	102.6	102.9	102.8	104.5	106.1	107.3	108.5	110.1	111.6	111.0	112.3
南部沿海地区	99.9	100.2	101.1	101.3	102.7	104.5	105.4	107.7	109.0	110.3	110.9	112.4
黄河中游地区	98.2	97.5	98.2	96.2	96.9	99.5	100.2	102.0	104.8	107.5	109.8	112.8
长江中游地区	97.0	97.5	98.2	95.2	96.6	98.2	99.6	101.0	103.0	104.2	106.0	108.0
西南地区	99.7	98.3	98.8	96.6	96.9	99.1	99.9	100.9	102.8	104.8	105.6	107.9
大西北地区	98.1	96.8	100.5	96.3	98.2	102.1	102.6	102.8	105.3	107.9	110.7	113.1

表10.45　1995～2006年中国各省、直辖市、自治区产品质量指数变化趋势

地　区	1995 年	1996 年	1997 年	1998 年	1999 年	2000 年	2001 年	2002 年	2003 年	2004 年	2005 年	2006 年
全　国	100.0	100.1	99.9	101.7	102.9	103.9	105.4	108.7	107.2	107.9	109.3	110.9
北　京	103.0	105.8	101.8	101.2	109.5	110.5	115.9	110.9	104.9	98.2	95.6	114.4
天　津	102.5	100.8	101.7	104.2	102.9	108.0	112.4	109.0	110.5	112.9	141.1	122.9
河　北	97.8	93.5	98.6	102.7	103.4	102.5	102.5	102.6	105.3	103.6	104.8	107.8
山　西	95.1	89.7	90.3	90.8	90.3	91.5	94.9	99.1	100.1	107.2	102.4	107.3
内蒙古	82.5	84.4	97.3	95.6	96.8	97.0	103.8	96.0	100.9	103.2	105.2	112.1
辽　宁	96.4	97.8	95.9	99.2	99.4	101.0	104.2	106.6	109.3	111.8	121.5	108.7
吉　林	96.3	99.4	100.3	101.0	100.8	105.7	112.2	100.7	109.0	106.8	109.1	111.1
黑龙江	94.8	91.6	88.9	90.7	92.9	94.4	94.3	94.4	98.3	97.0	100.7	97.3
上　海	102.6	100.7	98.7	101.8	103.8	104.1	106.7	104.5	108.2	106.8	107.1	114.7
江　苏	90.8	98.9	100.6	103.4	103.7	108.8	107.3	107.0	107.7	110.1	112.1	111.7
浙　江	105.5	107.0	104.4	101.2	102.7	102.4	103.1	109.4	129.6	113.5	107.1	108.9
安　徽	112.0	112.5	101.7	100.9	105.1	103.3	100.7	102.2	102.3	107.3	103.7	106.3
福　建	101.5	100.3	106.1	107.8	108.0	110.2	108.5	111.4	110.6	106.5	141.7	111.8
江　西	87.1	79.1	96.9	85.5	91.4	93.9	106.1	107.6	107.6	108.0	127.4	136.7
山　东	103.0	101.7	102.0	104.6	104.1	104.4	104.3	105.7	105.4	108.4	104.3	109.7
河　南	103.2	99.6	98.6	105.1	100.7	100.3	99.3	102.7	102.6	109.5	103.0	100.2
湖　北	91.4	95.3	96.9	102.5	105.9	108.9	104.1	102.0	116.5	108.5	110.9	108.5
湖　南	98.1	99.1	109.1	101.7	103.5	102.0	111.2	106.3	104.5	109.3	111.2	109.1
广　东	99.8	96.0	121.1	102.7	107.4	104.9	104.2	111.0	102.4	112.3	134.7	115.9
广　西	97.8	98.2	97.9	102.1	101.4	103.4	103.9	100.2	102.4	103.2	109.5	112.8
海　南	109.5	109.5	95.7	97.6	105.7	93.6	103.8	107.3	114.0	125.3	143.9	139.1
重　庆	102.3	102.5	101.7	100.0	99.1	100.6	104.2	101.0	108.1	109.6	101.2	110.0
四　川	98.7	98.9	103.1	103.4	104.2	108.5	109.2	103.5	110.5	108.3	111.0	112.8
贵　州	95.2	86.9	88.6	81.7	84.5	87.6	98.1	98.9	102.2	101.8	103.6	118.5
云　南	70.2	66.4	70.6	71.6	62.0	66.7	105.7	69.0	113.6	114.5	113.6	113.0
西　藏	67.7	67.7	67.7	67.7	67.7	67.7	67.7	67.7	67.7	67.7	67.7	58.5
陕　西	94.9	94.7	91.4	92.5	89.5	103.3	96.9	105.1	99.3	101.8	122.7	119.8
甘　肃	86.0	99.7	91.4	90.3	93.5	93.9	101.4	98.5	116.5	96.0	97.7	115.2
青　海	88.7	94.2	96.0	79.6	92.7	95.1	101.3	82.8	84.2	86.6	99.8	119.1
宁　夏	117.3	118.9	125.5	128.0	127.0	126.4	125.6	123.6	125.1	125.2	125.9	113.6
新　疆	91.7	90.0	82.8	82.7	85.6	85.6	87.1	87.6	85.7	89.8	89.9	89.3
东部地区 （10 省、直辖市）	98.8	101.5	102.1	102.9	105.5	106.2	106.7	108.0	109.1	108.8	110.7	113.7
东部地区 （11 省、直辖市）	98.6	101.2	101.5	102.7	105.0	105.9	106.6	107.8	109.1	109.0	111.0	113.1
东北老工业基地	96.4	94.9	95.2	97.3	98.0	100.9	102.0	100.3	105.5	103.3	107.6	106.6
中部地区（8 省）	96.2	96.7	97.7	98.1	99.7	100.1	101.3	102.0	104.4	106.3	107.6	107.0
中部地区（6 省）	96.4	98.1	98.7	98.6	100.0	100.2	101.5	103.4	104.9	108.5	108.4	107.7
西部地区 （12 省、直辖市、 自治区）	96.0	96.9	98.2	96.0	95.0	99.0	103.0	101.2	103.6	103.9	105.7	109.5
北部沿海地区	101.9	100.3	101.1	103.1	105.6	107.3	107.7	107.6	107.4	106.7	107.2	113.1
东部沿海地区	95.5	101.7	100.5	102.2	103.6	105.2	106.0	106.8	111.2	109.1	108.6	111.8
南部沿海地区	103.6	102.6	105.6	102.9	107.2	105.5	105.7	110.3	110.0	111.8	141.0	116.7
黄河中游地区	96.1	95.7	96.0	96.1	96.3	97.0	98.1	105.0	100.7	106.1	106.4	105.8
长江中游地区	95.9	99.1	101.3	99.9	102.6	103.0	104.3	104.6	106.4	108.3	110.8	110.9
西南地区	97.5	95.4	97.1	95.8	94.0	98.6	105.0	100.2	106.3	106.7	107.6	113.6
大西北地区	95.9	100.0	98.8	96.6	99.3	99.5	101.9	95.1	100.3	97.5	99.8	102.1

表 10.46　1995～2006 年中国各省、直辖市、自治区经济集约化指数变化趋势

地　区	1995 年	1996 年	1997 年	1998 年	1999 年	2000 年	2001 年	2002 年	2003 年	2004 年	2005 年	2006 年
全　国	100.0	101.8	102.9	103.3	104.1	104.8	105.2	106.2	106.9	107.0	107.5	108.1
北　京	105.9	108.3	109.4	109.0	112.4	114.3	116.3	118.6	120.4	122.0	123.8	125.6
天　津	105.8	109.7	111.1	111.2	114.9	115.7	116.4	117.7	119.5	121.1	120.7	122.5
河　北	97.8	99.8	101.3	100.2	102.5	103.4	103.4	104.7	105.6	105.2	106.3	107.4
山　西	94.6	96.8	97.7	97.1	98.7	99.6	100.3	101.4	102.4	103.2	104.9	105.1
内蒙古	93.2	94.8	95.3	95.2	96.9	98.2	99.0	99.7	100.6	101.2	102.5	103.2
辽　宁	98.4	100.2	101.2	101.3	103.2	104.2	105.4	107.0	108.1	109.1	109.2	110.0
吉　林	96.2	98.8	99.9	100.3	102.3	103.4	104.7	105.5	106.7	107.4	107.9	109.1
黑龙江	97.3	99.1	100.1	100.0	102.4	103.5	104.5	106.5	107.5	108.7	109.8	110.4
上　海	108.3	110.8	112.7	112.8	115.8	117.0	117.8	119.7	121.1	122.4	123.7	125.5
江　苏	104.6	105.9	107.8	108.2	109.7	110.6	110.2	112.0	113.3	113.7	114.2	114.9
浙　江	108.9	111.6	112.7	110.8	113.3	113.8	114.1	114.8	115.8	116.8	117.7	118.5
安　徽	97.7	100.5	101.5	101.5	103.4	104.5	104.6	105.8	107.1	107.9	108.7	108.8
福　建	107.8	110.6	113.1	111.2	112.4	111.8	111.5	111.6	112.9	113.3	113.7	114.9
江　西	95.6	98.1	99.9	99.7	101.7	101.7	103.1	103.2	104.1	104.5	105.4	106.0
山　东	103.5	105.6	106.8	106.4	108.4	109.3	110.1	111.3	112.7	113.9	114.9	115.9
河　南	98.9	101.7	102.4	102.0	103.9	104.7	104.9	105.9	107.1	107.8	108.6	109.2
湖　北	98.9	101.4	103.0	102.3	104.2	105.0	106.3	107.5	108.3	108.8	109.7	110.6
湖　南	98.6	100.2	102.0	101.2	103.9	104.7	105.3	106.2	106.4	106.7	107.6	109.0
广　东	108.1	111.3	113.1	110.7	113.7	115.2	115.7	116.4	117.7	118.5	119.0	120.7
广　西	97.8	99.0	99.6	99.0	100.9	101.4	101.5	102.4	102.4	102.5	103.5	104.6
海　南	107.7	108.6	109.7	108.8	111.8	111.1	112.9	112.8	114.0	114.2	114.3	115.3
重　庆	100.2	101.8	103.2	102.3	102.8	104.9	105.7	107.1	107.8	107.8	108.3	108.6
四　川	98.0	100.9	101.1	100.7	102.4	102.9	103.0	104.6	105.4	106.3	107.3	108.1
贵　州	93.1	95.0	95.5	92.8	94.9	96.5	97.3	98.4	98.6	99.2	100.5	100.4
云　南	97.2	99.6	100.1	98.8	100.8	101.3	101.9	102.5	103.0	103.5	104.1	104.5
西　藏	104.6	109.5	93.6	96.8	94.7	95.7	101.9	106.8	102.1	107.3	108.9	
陕　西	96.1	98.2	99.3	98.3	101.3	102.3	103.2	103.7	104.6	105.1	105.5	106.6
甘　肃	90.8	92.2	93.2	93.0	94.6	95.7	97.5	98.0	98.1	99.4	100.4	101.2
青　海	94.8	96.1	97.0	96.4	98.0	98.7	99.4	100.9	101.5	101.5	100.6	100.5
宁　夏	90.7	92.2	92.6	92.4	93.9	93.6	94.9	95.7	96.4	96.6	95.9	96.8
新　疆	95.9	98.2	98.9	97.6	99.8	100.6	100.8	101.4	101.8	102.2	102.4	102.7
东部地区 （10 省、直辖市）	104.0	106.4	107.7	106.9	109.3	110.3	110.1	111.8	113.1	113.4	114.2	115.4
东部地区 （11 省、直辖市）	103.1	105.4	106.7	106.0	108.4	109.5	109.5	111.1	112.4	112.8	113.6	114.6
东北老工业基地	97.1	99.0	99.9	99.8	102.1	103.1	104.1	105.7	106.8	107.9	108.1	108.9
中部地区（8 省）	96.9	99.2	100.2	99.8	101.9	102.7	103.5	104.6	105.4	106.2	107.0	107.8
中部地区（6 省）	97.0	99.4	100.4	99.9	101.9	102.7	103.4	104.4	105.2	105.9	106.7	107.5
西部地区 （12 省、直辖市、 自治区）	95.3	97.2	97.9	96.8	98.6	99.4	100.0	101.1	101.7	102.0	102.7	103.3
北部沿海地区	101.5	103.9	105.0	104.2	106.9	108.1	108.3	110.0	111.2	111.5	112.7	113.8
东部沿海地区	105.9	108.0	109.4	109.2	111.3	112.2	112.1	113.9	115.3	115.8	116.6	117.4
南部沿海地区	107.8	110.8	112.6	110.4	112.7	113.4	112.4	113.6	115.0	116.0	116.5	117.9
黄河中游地区	95.8	98.2	98.8	98.1	100.2	101.0	101.7	102.5	103.5	104.3	105.1	105.8
长江中游地区	97.5	99.8	101.0	100.7	102.7	103.6	104.2	105.5	106.3	106.8	107.6	108.5
西南地区	97.1	99.2	99.9	98.5	100.3	101.0	101.8	102.7	103.4	103.7	104.5	105.0
大西北地区	92.8	94.4	95.0	94.6	96.3	97.1	98.2	98.9	99.3	100.0	100.0	100.5

表 10.47　1995～2006 年中国各省、直辖市、自治区排放强度指数变化趋势

地　区	1995 年	1996 年	1997 年	1998 年	1999 年	2000 年	2001 年	2002 年	2003 年	2004 年	2005 年	2006 年
全　国	100.0	102.0	102.3	101.1	101.2	100.9	100.0	99.5	98.9	97.7	96.7	95.8
北　京	90.9	93.3	93.3	93.2	94.2	95.2	95.6	96.6	97.2	97.0	97.1	97.0
天　津	92.2	95.2	95.6	96.1	98.0	96.8	94.4	93.3	93.0	93.2	90.2	89.9
河　北	97.7	99.1	99.2	97.2	97.6	97.8	96.2	96.0	95.3	92.1	91.9	91.3
山　西	97.3	98.9	98.9	96.6	97.1	97.4	97.2	96.5	95.4	95.0	94.4	92.9
内蒙古	104.2	105.4	105.3	104.6	105.6	106.2	106.0	104.4	102.8	100.7	99.1	97.2
辽　宁	93.2	94.8	94.9	94.7	94.9	95.0	94.9	94.9	94.5	94.1	92.2	91.3
吉　林	98.3	100.8	101.1	101.6	101.4	102.0	101.9	101.7	101.6	100.5	98.7	98.2
黑龙江	99.4	101.3	101.4	102.1	102.7	102.7	102.6	102.4	102.1	102.3	102.1	101.0
上　海	86.8	88.5	88.8	89.0	89.8	90.2	89.2	89.2	89.4	89.1	89.2	89.1
江　苏	97.1	96.6	98.0	96.9	96.5	96.3	93.9	93.6	93.6	92.3	91.0	89.9
浙　江	98.5	100.7	100.2	97.5	97.3	96.6	94.8	94.2	93.4	92.6	91.9	90.8
安　徽	99.1	101.7	101.4	101.7	101.8	101.6	100.7	100.3	100.2	99.6	98.5	96.9
福　建	100.2	102.8	103.7	101.2	99.3	97.6	93.8	93.9	93.9	92.6	91.4	90.9
江　西	99.3	101.0	102.7	102.6	102.9	101.7	100.2	100.3	99.3	98.2	97.0	96.7
山　东	98.1	99.8	99.6	98.6	98.6	97.9	96.8	96.9	96.2	94.8	93.7	92.9
河　南	99.6	101.8	101.6	101.1	100.7	99.8	99.0	98.2	97.8	97.0	95.5	94.5
湖　北	98.0	99.9	100.9	99.7	99.2	99.0	99.3	98.6	98.3	97.4	96.6	95.7
湖　南	100.9	101.6	102.4	100.3	101.7	101.1	100.9	100.7	99.6	98.4	97.7	97.9
广　东	97.9	101.4	102.3	100.3	99.9	101.1	99.3	98.3	97.7	96.5	95.8	95.7
广　西	100.7	101.2	101.5	99.9	99.9	99.6	98.3	98.2	96.3	94.9	94.6	94.4
海　南	105.4	107.2	107.6	107.6	108.3	105.9	106.2	105.4	105.7	104.2	102.4	101.9
重　庆	99.2	100.1	101.6	101.8	98.4	99.1	99.3	99.1	98.7	96.9	95.4	93.8
四　川	101.6	105.3	103.8	103.1	103.2	102.0	102.0	101.0	100.9	100.0	99.0	97.8
贵　州	103.0	106.3	105.5	99.6	102.0	102.0	102.0	102.7	101.9	101.0	101.1	98.7
云　南	103.2	106.7	106.3	104.8	104.5	104.1	103.8	103.2	102.7	101.2	101.1	99.6
西　藏	142.3	150.3	118.1	116.8	118.4	117.2	116.5	121.8	127.3	118.2	123.1	123.8
陕　西	100.8	103.6	103.8	102.6	103.0	103.0	103.1	101.7	101.0	99.4	98.0	97.7
甘　肃	103.0	104.3	104.2	103.6	104.3	104.9	106.7	105.4	103.6	104.3	103.9	103.2
青　海	110.2	111.7	111.9	111.3	111.4	110.4	109.3	110.6	109.8	107.8	103.5	101.4
宁　夏	98.8	100.4	100.1	100.0	100.1	98.4	99.2	98.2	97.5	96.8	93.8	93.6
新　疆	107.7	112.6	111.8	110.9	111.3	111.9	110.3	109.1	108.4	107.2	105.8	104.6
东部地区（10 省、直辖市）	96.5	98.3	98.8	97.6	97.5	97.4	95.3	95.2	94.9	93.3	92.5	91.9
东部地区（11 省、直辖市）	96.0	97.8	98.2	97.2	97.1	97.1	95.3	94.9	94.9	93.5	92.5	91.8
东北老工业基地	96.6	98.5	98.6	98.8	99.0	99.1	99.0	99.0	98.6	98.2	96.6	95.7
中部地区（8 省）	98.9	100.8	101.1	100.4	100.6	100.2	100.0	99.3	98.6	97.9	97.1	96.3
中部地区（6 省）	98.7	100.5	100.9	99.8	100.0	99.5	99.3	98.4	97.7	97.0	96.1	95.3
西部地区（12 省、直辖市、自治区）	103.8	106.3	106.0	104.5	104.4	104.3	104.2	103.4	102.3	100.8	99.7	98.5
北部沿海地区	96.6	98.5	98.6	97.3	97.8	97.6	96.3	96.3	95.7	93.5	92.8	92.2
东部沿海地区	95.6	96.5	97.2	96.1	96.0	95.7	93.7	93.4	93.2	92.2	91.4	90.4
南部沿海地区	98.9	102.1	103.0	100.8	99.8	99.7	96.3	96.0	96.3	95.2	94.2	93.8
黄河中游地区	101.3	103.4	103.3	102.0	102.3	101.7	101.4	100.4	99.4	98.3	97.1	95.9
长江中游地区	99.0	100.7	101.4	100.5	100.9	100.5	100.2	99.6	99.0	98.2	97.4	96.7
西南地区	101.6	103.9	103.7	101.7	101.3	101.1	100.9	100.3	99.5	98.2	97.5	96.2
大西北地区	106.9	109.4	109.1	108.5	108.9	109.1	109.5	108.5	107.3	106.8	104.8	103.9

表 10.48　1995～2006 年中国各省、直辖市、自治区大气污染指数变化趋势

地　区	1995 年	1996 年	1997 年	1998 年	1999 年	2000 年	2001 年	2002 年	2003 年	2004 年	2005 年	2006 年
全　国	100.0	101.7	102.1	99.5	100.7	100.3	100.9	101.1	100.5	100.1	99.4	99.7
北　京	91.6	93.8	94.5	95.2	97.4	98.5	99.7	101.1	101.9	101.8	104.7	106.2
天　津	91.0	92.8	92.5	93.0	95.2	91.7	93.3	93.5	92.8	94.0	93.1	93.9
河　北	96.7	97.4	97.6	94.6	95.3	95.5	96.5	96.5	96.2	96.1	95.8	95.7
山　西	94.4	96.0	95.8	90.1	92.2	92.5	92.3	92.3	91.7	91.6	91.2	91.5
内蒙古	100.1	101.3	101.7	101.6	102.0	102.7	103.8	103.0	99.5	98.3	96.9	97.4
辽　宁	93.2	94.3	94.3	93.9	94.7	95.2	96.2	96.8	96.6	96.7	94.3	94.6
吉　林	98.0	100.1	100.6	99.7	100.4	100.9	101.7	102.0	102.4	101.0	98.8	98.4
黑龙江	101.3	103.0	103.4	103.2	103.6	103.4	103.7	104.0	102.5	102.2	100.5	100.5
上　海	88.8	88.9	89.9	90.2	92.0	92.7	93.8	94.0	94.7	94.3	94.4	94.7
江　苏	95.6	95.6	96.8	94.9	96.5	96.5	96.2	96.7	96.3	96.1	95.5	95.9
浙　江	100.1	101.5	101.7	96.4	96.8	98.3	99.3	99.1	98.4	97.8	98.0	98.2
安　徽	100.6	103.7	104.0	101.0	101.1	102.1	102.7	103.1	102.2	102.0	100.6	100.6
福　建	105.5	106.5	110.3	106.0	104.4	104.4	105.5	106.5	103.6	103.3	101.3	101.6
江　西	100.2	102.4	104.5	100.3	101.8	103.8	104.2	104.2	101.6	100.5	99.6	99.9
山　东	94.1	95.6	96.5	94.2	95.9	96.2	96.4	96.4	96.4	96.2	96.2	96.8
河　南	99.7	100.9	99.7	98.3	98.6	97.9	98.3	98.2	97.8	96.7	94.9	95.5
湖　北	102.1	103.7	103.8	101.1	100.6	100.5	101.1	101.4	101.0	100.5	100.2	100.0
湖　南	101.0	101.9	103.2	99.5	99.6	99.8	100.1	100.4	99.3	98.8	98.4	98.7
广　东	102.3	102.8	104.3	100.3	100.1	100.9	101.7	101.7	100.6	100.0	99.8	99.9
广　西	98.7	101.1	102.1	98.4	99.8	96.1	97.8	98.1	96.7	96.4	95.9	96.7
海　南	111.2	110.1	110.8	109.0	108.5	110.0	113.5	112.1	112.0	112.6	112.7	112.5
重　庆	96.6	98.6	100.7	99.8	97.0	98.0	98.9	99.0	98.4	98.1	97.2	97.1
四　川	99.6	103.0	103.2	98.1	103.0	98.9	99.4	99.7	99.1	98.9	99.2	100.3
贵　州	97.7	98.5	99.6	95.0	96.3	99.3	98.3	98.6	99.3	99.9	97.9	97.9
云　南	105.0	106.9	106.7	103.1	104.4	104.2	105.3	107.1	106.1	105.7	104.6	104.6
西　藏	141.9	140.7	149.8	144.7	159.9	162.6	163.3	163.8	164.8	155.7	155.7	161.7
陕　西	95.4	97.3	98.2	97.4	97.4	97.7	98.7	99.0	98.2	97.8	97.4	97.5
甘　肃	102.2	103.5	103.2	103.0	105.4	105.0	105.1	104.8	103.6	103.9	103.2	104.0
青　海	114.6	116.7	114.4	115.1	115.8	114.7	115.8	116.5	112.5	109.9	107.4	107.6
宁　夏	93.8	94.6	94.6	95.1	94.9	94.1	94.6	94.5	93.4	94.5	93.2	93.0
新　疆	106.2	110.6	111.0	110.0	110.2	112.7	111.8	111.8	110.7	108.2	107.6	105.9
东部地区（10 省、直辖市）	96.8	97.8	98.6	96.2	97.3	97.5	98.0	98.3	97.8	97.7	97.3	97.6
东部地区（11 省、直辖市）	96.3	97.3	97.9	95.8	96.9	97.2	97.8	98.0	97.6	97.6	96.9	97.3
东北老工业基地	97.1	98.5	98.8	98.3	99.0	99.4	100.2	100.6	100.1	99.8	97.7	97.8
中部地区（8 省）	99.7	101.4	101.6	98.7	99.4	99.4	99.8	99.9	99.2	98.5	97.5	97.7
中部地区（6 省）	99.5	101.2	101.3	97.8	98.6	98.5	98.9	99.0	98.2	97.6	96.7	97.0
西部地区（12 省、直辖市、自治区）	101.8	103.8	104.5	101.6	103.2	102.2	103.2	103.4	102.3	101.9	101.2	101.5
北部沿海地区	94.7	96.0	96.5	94.4	95.7	95.8	96.4	96.6	96.3	96.5	96.1	96.5
东部沿海地区	96.0	96.4	97.4	95.0	96.2	96.8	97.1	97.3	97.0	96.6	96.3	96.7
南部沿海地区	103.6	104.2	106.1	102.1	102.0	102.2	103.1	103.3	101.9	101.4	100.7	100.9
黄河中游地区	98.9	100.5	100.4	97.7	98.8	98.9	99.2	99.1	97.9	97.3	96.2	96.6
长江中游地区	100.9	102.8	103.7	101.1	100.9	100.9	101.7	102.0	100.8	100.3	99.6	99.7
西南地区	99.5	101.7	102.6	98.2	100.0	98.5	99.6	100.0	99.3	99.2	98.9	99.3
大西北地区	106.1	108.2	108.0	107.8	108.9	108.9	109.2	109.0	107.7	107.2	106.2	105.9

表 10.49　1995～2006 年中国各省、直辖市、自治区水污染指数变化趋势

地　区	1995 年	1996 年	1997 年	1998 年	1999 年	2000 年	2001 年	2002 年	2003 年	2004 年	2005 年	2006 年
全　国	100.0	99.4	99.2	98.5	98.5	98.4	98.7	98.7	98.9	98.1	97.7	97.4
北　京	93.7	92.7	92.4	95.9	96.2	98.4	99.5	100.3	101.8	100.7	101.2	102.3
天　津	97.4	97.5	93.7	97.1	93.5	93.3	96.4	96.0	97.4	95.3	92.9	94.4
河　北	98.9	96.8	95.0	93.1	92.6	93.7	93.9	93.5	94.1	93.7	92.9	92.6
山　西	106.6	105.2	102.8	98.1	97.7	99.6	99.6	98.9	99.0	97.6	96.7	96.4
内蒙古	115.9	110.4	105.3	108.3	105.3	104.7	103.4	102.2	100.7	99.0	96.9	96.6
辽　宁	99.6	98.2	97.1	96.8	95.8	96.1	97.6	97.2	98.0	99.5	96.9	96.2
吉　林	103.8	102.4	100.7	103.2	101.0	101.4	101.5	103.0	101.6	99.2	100.2	98.7
黑龙江	109.3	107.2	105.4	105.8	105.2	106.3	106.6	105.8	105.7	103.8	103.2	102.4
上　海	91.6	91.5	96.4	94.6	94.0	94.3	95.8	97.3	96.7	99.1	98.8	99.0
江　苏	94.6	94.6	93.7	95.4	96.0	97.1	106.9	95.2	97.0	94.5	95.1	95.4
浙　江	96.4	95.5	95.1	93.7	94.8	94.2	95.2	95.4	94.5	94.5	94.4	94.2
安　徽	98.9	96.9	97.0	99.1	99.7	99.0	99.1	100.7	100.8	113.5	98.6	97.8
福　建	95.0	94.7	96.6	95.2	94.6	95.8	96.9	97.6	97.0	96.2	97.0	97.6
江　西	100.2	100.0	102.2	102.8	102.8	102.0	101.7	103.8	101.6	99.0	98.7	98.5
山　东	93.8	92.6	90.8	92.8	92.6	94.2	94.2	93.0	95.6	95.6	95.6	94.4
河　南	97.1	96.2	94.6	96.2	94.4	96.7	95.0	95.2	97.1	95.8	95.8	94.9
湖　北	97.1	96.1	95.3	95.7	95.4	96.2	95.7	97.2	97.6	96.8	96.5	95.8
湖　南	97.9	97.1	98.3	96.8	96.5	96.6	96.5	97.4	97.2	95.7	95.0	95.0
广　东	96.6	96.9	95.7	96.6	96.2	97.4	98.4	98.1	97.3	95.9	96.1	96.2
广　西	97.7	98.2	97.9	96.8	96.7	94.5	96.2	95.6	105.6	93.1	92.8	92.6
海　南	100.9	99.2	99.7	98.1	100.8	99.0	102.8	101.4	100.0	97.4	99.1	97.7
重　庆	103.5	103.1	102.6	102.6	99.6	100.5	99.6	100.6	100.0	98.9	98.0	97.2
四　川	103.3	103.0	100.8	98.9	99.2	97.3	97.7	97.9	98.1	98.3	99.5	98.1
贵　州	114.4	111.9	112.2	109.3	108.8	110.9	113.3	114.0	113.2	113.8	112.8	113.8
云　南	107.7	105.3	103.2	103.1	105.2	104.2	104.7	104.4	104.8	104.2	102.8	102.3
西　藏	135.3	116.2	107.0	105.4	108.7	110.1	108.3	110.5	114.7	111.6	111.8	112.4
陕　西	107.5	109.3	107.0	103.3	101.6	102.2	101.8	101.9	102.7	101.2	100.8	99.5
甘　肃	111.5	110.0	108.0	105.8	106.7	105.0	106.0	105.4	106.2	104.5	101.8	101.2
青　海	118.1	119.6	116.8	115.0	114.2	115.3	116.1	114.3	115.4	114.6	101.6	100.1
宁　夏	106.0	107.8	103.9	100.4	99.2	100.0	98.1	99.6	99.0	98.9	95.7	95.5
新　疆	103.3	106.5	102.7	103.3	104.8	105.9	105.1	105.8	103.6	102.0	100.9	99.9
东部地区 （10 省、直辖市）	95.9	95.1	95.5	94.7	95.1	95.9	97.2	96.4	96.1	95.5	95.7	95.9
东部地区 （11 省、直辖市）	96.2	95.4	95.7	94.9	95.1	95.9	97.2	96.5	96.3	95.8	95.8	96.0
东北老工业基地	104.4	102.9	101.7	102.1	101.0	101.7	102.3	102.5	102.7	101.2	100.4	99.5
中部地区（8 省）	100.1	99.0	99.0	99.0	98.5	98.9	98.8	99.7	99.5	98.4	97.8	97.3
中部地区（6 省）	98.6	97.6	98.0	97.5	97.2	97.6	97.5	98.3	98.2	97.4	96.6	96.3
西部地区 （12 省、直辖市、 自治区）	105.6	105.5	103.7	102.6	102.5	101.4	101.8	101.8	102.7	100.2	99.5	98.7
北部沿海地区	95.4	94.1	92.3	93.3	92.7	94.2	94.4	93.6	95.3	95.0	94.6	93.9
东部沿海地区	95.2	94.8	95.0	94.4	95.4	95.5	98.0	95.8	95.8	95.0	95.1	95.2
南部沿海地区	96.5	96.4	97.4	96.4	96.1	97.1	98.4	98.3	97.4	96.0	96.5	96.6
黄河中游地区	102.8	101.5	99.7	99.8	97.9	99.1	98.2	97.8	98.7	97.4	97.0	96.2
长江中游地区	98.4	97.2	98.0	98.0	97.8	97.8	97.8	99.1	98.7	98.2	97.0	96.7
西南地区	103.1	103.0	101.9	100.7	100.7	99.3	100.1	100.0	101.8	98.7	98.6	97.8
大西北地区	108.6	110.8	107.3	106.3	107.0	106.7	105.8	106.5	105.9	104.8	101.6	100.6

表 10.50　1995～2006 年中国各省、直辖市、自治区生态脆弱指数变化趋势

地区	1995 年	1996 年	1997 年	1998 年	1999 年	2000 年	2001 年	2002 年	2003 年	2004 年	2005 年	2006 年
全　国	100.0	100.0	100.0	100.0	100.0	100.0	100.0	100.0	100.0	100.0	100.0	100.0
北　京	142.8	142.8	142.8	142.8	142.8	142.8	142.8	142.8	142.8	142.8	142.8	142.8
天　津	160.3	160.3	160.3	160.3	160.3	160.3	160.3	160.3	160.3	160.3	160.3	160.3
河　北	124.9	124.9	124.9	124.9	124.9	124.9	124.9	124.9	124.9	124.9	124.9	124.9
山　西	119.2	119.2	119.2	119.2	119.2	119.2	119.2	119.2	119.2	119.2	119.2	119.2
内蒙古	123.1	123.1	123.1	123.1	123.1	123.1	123.1	123.1	123.1	123.1	123.1	123.1
辽　宁	136.8	136.8	136.8	136.8	136.8	136.8	136.8	136.8	136.8	136.8	136.8	136.8
吉　林	138.9	138.9	138.9	138.9	138.9	138.9	138.9	138.9	138.9	138.9	138.9	138.9
黑龙江	137.5	137.5	137.5	137.5	137.5	137.5	137.5	137.5	137.5	137.5	137.5	137.5
上　海	173.8	173.8	173.8	173.8	173.8	173.8	173.8	173.8	173.8	173.8	173.8	173.8
江　苏	145.3	145.3	145.3	145.3	145.3	145.3	145.3	145.3	145.3	145.3	145.3	145.3
浙　江	146.1	146.1	146.1	146.1	146.1	146.1	146.1	146.1	146.1	146.1	146.1	146.1
安　徽	139.8	139.8	139.8	139.8	139.8	139.8	139.8	139.8	139.8	139.8	139.8	139.8
福　建	128.6	128.6	128.6	128.6	128.6	128.6	128.6	128.6	128.6	128.6	128.6	128.6
江　西	128.7	128.7	128.7	128.7	128.7	128.7	128.7	128.7	128.7	128.7	128.7	128.7
山　东	139.6	139.6	139.6	139.6	139.6	139.6	139.6	139.6	139.6	139.6	139.6	139.6
河　南	136.8	136.8	136.8	136.8	136.8	136.8	136.8	136.8	136.8	136.8	136.8	136.8
湖　北	122.5	122.5	122.5	122.5	122.5	122.5	122.5	122.5	122.5	122.5	122.5	122.5
湖　南	139.1	139.1	139.1	139.1	139.1	139.1	139.1	139.1	139.1	139.1	139.1	139.1
广　东	126.8	126.8	126.8	126.8	126.8	126.8	126.8	126.8	126.8	126.8	126.8	126.8
广　西	119.2	119.2	119.2	119.2	119.2	119.2	119.2	119.2	119.2	119.2	119.2	119.2
海　南	138.2	138.2	138.2	138.2	138.2	138.2	138.2	138.2	138.2	138.2	138.2	138.2
重　庆	94.4	94.4	94.4	94.4	94.4	94.4	94.4	94.4	94.4	94.4	94.4	94.4
四　川	94.4	94.4	94.4	94.4	94.4	94.4	94.4	94.4	94.4	94.4	94.4	94.4
贵　州	115.6	115.6	115.6	115.6	115.6	115.6	115.6	115.6	115.6	115.6	115.6	115.6
云　南	94.1	94.1	94.1	94.1	94.1	94.1	94.1	94.1	94.1	94.1	94.1	94.1
西　藏	98.8	98.8	98.8	98.8	98.8	98.8	98.8	98.8	98.8	98.8	98.8	98.8
陕　西	121.5	121.5	121.5	121.5	121.5	121.5	121.5	121.5	121.5	121.5	121.5	121.5
甘　肃	110.8	110.8	110.8	110.8	110.8	110.8	110.8	110.8	110.8	110.8	110.8	110.8
青　海	103.9	103.9	103.9	103.9	103.9	103.9	103.9	103.9	103.9	103.9	103.9	103.9
宁　夏	117.7	117.7	117.7	117.7	117.7	117.7	117.7	117.7	117.7	117.7	117.7	117.7
新　疆	103.4	103.4	103.4	103.4	103.4	103.4	103.4	103.4	103.4	103.4	103.4	103.4
东部地区（10 省、直辖市）	135.1	135.1	135.1	135.1	135.1	135.1	135.1	135.1	135.1	135.1	135.1	135.1
东部地区（11 省、直辖市）	135.2	135.3	135.3	135.3	135.3	135.3	135.3	135.3	135.3	135.3	135.3	135.3
东北老工业基地	137.4	137.4	137.4	137.4	137.4	137.4	137.4	137.4	137.4	137.4	137.4	137.4
中部地区（8 省）	129.4	129.4	129.4	129.4	129.4	129.4	129.4	129.4	129.4	129.4	129.4	129.4
中部地区（6 省）	127.2	127.2	127.2	127.2	127.2	127.2	127.2	127.2	127.2	127.2	127.2	127.2
西部地区（12 省、直辖市、自治区）	104.9	104.9	104.9	104.9	104.9	104.9	104.9	104.9	104.9	104.9	104.9	104.9
北部沿海地区	137.4	137.4	137.4	137.4	137.4	137.4	137.4	137.4	137.4	137.4	137.4	137.4
东部沿海地区	142.1	142.2	142.2	142.2	142.2	142.2	142.2	142.2	142.2	142.2	142.2	142.2
南部沿海地区	129.4	129.5	129.5	129.5	129.5	129.5	129.5	129.5	129.5	129.5	129.5	129.5
黄河中游地区	123.3	123.3	123.3	123.3	123.3	123.3	123.3	123.3	123.3	123.3	123.3	123.3
长江中游地区	128.6	128.6	128.6	128.6	128.6	128.6	128.6	128.6	128.6	128.6	128.6	128.6
西南地区	99.9	99.9	99.9	99.9	99.9	99.9	99.9	99.9	99.9	99.9	99.9	99.9
大西北地区	105.7	105.8	105.8	105.8	105.8	105.8	105.8	105.8	105.8	105.8	105.8	105.8

表 10.51　1995~2006 年中国各省、直辖市、自治区气候变异指数变化趋势

地　区	1995 年	1996 年	1997 年	1998 年	1999 年	2000 年	2001 年	2002 年	2003 年	2004 年	2005 年	2006 年
全　国	100.0	118.8	99.4	110.3	100.0	105.7	100.0	102.9	100.0	100.7	101.6	103.0
北　京	102.7	126.5	102.6	119.2	104.8	106.2	100.2	101.9	97.2	102.3	97.4	101.9
天　津	94.5	104.0	89.8	104.6	88.9	93.5	87.2	91.7	86.9	91.6	87.8	92.5
河　北	89.7	106.5	87.3	99.8	87.3	93.5	88.4	90.1	88.5	88.5	90.9	91.1
山　西	81.5	93.7	81.3	88.4	81.6	83.2	81.5	81.6	83.8	81.5	83.8	83.2
内蒙古	94.8	107.6	94.5	100.8	94.2	95.8	94.0	94.3	94.4	91.9	95.1	94.8
辽　宁	113.1	129.4	111.8	121.0	114.3	113.0	110.6	111.6	112.2	111.0	114.5	113.7
吉　林	108.2	124.0	107.0	112.8	108.8	109.3	106.5	109.0	108.8	107.0	110.2	111.6
黑龙江	106.5	122.6	105.7	116.4	107.8	114.4	105.9	109.6	104.4	105.6	107.5	109.5
上　海	155.5	294.9	147.8	223.9	136.7	139.8	169.7	135.7	152.7	137.8	153.0	131.0
江　苏	112.4	143.7	111.8	124.2	112.2	119.4	113.5	122.1	114.0	117.4	117.9	117.8
浙　江	135.2	160.5	135.6	145.0	135.8	143.9	137.9	141.3	135.6	137.5	134.9	138.2
安　徽	110.1	129.6	108.9	116.3	108.0	116.2	107.2	116.0	106.9	112.4	109.8	112.1
福　建	114.7	141.0	116.6	129.0	114.8	126.6	117.4	121.9	113.0	117.3	114.3	117.4
江　西	139.4	163.6	141.4	146.5	139.3	151.8	140.7	150.6	138.5	143.4	138.4	147.1
山　东	94.8	113.6	92.4	108.3	94.2	100.4	94.9	96.0	94.7	96.3	96.3	98.5
河　南	94.9	115.3	92.3	107.9	94.1	99.8	94.2	99.4	93.2	95.9	97.1	98.7
湖　北	117.6	132.9	117.4	127.1	117.9	123.2	117.6	120.6	117.3	118.5	117.7	119.6
湖　南	126.4	141.7	128.8	136.3	127.9	138.4	124.9	132.7	127.1	131.3	128.6	134.8
广　东	118.3	138.7	116.9	136.8	119.7	129.2	121.3	122.4	121.3	121.4	123.3	125.3
广　西	105.3	124.8	105.9	126.4	104.8	115.2	107.1	113.3	105.9	107.0	107.1	111.2
海　南	109.0	116.6	107.9	127.9	107.6	112.2	106.5	113.4	105.9	111.6	103.8	108.7
重　庆	105.2	131.6	105.2	116.8	104.1	124.2	105.2	106.0	107.0	105.2	108.1	106.8
四　川	110.1	144.0	110.2	128.8	113.3	123.7	110.1	115.1	112.0	112.8	115.0	114.4
贵　州	127.3	147.9	128.3	144.6	128.9	138.2	132.4	134.6	133.3	133.3	135.4	136.9
云　南	124.2	144.2	121.0	134.4	122.2	130.4	125.0	126.4	125.2	124.2	122.8	123.5
西　藏	116.2	148.8	114.6	118.0	112.4	124.0	113.7	119.7	114.3	122.3	117.8	126.9
陕　西	85.5	100.0	85.1	94.0	85.9	89.3	86.3	86.3	86.4	84.8	88.0	86.2
甘　肃	76.5	91.6	76.9	85.6	78.3	79.0	76.9	77.5	78.2	75.3	77.8	78.9
青　海	101.1	113.4	102.9	107.0	102.0	99.4	100.0	97.9	99.6	97.5	100.7	100.6
宁　夏	66.9	91.3	68.0	81.9	71.1	71.9	70.1	71.0	71.3	68.6	68.5	72.0
新　疆	89.1	113.8	87.2	97.7	89.1	90.2	85.8	84.8	87.4	82.4	89.1	87.0
东部地区 （10 省、直辖市）	105.0	126.2	103.7	117.7	104.3	111.4	105.4	108.5	105.0	106.7	106.8	108.4
东部地区 （11 省、直辖市）	105.5	126.3	104.2	117.7	105.1	111.0	105.6	108.3	105.4	106.7	107.3	108.6
东北老工业基地	109.4	125.5	108.3	117.0	110.5	112.3	108.0	110.6	108.3	108.1	110.7	111.9
中部地区（8 省）	106.6	123.7	106.2	115.3	106.8	112.5	106.2	110.4	105.8	107.6	107.8	110.3
中部地区（6 省）	106.3	123.6	106.1	115.3	106.2	112.7	106.2	110.7	105.7	108.3	107.5	110.2
西部地区 （12 省、直辖市、 自治区）	92.2	111.8	92.2	103.9	92.8	97.8	93.0	94.4	93.7	92.2	94.7	94.8
北部沿海地区	93.6	111.3	91.1	105.5	92.1	98.2	92.8	94.3	92.7	93.7	94.6	96.0
东部沿海地区	121.0	151.1	120.6	132.6	120.9	128.3	122.5	129.4	122.2	125.1	124.7	125.4
南部沿海地区	113.8	133.7	114.1	130.9	114.5	123.9	116.0	118.8	114.4	116.7	115.4	118.5
黄河中游地区	89.7	105.2	88.8	98.6	89.5	92.6	89.6	91.0	89.9	89.1	91.8	91.6
长江中游地区	121.7	139.3	122.2	130.0	121.6	129.9	121.5	127.4	120.7	124.4	122.0	125.9
西南地区	113.4	138.0	113.3	129.5	113.9	123.4	114.7	118.1	115.6	115.7	116.7	117.5
大西北地区	81.6	99.7	81.9	91.1	83.4	84.0	81.9	81.9	83.1	80.0	83.1	84.0

表 10.52　1995～2006 年中国各省、直辖市、自治区土地退化指数变化趋势

地　区	1995 年	1996 年	1997 年	1998 年	1999 年	2000 年	2001 年	2002 年	2003 年	2004 年	2005 年	2006 年
全　国	100.0	100.0	100.1	100.1	100.1	100.1	100.2	100.3	100.3	100.2	100.2	100.2
北　京	110.2	110.2	110.2	110.3	110.3	110.3	110.5	110.6	110.6	110.6	110.5	110.5
天　津	106.9	106.9	106.8	106.7	106.7	106.6	106.9	107.2	107.2	107.2	107.2	107.3
河　北	91.6	91.7	91.7	91.7	91.7	91.8	91.8	91.9	91.9	91.9	91.9	91.9
山　西	98.4	98.5	98.5	98.5	98.6	98.6	98.6	98.6	98.6	98.6	98.6	98.6
内蒙古	96.3	96.3	96.3	96.4	96.4	96.4	96.5	96.6	96.5	96.5	96.5	96.4
辽　宁	102.1	102.2	102.3	102.4	102.4	102.5	102.7	102.9	102.9	102.9	102.9	102.9
吉　林	116.8	116.9	117.0	117.1	117.2	117.3	117.4	117.6	117.6	117.6	117.7	117.7
黑龙江	119.5	119.6	119.7	119.8	119.9	120.0	120.0	119.9	119.9	119.9	119.9	119.9
上　海	129.6	130.1	130.7	131.4	132.2	133.3	133.2	133.2	133.2	133.2	133.1	133.1
江　苏	117.6	117.9	118.3	118.7	119.2	119.8	119.6	119.5	119.5	119.5	119.5	119.5
浙　江	129.6	129.7	129.9	130.0	130.1	130.3	130.4	130.6	130.6	130.6	130.6	130.6
安　徽	125.1	125.3	125.4	125.6	125.8	126.0	126.1	126.3	126.3	126.3	126.3	126.3
福　建	123.9	124.0	124.2	124.3	124.5	124.6	124.8	125.1	125.1	125.1	125.1	125.1
江　西	131.1	131.2	131.2	131.3	131.4	131.5	131.6	131.7	131.7	131.7	131.7	131.7
山　东	98.2	98.3	98.5	98.6	98.8	99.0	99.3	99.7	99.7	99.7	99.7	99.7
河　南	112.5	112.8	113.0	113.3	113.7	114.0	114.0	114.1	114.1	114.1	114.0	114.0
湖　北	129.9	130.0	130.0	130.1	130.1	130.1	130.2	130.2	130.2	130.2	130.2	130.2
湖　南	131.6	131.6	131.7	131.7	131.8	131.9	131.8	131.8	131.8	131.8	131.9	131.9
广　东	128.8	128.9	128.9	128.9	128.9	128.9	128.3	127.8	127.8	127.8	127.8	127.8
广　西	123.7	123.8	123.8	123.8	123.9	123.9	123.9	123.9	123.9	123.9	123.9	123.9
海　南	134.3	134.8	135.4	136.1	136.9	137.8	137.9	137.9	137.9	137.9	137.8	137.8
重　庆	128.0	128.0	128.0	128.0	128.1	128.1	128.2	128.4	128.4	128.4	128.4	128.4
四　川	125.8	125.8	125.8	125.9	125.9	125.9	126.0	126.1	126.1	126.1	126.1	126.1
贵　州	129.3	129.4	129.4	129.4	129.4	129.4	129.4	129.4	129.4	129.4	129.4	129.4
云　南	125.8	125.8	125.8	125.8	125.8	125.8	126.0	126.0	126.0	126.0	125.9	125.9
西　藏	113.0	113.0	113.0	113.0	113.0	113.0	113.0	113.1	112.9	112.7	112.5	112.3
陕　西	105.9	105.9	105.9	105.9	105.9	105.9	105.9	106.0	106.0	106.0	106.0	106.0
甘　肃	99.6	99.5	99.5	99.5	99.4	99.4	99.6	99.8	99.7	99.6	99.4	99.3
青　海	106.8	106.7	106.6	106.4	106.3	106.2	106.3	106.3	106.3	106.3	106.2	106.2
宁　夏	90.9	90.9	90.9	91.0	91.0	91.0	90.9	90.9	90.9	90.9	90.9	90.9
新　疆	88.7	88.7	88.7	88.7	88.7	88.7	88.7	88.6	88.6	88.6	88.6	88.6
东部地区 （10 省、直辖市）	105.3	105.4	105.5	105.6	105.7	105.8	105.9	106.0	106.0	106.0	106.0	106.0
东部地区 （11 省、直辖市）	104.7	104.8	104.9	105.0	105.1	105.2	105.4	105.5	105.5	105.5	105.5	105.5
东北老工业基地	110.1	110.2	110.3	110.3	110.4	110.5	110.7	110.8	110.8	110.8	110.8	110.8
中部地区（8 省）	114.1	114.2	114.3	114.4	114.5	114.6	114.6	114.6	114.6	114.6	114.6	114.6
中部地区（6 省）	113.6	113.7	113.7	113.8	113.9	114.0	114.1	114.1	114.1	114.1	114.1	114.1
西部地区 （12 省、直辖市、 自治区）	99.8	99.8	99.8	99.8	99.8	99.8	99.9	100.0	100.0	99.9	99.9	99.9
北部沿海地区	95.6	95.6	95.7	95.7	95.8	95.9	96.0	96.2	96.2	96.2	96.2	96.2
东部沿海地区	119.3	119.5	119.7	119.9	120.1	120.3	120.4	120.5	120.6	120.6	120.6	120.6
南部沿海地区	123.7	123.8	124.0	124.1	124.2	124.4	124.3	124.2	124.2	124.2	124.2	124.3
黄河中游地区	98.1	98.2	98.2	98.3	98.4	98.4	98.5	98.5	98.5	98.5	98.5	98.5
长江中游地区	128.5	128.5	128.6	128.7	128.8	128.8	128.9	129.0	129.0	129.0	129.0	129.0
西南地区	122.2	122.2	122.2	122.2	122.2	122.2	122.3	122.4	122.4	122.4	122.4	122.4
大西北地区	94.8	94.8	94.8	94.7	94.7	94.7	94.8	94.8	94.8	94.7	94.7	94.6

表 10.53 1995～2006 年中国各省、直辖市、自治区环境治理指数变化趋势

地 区	1995 年	1996 年	1997 年	1998 年	1999 年	2000 年	2001 年	2002 年	2003 年	2004 年	2005 年	2006 年
全 国	100.0	99.6	99.8	100.7	102.2	103.3	103.6	103.7	105.3	103.9	105.5	105.6
北 京	102.5	105.6	105.2	105.2	107.5	105.6	105.9	105.7	105.2	104.2	106.9	101.7
天 津	106.6	106.1	106.1	106.8	107.3	108.3	106.4	109.1	108.6	107.9	110.8	110.0
河 北	100.0	99.0	99.7	99.5	100.2	100.2	102.4	103.2	102.7	101.5	103.7	103.3
山 西	95.6	94.9	94.7	96.5	97.3	99.5	100.9	100.7	102.7	100.1	101.4	103.9
内蒙古	95.1	95.4	94.3	96.0	97.0	99.3	98.5	100.1	94.2	96.0	92.2	100.0
辽 宁	102.2	100.5	100.6	101.7	103.1	104.4	104.0	103.5	106.7	104.8	107.3	107.4
吉 林	102.8	103.0	100.9	101.3	98.9	105.2	102.9	103.6	103.2	103.5	102.5	98.4
黑龙江	100.0	99.4	99.6	99.9	100.4	101.6	103.7	103.9	102.1	99.8	102.0	101.2
上 海	99.9	99.6	99.0	99.4	93.9	95.7	99.5	93.3	99.7	95.4	102.8	98.3
江 苏	103.8	102.3	103.7	106.5	105.7	106.6	106.7	104.9	109.4	106.7	109.7	108.7
浙 江	102.1	102.3	102.7	104.6	105.3	105.9	104.9	105.9	106.0	105.5	106.4	107.9
安 徽	99.2	98.7	99.4	98.6	99.3	100.4	100.4	100.7	100.5	98.6	98.2	101.6
福 建	102.4	102.9	101.6	100.9	102.6	102.0	104.2	103.9	106.9	106.0	108.0	105.4
江 西	97.7	95.0	96.9	95.5	95.5	98.0	99.5	96.6	100.1	99.1	100.7	100.5
山 东	104.9	104.7	106.2	105.9	106.5	106.6	108.0	107.0	109.1	100.5	107.8	108.6
河 南	100.0	98.7	100.1	99.4	99.8	100.5	103.3	102.1	105.3	102.8	105.5	103.7
湖 北	99.8	98.6	98.4	99.5	100.1	103.3	100.2	104.3	105.4	104.8	105.9	103.7
湖 南	97.9	97.2	96.0	96.9	99.3	100.0	102.6	104.1	100.8	100.4	102.6	103.2
广 东	95.6	96.7	96.5	96.1	96.4	100.3	101.9	100.2	103.0	103.4	102.5	103.8
广 西	96.2	95.8	95.3	95.4	96.8	99.4	103.6	102.3	103.0	100.6	104.5	103.8
海 南	94.8	94.4	96.3	105.0	107.1	99.3	97.6	97.6	99.7	98.1	101.1	104.5
重 庆	98.6	97.4	97.1	97.7	98.0	100.7	101.5	101.8	104.4	102.9	105.0	105.1
四 川	97.2	96.4	96.2	96.7	97.3	100.6	99.8	100.2	104.6	102.7	105.0	103.9
贵 州	98.0	97.3	97.9	96.4	98.4	96.8	102.1	102.6	97.1	99.4	100.2	99.5
云 南	91.4	92.5	91.5	94.6	97.5	101.7	101.1	101.4	103.9	101.3	105.0	102.1
西 藏	42.7	48.8	49.4	52.9	57.7	64.6	56.6	61.7	60.3	64.6	50.9	50.3
陕 西	103.9	102.9	102.4	103.9	104.4	105.2	97.6	102.9	103.6	103.0	104.9	106.0
甘 肃	101.3	100.2	100.4	94.7	102.5	103.4	101.0	100.3	103.0	96.3	99.5	100.5
青 海	96.4	92.2	94.4	95.5	99.0	101.7	98.7	98.3	96.0	96.0	96.1	98.7
宁 夏	101.1	99.7	98.8	100.9	101.4	103.1	101.3	101.6	104.0	97.8	103.6	104.5
新 疆	94.7	95.0	93.5	100.1	97.1	98.9	99.1	97.4	97.1	98.1	96.9	96.0
东部地区 （10 省、直辖市）	102.5	102.6	103.1	104.2	104.9	104.7	105.3	104.7	106.7	104.8	107.2	106.9
东部地区 （11 省、直辖市）	102.5	102.5	102.9	104.0	104.4	104.7	105.2	104.6	106.8	104.8	107.3	107.0
东北老工业基地	102.0	101.2	100.7	101.3	102.4	104.3	104.1	104.1	104.2	103.6	105.3	104.4
中部地区（8 省）	99.9	99.1	99.2	99.2	99.8	101.8	102.9	103.7	103.4	102.0	103.3	103.0
中部地区（6 省）	99.3	98.2	98.7	98.6	99.4	101.1	102.5	103.3	103.4	101.8	103.4	103.5
西部地区 （12 省、直辖市、 自治区）	101.1	100.8	100.5	100.5	101.4	103.8	101.2	102.2	103.6	102.3	103.5	103.8
北部沿海地区	103.9	104.0	104.9	104.6	105.5	105.3	106.3	106.3	107.1	103.9	107.6	107.5
东部沿海地区	102.7	101.9	102.5	104.6	104.1	105.2	104.8	103.7	106.5	104.6	107.3	107.2
南部沿海地区	98.9	100.0	99.2	101.3	103.3	101.7	103.6	102.4	105.1	105.2	105.3	104.5
黄河中游地区	102.9	102.0	102.5	101.8	102.3	103.9	101.5	102.2	102.3	102.4	103.7	104.8
长江中游地区	99.1	98.1	98.3	98.4	99.4	101.1	102.4	103.4	102.4	101.6	102.9	103.0
西南地区	97.4	97.2	96.9	96.8	98.4	101.0	102.0	102.3	104.2	102.6	105.1	104.3
大西北地区	99.0	98.4	98.1	98.9	100.0	102.5	100.6	99.6	101.4	98.3	99.8	100.4

表 10.54 1995～2006 年中国各省、直辖市、自治区生态保护指数变化趋势

地 区	1995年	1996年	1997年	1998年	1999年	2000年	2001年	2002年	2003年	2004年	2005年	2006年
全 国	100.0	100.2	100.3	100.9	101.2	100.7	102.5	103.8	104.5	103.5	102.7	102.2
北 京	96.0	100.2	101.6	102.0	101.9	102.5	103.7	105.3	105.8	105.3	101.8	102.1
天 津	102.1	104.4	106.2	106.6	106.9	105.5	104.6	106.4	106.6	106.0	105.5	105.3
河 北	100.0	100.5	101.0	101.2	101.2	101.4	102.5	104.4	105.7	105.4	105.1	104.2
山 西	96.9	97.4	98.0	98.5	98.4	98.6	97.3	102.8	103.7	102.9	101.3	103.1
内蒙古	95.0	96.0	96.9	97.6	98.5	99.4	101.0	102.5	103.2	102.9	101.8	100.9
辽 宁	107.7	107.8	107.7	108.9	107.8	107.8	109.5	111.0	110.9	110.2	110.0	108.7
吉 林	106.3	106.6	106.8	107.8	109.7	108.3	108.5	109.8	110.4	108.0	106.6	107.2
黑龙江	103.9	104.3	104.5	105.5	105.6	104.2	105.5	106.0	106.1	106.4	106.2	102.3
上 海	90.1	89.0	92.4	104.1	106.9	108.2	111.0	112.9	113.7	112.8	110.2	110.5
江 苏	101.2	100.8	100.9	100.8	103.8	99.1	105.7	106.7	108.2	107.3	107.5	107.7
浙 江	101.7	101.9	102.6	103.2	103.1	100.7	102.6	103.7	104.5	104.5	104.5	103.2
安 徽	97.4	98.9	100.5	101.2	101.3	98.5	103.0	106.6	105.6	102.7	101.1	95.9
福 建	97.8	97.8	97.8	98.7	99.3	98.4	100.1	100.2	100.6	100.5	101.7	101.7
江 西	102.8	103.0	101.8	101.4	100.8	99.0	102.9	107.2	108.5	105.7	105.6	106.5
山 东	104.2	103.9	103.6	104.1	104.6	101.0	106.3	106.9	108.9	108.3	107.7	107.7
河 南	98.6	99.7	98.4	100.1	100.6	98.7	101.9	103.5	104.2	104.9	104.1	104.1
湖 北	102.9	102.8	103.1	103.5	103.4	100.3	102.7	104.8	105.7	104.0	104.7	102.2
湖 南	102.4	100.3	100.0	99.6	99.7	99.8	102.0	107.1	107.0	105.1	105.2	
广 东	101.2	100.8	98.5	100.1	99.2	98.8	103.8	105.0	104.8	104.4	102.7	100.7
广 西	103.2	102.9	102.8	102.2	102.0	99.8	102.9	104.0	106.1	105.1	104.7	104.8
海 南	105.1	104.9	105.6	105.5	106.5	104.8	109.5	108.6	111.8	110.2	110.1	109.7
重 庆	89.2	89.6	90.4	93.2	93.9	95.2	96.4	98.2	100.1	97.4	97.7	94.1
四 川	92.8	95.7	97.3	98.6	99.2	99.7	101.7	102.9	103.3	102.3	101.8	100.1
贵 州	90.4	90.6	90.8	91.2	91.7	90.2	93.2	95.2	96.1	94.8	94.1	93.1
云 南	93.5	94.1	94.4	95.3	95.3	92.1	96.3	97.3	98.3	97.0	97.1	96.7
西 藏	85.4	82.9	81.1	83.4	84.9	77.5	84.4	86.9	90.7	88.9	82.3	83.3
陕 西	97.7	98.5	98.3	99.2	99.7	99.5	101.4	102.9	103.1	103.5	101.1	101.1
甘 肃	96.4	94.9	90.8	95.6	97.1	97.1	99.1	100.5	102.1	101.1	100.7	99.8
青 海	85.9	85.2	84.6	82.9	86.7	88.1	92.6	95.4	95.3	94.4	94.6	90.1
宁 夏	88.7	90.9	90.9	93.9	95.8	98.2	99.6	102.7	105.3	104.2	103.7	102.4
新 疆	68.5	69.1	69.3	70.6	71.8	74.4	77.0	80.0	81.0	81.0	81.3	81.6
东部地区 （10省、直辖市）	105.4	86.1	106.1	106.7	107.2	106.4	108.2	109.2	110.5	109.9	109.2	108.7
东部地区 （11省、直辖市）	105.8	86.4	106.4	107.1	107.3	106.7	108.4	109.5	110.6	110.0	109.4	108.8
东北老工业基地	105.8	87.2	106.0	106.9	107.3	106.0	107.2	108.2	108.6	107.4	106.7	105.6
中部地区（8省）	103.0	84.3	103.0	103.7	104.0	102.8	104.2	106.0	106.7	105.8	104.6	104.8
中部地区（6省）	101.4	82.7	101.5	102.2	102.3	101.3	103.0	105.2	106.0	105.3	104.2	104.4
西部地区 （12省、直辖市、 自治区）	95.7	77.9	95.0	96.5	97.5	97.1	99.3	100.7	101.4	100.6	99.8	99.0
北部沿海地区	103.2	84.7	105.2	105.6	105.9	105.3	106.7	107.8	109.1	108.5	107.8	107.2
东部沿海地区	104.7	84.4	104.7	106.0	107.4	104.5	108.9	110.0	111.4	110.5	110.3	110.2
南部沿海地区	101.9	82.2	101.3	101.6	101.9	100.7	104.5	104.5	105.4	104.7	104.3	103.8
黄河中游地区	96.6	78.7	97.7	98.6	99.2	99.2	100.8	102.6	103.2	103.0	101.5	101.8
长江中游地区	102.1	83.1	101.8	102.2	102.3	99.7	103.0	105.6	106.7	105.7	104.6	103.9
西南地区	94.9	78.4	95.9	96.8	97.2	96.2	98.8	100.1	101.0	99.7	99.4	98.5
大西北地区	89.6	71.9	87.7	89.6	91.4	91.9	94.2	96.2	97.6	96.8	96.4	95.5

表 10.55　1995～2006 年中国各省、直辖市、自治区人口发展指数变化趋势

地　区	1995 年	1996 年	1997 年	1998 年	1999 年	2000 年	2001 年	2002 年	2003 年	2004 年	2005 年	2006 年
全　国	100.0	99.6	100.8	101.4	102.1	104.3	105.3	106.6	107.8	109.0	108.0	110.9
北　京	108.5	110.5	110.8	114.8	114.7	117.8	117.4	119.7	125.0	124.8	128.1	124.3
天　津	106.2	104.7	106.7	105.7	109.6	112.7	113.5	114.8	116.4	119.8	123.1	127.2
河　北	101.4	100.8	102.1	104.1	104.8	106.9	108.9	111.3	113.2	115.0	113.7	116.0
山　西	101.5	100.7	101.4	100.9	102.7	105.7	109.1	109.8	112.0	112.9	113.4	119.7
内蒙古	99.9	100.5	101.1	102.2	102.5	104.1	104.6	106.8	107.5	111.0	109.5	112.8
辽　宁	105.0	106.1	107.7	108.5	111.1	113.1	114.5	120.1	122.2	125.2	122.6	126.9
吉　林	104.3	104.2	107.0	107.3	111.2	114.9	119.5	123.2	128.4	129.2	117.9	120.8
黑龙江	103.4	104.1	106.6	107.0	107.1	110.4	113.4	116.1	119.4	124.5	118.0	123.2
上　海	116.8	116.2	115.2	124.0	116.8	117.5	115.6	116.2	125.0	118.3	122.6	122.6
江　苏	103.6	101.5	101.8	101.9	103.9	105.8	106.7	106.9	107.1	108.5	111.9	113.0
浙　江	103.3	103.5	103.9	105.3	105.8	107.2	107.1	108.1	108.8	108.8	109.7	112.3
安　徽	99.9	99.4	100.5	99.7	100.5	101.5	102.4	102.7	106.2	105.1	102.0	104.0
福　建	99.1	99.6	102.0	102.1	102.6	105.4	106.2	107.3	107.3	106.7	108.8	110.5
江　西	97.7	99.8	103.0	102.2	102.8	104.8	106.3	106.1	110.7	109.9	106.5	108.6
山　东	103.5	101.3	101.4	101.6	102.8	105.0	106.9	110.0	107.2	108.7	109.2	113.8
河　南	100.4	100.4	101.8	102.2	101.1	103.8	107.6	109.0	109.2	111.9	109.1	111.0
湖　北	99.4	99.9	101.7	103.1	103.3	106.4	108.3	105.4	109.0	110.0	108.8	112.0
湖　南	100.7	102.1	105.1	105.8	106.1	108.6	110.5	111.0	111.1	113.6	110.6	115.8
广　东	100.5	98.0	103.1	103.7	104.1	106.7	105.4	109.4	107.7	109.7	113.9	117.9
广　西	99.2	99.4	99.1	100.9	101.9	104.7	107.5	107.0	109.7	109.7	107.4	114.2
海　南	98.9	97.1	99.7	100.3	100.5	102.2	103.0	107.7	107.9	111.5	107.1	108.0
重　庆	101.4	100.5	101.4	102.7	103.3	105.9	107.9	109.6	113.3	107.1	107.9	110.4
四　川	100.4	99.6	100.4	102.3	101.7	103.6	104.3	106.2	108.7	109.4	104.3	107.8
贵　州	95.6	96.0	96.9	96.4	97.7	98.2	99.0	100.9	101.0	102.6	100.0	101.6
云　南	96.1	96.2	97.6	97.7	98.0	99.2	99.8	99.6	100.4	103.7	101.6	104.3
西　藏	91.8	92.4	93.2	93.1	92.4	94.6	97.2	97.7	96.5	98.5	98.0	98.6
陕　西	99.2	98.4	100.7	101.3	100.9	103.2	104.7	104.4	107.9	109.9	110.1	111.9
甘　肃	97.0	97.4	99.4	98.9	100.0	101.1	101.3	103.1	103.9	104.7	103.4	103.3
青　海	95.5	94.7	94.6	95.0	97.6	98.6	97.9	100.6	101.7	103.0	102.3	104.7
宁　夏	97.3	97.9	98.2	98.4	99.4	100.4	100.9	102.6	102.5	103.7	101.9	105.4
新　疆	98.0	97.7	99.9	100.1	103.1	104.0	104.2	105.9	108.9	109.2	105.6	111.4
东部地区 （10 省、直辖市）	102.9	101.8	103.2	103.8	104.8	107.1	107.5	109.4	109.7	110.4	112.0	114.8
东部地区 （11 省、直辖市）	103.0	102.0	103.4	104.1	105.2	107.4	107.9	109.9	110.3	111.1	112.5	115.4
东北老工业基地	104.2	104.8	107.1	107.9	109.3	112.1	114.8	118.5	121.8	125.1	118.0	123.3
中部地区（8 省）	100.6	101.1	103.0	103.2	103.5	105.8	107.8	107.8	110.7	111.4	108.3	112.2
中部地区（6 省）	99.8	100.3	102.0	102.1	102.3	104.6	106.2	106.1	108.5	109.0	106.5	110.0
西部地区 （12 省、直辖市、 自治区）	97.2	97.3	98.2	98.4	99.0	100.4	101.2	102.5	102.8	104.2	102.6	105.3
北部沿海地区	104.5	103.3	104.3	105.2	106.4	109.0	110.4	112.9	113.0	114.4	115.0	118.9
东部沿海地区	105.6	104.6	104.9	105.7	106.9	108.7	108.6	109.2	110.4	110.2	112.7	115.0
南部沿海地区	99.4	98.3	101.3	101.5	101.9	104.3	104.4	107.2	106.8	107.6	108.5	110.9
黄河中游地区	100.1	99.8	101.2	101.7	101.5	103.6	105.3	106.2	107.7	110.4	109.3	112.8
长江中游地区	99.4	100.2	102.1	102.2	102.6	104.4	105.6	104.8	108.0	108.0	105.3	108.7
西南地区	98.2	98.3	99.1	99.7	100.2	101.7	102.6	103.5	104.6	105.4	102.8	106.4
大西北地区	95.5	95.7	96.5	96.4	97.2	98.5	99.1	100.7	100.4	101.9	100.8	102.9

表 10.56 1995~2006 年中国各省、直辖市、自治区社会结构指数变化趋势

地 区	1995 年	1996 年	1997 年	1998 年	1999 年	2000 年	2001 年	2002 年	2003 年	2004 年	2005 年	2006 年
全 国	100.0	101.4	101.7	102.1	102.2	101.6	101.8	102.9	103.3	104.0	104.6	109.5
北 京	119.5	121.3	120.3	119.4	120.8	118.9	118.8	119.0	120.7	122.3	123.2	126.5
天 津	113.8	114.2	114.8	115.2	116.4	114.8	115.2	117.1	117.3	117.1	116.3	119.8
河 北	96.1	97.8	97.9	98.3	98.6	98.9	98.3	98.7	97.7	98.2	99.7	106.0
山 西	101.8	102.3	102.5	103.0	103.0	102.8	102.7	103.2	104.5	104.3	104.9	109.3
内蒙古	104.7	105.3	106.1	106.8	106.8	106.7	107.2	107.1	108.2	108.0	108.4	109.7
辽 宁	109.4	109.9	110.6	111.1	110.5	110.7	111.1	111.8	112.5	112.4	112.4	115.1
吉 林	108.2	108.7	108.8	109.1	108.8	109.2	109.1	111.4	111.1	111.9	111.6	112.2
黑龙江	109.6	109.9	110.0	109.6	109.4	109.3	109.7	109.4	109.9	110.3	110.6	111.2
上 海	117.7	119.4	119.8	119.7	119.7	118.0	118.3	121.8	121.3	123.1	122.0	123.8
江 苏	101.9	102.9	103.1	104.2	104.3	104.5	104.0	105.5	106.8	107.1	108.0	114.7
浙 江	98.0	98.9	99.3	99.1	100.9	102.2	101.1	102.2	102.3	102.3	103.1	113.2
安 徽	94.9	95.2	96.3	96.6	97.0	94.3	97.2	97.6	98.1	98.7	96.8	106.0
福 建	97.0	98.4	98.6	100.6	99.5	100.3	100.1	99.7	101.6	103.1	103.8	110.7
江 西	99.1	99.4	100.7	102.0	101.7	101.5	102.0	102.5	102.4	102.0	102.8	107.5
山 东	96.2	97.2	98.0	99.0	99.3	99.4	99.4	100.2	101.7	102.3	103.3	110.0
河 南	93.1	93.5	94.7	94.8	93.8	91.7	93.3	94.6	94.0	95.1	94.3	103.0
湖 北	103.0	103.8	104.5	105.7	106.1	105.8	105.6	106.1	107.6	108.5	107.2	111.6
湖 南	95.1	95.3	96.5	96.3	96.7	94.5	95.7	96.6	97.1	98.7	95.9	107.0
广 东	100.4	99.8	103.3	101.9	101.9	105.6	101.6	102.4	102.7	103.7	106.9	114.0
广 西	91.8	93.5	93.0	94.5	94.6	89.9	94.5	95.9	95.8	97.1	93.8	104.0
海 南	103.0	102.7	103.2	103.7	103.9	104.5	104.1	104.9	104.2	105.7	105.5	108.6
重 庆	96.8	95.8	98.3	98.9	99.3	99.2	99.7	101.1	102.2	103.8	97.8	111.0
四 川	93.1	94.3	95.2	96.2	97.5	96.0	98.0	100.6	100.6	101.4	99.8	106.8
贵 州	90.6	91.6	91.5	91.9	91.8	89.9	94.4	95.7	96.8	97.5	95.2	104.0
云 南	90.0	90.9	92.6	93.5	94.4	92.2	92.3	93.8	93.4	96.3	95.4	100.5
西 藏	94.2	95.5	94.7	94.2	95.6	95.1	95.6	100.2	101.9	101.4	101.4	107.0
陕 西	97.2	97.4	98.4	99.6	99.8	99.7	100.1	101.2	102.7	102.4	103.5	108.6
甘 肃	97.3	98.2	98.4	98.6	99.6	98.2	98.5	99.3	99.4	99.3	100.7	105.4
青 海	102.0	102.7	103.9	104.4	104.3	103.6	104.2	105.0	106.1	106.3	107.7	109.0
宁 夏	101.5	102.1	102.0	102.2	102.7	102.1	102.1	102.4	103.3	104.6	105.3	108.5
新 疆	107.0	108.5	108.2	108.8	108.7	108.8	108.9	110.6	110.6	110.9	111.6	108.7
东部地区 (10 省、直辖市)	106.5	107.4	107.7	108.0	108.4	108.4	108.0	109.0	109.5	110.3	110.9	115.5
东部地区 (11 省、直辖市)	106.8	107.6	107.9	108.3	108.6	108.6	108.3	109.3	109.8	110.6	111.1	115.5
东北老工业基地	109.1	109.5	109.5	109.9	109.4	109.8	110.0	110.9	111.2	111.6	111.3	112.9
中部地区（8 省）	101.6	102.0	102.6	103.0	103.0	102.4	102.9	103.8	104.0	104.6	104.2	108.7
中部地区（6 省）	98.2	98.6	99.5	100.2	100.2	99.2	100.0	100.8	101.1	101.6	101.0	107.6
西部地区 (12 省、直辖市、 自治区)	98.1	98.9	99.5	100.0	100.4	99.7	100.5	102.0	102.5	103.2	103.0	107.1
北部沿海地区	109.0	110.1	110.1	110.3	111.1	110.3	110.3	111.1	111.7	112.4	113.0	116.9
东部沿海地区	107.9	109.1	109.4	109.6	110.2	109.9	109.7	111.7	112.1	112.8	113.0	117.8
南部沿海地区	100.7	100.8	102.0	102.5	102.2	103.7	102.2	102.6	103.1	104.4	105.5	111.2
黄河中游地区	99.8	100.3	101.0	101.6	101.0	101.0	101.5	102.3	103.0	103.1	103.6	107.8
长江中游地区	98.4	98.7	99.7	100.6	100.8	99.7	100.6	101.4	101.7	102.3	101.3	108.1
西南地区	92.6	93.4	94.3	95.2	95.7	94.0	96.0	97.6	98.0	99.4	96.8	105.5
大西北地区	101.2	102.3	102.4	102.6	103.0	102.5	102.7	104.4	104.9	105.1	106.0	107.8

表 10.57　1995～2006 年中国各省、直辖市、自治区生活质量指数变化趋势

地　区	1995 年	1996 年	1997 年	1998 年	1999 年	2000 年	2001 年	2002 年	2003 年	2004 年	2005 年	2006 年
全　国	100.0	102.3	104.3	105.8	107.5	109.7	112.7	115.5	116.8	117.3	119.2	121.2
北　京	111.0	114.2	116.8	119.0	121.4	123.8	127.5	131.5	133.5	133.6	135.6	136.2
天　津	103.9	107.0	109.4	111.8	113.4	114.5	119.0	122.2	122.8	123.8	124.1	126.4
河　北	99.0	102.3	105.0	106.7	109.4	111.7	113.3	115.9	116.9	116.2	119.2	121.8
山　西	98.0	101.4	103.2	104.1	106.6	110.2	113.1	117.1	118.4	118.6	120.6	124.0
内蒙古	98.3	100.3	103.1	105.1	108.0	111.2	113.9	116.8	117.7	119.2	120.8	124.0
辽　宁	100.6	103.1	104.8	106.4	107.6	110.1	113.0	115.2	116.5	116.2	120.1	121.4
吉　林	99.5	102.0	103.1	103.6	106.0	108.8	111.6	114.6	116.5	116.8	118.4	121.5
黑龙江	99.9	100.9	102.0	103.2	105.5	109.1	112.1	114.6	116.1	117.1	120.7	122.0
上　海	113.6	116.7	117.9	118.8	120.2	120.9	125.3	129.9	131.2	133.2	133.1	133.8
江　苏	101.9	104.7	107.4	109.2	111.0	112.5	115.6	118.3	119.8	119.6	122.4	124.9
浙　江	106.7	109.0	111.8	113.4	115.0	117.2	121.6	123.9	126.3	127.4	130.1	131.9
安　徽	95.2	97.3	98.9	101.1	102.0	103.1	106.3	108.3	109.6	110.6	112.9	116.1
福　建	99.4	100.4	104.7	104.8	106.8	110.4	113.3	116.4	117.4	118.4	119.6	121.4
江　西	96.5	98.0	100.7	101.5	103.5	105.3	109.0	111.7	112.0	112.4	115.0	116.5
山　东	101.1	104.1	105.7	107.4	109.7	112.5	115.6	117.7	118.9	119.6	122.0	124.7
河　南	94.0	97.0	99.9	100.9	102.4	105.9	107.7	111.4	113.0	113.5	116.0	119.4
湖　北	101.8	103.6	105.2	106.8	108.5	109.8	112.5	114.7	115.2	116.9	116.0	118.7
湖　南	100.3	102.1	103.9	105.6	107.3	107.5	111.9	114.1	115.5	116.0	118.0	119.9
广　东	106.3	108.1	109.1	110.3	111.9	111.7	115.4	117.9	118.7	119.2	120.0	120.7
广　西	98.3	101.2	102.4	103.2	104.2	106.5	110.3	111.3	112.2	112.0	114.5	114.2
海　南	101.2	102.6	103.2	103.6	105.6	105.5	106.9	108.9	109.5	109.7	110.5	113.5
重　庆	97.8	99.6	101.7	103.2	104.8	107.5	110.2	112.7	113.9	114.8	118.1	118.6
四　川	97.3	99.5	101.5	103.8	104.8	107.4	109.4	112.2	113.3	113.2	115.3	116.9
贵　州	92.2	94.0	96.1	97.2	100.1	101.7	104.8	107.3	108.1	108.4	111.4	112.8
云　南	98.6	100.4	102.5	104.2	104.5	107.3	109.0	111.1	111.7	112.2	113.5	115.1
西　藏	93.9	98.3	96.2	100.0	99.9	100.2	109.6	106.3	106.9	107.3	106.9	110.5
陕　西	97.2	99.7	102.3	105.0	107.7	110.3	113.6	118.5	118.9	118.1	118.9	121.9
甘　肃	93.1	95.2	98.4	100.1	102.6	106.9	110.4	113.2	114.2	113.6	115.9	117.2
青　海	93.8	95.2	97.3	99.7	102.1	104.8	109.5	112.6	113.1	113.9	115.4	116.8
宁　夏	98.3	99.6	102.2	104.6	105.9	108.7	112.6	114.8	116.3	116.7	117.5	119.5
新　疆	103.1	105.6	106.7	106.6	108.1	109.7	112.3	115.1	115.7	116.6	118.1	119.8
东部地区 （10 省、直辖市）	104.0	106.5	108.6	110.0	112.1	113.8	117.1	120.0	121.3	121.9	123.5	125.4
东部地区 （11 省、直辖市）	103.8	106.3	108.4	109.8	111.8	113.6	116.9	119.6	120.9	121.5	123.3	125.1
东北老工业基地	100.1	102.1	103.4	104.6	106.5	109.4	112.3	114.9	116.4	116.7	119.8	121.6
中部地区（8 省）	98.1	100.2	102.0	103.3	105.2	107.3	110.3	113.1	114.2	114.8	117.0	119.4
中部地区（6 省）	97.8	99.9	102.0	103.4	105.1	106.8	110.0	112.8	113.7	114.2	116.4	118.8
西部地区 （12 省、直辖市、 自治区）	97.0	99.2	101.0	102.8	104.3	106.7	110.9	112.3	113.1	113.5	115.3	117.1
北部沿海地区	102.5	105.6	108.0	110.1	112.6	114.9	118.2	121.2	122.3	122.7	124.7	126.9
东部沿海地区	106.9	109.7	111.8	113.2	114.9	116.6	120.5	123.6	125.4	126.4	128.2	129.8
南部沿海地区	102.7	104.0	105.9	106.5	108.3	109.3	112.3	114.8	115.7	116.1	116.9	118.8
黄河中游地区	96.4	99.1	101.9	103.3	105.7	109.0	111.6	115.5	116.6	116.9	118.7	122.0
长江中游地区	98.7	100.5	102.3	103.9	105.5	106.6	110.0	112.3	113.0	113.6	115.7	117.8
西南地区	97.4	99.4	101.1	102.6	103.9	106.3	109.0	111.2	112.1	112.4	114.8	115.8
大西北地区	96.9	99.2	100.6	102.9	104.1	106.1	112.1	112.4	113.2	113.6	114.7	116.8

表 10.58　1995～2006 年中国各省、直辖市、自治区社会公平指数变化趋势

地 区	1995 年	1996 年	1997 年	1998 年	1999 年	2000 年	2001 年	2002 年	2003 年	2004 年	2005 年	2006 年
全 国	100.0	104.7	104.7	101.5	99.3	93.1	90.3	87.3	91.9	91.8	89.6	86.9
北 京	110.3	102.0	99.2	97.8	95.1	93.1	90.9	87.4	84.0	84.2	85.2	89.4
天 津	107.1	107.6	107.9	103.3	82.6	94.0	91.4	99.4	91.9	89.0	89.8	85.2
河 北	107.4	106.0	111.5	108.4	101.8	97.7	94.6	93.2	96.9	92.7		
山 西	101.4	111.9	114.7	109.8	107.9	108.2	105.1	105.2	101.2	96.3	96.9	92.7
内蒙古	107.1	109.2	111.9	121.7	131.3	120.0	114.3	108.8	112.6	101.3	108.9	99.4
辽 宁	107.6	114.9	111.2	113.9	112.1	106.1	99.3	95.7	92.3	88.2	85.0	86.4
吉 林	114.5	125.8	114.6	123.2	119.7	106.0	107.0	102.1	109.0	107.1	97.2	99.1
黑龙江	131.9	125.2	115.8	117.8	105.5	108.1	107.6	114.0	101.9	107.7	100.1	98.8
上 海	117.8	120.6	124.4	129.1	106.6	101.6	100.0	102.5	98.7	94.6	94.6	93.6
江 苏	114.6	120.0	117.6	113.5	105.3	103.7	101.3	97.8	97.3	94.5	88.1	91.6
浙 江	110.5	106.2	106.8	106.7	102.5	99.8	96.7	96.4	97.8	95.3	95.0	91.8
安 徽	103.5	101.8	105.8	106.7	101.0	96.1	91.8	92.6	87.4	88.8	88.7	85.4
福 建	100.0	100.7	102.0	102.7	101.8	98.3	94.6	94.2	96.0	93.9	90.7	88.9
江 西	101.0	104.9	107.1	101.4	104.4	99.4	95.4	93.0	98.1	101.4	94.3	93.9
山 东	102.4	112.3	107.2	105.3	106.9	101.3	98.5	99.2	100.1	99.4	95.8	91.8
河 南	102.4	106.9	102.4	100.0	110.8	99.6	102.8	100.5	98.8	94.8	92.3	94.2
湖 北	99.3	105.8	105.0	109.7	105.2	101.9	93.3	84.3	89.3	92.9	88.3	87.3
湖 南	93.6	101.4	98.7	98.5	97.3	89.4	92.6	92.9	91.4	91.9	88.9	83.3
广 东	90.9	90.7	87.8	88.4	89.5	86.5	86.1	82.6	85.5	83.6	81.4	81.1
广 西	89.4	95.6	93.2	95.9	93.4	97.7	88.2	82.3	86.9	87.8	85.3	79.1
海 南	91.1	97.0	102.2	102.8	96.6	98.9	94.5	93.9	93.2	85.4	90.5	87.6
重 庆	96.8	99.4	92.6	102.9	95.5	97.9	95.6	84.8	89.3	93.2	87.5	82.9
四 川	99.0	103.8	97.8	96.3	99.4	98.3	95.6	96.2	99.4	98.7	88.9	87.8
贵 州	90.3	108.0	107.0	114.6	100.4	96.2	101.3	108.3	103.6	88.3	93.9	89.8
云 南	99.9	98.5	100.0	96.6	92.6	91.1	91.4	89.4	94.2	82.5	85.4	86.7
西 藏	120.3	156.4	138.5	138.2	146.9	133.2	124.5	112.8	133.4	103.9	100.5	108.1
陕 西	97.5	103.9	98.6	105.5	108.4	103.7	106.7	99.7	95.0	91.8	92.5	88.0
甘 肃	97.8	112.7	120.3	119.0	113.1	118.0	109.5	119.6	117.7	109.6	99.1	97.3
青 海	105.3	106.2	124.5	111.3	102.2	100.8	94.1	107.9	99.1	94.5	92.1	91.6
宁 夏	102.2	107.1	105.8	115.0	117.8	111.7	103.6	102.8	90.2	99.9	96.1	94.5
新 疆	117.5	135.0	130.1	148.8	120.0	111.0	121.3	125.0	115.8	127.3	115.1	130.3
东部地区（10 省、直辖市）	103.4	104.5	105.0	105.1	98.6	97.7	95.1	93.8	92.7	90.3	89.5	88.7
东部地区（11 省、直辖市）	103.6	105.3	105.5	105.7	99.5	98.3	95.3	93.9	92.4	89.8	87.4	88.3
东北老工业基地	113.9	121.5	112.7	117.3	111.5	105.6	103.5	101.4	98.7	97.8	90.7	93.9
中部地区（8 省）	102.4	107.9	105.9	105.9	105.2	99.8	98.2	96.0	95.7	96.3	92.3	91.0
中部地区（6 省）	98.9	103.7	104.4	102.7	103.7	97.9	95.9	93.6	93.7	93.9	90.5	88.7
西部地区（12 省、直辖市、自治区）	98.4	103.2	104.2	105.2	102.1	98.6	99.0	97.1	96.7	95.3	92.2	90.2
北部沿海地区	106.6	105.9	103.9	102.9	95.2	96.9	94.0	92.5	90.3	89.5	88.6	87.2
东部沿海地区	112.6	113.7	115.0	115.5	104.2	100.8	98.2	98.2	96.8	93.2	92.3	92.4
南部沿海地区	93.1	95.2	97.2	96.7	95.4	93.6	91.2	89.2	90.9	87.1	86.5	85.5
黄河中游地区	101.5	106.0	105.9	108.5	113.0	106.4	106.2	101.0	100.1	95.5	96.0	92.9
长江中游地区	97.8	101.7	102.9	102.5	102.4	95.8	93.0	90.5	91.4	93.7	89.8	87.6
西南地区	93.9	99.4	96.0	97.4	94.2	93.0	92.2	89.5	93.1	90.6	87.4	83.4
大西北地区	106.5	113.1	116.5	114.9	107.3	104.5	104.4	106.0	101.3	100.9	96.5	99.0

表 10.59　1995～2006 年中国各省、直辖市、自治区社会安全指数变化趋势

地　区	1995 年	1996 年	1997 年	1998 年	1999 年	2000 年	2001 年	2002 年	2003 年	2004 年	2005 年	2006 年
全　国	100.0	101.4	97.1	97.6	96.6	94.8	93.7	93.1	93.7	96.0	99.4	105.1
北　京	102.7	99.2	85.6	88.5	90.2	90.4	93.4	95.3	98.8	99.0	105.5	111.8
天　津	107.2	109.4	103.0	102.6	89.7	91.2	91.9	91.9	93.2	97.6	100.5	112.1
河　北	111.1	112.5	109.3	108.6	107.1	96.7	94.2	95.1	99.0	103.5	106.7	116.2
山　西	108.4	109.5	101.0	102.6	99.4	94.6	93.5	92.6	94.1	95.1	99.1	102.3
内蒙古	99.9	102.3	98.6	103.1	101.6	99.1	99.8	101.3	100.9	100.6	102.2	109.5
辽　宁	91.6	92.4	91.8	93.9	95.0	93.5	91.9	90.8	92.0	93.6	98.0	106.8
吉　林	96.7	95.2	92.8	92.7	93.1	90.1	89.7	88.4	91.5	92.0	93.6	97.4
黑龙江	114.9	115.2	112.6	111.6	115.2	96.0	92.8	93.8	95.2	97.8	101.7	107.5
上　海	96.6	98.1	94.9	96.3	98.1	97.0	101.9	98.1	96.8	101.8	105.6	115.3
江　苏	103.1	105.8	101.8	98.7	97.8	94.7	95.3	95.1	96.3	98.1	104.0	112.8
浙　江	94.8	96.0	91.1	91.7	89.8	89.2	88.8	88.3	87.9	92.6	100.0	104.9
安　徽	115.1	112.6	106.6	107.4	104.8	96.5	95.2	93.8	96.8	99.0	100.0	102.0
福　建	97.5	99.2	95.9	95.7	96.0	94.9	92.5	92.6	91.8	94.6	96.7	100.5
江　西	113.7	117.3	105.8	105.4	99.9	93.8	94.1	93.7	93.9	97.0	98.2	101.4
山　东	108.7	110.0	101.7	101.2	96.8	96.8	95.8	96.0	97.3	103.4	106.3	116.5
河　南	111.5	113.5	103.8	104.5	103.1	99.0	96.5	95.2	96.3	99.4	106.2	116.3
湖　北	107.5	108.9	101.8	103.9	104.5	99.4	99.5	99.2	98.9	100.7	103.8	109.3
湖　南	103.3	104.9	102.3	103.4	100.8	99.6	98.8	97.2	97.6	96.5	102.6	107.7
广　东	98.5	100.7	98.6	99.9	98.5	100.0	98.1	95.6	96.5	98.5	102.8	111.7
广　西	101.7	104.4	102.4	103.7	102.1	97.1	98.0	98.7	99.0	99.5	101.7	108.2
海　南	99.4	100.5	99.7	121.2	99.9	104.5	103.0	101.1	99.9	102.5	104.3	109.2
重　庆	101.3	103.2	102.2	101.8	98.6	100.3	94.4	94.4	93.6	96.8	97.8	104.0
四　川	102.5	104.6	101.1	102.4	100.5	98.0	96.6	95.1	97.4	99.2	97.9	102.8
贵　州	107.8	109.1	107.9	110.6	115.3	108.6	105.5	104.4	106.7	108.7	108.6	116.7
云　南	102.3	106.3	103.0	102.0	100.5	94.9	93.6	93.6	93.7	97.9	102.4	106.4
西　藏	94.1	91.5	90.9	93.5	93.6	92.2	89.5	91.9	89.7	93.1	94.2	98.2
陕　西	103.4	103.1	99.3	98.8	100.9	97.1	98.2	97.8	95.8	96.3	100.1	
甘　肃	110.8	114.8	108.5	110.4	110.6	96.5	97.3	96.9	96.1	99.9	102.5	109.9
青　海	92.7	94.3	93.9	100.2	99.5	99.9	99.9	99.6	99.8	100.6	105.5	107.0
宁　夏	91.9	93.4	90.3	92.0	90.1	87.0	87.6	87.5	91.8	91.6	93.2	98.7
新　疆	95.5	96.1	93.0	93.7	93.8	95.0	93.9	94.5	97.3	97.8	98.6	101.7
东部地区 （10 省、直辖市）	99.5	101.0	95.7	96.5	94.9	94.2	93.7	93.1	93.6	97.4	102.1	109.5
东部地区 （11 省、直辖市）	97.9	99.2	95.2	96.2	94.8	93.9	93.4	92.6	93.2	96.6	101.3	109.0
东北老工业基地	95.6	96.3	94.8	95.6	97.4	93.1	91.1	90.5	92.5	94.2	97.7	103.8
中部地区（8 省）	105.4	106.4	101.7	102.4	101.2	96.3	94.4	93.7	94.9	96.1	100.2	104.8
中部地区（6 省）	108.3	109.2	102.8	103.9	101.8	97.5	96.1	95.1	96.2	97.0	101.4	106.0
西部地区 （12 省、直辖市、 自治区）	99.8	101.5	98.3	100.6	99.7	96.4	95.7	95.6	96.9	98.4	99.4	104.1
北部沿海地区	106.6	107.3	97.2	98.2	95.3	94.4	94.3	94.9	97.2	101.7	104.9	114.1
东部沿海地区	97.6	99.0	94.7	94.8	93.5	92.2	92.0	91.3	90.9	95.4	102.2	108.9
南部沿海地区	97.2	99.2	96.8	97.9	97.2	98.0	96.2	94.7	94.9	97.0	100.4	107.2
黄河中游地区	106.2	107.3	99.2	102.2	101.4	98.0	96.1	95.6	96.7	97.8	101.4	107.2
长江中游地区	107.7	109.0	103.1	104.1	101.8	97.5	96.9	95.9	96.8	97.3	100.9	104.6
西南地区	101.7	104.1	101.8	102.6	101.2	97.5	96.4	95.9	96.8	99.0	99.8	105.1
大西北地区	96.2	97.3	93.7	96.4	95.8	93.0	92.2	92.9	94.9	96.5	98.1	101.6

表 10.60　1995～2006 年中国各省、直辖市、自治区社会保障指数变化趋势

地　区	1995 年	1996 年	1997 年	1998 年	1999 年	2000 年	2001 年	2002 年	2003 年	2004 年	2005 年	2006 年
全　国	100.0	100.2	100.3	103.8	105.9	107.8	109.0	110.1	111.5	112.4	113.1	111.3
北　京	95.3	97.5	97.5	98.3	97.0	98.4	99.5	101.4	104.0	105.4	107.3	108.2
天　津	101.7	102.3	103.7	107.5	110.6	111.9	111.9	113.3	112.7	113.7	114.8	116.9
河　北	102.0	102.4	101.3	104.2	106.4	108.1	109.1	109.3	111.4	111.8	111.9	110.2
山　西	95.7	95.4	94.7	99.4	100.9	103.1	104.2	105.1	108.7	109.6	107.9	107.7
内蒙古	97.9	82.7	98.6	105.4	106.4	107.1	107.3	110.4	110.7	112.5	111.0	111.1
辽　宁	101.7	102.6	103.8	107.8	111.9	114.1	116.6	117.9	119.4	119.7	120.0	119.6
吉　林	101.3	101.9	101.5	108.2	109.3	108.7	109.9	110.9	113.4	113.5	112.6	109.7
黑龙江	98.9	98.1	98.1	104.6	109.1	111.5	112.2	111.4	112.0	113.8	114.7	114.8
上　海	106.2	107.9	109.7	112.8	112.1	113.5	114.9	115.5	117.0	119.9	120.4	123.0
江　苏	102.1	102.0	102.1	104.3	106.9	108.4	110.5	112.6	114.6	116.2	117.7	115.1
浙　江	107.1	106.6	106.7	108.3	108.7	110.0	111.7	113.7	116.1	116.4	116.0	110.6
安　徽	100.8	101.0	101.2	103.6	105.4	108.2	109.9	111.1	112.8	112.5	113.7	110.7
福　建	95.4	93.9	93.1	99.0	99.1	99.8	101.9	102.3	103.7	104.3	106.0	99.4
江　西	93.3	92.9	94.2	99.1	97.5	100.2	102.5	104.5	108.1	109.6	110.1	108.4
山　东	100.7	101.6	102.1	103.7	105.7	105.7	107.4	107.7	108.9	109.7	109.6	106.7
河　南	95.7	95.5	95.7	97.3	100.1	103.6	105.4	105.1	106.3	107.3	108.3	105.4
湖　北	99.2	99.6	100.2	105.1	105.0	107.0	107.0	108.4	109.9	110.6	111.2	111.7
湖　南	100.1	100.0	98.1	102.4	106.8	109.2	112.3	113.1	114.3	116.7	118.0	114.3
广　东	99.7	99.8	99.5	103.6	105.7	104.1	108.2	109.3	110.5	111.0	110.8	107.0
广　西	91.7	92.6	92.0	94.0	98.2	100.6	99.6	102.2	104.2	104.3	106.6	102.4
海　南	94.2	94.8	96.7	100.6	104.7	106.1	106.0	107.1	108.0	108.5	108.9	108.0
重　庆	95.6	94.7	94.4	99.2	101.8	105.8	104.2	106.7	106.5	107.9	111.3	108.7
四　川	100.5	99.7	99.9	104.1	104.8	105.0	108.2	109.9	109.5	109.9	111.9	109.2
贵　州	94.1	95.2	95.5	98.8	100.0	103.6	103.1	104.5	106.0	106.3	108.2	105.4
云　南	95.5	89.7	92.6	93.4	94.1	95.6	102.0	101.8	105.5	103.6	101.8	99.3
西　藏	77.6	77.5	81.3	82.9	82.3	86.4	86.4	92.5	93.4	94.2	97.4	96.1
陕　西	100.7	101.0	101.6	104.6	107.1	110.5	110.7	111.2	113.0	113.2	114.2	110.6
甘　肃	96.8	97.4	97.0	99.7	103.2	106.4	104.4	105.1	109.2	110.3	110.3	107.5
青　海	96.5	93.9	97.1	103.1	107.0	112.1	111.6	112.2	113.5	114.4	111.1	107.8
宁　夏	96.0	96.0	94.0	101.0	104.1	109.8	110.6	114.5	110.6	109.6	111.8	110.0
新　疆	92.2	96.4	96.9	99.5	99.7	100.8	103.8	106.4	107.2	108.0	110.7	107.0
东部地区 （10 省、直辖市）	118.1	102.1	102.2	104.9	106.4	107.5	109.3	110.2	111.8	112.9	113.5	111.5
东部地区 （11 省、直辖市）	118.0	102.2	102.4	105.3	107.4	108.7	110.6	111.5	113.0	113.8	114.4	112.8
东北老工业基地	117.2	101.6	102.0	107.6	111.0	112.5	113.9	114.3	115.6	116.3	116.7	116.2
中部地区（8 省）	114.2	99.1	99.0	103.5	105.6	107.5	108.6	109.5	111.0	111.9	112.8	110.9
中部地区（6 省）	113.5	98.6	98.6	102.2	103.9	106.3	107.7	108.9	110.4	111.3	112.3	110.0
西部地区 （12 省、直辖市、 自治区）	113.9	97.9	98.5	101.9	103.9	106.0	106.2	108.2	109.0	109.4	110.6	107.9
北部沿海地区	115.0	101.2	101.3	103.4	105.3	106.3	107.3	107.8	109.2	110.0	110.4	109.3
东部沿海地区	121.6	105.0	105.7	107.8	108.6	110.1	111.9	113.6	115.7	117.2	118.0	116.2
南部沿海地区	116.9	98.3	98.0	102.7	104.3	103.5	106.7	107.6	108.9	109.5	109.9	105.7
黄河中游地区	113.3	97.1	98.6	102.1	104.4	106.7	107.1	108.3	109.4	110.4	110.5	108.4
长江中游地区	114.2	99.4	99.3	103.5	104.7	107.1	108.8	110.1	111.8	112.7	114.1	111.7
西南地区	113.4	98.1	97.9	100.7	102.1	104.4	105.3	107.1	107.5	107.8	109.4	106.7
大西北地区	113.4	96.7	96.8	100.4	102.8	106.1	106.2	108.3	108.9	109.7	111.0	107.8

表 10.61　1995～2006 年中国各省、直辖市、自治区社会潜在效能指数变化趋势

地　区	1995 年	1996 年	1997 年	1998 年	1999 年	2000 年	2001 年	2002 年	2003 年	2004 年	2005 年	2006 年
全　国	100.0	101.1	101.8	103.3	104.2	106.7	109.3	110.1	111.6	113.2	111.1	111.3
北　京	134.1	135.7	122.8	136.6	140.9	138.4	136.0	141.6	145.7	148.0	150.4	155.2
天　津	113.4	115.0	113.4	115.5	122.6	123.0	123.4	127.8	127.5	134.1	128.8	132.0
河　北	101.5	102.7	100.7	108.3	108.4	108.8	109.3	113.6	117.9	117.1	113.9	112.1
山　西	108.7	109.7	103.8	108.1	112.1	114.4	116.7	117.7	118.8	118.8	118.8	119.9
内蒙古	103.1	104.5	102.9	107.3	106.1	108.0	109.9	111.8	111.2	115.2	116.9	113.0
辽　宁	111.8	112.7	107.9	113.4	115.4	115.2	114.9	116.7	123.1	121.2	121.0	120.5
吉　林	109.8	110.5	109.6	111.2	112.9	114.2	115.6	117.0	117.4	118.0	116.7	114.6
黑龙江	111.7	112.3	107.3	111.4	111.4	112.7	114.0	114.6	116.2	116.2	117.8	115.7
上　海	125.7	126.9	113.6	125.4	129.8	131.1	132.4	130.8	139.0	142.7	138.4	146.8
江　苏	102.5	103.7	98.4	104.0	106.8	108.8	110.8	108.8	111.2	111.6	114.3	114.4
浙　江	99.0	100.0	102.3	102.5	103.3	104.6	105.9	111.7	112.7	117.0	109.8	113.2
安　徽	95.2	96.0	98.2	97.8	98.3	101.2	104.2	102.3	107.8	108.8	103.7	103.4
福　建	94.4	95.9	104.8	99.1	100.5	104.8	109.1	107.7	109.0	109.0	109.6	108.6
江　西	95.6	96.8	103.9	100.7	101.9	105.6	109.3	105.2	116.7	111.7	107.4	107.6
山　东	97.5	98.8	96.6	100.6	102.2	107.0	111.8	114.8	113.5	114.5	110.3	111.3
河　南	101.2	102.3	97.4	105.2	104.1	108.3	112.4	114.3	111.2	115.3	112.3	112.3
湖　北	100.9	101.7	103.8	104.9	104.8	108.1	111.4	104.2	109.2	111.1	109.4	112.0
湖　南	99.5	100.7	103.1	103.0	105.1	107.6	110.0	110.1	110.1	113.2	111.3	110.6
广　东	100.7	102.5	107.4	109.8	110.4	111.2	112.0	116.0	115.9	117.0	118.0	117.6
广　西	96.9	98.1	100.5	99.5	99.4	103.2	107.0	106.6	109.5	112.8	109.2	111.1
海　南	99.6	101.1	100.5	105.9	107.0	108.4	109.7	112.8	116.3	117.8	114.8	114.0
重　庆	101.2	101.6	102.6	96.9	99.2	100.6	102.1	103.9	105.7	102.7	104.7	104.7
四　川	95.9	96.3	101.6	96.6	97.3	100.8	104.2	104.8	105.6	105.7	100.2	100.6
贵　州	90.1	90.7	98.7	90.1	93.0	95.3	97.6	99.5	103.1	103.1	96.6	96.8
云　南	89.2	89.9	99.0	90.1	90.4	91.8	93.1	93.7	91.6	100.2	95.8	97.4
西　藏	69.7	70.2	85.3	69.5	67.0	70.4	73.7	76.3	72.1	76.7	74.7	75.7
陕　西	100.8	102.2	101.6	102.6	105.1	107.0	108.9	106.3	113.4	117.1	113.3	112.9
甘　肃	92.1	93.1	95.5	93.9	96.9	98.5	100.2	99.4	103.1	106.3	101.4	97.6
青　海	85.9	87.8	87.9	87.2	95.6	95.1	94.6	97.2	102.4	102.5	104.4	104.0
宁　夏	99.7	100.8	96.7	100.2	100.5	104.0	107.4	108.8	107.5	112.9	110.2	109.6
新　疆	105.7	106.9	110.2	114.0	114.6	114.3	114.1	120.2	119.9	119.9	118.2	116.9
东部地区 （10 省、直辖市）	106.8	108.2	106.1	110.8	113.2	114.6	116.0	118.6	120.9	122.9	120.8	122.5
东部地区 （11 省、直辖市）	107.3	108.6	106.2	111.0	113.4	114.7	115.9	118.4	121.1	122.7	120.9	122.3
东北老工业基地	111.1	111.8	108.2	112.0	113.2	114.0	114.8	116.1	118.9	118.6	118.5	117.0
中部地区（8 省）	102.8	103.8	103.4	105.3	106.3	109.0	111.7	110.7	113.5	114.2	112.2	112.0
中部地区（6 省）	100.2	101.2	101.7	103.3	104.4	107.5	110.7	109.0	112.4	113.2	110.5	111.0
西部地区 （12 省、直辖市、 自治区）	94.2	95.2	98.5	95.4	97.1	99.1	101.1	102.4	103.8	106.3	103.8	103.4
北部沿海地区	111.6	113.0	108.4	115.3	118.5	119.3	120.1	124.5	126.2	128.4	125.8	127.7
东部沿海地区	109.0	110.2	104.8	110.6	113.3	114.8	116.4	117.1	121.0	123.8	120.9	124.8
南部沿海地区	98.2	99.8	104.2	105.0	106.0	108.1	110.3	112.2	113.8	114.6	114.1	113.4
黄河中游地区	103.5	104.7	101.8	105.8	106.7	109.4	112.0	112.6	113.6	116.6	115.3	114.5
长江中游地区	97.8	98.8	102.3	101.6	102.5	105.6	108.7	105.4	111.2	111.2	108.0	108.4
西南地区	94.7	95.3	100.5	95.1	95.9	98.3	100.8	101.7	103.1	104.9	101.3	102.1
大西北地区	90.6	91.7	95.1	91.9	94.9	96.5	98.0	100.4	101.0	103.6	101.8	100.8

表 10.62　1995～2006 年中国各省、直辖市、自治区社会创造能力指数变化趋势

地 区	1995 年	1996 年	1997 年	1998 年	1999 年	2000 年	2001 年	2002 年	2003 年	2004 年	2005 年	2006 年
全 国	100.0	100.0	102.0	101.6	102.0	105.0	107.8	107.7	109.0	110.5	109.1	111.3
北 京	133.3	133.9	134.2	134.1	134.5	138.4	142.0	141.0	140.6	144.1	148.9	148.4
天 津	118.3	118.7	120.1	120.0	121.3	123.5	125.5	126.4	126.5	126.6	127.5	129.1
河 北	103.6	104.3	105.4	107.3	108.0	109.9	111.7	113.0	114.0	114.8	114.3	114.7
山 西	110.8	111.0	111.2	109.2	111.5	114.2	117.1	118.3	118.6	118.8	118.9	120.0
内蒙古	99.1	98.7	97.4	97.1	95.1	96.9	98.6	99.9	99.8	105.7	103.9	107.2
辽 宁	117.1	117.1	117.8	116.7	117.7	120.0	122.1	125.3	122.9	122.8	122.8	123.2
吉 林	113.8	113.8	115.2	113.8	116.0	119.2	122.2	122.1	122.9	121.9	121.7	121.5
黑龙江	114.0	114.0	113.0	112.3	111.8	114.0	116.2	117.4	118.9	121.0	119.4	120.3
上 海	122.8	123.3	122.9	123.4	123.7	126.1	128.4	128.2	129.3	128.2	129.0	130.4
江 苏	104.3	104.3	104.6	102.3	105.4	109.3	112.8	111.4	113.1	113.5	115.0	115.3
浙 江	104.3	104.1	104.0	103.5	104.4	107.3	110.1	111.4	112.0	112.9	114.0	115.1
安 徽	90.9	90.6	90.3	87.2	87.4	91.3	94.9	94.6	100.8	100.9	95.2	99.1
福 建	96.2	96.4	100.5	96.7	99.5	104.5	109.0	107.8	108.8	107.0	110.0	111.9
江 西	98.6	98.6	103.3	99.7	100.6	103.4	106.0	106.0	111.3	111.1	108.4	109.6
山 东	94.8	94.9	96.8	96.4	99.1	103.8	108.1	110.7	109.3	110.7	109.7	112.9
河 南	97.7	98.2	100.6	98.7	94.9	101.6	107.5	109.0	107.9	107.6	106.6	109.6
湖 北	101.2	101.2	103.2	102.3	102.1	106.4	110.4	107.3	110.7	109.4	108.8	110.7
湖 南	99.2	99.3	103.0	101.8	102.3	106.2	109.9	109.3	109.5	111.3	110.4	112.3
广 东	107.7	107.6	111.7	112.5	112.2	114.7	117.1	119.1	118.8	119.3	119.0	119.5
广 西	92.9	92.6	89.8	93.1	93.8	99.5	104.6	100.7	104.0	107.1	105.4	110.9
海 南	84.5	84.3	90.2	85.9	84.8	89.0	92.9	98.2	98.5	106.9	100.5	99.7
重 庆	94.4	96.1	95.5	96.3	96.4	99.5	102.4	106.7	110.2	105.8	106.2	108.7
四 川	92.0	92.5	92.6	94.7	92.3	95.1	97.7	101.3	104.6	104.9	97.7	102.9
贵 州	64.0	63.7	68.4	61.7	68.2	70.9	73.5	76.9	77.5	81.7	73.7	78.9
云 南	67.3	67.2	71.0	69.9	70.4	74.1	77.5	73.5	76.4	86.2	79.1	84.8
西 藏	25.7	26.4	29.1	30.4	25.0	35.0	43.3	45.2	46.3	55.0	49.9	54.6
陕 西	97.2	97.1	101.7	100.9	98.2	102.3	106.0	102.4	107.0	110.9	110.9	111.3
甘 肃	77.7	78.1	84.1	79.4	80.3	83.6	86.7	88.4	87.8	89.6	85.4	84.0
青 海	71.1	70.5	68.3	63.7	72.9	74.1	75.2	84.1	85.1	87.5	84.4	91.7
宁 夏	87.0	87.1	83.8	82.9	85.0	89.9	94.3	96.4	96.5	99.3	95.4	99.6
新 疆	101.3	101.1	101.5	101.5	106.3	105.7	105.1	106.8	109.0	107.5	106.5	108.6
东部地区 (10 省、直辖市)	108.9	109.2	110.7	110.1	111.2	114.4	117.4	118.1	118.4	119.7	120.6	121.4
东部地区 (11 省、直辖市)	109.7	109.9	111.4	110.8	111.8	114.9	117.9	118.8	118.9	120.0	120.8	121.4
东北老工业基地	115.0	115.0	115.4	114.3	115.2	117.8	120.2	121.7	121.6	121.9	121.3	121.7
中部地区（8 省）	103.9	104.0	105.5	103.8	104.0	107.7	111.1	111.1	113.0	113.6	111.9	113.4
中部地区（6 省）	100.1	100.2	102.3	100.3	100.2	104.3	108.1	107.9	110.1	110.6	108.7	110.6
西部地区 (12 省、直辖市、自治区)	84.3	84.4	85.2	84.5	85.5	88.6	91.5	92.7	94.8	97.2	94.1	97.6
北部沿海地区	114.7	115.2	116.2	116.4	117.5	120.7	123.7	124.3	124.1	125.8	127.5	128.4
东部沿海地区	111.2	111.4	111.3	110.7	112.0	115.0	117.7	117.6	118.8	118.7	119.8	120.8
南部沿海地区	97.0	97.0	101.6	99.6	100.1	103.8	107.3	109.1	109.4	111.4	110.4	111.0
黄河中游地区	101.6	101.6	103.0	101.7	100.2	104.1	107.8	107.9	108.8	111.7	110.6	112.3
长江中游地区	97.6	97.6	100.2	98.1	98.5	102.2	105.6	104.6	108.1	108.4	106.1	108.2
西南地区	83.8	84.3	84.7	85.1	85.7	89.3	92.8	93.6	96.6	98.3	94.2	98.8
大西北地区	78.0	78.0	78.5	76.6	80.0	82.5	84.9	87.9	88.8	90.6	87.5	90.7

表 10.63 1995～2006 年中国各省、直辖市、自治区教育投入指数变化趋势

地区	1995 年	1996 年	1997 年	1998 年	1999 年	2000 年	2001 年	2002 年	2003 年	2004 年	2005 年	2006 年
全 国	100.0	101.0	102.1	104.2	105.9	107.6	110.1	112.4	113.7	115.4	117.2	118.9
北 京	117.2	120.9	123.7	127.5	131.2	134.2	136.1	136.9	137.6	138.8	140.6	132.4
天 津	107.2	109.7	112.0	114.4	115.7	117.8	120.6	122.0	123.2	123.9	126.0	124.3
河 北	97.2	97.8	98.6	99.8	101.0	102.3	104.3	106.7	107.8	109.6	111.7	112.6
山 西	102.5	102.4	102.5	103.4	104.6	106.1	108.4	110.4	110.7	112.2	114.7	116.5
内蒙古	101.7	101.7	102.1	103.4	105.2	106.1	108.6	110.7	111.2	112.8	113.9	115.0
辽 宁	101.6	102.7	103.7	105.7	106.9	108.6	110.9	112.7	114.7	117.1	119.0	118.7
吉 林	103.6	104.2	105.1	108.1	109.8	110.5	112.5	114.6	115.4	116.0	118.4	117.3
黑龙江	98.9	100.2	101.6	103.6	106.7	108.3	111.3	112.7	115.1	116.2	117.2	115.8
上 海	113.7	117.3	120.1	123.3	124.6	125.6	127.6	129.8	130.5	133.2	134.1	131.2
江 苏	101.7	103.2	104.7	107.4	109.1	110.0	112.0	114.4	115.9	117.9	119.8	119.4
浙 江	99.9	103.1	105.8	108.5	111.1	113.1	116.7	118.7	120.8	122.9	124.0	124.7
安 徽	94.5	95.8	96.9	98.7	100.3	101.8	103.7	106.5	107.7	109.7	111.7	112.6
福 建	102.7	103.0	103.6	103.8	105.7	107.7	110.5	113.4	114.5	115.8	117.2	118.1
江 西	93.0	93.6	94.6	96.9	99.2	101.6	106.5	107.7	109.2	110.4	112.6	114.4
山 东	98.6	98.7	99.0	100.5	102.5	104.6	107.1	109.0	110.1	111.1	112.6	113.2
河 南	99.1	98.2	97.7	98.4	99.1	100.4	102.1	103.9	105.0	106.6	108.6	110.3
湖 北	100.4	100.5	101.0	104.6	105.7	106.7	110.2	112.2	113.1	115.1	116.7	113.3
湖 南	99.1	99.8	100.7	102.1	104.2	105.3	107.6	110.1	111.5	113.1	115.4	115.2
广 东	106.5	107.2	107.9	110.2	110.7	111.1	112.9	115.7	117.4	118.1	118.6	118.7
广 西	97.9	98.7	98.7	100.3	101.9	103.7	105.9	108.4	108.8	109.6	111.3	112.7
海 南	104.0	103.7	103.6	105.1	106.8	106.9	108.0	110.5	111.4	113.1	115.4	117.4
重 庆	97.9	98.7	99.4	102.1	103.9	105.8	108.0	111.4	112.6	114.5	117.7	116.4
四 川	96.1	97.6	97.6	99.5	101.1	103.5	106.1	109.0	109.8	111.3	113.5	112.5
贵 州	88.5	90.6	92.5	95.3	97.8	100.9	104.3	107.3	107.9	109.4	112.5	113.5
云 南	100.7	101.9	103.3	104.0	105.3	106.1	108.5	109.8	111.1	113.1	114.4	116.1
西 藏	111.5	108.4	105.1	109.2	112.1	112.1	114.6	118.4	122.5	125.4	128.4	125.7
陕 西	100.1	100.7	101.4	104.1	106.1	108.4	112.0	114.1	115.9	116.4	117.8	116.4
甘 肃	97.2	98.3	99.9	100.1	103.6	105.1	108.3	110.9	111.5	112.4	114.2	114.8
青 海	101.5	101.7	101.7	104.0	105.1	107.4	110.8	112.5	112.1	112.9	116.0	119.3
宁 夏	98.0	99.9	101.7	104.0	106.3	107.9	111.1	112.9	112.8	114.8	117.3	117.7
新 疆	106.0	106.4	106.2	108.2	109.6	110.6	115.2	117.0	117.4	118.4	119.7	118.8
东部地区 （10 省、直辖市）	103.0	104.5	105.8	108.1	109.9	111.6	114.0	116.2	117.5	119.0	120.4	119.5
东部地区 （11 省、直辖市）	102.9	104.3	105.7	107.9	109.7	111.3	113.7	115.9	117.3	118.9	120.3	119.4
东北老工业基地	101.1	102.2	103.2	105.5	107.5	108.9	111.4	113.1	115.0	116.5	118.2	117.4
中部地区（8 省）	98.8	99.1	99.7	101.5	103.2	104.5	107.0	109.1	110.3	111.8	113.7	113.7
中部地区（6 省）	98.4	98.5	98.9	100.7	102.1	103.5	106.0	108.2	109.2	110.9	112.9	113.2
西部地区 （12 省、直辖市、 自治区）	98.4	99.3	99.9	101.7	103.9	105.3	108.3	110.7	111.6	112.9	114.8	114.8
北部沿海地区	101.2	102.5	103.8	105.9	108.2	110.6	113.2	115.0	116.0	117.3	119.0	116.8
东部沿海地区	103.3	105.8	107.9	110.7	112.7	114.1	116.5	118.7	120.2	122.5	123.9	123.2
南部沿海地区	105.3	105.9	106.5	108.3	109.5	110.0	112.0	114.8	116.4	117.3	118.0	118.4
黄河中游地区	100.3	99.9	100.0	100.9	102.3	103.9	106.4	108.4	109.4	110.7	112.5	113.3
长江中游地区	97.5	98.1	98.9	101.2	103.0	104.2	107.1	109.4	110.6	112.3	114.3	113.8
西南地区	96.7	97.9	98.5	100.1	101.9	103.9	106.6	109.0	109.9	111.5	113.6	113.6
大西北地区	101.9	102.4	102.6	104.3	106.7	108.0	111.7	113.9	114.5	115.7	117.5	117.5

表 10.64　1995～2006 年中国各省、直辖市、自治区教育规模指数变化趋势

地　区	1995 年	1996 年	1997 年	1998 年	1999 年	2000 年	2001 年	2002 年	2003 年	2004 年	2005 年	2006 年
全　国	100.0	100.5	102.1	104.4	109.0	114.5	119.9	125.2	129.5	133.2	136.1	134.9
北　京	165.6	165.8	164.1	164.0	164.7	162.2	165.6	168.4	170.4	171.0	171.1	168.8
天　津	137.9	138.4	139.2	140.9	144.1	146.8	151.1	156.9	160.9	163.9	164.6	163.3
河　北	94.2	95.1	96.8	100.0	106.5	111.7	119.3	123.9	127.5	130.7	133.8	132.2
山　西	98.3	98.7	100.6	103.1	109.7	114.8	123.0	129.2	134.2	137.5	141.1	139.2
内蒙古	96.6	98.2	99.5	103.0	105.2	108.7	116.0	122.2	126.2	131.6	133.1	133.3
辽　宁	117.5	117.6	119.0	120.9	123.7	127.8	132.7	135.7	138.4	140.6	143.0	141.7
吉　林	118.8	118.6	118.0	121.3	122.6	125.5	129.9	134.3	138.3	140.7	142.6	141.8
黑龙江	108.4	108.4	108.9	110.0	114.2	122.6	128.0	132.1	135.0	137.3	139.9	138.8
上　海	147.4	147.7	148.2	149.1	146.5	144.1	148.4	152.8	153.7	155.3	155.5	153.9
江　苏	104.9	105.8	107.7	110.6	115.9	120.2	125.9	131.4	136.3	140.8	144.4	142.3
浙　江	94.2	95.1	97.9	106.8	112.5	117.4	123.8	129.9	133.2	136.2	137.2	135.6
安　徽	83.8	83.9	86.0	90.8	96.2	104.0	108.0	114.2	118.0	122.3	128.2	126.9
福　建	96.9	96.5	99.0	101.7	104.8	108.4	116.4	122.9	128.1	133.1	136.8	135.2
江　西	92.6	92.5	93.9	94.8	99.5	108.2	117.2	126.5	133.9	137.9	141.2	140.8
山　东	93.0	93.9	95.1	98.9	104.9	111.1	118.6	124.0	129.4	133.8	136.9	135.5
河　南	82.8	84.0	86.9	89.3	95.6	102.7	107.6	114.4	118.0	122.6	127.9	126.6
湖　北	108.6	109.3	111.0	112.8	117.5	122.9	128.3	134.9	138.0	141.9	146.4	146.2
湖　南	91.1	92.6	95.2	98.7	104.1	112.6	116.1	121.2	127.3	129.9	135.9	134.1
广　东	93.9	94.8	96.8	99.2	103.4	106.1	116.8	121.8	126.9	129.9	129.7	128.3
广　西	79.6	81.5	84.0	86.4	89.5	97.8	100.6	106.8	110.5	114.9	120.7	118.9
海　南	85.9	86.7	86.9	89.4	89.4	95.9	103.2	112.7	119.1	124.6	128.3	127.4
重　庆	95.9	96.7	98.0	99.6	104.2	110.3	115.3	119.9	123.8	128.9	136.4	135.2
四　川	83.6	81.0	85.7	87.2	91.8	99.9	104.5	111.1	116.5	121.4	127.2	127.0
贵　州	73.8	74.8	75.3	80.0	86.8	96.4	98.7	103.8	106.7	109.9	115.2	113.4
云　南	80.4	81.9	82.9	86.0	89.1	92.7	97.4	87.0	107.3	111.4	115.2	113.8
西　藏	88.5	87.1	85.2	86.9	90.1	93.5	98.1	103.9	108.6	118.7	122.7	122.3
陕　西	113.7	114.4	115.5	117.4	122.1	128.7	136.3	139.5	144.2	147.6	150.0	149.1
甘　肃	91.0	92.0	93.8	96.6	101.2	106.3	113.4	118.3	121.9	125.2	128.9	128.1
青　海	95.6	97.2	97.1	101.8	99.4	107.2	112.6	115.7	118.2	120.8	121.1	123.3
宁　夏	101.3	99.9	101.1	102.5	108.1	111.4	119.2	122.4	125.3	128.0	130.2	129.8
新　疆	110.9	109.9	109.9	111.0	115.1	117.3	123.7	127.2	128.8	131.2	133.0	130.9
东部地区 （10 省、直辖市）	107.7	108.4	109.5	112.3	116.4	119.4	126.2	131.3	135.6	138.9	140.8	139.3
东部地区 （11 省、直辖市）	108.7	109.4	110.6	113.3	117.2	120.3	126.8	131.8	135.8	139.1	141.0	139.5
东北老工业基地	114.9	114.9	115.5	117.7	120.5	125.6	130.4	134.1	137.2	139.5	141.8	140.7
中部地区（8 省）	96.9	97.5	99.1	101.7	106.5	113.5	118.7	124.8	129.1	132.6	137.1	136.0
中部地区（6 省）	92.9	93.7	95.8	98.5	103.8	111.0	116.5	122.9	127.5	131.3	136.2	135.2
西部地区 （12 省、直辖市、 自治区）	91.5	91.9	93.6	95.8	100.0	106.3	111.6	115.9	120.7	124.9	129.2	128.2
北部沿海地区	111.9	112.8	113.2	115.4	119.7	123.2	129.2	134.0	138.2	141.3	143.7	142.4
东部沿海地区	110.3	111.0	112.6	116.3	120.3	123.7	129.1	134.6	138.4	141.9	144.2	142.3
南部沿海地区	94.3	94.8	96.9	99.4	103.0	106.2	116.0	121.6	126.8	130.5	131.6	130.2
黄河中游地区	96.0	97.0	98.8	101.1	106.4	112.5	119.1	124.5	128.7	132.8	136.6	135.5
长江中游地区	95.5	96.1	98.0	100.8	105.7	113.2	118.4	124.8	129.7	133.3	138.2	137.4
西南地区	83.1	83.5	85.7	87.9	92.4	99.6	103.6	108.2	113.7	118.3	123.7	122.7
大西北地区	99.7	99.6	100.3	102.7	106.3	110.5	117.1	121.1	123.9	127.0	129.6	128.6

表10.65　1995～2006年中国各省、直辖市、自治区教育成就指数变化趋势

地　区	1995年	1996年	1997年	1998年	1999年	2000年	2001年	2002年	2003年	2004年	2005年	2006年
全　国	100.0	99.2	101.7	100.5	101.8	103.5	104.0	102.9	104.3	104.1	103.1	105.7
北　京	105.5	104.5	103.3	106.3	105.9	106.5	107.1	106.7	108.1	108.1	108.4	106.9
天　津	103.7	99.9	105.6	101.8	107.6	105.0	105.9	106.5	106.4	108.7	107.0	108.0
河　北	100.2	98.6	103.8	103.2	101.4	102.8	103.5	106.7	106.2	104.0	103.1	104.7
山　西	104.0	99.5	101.4	99.1	104.7	103.5	104.3	102.5	104.4	103.0	103.9	106.6
内蒙古	101.1	102.5	102.2	102.5	101.4	103.8	104.3	104.7	103.6	107.3	105.0	104.9
辽　宁	102.5	100.5	103.8	99.4	103.1	102.6	103.5	105.7	107.4	104.6	103.6	106.7
吉　林	92.6	118.6	104.9	100.7	102.9	103.7	104.6	105.1	105.0	105.6	101.4	106.2
黑龙江	102.6	101.1	103.7	100.9	102.1	105.4	106.1	105.3	105.5	106.0	104.8	106.6
上　海	106.9	103.3	103.0	104.9	106.7	106.0	106.4	107.1	109.5	106.8	108.6	108.4
江　苏	102.2	99.1	98.2	102.7	103.4	102.3	103.2	101.9	105.4	105.2	108.8	106.2
浙　江	100.8	102.9	105.1	103.5	101.7	104.1	104.5	107.5	105.0	105.0	103.3	107.7
安　徽	103.0	98.9	103.6	100.6	100.6	104.7	103.7	100.3	108.0	101.9	101.3	106.1
福　建	101.3	99.6	106.2	99.2	102.4	105.6	105.4	102.2	104.2	103.3	106.0	106.3
江　西	100.9	100.3	107.4	99.7	104.0	104.7	104.4	100.1	109.8	101.3	101.6	105.6
山　东	103.3	96.9	102.4	102.2	103.7	109.2	108.2	106.5	103.1	105.3	103.7	108.2
河　南	101.9	100.7	100.1	102.1	98.8	106.0	106.1	102.4	100.9	105.8	101.7	104.1
湖　北	101.1	100.2	103.0	99.2	100.2	103.0	103.3	100.0	106.9	104.6	103.9	109.2
湖　南	99.1	101.4	100.8	99.1	101.8	103.1	104.2	103.8	104.5	106.0	100.6	107.3
广　东	103.8	94.3	110.3	100.5	100.5	101.4	101.6	103.6	100.6	102.4	103.5	103.4
广　西	101.7	96.0	100.0	100.8	99.5	108.0	105.5	101.7	103.9	103.6	100.7	106.2
海　南	98.9	94.6	100.9	100.2	99.9	100.1	100.4	101.8	103.2	102.7	99.7	102.0
重　庆	101.8	98.8	100.1	96.3	104.8	103.7	103.6	101.7	104.1	100.1	104.8	104.6
四　川	101.5	92.4	99.6	100.1	97.9	103.7	103.3	101.5	103.0	102.1	100.5	106.6
贵　州	99.4	97.5	97.1	94.7	98.8	99.2	100.2	100.1	102.3	100.6	105.5	94.6
云　南	100.4	99.4	96.3	96.9	99.2	101.7	101.4	99.9	100.8	107.7	99.4	102.2
西　藏	93.1	84.8	89.4	81.7	86.4	104.8	101.2	108.6	97.5	101.6	99.7	102.2
陕　西	97.4	100.0	98.8	98.7	100.8	102.5	103.3	101.2	107.9	105.4	103.7	106.4
甘　肃	98.4	99.0	97.6	102.4	101.0	100.9	104.1	100.0	103.6	103.3	100.2	100.8
青　海	101.7	99.2	98.3	101.7	102.4	98.7	99.1	101.4	101.1	104.1	101.4	102.5
宁　夏	99.1	100.8	99.3	100.1	99.9	102.5	102.7	102.0	101.3	103.8	100.6	103.7
新　疆	101.2	98.8	101.4	99.3	102.2	101.3	101.8	102.3	103.4	102.4	101.0	104.7
东部地区 （10省、直辖市）	102.0	99.3	102.1	101.8	103.0	103.5	104.1	104.3	104.2	104.8	104.7	106.0
东部地区 （11省、直辖市）	102.1	99.4	102.2	101.5	103.0	103.5	104.1	104.4	104.5	104.7	104.7	106.0
东北老工业基地	101.6	102.3	104.2	100.4	102.7	103.9	104.7	105.4	106.1	105.2	103.1	106.6
中部地区（8省）	101.2	101.2	102.7	99.8	101.5	103.7	104.3	102.1	105.4	103.8	102.7	106.2
中部地区（6省）	101.8	100.0	102.3	99.6	101.7	103.5	104.2	101.4	105.8	103.5	102.4	106.4
西部地区 （12省、直辖市、 自治区）	99.4	98.3	98.9	99.1	100.6	101.9	102.4	101.8	102.8	103.6	102.6	102.8
北部沿海地区	102.5	99.1	101.8	102.2	103.9	104.4	105.3	105.4	104.6	106.0	105.0	106.8
东部沿海地区	102.3	101.0	100.6	102.5	103.1	103.3	103.9	104.5	105.3	105.4	106.2	107.1
南部沿海地区	101.8	96.9	106.2	100.3	101.4	102.6	102.9	102.5	102.8	102.3	103.1	103.7
黄河中游地区	100.8	100.3	100.5	100.2	101.0	103.9	104.1	102.5	104.1	105.2	103.3	105.1
长江中游地区	101.2	100.3	103.3	99.5	101.6	103.7	104.2	101.0	107.3	103.3	102.5	107.1
西南地区	100.9	97.2	98.8	97.8	100.4	103.0	102.9	101.4	103.0	102.8	102.9	101.9
大西北地区	99.2	98.7	98.8	100.6	100.6	100.8	101.5	101.8	101.8	103.1	101.8	102.7

表 10.66   1995～2006 年中国各省、直辖市、自治区科技资源指数变化趋势

地 区	1995 年	1996 年	1997 年	1998 年	1999 年	2000 年	2001 年	2002 年	2003 年	2004 年	2005 年	2006 年
全　国	100.0	96.7	98.1	96.4	97.2	102.5	103.4	104.5	105.2	103.4	105.6	106.3
北　京	116.2	110.9	109.6	109.9	111.8	117.0	115.6	117.0	118.3	115.3	117.2	117.5
天　津	105.8	102.5	102.9	101.7	101.3	108.1	108.8	109.7	110.3	108.3	111.2	112.5
河　北	94.0	93.9	100.1	91.2	94.5	99.4	99.5	100.0	97.3	98.9	101.0	101.5
山　西	91.7	94.1	95.2	95.3	95.4	100.8	101.9	102.5	102.3	98.2	98.9	101.4
内蒙古	89.3	94.4	90.6	87.7	89.5	93.7	94.7	95.6	95.6	95.0	98.5	100.3
辽　宁	98.3	100.4	103.7	100.1	100.5	105.5	106.3	108.8	109.5	107.9	107.2	107.7
吉　林	100.5	101.5	100.4	99.7	98.0	103.8	103.2	106.9	106.1	103.4	108.5	107.1
黑龙江	97.4	98.7	95.7	95.7	95.7	101.9	102.4	103.1	104.0	104.3	104.5	104.5
上　海	105.5	104.4	106.9	104.5	106.4	108.8	110.4	107.6	109.9	108.8	112.3	113.2
江　苏	96.0	95.4	99.5	96.9	97.2	95.2	102.5	104.9	105.4	104.5	106.2	107.8
浙　江	92.9	96.3	97.4	94.2	96.5	102.6	103.6	104.9	106.0	103.4	107.7	107.7
安　徽	90.8	92.1	92.6	92.5	92.1	96.7	98.4	100.4	101.8	98.8	101.4	102.6
福　建	92.9	93.5	96.6	94.9	96.4	101.8	102.5	104.6	105.6	103.0	105.4	105.4
江　西	89.3	90.0	90.9	88.1	90.4	93.5	92.8	94.7	96.2	94.8	97.6	100.1
山　东	92.3	92.7	96.3	97.6	96.8	102.4	103.9	103.8	104.1	101.2	105.7	106.4
河　南	91.6	92.2	92.1	89.9	90.2	97.6	97.8	98.1	98.7	96.1	98.0	99.8
湖　北	101.5	96.8	98.5	94.2	96.8	102.2	102.5	107.2	107.0	103.5	105.6	105.9
湖　南	91.7	92.5	92.8	90.8	93.4	99.6	102.4	101.2	103.1	99.5	102.1	103.3
广　东	96.8	94.8	100.0	100.2	104.7	107.2	104.9	109.6	109.4	106.8	108.9	109.3
广　西	89.1	88.8	88.3	86.6	87.2	97.3	97.8	98.2	100.7	97.8	100.5	100.2
海　南	85.5	83.3	78.0	81.8	81.7	87.9	86.9	85.1	89.2	90.7	90.9	91.2
重　庆	93.4	94.3	95.7	94.9	93.5	100.2	103.4	104.0	105.8	104.5	106.6	106.2
四　川	94.7	95.6	96.2	95.0	95.3	98.9	100.2	101.9	102.9	101.3	102.7	103.0
贵　州	87.0	88.2	87.1	87.3	90.1	93.1	93.5	94.0	95.2	94.9	96.2	97.9
云　南	91.0	90.5	91.2	90.2	91.9	94.2	96.1	95.4	96.0	95.8	98.2	98.2
西　藏	62.2	62.6	63.4	71.6	61.7	77.8	76.0	79.0	78.1	76.4	75.4	78.4
陕　西	99.1	99.1	98.7	98.2	97.0	102.4	103.0	102.7	104.6	103.1	103.2	103.6
甘　肃	93.4	95.9	97.3	96.0	94.7	98.6	98.3	101.3	101.5	99.6	101.6	103.1
青　海	90.1	96.6	88.8	83.3	84.3	96.7	96.5	102.2	99.1	99.6	98.5	98.7
宁　夏	96.4	96.6	99.0	96.1	101.0	98.5	98.5	100.0	99.5	99.5	99.4	102.4
新　疆	94.3	93.7	97.8	91.9	99.6	95.3	95.6	96.5	96.4	97.7	96.5	96.2
东部地区（10 省、直辖市）	100.5	98.7	101.3	99.8	101.2	104.7	106.7	107.6	108.0	105.9	108.8	109.4
东部地区（11 省、直辖市）	100.2	98.9	101.7	99.9	101.1	104.8	106.7	107.7	108.1	106.1	108.6	109.2
东北老工业基地	98.5	100.0	101.5	98.8	98.6	104.1	104.5	106.9	107.2	104.1	106.8	106.7
中部地区（8 省）	95.1	95.0	95.3	93.2	94.1	99.6	100.4	102.3	102.8	100.0	102.1	103.1
中部地区（6 省）	93.7	93.5	94.5	91.9	93.3	99.0	99.8	101.7	102.3	99.0	101.0	102.5
西部地区（12 省、直辖市、自治区）	93.8	94.8	95.0	93.4	94.2	98.6	99.6	100.7	101.7	100.3	101.7	101.9
北部沿海地区	104.3	100.8	102.9	102.2	102.5	107.7	108.2	108.7	109.1	106.8	110.0	110.6
东部沿海地区	98.7	98.2	101.3	98.2	99.9	101.1	105.3	106.3	106.8	105.2	108.1	108.9
南部沿海地区	95.1	94.0	98.1	98.0	101.1	105.2	106.3	107.6	107.8	105.3	107.4	107.8
黄河中游地区	94.0	95.7	94.8	93.2	93.3	99.4	100.1	100.5	101.0	98.7	100.0	101.5
长江中游地区	94.8	93.7	94.8	92.1	94.0	99.1	100.1	102.7	103.6	100.1	102.6	103.8
西南地区	92.7	93.1	93.7	92.7	93.4	97.2	99.8	100.5	101.9	100.3	102.2	102.3
大西北地区	92.9	94.2	95.6	92.7	94.7	97.0	96.6	99.7	99.5	98.6	99.0	99.6

表 10.67 1995～2006 年中国各省、直辖市、自治区科技产出指数变化趋势

地 区	1995 年	1996 年	1997 年	1998 年	1999 年	2000 年	2001 年	2002 年	2003 年	2004 年	2005 年	2006 年
全 国	100.0	98.9	101.2	103.3	108.0	104.0	106.0	107.7	110.4	109.4	112.2	115.1
北 京	114.6	111.7	113.3	114.7	121.7	116.9	118.4	119.0	121.5	121.2	122.7	124.1
天 津	103.1	102.6	103.1	103.9	110.8	107.2	108.8	111.2	113.3	113.6	116.1	119.6
河 北	85.5	87.3	91.7	103.3	100.1	92.5	96.2	96.9	100.7	98.5	102.6	105.7
山 西	89.2	85.5	87.6	88.0	95.5	91.0	93.4	92.8	97.8	94.4	98.0	99.1
内蒙古	83.4	78.3	84.2	85.3	90.7	86.5	87.2	87.7	89.1	87.4	91.4	94.5
辽 宁	96.8	96.4	97.7	100.8	107.3	103.7	103.5	104.0	108.7	109.0	111.8	115.1
吉 林	99.7	98.4	101.3	102.8	108.8	103.4	104.2	105.0	108.2	111.1	111.0	113.6
黑龙江	96.1	94.3	98.5	98.7	104.6	102.7	101.7	101.5	104.7	107.5	111.7	114.7
上 海	100.7	101.7	104.5	105.7	113.4	110.5	113.8	116.8	124.7	121.9	124.8	128.0
江 苏	96.8	97.1	98.9	99.5	105.1	100.4	101.2	102.7	105.3	106.5	109.8	114.1
浙 江	101.6	106.9	108.8	111.0	116.9	107.5	108.4	110.7	113.6	114.2	116.6	120.2
安 徽	94.1	93.0	94.1	99.5	103.3	97.6	99.4	99.2	99.0	101.7	105.1	106.9
福 建	101.4	101.3	104.0	107.1	110.9	102.5	102.9	106.9	111.6	108.3	109.9	111.0
江 西	77.9	78.9	81.7	83.9	87.7	84.7	86.3	88.0	88.4	88.6	95.2	97.6
山 东	91.7	90.3	93.3	95.1	98.9	97.2	98.4	100.3	102.3	102.5	106.5	110.8
河 南	81.0	80.7	81.9	84.7	91.6	90.9	88.7	89.8	91.3	94.0	97.8	100.4
湖 北	94.2	92.5	92.9	94.0	101.9	97.9	99.2	100.2	104.1	107.9	112.1	115.1
湖 南	93.2	93.4	95.0	97.2	103.1	98.7	100.2	101.6	105.6	109.2	113.2	113.2
广 东	101.4	100.2	102.6	105.4	110.7	102.9	104.9	106.3	109.7	110.5	113.9	116.0
广 西	78.5	77.8	84.2	86.2	92.1	87.9	87.0	88.3	89.8	93.0	94.7	98.1
海 南	77.3	72.9	88.5	85.3	96.7	91.5	93.7	92.4	98.1	91.7	90.6	94.8
重 庆	84.7	85.7	86.5	90.3	97.6	94.5	96.0	101.6	106.2	108.6	112.3	115.8
四 川	87.4	88.4	89.1	90.3	96.6	94.8	95.9	96.2	99.9	102.3	104.4	108.8
贵 州	71.8	74.8	75.6	80.7	87.7	86.6	86.2	89.3	91.7	91.5	95.0	97.5
云 南	90.2	87.9	93.5	93.1	100.4	94.8	96.1	96.9	98.5	97.8	99.9	101.9
西 藏	66.2	64.6	71.7	73.8	79.2	66.4	70.6	59.6	67.0	68.1	75.4	79.5
陕 西	95.3	94.3	95.3	95.2	101.9	97.8	99.6	102.0	103.4	105.3	107.8	112.0
甘 肃	89.5	90.3	91.5	93.0	99.7	95.2	96.0	95.6	98.7	101.1	103.9	107.1
青 海	76.8	66.1	73.9	74.4	78.4	81.3	81.9	77.1	81.8	82.7	86.8	89.8
宁 夏	78.9	62.5	73.9	79.0	83.9	82.3	88.0	81.3	88.7	82.3	89.5	91.9
新 疆	83.4	79.2	85.3	86.4	94.5	92.6	88.5	90.5	95.4	94.4	98.9	102.3
东部地区 （10 省、直辖市）	101.2	101.0	103.4	105.5	111.2	106.5	108.1	110.0	113.3	112.8	115.5	118.5
东部地区 （11 省、直辖市）	100.7	100.5	102.9	105.1	110.9	106.2	107.7	109.5	113.0	112.6	115.3	118.3
东北老工业基地	97.5	96.7	99.2	100.9	107.3	103.4	103.3	104.2	108.4	109.6	111.6	114.7
中部地区（8 省）	92.5	91.6	93.4	95.3	101.3	97.4	98.3	99.3	102.1	103.9	107.0	109.7
中部地区（6 省）	90.6	89.9	91.2	93.6	99.5	95.8	97.0	97.7	100.3	102.0	105.7	108.3
西部地区 （12 省、直辖市、 自治区）	88.7	88.7	90.4	91.7	98.1	94.9	96.2	97.5	100.6	102.2	104.8	108.4
北部沿海地区	102.6	101.0	102.8	104.9	110.5	106.6	107.9	109.2	111.4	111.1	113.5	116.3
东部沿海地区	98.6	99.8	102.2	103.6	110.3	105.8	107.3	109.5	114.1	113.6	116.4	120.3
南部沿海地区	100.9	99.9	102.7	105.3	110.9	102.7	104.3	106.3	110.3	110.0	112.9	114.8
黄河中游地区	89.7	88.6	90.1	91.2	97.9	94.4	95.8	96.9	99.1	99.5	102.9	105.8
长江中游地区	92.9	92.1	93.2	95.6	101.2	97.3	98.8	99.5	102.2	104.6	108.1	111.2
西南地区	85.7	86.5	88.4	89.8	96.3	93.5	94.5	95.8	99.4	101.4	103.8	107.3
大西北地区	88.1	88.3	89.7	91.9	98.7	94.7	95.4	94.9	98.7	99.8	102.8	105.5

表 10.68　1995～2006 年中国各省、直辖市、自治区科技贡献指数变化趋势

地　区	1995 年	1996 年	1997 年	1998 年	1999 年	2000 年	2001 年	2002 年	2003 年	2004 年	2005 年	2006 年
全　国	100.0	103.5	103.4	101.7	104.2	105.0	103.7	106.6	105.6	103.5	106.9	106.5
北　京	108.1	108.4	107.7	109.3	114.0	116.1	115.9	116.6	115.0	114.4	113.0	114.8
天　津	103.9	111.0	106.0	110.1	110.0	108.1	107.9	112.4	112.8	115.3	107.8	113.3
河　北	99.4	102.6	108.8	97.2	103.4	98.7	94.2	98.3	96.9	92.0	101.2	100.2
山　西	90.5	98.2	93.1	89.3	90.7	94.6	93.4	98.2	97.1	100.3	100.3	96.2
内蒙古	90.1	97.3	97.1	98.8	97.2	102.3	100.6	99.9	104.4	103.8	108.0	101.8
辽　宁	99.9	104.2	102.8	104.1	103.4	102.0	105.8	108.0	107.0	107.0	104.6	106.1
吉　林	95.8	107.1	102.0	108.9	103.7	104.3	105.6	103.5	99.4	100.5	104.3	108.6
黑龙江	98.0	100.3	97.8	101.5	100.2	99.9	99.5	104.5	100.4	101.4	103.6	99.7
上　海	105.1	109.0	110.8	109.5	110.4	111.7	111.0	114.6	113.4	112.3	115.6	115.6
江　苏	103.1	104.3	108.2	104.9	104.9	105.6	100.5	109.9	108.5	102.4	106.4	103.9
浙　江	102.3	106.8	102.9	96.8	105.6	104.6	102.3	105.2	106.0	105.9	106.6	104.4
安　徽	96.0	103.9	97.5	101.0	99.8	99.9	98.5	103.8	102.4	101.9	104.4	101.2
福　建	96.4	108.3	109.2	100.4	101.9	103.1	98.3	105.5	108.8	101.9	105.8	105.3
江　西	96.0	102.4	101.9	100.3	99.8	98.6	95.9	99.1	102.5	99.5	105.2	102.5
山　东	99.4	104.3	103.3	102.0	103.9	103.5	100.6	106.5	105.9	104.1	108.0	102.2
河　南	99.0	102.2	99.8	100.6	100.6	100.3	98.3	101.7	101.3	99.9	103.6	101.3
湖　北	99.7	102.4	102.0	100.2	100.5	104.7	106.6	105.4	105.0	107.0	107.7	104.3
湖　南	100.8	105.2	108.1	100.6	108.4	104.2	103.5	105.7	102.9	104.4	108.5	109.4
广　东	103.4	104.9	106.4	100.7	111.3	105.9	104.0	104.2	107.3	103.6	107.4	107.8
广　西	95.2	99.2	99.0	100.9	100.1	100.5	98.9	102.2	100.4	101.2	107.9	100.2
海　南	106.7	99.3	97.5	101.1	112.5	99.0	110.4	103.6	109.1	98.6	94.3	106.1
重　庆	102.4	110.9	108.5	105.7	100.7	110.3	113.2	113.2	111.0	107.6	111.3	108.8
四　川	102.9	107.9	99.3	102.5	101.7	100.2	101.9	100.6	102.8	101.5	104.7	104.0
贵　州	92.3	103.4	87.5	86.5	90.2	91.8	88.2	99.4	96.6	95.8	100.3	92.8
云　南	95.6	94.0	96.0	97.2	99.4	100.3	101.0	100.3	99.6	99.6	100.6	99.3
西　藏	46.6	54.3	36.8	43.9	44.6	50.1	45.2	60.6	54.8	36.8	52.4	46.9
陕　西	95.9	102.8	102.8	99.0	102.3	100.9	100.9	100.6	102.7	100.1	101.6	102.9
甘　肃	95.4	100.5	98.9	96.0	99.2	98.9	100.9	96.1	94.2	102.7	104.0	104.6
青　海	87.8	100.8	91.9	85.5	85.2	95.6	91.5	99.9	95.9	91.1	93.8	99.2
宁　夏	91.2	94.4	93.3	96.3	98.2	96.2	101.4	95.9	99.6	97.3	96.0	99.7
新　疆	90.3	99.3	95.4	94.5	95.7	96.3	95.4	98.5	96.1	99.2	93.3	93.8
东部地区（10 省、直辖市）	103.1	106.3	106.8	103.1	107.2	107.0	104.0	109.4	109.1	105.4	109.2	109.1
东部地区（11 省、直辖市）	102.9	106.2	106.4	103.4	106.9	106.9	104.5	109.4	109.0	105.7	108.6	108.7
东北老工业基地	98.7	103.7	101.8	104.4	103.1	102.0	104.5	107.2	104.6	104.8	104.2	105.2
中部地区（8 省）	97.8	104.1	101.5	100.7	101.9	101.5	102.1	103.3	101.7	102.3	105.2	103.5
中部地区（6 省）	98.0	104.4	101.8	99.6	101.7	101.6	101.8	103.0	102.2	102.4	105.5	103.3
西部地区（12 省、直辖市、自治区）	97.9	103.4	99.8	98.8	100.6	102.5	102.5	103.4	102.2	102.1	104.7	103.1
北部沿海地区	102.6	106.1	105.7	103.3	107.4	108.0	105.5	110.3	108.7	106.0	110.0	109.9
东部沿海地区	103.7	106.4	107.6	103.5	106.7	107.2	104.3	110.9	109.8	106.2	109.5	108.3
南部沿海地区	102.3	105.6	107.1	100.7	108.2	104.2	101.2	105.3	108.6	103.1	106.9	107.2
黄河中游地区	96.2	103.3	99.2	97.7	99.5	99.7	98.6	100.5	101.0	100.4	103.4	100.6
长江中游地区	99.0	103.8	103.4	100.7	102.7	103.0	103.8	104.1	103.7	103.2	106.9	104.9
西南地区	99.5	105.4	100.1	99.7	101.9	103.8	104.0	105.0	104.4	103.1	106.8	104.5
大西北地区	92.8	98.4	97.0	94.8	96.4	98.0	98.5	97.1	96.0	99.5	97.4	100.1

表 10.69　1995～2006 年中国各省、直辖市、自治区政府效率指数变化趋势

地　区	1995 年	1996 年	1997 年	1998 年	1999 年	2000 年	2001 年	2002 年	2003 年	2004 年	2005 年	2006 年
全　国	100.0	104.1	103.8	105.7	106.1	107.0	109.4	110.0	106.9	106.9	107.7	105.7
北　京	100.3	102.7	103.3	105.5	107.4	109.1	110.0	111.0	109.9	110.9	112.3	113.4
天　津	100.8	103.6	103.6	104.2	105.9	107.9	108.2	105.8	106.5	106.4	109.6	107.0
河　北	95.4	96.9	96.2	97.6	97.4	98.2	98.7	98.5	97.4	98.9	100.3	98.8
山　西	95.9	93.9	94.5	94.3	95.7	94.7	95.5	95.4	97.2	99.3	102.4	103.9
内蒙古	92.1	104.1	93.3	94.7	95.3	95.4	93.9	95.1	95.4	98.3	100.5	99.8
辽　宁	101.5	102.2	101.3	103.6	102.7	102.6	104.3	102.0	100.3	100.9	103.5	101.7
吉　林	96.0	96.8	97.1	97.1	98.1	97.6	100.4	100.0	98.4	97.0	99.2	96.1
黑龙江	96.2	99.3	98.3	101.7	101.9	101.2	102.5	102.9	100.3	101.8	99.3	100.7
上　海	109.3	113.0	117.1	111.5	109.3	110.3	109.4	110.2	112.1	113.8	116.3	111.7
江　苏	105.0	104.6	103.1	99.2	97.9	99.9	101.0	99.0	97.9	97.8	100.2	98.8
浙　江	101.7	104.6	97.5	92.6	106.7	106.0	112.5	110.9	106.3	106.4	104.0	100.9
安　徽	103.2	104.0	108.1	102.8	107.3	105.5	105.9	109.2	106.6	111.0	109.9	110.0
福　建	93.8	101.2	101.6	101.2	103.0	104.0	106.5	106.2	107.3	109.2	113.6	122.9
江　西	98.7	97.6	97.6	96.9	97.2	95.8	98.0	96.9	96.3	98.3	99.1	98.0
山　东	102.9	99.6	97.8	99.3	99.3	98.1	100.7	98.5	98.7	98.7	99.2	98.1
河　南	97.0	97.0	98.5	98.1	100.0	103.2	101.2	103.1	98.3	99.6	100.1	100.0
湖　北	94.7	93.0	91.6	95.1	95.4	94.6	95.8	96.3	95.5	96.9	97.8	98.9
湖　南	100.7	99.6	98.0	99.2	99.1	98.3	97.4	98.4	97.5	98.2	98.1	96.5
广　东	102.5	103.7	104.0	104.9	105.1	105.4	109.4	105.6	104.2	103.7	106.6	105.0
广　西	103.1	97.3	100.8	103.0	102.0	105.9	108.4	173.7	117.7	116.3	112.8	111.9
海　南	93.6	96.0	95.0	96.4	96.7	96.7	99.0	98.4	98.9	99.7	102.3	103.6
重　庆	104.6	100.1	102.1	100.0	99.4	99.3	113.9	124.5	107.5	111.8	111.2	104.2
四　川	101.1	102.8	101.8	97.9	95.9	95.7	98.8	100.5	95.7	95.9	99.4	99.5
贵　州	97.3	100.5	100.7	104.1	104.9	107.7	104.2	107.6	106.3	106.0	103.8	103.1
云　南	96.4	98.9	99.1	98.1	99.7	104.5	104.2	107.0	104.7	104.4	106.3	104.0
西　藏	84.1	79.1	82.5	83.6	85.8	83.5	83.8	86.3	90.3	91.8	91.1	84.3
陕　西	95.9	98.1	95.9	98.9	96.3	95.0	94.7	93.7	94.5	94.5	97.2	97.1
甘　肃	95.0	96.3	94.0	95.7	94.5	93.8	95.9	94.4	94.8	98.9	97.8	96.1
青　海	92.8	91.0	92.3	94.3	93.9	97.9	98.5	97.8	97.9	99.2	102.2	101.5
宁　夏	95.7	99.7	96.3	100.7	99.1	101.9	107.7	102.4	102.0	104.6	105.4	104.5
新　疆	93.8	94.3	93.3	95.5	95.0	94.0	97.1	97.4	96.9	98.2	96.9	97.1
东部地区 （10 省、直辖市）	100.2	101.7	101.2	101.6	103.3	104.2	106.5	105.1	104.6	104.8	106.5	105.7
东部地区 （11 省、直辖市）	100.3	101.8	101.2	101.9	103.3	104.0	106.2	104.8	104.2	104.4	106.2	105.3
东北老工业基地	98.5	100.0	99.5	101.6	101.6	101.0	102.9	102.0	100.0	100.3	101.3	100.2
中部地区（8 省）	97.4	97.0	97.0	97.9	98.6	98.4	99.2	99.8	98.5	99.6	100.2	99.8
中部地区（6 省）	97.9	96.5	96.6	97.1	98.0	97.9	98.3	99.0	97.9	99.4	100.2	99.8
西部地区 （12 省、直辖市、 自治区）	97.5	98.0	97.4	98.4	97.8	98.8	99.3	100.5	99.4	100.4	101.2	100.0
北部沿海地区	99.6	100.3	99.3	101.0	101.6	102.5	104.0	103.2	102.6	103.5	104.6	103.6
东部沿海地区	104.6	107.2	106.2	101.8	105.1	105.8	107.9	106.3	105.1	105.1	106.3	103.5
南部沿海地区	98.6	102.1	102.5	103.3	103.7	104.2	107.7	105.7	105.1	105.1	107.9	109.8
黄河中游地区	95.4	96.6	95.7	96.8	97.1	97.5	97.2	97.9	97.4	99.1	100.9	101.2
长江中游地区	99.0	97.3	96.7	97.4	98.1	97.1	97.7	98.4	97.6	99.0	99.4	98.4
西南地区	100.4	100.1	100.8	100.4	99.9	102.3	104.1	110.0	104.1	104.2	105.2	103.7
大西北地区	93.8	93.6	93.3	95.1	94.7	95.3	96.6	96.0	96.4	98.1	98.1	96.7

表 10.70 1995～2006 年中国各省、直辖市、自治区经社调控指数变化趋势

地　区	1995 年	1996 年	1997 年	1998 年	1999 年	2000 年	2001 年	2002 年	2003 年	2004 年	2005 年	2006 年
全　国	100.0	100.8	99.9	99.2	98.1	98.6	98.6	98.8	99.9	100.5	100.8	103.2
北　京	102.1	94.8	98.1	99.5	100.7	97.5	97.6	100.4	100.5	102.2	99.1	103.6
天　津	102.9	101.5	98.5	99.3	95.4	100.7	101.0	101.9	100.9	100.8	101.8	102.7
河　北	104.8	102.7	99.7	99.7	97.5	97.6	98.2	97.6	99.3	99.4	99.4	102.5
山　西	98.3	100.1	97.6	100.0	95.8	97.4	95.5	97.3	100.3	99.9	100.3	102.3
内蒙古	98.1	100.2	97.9	100.2	95.0	96.0	95.4	97.5	98.6	100.2	102.1	102.1
辽　宁	98.5	99.8	96.9	102.6	95.9	95.4	99.8	96.0	99.7	100.8	101.2	102.7
吉　林	97.6	100.5	96.7	98.7	93.6	93.1	97.5	95.4	97.0	99.2	98.6	100.3
黑龙江	95.3	99.9	96.8	95.5	92.4	93.6	94.8	96.4	97.6	98.7	97.7	98.7
上　海	101.7	101.7	102.9	100.2	94.9	100.4	99.9	102.3	101.7	102.2	103.5	103.5
江　苏	102.4	102.3	98.8	99.4	97.9	99.3	98.9	99.0	100.4	101.9	101.4	104.1
浙　江	102.2	101.3	99.3	98.9	98.9	100.8	100.0	100.6	101.8	102.4	103.0	105.5
安　徽	100.5	100.9	102.2	99.9	97.9	96.9	98.4	98.3	97.6	99.9	97.5	104.0
福　建	101.8	103.1	100.1	101.6	100.0	99.3	97.6	99.4	100.8	100.6	101.1	103.9
江　西	99.7	100.7	98.8	98.2	95.0	94.7	96.5	96.3	96.4	99.4	99.5	101.8
山　东	100.2	100.4	100.7	100.7	98.8	98.6	99.3	99.9	100.6	101.1	101.5	103.7
河　南	99.9	102.3	100.3	99.5	97.7	97.4	97.6	96.8	97.1	99.3	99.0	103.9
湖　北	99.9	101.0	100.5	99.6	96.7	97.0	97.3	96.4	98.5	98.4	98.2	101.5
湖　南	99.4	102.1	101.6	98.6	97.1	97.1	97.6	99.0	98.2	99.0	98.6	104.1
广　东	102.1	102.5	102.8	101.4	101.3	101.6	99.7	102.0	100.9	103.6	102.9	105.0
广　西	100.6	101.0	100.4	101.0	98.1	95.4	99.0	98.4	99.9	98.5	99.0	105.9
海　南	98.3	101.5	102.0	102.1	98.1	100.0	98.0	99.0	98.6	101.2	100.1	100.9
重　庆	100.1	99.5	99.7	99.4	96.7	98.6	98.0	99.0	99.4	100.1	98.6	104.8
四　川	99.3	101.0	100.2	99.3	97.7	97.4	99.0	99.8	100.8	99.8	99.5	103.2
贵　州	98.7	99.1	98.1	101.5	96.3	96.2	98.5	97.6	98.5	98.0	97.1	102.7
云　南	99.0	99.4	99.8	99.7	96.9	97.4	95.8	97.1	99.5	97.5	99.9	101.8
西　藏	94.9	86.5	94.0	95.3	89.0	88.3	92.6	92.6	93.9	92.8	95.7	102.1
陕　西	97.2	97.2	98.3	102.5	97.3	95.5	95.4	96.9	97.0	98.0	98.4	100.9
甘　肃	97.6	100.4	98.1	101.0	95.5	96.2	96.6	95.9	95.7	98.2	97.4	98.3
青　海	93.1	94.8	96.5	101.8	93.2	94.8	93.9	97.3	97.5	95.7	98.4	98.4
宁　夏	96.3	102.8	97.9	98.9	96.9	96.5	97.5	98.2	101.4	98.2	99.2	102.0
新　疆	93.8	95.3	96.7	95.0	92.3	96.4	96.1	97.5	100.2	97.6	98.4	97.2
东部地区 （10 省、直辖市）	101.8	101.7	100.6	100.8	98.8	100.0	99.6	100.5	101.0	101.9	102.0	103.5
东部地区 （11 省、直辖市）	101.6	101.5	100.5	101.0	98.6	99.6	99.7	100.1	101.0	101.8	102.0	103.5
东北老工业基地	97.4	100.3	97.9	99.4	94.5	94.4	97.6	96.2	98.7	100.2	99.7	101.2
中部地区（8 省）	99.3	101.2	100.0	99.0	96.3	96.3	97.0	97.2	98.2	99.2	98.9	101.9
中部地区（6 省）	99.8	101.4	100.6	99.4	97.0	97.1	97.3	97.5	98.3	99.3	98.9	102.8
西部地区 （12 省、直辖市、 自治区）	98.6	98.9	99.3	100.7	96.4	96.7	97.4	98.5	99.2	98.9	99.5	101.8
北部沿海地区	102.4	100.5	99.7	100.0	97.9	98.8	99.4	100.0	100.4	100.9	101.1	102.9
东部沿海地区	102.4	101.9	100.3	99.8	97.4	100.1	99.7	100.7	101.4	102.2	102.7	104.0
南部沿海地区	101.1	102.7	102.1	102.4	100.7	101.3	99.5	101.1	101.2	102.5	102.1	103.8
黄河中游地区	99.1	100.3	99.1	101.1	97.0	96.9	96.6	97.3	98.5	99.3	100.0	102.3
长江中游地区	99.8	101.2	101.1	99.2	96.9	96.8	97.5	97.6	98.2	99.1	98.4	102.6
西南地区	99.8	100.1	99.7	100.3	97.4	97.5	98.3	98.7	99.8	99.0	99.1	103.8
大西北地区	96.0	96.2	97.5	99.0	94.0	95.2	96.4	97.9	98.6	97.7	98.3	99.2

表 10.71　1995～2006 年中国各省、直辖市、自治区环境管理指数变化趋势

地　区	1995 年	1996 年	1997 年	1998 年	1999 年	2000 年	2001 年	2002 年	2003 年	2004 年	2005 年	2006 年
全　国	100.0	103.1	104.4	105.2	107.2	109.3	108.6	106.7	94.2	107.1	105.0	108.1
北　京	111.4	110.8	109.1	111.3	105.6	108.4	110.7	108.9	102.6	105.4	99.4	107.9
天　津	113.6	114.4	114.5	114.5	114.3	113.9	115.0	114.3	108.0	115.9	104.1	115.6
河　北	100.5	105.9	99.0	109.2	110.0	104.2	107.5	111.9	96.2	114.0	107.9	115.8
山　西	107.4	108.4	113.4	108.3	111.8	110.8	114.4	107.5	90.0	110.9	94.9	119.5
内蒙古	97.7	97.0	108.6	110.0	109.1	107.7	111.6	109.1	96.4	107.2	110.7	112.2
辽　宁	112.0	111.2	109.2	109.2	114.5	115.5	115.2	114.3	98.2	113.8	114.4	
吉　林	106.8	102.8	110.8	109.5	113.4	114.0	115.9	115.2	95.7	109.7	110.8	
黑龙江	103.8	107.0	108.8	109.0	110.0	109.5	109.9	100.9	97.4	105.2	104.7	105.4
上　海	113.6	111.7	113.9	110.1	112.7	109.9	111.6	110.4	106.3	109.4	107.0	107.5
江　苏	103.8	106.8	104.3	107.2	107.8	107.0	110.8	105.7	96.3	105.8	104.4	108.3
浙　江	95.9	100.0	100.2	103.3	104.5	106.2	107.4	105.3	91.7	104.6	105.4	104.3
安　徽	86.8	101.5	101.6	102.5	103.0	105.2	90.2	95.3	93.8	104.0	98.7	102.5
福　建	89.0	95.3	103.5	117.0	104.7	103.6	107.3	96.4	88.1	104.0	88.0	102.7
江　西	95.2	100.4	100.9	103.5	104.7	104.0	104.0	103.5	89.1	104.4	106.4	107.4
山　东	108.0	103.4	105.7	110.7	111.1	111.5	111.3	109.4	95.4	111.1	104.4	109.7
河　南	98.2	106.9	105.8	109.8	111.4	111.6	114.1	112.7	98.1	115.7	116.8	117.2
湖　北	103.0	101.8	107.3	109.2	107.7	134.5	111.1	107.8	92.9	107.1	109.3	111.9
湖　南	99.4	99.2	95.8	102.8	107.0	105.8	99.4	103.1	89.3	105.1	105.1	106.2
广　东	101.7	102.5	107.8	107.0	106.8	106.7	109.9	108.9	94.5	107.5	103.2	106.9
广　西	94.8	93.0	99.3	98.0	98.5	104.5	104.9	101.8	92.6	103.4	99.7	101.7
海　南	104.0	106.8	101.9	102.1	104.5	104.8	102.6	92.7	87.5	99.6	89.7	108.6
重　庆	95.3	97.4	96.9	100.1	102.4	102.0	102.0	102.3	104.7	99.4	99.6	101.4
四　川	96.5	98.6	98.5	101.4	99.2	99.4	102.6	97.2	85.3	99.7	99.0	100.6
贵　州	86.6	94.3	93.3	98.3	95.1	134.6	70.2	86.5	83.6	98.2	98.6	104.3
云　南	90.3	93.1	86.1	92.2	96.3	101.9	103.2	101.7	91.1	98.5	98.6	99.7
西　藏	99.8	107.2	107.3	101.6	104.1	105.2	106.4	90.2	90.6	84.7	71.4	110.2
陕　西	99.6	105.2	105.6	106.2	109.5	107.6	109.9	102.9	92.8	105.9	111.9	106.2
甘　肃	97.1	102.4	102.7	101.9	107.5	107.1	108.8	101.8	97.3	106.8	107.1	111.2
青　海	99.0	100.9	104.0	108.2	109.9	115.3	107.4	104.8	90.2	110.6	112.0	112.8
宁　夏	108.7	102.0	105.9	106.5	105.8	110.4	108.2	105.2	100.0	112.0	108.8	109.9
新　疆	103.6	98.4	101.3	98.0	107.5	104.1	105.7	106.2	96.9	106.9	106.3	111.8
东部地区 （10 省、直辖市）	103.5	104.7	104.8	108.2	108.2	108.0	109.8	108.0	95.8	108.6	103.7	108.3
东部地区 （11 省、直辖市）	104.7	105.5	105.3	108.3	108.7	108.8	110.5	108.9	97.1	108.1	105.1	109.1
东北老工业基地	108.6	108.0	109.3	109.2	112.4	113.1	113.8	111.3	101.0	107.4	109.7	110.7
中部地区（8 省）	100.3	103.7	105.0	107.3	108.7	112.7	108.0	106.6	93.1	108.1	105.6	111.4
中部地区（6 省）	98.9	104.3	103.8	106.9	107.8	114.2	105.6	105.4	92.0	106.3	105.2	112.7
西部地区 （12 省、直辖市、 自治区）	97.4	98.1	100.5	99.0	102.6	104.8	103.8	101.6	92.2	102.7	102.1	104.2
北部沿海地区	106.4	106.8	105.3	110.5	110.6	110.2	110.3	111.4	97.9	112.2	104.5	112.4
东部沿海地区	102.6	104.9	103.8	106.3	107.4	107.2	109.6	106.5	96.6	106.1	105.6	106.6
南部沿海地区	99.9	101.2	105.9	107.0	105.5	105.2	108.5	104.1	91.5	105.7	98.6	105.2
黄河中游地区	101.1	107.3	107.9	108.9	110.5	110.4	113.0	109.3	94.7	110.5	105.8	114.8
长江中游地区	97.1	101.9	101.2	104.9	105.9	114.2	100.8	102.2	90.5	105.0	106.0	109.0
西南地区	94.4	94.9	97.8	95.2	98.8	102.5	100.6	98.3	91.2	100.1	99.0	100.3
大西北地区	101.5	100.6	102.6	102.1	105.8	107.6	106.6	105.1	95.6	106.5	101.2	111.2

本章参考文献

国家统计局. 1995 ~ 2008. 1995 ~ 2008 中国统计年鉴. 北京：中国统计出版社

国家统计局工业交通统计司，国家发展和改革委员会能源局. 2005 ~ 2008. 中国能源统计年鉴 2004 ~ 2007. 北京：中国统计出版社

国家统计局国民经济综合统计司. 2005. 新中国五十五年统计资料汇编. 北京：中国统计出版社

国家统计局农村社会经济调查总队. 1996 ~ 2007. 1996 ~ 2007 中国农村统计年鉴. 北京：中国统计出版社

国家统计局，科学技术部. 1997 ~ 2007. 1996 ~ 2007 中国科技统计年鉴. 北京：中国统计出版社

国家统计局人口和就业统计司，劳动和社会保障部规划财务司. 1996 ~ 2007. 1996 ~ 2007 中国劳动统计年鉴. 北京：中国统计出版社

国家统计局人口和社会科技统计司. 1995 ~ 2007. 中国人口统计年鉴 1995 ~ 2007. 北京：中国统计出版社

科学技术部. 2007. 中国科学技术指标 2006. 北京：科学技术文献出版社

王世元. 1999 ~ 2007. 中国国土资源年鉴 1999 ~ 2007. 中国国土资源年鉴编辑部

《中国环境年鉴》编委会. 1996 ~ 2007. 中国环境年鉴 1996 ~ 2007. 中国环境年鉴社

中国交通运输协会. 1996 ~ 2007. 中国交通年鉴 1996 ~ 2007. 中国交通年鉴社

《中国农业年鉴》编委会. 1995 ~ 2007. 中国农业年鉴 1995 ~ 2007. 北京：中国农业出版社

《中国水利年鉴》编委会. 1996 ~ 2007. 中国水利年鉴 1996 ~ 2007. 中国水利水电出版社

《中国卫生年鉴》编委会. 1996 ~ 1998. 中国卫生年鉴 1996 ~ 1998. 北京：人民卫生出版社

第十一章

中国资源环境综合绩效评估 (2000～2007)*

一 资源环境综合绩效评估方法——资源环境综合绩效指数

中国科学院可持续发展战略研究组（2006 年）在《2006 中国可持续发展战略报告》中提出了节约指数或资源环境综合绩效指数（resource and environmental performance index，简称 REPI），对国家或地区的资源消耗和污染排放的绩效进行监测和综合评价，以便能够反映建设节约型社会的进展状况和检验各种政策措施的综合实施效果。在《2009 中国可持续发展战略报告》中，我们对原来的资源环境综合绩效指数表达式

$REPI_j = \dfrac{1}{n} \sum_i^n w_{ij} \dfrac{x_{ij}/g_j}{X_{i0}/G_0}$ 稍作调整，形成如下新的资源环境综合绩效指数表达式：

$$REPI_j = \frac{1}{n} \sum_i^n w_i \frac{g_j/x_{ij}}{G_0/X_{i0}} \tag{11-1}$$

---

* 本章由陈劭锋、刘扬、苏利阳执笔，作者单位为中国科学院科技政策与管理科学研究所。本章同时得到国家自然科学基金项目（40571062）资助

在式（11-1）中，REPI$_j$ 是第 j 个省（直辖市、自治区）的资源环境综合绩效指数；w_i 为第 i 种资源消耗或污染物排放绩效的权重，x_{ij} 为第 j 个省（直辖市、自治区）第 i 种资源消耗或污染物排放总量，g_j 为第 j 个省（直辖市、自治区）的 GDP 总量，X_{i0} 为全国第 i 种资源消耗或污染物排放总量，G_0 为全国的 GDP 总量。那么，g/x 和 G/X 实际上分别表征的是各省（直辖市、自治区）和全国资源消耗强度或污染物排放绩效。n 为所消耗的资源或所排放的污染物的种类数。换言之，资源环境综合绩效指数实质上表达的是一个地区 n 种资源消耗或污染物排放绩效与全国相应资源消耗或污染物排放绩效比值的加权平均。该指数越大，表明资源环境综合绩效水平越高，该指数越小，表明资源环境综合绩效水平越低。在实证研究中，为简化起见，我们不妨假定各资源消耗和污染物排放绩效的权重相同。

二　2000～2007 年中国各省、直辖市、自治区的资源环境综合绩效评估

通过资源环境综合绩效指数 REPI，我们对 2000～2007 年中国各省、直辖市、自治区的资源环境综合绩效及其变化趋势进行评估。在本次评估中，我们选择了能源消费总量、用水总量、建设用地规模（表征对土地资源的占用）、固定资产投资（间接表征对水泥、钢材等基础原材料的消耗）、化学需氧量（COD）排放（表征对水环境的污染程度）、SO$_2$ 排放量（表征对大气环境的污染程度）和工业固体废物排放总量 7 类资源环境指标。GDP 和固定资产投资均按 2005 年价计算。西藏由于数据不完整，不参与本次评估。

基于上述 7 类资源环境指标，采用公式（11-1）对中国各省、直辖市、自治区 2000～2007 年的资源环境综合绩效进行评估，结果如表 11.1、表 11.2 和表 11.3 所示。

表 11.1　2000～2007 年中国各省、直辖市、自治区的资源环境综合绩效指数
（以 2000 年全国为 100.0）

地　区	2000 年	2001 年	2002 年	2003 年	2004 年	2005 年	2006 年	2007 年
全　国	100.0	107.0	118.9	126.0	130.6	136.5	147.3	162.1
北　京	274.0	312.8	368.3	410.9	458.3	524.6	598.6	699.9
天　津	178.3	222.8	253.0	273.2	296.0	307.4	348.1	395.7
河　北	90.5	97.3	110.4	121.0	128.9	142.3	158.2	176.2
山　西	77.3	83.6	95.3	105.3	118.2	130.8	141.3	161.1

续表

地区	2000年	2001年	2002年	2003年	2004年	2005年	2006年	2007年
内蒙古	53.9	56.8	64.2	66.0	75.0	83.6	95.7	112.3
辽　宁	85.9	96.7	112.4	124.7	138.5	138.3	150.8	170.2
吉　林	85.1	96.4	105.8	114.0	123.6	124.8	136.2	156.4
黑龙江	96.4	105.2	120.5	123.9	133.2	136.6	146.7	161.1
上　海	252.4	272.3	317.9	347.0	384.4	409.3	458.8	515.6
江　苏	147.7	150.6	174.8	192.7	198.4	206.9	229.2	262.8
浙　江	199.9	213.3	225.9	242.7	259.2	277.9	300.9	336.7
安　徽	89.9	95.4	105.5	112.3	118.4	124.6	132.3	147.3
福　建	163.6	170.7	196.7	189.7	201.5	201.4	223.4	250.9
江　西	79.1	88.6	95.6	95.9	98.8	105.4	114.3	124.4
山　东	120.1	132.8	147.6	168.9	190.5	211.8	233.6	269.9
河　南	108.3	114.1	126.0	138.3	143.8	153.8	165.2	189.2
湖　北	90.7	100.8	111.5	116.7	123.3	132.6	143.3	162.9
湖　南	94.9	99.6	108.2	109.3	113.9	121.3	131.2	143.8
广　东	219.4	221.9	247.6	266.1	285.7	301.2	337.7	367.2
广　西	72.4	78.1	84.4	85.2	89.4	95.1	104.2	116.1
海　南	190.5	227.4	219.3	239.8	239.6	256.9	264.9	286.2
重　庆	91.1	97.5	109.4	116.3	121.5	127.2	140.4	155.5
四　川	76.5	83.6	93.2	98.3	106.2	118.2	129.0	145.0
贵　州	54.6	59.6	64.5	66.6	71.5	78.0	84.4	95.1
云　南	82.4	88.6	96.4	100.8	105.8	110.4	118.5	130.3
陕　西	84.9	91.1	99.5	108.3	115.3	122.3	132.4	150.5
甘　肃	61.8	72.6	74.5	74.8	81.3	84.9	92.6	102.3
青　海	77.5	83.3	96.1	89.1	86.4	73.8	77.5	83.8
宁　夏	38.7	42.9	51.4	54.0	61.5	56.4	61.5	66.9
新　疆	78.5	82.6	85.0	87.3	86.5	89.7	92.4	95.5

注：西藏由于资料不全，未列入评估

主要数据来源：1）《中国环境年鉴》编委会.2001～2007.中国环境年鉴2001～2007.中国环境年鉴社

　　　　　　　2）国家统计局.2001～2008.2001～2008中国统计年鉴.北京：中国统计出版社

　　　　　　　3）王世元.2001～2008.中国国土资源年鉴2001～2007.中国国土资源年鉴编辑部

　　　　　　　4）国家统计局工业交通统计司，国家发展和改革委员会能源局.2005～2008.中国能源统计年鉴2004～2007.北京：中国统计出版社

表 11.2　2000～2007 年中国各省、直辖市、自治区的资源环境综合绩效水平排序

地　区	2000 年排序	2001 年排序	2002 年排序	2003 年排序	2004 年排序	2005 年排序	2006 年排序	2007 年排序
北　京	1	1	1	1	1	1	1	1
天　津	6	4	3	3	3	3	3	3
河　北	15	15	14	13	13	11	11	11
山　西	24	22	23	20	18	15	15	15
内蒙古	29	29	29	29	28	27	25	25
辽　宁	17	16	12	11	11	12	12	12
吉　林	18	17	17	16	14	17	17	16
黑龙江	11	11	11	12	12	13	13	14
上　海	2	2	2	2	2	2	2	2
江　苏	8	8	8	7	8	8	8	8
浙　江	4	6	5	5	5	5	5	5
安　徽	16	18	18	17	17	18	19	19
福　建	7	7	7	8	7	9	9	9
江　西	21	21	22	23	23	23	23	23
山　东	9	9	9	9	9	7	7	7
河　南	10	10	10	10	10	10	10	10
湖　北	14	12	13	14	15	14	14	13
湖　南	12	13	16	18	20	20	20	21
广　东	3	5	4	4	4	4	4	4
广　西	26	26	26	26	24	24	24	24
海　南	5	3	6	6	6	6	6	6
重　庆	13	14	15	15	16	16	16	17
四　川	25	23	24	22	21	21	21	20
贵　州	28	28	28	28	29	28	28	28
云　南	20	20	20	21	22	22	22	22
陕　西	19	19	19	19	19	19	18	18
甘　肃	27	27	27	27	27	26	26	26
青　海	23	24	21	24	26	29	29	29
宁　夏	30	30	30	30	30	30	30	30
新　疆	22	25	25	25	25	25	27	27

注：按资源环境综合绩效指数从大到小排序。西藏未参与评估，所以有 30 个省、直辖市、自治区参与了
　　排序

表 11.3　2000～2007 年中国东、中、西部和东北老工业基地的资源环境综合绩效指数

（以 2000 年全国为 100.0）

地　区	2000 年	2001 年	2002 年	2003 年	2004 年	2005 年	2006 年	2007 年
全　国	100.0	107.0	118.9	126.0	130.6	136.5	147.3	162.1
东部地区（10 省、直辖市）	143.7	151.3	173.7	190.9	202.4	218.4	244.4	275.5
东北老工业基地	80.6	90.3	104.4	113.2	123.6	124.2	134.7	151.2
中部地区（6 省）	83.0	89.7	98.8	104.5	110.6	118.7	129.3	145.0
西部地区（11 省、直辖市、自治区）	62.8	68.5	75.4	78.4	83.6	89.0	96.8	108.4

注：东部地区（10 省、直辖市）包括：北京、天津、河北、上海、江苏、浙江、福建、山东、广东、海南；东北老工业基地包括：辽宁、吉林、黑龙江 3 省；中部地区（6 省）包括：山西、安徽、江西、河南、湖北、湖南；西部地区（11 省、直辖市、自治区）包括：内蒙古、广西、重庆、四川、贵州、云南、陕西、甘肃、青海、宁夏、新疆。西藏由于数据缺乏未列入西部地区评估

主要数据来源：1）《中国环境年鉴》编委会 . 2001～2007. 中国环境年鉴 2001～2007. 中国环境年鉴社

2）国家统计局 . 2001～2008. 2001～2008 中国统计年鉴 . 北京：中国统计出版社

3）王世元 . 2001～2008. 中国国土资源年鉴 2001～2007. 中国国土资源年鉴编辑部

4）国家统计局工业交通统计司，国家发展和改革委员会能源局 . 2005～2008. 中国能源统计年鉴 2004～2007. 北京：中国统计出版社

根据表 11.1～表 11.3，可以对中国各省、直辖市、自治区的资源环境综合绩效水平进行纵向和横向上的对比分析。

三 2000～2007 年中国各省、直辖市、自治区的资源环境综合绩效评估结果分析

（一）2007 年中国各省、直辖市、自治区的资源环境综合绩效水平分析

2007 年，北京市的资源环境综合绩效水平稳居全国之首，而宁夏则是全国资源环境综合绩效水平最低的地区，如图 11.1 所示。北京、上海、天津、广东、浙江、海南、山东、江苏、福建、河南依次在全国资源环境综合绩效水平排行榜中位列前十位，其资源环境综合绩效指数高于全国平均水平，分别是全国平均水平的 1.2～4.3 倍。这些省、直辖市除河南省外，其他都分布在东部地区。资源环境综合绩效水平位列全国后十位的省、直辖市、自治区依次为湖南、云南、江西、广西、内蒙古、甘肃、新疆、贵州、青海、宁夏，其资源环境综合绩效指数分别为全国平均水平的 0.4～0.9 倍。这些省、自

治区全部分布在中西部地区，尤其以西部地区居多数。由此可见，中国的资源环境综合绩效水平呈现出比较明显的空间差异特征，这也可以从表 11.3 和图 11.2 来进一步揭示。

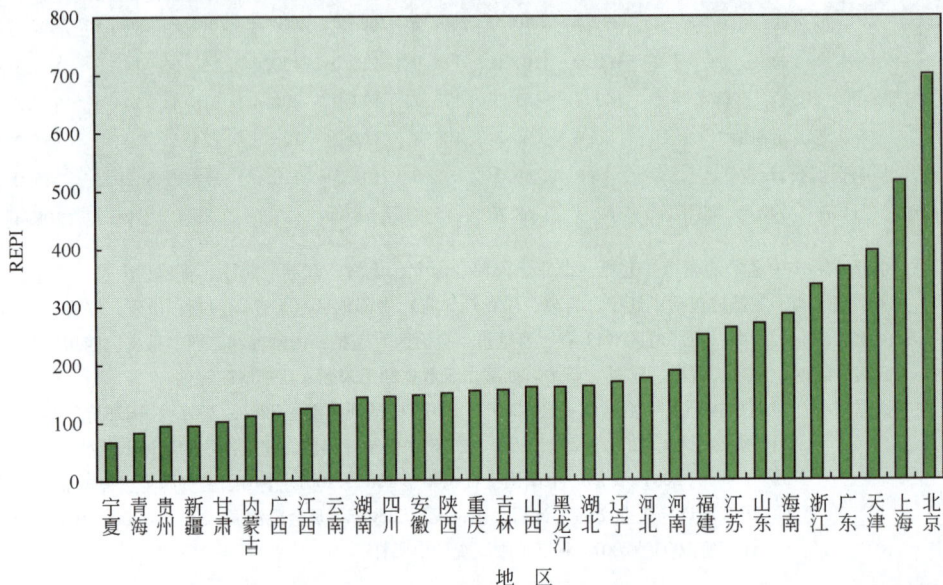

图 11.1　2007 年中国各省、直辖市、自治区资源环境综合绩效指数排序图（由小到大排列）

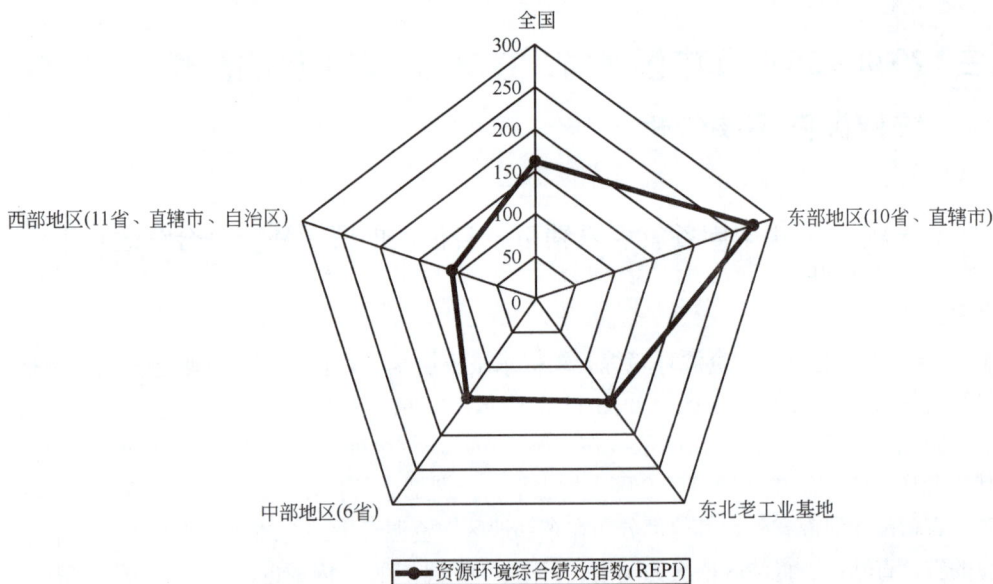

图 11.2　2007 年中国东、中、西部和东北老工业基地资源环境综合绩效水平比较图

由表11.3和图11.2可知，目前中国的资源环境综合绩效呈现东部地区高于东北老工业基地、东北老工业基地高于中部地区、中部地区又高于西部地区的空间分布格局。东部地区资源环境综合绩效指数高于全国平均水平，是全国平均水平的1.7倍。而东北老工业基地、中部地区和西部地区的资源环境综合绩效指数均低于全国平均水平，分别是全国平均水平的0.7～0.9倍左右。

与2006年相比，中国各省、直辖市、自治区的资源环境综合绩效水平都有不同程度的提升（图11.3）。其中内蒙古的增幅最大，为17.35%，而新疆的增幅最小，只有3.35%。云南、黑龙江、湖南、江西、宁夏、广东、青海、海南、新疆等9个省、自治区的增幅低于全国平均水平（10.02%）外，其他省、直辖市、自治区的资源环境综合绩效增幅均高于全国平均水平。

从资源环境综合绩效水平排序来看，与往年相比，北京、天津、河北、山西、内蒙古、辽宁、上海、江苏、浙江、安徽、福建、江西、山东、河南、广东、广西、海南、贵州、云南、陕西、甘肃、青海、宁夏、新疆的位序保持不变，吉林、湖北、四川比往年上升1位，黑龙江、湖南、重庆的排序比往年下降了1位。

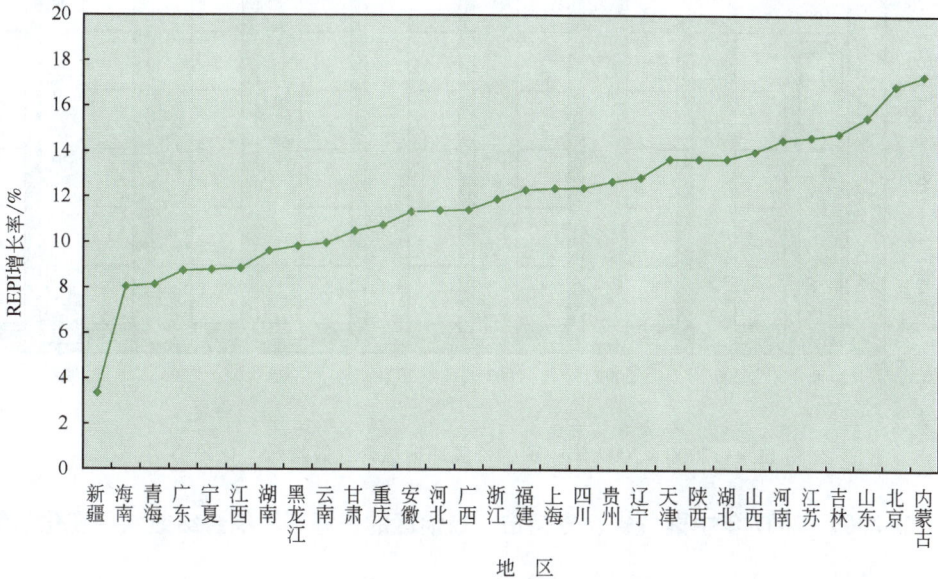

图11.3　2007年中国各省、直辖市、自治区资源环境综合绩效指数比上年增长幅度排序图

（二）2000～2007 年中国各省、直辖市、自治区的资源环境综合绩效水平变化趋势分析

1. 2000～2007 年中国的资源环境综合绩效水平变化趋势分析

自 2000 年以来，全国的资源环境综合绩效指数总体上呈上升趋势（图 11.4），平均每年增长 7.1%，说明全国的资源环境综合绩效水平比 2000 年有了比较显著的提高。

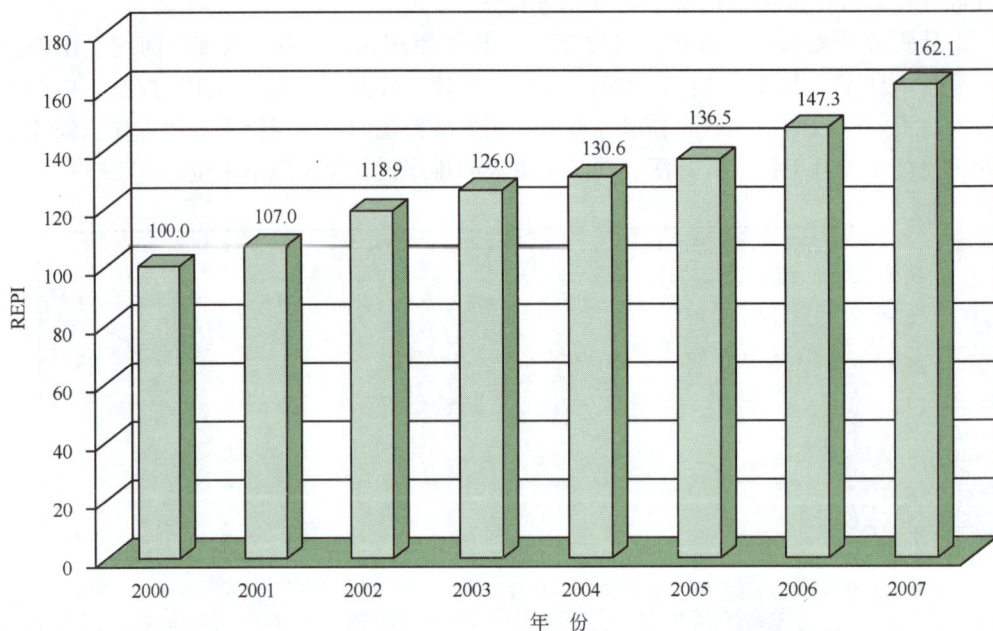

图 11.4　2000～2007 年中国的资源环境综合绩效指数变化趋势图

2. 2000～2007 年中国各省、直辖市、自治区的资源环境综合绩效水平变化趋势分析

从表 11.4 来看，2007 年中国各省、直辖市、自治区的资源环境综合绩效指数相对于 2000 年均呈上升趋势，其中上升幅度最大的前十位地区依次是北京、山东、天津、山西、内蒙古、上海、辽宁、河北、四川、吉林。上升幅度排在后十位的地区依次是甘肃、安徽、广西、云南、江西、福建、湖南、海南、新疆、青海。在后

十位地区中，除甘肃和安徽外，其他地区上升幅度均低于全国平均增幅。

表11.4 2000～2007年中国各省、直辖市、自治区资源环境综合绩效指数的变化情况

地 区	2001年比2000年增长/%	2002年比2001年增长/%	2003年比2002年增长/%	2004年比2003年增长/%	2005年比2004年增长/%	2006年比2005年增长/%	2007年比2006年增长/%	2000～2007年平均增长/%
全 国	7.0	11.1	6.0	3.7	4.5	7.9	10.0	7.1
北 京	14.2	17.7	11.6	11.5	14.5	14.1	16.9	14.3
天 津	25.0	13.6	8.0	8.3	3.9	13.2	13.7	12.1
河 北	7.5	13.5	9.6	6.5	10.4	11.2	11.4	10.0
山 西	8.2	14.0	10.5	12.3	10.7	8.0	14.0	11.1
内蒙古	5.4	13.0	2.8	13.6	11.5	14.5	17.3	11.1
辽 宁	12.6	16.2	10.9	11.1	-0.1	9.0	12.9	10.3
吉 林	13.3	9.8	7.8	8.4	1.0	9.1	14.8	9.1
黑龙江	9.1	14.5	2.8	7.5	2.6	7.4	9.8	7.6
上 海	7.9	16.7	9.2	10.8	6.5	12.1	12.4	10.7
江 苏	2.0	16.1	10.2	3.0	4.3	10.8	14.7	8.6
浙 江	6.7	5.9	7.4	6.8	7.2	8.3	11.9	7.7
安 徽	6.1	10.6	6.4	5.4	5.2	6.2	11.3	7.3
福 建	4.3	15.2	-3.6	6.2	0.0	10.9	12.3	6.3
江 西	12.0	7.9	0.3	6.7	6.7	8.4	8.8	6.7
山 东	10.6	11.1	14.4	12.8	11.2	10.3	15.5	12.3
河 南	5.4	10.4	9.8	4.0	7.0	7.4	14.5	8.3
湖 北	11.1	10.6	4.7	5.7	7.5	8.1	13.7	8.7
湖 南	5.0	8.6	1.0	4.2	6.5	8.2	9.6	6.1
广 东	1.1	11.6	7.5	7.4	5.4	12.1	8.7	7.6
广 西	7.9	8.1	0.9	4.9	6.4	9.6	11.4	7.0
海 南	19.4	-3.6	9.3	-0.1	7.2	3.1	8.0	6.0
重 庆	7.0	12.2	6.3	4.5	4.7	10.4	10.8	7.9
四 川	9.3	11.5	5.5	8.0	11.3	9.1	12.4	9.6
贵 州	9.2	8.2	3.3	7.4	9.1	8.2	12.7	8.2
云 南	7.5	8.8	4.6	5.0	4.3	7.3	10.0	6.8
陕 西	7.3	9.2	8.8	6.5	6.1	8.3	13.7	8.5
甘 肃	17.5	2.6	0.4	8.7	4.4	9.1	10.5	7.5
青 海	7.5	15.4	-7.3	-3.0	-14.6	5.0	8.1	1.1
宁 夏	10.9	19.8	5.1	13.9	-8.3	9.0	8.8	8.1
新 疆	5.2	2.9	2.7	-0.9	3.7	3.0	3.4	2.8

主要数据来源：1)《中国环境年鉴》编委会.2001～2007.中国环境年鉴2001～2007.中国环境年鉴社

2）国家统计局.2001～2008.2001～2008中国统计年鉴.北京：中国统计出版社

3）王世元.2001～2008.中国国土资源年鉴2001～2007.中国国土资源年鉴编辑部

4）国家统计局工业交通统计司，国家发展和改革委员会能源局.2005～2008.中国能源统计年鉴2004～2007.北京：中国统计出版社

3. 2000～2007 年中国东、中、西部和东北老工业基地资源环境综合绩效水平变化趋势分析

从表11.3和图11.5来看，中国东、中、西部和东北老工业基地的资源环境综合绩效指数自2000年以来基本上呈稳定上升趋势。再从表11.5来看，从2000～2007年，东部10省、直辖市的资源环境综合绩效指数上升幅度最大，平均每年增加9.7%；其次为东北老工业基地，平均每年增加9.4%；而中部6省和西部11省、直辖市、自治区增加幅度基本接近，分别为8.3%和8.1%。但是就资源环境综合绩效水平的空间格局而言，已经发生了部分变化。2001年以前中国的资源环境综合绩效水平呈现出东部地区依次高于中部地区、东北老工业基地、西部地区的空间分布格局，而2001年以后演变为东部地区依次高于东北老工业基地、中部地区和西部地区。同时，除东部地区外，其他3个地区的资源环境综合绩效水平仍然低于全国平均水平，这种格局没有发生变化。

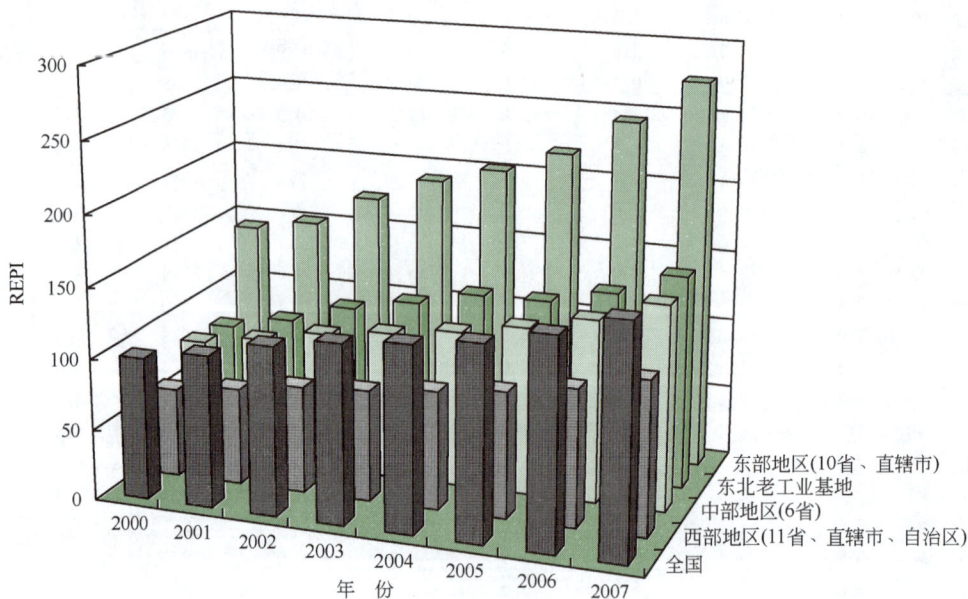

图 11.5 中国东、中、西部和东北老工业基地资源环境综合绩效指数变化趋势图

表11.5　2000～2007年中国东、中、西部和东北老工业基地资源环境综合绩效指数的变化情况

地　区	2001年比 2000年增 长/%	2002年比 2001年增 长/%	2003年比 2002年增 长/%	2004年比 2003年增 长/%	2005年比 2004年增 长/%	2006年比 2005年增 长/%	2007年比 2006年增 长/%	2000～2007 年平均增 长/%
东部地区（10 省、直辖市）	5.3	14.8	9.9	6.0	7.9	11.9	12.7	9.7
东北老工业 基地	12.0	15.6	8.4	9.2	0.5	8.5	12.2	9.4
中部地区 （6省）	8.1	10.1	5.8	5.8	7.3	8.9	12.1	8.3
西部地区（11 省、直辖市、 自治区）	9.1	10.1	4.0	6.6	6.5	8.8	12.0	8.1

主要数据来源：1）《中国环境年鉴》编委会.2001～2007.中国环境年鉴2001～2007.中国环境年鉴社

2）国家统计局.2001～2008.2001～2008中国统计年鉴.北京：中国统计出版社

3）王世元.2001～2008.中国国土资源年鉴2001～2007.中国国土资源年鉴编辑部

4）国家统计局工业交通统计司，国家发展和改革委员会能源局.2005～2008.中国能源统 计年鉴2004～2007.北京：中国统计出版社

四 2000～2007年中国各省、直辖市、自治区的资源环境综合 绩效影响因素分析

资源环境综合绩效指数作为国家或区域生态效率的一种衡量指标，其大小在一定程度上反映了国家之间、区域之间资源利用科技水平的相对高低和经济发展对资源环境产生压力的相对大小。它在一定时期内的发展变化也在某种程度上反映了该国或区域资源利用的广义科技进步状况。资源环境综合绩效受多种因素的影响，包括经济发展水平和发展阶段、经济结构、技术水平、产品结构等。为了从宏观上揭示中国资源环境综合绩效的影响因素，我们拟从经济发展水平和经济结构的角度进行实证分析。

（一）2000～2007年中国各省、直辖市、自治区资源环境综合绩效与 经济发展水平之间的关系

基于2000～2007年面板数据，可以得到该时期中国各省、直辖市、自治区资源

环境综合绩效指数与其经济发展水平即人均 GDP 之间的关系图（图 11.6）。由图可知，随着人均 GDP 的不断提高，资源环境综合绩效指数呈上升趋势，这说明了资源环境综合绩效水平与经济发展水平和发展阶段有关。总体而言，人均 GDP 每增加 1000 元，资源环境综合绩效指数平均增加 8.7。尽管资源环境综合绩效水平与经济发展阶段有关，但并不意味着单纯依靠经济增长就可以自发地实现资源环境绩效水平的提升。

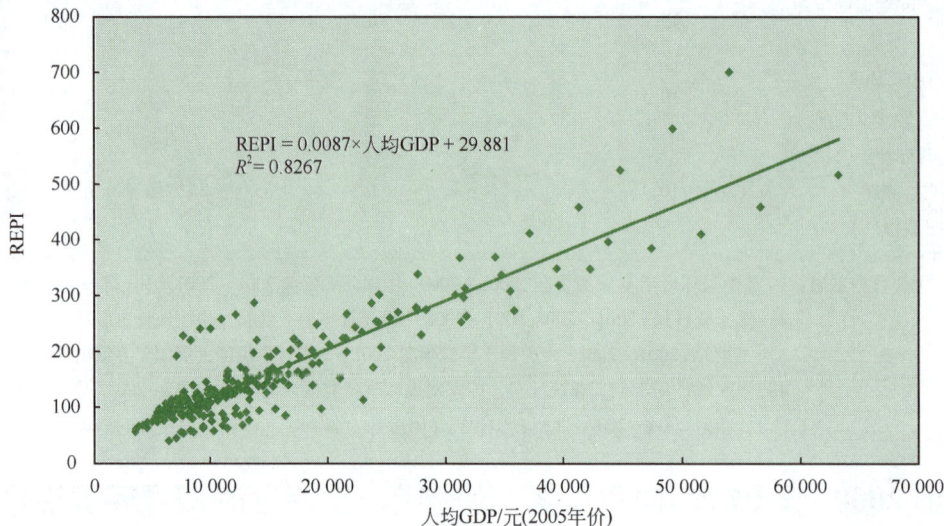

$$REPI = 0.0087 \times 人均 GDP + 29.881$$
$$R^2 = 0.8267$$

图 11.6 2000～2007 年中国各省、直辖市、自治区 REPI 与其人均 GDP 之间的关系

（二）2000～2007 年中国各省、直辖市、自治区资源环境综合绩效与经济结构之间的关系

在不同的发展阶段下，产业或经济结构不同，资源环境绩效也会有所不同。工业化阶段尤其是工业化中期阶段往往对应着资源消耗最大、污染最严重的发展阶段，同时也是资源环境综合绩效最差的阶段。研究经济结构与 REPI 之间的关系，可以采用两种途径进行。一种是用第二产业产值比例作为经济结构的衡量指标；另一种途径采用第三产业产值与第一产业产值之比形成的产业结构指数来反映经济结构的变化。从人类社会经济发展的一般演化规律来看，第一产业在国民经济中所占的比重逐步趋于下降，第二产业所占的比重呈现出先增加后下降的趋势，即倒 U 型或钟形发展趋势，第三产业所占的比重则按照 S 形趋势演化。因此，可以通过产业结构

指数从整体上反映经济结构的变化情况。

图11.7展示了2000～2007年中国各省、直辖市、自治区资源环境绩效指数与其第二产业产值比例之间的关系。从图11.7可以发现REPI随着第二产业产值比例的增加大体呈现出下降趋势，第二产业产值比例最高的地区也是资源环境绩效相对最差的地区。这同时也在一定程度说明了工业化的中期阶段也是资源环境绩效相对最差的阶段。

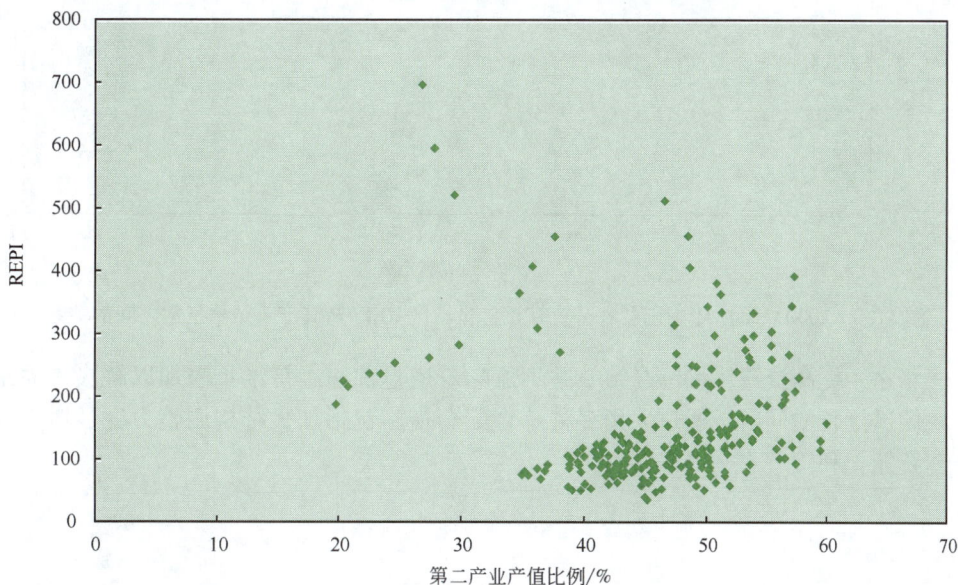

图11.7　2000～2007年中国各省、直辖市、自治区REPI与其第二产业产值比例之间的关系

如果采用经济结构指数来衡量经济结构状况，那么其与REPI之间的关系如图11.8所示。由图11.8可知，二者之间呈现出三次函数关系。总体上，REPI随着产业结构指数的增加呈上升态势，但是在不同的产业结构演化阶段，REPI变化出现拐点并形成了比较显著的阶段性特征。在结构指数大体小于20和大于50时，随着结构指数的增加，REPI增加幅度较大，而在两者之间时，REPI基本保持平稳，没有明显增加或下降趋势。

进一步通过经济结构指数和第二产业产值比例之间的关系来看，产业结构指数小于20的阶段对应着第二产业产值的高峰阶段，而产业结构指数在20～50时，第二产业产值比例将经历一个缓慢下降的过程，而产业结构指数大于50时，则是第二产业产值比例呈现出比较快的下降势头。由此可见，不同阶段的结构调整可以对资源环境综合绩效的改善起到不同程度的推动作用。

$$REPI = 0.0071 \times (\text{人均GDP})^3 - 0.7369 \times (\text{人均GDP})^2 + 26.166 \times (\text{人均GDP}) + 66.534$$
$$R^2 = 0.7099$$

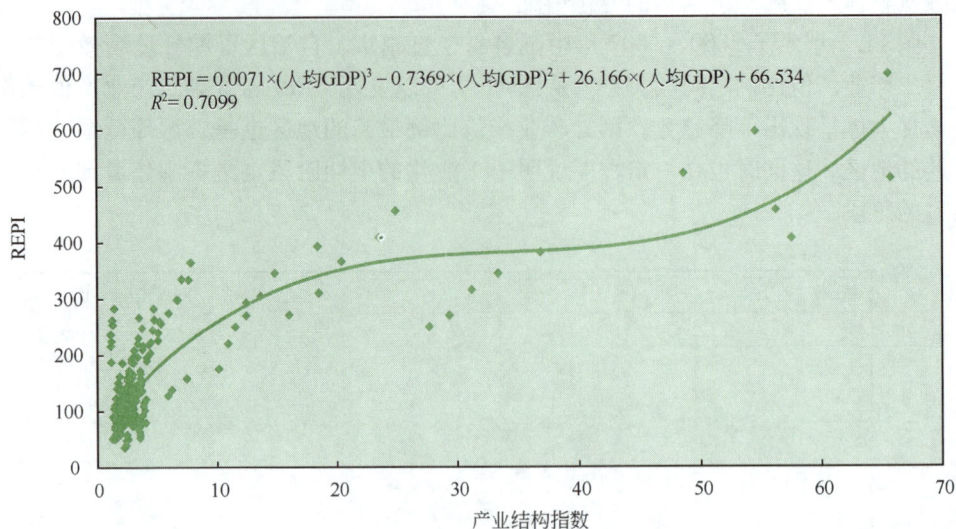

图 11.8　2000~2007 年中国各省、直辖市、自治区 REPI 与其产业结构指数之间的关系

总之，提高资源环境综合绩效并不意味着通过加速经济增长来加以解决，而是要在促进增长的同时，通过采用多种综合配套措施包括加大结构调整力度、增强科技创新能力和管理水平等来实现。

五　附表

附表 1　2000~2007 年中国各省、直辖市、自治区能源绩效指数（2000 年全国为 100.0）

地 区	2000 年	2001 年	2002 年	2003 年	2004 年	2005 年	2006 年	2007 年
全 国	100.0	104.8	107.8	102.9	97.6	97.4	99.2	102.9
北 京	112.2	120.4	130.5	138.3	142.7	148.5	156.6	166.6
天 津	81.9	87.8	95.5	103.1	103.1	107.0	111.4	117.1
河 北	63.1	62.4	62.8	61.4	61.1	60.9	62.8	64.6
山 西	39.9	37.1	35.7	36.9	39.3	40.4	41.2	43.2
内蒙古	59.3	57.1	57.8	53.6	49.1	48.1	49.4	51.7
辽 宁	51.8	56.4	62.5	65.6	63.7	63.7	67.0	69.9
吉 林	69.0	73.5	68.6	66.2	68.6	72.3	74.8	78.3
黑龙江	64.3	71.8	79.6	78.4	78.7	81.8	84.3	87.9

续表

地　区	2000 年	2001 年	2002 年	2003 年	2004 年	2005 年	2006 年	2007 年
上　海	113.2	118.2	122.5	126.5	132.6	131.3	136.3	143.0
江　苏	137.7	147.1	151.9	149.9	139.4	129.0	133.6	139.6
浙　江	132.2	146.9	130.4	130.1	131.0	133.0	137.8	143.8
安　徽	79.4	82.5	87.0	92.7	95.3	98.2	101.7	105.7
福　建	135.5	132.5	132.7	130.4	128.6	127.0	131.3	136.0
江　西	111.1	130.1	114.1	110.4	112.3	112.7	116.4	121.2
山　东	104.7	131.5	100.2	99.7	97.5	93.4	96.7	101.3
河　南	92.8	97.1	96.8	91.6	84.4	86.2	88.8	92.6
湖　北	76.1	85.9	84.6	80.8	75.9	78.8	81.4	84.9
湖　南	116.9	112.2	105.0	98.4	91.4	85.1	88.0	90.7
广　东	151.3	155.2	156.4	155.6	153.8	149.8	154.4	159.4
广　西	108.8	117.9	111.7	108.8	102.0	97.4	99.9	103.3
海　南	137.5	138.5	131.1	127.6	130.2	130.0	131.5	132.6
重　庆	89.7	78.8	97.1	95.1	89.2	83.7	86.7	89.3
四　川	79.4	82.9	82.9	75.3	73.0	77.8	79.4	83.1
贵　州	33.9	35.5	38.5	34.2	35.1	36.6	37.3	38.9
云　南	77.6	82.3	75.8	76.6	72.8	68.6	69.7	72.5
西　藏	—	—	—	—	—	—	—	—
陕　西	94.9	87.3	85.1	84.7	83.5	82.8	85.8	87.5
甘　肃	45.9	52.3	52.6	52.4	52.7	52.7	54.1	56.5
青　海	40.8	44.0	45.0	45.7	42.3	38.7	38.1	38.9
宁　夏	36.3	36.8	37.7	29.0	28.0	28.8	29.0	30.1
新　疆	57.7	59.7	60.6	60.1	56.9	56.3	56.9	58.7
东部地区 （10 省、直辖市）	113.8	122.1	117.3	117.5	116.4	113.8	117.9	122.9
东北老工业基地	58.7	64.1	68.7	69.5	69.1	70.6	73.5	76.6
中部地区（6 省）	81.0	83.3	81.1	79.3	77.3	78.2	80.6	83.9
西部地区（11 省、 直辖市、自治区）	68.1	69.5	70.6	66.7	64.1	63.8	65.1	67.6

注：GDP 均按 2005 年价格计算，西藏未列入评估，以下均同

主要数据来源：1）国家统计局工业交通统计司，国家发展和改革委员会能源局．2005～2008.中国能源统计年鉴 2004～2008．北京：中国统计出版社

2）国家统计局．2008.2008 中国统计年鉴．北京：中国统计出版社

附表 2　2000～2007 年中国各省、直辖市、自治区用水绩效指数（2000 年全国为 100.0）

地 区	2000 年	2001 年	2002 年	2003 年	2004 年	2005 年	2006 年	2007 年
全 国	100.0	106.9	118.2	134.3	141.8	154.2	167.3	186.4
北 京	456.6	529.2	663.6	728.6	840.9	942.9	1069.8	1194.4
天 津	400.8	531.0	573.9	640.5	689.0	756.1	869.5	985.8
河 北	132.1	144.2	157.9	186.4	214.7	236.3	265.1	301.3
山 西	189.1	203.8	230.4	270.6	313.7	354.4	372.2	429.9
内蒙古	48.5	52.5	58.7	73.7	86.7	105.3	122.5	144.9
辽 宁	160.5	185.3	206.6	228.4	254.0	278.6	299.3	338.7
吉 林	90.9	107.2	110.5	130.7	153.8	173.8	191.1	226.6
黑龙江	53.0	59.8	75.1	85.0	89.9	95.9	102.0	112.2
上 海	227.9	257.0	291.2	313.0	329.9	356.2	408.8	461.1
江 苏	105.6	111.2	121.0	151.8	143.7	166.2	181.8	204.5
浙 江	171.0	185.3	206.0	238.6	270.8	302.4	347.1	393.1
安 徽	87.0	86.8	91.9	112.5	108.5	122.1	118.4	140.6
福 建	105.5	114.7	122.0	136.1	150.4	166.0	190.2	209.1
江 西	50.8	57.0	65.7	87.0	83.5	92.1	104.6	103.5
山 东	193.5	206.5	229.9	299.9	353.3	414.5	444.7	522.8
河 南	142.4	137.3	159.0	205.3	218.2	252.8	252.0	313.3
湖 北	70.0	74.0	93.5	100.8	113.2	121.5	134.7	154.3
湖 南	59.8	64.6	73.1	77.1	85.2	93.7	105.3	121.9
广 东	132.0	140.4	157.6	179.2	199.7	230.2	263.6	300.3
广 西	39.4	42.9	46.4	54.6	58.5	61.5	69.6	81.1
海 南	59.1	65.6	71.0	74.8	82.8	95.6	102.2	116.9
重 庆	153.5	164.2	172.2	183.3	192.5	203.5	222.1	242.7
四 川	98.5	107.7	118.4	131.0	147.2	164.3	183.7	210.9
贵 州	68.4	71.8	75.9	80.3	88.8	96.2	104.3	121.0
云 南	72.6	78.0	83.7	92.6	102.5	111.7	126.8	137.7
西 藏	24.2	27.0	27.9	37.2	37.7	35.6	38.3	41.6
陕 西	130.7	144.9	160.7	186.7	209.6	226.2	239.0	282.5
甘 肃	44.7	49.6	54.0	60.3	67.1	74.3	83.3	93.4
青 海	52.2	59.6	67.4	70.2	75.7	83.6	89.4	104.1
宁 夏	19.5	22.2	25.3	36.3	34.9	36.7	41.6	51.2
新 疆	15.9	17.0	18.9	19.9	22.3	24.2	26.6	29.6
东部地区 （10 省、直辖市）	149.1	160.9	177.9	209.4	227.1	258.2	288.7	326.8
东北老工业基地	87.7	100.3	117.2	133.4	146.6	159.5	171.8	194.2
中部地区（6 省）	83.8	88.0	101.7	119.2	126.3	140.5	150.6	172.4
西部地区（11 省、 直辖市、自治区）	52.4	56.9	62.6	70.5	78.2	85.8	96.1	110.2

主要数据来源：1）国家统计局 . 2003～2008. 2003～2008 中国统计年鉴 . 北京：中国统计出版社

　　　　　　　2）水利部 . 2001, 2002. 中国水资源公报 2000, 2001. 北京：中国水利水电出版社

附表3　2000～2007年中国各省、直辖市、自治区建设用地绩效指数（2000年全国为100.0）

地　区	2000 年	2001 年	2002 年	2003 年	2004 年	2005 年	2006 年	2007 年
全　国	100.0	107.7	139.2	151.5	164.2	179.2	197.2	218.3
北　京	434.4	464.0	500.2	544.4	599.3	663.2	738.4	823.2
天　津	160.0	178.1	242.9	275.7	291.9	332.5	377.7	421.1
河　北	88.1	95.4	130.1	145.0	163.0	181.2	201.2	225.5
山　西	73.5	80.4	106.2	121.1	138.0	154.6	169.4	192.2
内蒙古	33.2	36.5	50.0	58.0	69.1	84.2	99.0	116.2
辽　宁	93.6	101.8	130.9	145.5	159.8	178.5	201.7	229.0
吉　林	57.2	62.5	78.1	85.9	96.1	107.3	122.8	141.8
黑龙江	52.9	57.7	85.5	94.1	104.5	116.3	130.0	145.2
上　海	643.5	707.2	899.5	990.8	1098.1	1187.9	1346.7	1502.5
江　苏	130.0	142.3	222.6	248.4	275.2	310.8	350.1	395.2
浙　江	286.1	308.1	336.9	370.2	408.7	444.2	488.4	539.1
安　徽	49.7	54.1	76.0	82.7	92.9	103.1	115.0	130.0
福　建	201.4	216.7	265.4	290.3	317.8	346.9	383.1	428.2
江　西	75.5	81.6	99.9	111.2	124.8	139.3	152.8	170.4
山　东	106.3	115.7	165.8	185.5	209.8	237.8	268.6	303.7
河　南	75.4	82.0	109.3	119.4	134.8	153.1	173.9	198.3
湖　北	79.1	85.8	110.8	121.0	133.5	148.3	166.6	189.1
湖　南	85.7	93.0	112.4	122.5	136.3	151.3	166.9	189.5
广　东	239.2	262.1	286.6	322.3	362.8	405.7	454.9	514.7
广　西	85.4	91.6	104.2	114.3	125.8	139.3	154.5	175.6
海　南	65.3	71.1	70.9	78.4	86.5	95.0	106.8	121.5
重　庆	99.4	107.7	131.7	141.2	153.1	167.7	185.4	211.2
四　川	79.5	86.0	106.8	118.1	131.9	147.1	164.9	187.2
贵　州	68.9	74.3	86.6	94.3	103.1	113.8	125.7	141.6
云　南	79.3	84.3	110.6	118.9	129.7	139.4	153.5	170.3
西　藏	50.3	56.5	100.7	103.6	113.2	123.6	136.6	152.3
陕　西	75.0	82.0	105.4	117.1	131.1	146.9	164.4	187.5
甘　肃	32.1	35.2	45.5	50.3	55.8	62.2	69.2	77.5
青　海	33.6	37.2	37.3	43.2	48.3	52.8	58.9	65.7
宁　夏	44.3	48.4	74.4	81.8	86.0	92.9	103.5	114.8
新　疆	32.5	35.3	49.9	54.7	60.3	66.4	73.3	81.7
东部地区 （10 省、直辖市）	163.8	178.7	236.2	263.3	294.1	327.8	366.6	412.6
东北老工业基地	67.4	73.4	99.2	109.7	121.7	135.8	153.4	173.9
中部地区（6 省）	71.9	78.2	102.1	112.2	125.8	140.8	157.2	178.1
西部地区（11 省、 直辖市、自治区）	58.5	63.4	81.2	89.6	99.8	111.4	124.9	141.8

主要数据来源：1）国家统计局.2008.2008 中国统计年鉴.北京：中国统计出版社

　　　　　　　2）王世元.2001～2008.中国国土资源年鉴2001～2007.中国国土资源年鉴编辑部

附表4 2000～2007 年中国各省、直辖市、自治区固定资产投资绩效指数（2000 年全国为 100.0）

地　区	2000 年	2001 年	2002 年	2003 年	2004 年	2005 年	2006 年	2007 年
全　国	100.0	107.9	117.4	126.5	131.9	143.3	157.6	169.7
北　京	103.6	115.1	127.8	138.8	151.8	168.6	189.4	208.7
天　津	98.3	110.4	125.0	139.9	150.9	171.2	194.6	218.5
河　北	109.8	119.5	131.7	143.7	151.6	168.8	188.2	204.5
山　西	97.4	105.5	118.5	132.3	144.8	158.3	174.4	191.7
内蒙古	52.6	57.7	64.7	74.2	85.4	102.0	117.5	134.8
辽　宁	85.3	92.6	101.3	110.1	118.5	129.5	144.4	158.5
吉　林	95.2	102.9	111.4	121.4	130.9	143.9	161.9	180.9
黑龙江	146.1	159.6	175.5	189.0	201.1	219.5	241.1	258.4
上　海	114.8	126.0	139.8	153.2	164.0	180.7	202.2	223.3
江　苏	99.5	108.8	119.5	130.2	136.7	155.1	176.1	192.9
浙　江	85.8	94.5	105.9	117.4	126.9	142.6	160.1	175.8
安　徽	99.5	108.9	118.1	124.8	133.4	147.3	163.1	176.2
福　建	123.4	134.8	149.0	163.8	177.1	196.2	220.8	240.2
江　西	83.4	91.7	101.1	109.0	114.9	129.0	140.4	150.5
山　东	86.6	94.0	103.8	114.4	122.9	137.7	155.3	170.6
河　南	113.8	123.5	137.1	146.2	150.9	169.9	191.3	209.6
湖　北	115.9	126.0	137.9	146.4	153.7	168.8	187.5	206.2
湖　南	120.2	129.3	140.5	149.8	159.2	171.4	186.5	201.9
广　东	131.4	144.9	163.4	183.7	197.9	221.8	252.4	282.8
广　西	112.1	119.2	131.4	142.3	152.0	169.8	190.6	214.4
海　南	113.5	123.5	137.8	147.7	154.8	168.6	187.8	203.2
重　庆	73.5	79.5	87.0	94.3	100.7	109.8	121.1	132.7
四　川	97.1	104.2	114.4	124.5	131.5	142.6	157.0	171.2
贵　州	92.4	100.1	109.0	117.3	124.6	137.2	151.4	166.4
云　南	102.6	108.4	118.2	125.8	129.7	135.2	148.6	160.5
西　藏	—	—	—	—	—	—	—	—
陕　西	93.1	98.7	107.5	118.2	127.8	138.7	152.5	168.0
甘　肃	103.5	111.4	122.2	132.9	140.5	153.8	164.7	179.9
青　海	71.6	79.7	86.6	95.0	103.7	114.0	124.9	134.9
宁　夏	62.8	68.2	74.6	82.2	87.1	94.6	105.3	115.0
新　疆	95.1	100.8	108.8	117.0	124.7	134.6	146.2	157.1
东部地区 （10 省、直辖市）	103.7	113.7	126.3	139.1	148.9	166.7	188.0	207.1
东北老工业基地	101.4	110.2	120.4	130.6	140.1	153.1	170.2	186.2
中部地区（6 省）	106.9	116.3	127.8	136.8	144.3	159.6	176.6	192.4
西部地区（11 省、 直辖市、自治区）	87.8	94.2	103.2	112.5	120.4	132.1	146.2	160.9

注：固定资产投资按 2005 年价格计算

主要数据来源：国家统计局 . 2001～2008. 2001～2008 中国统计年鉴 . 北京：中国统计出版社

附表5　2000~2007 年中国各省、直辖市、自治区 SO_2 排放绩效指数（2000 年全国为 100.0）

地　区	2000 年	2001 年	2002 年	2003 年	2004 年	2005 年	2006 年	2007 年
全　国	100.0	111.1	122.5	120.3	126.8	123.8	136.1	159.7
北　京	299.3	373.1	434.8	507.0	553.6	622.2	757.6	996.2
天　津	92.1	138.0	177.0	184.3	243.8	239.5	286.1	342.2
河　北	77.1	85.9	94.8	95.2	107.0	115.9	127.1	148.5
山　西	32.2	35.6	40.1	40.6	45.0	47.3	54.3	66.2
内蒙古	45.7	52.0	52.0	34.7	45.8	45.9	51.1	65.1
辽　宁	85.3	103.3	120.6	129.5	144.6	112.7	122.0	142.5
吉　林	131.1	154.4	168.9	181.7	194.5	162.3	174.7	208.0
黑龙江	192.8	214.1	239.7	213.2	227.3	186.2	204.7	230.5
上　海	193.1	209.9	247.2	275.4	298.7	306.2	346.8	404.5
江　苏	142.3	164.1	187.9	192.5	221.3	228.9	277.1	340.6
浙　江	210.9	233.5	249.7	243.2	251.2	268.2	305.9	378.1
安　徽	141.4	153.6	168.2	160.4	168.7	161.6	178.2	207.4
福　建	300.7	368.2	419.8	297.6	309.9	244.6	276.6	334.6
江　西	124.3	143.0	164.8	124.7	119.0	113.6	123.4	142.3
山　东	95.6	109.6	124.8	130.3	151.5	158.8	186.0	228.9
河　南	120.8	128.7	134.9	134.7	126.7	111.9	128.0	152.4
湖　北	122.8	138.7	151.8	147.5	144.3	155.9	166.5	205.0
湖　南	88.8	98.1	109.7	105.3	114.7	121.6	134.3	158.8
广　东	227.8	234.1	262.8	273.3	293.9	296.7	347.0	419.5
广　西	50.4	65.1	73.4	63.3	65.5	68.3	80.0	93.9
海　南	467.2	520.2	505.3	549.3	605.9	698.0	719.8	774.7
重　庆	37.4	47.4	54.0	54.9	59.4	62.9	68.7	82.6
四　川	61.0	71.7	80.3	82.8	89.0	97.5	112.1	139.2
贵　州	14.4	16.5	18.7	20.7	23.1	25.0	25.9	31.3
云　南	100.5	115.9	124.1	108.6	114.4	114.2	121.1	140.6
西　藏	3 172.6	3 682.5	4 152.1	4 563.4	3 831.5	2 147.6	2 433.3	2 934.3
陕　西	59.9	66.3	71.4	66.5	70.3	70.2	74.4	90.3
甘　肃	54.1	59.1	56.4	53.9	61.4	59.0	67.8	79.4
青　海	165.0	168.1	205.6	122.8	113.9	75.2	80.5	87.9
宁　夏	30.0	33.9	33.7	28.8	32.0	30.4	30.7	35.7
新　疆	89.2	100.3	109.9	109.2	83.8	86.1	90.4	96.0
东部地区（10 省、直辖市）	146.7	166.9	189.3	193.1	216.2	222.7	257.4	312.1
东北老工业基地	115.0	136.2	155.5	159.8	174.9	139.7	151.5	175.8
中部地区（6 省）	91.6	100.6	110.2	105.6	108.2	107.2	120.1	143.5
西部地区（11 省、直辖市、自治区）	48.2	56.4	61.5	57.0	62.3	63.8	69.7	83.7

主要数据来源：国家统计局 . 2001~2008. 2001~2008 中国统计年鉴 . 北京：中国统计出版社

附表6　2000～2007年中国各省、直辖市、自治区化学需氧量(COD)排放绩效指数(2000年全国为100.0)

地　区	2000 年	2001 年	2002 年	2003 年	2004 年	2005 年	2006 年	2007 年
全　国	100.0	111.4	124.9	140.8	154.4	161.4	178.4	206.3
北　京	271.6	318.6	397.2	500.2	588.3	737.0	876.7	1 026.0
天　津	128.2	252.0	292.3	265.9	292.1	314.4	367.6	441.0
河　北	104.2	122.8	137.1	153.7	168.0	189.6	206.6	240.3
山　西	88.4	98.8	112.3	111.4	121.3	134.1	149.9	177.4
内蒙古	85.7	86.4	115.5	117.5	142.1	162.8	193.1	238.3
辽　宁	82.0	92.6	116.5	140.9	173.8	151.5	173.3	202.6
吉　林	56.9	72.1	90.8	96.1	109.6	110.4	124.0	150.0
黑龙江	79.2	85.8	96.9	107.4	121.4	135.8	154.0	176.0
上　海	203.7	235.2	242.0	264.5	348.3	374.3	422.0	494.8
江　苏	189.1	164.0	194.1	225.4	232.4	235.3	280.8	336.6
浙　江	144.5	172.4	194.4	229.9	265.5	280.4	320.5	386.5
安　徽	91.3	105.6	117.4	128.1	140.0	150.3	165.1	190.1
福　建	152.2	169.4	207.9	185.7	203.6	207.0	237.0	281.5
江　西	74.5	76.1	89.3	93.3	98.4	110.2	119.3	136.3
山　东	124.3	148.1	177.3	208.6	256.2	298.6	348.2	419.1
河　南	93.4	109.9	123.1	143.0	165.4	182.3	208.6	248.4
湖　北	70.9	81.2	89.3	102.4	117.6	131.4	146.4	174.5
湖　南	73.6	76.2	79.6	79.3	85.2	90.3	98.4	114.9
广　东	156.7	149.1	194.3	216.5	263.9	262.5	303.4	358.8
广　西	29.5	39.7	42.9	43.1	45.0	47.3	51.4	62.2
海　南	81.1	107.3	124.7	135.9	108.4	116.9	126.2	141.5
重　庆	86.1	97.5	109.2	116.6	126.0	141.6	161.8	196.5
四　川	55.3	59.3	69.4	77.1	92.3	117.1	128.9	153.9
贵　州	66.4	79.5	87.6	89.8	98.7	108.7	119.7	137.3
云　南	94.5	97.3	108.5	124.7	136.4	151.3	164.1	187.2
西　藏	43.4	177.7	275.9	309.0	197.9	221.9	234.7	260.9
陕　西	82.7	88.8	102.0	114.4	123.1	133.8	148.4	175.6
甘　肃	104.2	130.8	133.8	121.1	135.1	131.9	150.4	172.6
青　海	115.1	129.3	145.0	167.3	154.2	93.7	102.2	112.3
宁　夏	25.6	26.3	48.8	60.4	102.8	52.6	60.6	69.7
新　疆	101.6	108.2	114.2	114.3	111.3	119.3	125.1	139.1
东部地区 (10省、直辖市)	150.0	164.4	195.4	219.0	251.2	267.4	307.5	365.1
东北老工业基地	74.1	85.2	103.4	117.3	137.4	135.7	153.9	180.2
中部地区（6省）	81.7	90.9	100.5	108.3	119.9	131.3	145.7	171.0
西部地区（11省、 直辖市、自治区）	61.8	70.4	81.2	86.5	96.3	104.8	115.9	137.3

主要数据来源：1)《中国环境年鉴》编委会. 2001～2007. 中国环境年鉴 2001～2007. 中国环境年鉴社

2) 国家统计局. 2008. 2008 中国统计年鉴. 北京：中国统计出版社

附表7　2000～2007年中国各省、直辖市、自治区工业固体废物排放绩效指数（2000年全国为100.0）

地　区	2000 年	2001 年	2002 年	2003 年	2004 年	2005 年	2006 年	2007 年
全　国	100.0	99.5	102.0	105.6	97.3	95.9	95.0	91.7
北　京	240.4	269.3	323.9	319.2	331.5	390.1	401.7	484.1
天　津	286.6	262.4	264.5	303.1	300.2	230.9	229.8	244.4
河　北	59.2	51.1	58.3	61.6	37.2	43.5	56.4	48.5
山　西	20.6	24.2	23.7	24.4	25.6	26.2	27.7	27.1
内蒙古	52.2	55.2	51.0	50.0	46.9	37.1	37.3	35.3
辽　宁	43.0	45.0	47.9	52.7	55.3	53.8	48.2	50.1
吉　林	95.4	102.3	112.3	116.3	111.8	103.3	104.2	108.9
黑龙江	86.7	87.3	91.2	100.1	109.3	120.4	110.7	117.5
上　海	270.7	252.5	282.8	305.3	319.4	327.2	348.9	379.9
江　苏	229.9	216.6	226.5	250.8	239.9	223.0	205.0	230.4
浙　江	368.5	352.4	357.8	369.2	360.4	374.8	346.7	340.7
安　徽	81.1	76.2	79.8	84.6	89.7	89.8	84.6	81.3
福　建	126.2	58.5	80.2	123.9	122.8	122.1	124.8	126.5
江　西	34.2	40.8	33.7	36.0	38.7	40.6	43.2	46.4
山　东	129.7	124.1	131.3	143.9	142.3	141.5	135.4	142.8
河　南	119.4	119.9	121.5	128.0	126.5	120.2	113.8	110.0
湖　北	99.8	113.3	112.3	117.9	124.9	123.8	120.0	126.6
湖　南	119.0	124.0	136.8	132.5	125.2	135.7	138.9	128.7
广　东	497.1	467.6	511.4	534.3	528.3	541.6	588.0	535.2
广　西	81.2	70.0	80.8	70.0	76.7	81.9	83.4	82.3
海　南	409.3	565.6	494.6	565.1	508.3	494.0	480.1	513.0
重　庆	98.4	107.6	114.4	128.7	129.5	121.0	136.8	133.7
四　川	64.7	73.7	80.2	79.3	78.7	80.7	77.2	69.4
贵　州	37.6	39.3	35.2	29.3	27.3	28.6	26.6	29.4
云　南	49.7	54.0	53.7	58.7	55.1	52.3	45.6	43.2
西　藏	576.4	613.4	1 558.4	2 327.1	1 118.0	2 193.3	2 209.0	4 130.7
陕　西	58.1	69.6	64.5	70.6	61.5	57.7	62.3	62.4
甘　肃	47.8	69.5	56.7	52.5	56.7	60.3	58.4	56.6
青　海	64.0	65.5	86.1	79.8	66.8	58.7	48.5	42.6
宁　夏	52.6	64.4	65.6	59.2	59.4	59.1	60.0	51.6
新　疆	157.6	156.7	131.9	136.0	145.9	141.0	128.2	106.4
东部地区 （10省、直辖市）	178.9	152.7	173.5	195.1	163.2	171.9	184.6	182.2
东北老工业基地	60.0	62.5	66.5	72.4	75.6	74.9	68.6	71.5
中部地区（6省）	64.1	70.4	68.0	70.0	72.1	73.3	74.3	73.9
西部地区（11省、 直辖市、自治区）	62.6	68.5	67.8	66.3	64.2	61.4	59.6	57.1

主要数据来源：国家统计局 . 2001～2008. 2001～2008 中国统计年鉴 . 北京：中国统计出版社

附表 8　2000～2007 年中国各省、直辖市、自治区能源绩效（单位：万元 GDP/吨标准煤）

地　区	2000 年	2001 年	2002 年	2003 年	2004 年	2005 年	2006 年	2007 年
全　国	0.840 0	0.880 2	0.905 9	0.864 4	0.819 5	0.818 3	0.833 2	0.864 6
北　京	0.942 3	1.011 3	1.096 3	1.161 4	1.198 3	1.247 1	1.315 7	1.399 6
天　津	0.687 6	0.737 4	0.802 4	0.865 9	0.872 0	0.898 6	0.935 6	0.984 1
河　北	0.529 8	0.524 1	0.527 1	0.515 5	0.513 2	0.511 3	0.527 8	0.542 6
山　西	0.335 3	0.311 7	0.300 2	0.310 2	0.329 9	0.339 5	0.346 2	0.362 7
内蒙古	0.498 1	0.480 0	0.485 3	0.450 4	0.412 8	0.404 0	0.415 3	0.433 9
辽　宁	0.434 8	0.473 9	0.525 0	0.551 5	0.535 4	0.535 3	0.563 2	0.587 0
吉　林	0.579 5	0.617 5	0.576 5	0.556 3	0.576 4	0.607 6	0.628 7	0.657 9
黑龙江	0.540 2	0.603 1	0.668 2	0.658 3	0.661 5	0.686 7	0.707 9	0.738 5
上　海	0.951 0	0.993 3	1.029 2	1.062 8	1.113 8	1.102 5	1.144 6	1.201 0
江　苏	1.156 4	1.235 8	1.275 8	1.259 2	1.171 1	1.083 5	1.122 2	1.173 0
浙　江	1.110 3	1.233 7	1.095 5	1.092 6	1.100 5	1.116 8	1.157 6	1.208 1
安　徽	0.667 3	0.692 7	0.731 0	0.779 0	0.800 5	0.824 7	0.854 4	0.888 2
福　建	1.138 3	1.112 9	1.114 7	1.095 0	1.080 2	1.066 9	1.102 5	1.142 3
江　西	0.933 6	1.092 5	0.958 6	0.927 3	0.943 0	0.946 5	0.977 4	1.018 3
山　东	0.879 8	1.104 6	0.841 3	0.837 8	0.819 1	0.784 3	0.812 5	0.851 0
河　南	0.779 3	0.816 0	0.813 4	0.769 6	0.709 1	0.723 9	0.746 0	0.778 2
湖　北	0.639 6	0.721 5	0.710 3	0.678 6	0.637 8	0.661 9	0.683 6	0.713 0
湖　南	0.981 8	0.942 6	0.882 4	0.826 4	0.767 8	0.714 7	0.739 5	0.761 7
广　东	1.270 9	1.303 5	1.313 4	1.307 0	1.292 4	1.258 7	1.296 8	1.338 5
广　西	0.914 1	0.990 0	0.936 7	0.914 1	0.856 6	0.818 3	0.839 5	0.868 0
海　南	1.155 2	1.163 4	1.101 4	1.072 1	1.094 0	1.092 3	1.104 7	1.114 0
重　庆	0.753 9	0.661 5	0.815 5	0.798 8	0.749 2	0.703 4	0.728 6	0.750 1
四　川	0.667 2	0.696 1	0.696 3	0.632 3	0.613 0	0.653 5	0.667 3	0.698 3
贵　州	0.284 7	0.298 6	0.323 5	0.287 7	0.294 5	0.307 0	0.313 5	0.326 1
云　南	0.651 7	0.691 7	0.636 9	0.643 3	0.611 5	0.576 5	0.585 2	0.609 4
西　藏	—	—	—	—	—	—	—	—
陕　西	0.796 8	0.733 6	0.714 9	0.711 7	0.701 5	0.695 6	0.720 7	0.734 6
甘　肃	0.385 6	0.439 0	0.441 6	0.440 1	0.442 6	0.442 8	0.454 6	0.474 2
青　海	0.343 1	0.369 6	0.378 2	0.384 0	0.355 0	0.325 3	0.320 3	0.326 5
宁　夏	0.304 9	0.309 5	0.316 6	0.244 0	0.235 4	0.241 5	0.243 9	0.252 9
新　疆	0.484 7	0.501 1	0.509 2	0.504 7	0.478 3	0.472 9	0.478 0	0.493 4
东部地区 （10 省、直辖市）	0.955 5	1.025 4	0.985 5	0.987 3	0.977 5	0.956 2	0.990 2	1.032 2
东北老工业基地	0.492 8	0.538 8	0.576 7	0.583 6	0.580 2	0.592 7	0.617 5	0.643 8
中部地区（6 省）	0.680 5	0.699 7	0.681 1	0.666 5	0.649 6	0.656 6	0.677 1	0.704 8
西部地区（11 省、 直辖市、自治区）	0.572 1	0.583 8	0.592 8	0.560 3	0.538 8	0.535 8	0.547 1	0.567 9

注：GDP 以 2005 年价格计算，以下均同；2001 年部分地区能源消费总量采用相邻年份插值

主要数据来源：1）国家统计局工业交通统计司，国家发展和改革委员会能源局．2005～2007．中国能源统
计年鉴 2004～2006．北京：中国统计出版社

2）国家统计局．2007．2007 中国统计年鉴．北京：中国统计出版社

附表9　2000～2007年中国各省、直辖市、自治区用水绩效（单位：元GDP/立方米）

地　区	2000年	2001年	2002年	2003年	2004年	2005年	2006年	2007年
全　国	21.17	22.64	25.02	28.43	30.02	32.64	35.41	39.46
北　京	96.66	112.04	140.48	154.24	178.02	199.60	226.47	252.86
天　津	84.86	112.42	121.49	135.60	145.87	160.07	184.08	208.70
河　北	27.96	30.52	33.43	39.46	45.45	50.03	56.12	63.78
山　西	40.03	43.14	48.77	57.29	66.40	75.04	78.80	91.00
内蒙古	10.26	11.12	12.42	15.59	18.35	22.29	25.94	30.67
辽　宁	33.98	39.22	43.78	48.36	53.76	58.97	63.35	71.69
吉　林	19.23	22.70	23.39	27.68	32.56	36.79	40.46	47.96
黑龙江	11.22	12.66	15.90	17.99	19.04	20.30	21.59	23.75
上　海	48.25	54.40	61.68	66.27	69.84	75.55	86.54	97.61
江　苏	22.35	23.53	25.61	32.13	30.42	35.22	38.49	43.28
浙　江	36.21	39.23	43.61	50.51	57.33	64.02	73.48	83.21
安　徽	18.43	18.37	19.45	23.81	22.97	25.84	25.06	29.76
福　建	22.34	24.29	25.82	28.80	31.83	35.15	40.26	44.26
江　西	10.75	12.06	13.91	18.42	17.67	19.49	22.15	21.92
山　东	40.97	43.71	48.67	63.50	74.80	87.76	94.14	110.67
河　南	30.15	29.07	33.66	43.46	46.19	53.53	53.36	66.32
湖　北	14.82	15.68	19.80	21.34	23.97	25.73	28.52	32.66
湖　南	12.65	13.68	15.47	16.32	18.03	19.83	22.29	25.80
广　东	27.94	29.73	33.36	37.42	42.29	48.73	55.79	63.57
广　西	8.34	9.08	9.82	11.57	12.38	13.03	14.73	17.17
海　南	12.60	13.89	15.04	15.83	17.53	20.29	21.64	24.74
重　庆	32.49	34.75	36.46	38.81	40.75	43.07	47.01	51.38
四　川	20.86	22.81	25.06	27.73	31.17	34.79	38.90	44.66
贵　州	14.47	15.20	16.08	16.99	18.81	20.36	22.09	25.62
云　南	15.36	16.51	17.72	19.60	21.69	23.66	26.84	29.14
西　藏	5.13	5.72	5.91	7.88	7.97	7.54	8.10	8.81
陕　西	27.66	30.68	34.03	39.53	44.38	47.88	50.60	59.81
甘　肃	9.46	10.51	11.43	12.76	14.20	15.72	17.63	19.77
青　海	11.04	12.62	14.26	14.86	16.03	17.70	18.93	22.05
宁　夏	4.12	4.70	5.35	7.68	7.39	7.76	8.81	10.84
新　疆	3.36	3.60	3.99	4.21	4.72	5.12	5.63	6.26
东部地区（10省、直辖市）	31.56	34.06	37.66	44.33	48.07	54.66	61.11	69.19
东北老工业基地	18.56	21.24	24.82	28.25	31.03	33.77	36.37	41.11
中部地区（6省）	17.74	18.62	21.52	25.23	26.73	29.75	31.88	36.49
西部地区（11省、直辖市、自治区）	11.09	12.04	13.25	14.93	16.56	18.17	20.35	23.34

主要数据来源：1）国家统计局.2003～2008.2003～2008中国统计年鉴.北京：中国统计出版社

2）水利部.2001，2002.中国水资源公报2000，2001.北京：中国水利水电出版社

附表 10 2000~2007 年中国各省、直辖市、自治区建设用地绩效（单位：万元 GDP/亩）

地 区	2000 年	2001 年	2002 年	2003 年	2004 年	2005 年	2006 年	2007 年
全 国	2.143	2.308	2.984	3.246	3.519	3.840	4.227	4.678
北 京	9.308	9.944	10.720	11.666	12.843	14.213	15.824	17.641
天 津	3.430	3.817	5.205	5.908	6.256	7.125	8.095	9.025
河 北	1.888	2.045	2.796	3.108	3.494	3.884	4.311	4.832
山 西	1.574	1.723	2.275	2.596	2.957	3.313	3.629	4.118
内蒙古	0.711	0.783	1.072	1.243	1.480	1.805	2.122	2.491
辽 宁	2.006	2.181	2.805	3.119	3.424	3.825	4.323	4.908
吉 林	1.227	1.339	1.675	1.841	2.059	2.299	2.631	3.039
黑龙江	1.133	1.236	1.832	2.016	2.240	2.493	2.787	3.111
上 海	13.789	15.156	19.277	21.233	23.533	25.456	28.859	32.198
江 苏	2.787	3.049	4.769	5.322	5.897	6.661	7.502	8.469
浙 江	6.131	6.603	7.219	7.934	8.758	9.520	10.467	11.552
安 徽	1.065	1.159	1.630	1.773	1.990	2.209	2.465	2.786
福 建	4.315	4.645	5.688	6.222	6.811	7.435	8.210	9.176
江 西	1.617	1.750	2.141	2.383	2.675	2.985	3.276	3.651
山 东	2.278	2.479	3.552	3.976	4.496	5.097	5.756	6.508
河 南	1.616	1.757	2.342	2.559	2.889	3.280	3.727	4.250
湖 北	1.695	1.839	2.375	2.594	2.861	3.177	3.570	4.053
湖 南	1.837	1.993	2.408	2.624	2.921	3.242	3.576	4.060
广 东	5.125	5.617	6.148	6.906	7.775	8.694	9.749	11.030
广 西	1.830	1.963	2.236	2.449	2.697	2.986	3.310	3.764
海 南	1.399	1.524	1.520	1.681	1.854	2.035	2.288	2.603
重 庆	2.131	2.309	2.822	3.027	3.281	3.593	3.972	4.527
四 川	1.703	1.843	2.289	2.530	2.827	3.152	3.534	4.013
贵 州	1.477	1.593	1.861	2.021	2.210	2.439	2.693	3.034
云 南	1.699	1.806	2.371	2.547	2.780	2.987	3.289	3.649
西 藏	1.078	1.212	2.157	2.220	2.427	2.648	2.925	3.265
陕 西	1.607	1.757	2.260	2.510	2.809	3.148	3.522	4.017
甘 肃	0.688	0.754	0.975	1.077	1.196	1.333	1.482	1.660
青 海	0.720	0.798	0.800	0.927	1.034	1.132	1.263	1.409
宁 夏	0.950	1.036	1.594	1.753	1.844	1.991	2.219	2.461
新 疆	0.697	0.756	1.069	1.172	1.293	1.422	1.571	1.752
东部地区（10 省、直辖市）	3.510	3.830	5.062	5.643	6.302	7.024	7.857	8.842
东北老工业基地	1.444	1.573	2.126	2.350	2.607	2.909	3.287	3.727
中部地区（6 省）	1.541	1.675	2.189	2.405	2.696	3.017	3.368	3.818
西部地区（11 省、直辖市、自治区）	1.253	1.358	1.739	1.919	2.138	2.388	2.676	3.038

主要数据来源：1）国家统计局.2008.2008 中国统计年鉴.北京：中国统计出版社

2）王世元.2001~2008.中国国土资源年鉴 2001~2007.中国国土资源年鉴编辑部

附表11　2000～2007年中国各省、直辖市、自治区固定资产绩效（单位：元GDP/元）

地 区	2000 年	2001 年	2002 年	2003 年	2004 年	2005 年	2006 年	2007 年
全 国	1.445	1.559	1.697	1.827	1.906	2.071	2.277	2.453
北 京	1.497	1.663	1.846	2.005	2.194	2.436	2.737	3.016
天 津	1.420	1.595	1.807	2.022	2.181	2.473	2.812	3.157
河 北	1.587	1.727	1.902	2.076	2.190	2.439	2.719	2.955
山 西	1.408	1.524	1.712	1.911	2.093	2.288	2.520	2.770
内蒙古	0.760	0.834	0.935	1.072	1.234	1.474	1.698	1.948
辽 宁	1.232	1.337	1.464	1.592	1.713	1.871	2.086	2.290
吉 林	1.376	1.488	1.610	1.755	1.891	2.079	2.340	2.614
黑龙江	2.112	2.306	2.536	2.730	2.905	3.172	3.483	3.733
上 海	1.659	1.820	2.020	2.214	2.370	2.611	2.921	3.226
江 苏	1.438	1.572	1.727	1.881	1.975	2.242	2.545	2.788
浙 江	1.240	1.366	1.530	1.696	1.833	2.061	2.313	2.541
安 徽	1.438	1.574	1.707	1.804	1.927	2.129	2.356	2.546
福 建	1.783	1.948	2.153	2.367	2.560	2.835	3.191	3.472
江 西	1.205	1.326	1.465	1.575	1.661	1.864	2.028	2.174
山 东	1.252	1.358	1.500	1.653	1.776	1.989	2.244	2.466
河 南	1.644	1.785	1.980	2.112	2.181	2.456	2.765	3.029
湖 北	1.674	1.821	1.993	2.116	2.220	2.436	2.709	2.979
湖 南	1.736	1.868	2.030	2.165	2.300	2.477	2.695	2.917
广 东	1.899	2.094	2.361	2.651	2.860	3.205	3.648	4.086
广 西	1.622	1.722	1.899	2.056	2.197	2.453	2.754	3.099
海 南	1.641	1.785	1.992	2.134	2.237	2.436	2.714	2.936
重 庆	1.063	1.149	1.258	1.363	1.456	1.586	1.750	1.918
四 川	1.403	1.506	1.653	1.800	1.900	2.060	2.268	2.474
贵 州	1.335	1.446	1.575	1.695	1.800	1.982	2.188	2.404
云 南	1.482	1.567	1.708	1.818	1.874	1.954	2.148	2.319
西 藏	—	—	—	—	—	—	—	—
陕 西	1.345	1.426	1.553	1.708	1.846	2.004	2.204	2.428
甘 肃	1.495	1.609	1.765	1.921	2.030	2.222	2.380	2.600
青 海	1.034	1.152	1.251	1.372	1.499	1.647	1.805	1.949
宁 夏	0.908	0.985	1.078	1.188	1.259	1.368	1.522	1.662
新 疆	1.375	1.457	1.573	1.691	1.803	1.945	2.112	2.270
东部地区 （10省、直辖市）	1.499	1.643	1.825	2.010	2.152	2.409	2.717	2.992
东北老工业基地	1.465	1.592	1.739	1.887	2.024	2.213	2.460	2.691
中部地区（6省）	1.545	1.680	1.847	1.976	2.086	2.306	2.553	2.781
西部地区（11省、 直辖市、自治区）	1.269	1.362	1.492	1.625	1.740	1.909	2.112	2.325

注：固定资产投资按2005年价格计算

主要数据来源：国家统计局．2001～2008. 2001～2008中国统计年鉴．北京：中国统计出版社

附表 12　2000～2007 年中国各省、直辖市、自治区 SO_2 排放绩效（单位：万元 GDP/吨）

地　区	2000 年	2001 年	2002 年	2003 年	2004 年	2005 年	2006 年	2007 年
全　国	58.3	64.7	71.4	70.1	73.9	72.1	79.3	93.0
北　京	174.3	217.4	253.3	295.3	322.5	362.4	441.4	580.3
天　津	53.7	80.4	103.1	107.3	142.0	139.5	166.7	199.3
河　北	44.9	50.0	55.2	55.5	62.3	67.5	74.1	86.5
山　西	18.8	20.7	23.4	23.6	26.2	27.6	31.6	38.5
内蒙古	26.6	30.3	30.3	20.2	26.7	26.8	29.8	37.9
辽　宁	49.7	60.2	70.2	75.4	84.2	65.5	71.1	83.0
吉　林	76.4	90.0	98.4	105.9	113.3	94.5	101.8	121.2
黑龙江	112.3	124.7	139.6	124.2	132.4	108.5	119.3	134.3
上　海	112.5	122.3	144.0	160.4	174.0	178.6	202.0	235.7
江　苏	82.9	95.6	109.5	112.2	128.9	133.3	161.4	198.4
浙　江	122.9	136.0	145.5	141.7	146.4	156.3	178.2	220.3
安　徽	82.4	89.5	98.0	93.5	98.3	94.1	103.8	120.8
福　建	175.2	214.5	244.6	173.3	180.6	142.5	161.1	194.9
江　西	72.4	83.3	96.0	72.7	69.3	66.2	71.9	82.9
山　东	55.7	63.9	72.7	75.9	88.3	92.5	108.3	133.3
河　南	70.4	75.0	78.6	78.5	73.8	65.2	74.6	88.8
湖　北	71.6	80.8	88.4	85.9	84.1	90.8	97.0	119.4
湖　南	51.7	57.2	63.9	61.4	66.8	70.9	78.2	92.5
广　东	132.7	136.3	153.1	159.2	171.2	172.2	202.1	244.4
广　西	29.4	37.7	42.7	36.9	38.1	39.8	46.6	54.7
海　南	272.2	303.1	294.4	320.0	352.9	406.6	419.3	451.3
重　庆	21.8	27.6	31.4	32.0	34.6	36.6	40.0	48.1
四　川	35.6	41.8	46.8	48.2	51.8	56.8	65.3	81.1
贵　州	8.4	9.6	10.9	12.0	13.5	14.6	15.1	18.3
云　南	58.6	67.5	72.3	63.3	66.7	66.5	70.5	81.9
西　藏	1 848.1	2 145.2	2 418.8	2 658.3	2 232.0	1 251.1	1 417.5	1 709.3
陕　西	34.9	38.6	41.6	38.7	41.0	40.9	43.3	52.6
甘　肃	31.5	34.4	32.9	31.4	35.7	34.4	39.5	46.3
青　海	96.1	97.9	119.8	71.5	66.3	43.8	46.9	51.2
宁　夏	17.5	19.7	19.6	16.8	18.7	17.7	17.9	20.8
新　疆	52.0	58.4	64.0	63.6	48.8	50.2	52.7	55.9
东部地区（10 省、直辖市）	85.4	97.2	110.2	112.5	125.9	129.7	150.0	181.8
东北老工业基地	67.0	79.3	90.6	93.1	101.9	81.4	88.2	102.4
中部地区（6 省）	53.3	58.6	64.2	61.5	63.0	62.5	70.0	83.6
西部地区（11 省、直辖市、自治区）	28.1	32.8	35.8	33.2	36.3	37.2	40.6	48.7

主要数据来源：国家统计局．2001～2008．2001～2008 中国统计年鉴．北京：中国统计出版社

附表13　2000～2007年中国各省、直辖市、自治区化学需氧量（COD）排放绩效（单位：万元GDP/吨）

地　区	2000 年	2001 年	2002 年	2003 年	2004 年	2005 年	2006 年	2007 年
全　国	80.5	89.7	100.6	113.4	124.4	130.0	143.7	166.2
北　京	218.8	256.6	320.0	402.9	473.8	593.6	706.2	826.4
天　津	103.2	203.0	235.4	214.1	235.3	253.3	296.1	355.2
河　北	83.9	98.9	110.4	123.8	135.3	152.7	166.4	193.5
山　西	71.2	79.6	90.5	89.8	97.7	108.0	120.7	142.8
内蒙古	69.0	69.6	93.0	94.6	114.4	131.2	155.6	191.9
辽　宁	66.1	74.6	93.9	113.4	140.0	122.1	139.6	163.2
吉　林	45.8	58.0	73.2	77.4	88.2	89.0	99.8	120.8
黑龙江	63.8	69.1	78.1	86.5	97.8	109.4	124.1	141.8
上　海	164.1	189.5	194.9	213.1	280.5	301.5	339.9	398.5
江　苏	152.3	132.1	156.4	181.6	187.2	189.5	226.2	271.1
浙　江	116.4	138.9	156.9	185.1	213.9	225.8	258.6	311.3
安　徽	73.6	85.0	94.5	103.2	112.8	121.1	133.0	153.1
福　建	122.6	136.5	167.4	149.6	164.0	166.7	190.9	226.7
江　西	60.0	61.3	71.9	75.1	79.2	88.8	96.1	109.8
山　东	100.1	119.3	142.8	168.0	206.3	240.5	280.4	337.5
河　南	75.2	88.5	99.1	115.2	133.2	146.8	168.0	200.0
湖　北	57.1	65.4	71.9	82.5	94.7	105.8	117.9	140.5
湖　南	59.3	61.4	64.1	63.9	68.6	72.8	79.2	92.6
广　东	126.2	120.1	156.7	174.3	212.0	211.4	244.3	289.0
广　西	23.8	32.0	34.5	34.7	36.2	38.1	41.4	50.1
海　南	65.3	86.4	100.5	109.4	87.3	94.2	101.7	113.9
重　庆	69.3	78.6	87.9	93.9	101.5	114.0	130.3	158.3
四　川	44.6	47.5	55.9	62.1	74.4	94.3	103.8	123.9
贵　州	53.4	64.0	70.5	72.4	79.5	87.6	96.4	110.6
云　南	76.1	78.4	87.4	100.4	109.9	121.9	132.2	150.8
西　藏	34.9	143.1	222.2	248.9	159.4	178.7	189.0	210.2
陕　西	66.6	71.5	82.2	92.2	99.1	107.8	119.5	141.4
甘　肃	83.9	105.4	107.8	97.6	108.8	106.3	121.1	139.1
青　海	92.7	104.2	116.8	134.8	124.2	75.5	82.7	90.5
宁　夏	20.6	21.2	39.3	48.7	82.8	42.4	48.8	56.2
新　疆	81.8	87.2	92.5	92.0	89.6	96.1	100.7	112.0
东部地区（10省、直辖市）	120.8	132.4	157.4	176.4	202.3	215.3	247.7	294.1
东北老工业基地	59.7	68.6	83.3	94.4	110.4	109.3	124.0	145.1
中部地区（6省）	65.8	73.2	81.0	87.3	96.6	105.8	117.4	137.7
西部地区（11省、直辖市、自治区）	49.7	56.7	65.4	69.6	77.6	84.4	93.4	110.6

主要数据来源：1）《中国环境年鉴》编委会.2001～2007.中国环境年鉴2001～2007.中国环境年鉴社

2）国家统计局.2008.2008中国统计年鉴.北京：中国统计出版社

附表 14　2000~2007 年中国各省、直辖市、自治区工业固体废物排放绩效（单位：万元 GDP/吨）

地　区	2000 年	2001 年	2002 年	2003 年	2004 年	2005 年	2006 年	2007 年
全　国	1.426	1.419	1.455	1.506	1.388	1.368	1.354	1.307
北　京	3.428	3.840	4.619	4.552	4.727	5.562	5.728	6.904
天　津	4.088	3.742	3.771	4.323	4.281	3.293	3.277	3.485
河　北	0.844	0.729	0.831	0.879	0.531	0.620	0.805	0.691
山　西	0.293	0.344	0.338	0.348	0.365	0.374	0.395	0.387
内蒙古	0.744	0.787	0.727	0.714	0.669	0.529	0.532	0.503
辽　宁	0.613	0.642	0.683	0.752	0.788	0.768	0.687	0.714
吉　林	1.361	1.459	1.601	1.658	1.594	1.473	1.486	1.553
黑龙江	1.236	1.245	1.300	1.428	1.558	1.717	1.579	1.675
上　海	3.860	3.600	4.032	4.354	4.555	4.666	4.975	5.418
江　苏	3.278	3.089	3.229	3.576	3.421	3.180	2.923	3.286
浙　江	5.255	5.026	5.102	5.265	5.139	5.345	4.944	4.858
安　徽	1.157	1.087	1.138	1.207	1.279	1.281	1.206	1.159
福　建	1.799	0.835	1.143	1.766	1.751	1.741	1.779	1.804
江　西	0.488	0.581	0.481	0.514	0.551	0.579	0.616	0.662
山　东	1.849	1.769	1.873	2.053	2.029	2.018	1.931	2.036
河　南	1.702	1.709	1.733	1.825	1.804	1.714	1.623	1.568
湖　北	1.423	1.621	1.602	1.681	1.781	1.766	1.710	1.805
湖　南	1.697	1.768	1.951	1.890	1.785	1.934	1.981	1.835
广　东	7.088	6.667	7.293	7.623	7.533	7.723	8.385	7.632
广　西	1.157	0.998	1.153	0.999	1.094	1.168	1.189	1.173
海　南	5.837	8.066	7.054	8.058	7.248	7.044	6.846	7.315
重　庆	1.403	1.535	1.631	1.835	1.847	1.726	1.951	1.906
四　川	0.923	1.050	1.143	1.131	1.122	1.150	1.101	0.990
贵　州	0.536	0.560	0.502	0.422	0.389	0.408	0.379	0.419
云　南	0.709	0.770	0.766	0.838	0.786	0.745	0.651	0.616
西　藏	8.219	8.748	22.223	33.185	15.943	31.276	31.500	58.904
陕　西	0.829	0.992	0.919	1.007	0.877	0.822	0.888	0.890
甘　肃	0.682	0.992	0.808	0.748	0.809	0.860	0.832	0.807
青　海	0.913	0.934	1.227	1.138	0.953	0.837	0.691	0.607
宁　夏	0.751	0.918	0.936	0.845	0.848	0.843	0.855	0.736
新　疆	2.247	2.235	1.881	1.939	2.080	2.011	1.828	1.518
东部地区（10 省、直辖市）	2.551	2.178	2.474	2.782	2.327	2.451	2.632	2.599
东北老工业基地	0.855	0.891	0.948	1.032	1.078	1.068	0.978	1.019
中部地区（6 省）	0.914	1.003	0.969	0.998	1.028	1.045	1.060	1.054
西部地区（11 省、直辖市、自治区）	0.893	0.977	0.967	0.945	0.916	0.876	0.850	0.814

主要数据来源：国家统计局 . 2001~2008. 2001~2008 中国统计年鉴 . 北京：中国统计出版社

附表15 2000～2007年中国各省、直辖市、自治区能源消费总量（单位：万吨标准煤）

地 区	2000 年	2001 年	2002 年	2003 年	2004 年	2005 年	2006 年	2007 年
全 国	138 553	143 199	151 797	174 990	203 227	224 682	246 270	265 583
北 京	4 144	4 313	4 436	4 648	5 140	5 522	5 904	6 288.1
天 津	2 794	2 918	3 022	3 215	3 697	4 115	4 525	4 956.3
河 北	11 196	12 301	13 405	15 298	17 348	19 745	21 690	23 799.1
山 西	6 728	7 968	9 340	10 386	11 251	12 312	13 497	14 739.4
内蒙古	3 549	4 073	4 560	5 778	7 623	9 643	11 163	12 725.0
辽 宁	10 656	10 656	10 602	11 253	13 074	14 685	15 883	17 450.2
吉 林	3 766	3 863	4 531	5 174	5 603	5 958	6 622	7 346.8
黑龙江	6 166	6 037	6 004	6 714	7 466	8 026	8 728	9 370.1
上 海	5 499	5 818	6 249	6 796	7 406	8 312	8 967	9 768.3
江 苏	8 612	8 881	9 609	11 060	13 652	16 895	18 742	20 603.5
浙 江	6 560	6 530	8 280	9 523	10 825	12 032	13 222	14 531.4
安 徽	4 879	5 118	5 316	5 457	6 017	6 518	7 096	7 775.4
福 建	3 463	3 850	4 236	4 808	5 449	6 157	6 840	7 605.3
江 西	2 505	2 329	2 933	3 426	3 814	4 286	4 661	5 055.4
山 东	11 362	9 955	14 599	16 625	19 624	23 610	26 164	28 552.0
河 南	7 919	8 244	9 055	10 595	13 074	14 625	16 235	17 836.3
湖 北	6 269	6 052	6 713	7 708	9 120	9 851	10 797	11 853.2
湖 南	4 071	4 622	5 382	6 298	7 599	9 110	9 879	10 981.9
广 东	9 448	10 179	11 355	13 099	15 210	17 769	19 765	21 964.0
广 西	2 669	2 669	3 120	3 523	4 203	4 981	5 515	6 139.6
海 南	480	520	602	684	742	819	911	1 037.1
重 庆	2 428	3 016	2 696	3 069	3 670	4 360	4 723	5 303.3
四 川	6 518	6 810	7 510	9 204	10 700	11 301	12 539	13 683.2
贵 州	4 279	4 438	4 470	5 534	6 021	6 429	7 045	7 689.3
云 南	3 468	3 490	4 131	4 450	5 210	6 024	6 641	7 174.3
西 藏	—	—	—	—	—	—	—	—
陕 西	2 731	3 257	3 713	4 170	4 776	5 424	5 905	6 638.8
甘 肃	3 012	2 905	3 174	3 525	3 908	4 368	4 743	5 106.8
青 海	897	930	1 019	1 123	1 364	1 670	1 903	2 100.5
宁 夏	1 179	1 279	1 378	2 015	2 322	2 510	2 802	3 044.9
新 疆	3 328	3 496	3 723	4 177	4 910	5 507	6 047	6 573.2
东部地区 （10省、直辖市）	63 558.0	65 265.0	75 793.0	85 756.0	99 093.0	114 976.0	126 730.0	139 105.3
东北老工业基地	20 588.0	20 556.0	21 137.0	23 141.0	26 143.0	28 669.0	31 233.0	34 167.2
中部地区（6省）	32 371.0	34 333.0	38 739.0	43 870.0	50 875.0	56 702.0	62 165.0	68 241.6
西部地区（11省、 直辖市、自治区）	34 058.0	36 363.0	39 494.0	46 568.0	54 707.0	62 217.0	69 026.2	76 178.8

注：2007年能源消费总量数据是根据能源消费强度推算而得；2001年个别地区的能源消费总量采用差值修正

主要数据来源：国家统计局工业交通统计司，国家发展和改革委员会能源局．2005～2008．中国能源统计
年鉴2004～2007．北京：中国统计出版社

附表 16　2000～2007 年中国各省、直辖市、自治区总用水量（单位：亿立方米）

地　区	2000 年	2001 年	2002 年	2003 年	2004 年	2005 年	2006 年	2007 年
全　国	5 497.6	5 567.4	5 497.3	5 320.4	5 547.8	5 633.0	5 795.0	5 818.7
北　京	40.4	38.9	34.6	35.0	34.6	34.5	34.3	34.8
天　津	22.6	19.1	20.0	20.5	22.1	23.1	23.0	23.4
河　北	212.2	211.2	211.4	199.8	195.9	201.8	204.0	202.5
山　西	56.4	57.6	57.5	56.2	55.9	55.7	59.3	58.7
内蒙古	172.2	175.8	178.2	166.9	171.5	174.8	178.7	180.0
辽　宁	136.4	128.8	127.1	128.3	130.2	133.3	141.2	142.9
吉　林	113.5	105.1	111.7	104.0	99.2	98.4	102.9	100.8
黑龙江	296.8	287.5	252.3	245.8	259.4	271.5	286.2	291.4
上　海	108.4	106.2	104.3	109.0	118.1	121.3	118.6	120.2
江　苏	445.6	466.2	478.7	433.5	525.6	519.7	546.4	558.3
浙　江	201.2	205.2	208.0	206.0	207.8	209.9	208.3	211.0
安　徽	176.7	193.0	199.8	178.6	209.7	208.0	241.9	232.1
福　建	176.4	176.4	182.9	182.8	184.9	186.2	187.3	196.3
江　西	217.6	210.9	202.1	172.5	203.5	208.1	205.7	234.9
山　东	244.0	251.6	252.4	219.4	214.9	211.0	225.8	219.5
河　南	204.7	231.4	218.8	187.6	200.7	197.8	227.0	209.3
湖　北	270.6	278.5	240.9	245.1	242.7	253.4	258.8	258.7
湖　南	316.0	318.2	306.9	318.8	323.6	328.4	327.7	324.3
广　东	429.8	446.3	447.0	457.5	464.3	459.0	459.3	462.5
广　西	292.5	291.1	297.5	278.4	290.8	312.9	314.4	310.4
海　南	44.0	43.6	44.1	46.3	46.3	44.1	46.5	46.7
重　庆	56.3	57.4	60.3	63.2	67.5	71.2	73.2	77.4
四　川	208.5	207.8	208.6	209.3	210.4	212.3	215.1	214.0
贵　州	84.2	87.2	89.9	93.7	94.3	97.2	100.0	98.0
云　南	147.1	146.2	148.5	146.1	146.9	146.8	144.8	150.0
西　藏	27.2	27.5	30.1	25.3	28.0	33.2	35.0	36.7
陕　西	78.7	77.9	78.0	75.1	75.5	78.8	84.1	81.5
甘　肃	122.7	121.4	122.6	121.6	121.8	123.0	122.3	122.5
青　海	27.9	27.2	27.0	29.0	30.2	30.7	32.2	31.1
宁　夏	87.2	84.2	81.5	64.0	74.0	78.1	77.6	71.0
新　疆	480.0	487.1	474.6	500.3	497.1	508.5	513.4	517.7
东部地区 （10 省、直辖市）	1 924.5	1 965.2	1 983.3	1 909.8	2 015.0	2 011.3	2 053.6	2 075.2
东北老工业基地	546.6	521.4	491.1	478.1	488.8	503.2	530.3	535.0
中部地区（6 省）	1 242.0	1 290.0	1 226.0	1 158.8	1 236.1	1 251.4	1 320.4	1 317.9
西部地区（11 省、 直辖市、自治区）	1 757.3	1 763.4	1 766.8	1 748.5	1 780.0	1 834.3	1 855.8	1 853.8

主要数据来源：1）国家统计局 . 2003～2008. 2003～2008 中国统计年鉴 . 北京：中国统计出版社

2）水利部 . 2001，2002. 中国水资源公报 2000，2001. 北京：中国水利水电出版社

附表17　2000～2007年中国各省、直辖市、自治区建设用地（单位：千公顷）

地　区	2000年	2001年	2002年	2003年	2004年	2005年	2006年	2007年
全　国	36 206.5	36 413.0	30 723.8	31 064.7	31 551.2	31 922.0	32 364.8	32 720.1
北　京	279.7	292.4	302.5	308.5	319.7	323.0	327.3	332.6
天　津	373.4	375.9	310.6	314.1	343.6	346.0	348.7	360.3
河　北	2 093.8	2 102.3	1 684.9	1 691.4	1 698.3	1 733.0	1 770.6	1 781.9
山　西	955.3	960.9	821.7	827.5	836.9	841.0	858.3	865.3
内蒙古	1 658.5	1 664.9	1 376.1	1 395.7	1 417.0	1 439.0	1 456.1	1 477.6
辽　宁	1 539.9	1 543.6	1 322.6	1 326.5	1 362.6	1 370.0	1 379.6	1 391.3
吉　林	1 186.1	1 187.9	1 039.8	1 042.1	1 045.8	1 050.0	1 054.7	1 060.2
黑龙江	1 959.1	1 963.3	1 459.8	1 462.2	1 470.1	1 474.0	1 478.0	1 482.9
上　海	252.8	254.2	222.4	226.3	233.3	240.0	237.1	242.9
江　苏	2 382.7	2 399.9	1 713.6	1 744.4	1 807.3	1 832.0	1 869.1	1 902.4
浙　江	792.5	813.3	837.7	874.5	906.8	941.0	974.8	1 013.1
安　徽	2 037.6	2 039.4	1 589.7	1 598.7	1 613.4	1 622.0	1 639.5	1 652.4
福　建	609.0	615.0	553.4	564.2	576.1	589.0	612.4	631.2
江　西	963.9	969.5	875.5	889.0	896.4	906.0	927.2	940.0
山　东	2 925.9	2 957.4	2 305.2	2 335.6	2 383.6	2 422.0	2 462.3	2 488.8
河　南	2 546.6	2 553.0	2 096.8	2 124.4	2 139.6	2 152.0	2 166.5	2 177.5
湖　北	1 576.6	1 582.5	1 338.2	1 344.4	1 355.4	1 368.0	1 378.3	1 390.2
湖　南	1 450.3	1 457.1	1 314.9	1 322.2	1 331.4	1 339.0	1 362.1	1 373.6
广　东	1 561.8	1 574.8	1 617.1	1 652.6	1 685.3	1 715.0	1 752.8	1 776.9
广　西	889.0	897.6	871.4	876.6	890.1	910.0	932.5	944.0
海　南	264.2	264.6	290.9	290.6	291.9	293.0	293.2	295.9
重　庆	572.7	576.1	519.5	540.2	558.9	569.0	577.5	585.8
四　川	1 702.2	1 714.8	1 522.9	1 533.4	1 546.8	1 562.0	1 578.3	1 587.6
贵　州	549.9	554.6	518.1	525.1	534.9	541.0	546.7	551.8
云　南	886.7	890.9	739.9	749.1	764.1	775.0	787.7	798.8
西　藏	86.4	86.6	54.9	59.8	61.3	63.0	64.6	66.0
陕　西	902.8	906.8	783.1	788.3	795.1	799.0	805.5	809.3
甘　肃	1 126.2	1 127.9	958.0	960.1	964.2	967.0	969.7	972.4
青　海	285.0	287.2	321.3	310.3	312.1	320.0	321.7	324.6
宁　夏	252.4	254.2	182.4	186.9	197.6	203.0	205.3	208.6
新　疆	1 543.8	1 544.0	1 182.0	1 199.6	1 210.5	1 221.0	1 226.6	1 234.3
东部地区 （10省、直辖市）	11 535.4	11 649.8	9 838.2	10 002.7	10 246.7	10 434.0	10 648.2	10 826.0
东北老工业基地	4 685.1	4 694.8	3 822.4	3 830.9	3 878.8	3 894.0	3 912.4	3 934.4
中部地区（6省）	9 530.4	9 562.5	8 036.5	8 106.3	8 173.2	8 228.0	8 332.0	8 399.0
西部地区（11省、 直辖市、自治区）	10 369.3	10 419.4	8 974.5	9 065.0	9 191.3	9 306.0	9 407.7	9 494.8

主要数据来源：1）国家统计局 . 2008. 2008 中国统计年鉴 . 北京：中国统计出版社

　　　　　　　2）王世元 . 2001～2008. 中国国土资源年鉴 2001～2007. 中国国土资源年鉴编辑部

附表 18　2000~2007 年中国各省、直辖市、自治区 SO_2 排放量（单位：万吨）

地　区	2000 年	2001 年	2002 年	2003 年	2004 年	2005 年	2006 年	2007 年
全　国	1 997.9	1 947.2	1 926.6	2 158.5	2 254.9	2 549.4	2 588.7	2 468.1
北　京	22.4	20.1	19.2	18.3	19.1	19.0	17.6	15.2
天　津	35.8	26.8	23.5	25.9	22.7	26.5	25.4	24.5
河　北	132.1	128.9	127.9	142.2	142.8	149.5	154.6	149.2
山　西	120.2	119.9	119.9	136.3	141.5	151.6	147.8	138.7
内蒙古	66.4	64.6	73.1	128.8	117.9	145.6	155.7	145.6
辽　宁	93.2	83.9	79.3	82.3	83.1	119.7	125.9	123.4
吉　林	28.6	26.5	26.6	27.2	28.5	38.3	40.9	39.9
黑龙江	29.7	29.2	28.7	35.6	37.3	50.8	51.8	51.5
上　海	46.5	47.3	44.7	45.0	47.4	51.3	50.8	49.8
江　苏	120.2	114.8	112.0	124.1	124.0	137.3	130.3	121.8
浙　江	59.3	59.2	62.4	73.4	81.4	86.0	85.9	79.7
安　徽	39.5	39.6	39.7	45.5	49.0	57.1	58.4	57.2
福　建	22.5	20.0	19.3	30.4	32.6	46.1	46.8	44.6
江　西	32.3	30.6	29.3	43.7	51.9	61.3	63.4	62.1
山　东	179.6	172.2	169.0	183.6	182.1	200.2	196.2	182.2
河　南	87.7	89.7	93.7	103.9	125.6	162.4	162.4	156.4
湖　北	56.0	54.0	53.9	60.9	69.2	71.8	76.1	70.8
湖　南	77.3	76.2	74.3	84.8	87.3	91.9	93.4	90.4
广　东	90.5	97.3	97.4	107.5	114.2	129.4	126.3	120.3
广　西	83.0	69.7	68.4	87.4	94.4	102.4	99.4	97.4
海　南	2.0	2.0	2.3	2.3	2.3	2.2	2.4	2.6
重　庆	83.9	72.2	69.6	76.6	79.5	83.7	86.0	82.6
四　川	122.3	113.5	111.7	120.7	126.5	130.0	128.1	117.9
贵　州	145.0	138.1	132.6	132.3	131.5	135.8	146.2	137.5
云　南	38.6	35.7	36.4	45.3	47.8	52.2	55.1	53.4
西　藏	0.1	0.1	0.1	0.1	0.1	0.2	0.2	0.2
陕　西	62.3	61.9	63.8	76.6	81.8	92.2	98.2	92.7
甘　肃	36.9	37.0	42.6	49.4	48.4	56.3	54.6	52.3
青　海	3.2	3.5	3.2	6.0	7.3	12.4	13.0	13.4
宁　夏	20.6	20.0	22.2	29.3	29.3	34.2	38.2	37.0
新　疆	31.0	30.0	29.6	33.1	48.1	51.9	54.9	58.0
东部地区 （10 省、直辖市）	710.9	688.5	677.5	752.7	769.2	847.5	836.8	789.8
东北老工业基地	151.5	139.7	134.5	145.1	148.9	208.8	218.6	214.8
中部地区（6 省）	413.0	410.1	410.8	475.1	524.5	596.1	601.5	575.5
西部地区（11 省、 直辖市、自治区）	693.3	646.3	653.6	785.5	812.5	896.7	929.7	887.7

主要数据来源：国家统计局 . 2001~2008. 2001~2008 中国统计年鉴 . 北京：中国统计出版社

附表19　2000～2007年中国各省、直辖市、自治区化学需氧量（COD）排放量（单位：万吨）

地 区	2000 年	2001 年	2002 年	2003 年	2004 年	2005 年	2006 年	2007 年
全 国	1 445.0	1 404.8	1 366.9	1 333.6	1 339.2	1 414.2	1 428.2	1 381.8
北 京	17.9	17.0	15.2	13.4	13.0	11.6	11.0	10.6
天 津	18.6	10.6	10.3	13.0	13.7	14.6	14.3	13.7
河 北	70.7	65.2	64.0	63.7	65.8	66.1	68.8	66.7
山 西	31.7	31.2	31.0	35.9	38.0	38.7	38.7	37.4
内蒙古	25.6	28.1	23.8	27.5	27.5	29.7	29.8	28.8
辽 宁	70.1	67.7	59.3	54.7	50.0	64.4	64.1	62.8
吉 林	47.6	41.1	35.7	37.2	36.6	40.7	41.7	40.0
黑龙江	52.2	52.7	51.4	51.1	50.5	50.4	49.8	48.8
上 海	31.9	30.5	33.0	33.9	29.4	30.4	30.2	29.4
江 苏	65.4	83.1	78.4	76.7	85.4	96.6	93.0	89.1
浙 江	62.6	58.0	57.8	57.7	55.7	59.5	59.3	56.4
安 徽	44.3	41.7	41.1	41.2	42.7	44.4	45.6	45.1
福 建	32.2	31.4	28.2	35.2	35.9	39.4	39.5	38.3
江 西	39.0	41.5	39.1	42.3	45.4	45.7	47.4	46.9
山 东	99.9	92.2	86.0	82.9	77.9	77.0	75.8	72.0
河 南	82.0	76.0	74.3	70.8	69.6	72.1	72.1	69.4
湖 北	70.2	66.8	66.3	63.4	61.4	61.6	62.6	60.1
湖 南	67.4	71.0	74.1	81.5	85.0	89.5	92.2	90.4
广 东	95.1	110.5	95.2	98.2	92.7	105.8	104.9	101.7
广 西	102.6	82.7	84.6	92.7	99.4	107.0	111.9	106.3
海 南	8.5	7.0	6.6	6.7	9.3	9.5	9.9	10.1
重 庆	26.4	25.4	25.0	26.1	27.1	26.9	26.4	25.1
四 川	97.6	99.2	93.6	93.7	88.2	78.3	80.6	77.1
贵 州	22.8	20.7	20.5	22.0	22.3	22.6	22.9	22.7
云 南	29.7	30.8	30.1	28.5	29.0	28.5	29.4	29.0
西 藏	4.0	1.1	0.8	0.8	1.4	1.4	1.5	1.5
陕 西	32.7	33.4	32.3	32.2	33.8	35.0	35.6	34.5
甘 肃	13.8	12.1	13.0	15.9	15.9	18.2	17.8	17.4
青 海	3.3	3.3	3.3	3.2	3.9	7.2	7.4	7.6
宁 夏	17.5	18.7	11.1	10.1	6.6	14.3	14.0	13.7
新 疆	19.7	20.1	20.5	22.9	26.2	27.1	28.7	29.0
东部地区 （10 省、直辖市）	502.6	505.5	474.7	479.9	478.8	510.5	506.7	488.3
东北老工业基地	170.0	161.5	146.4	143.0	137.1	155.5	155.6	151.6
中部地区（6 省）	334.6	328.2	325.9	335.1	342.1	352.0	358.6	349.3
西部地区（11 省、 直辖市、自治区）	391.7	374.5	357.8	374.0	379.9	394.8	404.5	391.1

主要数据来源：1)《中国环境年鉴》编委会．2001～2007．中国环境年鉴2001～2007．中国环境年鉴社

　　　　　　　2）国家统计局．2008．2008中国统计年鉴．北京：中国统计出版社

附表 20 2000～2007 年中国各省、直辖市、自治区工业固体废物产生量（单位：万吨）

地 区	2000 年	2001 年	2002 年	2003 年	2004 年	2005 年	2006 年	2007 年
全 国	81 608.0	88 840.0	94 509.0	100 428.0	120 030.0	134 449.0	151 541.0	175 632.0
北 京	1 139.0	1 136.0	1 053.0	1 186.0	1 303.0	1 238.0	1 356.0	1 275.0
天 津	470.0	575.0	643.0	644.0	753.0	1 123.0	1 292.0	1 399.0
河 北	7 028.0	8 847.0	8 503.0	8 975.0	16 765.0	16 279.0	14 229.0	18 688.0
山 西	7 695.0	7 211.0	8 295.0	9 252.0	10 167.0	11 183.0	11 817.0	13 819.0
内蒙古	2 376.0	2 483.0	3 044.0	3 647.0	4 702.0	7 363.0	8 710.0	10 973.0
辽 宁	7 563.0	7 865.0	8 146.0	8 250.0	8 879.0	10 242.0	13 013.0	14 342.0
吉 林	1 604.0	1 635.0	1 631.0	1 736.0	2 026.0	2 457.0	2 802.0	3 113.0
黑龙江	2 694.0	2 925.0	3 086.0	3 097.0	3 170.0	3 210.0	3 914.0	4 130.0
上 海	1 355.0	1 605.0	1 595.0	1 659.0	1 811.0	1 964.0	2 063.0	2 165.0
江 苏	3 038.0	3 553.0	3 796.0	3 894.0	4 673.0	5 757.0	7 195.0	7 354.0
浙 江	1 386.0	1 603.0	1 778.0	1 976.0	2 318.0	2 514.0	3 096.0	3 613.0
安 徽	2 815.0	3 262.0	3 415.0	3 522.0	3 767.0	4 196.0	5 028.0	5 960.0
福 建	2 191.0	5 133.0	4 131.0	2 981.0	3 361.0	3 773.0	4 238.0	4 815.0
江 西	4 796.0	4 377.0	5 850.0	6 182.0	6 524.0	7 007.0	7 393.0	7 777.0
山 东	5 407.0	6 215.0	6 559.0	6 786.0	7 922.0	9 175.0	11 011.0	11 935.0
河 南	3 625.0	3 935.0	4 251.0	4 467.0	5 140.0	6 178.0	7 464.0	8 851.0
湖 北	2 818.0	2 694.0	2 977.0	3 112.0	3 266.0	3 692.0	4 315.0	4 683.0
湖 南	2 355.0	2 464.0	2 434.0	2 754.0	3 269.0	3 366.0	3 688.0	4 560.0
广 东	1 694.0	1 990.0	2 045.0	2 246.0	2 609.0	2 896.0	3 057.0	3 852.0
广 西	2 108.0	2 648.0	2 535.0	3 224.0	3 291.0	3 489.0	3 894.0	4 544.0
海 南	95.0	75.0	94.0	91.0	112.0	127.0	147.0	158.0
重 庆	1 305.0	1 300.0	1 348.0	1 336.0	1 489.0	1 777.0	1 764.0	2 087.0
四 川	4 714.0	4 513.0	4 573.0	5 145.0	5 847.0	6 421.0	7 600.0	9 654.0
贵 州	2 272.0	2 367.0	2 879.0	3 772.0	4 560.0	4 854.0	5 827.0	5 989.0
云 南	3 187.0	3 134.0	3 433.0	3 418.0	4 053.0	4 661.0	5 972.0	7 098.0
西 藏	17.0	18.0	8.0	6.0	14.0	8.0	9.0	5.0
陕 西	2 625.0	2 408.0	2 887.0	2 948.0	3 820.0	4 588.0	4 794.0	5 480.0
甘 肃	1 704.0	1 286.0	1 734.0	2 073.0	2 139.0	2 249.0	2 591.0	3 001.0
青 海	337.0	368.0	314.0	379.0	508.0	649.0	882.0	1 129.0
宁 夏	479.0	431.0	466.0	582.0	645.0	719.0	799.0	1 046.0
新 疆	718.0	784.0	1 008.0	1 087.0	1 129.0	1 295.0	1 581.0	2 137.0
东部地区（10省、直辖市）	23 803.0	30 732.0	30 197.0	30 438.0	41 627.0	44 846.0	47 684.0	55 255.6
东北老工业基地	11 861.0	12 425.0	12 863.0	13 083.0	14 075.0	15 909.0	19 729.0	21 584.5
中部地区（6省）	24 104.0	23 943.0	27 222.0	29 289.0	32 133.0	35 622.0	39 705.0	45 649.7
西部地区（11省、直辖市、自治区）	21 825.0	21 722.0	24 221.0	27 611.0	32 183.0	38 065.0	44 414.0	53 136.3

主要数据来源：国家统计局 . 2001～2008. 2001～2008 中国统计年鉴 . 北京：中国统计出版社

本章参考文献

国家统计局 . 2001. 2001 中国统计年鉴 . 北京：中国统计出版社

国家统计局 . 2002. 2002 中国统计年鉴 . 北京：中国统计出版社

国家统计局 . 2003. 2003 中国统计年鉴 . 北京：中国统计出版社

国家统计局 . 2004. 2004 中国统计年鉴 . 北京：中国统计出版社

国家统计局 . 2005. 2005 中国统计年鉴 . 北京：中国统计出版社

国家统计局 . 2006. 2006 中国统计年鉴 . 北京：中国统计出版社

国家统计局 . 2007. 2007 中国统计年鉴 . 北京：中国统计出版社

国家统计局 . 2008. 2008 中国统计年鉴 . 北京：中国统计出版社

国家统计局工业交通统计司，国家发展和改革委员会能源局 . 2005. 中国能源统计年鉴 2004. 北
　京：中国统计出版社

国家统计局工业交通统计司，国家发展和改革委员会能源局 . 2006. 中国能源统计年鉴 2005. 北
　京：中国统计出版社

国家统计局工业交通统计司，国家发展和改革委员会能源局 . 2007. 中国能源统计年鉴 2006. 北
　京：中国统计出版社

国家统计局工业交通统计司，国家发展和改革委员会能源局 . 2008. 中国能源统计年鉴 2007. 北
　京：中国统计出版社

王世元 . 2001. 中国国土资源年鉴 2001. 中国国土资源年鉴编辑部

王世元 . 2002. 中国国土资源年鉴 2002. 中国国土资源年鉴编辑部

王世元 . 2003. 中国国土资源年鉴 2003. 中国国土资源年鉴编辑部

王世元 . 2004. 中国国土资源年鉴 2004. 中国国土资源年鉴编辑部

王世元 . 2005. 中国国土资源年鉴 2005. 中国国土资源年鉴编辑部

王世元 . 2006. 中国国土资源年鉴 2006. 中国国土资源年鉴编辑部

王世元 . 2008. 中国国土资源年鉴 2007. 中国国土资源年鉴编辑部

中国科学院可持续发展战略研究组 . 2006. 2006 中国可持续发展战略报告——建设资源节约型和环
　境友好型社会 . 北京：科学出版社

《中国环境年鉴》编委会 . 2001. 中国环境年鉴 2001. 中国环境年鉴社

《中国环境年鉴》编委会 . 2002. 中国环境年鉴 2002. 中国环境年鉴社

《中国环境年鉴》编委会 . 2003. 中国环境年鉴 2003. 中国环境年鉴社

《中国环境年鉴》编委会 . 2004. 中国环境年鉴 2004. 中国环境年鉴社

《中国环境年鉴》编委会 . 2005. 中国环境年鉴 2005. 中国环境年鉴社

《中国环境年鉴》编委会 . 2006. 中国环境年鉴 2006. 中国环境年鉴社

《中国环境年鉴》编委会 . 2007. 中国环境年鉴 2007. 中国环境年鉴社